工程圖學—精簡版

王輔春、楊永然、朱鳳傳、康鳳梅、詹世良　編著

全華圖書股份有限公司

序 言

工程圖學是科技教育的基礎學科，教授工程圖之基本理論，繪製與閱讀方法。在今天科技突飛猛進的時代，繪製工程圖的工具已由傳統的手工具演變為電腦。運用電腦繪製工程圖，需依靠繪圖軟體，繪圖軟體是由電腦工程師依據工程圖學原理原則設計完成，供製圖者使用，其基本原理、繪製概念與手工繪製是相輔相成，所以本書除廣為收集工程圖學方面有關新知外，並詳細研究其與電腦製圖之關聯問題，本著工程圖學之原理原則，以簡明易讀之文句加以介紹，除附以標準的工程圖外，更附以彩色實體圖，以增教學興趣與實用之效果。

本書根據經濟部標準檢驗局最新修訂之「工程製圖」標準，教育部國立編譯館主編之「工程圖學名詞」與「工程圖學辭典」，公制 SI 單位等編寫，以資廣為推行與應用我國國家標準及統一名詞。

由於近年來對工業產品檢測之儀器大為進步，所以在圖面上標註公差及表面符號等宜注意與之配合，特別在 2002 年以來，國際間表面符號(表面織構符號)標準之更改，本書特將其最新資料納入。

全書原為二十章，計六百餘頁，採彩色印刷，對工程圖學之原理原則及應用，作有系統之敘述。本書為應基礎學習之需要，自 2014 年起，將全書簡化歸納為十五章，另以精簡版發行，供各界選用。每章末均附有習題供學習者練習，書末更附有學習光碟，為大專院校及產業界工作人員教學與參考應用之最佳書本。

本書雖經詳細校對，用心排版，疏漏之處仍有，尚望各界不吝指正，耑此致謝。

編者序

編 輯 部 序

「系統編輯」是我們的編輯方針，我們所提供給您的，絕不只是一本書，而是關於這門學問的所有知識，它們由淺入深，循序漸進。

本書依據工程圖學之原理，以簡明易讀之文句介紹，除附以標準的工程圖外，更附彩色實體圖，以增教學興趣與實用之效果。根據經濟部標準檢驗局最新修訂之「工程製圖」標準，教育部國家教育研究院主編之「工程圖學名詞」與「工程圖學辭典」，公制 SI 單位等編寫，以資廣爲推行與應用我國國家標準及統一名詞。本書內容共十五章，採彩色印刷，對工程圖學之原理原則及應用，作有系統之敘述，每章末均附有習題供學習者練習，書末更附有學習光碟以供學習。

同時，爲了使您能有系統且循序漸進研習相關方面的叢書，我們以流程圖方式，列出各有關圖書的閱讀順序，以減少您研習此門學問的摸索時間，並能對這門學問有完整的知識。若您在這方面有任何問題，歡迎來函聯繫，我們將竭誠爲您服務。

相關叢書介紹

書號：06450007
書名：SOLIDWORKS 2020 基礎範例應用(附多媒體光碟)
編著：許中原
16K/640 頁/650 元

書號：06447007
書名：Autodesk Inventor 2020 特訓教材基礎篇(附範例及動態影音教學光碟)
編著：黃穎豐.陳明鈺
16K/544 頁/580 元

書號：06479
書名：高手系列－學 SOLIDWORKS 2020 翻轉 3D 列印
編著：詹世良.張桂瑛
16K/536 頁/700 元

書號：06207007
書名：Creo Parametric 2.0 入門與實務－基礎篇(附範例光碟)
編著：王照明
16K/520 頁/480 元

書號：06452
書名：SOLIDWORKS 基礎&實務
編著：陳俊興
16K/552 頁/580 元

◎上列書價若有變動，請以最新定價為準。

流程圖

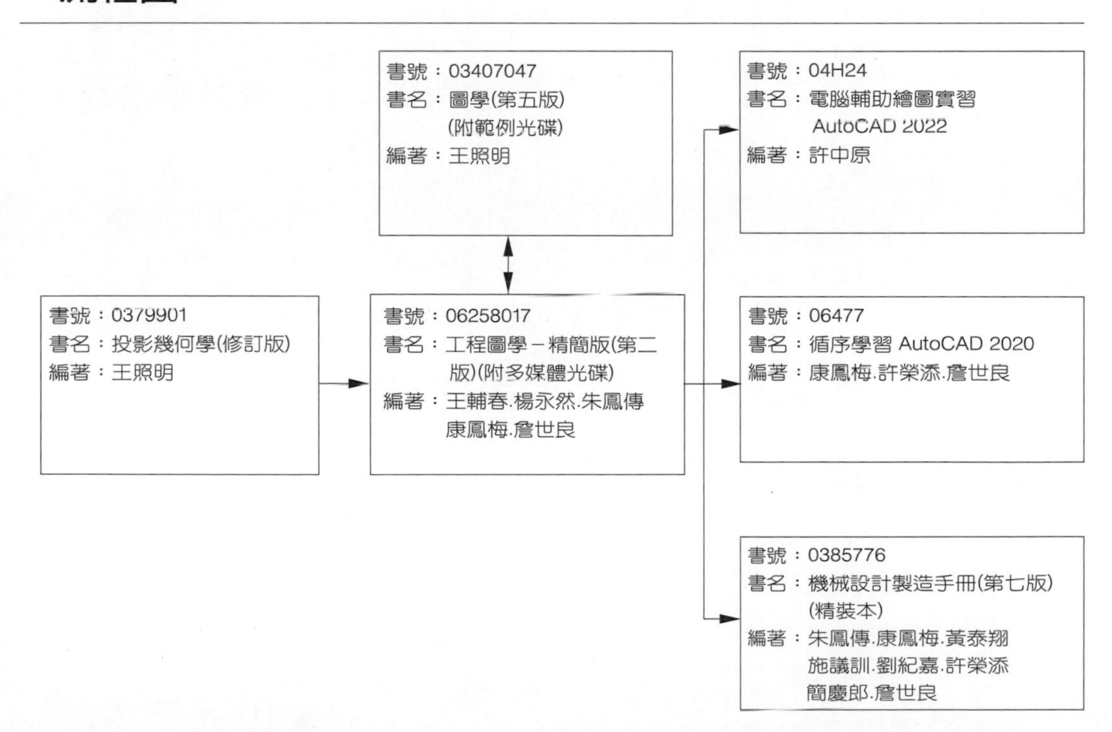

目 錄

第 1 章 概 論

第 2 章 製圖用具之選擇及其使用法

第 3 章 線條與字法

第 4 章 應用幾何

第 5 章 點線面的正投影

第 6 章 物體的正投影

第 7 章 物體的輔助視圖

第 8 章 剖視圖

第 9 章 尺度標註

第 10 章 立體圖

第 11 章 公差與配合

第 12 章 表面符號

第 13 章 螺紋及結件

第 14 章 工作圖

第 15 章 透視圖

附　錄

Chapter

1

概　論

1-1 學習工程圖學之目的

工程係一種應用科學，爲一切工業建設所需知識與實際經驗之融合。其作業過程乃藉圖以表達，此圖謂之工程圖。工程圖爲工程師、設計者以及各級工程人員所用之圖解文字，亦即爲共同之圖畫語言，以線條與符號等來表達及記錄物品之設計與製造、建築之結構與建造等所必需具有之觀念與資料。所以工程圖是傳達思想之工具、設計之結晶、計畫生產之依據，執行製造之藍本及審核檢驗之規範，爲一切工業建設之基礎。在設計階段之工程圖，常被稱爲構想圖、草圖或設計圖，多爲徒手畫者。用以作爲施工依據之工程圖，則歸納爲工作圖，多爲用器畫者。

工程圖學即在研討工程圖之基本理論、一般繪製方法與應用，使學習者能將各種意念繪製成圖，正確明白表達於使用者；更能迅速識讀他人所繪之圖，解釋其意義，獲得構想之交流，所以工程圖學是爲學習者準備就業於現今工程領域之基本課程。

1-2 傳統手工製圖與電腦製圖

傳統手工製圖是繪圖者運用尺、筆、圓規等繪圖工具在圖紙上繪製工程圖；電腦製圖則是運用電腦軟體在電腦上繪製工程圖，二者繪圖的方式在使用的工具上有所差別，但在繪圖時所依據的原理原則是完全相同的，因爲用以繪製工程圖的軟體，都是由專人依據工程圖的原理原則，以程式編寫而成，所以在運用電腦繪製工程圖之前，先要具備工程圖的基本空間投影觀念和手工製圖的方法，然後熟悉操作電腦的技巧，方能得心應手。

自從 1966 年以來盛行的 CAD，是指用電腦從事製圖(Computer Aided Drafting)或是指用電腦從事設計(Computer Aided Design)。適合製圖與設計的個人電腦，硬體設備進步神速，與之配合之各種製圖或設計軟體相繼問世。

1-3 國家標準與國際標準

工業產品在大量生產之後，爲求提高品質、增加生產效率，使之具有互換性，相同的產品在許多條件上有求一致的必要，於是訂定各種與設計、製造、檢驗等有關的規範，希望全國遵守，這就是國家標準的由來。我國的國家標準，稱爲中華民國國家標準(Chinese National Standard)，以其英文縮寫 CNS 表示。其他國家標準，常見的有 JIS(日本標準)、DIN(德國標準)、ANSI(美國標準)等，近年來更因國際貿易之蓬勃發展，國際間亦希望有共同遵守之規範，於是有國際標準組織(Internataional Organization for Standardization)之設立，由會員國協商，訂定國際標準，以 ISO 表示。

CNS 中的工程製圖標準，於民國七十年經大幅修訂後公布施行，近年來時有更新其內容，力求與 ISO 具有相容性。工程圖的繪製者，宜遵守 CNS 的規定，以方便使用者的識讀與流通。

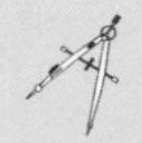 1-4　工業單位

我國所用的工業單位，均以公制爲主。長度、質量、容積、面積、力等的換算如表 1-1。

表 1-1　長度、質量、容積、面積、力等單位的換算

長度	公微 μ	公厘 mm	公分 cm	公尺 m	公里 km
	1				
	1000	1	0.1	0.001	
	10000	10	1	0.01	
		1000	100	1	0.001
				1000	1
質量	公克 g	公斤 kg	公噸 t	英噸	美噸
	1	0.001			
	1000	1	0.001		
		1000	1	0.9842	1.1023
力	牛頓 N	kgf			
	1	0.102			
	9.807	1			

容積	公撮 ml(=cc)	公升 l	公斗 dal	公石 hl	公秉 kl(=m^3)
	1	0.001			
	1000	1	0.1	0.01	0.001
		10	1	0.1	0.01
		100	10	1	0.1
		1000	100	10	1
面積	平方公尺 m^2	公畝 a	公頃 ha	坪	甲
	1	0.01	0.0001	0.3025	0.00010
	100	1	0.01	30.25	0.01031
	10000	100	1	3025	1.03102
	3.0579	0.03306	0.00033	1	0.00034
	9.69917	96.9917	0.96992	2934	1

Chapter 2

製圖用具之選擇及其使用法

俗云：「工欲善其事，必先利其器」，因此我們要學習工程圖的繪製，必須先能選擇良好及合適之製圖用具。有了良好的製圖用具，還須有正確的使用法，才能達到製圖上所要求的正確、迅速、清晰、美觀之四原則。

電腦製圖之基本原理、觀念以及繪製概念與手繪是相輔相成的，因此使用電腦製圖前有必要先學習手繪工程圖，除能達到學習製圖上所要求的正確外，甚至能培養出空間能力，以及省思和愼行之做事態度。

2-1 製圖板與製圖桌椅

製圖桌是將製圖板安裝在製圖架上，製圖架之型式目前市面上的種類很多，除了桌面能高低調整外，還可作 0°～75°的傾斜調整，調整的方式有用螺桿者(圖 2-1)，調整時須由兩邊的螺桿同時在同高度或傾斜度上固定，相當不方便；有用油壓或氣壓者(圖 2-2)，調整時非常方便，但價格較為昂貴，因此也有折中的方式，亦即用氣壓或油壓方式來調整高度，而用螺桿方式來調整傾斜度的製圖架。讀者可依自己的需要及經濟的原則來選擇合適的製圖架。

圖 2-1 用螺桿調整之製圖架

圖 2-2 用氣壓調整之製圖架

製圖板是用以安置圖紙之平板，它是選用木紋細密無節、硬度適中、不易伸縮之木材製成。有些廠商為求板面的光滑及美觀，用白色之壓克力板製作，這是絕對的錯誤，壓克力板不但會反光，影響製圖之視力，而且圓規等之針尖在繪製時難予刺入板面，影響繪製。製圖板的兩邊鑲有直的硬木條或金屬條，用以防止圖板彎曲，並兼作導邊之用(圖 2-3)。製圖板的大小是以比製圖紙稍大為原則，目前市面上的規格大約有 600mm×900mm、750mm×1050mm 900mm×1200mm 及 900mm×1800mm 等大小，板的厚度約為 15mm～30mm。

製圖凳(圖 2-4)的型式有用螺桿來調整凳面高度，亦有用氣壓者。若製圖凳加有靠背，則稱製圖椅(圖 2-5)。

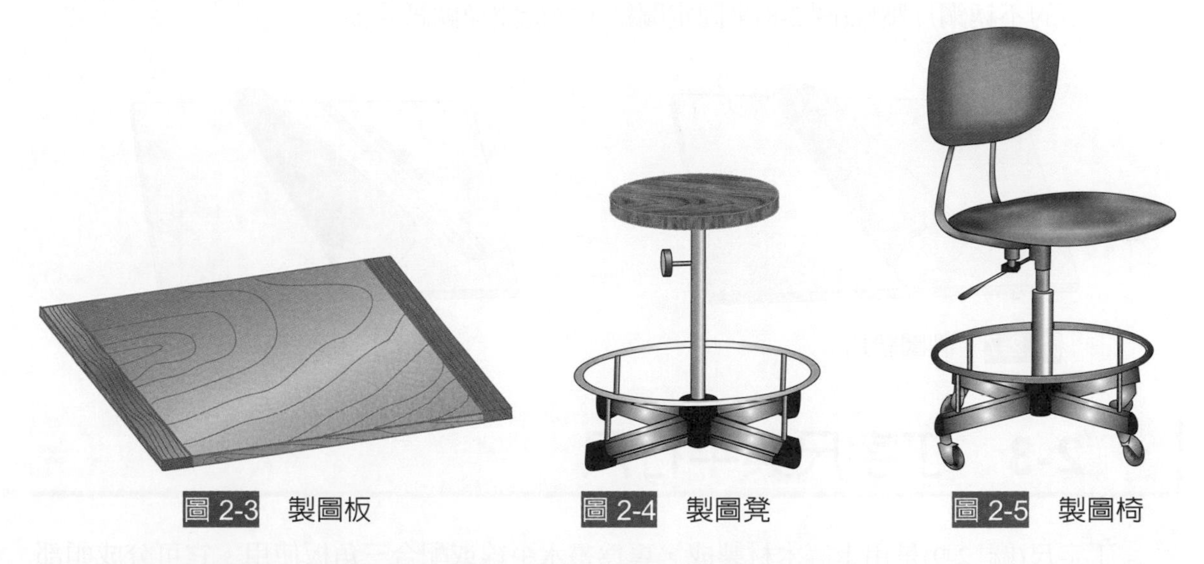

圖 2-3 製圖板　圖 2-4 製圖凳　圖 2-5 製圖椅

電腦製圖使用之電腦螢幕相當於製圖板，電腦桌椅即為製圖桌、椅。如圖 2-6 所示。

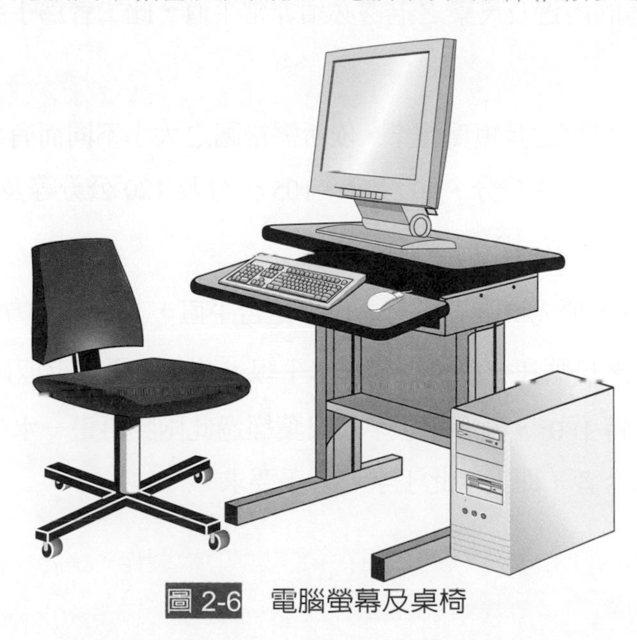

圖 2-6 電腦螢幕及桌椅

2-2 製圖墊片

製圖墊片是在製圖板面上加貼一層塑膠之墊片(圖 2-7)，用以改變板面之硬度及彈性。墊片有不附磁性及附有磁性者二種。不附磁性者需用製圖膠帶來固定圖紙；附有磁性者則可配合薄的不銹鋼片壓條(圖 2-8)來固定圖紙，並能避免圖紙受損。

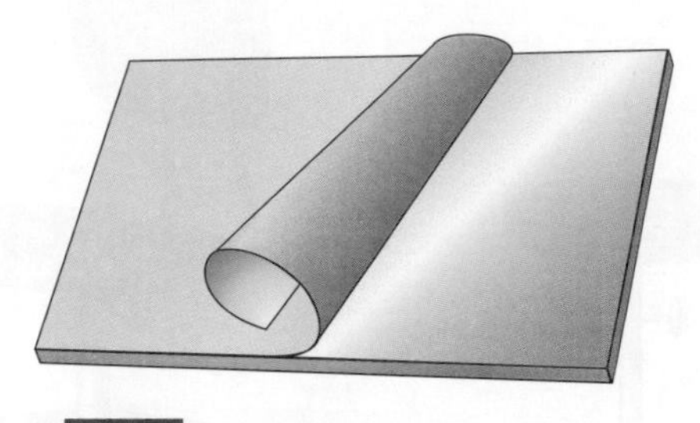

圖 2-7 製圖墊片

圖 2-8 磁性墊片與壓條

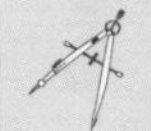

2-3 丁字尺與平行尺

丁字尺(圖 2-9)是用上等木材製成，專爲畫水平線或配合三角板使用。它可分成頭部及尺葉兩部分，頭部的內邊及尺葉之上邊必須非常平直，此二者爲丁字尺之工作邊，必須成直角。

丁字尺之長短以尺葉之長短爲標準，依所需繪圖之大小不同而有各種尺度。目前市面上有 45 公分、60 公分、75 公分、90 公分、105 公分及 120 公分等多種。普通以 75 公分者最爲常用。

在購買丁字尺時，須先檢查丁字尺之尺葉是否平直，其檢查之方法爲：

1. 沿此丁字尺之尺葉在一白紙上畫一水平線，在此水平線上取兩點。
2. 將此白紙旋轉 180°，再沿此丁字尺尺葉經過此兩點再畫一水平線，如與原先所畫的水平線重合者，即表示此丁字尺合乎要求。

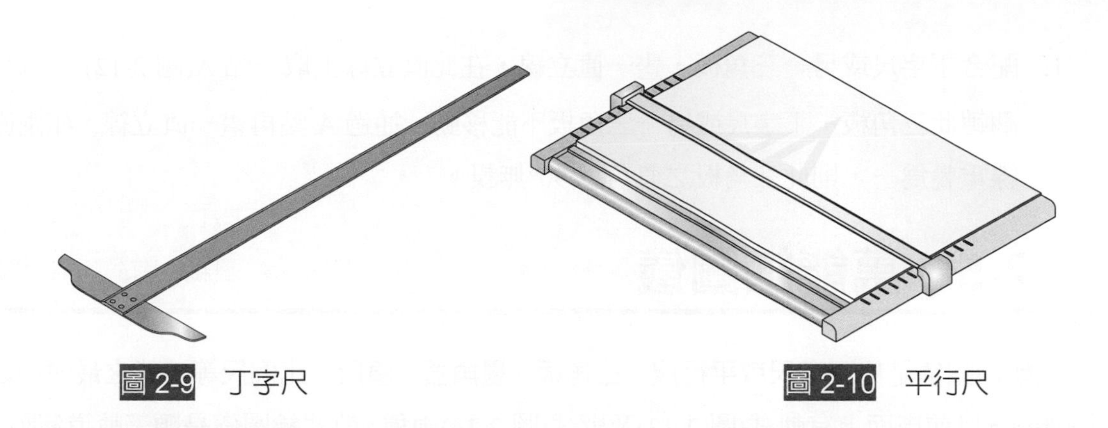

圖 2-9 丁字尺　　圖 2-10 平行尺

平行尺(圖 2-10)與丁字尺之功用相同，平行尺沒有丁字尺之頭部部分，使用時是以尼龍線或細鋼線固定於圖板上，利用平行機構原理，使尺可以上下平行滑動。其長度是依製圖板的大小決定之。

2-4 三角板

三角板主要是用來配合丁字尺畫直立線和一定角度之傾斜線。一副三角板有兩塊，其外形都是直角三角形，其中一塊兩個銳角都是 45°；另一塊兩個銳角分別爲 30°及 60°。三角板的大小，是以 45°三角板的斜邊或 30°-60°三角板之長股的長短來決定(圖 2-11)。

圖 2-11 三角板　　圖 2-12 三角板之檢驗

目前市面上三角板的大小約有 15 公分、20 公分、25 公分、30 公分及 36 公分等多種。在購買三角板時，必先檢查其直角邊是否爲直角，其檢查方法爲：

1. 配合丁字尺或另一三角板，畫一直立線，在此直立線上取一點 A(圖 2-12)。
2. 翻轉此三角板，丁字尺或另一三角板不能移動，通過 A 點再畫一直立線，如兩直線重疊爲一，則此三角板之直角爲 90°無誤。

2-5 萬能繪圖儀

萬能繪圖儀是集**丁字尺或平行尺**、**三角板**、**量角器**、**直尺**、**比例尺**等功能之最簡便之製圖機械。目前市面上有軌式(圖 2-13)及臂式(圖 2-14)兩種。軌式繪圖儀是順著軌道運動，繪圖之精度較高，而且只需加長軌道即可增大使用範圍，故有軌道長達數公尺而裝設於黑板上使用之繪圖儀。臂式萬能繪圖儀則較輕巧，但其使用受臂長的限制，而且平衡系統需經常調整與維修，已有漸被淘汰之趨勢。無論軌式或臂式之萬能繪圖儀，其使用方法都因廠牌的不同而有所不同，故本書對其使用方法不予介紹，讀者如欲使用，則需詳讀其說明書，否則很容易損壞此機械。

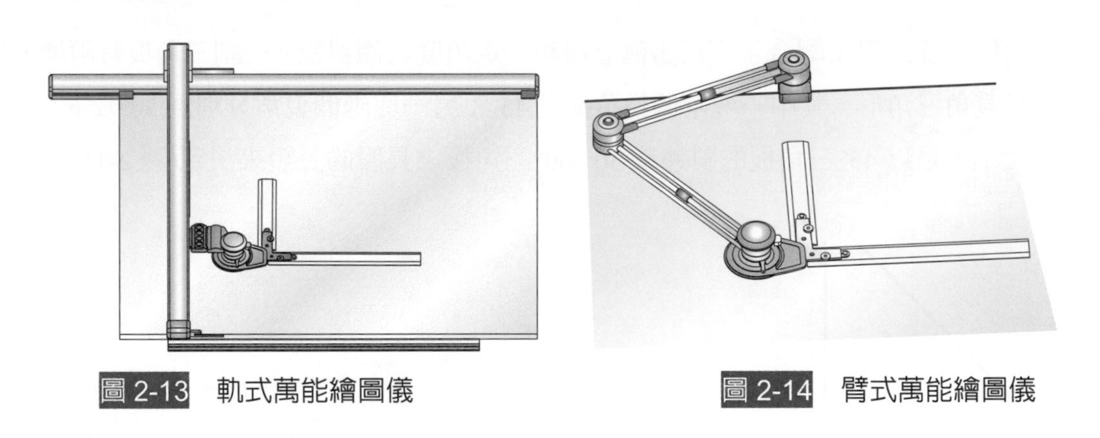

圖 2-13 軌式萬能繪圖儀　　圖 2-14 臂式萬能繪圖儀

2-6 製圖用紙

一般常用之製圖用紙是厚質的**白色道林紙或模造紙**，以及呈半透明的**描圖紙**。紙張的厚薄是以重量計算，愈重就愈厚，公制是以一平方公尺面積一張的克數即 g/m² 爲單位，適合於製圖用的道林紙或模造紙在 125g/m² 至 200g/m² 之間，描圖紙則在 50g/m² 至 95g/m² 之間。

根據我國國家標準的規定，**工程圖採用 A 組大小**。A 組紙張大小規格則如表 2-1 所示。令 A0 **的面積為** $1m^2$，**長邊為短邊的** $\sqrt{2}$ **倍**，而得 A0 的長邊 X=1189mm、短邊 Y=841mm。A1 的面積為 A0 的一半，A2 的面積為 A1 的一半，餘類推。目前業界為配合電腦列表機之輸出，常用 A3 規格，也有為傳真或電子郵件而採用 A4 規格。

表 2-1　我國國家標準紙張之規格及長寬關係

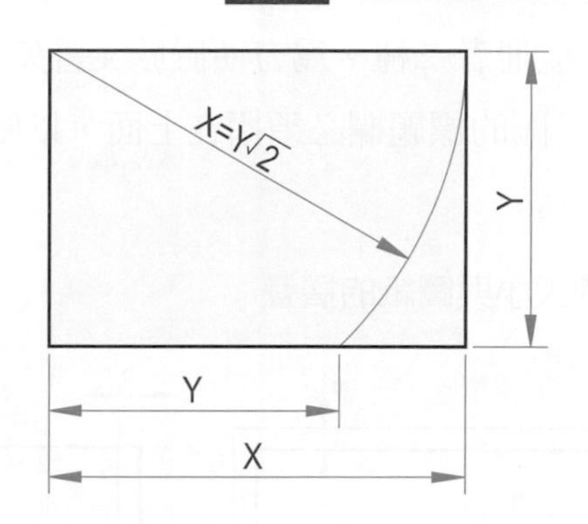

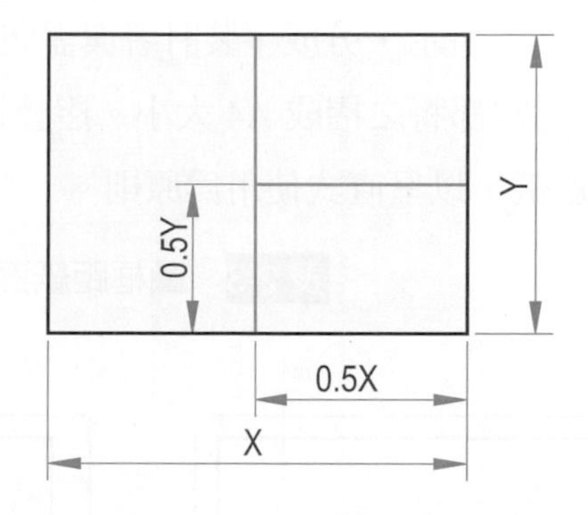

單位：mm

格　式	A0	A1	A2	A3	A4
尺　度	1189×841	841×594	594×420	420×297	297×210

市面上因影印機所用之紙張除 A 組外，還有 B 組，其大小規格則如表 2-2 所示，令 B0=$1.5m^2$，得長邊為 1456mm、短邊為 1030mm，B1 的面積為 B0 的一半，B2 的面積為 B1 的一半，餘類推。

表 2-2　B 組紙張之規格及長寬關係

單位：mm

格　式	B0	B1	B2	B3	B4	B5
尺　度	1030×1456	728×1030	515×728	364×515	257×364	182×257

目前市面上出售的紙張，仍有沿用過去的習慣，其大小是以「開」論。常用的有全開、對開、四開、八開、十六開、卅二開等數種。所謂八開，即將一張全開的紙裁成等面積八張的意思。**全開的面積為** 787mm×1092mm，對開的面積即為全開的一半，四開的為對開的一半，餘類推。

道林紙或模造紙供鉛筆繪製草圖、設計圖等用，描圖紙雖名為描圖，但其不僅用於描圖，而且供鉛筆或墨水筆直接在上面繪製工作圖等用。因描圖紙紙質較易破損，不易作長期貯存，所以有較耐用且性質與描圖紙相似之描圖膠片問世，但因其價格太貴，未能普遍被採用。

在正式的圖面上，圖紙的邊緣要畫上圖框，作為圖在複製時之定位依據，圖框距紙邊的大小如表 2-3 所示，分成不裝訂者與需裝訂成冊者二種。為方便置於文書夾中，較 A4 大的圖紙，通常都將之摺成 A4 大小。摺疊時，圖的標題欄必須摺在上面，以便查閱。而 A4 大小的圖紙，以呈直式使用為原則。

表 2-3　圖框距紙邊的大小與圖紙的摺疊

不裝訂者　　需裝訂成冊者　　摺成 A4 大小

單位：mm

圖紙大小	A0	A1	A2	A3	A4
a	15	15	15	10	10
b	25	25	25	25	25

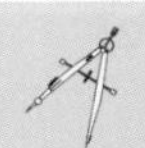 2-7　製圖膠帶及固定圖紙的方法

繪圖時，除徒手繪製外，都必須將圖紙固定在製圖板上。過去都用圖釘固定，現在都改用製圖膠帶。製圖膠帶是一種紙質膠帶，用以固定圖紙既不易損傷圖紙，又易於取除，使用非常方便。

固定圖紙的方法：

1. 將圖紙放在製圖板上的左下方，離圖板左邊及下邊均各為 10 公分左右。使用萬能繪圖儀者，則將圖紙放在製圖板的中央偏下方。
2. 將丁字尺的頭部緊靠製圖板的左側邊，使圖紙的上緣與丁字尺之工作邊對齊。使用萬能繪圖儀時，其水平尺視同丁字尺之尺葉。
3. 將丁字尺滑下少許，用製圖膠帶將圖紙之上緣兩角固定。
4. 將丁字尺壓住圖紙往下移近圖紙下緣，固定下緣兩角即可(圖 2-15)。使用壓條者，則將壓條壓在圖紙之上緣及下緣後，再壓左緣與右緣。

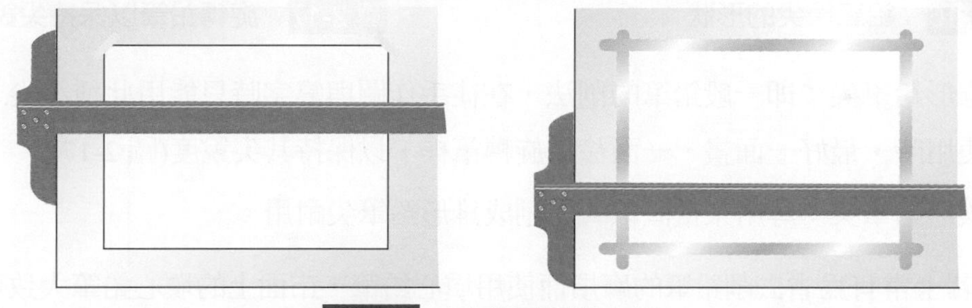

圖 2-15　固定圖紙的方法

2-8　鉛筆及其削法

鉛筆的種類很多，依鉛筆心的硬度可分為**硬性類**、**中性類**、**軟性類**三大類。一般來說，由 4H 到 9H 的為硬性類，由 3H 到 H、F、HB、B 為中性類，由 2B 到 6B 為軟性類。由於要求線條粗細的不同，以及所用圖紙種類的差別，選用鉛筆的軟硬度不盡相同，再加上各廠商製造出來的鉛筆，其筆心的軟硬度亦不一致，因此鉛筆的選用很難作一明確的規定，一般都用 3H 到 6H 的硬性鉛筆畫底線，用 H、F 或 HB 的寫字或畫完成線。至於軟性鉛筆，則不適用於繪製工程圖。

鉛筆筆尖的削法，依使用的不同，其形狀可分為錐形及楔形，其筆心露出木桿之外約 10mm 長(圖 2-16)。

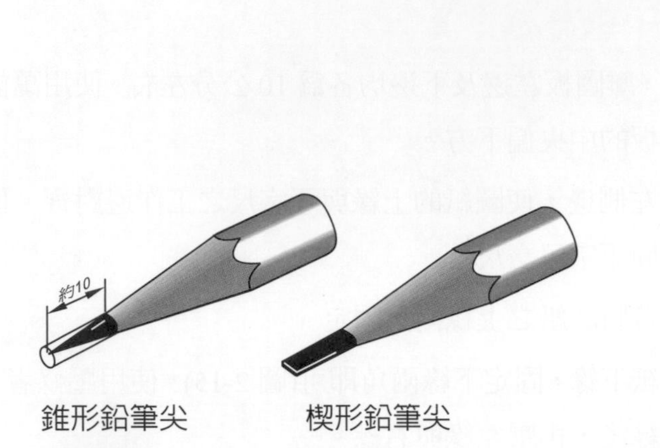

圖 2-16 鉛筆筆尖的形狀

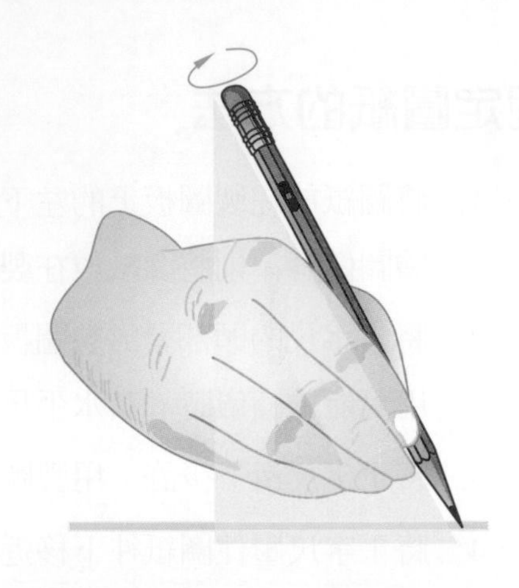

圖 2-17 旋轉鉛筆以保持尖銳

1. 錐形鉛筆尖：即一般鉛筆的削法，在徒手作圖與寫字時只能用此種筆尖之鉛筆。使用時，最好一面畫，一面徐徐旋轉筆桿，以保持其尖銳度(圖 2-17)。
2. 楔形鉛筆尖：專用來畫直線，比削成錐形鉛筆尖耐用。

在製圖上常有爲省去削鉛筆的麻煩而使用塡心鉛筆，市面上的塡心鉛筆大致可分爲兩大類(圖 2-18)。一大類爲專塡直徑 2mm 之筆心，使用時則須將筆心伸出約 10mm 長，然後用刀片削尖或用研心器(圖 2-19)研磨之。另一大類之塡心鉛筆則依筆心之粗細而有 0.3mm、0.5mm、0.7mm、0.9mm 等之分別，使用此類鉛筆不需研心，但其繪成線條之粗細則受筆心粗細限制，如 0.5mm 只能用來畫 0.5mm 粗之線條，因此讀者可依自己的需要選用。

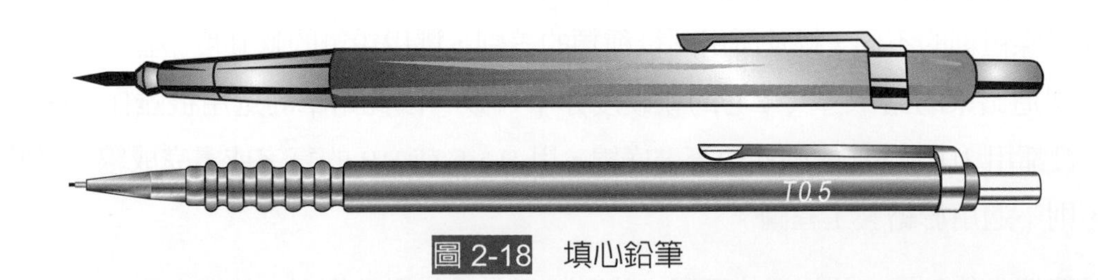

圖 2-18 塡心鉛筆

平磨研心器

旋磨研心器

圖 2-19 研心器

2-9 畫水平線與直立線

丁字尺是專用來畫水平線的，畫時先用左手將丁字尺頭部緊靠製圖板的工作邊，然後左手順勢壓住丁字尺葉，右手握鉛筆，使筆尖緊靠丁字尺工作邊，筆尖向右傾斜 60°，自左至右畫即可(圖 2-20)。

畫直立線時，丁字尺須同時配合三角板，畫時由下往上畫(圖 2-21)。如採用萬能繪圖儀時，須注意如圖 2-22 所示之畫法才是正確的。

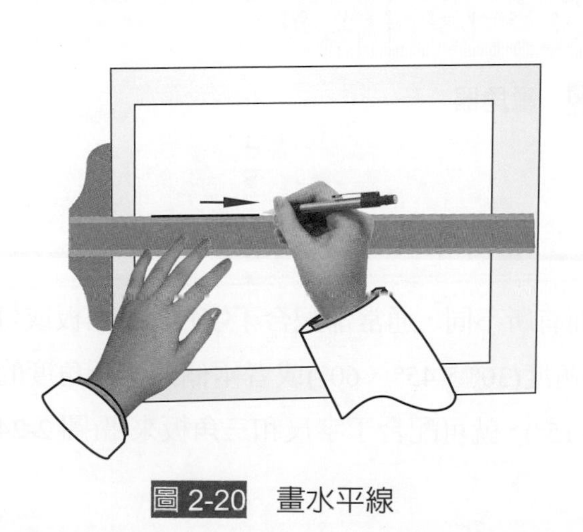

圖 2-20 畫水平線

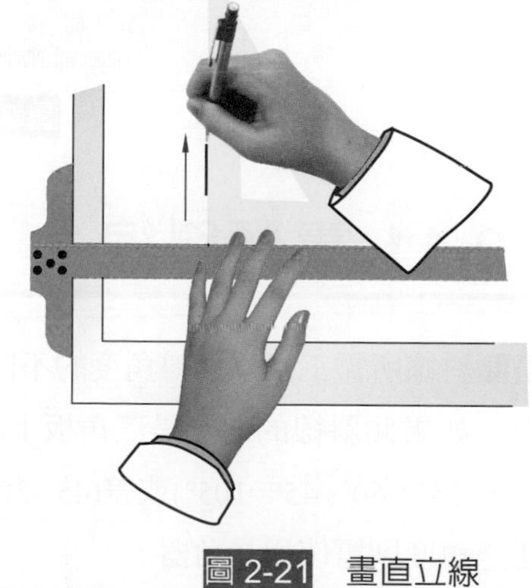

圖 2-21 畫直立線

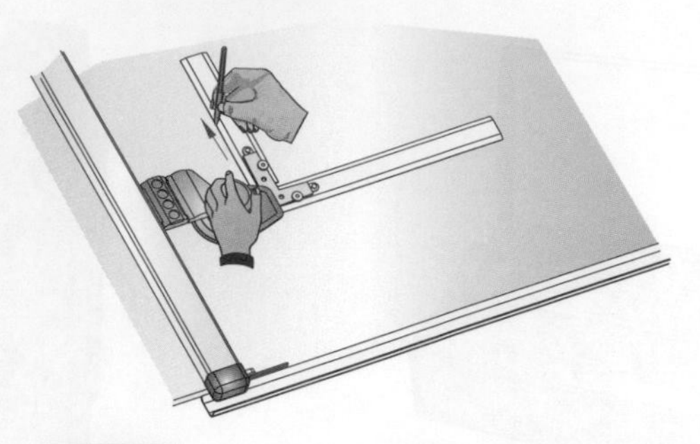

圖 2-22 利用萬能繪圖儀畫直立線

2-10 量角器

量角器是有呈圓形亦有呈半圓形的，大都用透明塑膠片製成，上面刻有刻度，**每一小格為一度**。其使用法如圖 2-23，是以 O 點對準所需量角度之頂點，以 O 至 0°之邊對齊所量角度的一邊，則角度另一邊所指之度數即爲所量角度之度數。

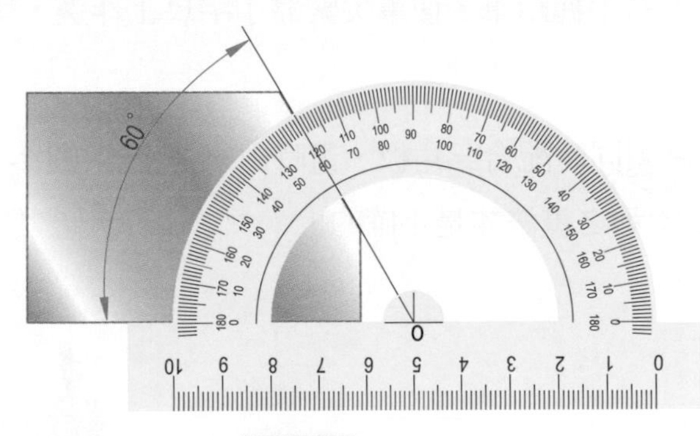

圖 2-23 量角器

2-11 畫傾斜線

畫傾斜線所需工具依傾斜角度的不同而有所不同，通常都配合丁字尺、三角板或量角器來畫。如果傾斜線的角度是三角板上的角度(30°、45°、60°)或者兩個三角板角度的和(30°+45°=75°、60°+45°=105°)或差(45°-30°=15°)，就可配合丁字尺和三角板來畫(圖 2-24)。如爲任意角度則需使用量角器。

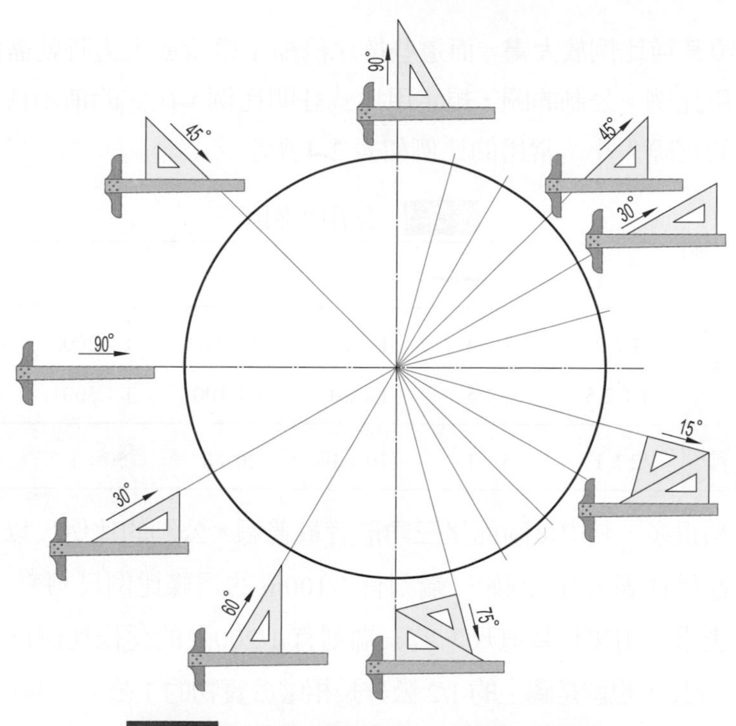

圖 2-24 配合丁字尺和三角板等分圓周

2-12 直尺與比例尺

在製圖中的度量工具不外乎直尺與比例尺，以下將分述其正確使用法：

一、直　尺

在製圖工作中，最簡單的度量工具就是**直尺**。使用直尺時，必須要知道它上面刻度的讀法。公制直尺的刻度一般以公釐爲最小單位，**每一小格為一公釐(mm)，每十小格為一公分(cm)，公分是直尺上長度標記的單位**，而公釐卻是圖上最常用的單位。如果所畫的物體尺度很大，用公釐爲單位不太方便時，則可改用公分或公尺爲單位，但一定要在圖上特別註明。未註明時，都認定以公釐爲單位。

二、比例尺

製圖時，物體最好能夠依照它原來的大小畫下來，但有時因物體太大，圖紙不能容納，必須按照某種比例縮小畫；有時物體很小，如果依照它原來大小畫，則線條都擠在一起看不清楚，就得按照某種比例放大畫。而這些按比例縮小畫或放大畫時就需使用比例尺，且在圖上應註明所用比例。公制的圖，規定用比式註明比例，比式的前項代表圖中的線長，後項代表物體上的實際大小。常用的比例如表 2-4 所示。

表 2-4　常用比例

實大比例	1：1					
縮小比例	1：2	1：4	1：10	1：50	1：200	1：1000
	1：2.5	1：5	1：20	1：100	1：500	
放大比例	2：1	5：1	10：1	20：1	50：1	100：1

比例尺的種類很多，其中以斷面呈**三角形**者最普遍。公制的比例尺以公分為單位，即尺上所刻的數字都是代表公分。例如一端刻有 1/100m 的這條比例尺，每一大格為 1 公分，等於實際長度，也常被用來代替直尺。若一端刻有 1/200m 的這條比例尺，是把每一大格 1/2 公分當作 1 公分長，也就是圖上的 1/2 公分長相當於實物的 1 公分，其比例標註為 1：2 (圖 2-25)。放大時若用同一條的比例尺，即將這條比例尺上 的每一大格 1/2 公分當作 1 公釐長，也就是圖上的 1/2 公分(5 公釐)長相當於實物的 1 公釐，其比例標註為 5：1(圖 2-26)。

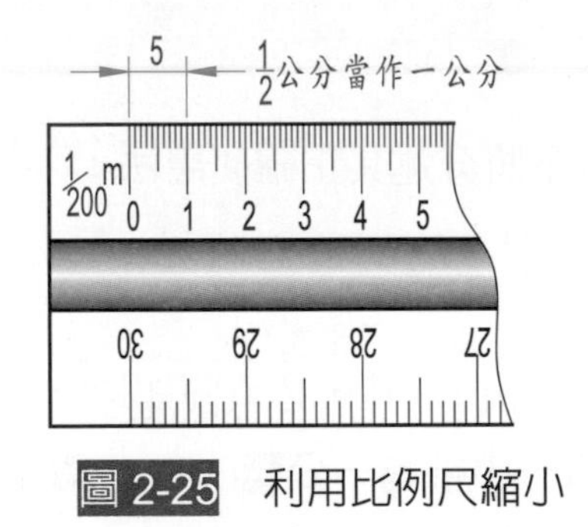

圖 2-25　利用比例尺縮小

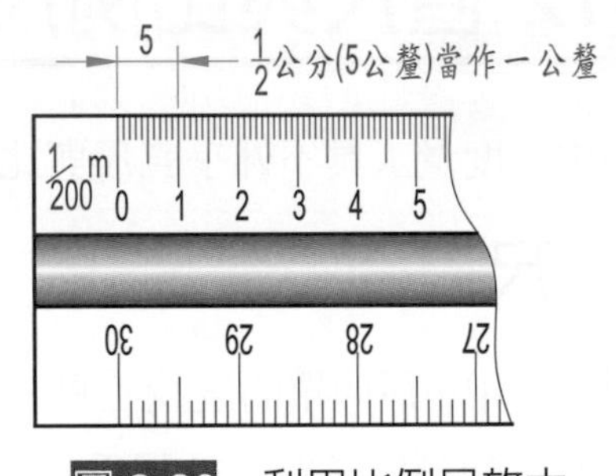

圖 2-26　利用比例尺放大

不論用普通的直尺或比例尺在圖上度量線長時，都應該將尺沿著要度量的直線放置，並使尺上的刻度對準直線左方的起點處，眼睛位於刻度的正上方，用鉛筆尖在所需長度處做一垂直於尺邊的豎線記號。如果要在一直線上度量許多長度，為避免累積的誤差，盡量不移動尺，一起順序量好為原則(圖 2-27)。

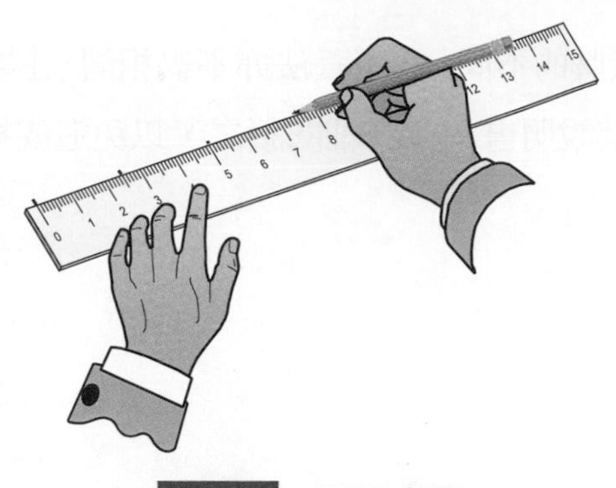

圖 2-27　用尺度量

2-13 針　筆

針筆是手繪工程圖所用之上墨工具，其型式有如鋼筆，其使用及攜帶亦如鋼筆之方便。其構造大致可分爲筆帽、筆尖、套頭、墨水管及筆桿等部分(圖 2-28)。

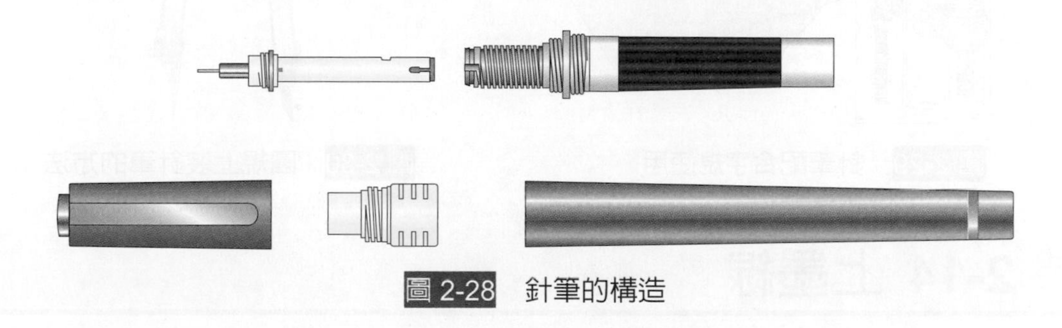

圖 2-28　針筆的構造

針筆是以筆尖的粗細分類，目前有**兩個系統**，一系統是按標準圖紙大小縮小或放大複製後線條的粗細分類：有 0.13、0.18、0.25、0.35、0.5、0.7、1.0、1.4 及 2.0 等，而另一系統是以 0.1 或 0.2 的間隔分類：有 0.1、0.2、0.3、0.4、0.5、0.6、0.8、1.0 及 1.2 等。而這些號碼所表示的，亦即爲所畫出線條的粗細，例如 0.13 的針筆表示該筆畫出來的線條粗細爲 0.13mm。

針筆除可畫線外，也可用來寫字，更可配合字規或模板使用(圖 2-29)。

使用針筆時須注意握筆的方式，握筆的方式如握鋼筆，但須注意使針筆的筆尖垂直於紙面，以免造成線條粗細之不勻，或使筆尖磨損。

至於針筆的保養，因廠牌的不同，其保養法亦不盡相同，主要是勿使墨水乾固於筆尖，希望讀者在購買時，索取其說明書，並詳細閱讀之，以免造成損失。

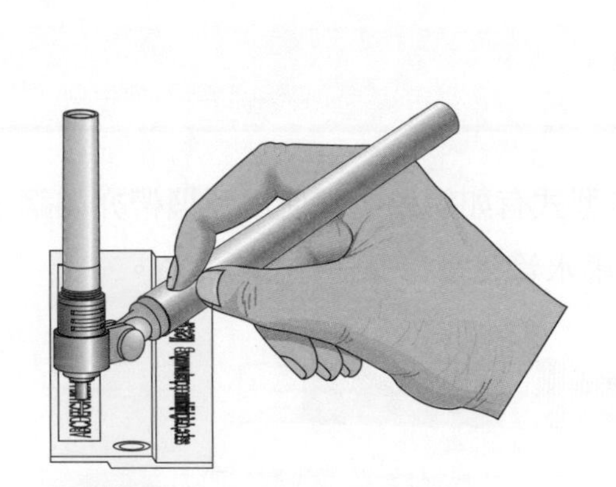

圖 2-29　針筆配合字規使用

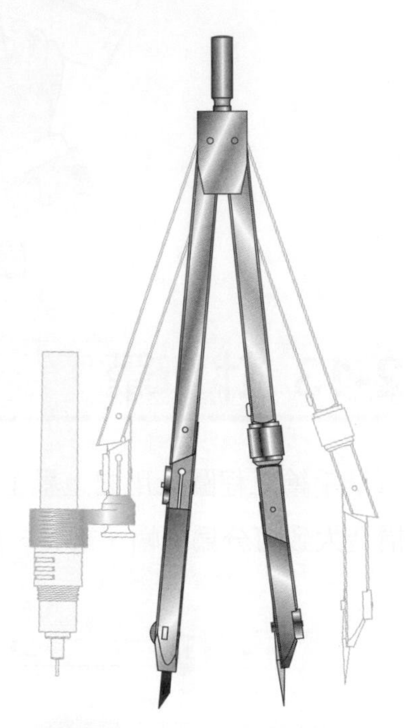

圖 2-30　圓規上裝針筆的方法

2-14 上墨線

直線或曲線要上墨時，可用丁字尺、三角板、直尺或曲線板等工具作爲引導。而圓要上墨時，則須將圓規的鉛筆尖換上針筆尖，換針筆尖時，一般圓規上須用圓規連結器，再將針筆尖裝於連結器上(圖 2-30)。

無論用鴨嘴筆或針筆上墨，須注意以下各點：

1. 全圖中如有粗、中、細三種線條時，先上粗線，再上中線，最後上細線。
2. 全圖中有圓與直線相切或相接時，若用圓規畫圓者，應先上圓或圓弧部分再上直線部分；若用模板畫圓，則先上直線部分再上圓或圓弧部分。
3. 墨線都應使鉛筆底線位於墨線的中央，尤其切線時更應特別注意(圖 2-31)。

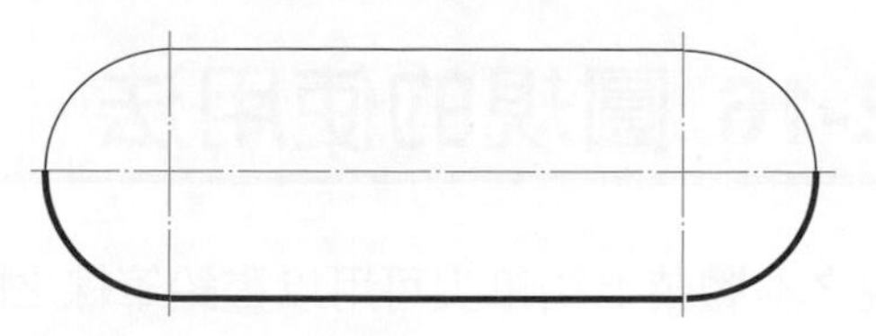

圖 2-31　鉛筆底線位於墨線的中央

2-15 圓規的種類

圓規是用來畫圓或圓弧的工具，其種類大約可分爲點圓規、彈簧圓規、普通圓規、速調圓規及梁規等(圖 2-32)。點圓規是用來畫半徑 3mm 以下的小圓或小圓弧；小型彈簧圓規是用來畫半徑 3mm 以上 24mm 以下的圓或圓弧；普通圓規是用來畫半徑 24mm 以上 120mm 以下的圓或圓弧，若在普通圓規上加裝接長桿，則可畫半徑達 200mm 之圓或圓弧；梁規則是一種專門畫大圓或大圓弧的工具，在板金的工作圖中常被採用；而速調圓規是綜合點圓規、彈簧圓規及普通圓規功能於一體之圓規。

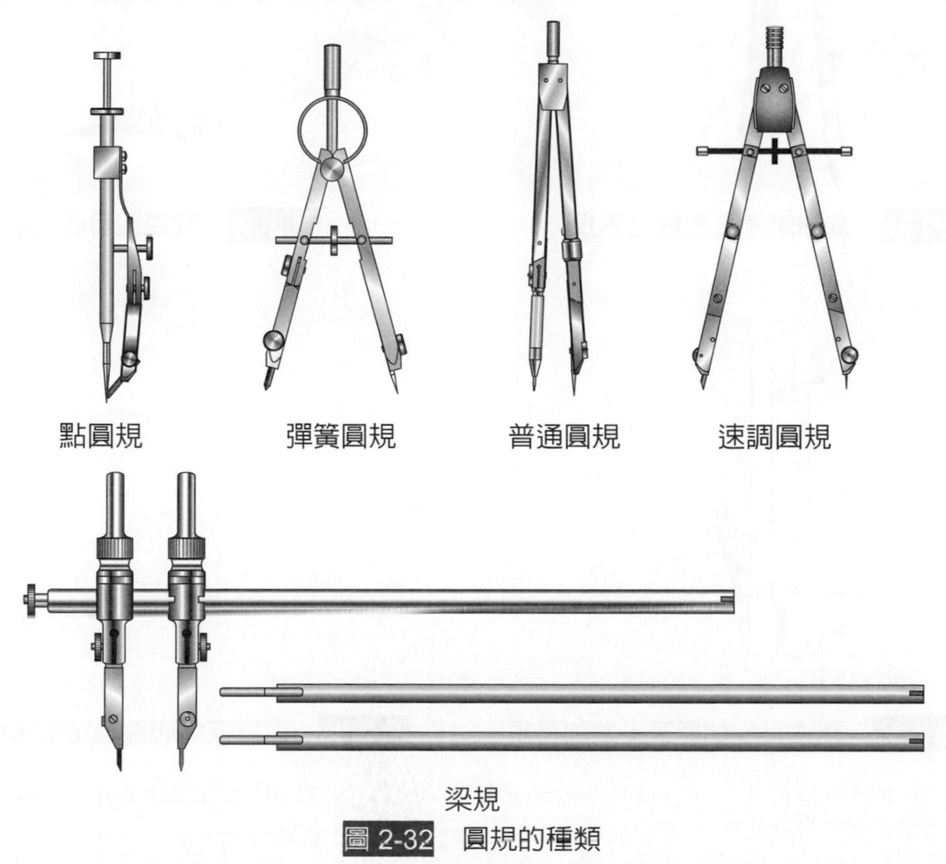

圖 2-32　圓規的種類

2-16 圓規的使用法

圓規之本體裝上鉛筆尖可用以畫鉛筆線之圓(圖 2-33)。裝在圓規上之鉛筆心，一般都採用比畫直線者稍軟之筆心。而圓規上鉛筆心之削法大都採用楔形，其長度約爲 6mm(圖 2-34)。裝上圓規後，使鉛筆尖端約短於針尖端 0.5mm，亦即將圓規針尖刺入圖紙後，鉛筆尖端正好觸及紙面(圖 2-35)。上墨換成針筆尖時，筆尖端也應略短於針尖端。

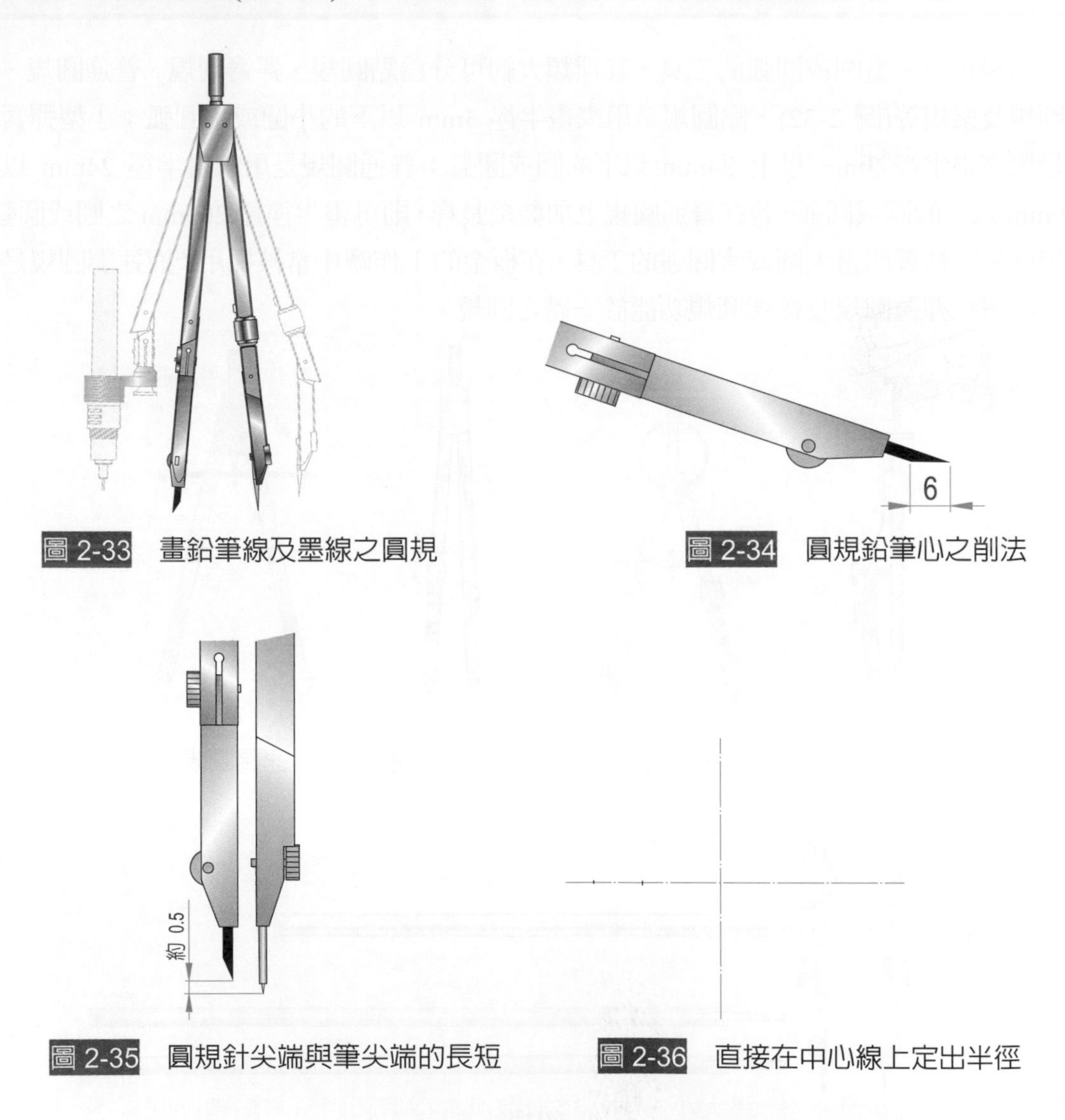

圖 2-33 畫鉛筆線及墨線之圓規

圖 2-34 圓規鉛筆心之削法

圖 2-35 圓規針尖端與筆尖端的長短

圖 2-36 直接在中心線上定出半徑

無論用何種圓規畫圓時，都應先定出圓心之所在。量度時，先畫出中心線，然後在中心線上直接定出其半徑(圖 2-36)，千萬不要用圓規在直尺或比例尺上度量，除量度不易外，並防止尺上刻度受損。

一、點圓規之使用

1. 以右手之拇指與中指執點圓規之本體上部，食指按在針腳之頂端，以左手之中指輔助針尖定於圓心上。
2. 以左手調整半徑之大小。
3. 放開左手，右手食指按住針腳之頂端，然後利用右手之拇指與中指將圓規本體順時針旋轉即可畫得點圓(圖 2-37)。

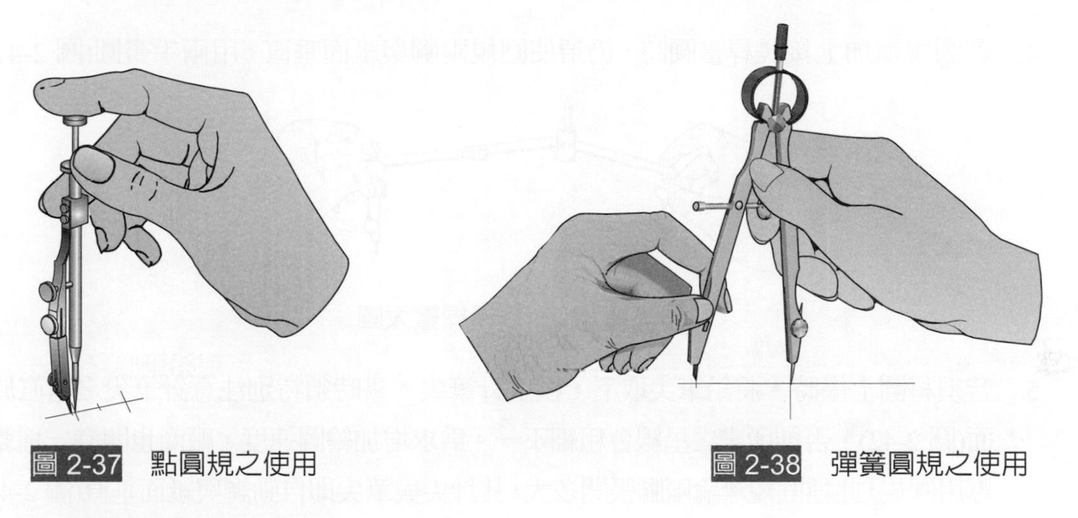

圖 2-37 點圓規之使用

圖 2-38 彈簧圓規之使用

二、彈簧圓規之使用

1. 以右手執彈簧圓規柄，左手之中指輔助針尖定於圓心上。
2. 以左手當輔助，右手之拇指和食指旋轉螺釘，調整半徑之大小(圖 2-38)。
3. 以拇指與食指順時針方向轉動圓規柄端，且使圓規向畫線方向傾斜畫圓即得。

三、普通圓規之使用

1. 以右手之拇指與食指執圓規柄，左手之中指或小指輔助針尖定於圓心上(圖 2-39)。
2. 用左手調整圓之半徑大小，然後以拇指與食指依順時針方向轉動圓規柄，且使圓規向畫線方向傾斜畫之即得。

3. 若所畫之圓半徑較大時，則必須將圓規兩腳之關節處彎曲，使兩腳與紙面成垂直後再畫圓(圖 2-40)。

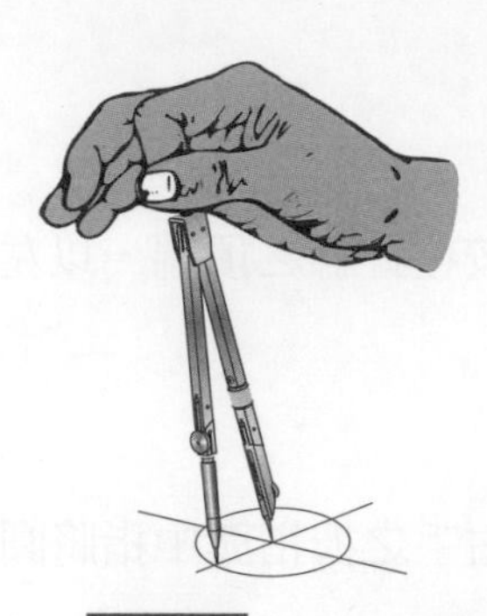

圖 2-39　普通圓規之使用

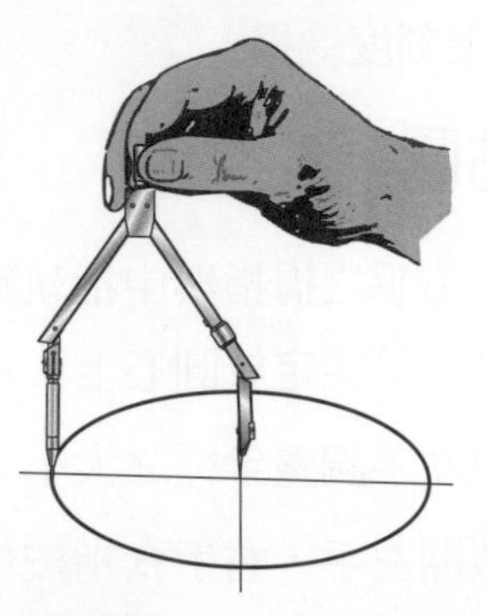

圖 2-40　圓規兩腳均垂直於紙面

4. 若圓規須加上接長桿畫圓時，仍須使圓規兩腳與紙面垂直，用兩手畫圓(圖 2-41)。

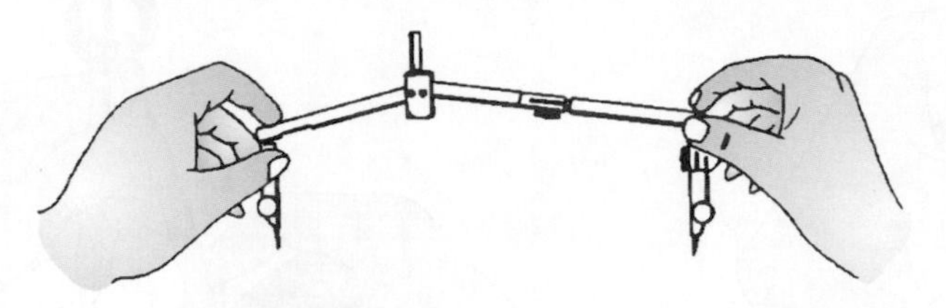

圖 2-41　裝上接長桿畫大圓

5. 若須將圓上墨時，將鉛筆尖取下，換上針筆尖。畫時須特別注意針筆尖之垂直於紙面(圖 2-42)，否則所畫之墨線會粗細不一。為求增加繪圖速度，廠商也開發一種製圖專用圓規，此種圓規無論兩腳張開多大，其針尖與筆尖即自動調與紙面垂直(圖 2-43)。

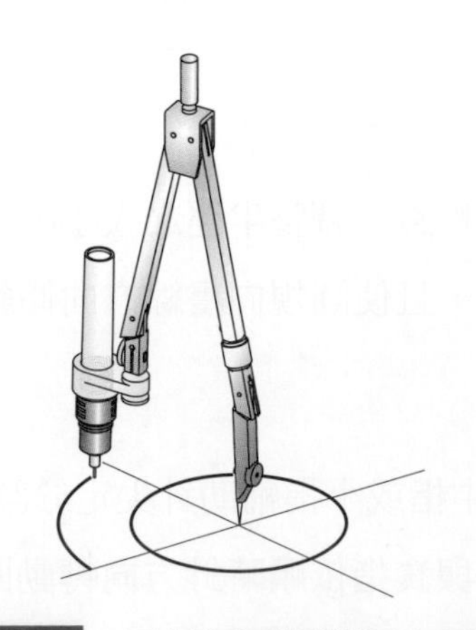

圖 2-42　用普通圓規將圓上墨

圖 2-43　製圖專用圓規

6. 如欲畫許多同心圓時，則應先畫小圓而後畫大圓，以免因圓心之擴大而影響圓之位置。若有圓心片時，可使用圓心片，以防止圓心之擴大(圖 2-44)。

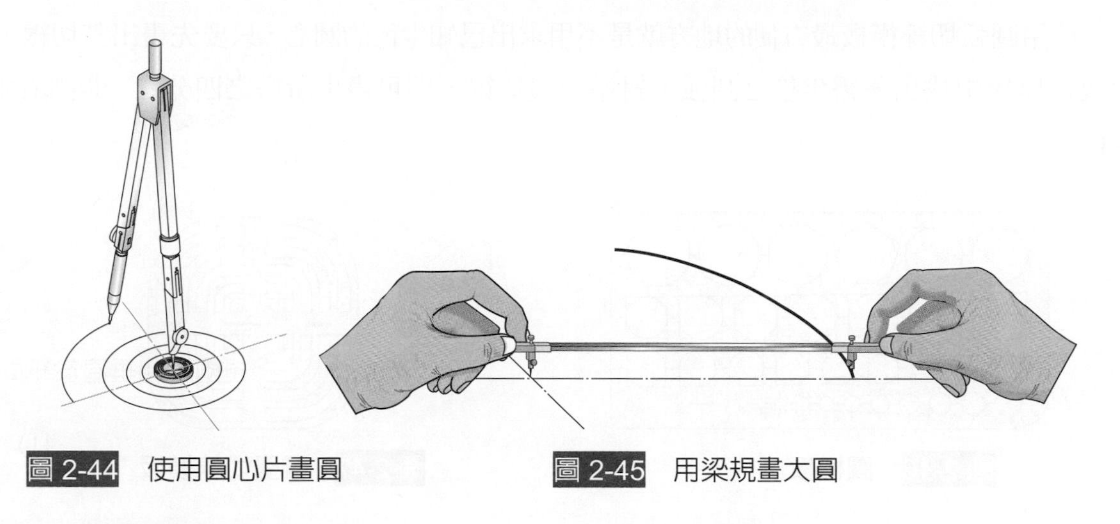

圖 2-44 使用圓心片畫圓

圖 2-45 用梁規畫大圓

四、梁規之使用

1. 將梁規之針尖及筆尖之固定螺釘放鬆，將其移動至大約所須半徑後，將針尖的螺釘旋緊固定。
2. 用左手旋緊筆尖之固定螺釘。
3. 用右手將針尖定於圓心上，左手調整筆尖旁之微調螺釘至所須半徑。
4. 用兩手畫圓即可(圖 2-45)。

2-17 模　板

由於工業的發達，時間是愈來愈被重視，因此繪圖的專業人員爲了求圖能迅速完成，常須靠模板來增快其繪製速度。由於繪圖界的重視，各種模板相繼問世，諸如圓模板、圓弧模板、圓弧切線模板、橢圓模板、等角橢圓模板、拋物線模板、螺釘模板、表面符號模板、電工及電子符號模板、建築用模板等。各種模板都爲節省繪圖時間而設計製造，因此使用起來非常方便，本節中僅介紹最常使用之圓模板及圓弧切線模板。

圓模板(圖 2-46)是用來畫圓的工具，模板上含有數個圓孔，其直徑由 1mm 至 36mm 等。使用時，須先畫妥中心線，然後將模板中所需直徑之圓孔的中心線與所畫之中心線對準後，沿圓孔邊畫出所需之圓。但因對準中心線甚為費時費力，尤其繪製同心圓時，很難繪成同心，故遇此情況，建議使用圓規繪製，能得較為理想之結果。

使用圓弧切線模板最方便的地方就是不用求出已知半徑的圓心，只要先畫出其切線，然後在模板中找出所需半徑之圓弧，對準兩邊切線，即可畫出所需之四分之一圓弧(圖2-47)。

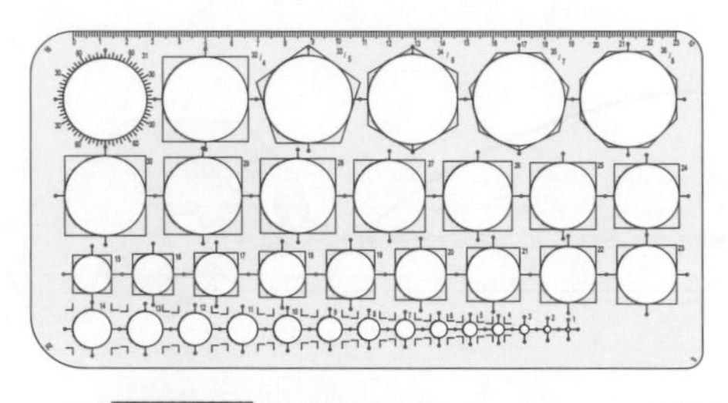

圖 2-46 圓模板

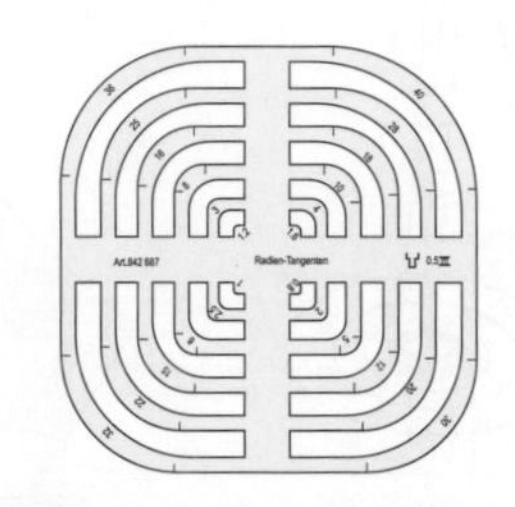

圖 2-47 圓弧切線模板

2-18 分 規

分規是用以移取或量取等長度之用具。當要以分規取等長度時，其取法可如圖 2-48 所示，其調整與圓規相同。目前大都以圓規取代之。

設將一已知線段 AB 用分規等分為五時，則使分規兩腳張開至線段 AB 約五分之一的大小，自線段的 A 端量起，找出各分點，若第五點未達線段的 B 端，表示分規的張口稍小，則放大至餘下長度 5B 的五分之一，重行量之(圖 2-48 右)；若第五點超過線段的 B 端，表示分規的張口稍大，則縮小至超過長度的五分之一，重行量之。

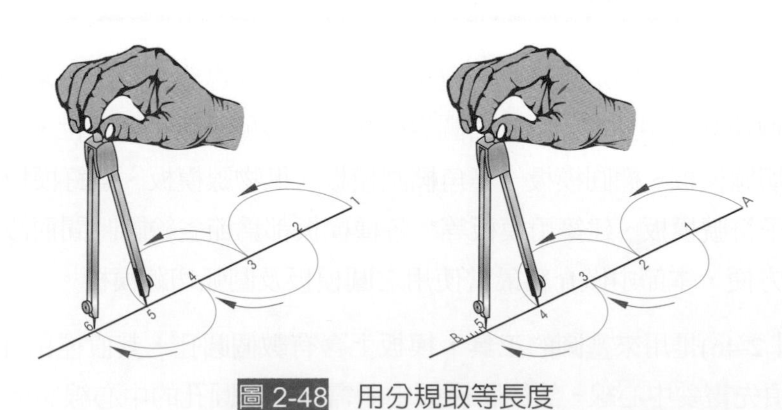

圖 2-48 用分規取等長度

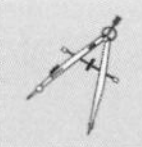

2-19 曲線板與可撓曲線規

物體上常有很多不規則曲線，這些不規則曲線一般都用曲線板來繪製，繪製時應先定出不規則曲線上的各點，理論上定出的點愈多所得曲線愈準確，然後用鉛筆徒手連接各點輕描出此曲線，再在曲線板上找合適的曲線，勾出吻合部分的中段，其他依此類推，勾出整個曲線(圖 2-49)。

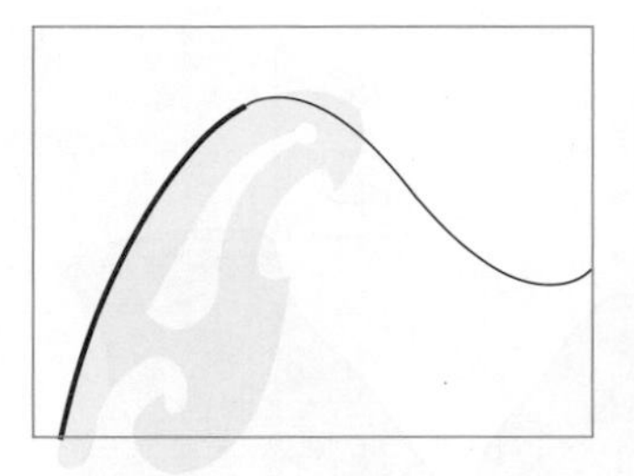
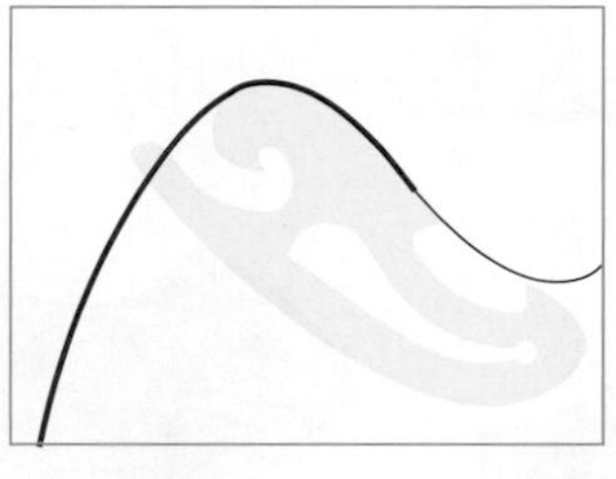
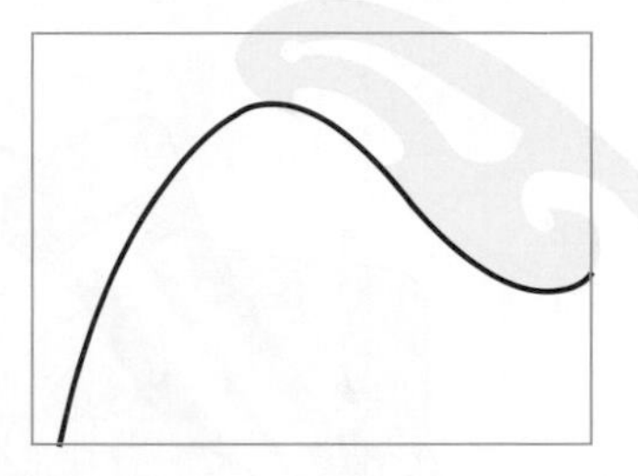

圖 2-49 曲線板之使用

畫不規則曲線除了用曲線板外，還可用可撓曲線規(圖 2-50)。可撓曲線規可自由彎曲成所需要的形狀，用起來比曲線板方便，但較小的彎曲處，可撓曲線規不易彎成，因此適合用來畫大形的不規則曲線。

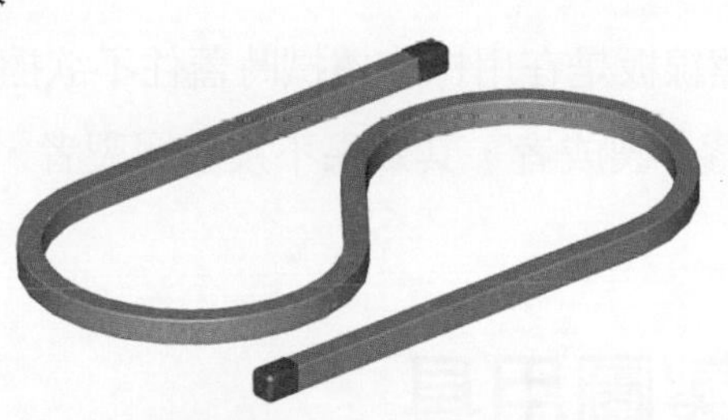

圖 2-50 可撓曲線規

2-20 橡皮及擦線板

在製圖的過程中，橡皮是一不可缺少的消耗品，如果圖上有錯誤或需稍作變更，就要用橡皮來擦除。當然橡皮是用得愈少愈好，因爲一張圖如果用橡皮擦過後，線條就顯得毛糙而不光滑，且又需耗費擦拭時間。

製圖上用的橡皮有兩種：一種是用來**擦拭鉛筆線**的；另一種是用來**擦拭墨線**的。用來擦拭鉛筆線的橡皮，屬軟性者。選用時，除了考慮擦拭鉛筆線外，還需考慮於墨線圖中，擦拭鉛筆線時對墨線的影響較小者爲佳。用來擦拭墨線的橡皮，目前市面上大致分爲兩類：一類是含有小顆粒的硬橡皮，用來擦除畫在模造紙或描圖紙上的墨線，其缺點是較易損傷紙面；另一類是具有化學藥品的橡皮，利用化學作用來擦除描圖紙上的墨線。市面上更有電動之橡皮擦出售(圖 2-51)，擦時省時省力。電動橡皮擦上所填裝之橡皮爲細條狀，有軟性的用以擦鉛筆線，亦有含小顆粒硬性的用以擦墨線。

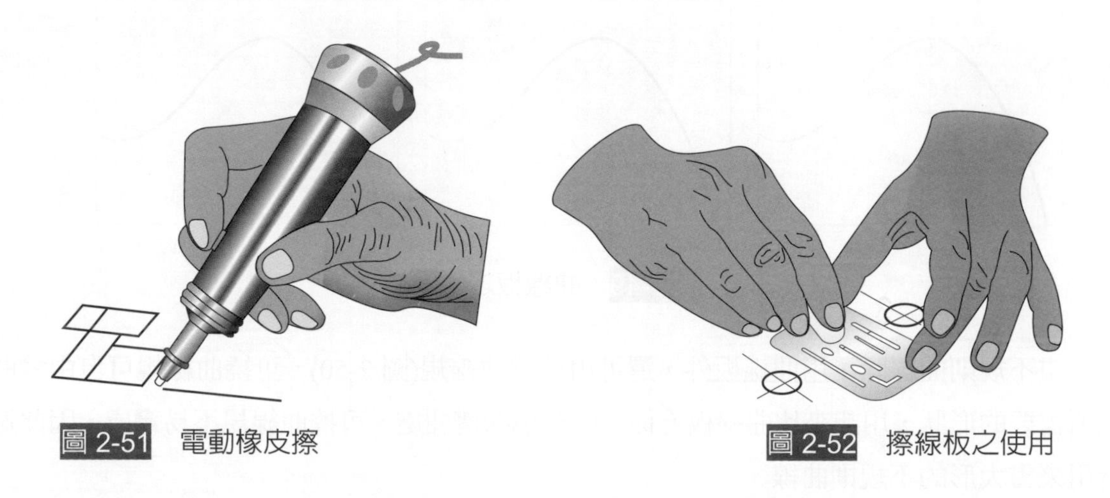

圖 2-51 電動橡皮擦

圖 2-52 擦線板之使用

擦線板俗稱消字板，擦線板是在用橡皮擦拭時蓋住不欲擦除部分之一種用具，大都以金屬薄片製成，亦有用塑膠片製成者，其效果不及金屬製者，圖 2-52 是使用擦線板之示範。

2-21 電腦製圖用具

以電腦來繪製工程圖，需具備的用具在硬體部分，除一般的主機、螢幕、記憶體、光碟機外需加上繪圖卡，滑鼠則建議採三鍵式較爲方便；軟體部分除作業系統 Windows、Linux 外，尚需要繪圖軟體，繪圖軟體有 2D 及 3D 之軟體。繪製軟體種類甚多，目前產業界使用最多的 2D 軟體爲 AutoCAD，因此本書內敘述即採用 AutoCAD 作爲製圖時說明之依據。所附電腦檔 3D 部分則以 SolidWorks 繪製，2D 部分仍採用 AutoCAD。

利用水平線及直立線畫法，畫出下列立體字及書架的形狀，大小不拘，斜線與水平線成 45°或 30°。

1

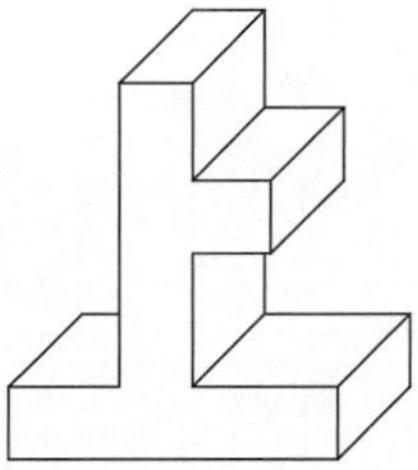

2

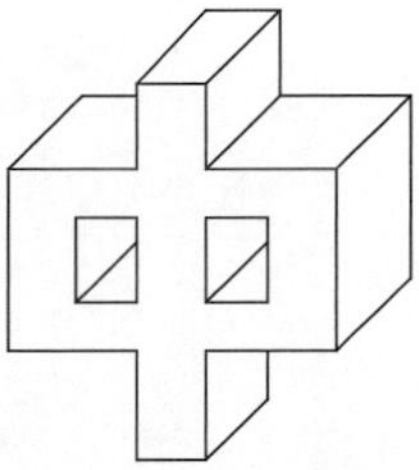

3

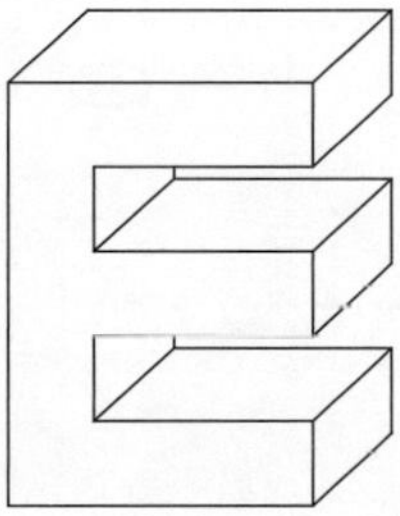

4

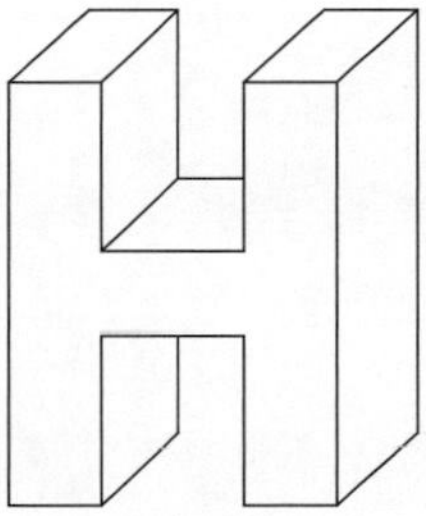

5

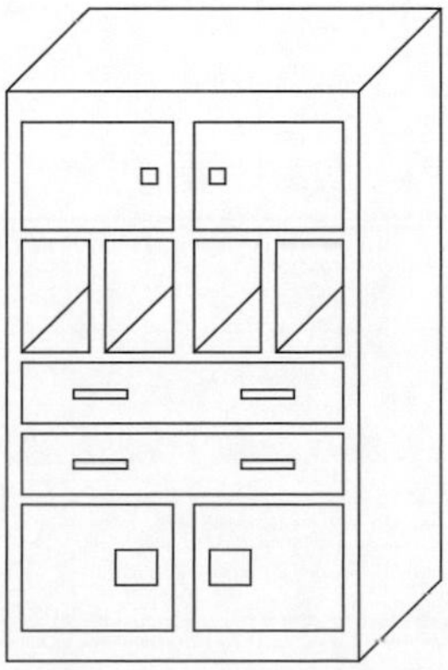

6

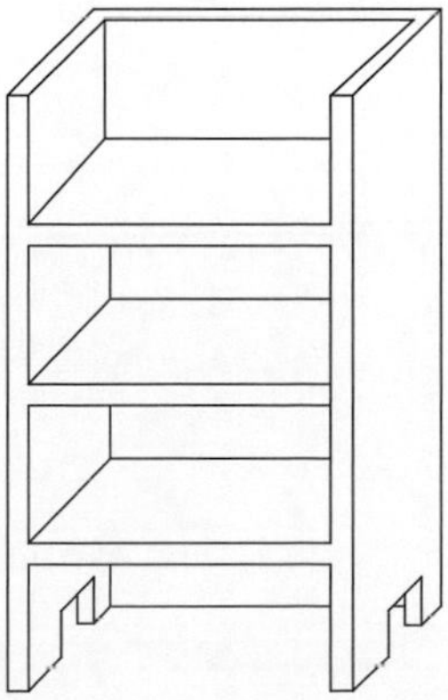

Chapter 3

線條與字法

3-1 線條的分類

線是構成圖面之基本要素，工程圖中所用之線，因其用途之不同而有種類、粗細及畫法之規定(表 3-1 及圖 3-1)。

表 3-1 各種線條應有之粗細、畫法及用途

種類		式樣	粗細	畫法	用途
實線		A	粗	連續線	可見輪廓線、圖框線
		B	細	連續線	尺度線、尺度界線、指線、剖面線、因圓角消失之稜線、旋轉剖面輪廓線、作圖線、折線、投影線、水平面等
		C		不規則連續線(徒手畫)	折斷線
		D		兩相對銳角高約為字高(3mm)，間隔約為字高6倍(18mm)	長折斷線
虛線		E	中	線段長約為字高(3 mm)，間隔約為線段之 1/3 (1mm)	隱藏線
鏈線	一點鏈線	F	細	空白之間隔約為1mm，兩間隔中之小線段長約為空白間隔之半（0.5mm）	中心線、節線、基準線等
		G	粗		表面處理範圍
		H	粗 細	與式樣 F 相同，但兩端及轉角之線段為粗，其餘為細，兩端粗線最長為字高 2.5 倍 (7.5mm)，轉角粗線最長為字高 1.5 倍（4.5 mm）	割面線
	兩點鏈線	J	細	空白之間隔約為1mm，兩間隔中之小線段長約為空白間隔之半（0.5mm）	假想線

電腦製圖時，一般「圖框線」的粗細，可比「可見輪廓線」的粗細粗些，如可見輪廓線為「0.5」，圖框線則可為「0.7」。

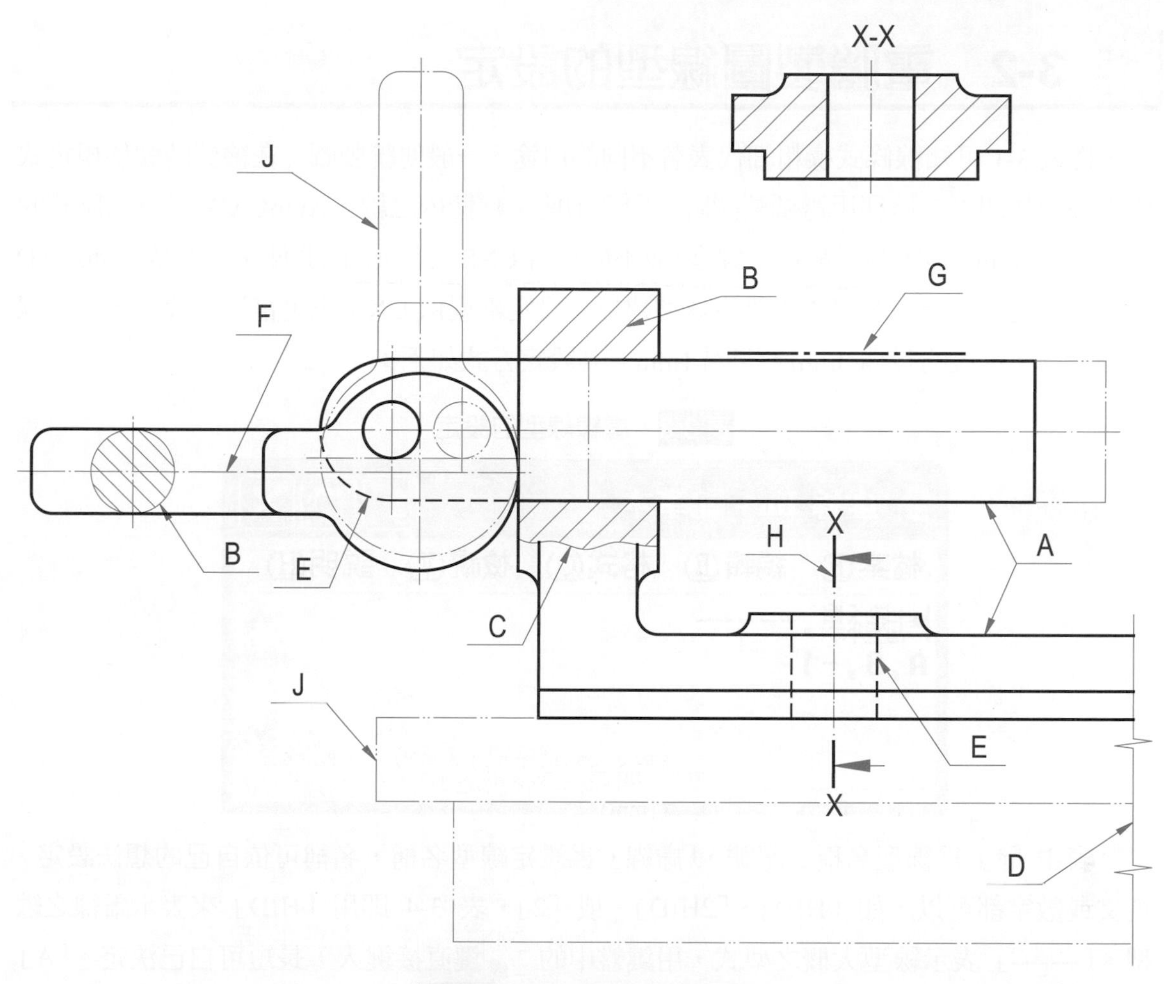

圖 3-1 各種線條應用實例

線條的粗細常依圖面之大小或圖面之繁簡而有所不同，一般中線的粗細約爲粗線的三分之二，而細線約爲中線的一半，表 3-2 是一般常用粗細配合的建議，讀者可參考後，選一組使用。

表 3-2 線條粗細之配合　　單位：mm

粗	1	0.7	0.6	0.5
中	0.7	0.5	0.4	0.35
細	0.35	0.25	0.2	0.18

3-2 電腦製圖線型的設定

從表 3-1 可知線條式樣粗細代表著不同的用途。一般傳統製圖，在繪製時就依規定式樣粗細繪製即可，但利用電腦製圖時，則必須使用軟體內之線，AutoCAD 系統內所設的線型爲 acad.lin，但因其所發展之線型，並不能符合 CNS 之規定，因此使用者需依 AutoCAD 軟體的規定，直接從記事本來設定線型建檔，設定線型依 CNS 規定畫法來設定，如虛線之畫法爲「每段的長爲 3mm，間隔 1mm」其設定方式如下：

表 3-3　虛線線型的設定

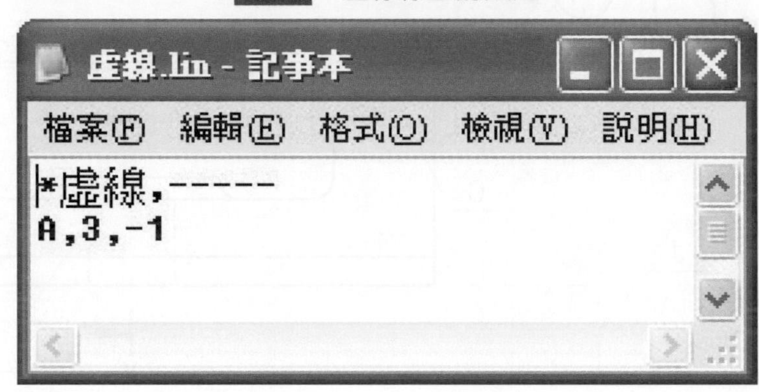

表中「*」爲線型名稱之記號，「虛線」爲設定線型名稱，名稱可依自己的想法設定，英文或數字都可以，如「HID」、「2HID」、或「2」，表 3-4 即用「HID」來表示虛線之線型。「-------」表示線型大概之型式，用鍵盤中的［－ㄦ／－鄉］鍵直接鍵入，長短可自己決定。「A」爲線型格式之起頭，「3」正値表示線段長度，「-1」負値表示空白部分長度，設定時相同線段爲一循環「-------」所以虛線「A,3,-1」之設定就完成。

又如表 3-4 中最末「*PHA10」之設定，「*PHA10」以它代表假想線線段的長線部分爲 10，而「A, 10, -1, 0.5, -1, 0.5, -1」即表示線段長 10，空白之間隔爲 1，兩間隔中之小線段長爲 0.5，再空白之間隔爲 1，再小線段長爲 0.5，再空白之間隔爲 1 之循環，如此「*PHA10」之設定即完成。

讀者可依自己常用線型自行設定建檔，建檔時必須將其儲存成線型檔，表 3-4 即爲筆者所設工程圖中常用之線型檔，檔名爲「A3.lin」，供讀者參考。

表 3-4　工程圖中常用線型之設定

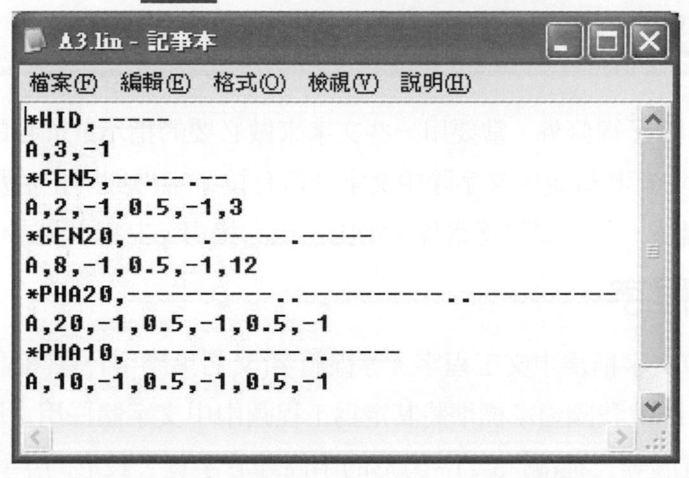


```
*HID,-----
A,3,-1
*CEN5,--.--.--
A,2,-1,0.5,-1,3
*CEN20,-----.-----.-----
A,8,-1,0.5,-1,12
*PHA20,----------..----------..----------
A,20,-1,0.5,-1,0.5,-1
*PHA10,-----..-----..-----
A,10,-1,0.5,-1,0.5,-1
```

有關線條粗細之設定，是以其顏色來設定粗細，我國國家標準為方便圖檔交換，其線型顏色建議如表 3-5。

表 3-5　CNS3 線條粗細與線型顏色

線條用途名稱	顏色	筆寬	線條用途名稱	顏色	筆寬
輪廓線、範圍線	白	0.5	尺度線、尺度界線	綠	0.18
虛線	紫	0.35	中心線、假想線	黃	0.18
中文字	紫	0.35	剖面線、折斷線	青	0.18
數值	紅	0.25	圖框線	藍	0.7

3-3 文　字

在工程圖上，除了線條外，常要用一些文字來做必要的指示或簡單的說明，對這些文字在使用上 CNS 均有其規定。文字除中文字外還有拉丁字母與阿拉伯數字，這些文字在工程圖上均力求端正，大小間隔適當外，均由左至右橫書。其餘分述於下：

一、中文工程字

工程圖上的中文字稱爲中文工程字。等線體字(又名黑體字)，其筆劃粗細一致，符合工程圖中之要求，因此我國國家標準將其定爲工程圖中中文字體採用之原則。中文工程字有長形、方形與寬形等三種(圖 3-2)。方形的字高等於字寬，長形的字寬等於字高的四分之三，寬形的字高等於字寬的四分之三。但一張圖上，只能選用一種，不宜混用。圖上字高建議「標題欄」、「圖號」除 A0, A1 爲 7mm 外，其餘 A2、A3、A4 均爲 5mm，至於「註解」，A0, A1 爲 5mm 其餘爲 3.5mm。而字的粗細是字高的十五分之一。

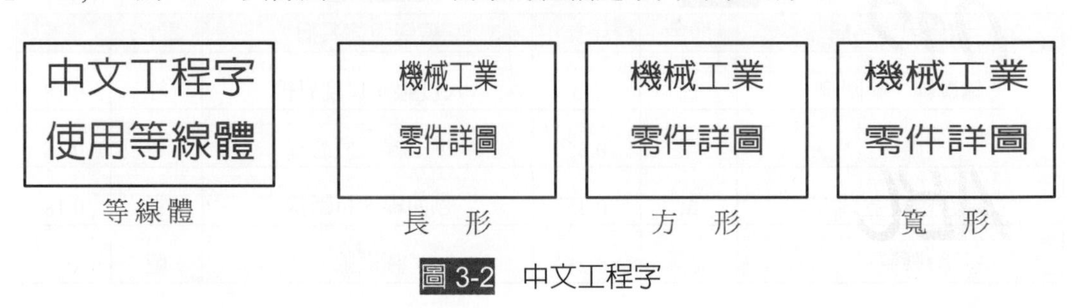

圖 3-2　中文工程字

二、阿拉伯數字、拉丁字母

阿拉伯數字與拉丁字母在工程圖上都採用哥德體。有直式和斜式兩種，如圖 3-3。斜式的傾斜角度約在 70°~75°左右，工程圖上可隨意選用直式或斜式，但一張圖上只能選用一種，不得混用。一般工程圖上，拉丁字母都用大楷書寫，很少用小楷，因小楷字母沒有大楷字母易於識別，所以小楷字母只限用於一些特定的符號或縮寫上。有關圖上阿拉伯數字與拉丁字母字高之建議，「標題欄」、「圖號」、「件號」除 A0, A1 採 7mm 外，其餘爲 5mm；尺度與註解 A0, A1 爲 3.5mm，其餘爲 2.5mm。而字的粗細則爲字高的十分之一。

0123456789&- =+×√%

ABCDEFGHIJKLMNOPQRS

TUVWXYZaɑbcdefghijkl

mnopqrstuvwxyz[(!?:;)]ϕ

0123456789&- =+×√%

ABCDEFGHIJKLMNOPQRS

TUVWXYZaɑbcdefghijkl

mnopqrstuvwxyz[(!?:;)]ϕ

圖 3-3 哥德體直式與斜式工程字

書寫圖面中之中文字、拉丁字母與阿拉伯數字時，應力求端正劃一，大小間隔適當，最小之字高建議如表 3-6 字高建議表。

表 3-6 CNS 字高建議表

應用	圖紙大小	最小之字高		
		中文字	拉丁字母	阿拉伯數字
標題圖號	A0,A1	7	7	7
	A2,A3,A4	5	5	5
尺度註解	A0,A1	5	3.5	3.5
	A2,A3,A4	3.5	2.5	2.5

三、 電腦上文字之設定

電腦製圖中，輸入文字前，須先設定文字型式。設定時先利用「style」指令，點選「註解」，再在「文字」面板右下角點「↘」後，依所需型式設定，亦可依 CNS 標準「新建」型式，如圖 3-4。

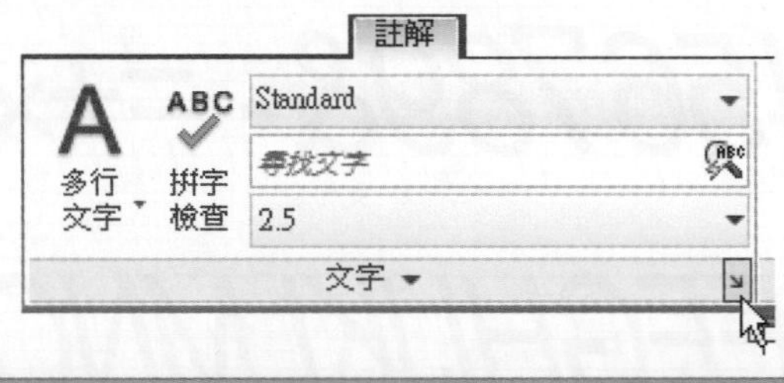

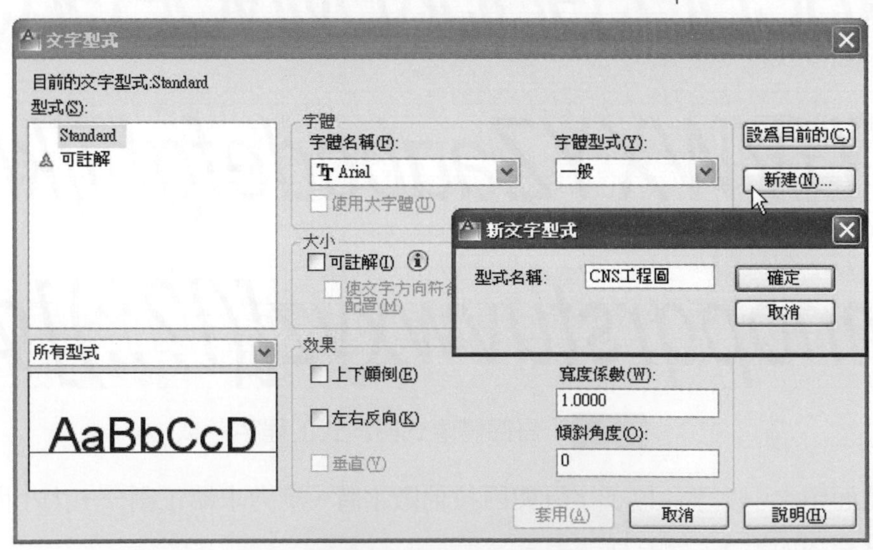

圖 3-4 新建文字型式

中文字型過去曾有所謂的魯班、大槲頭等軟體，但目前 AutoCAD 已發展中文字型，可在「isocp.shx」系列字體中，使用大字體選用「chineset.shx」，設定時字高建議先設爲「0.00」待使用時再依實際需要設定，寬度係數「0.75」後按套用即完成設定，如圖，3-5。

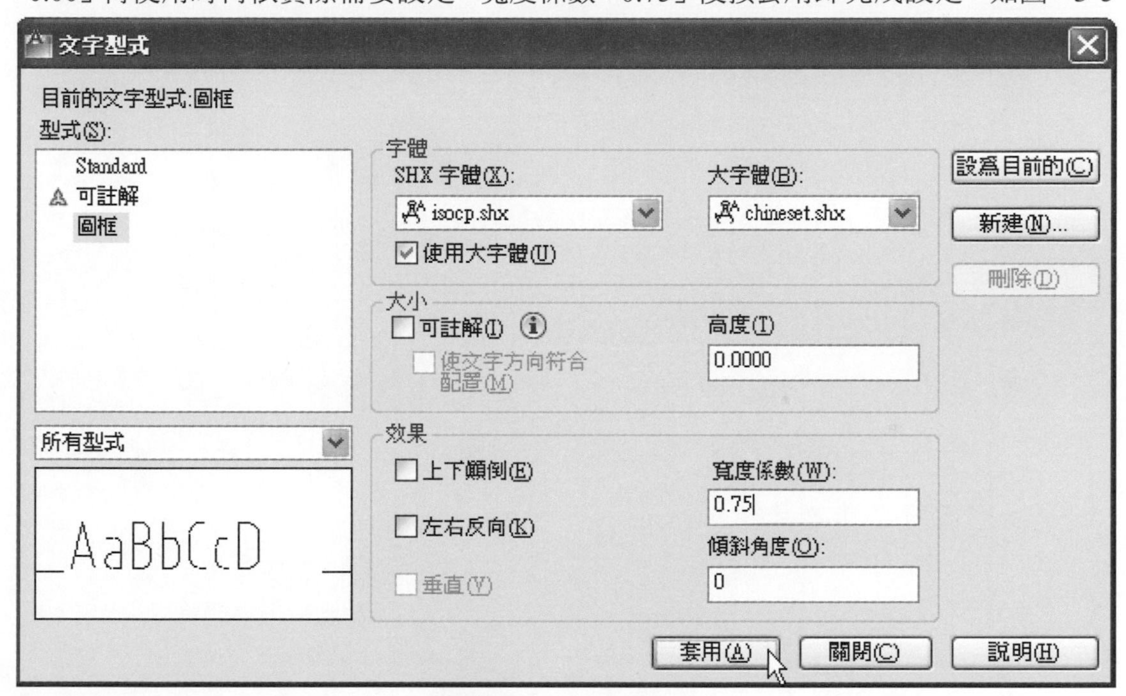

圖 3-5　中文字型設定

阿拉伯數字及拉丁字母在 AutoCAD 軟體中選用「isocp.shx」即與圖 3-3 之哥德體較接近。

欲輸入字體時，則以「text」指令即可。

Chapter

4

應用幾何

在工程圖中常要用到幾何原理與圖形以解決問題，於傳統手工製圖時，所用工具不像純粹幾何，只限於直尺和圓規，凡丁字尺、平行尺、三角板、萬能繪圖儀、圓規、分規、模板等製圖用具都可以使用，以增加繪製之速度。本章將詳細介紹運用各種製圖工具，以傳統手工繪製幾何圖形，當然傳統手工繪製幾何圖形的方法不只一種，本書將以較常用的來介紹。

電腦製圖上則運用繪製指令、修改指令與鎖點模式(圖 4-1)，進行幾何圖形之繪製(請參考本書所附之教學光碟)。

繪製指令		修改指令		鎖點模式	
Line直線	Spline不規則曲線	Copy複製	Rotate旋轉	End Point端點	Center中心
Polygon多邊形	Ellipse橢圓	Mirror鏡射	Trim修剪	Mid Point中點	Quadrant四分點
Rectangle矩形	Pline聚合線	Offset偏移	Extend延伸	Int Point交點	Tangent相切
Arc圓弧	Hatch剖面線	Array陣列	Break切斷	Nearest最近點	Perpendicular垂直
Circle圓	Mtext多行文字	Move移動	Fillet圓角	Node點	Parallel平行

圖 4-1　繪製、修改與鎖點等之指令

4-1　等分線段、圓弧和角

一、二等分一線段或圓弧

設已知線段 AB 或圓弧 AB(圖 4-2)。

1. 分別以 A 及 B 爲圓心，以大於線段 AB 之半長爲半徑畫弧，兩弧相交於 C、D 兩點。
2. 用直尺連 C 及 D 交線段 AB 於 E，則 E 將線段 AB 二等分，且直線 CD 是線段 AB 之垂直二等分線。
3. 直線 CD 交圓弧 AB 於 F，則 F 將圓弧 AB 二等分。

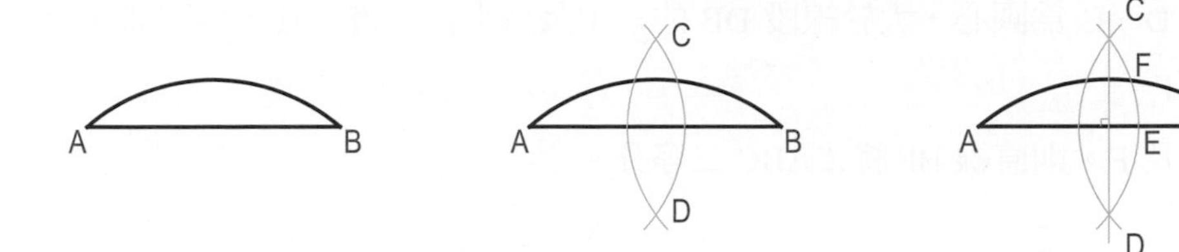

圖 4-2 等分一線段或圓弧

電腦製圖中，欲求等分一線段或圓弧，只要以**鎖點工具列**中之**中點**(Mid Point)在已知線段或圓弧找出中點即得。

二、任意等分一線段

設已知線段 AB，等分為五段(圖 4-3)。

1. 過 A 點作任一直線 AC。
2. 在直線 AC 上，用直尺或分規取 AD=DE=EF=FG=GH 共五段。
3. 連 H 及 B。
4. 過 D、E、F、G 各點分別作線段 HB 之平行線，交線段 AB 於 K、L、M、N 各點，則得 AK=KL=LM=MN=NB。

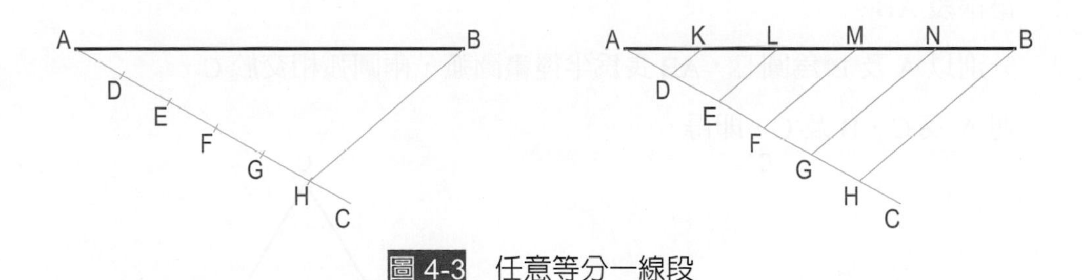

圖 4-3 任意等分一線段

電腦製圖時，先在格式\point type 點選「**點之型式**」，再以 Line 指令繪製線段，線段**等分指令**為「divide」，點選線段後，依等分數目輸入如 2、5…後，即可得等分點。

三、二等分一角

設已知角為∠ABC(圖 4-4)。

1. 以頂點 B 為圓心，適宜長為半徑，畫圓弧，交夾角的兩邊於 D 及 E。

2. 各以 D、E 爲圓心，大於線段 DE 的一半長爲半徑，畫圓弧，兩圓弧交於∠ABC 內之 F。
3. 連 B 及 F，則直線 BF 將∠ABC 二等分。

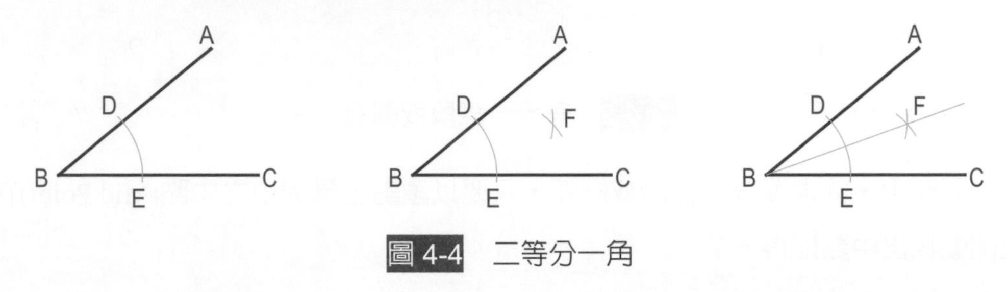

圖 4-4 二等分一角

4-2 畫多邊形

正多邊形的畫法，依已知條件之不同有不同的畫法。一般可分爲已知一邊邊長，已知外接圓及已知內切圓等。

一、已知一邊邊長畫正三角形

設已知正三角形一邊邊長 AB，畫出此三角形(圖 4-5)。

1. 畫線段 AB。
2. 分別以 A 及 B 爲圓心，AB 長爲半徑畫圓弧，兩圓弧相交於 C。
3. 連 A 及 C、B 及 C，即得。

圖 4-5 已知一邊邊長畫正三角形

二、已知一邊邊長畫正五邊形

設線段 AB 爲正五邊形的一邊邊長，畫出此正五邊形(圖 4-6)。

1. 作線段 AB 之垂直二等分線 FK，交 AB 於 F。

2. 在 FK 上取 FG=AB，連 A 及 G，並延長之。
3. 在 AG 上取 GH=AF。
4. 以 A 爲圓心，AH 爲半徑畫圓弧交 FK 於 D。
5. 分別以 A、B、D 爲圓心，AB 長爲半徑畫圓弧相交於 E 及 C。
6. 連 AE、ED、DC、CB 即得。

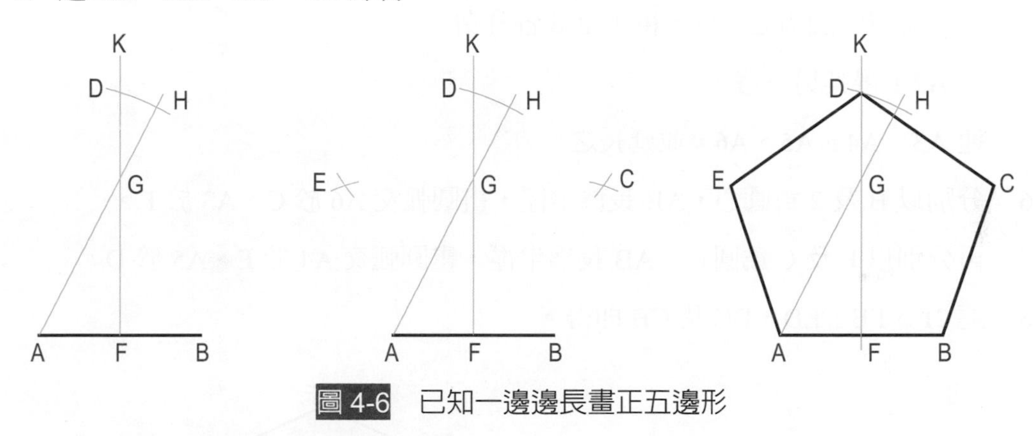

圖 4-6 已知一邊邊長畫正五邊形

三、已知一邊邊長畫正六邊形

設正六邊形之邊長爲 AB，畫出此正六邊形(圖 4-7)。

1. 畫線段 AB。
2. 以 AB 爲一邊邊長，作正三角形 AOB。
3. 以 O 爲圓心，OA 爲半徑畫圓。
4. 延長 AO、BO 與圓周交於 D、E。
5. 各以 A、B 爲圓心，AB 長爲半徑交圓周於 F、C。
6. 連各點即得。

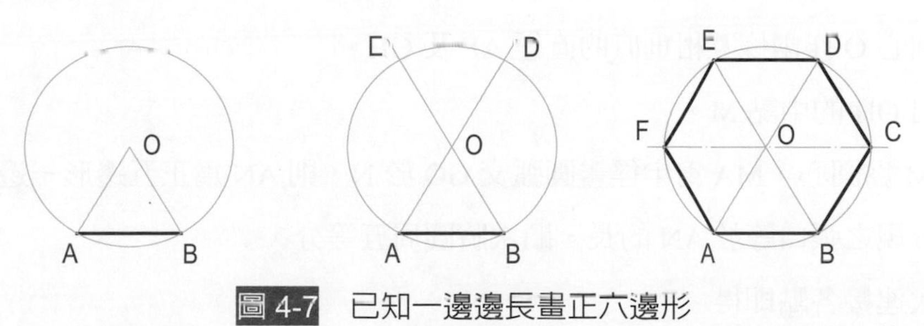

圖 4-7 已知一邊邊長畫正六邊形

四、已知一邊邊長畫任意正多邊形(近似法)

設線段 AB 為正多邊形的一邊邊長，畫出此正多邊形。設為正七邊形(圖 4-8)。

1. 將 AB 延長至 M。
2. 以 A 為圓心，AB 長為半徑畫半圓。
3. 用分規將半圓周七等分，得 1 至 6 各分點。
4. 連 A2，得其另一邊。
5. 連 A3、A4、A5、A6，並延長之。
6. 分別以 B 及 2 為圓心，AB 長為半徑，畫圓弧交 A6 於 C、A3 於 F。
7. 再分別以 F 及 C 為圓心，AB 長為半徑，畫圓弧交 A4 於 E、A5 於 D。
8. 連 2F、FE、ED、DC 及 CB 即得。

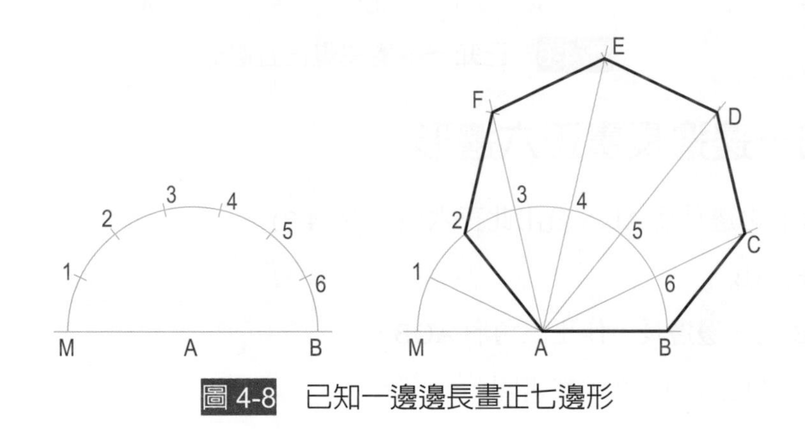

圖 4-8　已知一邊邊長畫正七邊形

五、已知外接圓畫正五邊形

設圓 O 為正五邊形的外接圓，畫出此正五邊形(圖 4-9)。

1. 過圓心 O 作兩條互相垂直的直徑 AF 及 GH。
2. 求出 OH 的中點 M。
3. 以 M 為圓心，MA 為半徑畫圓弧交 GO 於 N，則 AN 為正五邊形一邊邊長。
4. 以分規之張口等於 AN 的長，順次將圓周五等分。
5. 依次連接各點即得。

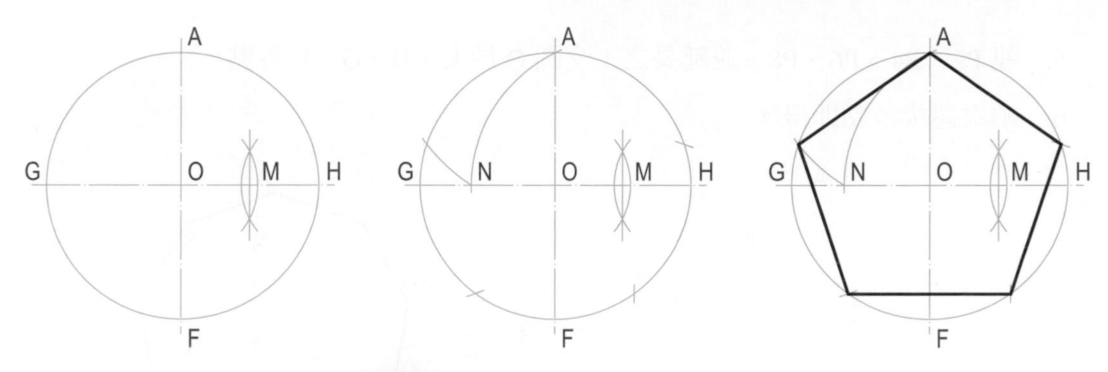

圖 4-9 已知外接圓畫正五邊形

六、已知外接圓畫正六邊形

設圓 O 爲正六邊形的外接圓，畫出此正六邊形(圖 4-10)。

1. 畫圓 O 之中心線，BE 爲其直徑。
2. 分別以 B 及 E 爲圓心，以 OB 長爲半徑，將圓周六等分。
3. 依次連各點即得。

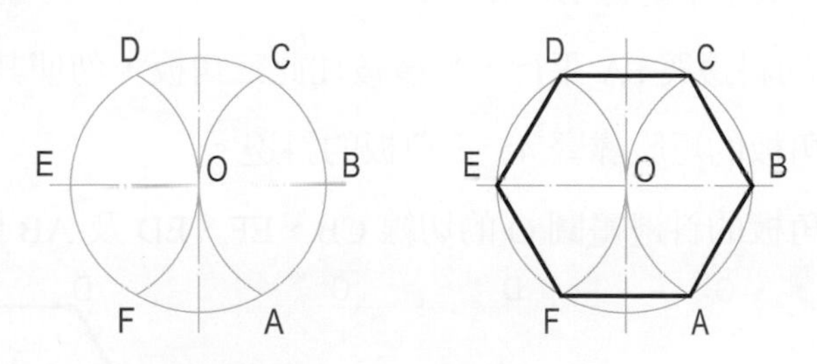

圖 4-10 已知外接圓畫正六邊形

七、已知外接圓畫任意正多邊形(近似法)

設圓 O 爲正九邊形的外接圓，畫出此正多邊形(圖 4-11)。

1. 畫直徑 AM。
2. 將直徑 AM 九等分，得 1 至 8 各分點。
3. 分別以 A 及 M 爲圓心，AM 長爲半徑，畫圓弧相交於 P、Q 兩點。
4. 連 Q2、Q4、Q6、Q8，並延長之，交圓 O 於 B、C、D、E 各點。

5. 連 P2、P4、P6、P8，並延長之，交圓 O 於 K、H、G、F 各點。

6. 順次連接各點即得。

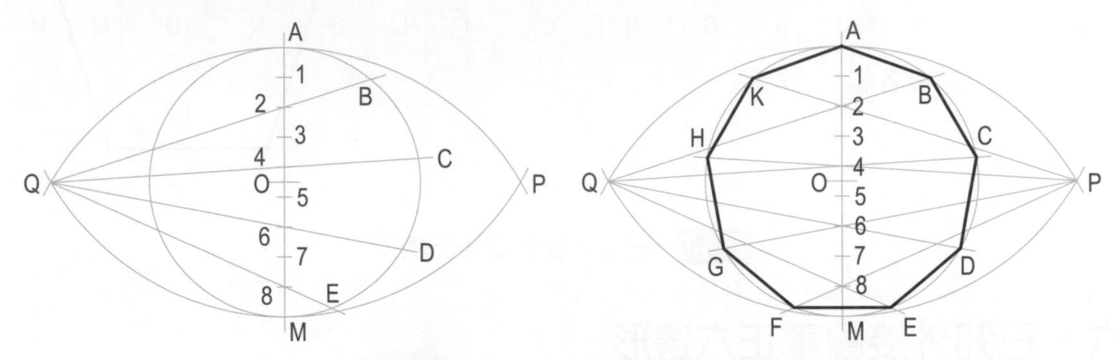

圖 4-11 已知外接圓畫正九邊形

八、已知內切圓畫正六邊形

設圓 O 爲正六邊形之內切圓，畫出此正六邊形。利用外角爲 60°之原理繪製(圖 4-12)。

1. 作圓 O 上下兩條水平切線 DC 和 FA。

2. 使 45°三角板的斜邊與 FA 平行，然後按住此三角板，勿使其移動。

3. 使 30°-60°三角板的短股靠緊 45°三角板的斜邊。

4. 沿 30°-60°三角板的斜邊畫圓 O 的切線 CB、EF、ED 及 AB 即得。

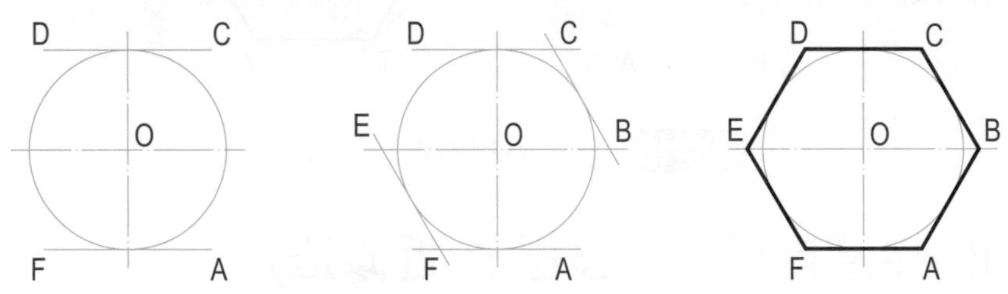

圖 4-12 已知內切圓畫正六邊形

九、已知內切圓畫正八邊形

設圓 O 爲正八邊形之內切圓，畫出此正八邊形(圖 4-13)。

1. 作圓 O 的外切正四邊形 KLMN。

2. 連正四邊形的對角線 KM 及 LN。
3. 分別以 K、L、M、N 四點為圓心，KO 長為半徑畫圓弧，交正四邊形於 G、B、A、D、C、F、E、H 八點。
4. 順次連接各點即得。此八邊形亦可利用外角為 45°之原理，類似(八)之方法畫得。

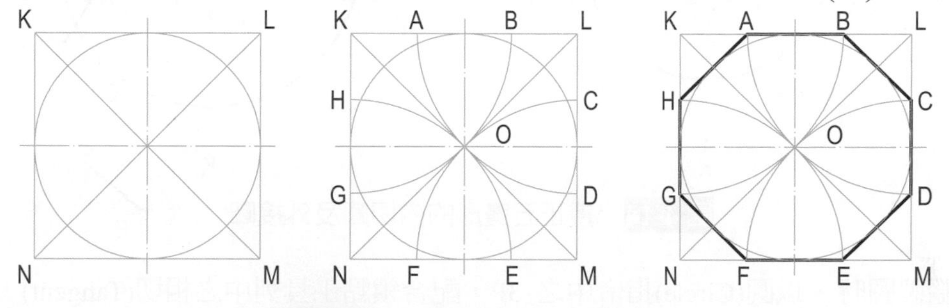

圖 4-13 已知內切圓畫正八邊形

以電腦繪製正多邊形，只要點選繪圖工具列中之**多邊形**(Polygon)，輸入邊數、已知邊長、內切圓或外接圓，即可得所需之正多邊形(參考所附教學光碟)。

4-3 畫已知正多邊形之內切圓及外接圓

欲畫已知正多邊形之內切圓及外接圓，只要畫出已知正多邊形相鄰兩邊之中垂線，其交點即為內切圓及外接圓之圓心。

設已知正五邊形 ABCDE，畫其內切圓及外接圓(圖 4-14)。

1. 作正五邊形相鄰兩邊之垂直二等分線 FG 及 HK 相交於 O，則 O 點即為外接圓的圓心。
2. 連 O 及 A，則 OA 即為正五邊形外接圓的半徑，以 O 為圓心，OA 為半徑畫圓，即得正五邊形的外接圓。
3. 又 AB 之垂直二等分線 FG 與 AB 相交於 L，則 OL 即為正五邊形內切圓的半徑，以 O 為圓心，OL 為半徑畫圓，即得正五邊形的內切圓。

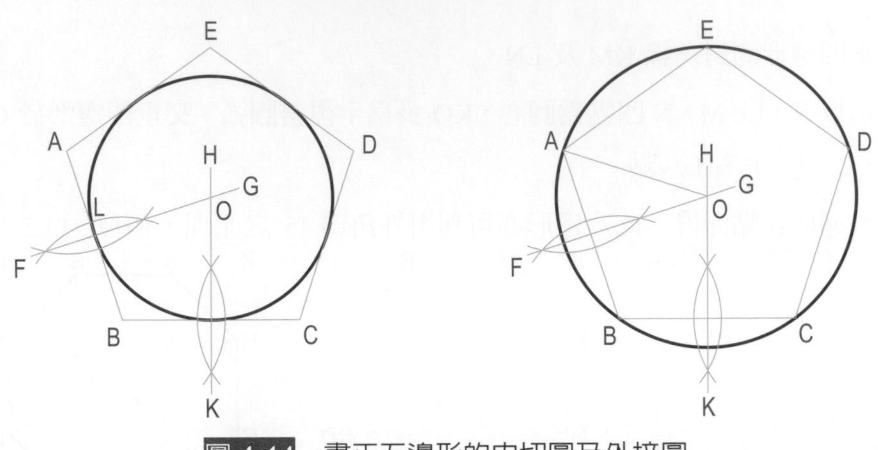

圖 4-14 畫正五邊形的內切圓及外接圓

電腦製圖時，以圓(Circle)指令中之 3P，配合鎖點工具列中之**相切**(Tangent)，即可畫得**內切圓**；正多邊形內切圓之圓心，亦即外接圓之圓心，故畫**外接圓**時，先畫內切圓，再以內切圓之圓心畫外接圓(參考所附教學光碟)。

 4-4 求已知圓弧的圓心

設已知圓弧 AB，求其圓心(圖 4-15)。

1. 在已知圓弧 AB 上，任取 P、Q 及 S 三點。
2. 連 P 及 Q、Q 及 S。
3. 作 PQ 及 QS 的垂直二等分線 EF 及 GH 相交於 O，則 O 點即爲所求之圓心。

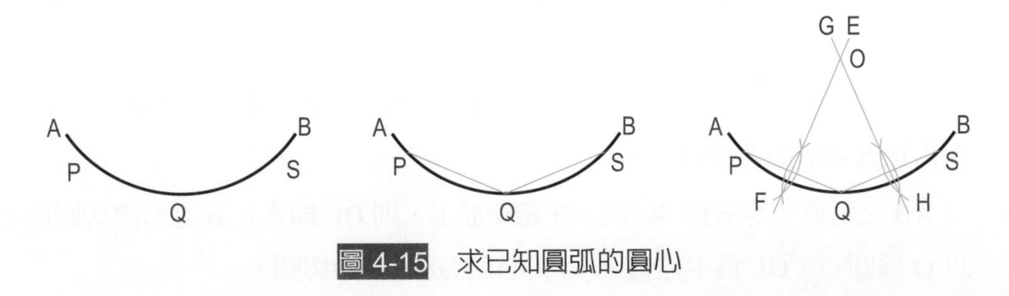

圖 4-15 求已知圓弧的圓心

電腦製圖時，則運用鎖點工具列中之**中心**(Center)，點選已知圓弧即得**圓心**(參考所附教學光碟)。

 4-5 畫已知直線的平行線和垂線

一、畫已知直線的平行線

設已知直線 AB，過直線外一點 P，畫直線 AB 的平行線(圖 4-16)。

1. 用 30-60°三角板夾直角之長股對齊直線 AB。
2. 另用乙三角板或丁字尺靠緊甲三角板的斜邊。
3. 按住乙三角板或丁字尺勿使其移動。
4. 移動甲三角板至其直角邊正好過 P 點，沿此直角邊畫線即得。

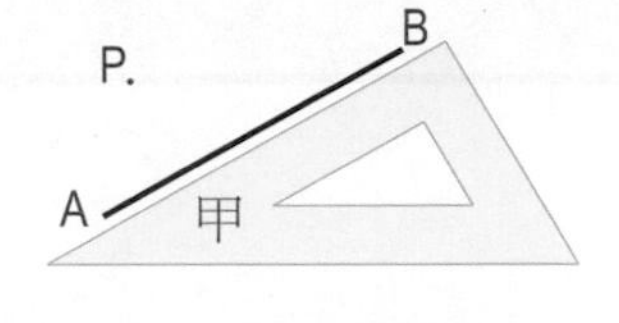

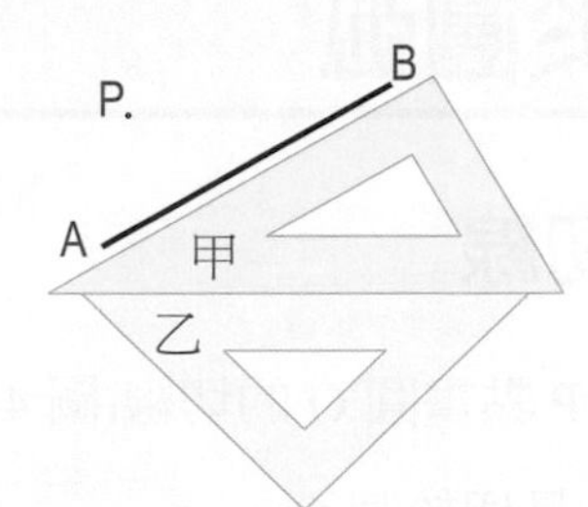

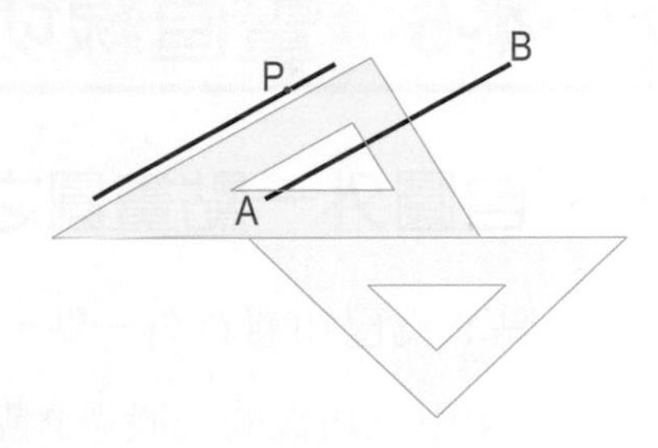

圖 4-16　畫已知直線的平行線

電腦製圖時，則運用鎖點工具列中**平行**(Parallel)，點選已知直線，再經過已知點畫線即得。或運用**等距間隔**指令(Offset)繪製之。(Offset 指令，AutoCAD 中譯爲**偏移**)。(參考所附教學光碟)。

二、畫已知直線的垂線

設已知直線 AB，過直線外一點 P，畫直線 AB 的垂線(圖 4-17)。

1. 用甲三角板之長股對齊直線 AB。
2. 另用乙三角板或丁字尺靠緊甲三角板的斜邊。
3. 按住乙三角板或丁字尺勿使其移動。
4. 移動甲三角板至其另一股正好過 P 點，沿此股畫線即得。

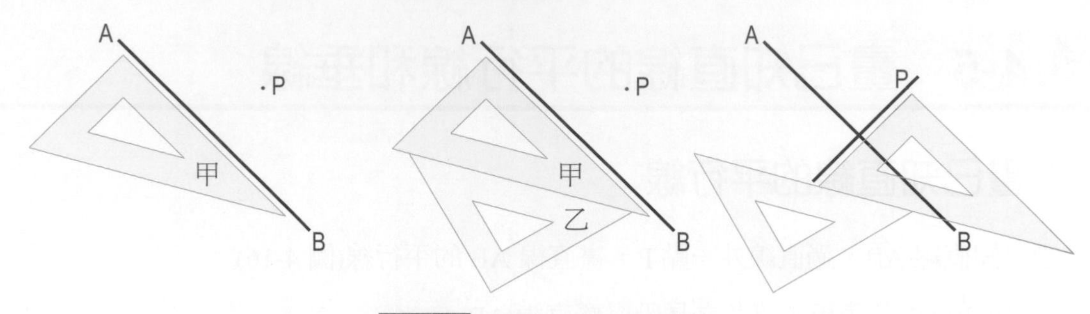

圖 4-17 畫已知直線的垂線

電腦製圖時，則運用鎖點工具列中**垂直**(Perpendicular)，點選已知直線，再經過已知點畫線即得(參考所附教學光碟)。

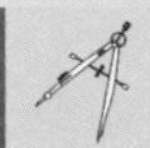

4-6 畫直線切於圓弧

一、自圓外一點畫圓之切線

設點 P 為已知圓 O 外一點，過 P 點畫圓 O 的切線(圖 4-18)。

1. 使甲三角板的一股過 P 點，且切於圓 O。
2. 另用乙三角板或丁字尺，與甲三角板的斜邊相靠。
3. 按住乙三角板或丁字尺勿使其移動，滑動甲三角板，使其另一股正好過圓心 O，沿此股作直線與圓周相交於 T 點，則 T 點即為切點。
4. 連 T 與 P 即得。

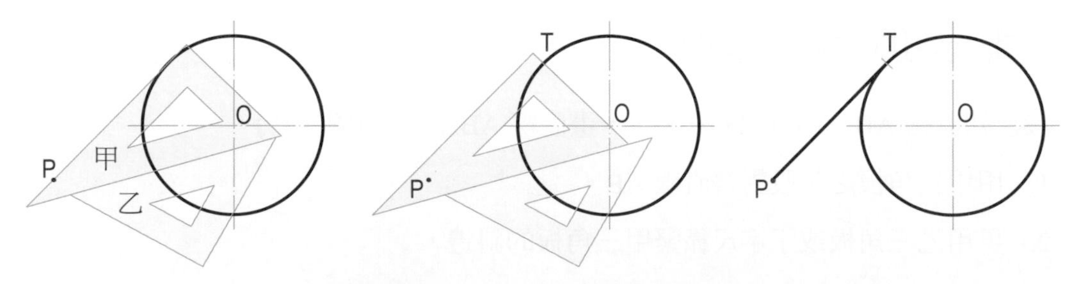

圖 4-18 自圓外一點畫圓之切線

二、畫兩圓之內公切線

設已知圓 O_1 和圓 O_2，畫兩圓之內公切線(圖 4-19)。

1. 置甲三角板的一股在兩已知圓之間，並切於兩已知圓。
2. 另用乙三角板或丁字尺，與甲三角板的斜邊相靠。
3. 按住乙三角板或丁字尺勿使其移動，滑動甲三角板，使其另一股正好過圓心 O_1，沿此股作直線與圓周相交於 S 點。
4. 再滑動甲三角板，使其另一股正好過圓心 O_2，沿此股作直線與圓周相交於 T 點，則 T、S 兩點即為切點。
5. 連 S 及 T，即得內公切線。

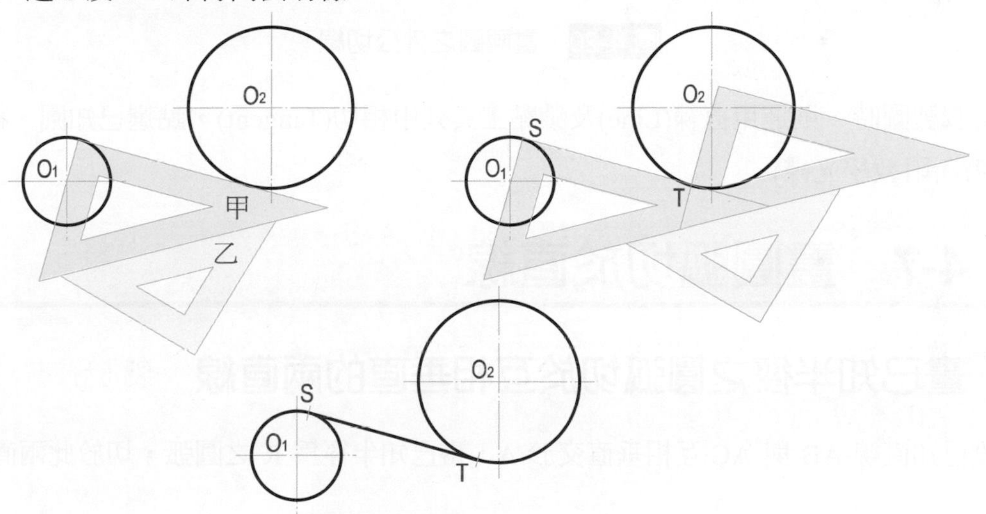

圖 4-19　畫兩圓之內公切線

三、畫兩圓之外公切線

設已知圓 O_1 和圓 O_2，畫兩圓之外公切線(圖 4-20)。

1. 置甲三角板的一股在兩已知圓的一邊，並切於兩已知圓。
2. 另用乙三角板或丁字尺，與甲三角板的斜邊相靠。
3. 按住乙三角板或丁字尺勿使其移動，滑動甲三角板，使其另一股正好過圓心 O_1，沿此股作直線與圓周相交於 T 點。

4. 再滑動甲三角板，使其另一股正好過圓心 O_2，沿此股作直線與圓周相交於 S 點，則 S、T 兩點即爲切點。
5. 連 S 及 T，即得外公切線。

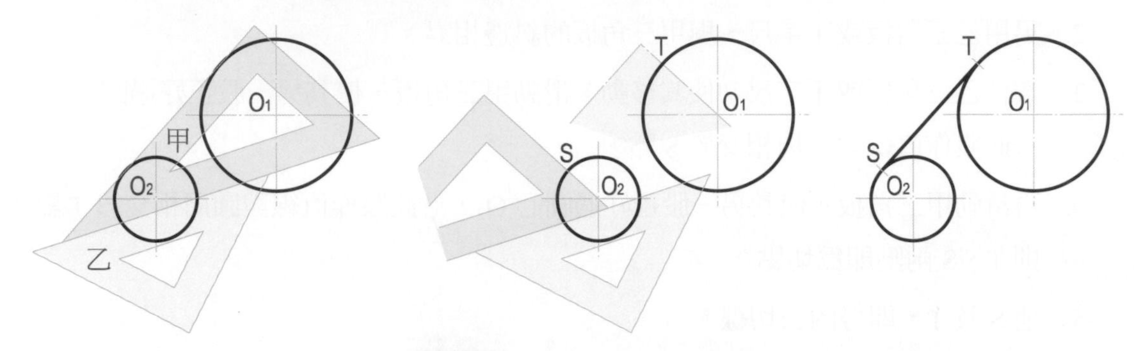

圖 4-20 畫兩圓之外公切線

電腦製圖時，則運用直線(Line)及鎖點工具列中相切(Tangent)，點選已知圓，畫線即得(參考所附教學光碟)。

4-7 畫圓弧切於直線

一、畫已知半徑之圓弧切於互相垂直的兩直線

設已知直線 AB 與 AC 互相垂直交於 A，畫已知半徑爲 R 之圓弧，切於此兩直線(圖 4-21)。

1. 以 A 爲圓心，R 長爲半徑畫圓弧，交 AC 於 F、AB 於 G。
2. 分別以 F 及 G 爲圓心，R 長爲半徑畫圓弧，相交於 O，則 O 點即爲欲畫圓弧之圓心，F 及 G 兩點即爲切點。
3. 以 O 爲圓心，R 長爲半徑畫圓弧即得。

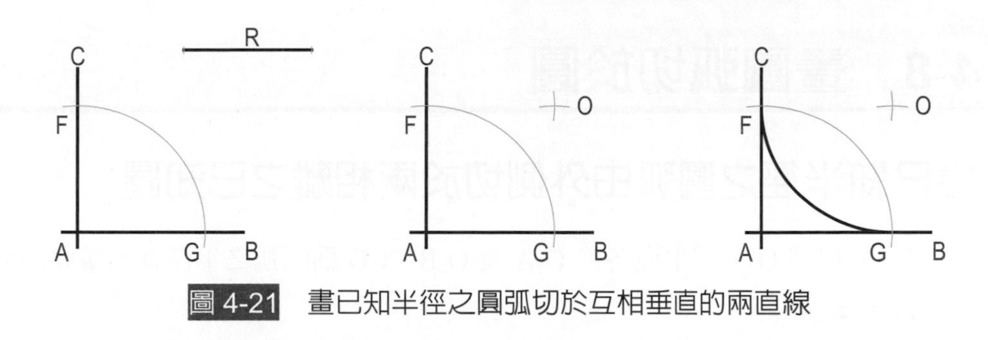

圖 4-21 畫已知半徑之圓弧切於互相垂直的兩直線

二、畫已知半徑之圓弧切於相交成銳角或鈍角的兩直線

設已知圓弧半徑為 R，直線 AB 與 AC 相交於 A，畫圓弧切於此兩直線(圖 4-22)。

1. 各在直線 AB 及 AC 上，任取一點 F 及 H。
2. 自 F 及 H 各作 AB 及 AC 之垂線 FG 及 HK，並取 FG=HK=R。
3. 過 G、K 各作 AB 及 AC 之平行線 LM 及 NP，相交於 O，則 O 點即為欲畫圓弧之圓心。
4. 過 O 點作 AB 及 AC 之垂線，交 AB 於 T、AC 於 S，則 T、S 兩點即為切點。
5. 以 O 為圓心，R 長為半徑畫圓弧即得。

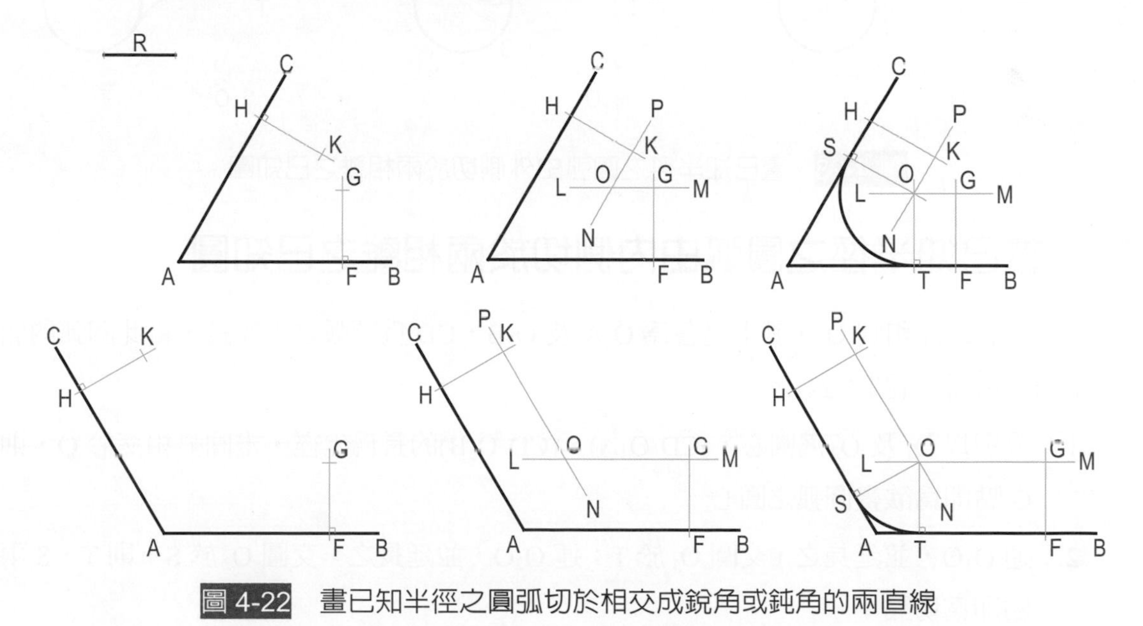

圖 4-22 畫已知半徑之圓弧切於相交成銳角或鈍角的兩直線

電腦製圖時，以**圓角**(Fillet)指令繪製即可(參考所附教學光碟)。

4-8 畫圓弧切於圓

一、畫已知半徑之圓弧由外側切於兩相離之已知圓

設已知圓 O_1 和圓 O_2，其半徑各為 O_1A 及 O_2B，CD 為圓弧之半徑長，畫此圓弧切於圓 O_1 和圓 O_2(圖 4-23)。

1. 分別以 O_1 及 O_2 為圓心，(O_1A+CD)、(O_2B+CD)的長為半徑，畫圓弧相交於 O，則 O 點即為欲畫圓弧之圓心。
2. 連 O_1O，交圓 O_1 於 T；連 O_2O，交圓 O_2 於 S，則 T、S 兩點即為切點。
3. 以 O 為圓心，CD 長為半徑畫圓弧即得。

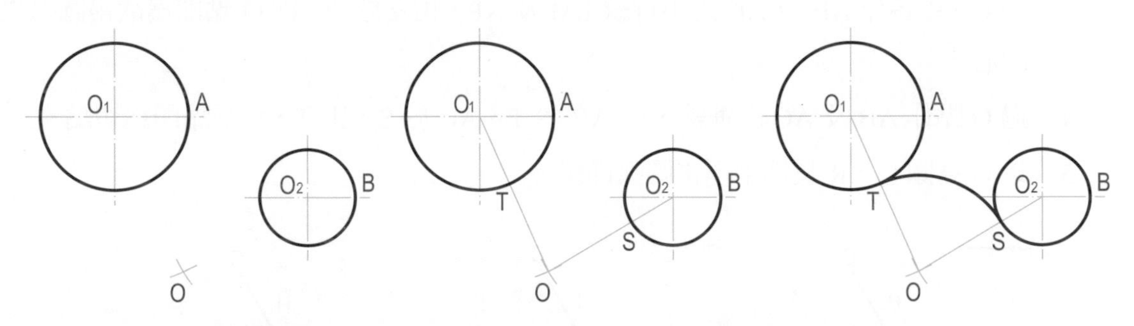

圖 4-23 畫已知半徑之圓弧由外側切於兩相離之已知圓

二、畫已知半徑之圓弧由內側切於兩相離之已知圓

設已知圓 O_1 和圓 O_2，其半徑各為 O_1A 及 O_2B，CD 為圓弧之半徑長，畫此圓弧內側切於圓 O_1 和圓 O_2(圖 4-24)。

1. 分別以 O_1 及 O_2 為圓心，(CD-O_1A)、(CD-O_2B)的長為半徑，畫圓弧相交於 O，則 O 點即為欲畫圓弧之圓心。
2. 連 O_1O，並延長之，交圓 O_1 於 T；連 O_2O，並延長之，交圓 O_2 於 S，則 T、S 兩點即為切點。
3. 以 O 為圓心，CD 長為半徑畫圓弧即得。

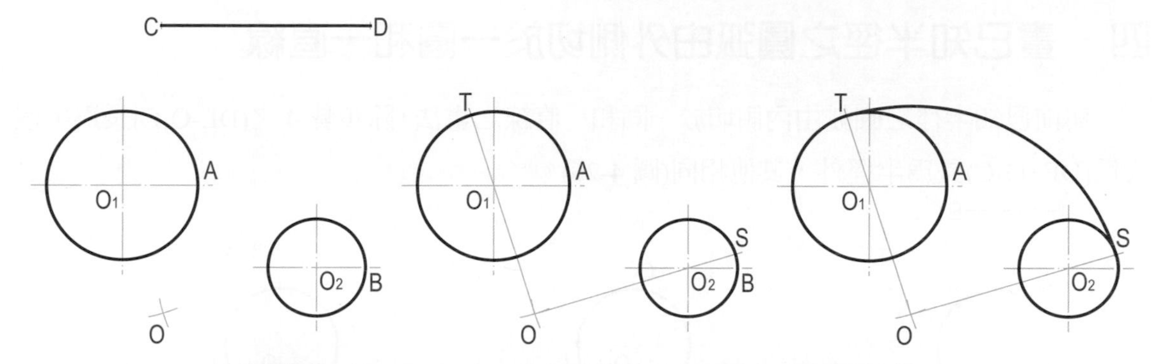

圖 4-24 畫已知半徑之圓弧由內側切於兩相離之已知圓

三、畫已知半徑之圓弧由內側切於一圓和一直線

設已知直線 AB 和圓 O_1，O_1C 爲其半徑，線段 DE 爲圓弧之半徑長，畫此圓弧內側切於圓 O_1 和直線 AB (圖 4-25)。

1. 在直線 AB 上任取一點 F，作其垂線 LF。
2. 在 LF 上取 FG=DE。
3. 過 G 點作 AB 之平行線 HK。
4. 以 O_1 爲圓心，($DE-O_1C$)之長爲半徑畫圓弧，交 HK 於 O，則 O 點即爲欲畫圓弧之圓心。
5. 過 O 作 AB 之垂線，交 AB 於 S。
6. 連 OO_1，並延長之，交圓 O_1 於 T，則 T、S 兩點即爲切點。
7. 以 O 爲圓心，DE 長爲半徑畫圓弧即得。

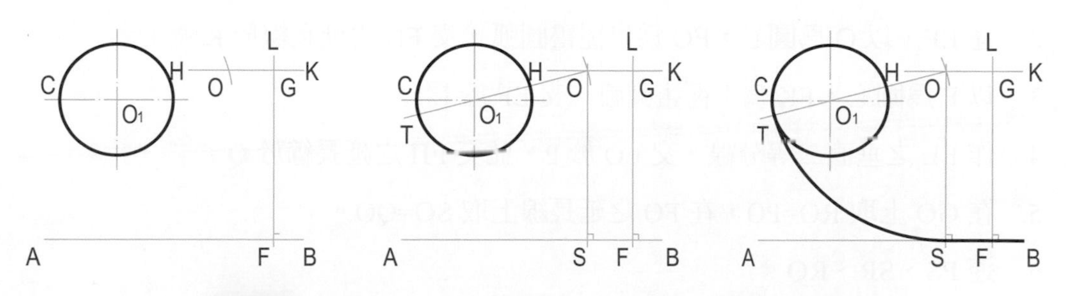

圖 4-25 畫已知半徑之圓弧由內側切於一圓和一直線

四、畫已知半徑之圓弧由外側切於一圓和一直線

與前已知半徑之圓弧由內側切於一圓和一直線之畫法，除步驟 4 之($DE-O_1C$)長為半徑改為($DE+O_1C$)長為半徑外，其他相同(圖 4-26)。

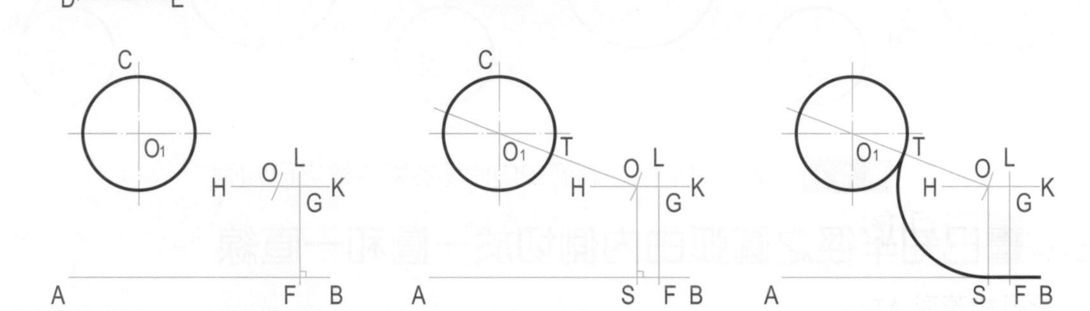

圖 4-26　畫已知半徑之圓弧由外側切於一圓和一直線

電腦製圖時，**圓弧**(Arc)指令甚少使用，大都以**圓**(Circle)指令配合鎖點工具列中之**相切**(Tangent)繪製，繪製後，再以**編輯**(Edit)指令中**修剪**(Trim)指令，將不要之圓弧修除(參考所附教學光碟)。

4-9　畫四心近似橢圓

一、畫內切於矩形之四心近似橢圓

設已知矩形 ABCD(或橢圓之長軸與短軸)，畫內切於此矩形之四心近似橢圓(圖 4-27)。

1. 畫矩形相鄰兩邊之垂直二等分線 EG 和 FH，相交於 O，並延長 FH。
2. 連 EF，以 O 為圓心，EO 為半徑畫圓弧，交 FH 之延長線於 K。
3. 以 F 為圓心，FK 為半徑畫圓弧，交 EF 於 L。
4. 作 EL 之垂直二等分線，交 EO 於 P，並交 FH 之延長線於 Q。
5. 在 GO 上取 RO=PO，在 FO 之延長線上取 SO=QO。
6. 連 PS、SR、RQ。
7. 分別以 S、Q 為圓心，QF 為半徑，以直線 PS、SR 及 QP、RQ 為界，畫圓弧。
8. 分別以 P、R 為圓心，PE 為半徑，以直線 PS、QP 及 SR、RQ 為界，畫圓弧即得。

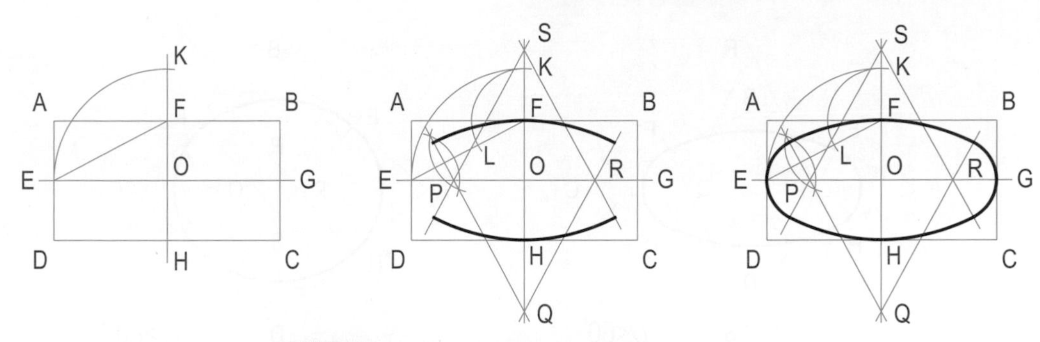

圖 4-27　畫內切於矩形之四心近似橢圓

二、畫內切於菱形之四心近似橢圓

設已知菱形 ABCD，畫內切於此菱形之四心近似橢圓(圖 4-28、圖 4-29、圖 4-30)。

1. 畫菱形各邊的垂直二等分線，得菱形各邊的二等分點 E、F、G、H。
2. 分別以垂直二等分線的交點 P 及 Q 為圓心，PE 長為半徑，畫圓弧 EH 和圓弧 FG。
3. 再以垂直二等分線的交點 R 及 S 為圓心，RH 長為半徑，畫圓弧 EF 和圓弧 HG 即得。
4. 若已知菱形為 60°者，則 R、S 兩點必與菱形之二頂點 B、D 重合(圖 4-28)。若已知菱形小於 60°者，則 R、S 兩點必在菱形之外(圖 4-29)。若已知菱形大於 60°者，則 R、S 兩點必在菱形之內(圖 4-30)。

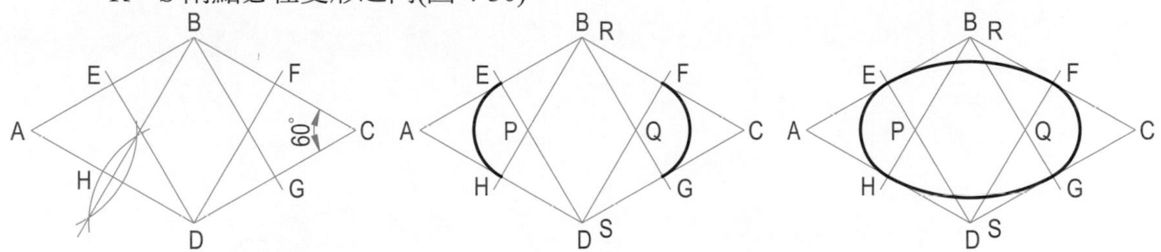

圖 4-28　已知橢圓之外切菱形為 60°者作四心近似橢圓

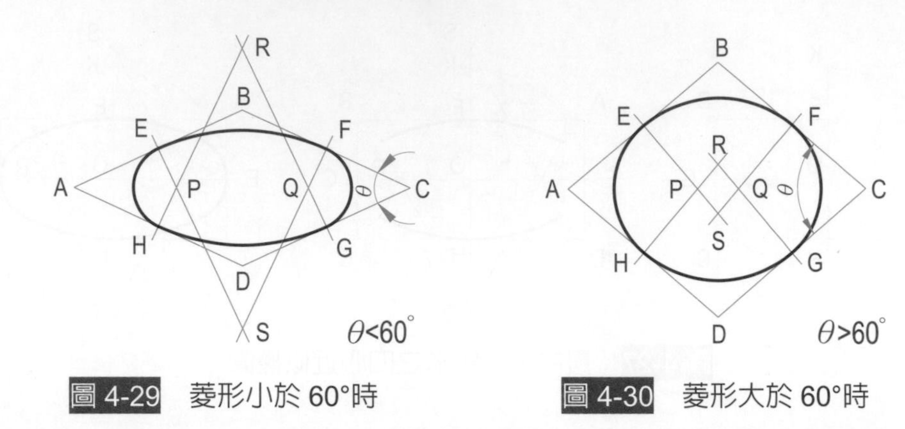

圖 4-29 菱形小於 60°時

圖 4-30 菱形大於 60°時

以儀器繪近似橢圓的方法很多，本書僅介紹在工程圖中常用的兩種方法。以電腦製圖時，**橢圓**(Ellipse)為繪製指令，可依條件繪製，所繪製的橢圓為眞實之橢圓(參考所附教學光碟)。

一、 依圖示尺度畫出下列各圖。(圖中「ϕ」表示直徑，R 表示半徑，□表示正方形邊長)

1.

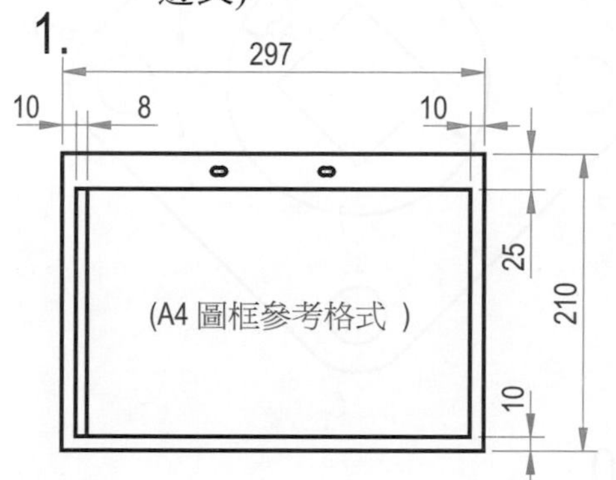

2.

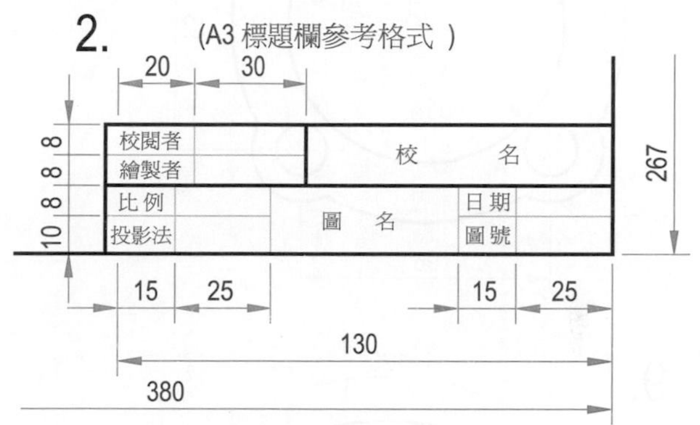

3.

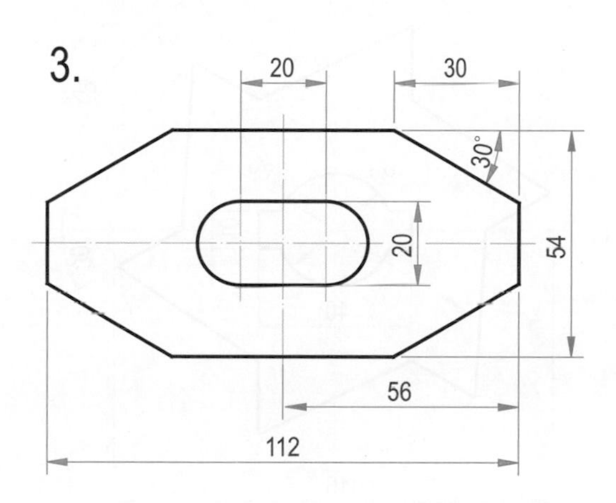

4.

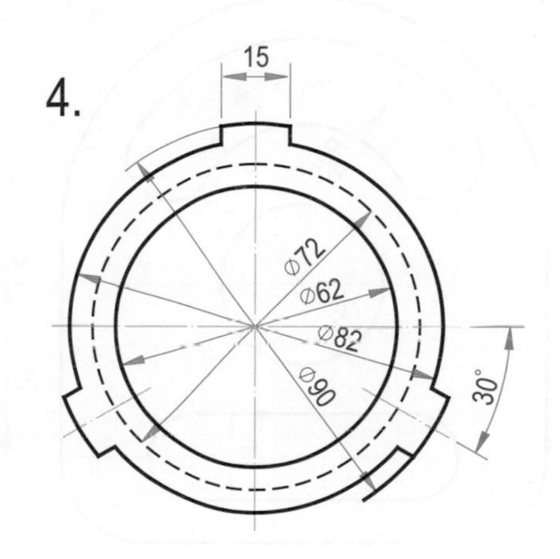

5.

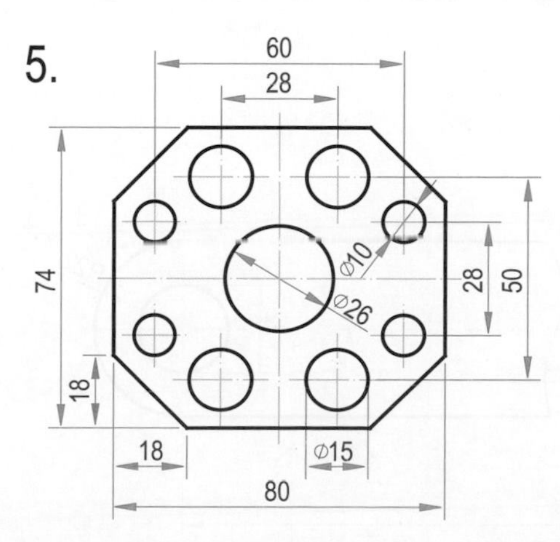

6.

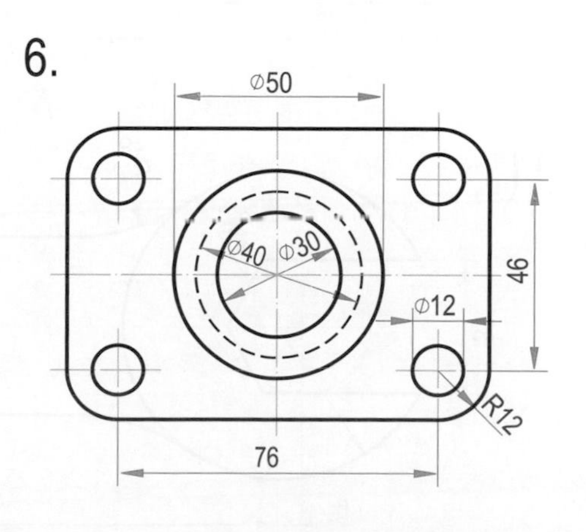

7.

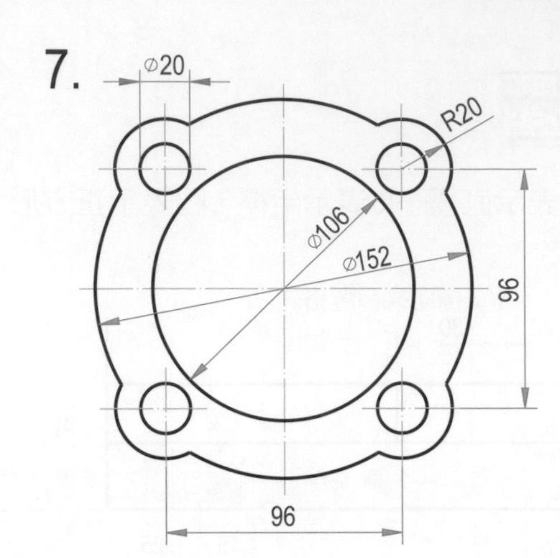
⌀20
R20
⌀106
⌀152
96
96

8.

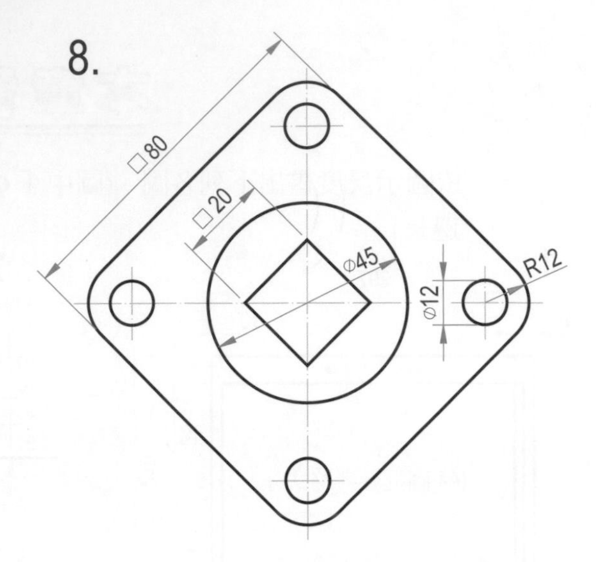
□80
□20
⌀45
R12
⌀12

9.

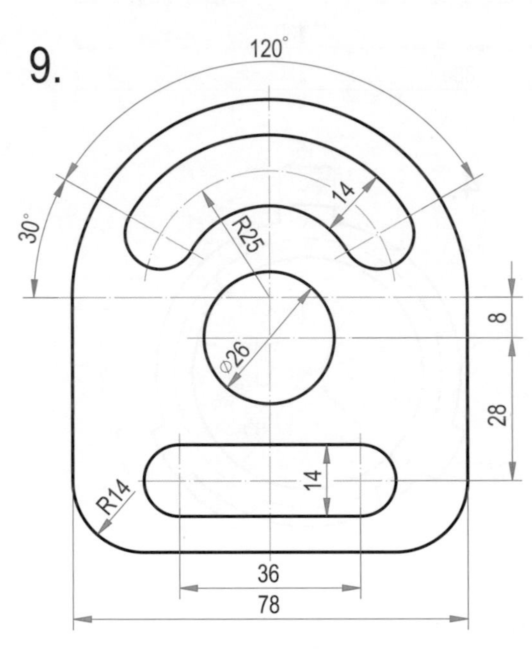
120°
30°
14
R25
8
⌀26
28
14
R14
36
78

10.

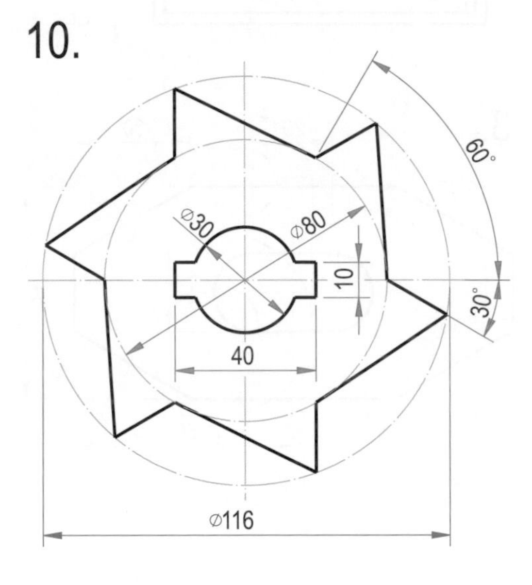
60°
⌀30
⌀80
10
30°
40
⌀116

11.

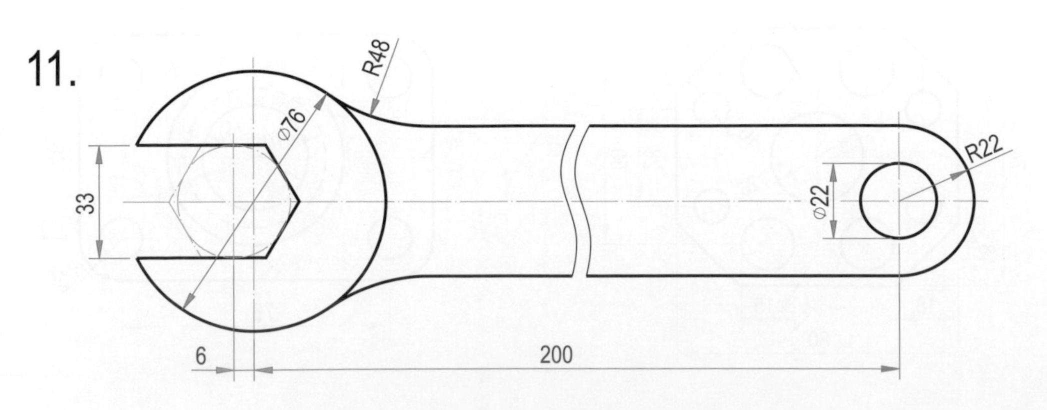
R48
⌀76
33
R22
⌀22
6
200

12.

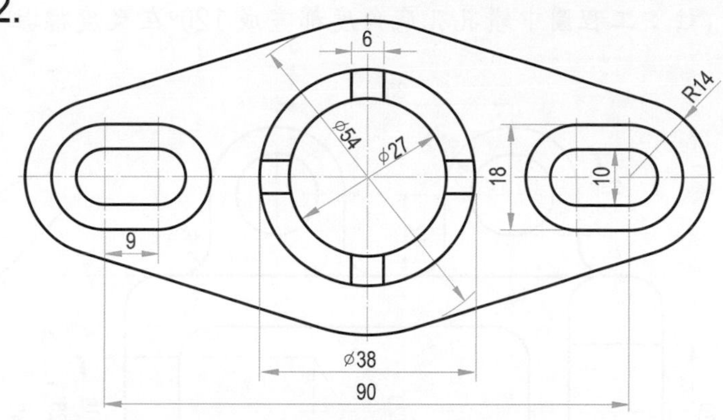
6
R14
⌀54
⌀27
18
10
9
⌀38
90

13.

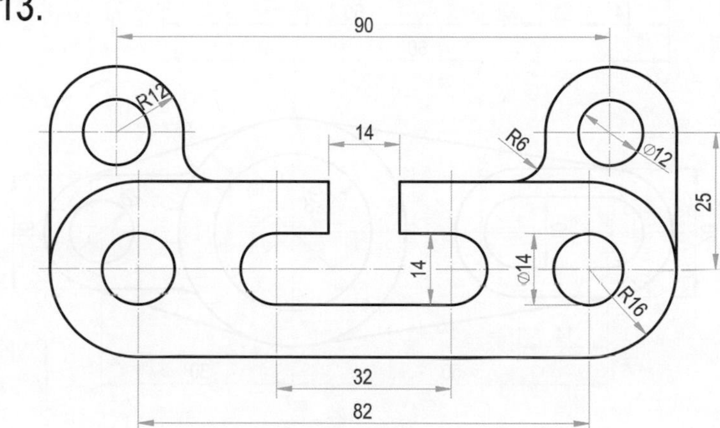
90
R12
14
R6
⌀12
25
14
⌀14
R16
32
82

14.

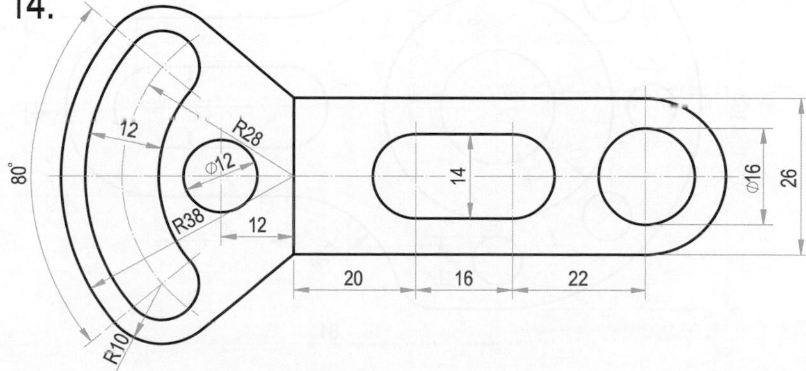
80°
12
R28
⌀12
R38
12
14
⌀16
26
20
16
22
R10

15. (註：工程圖中鑽孔孔底角度都畫成120°在尺度標註中是不可標的)

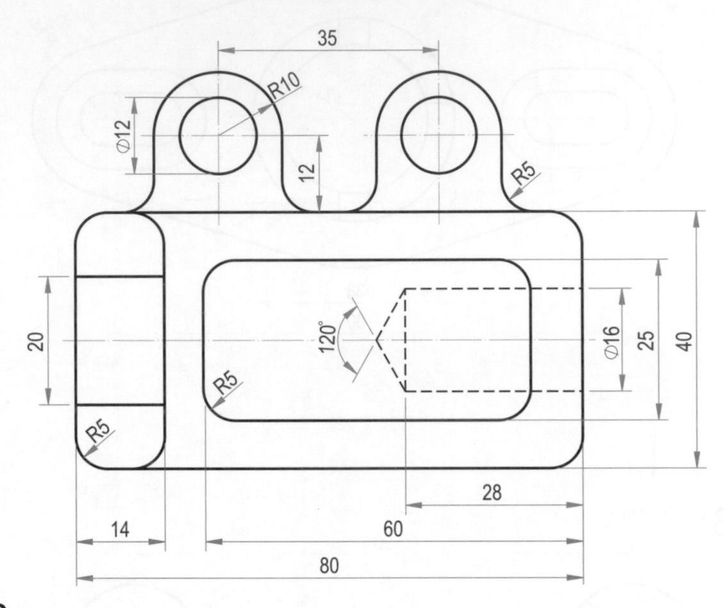

16.

17.

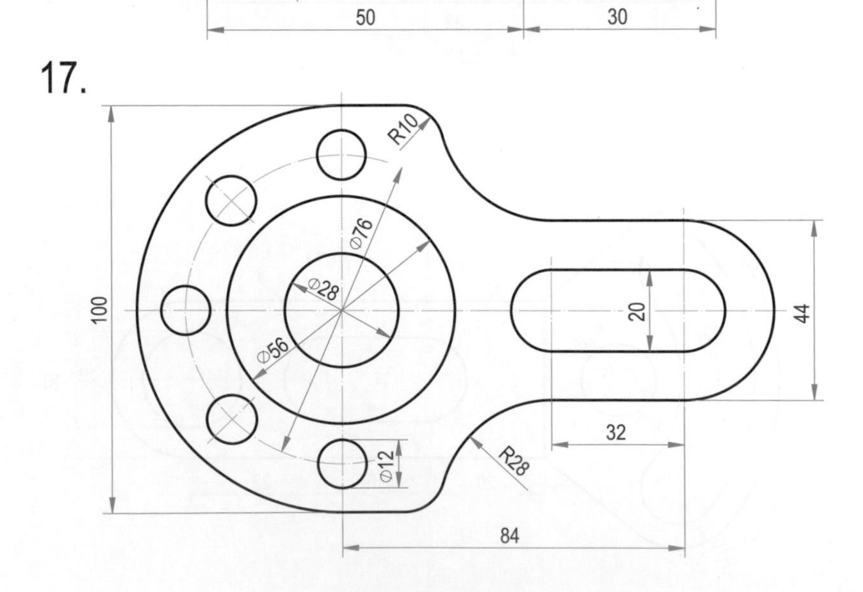

18.

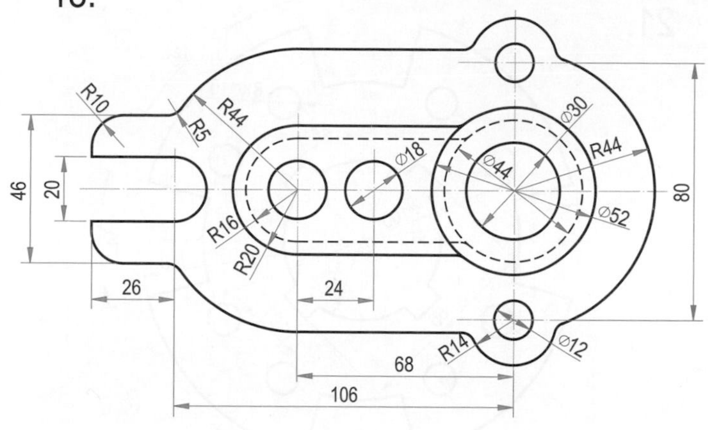
R10
R5
R44
∅30
∅18
∅44
R44
46
20
80
R16
∅52
R20
26
24
R14
∅12
68
106

19.

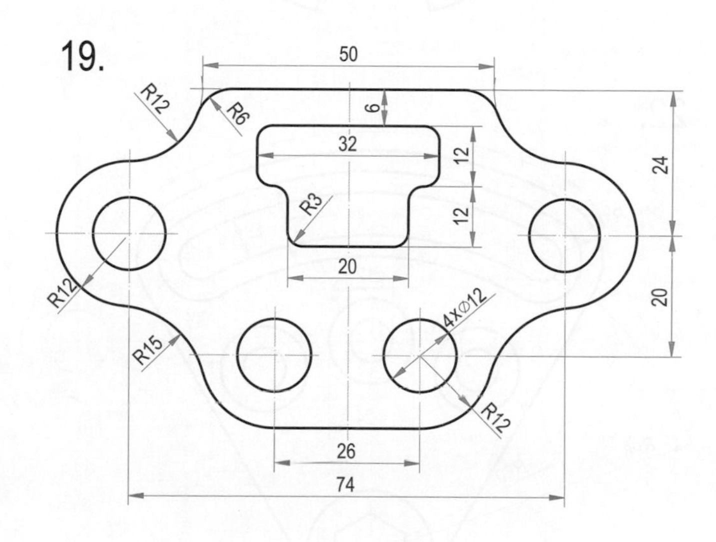
50
R12
R6
6
32
12
24
R3
12
R12
20
20
4X∅12
R15
R12
26
74

20.

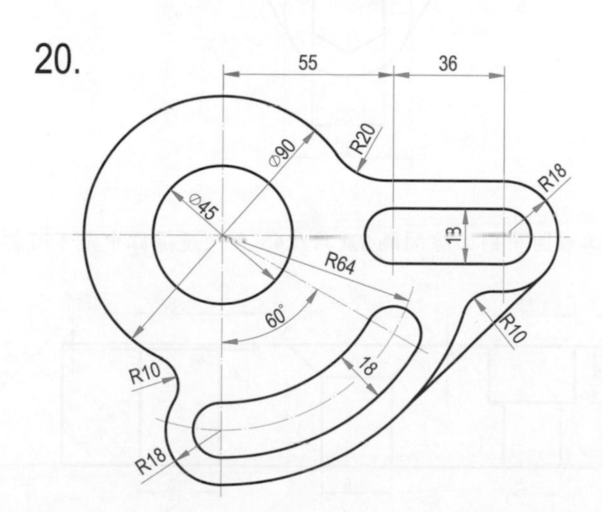
55
36
R20
∅90
R18
∅45
13
R64
60°
R10
R10
18
R18

21.

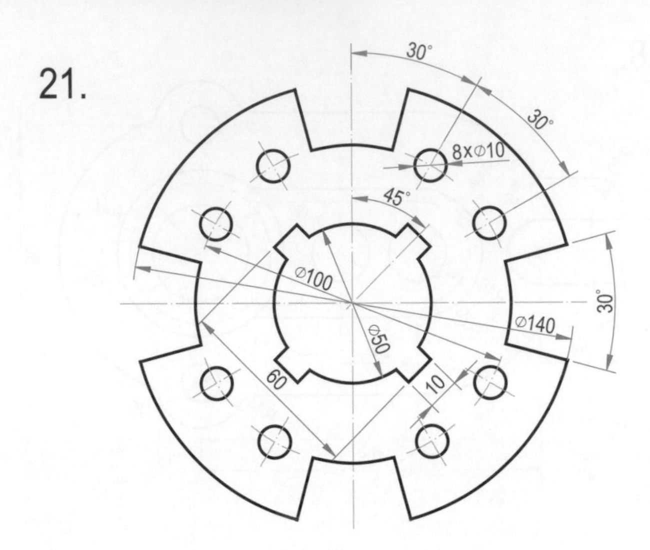

22.

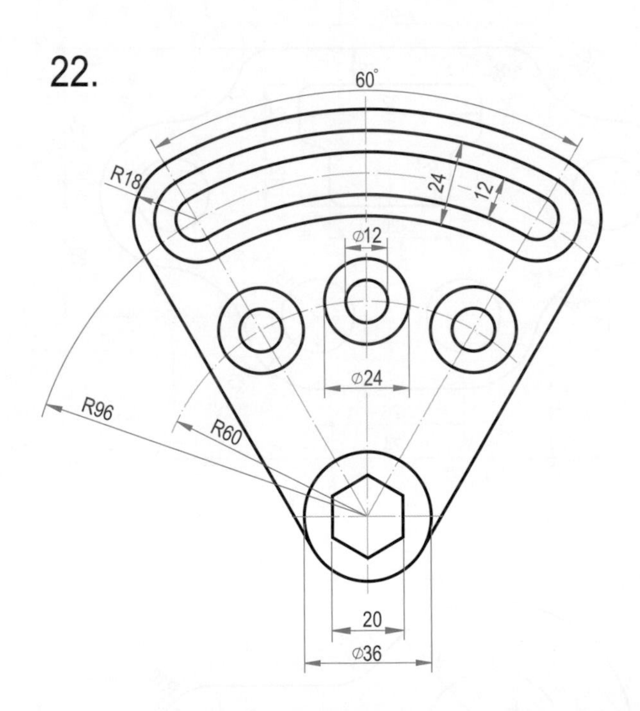

23.（註：工程圖中剖面線間隔5及角度45°在尺度標註中是不可標的）

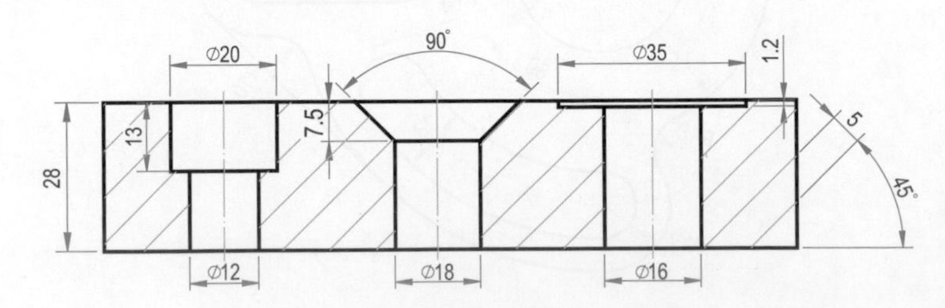

24.

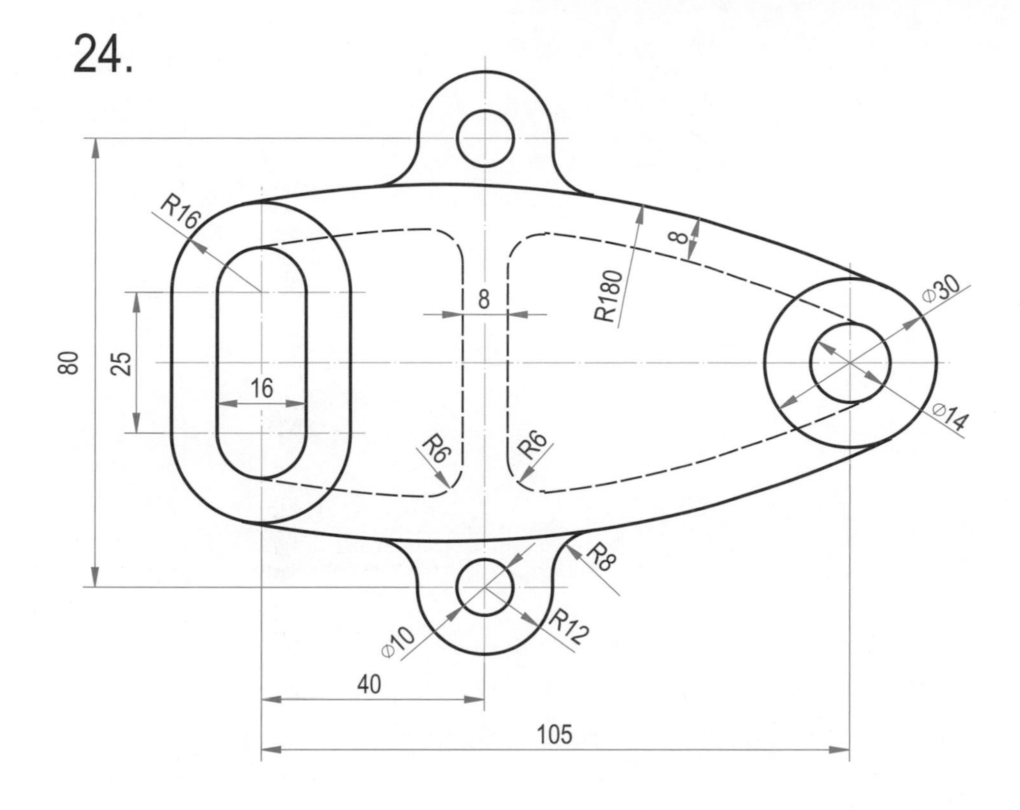
R16
80
25
16
8
R180
8
∅30
∅14
R6
R6
R8
∅10
R12
40
105

25.

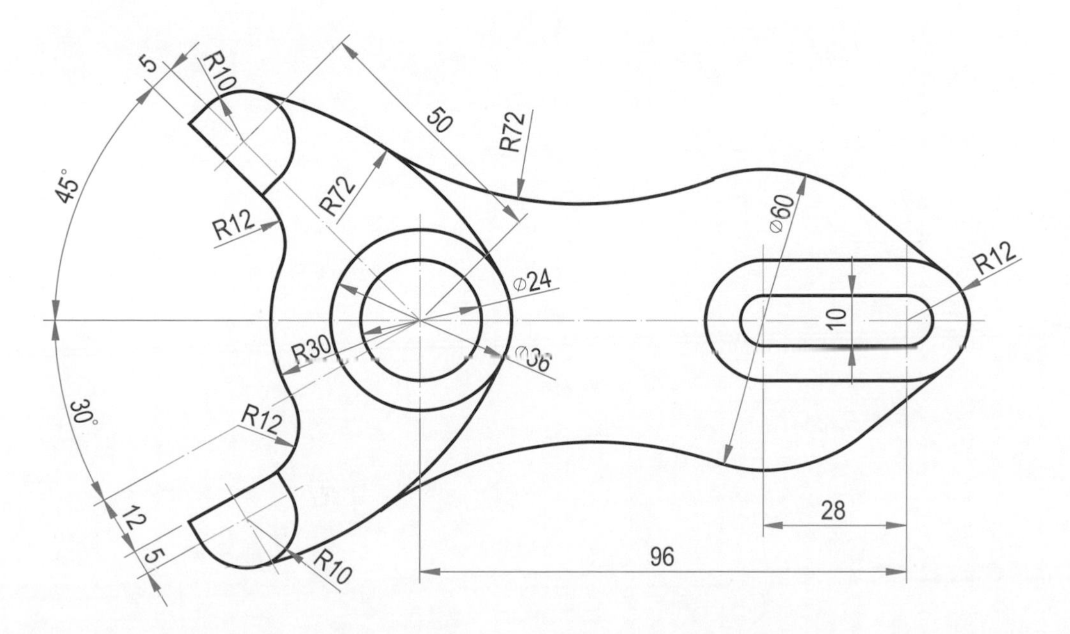
5
R10
50
R72
45°
R72
R12
∅60
R12
∅24
10
R30
∅36
30°
R12
12
5
R10
28
96

Chapter

5

點線面的正投影

5-1 投影原理

由物體表面上的各點反射出來的光線，稱為**投射線**，投射到一個稱為投影面的平面上，構成的像，即為此物體的投影，就如同人被拍照時，在底片上的像，就是人的投影，底片即為投影面。將物體的投影照樣畫在紙上，所得的圖，稱為**視圖**。如果將投影面視為紙面，則投影即為視圖。

根據投射線與投影面間的關係，投影可以分成**正投影**、**斜投影**和**透視投影**三種。當投射線彼此平行，且垂直於投影面的投影，稱為**正投影**(圖 5-1)，由正投影所得的視圖，稱為**正投影視圖**；投射線彼此平行，但不垂直於投影面的投影，稱為**斜投影**(圖 5-2)，由斜投影所得的視圖，稱為**斜視圖**；投射線彼此不平行，但集中於一點的投影，稱為**透視投影**(圖 5-3)，由透視投影所得的視圖，稱為**透視圖**。在工程圖中以使用正投影為極大多數，故本書除第十五章外都僅述及正投影。

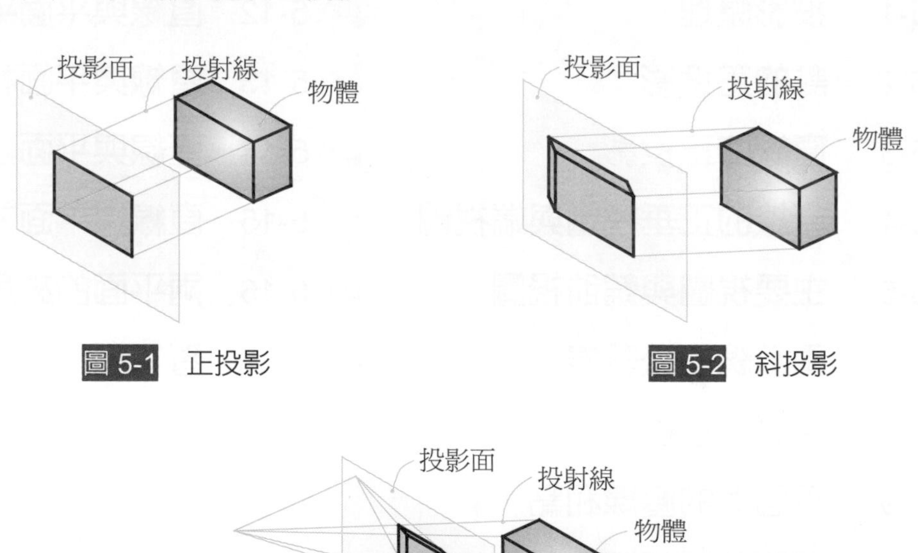

圖 5-1 正投影

圖 5-2 斜投影

圖 5-3 透視投影

爲清楚表達物體的形狀，投影面可使用多個，即相當於多個方向對物體照相。在正投影中，首先採用一個面對我們而垂直於地平面的投影面，稱爲**直立投影面**，以「V」表示，簡稱 V **面**。其次採用一個平行於地平面的投影面，稱爲**水平投影面**，以「H」表示，簡稱 H **面**。使直立投影面與水平投影面相交，則兩者必成直角相交，把空間分隔成四部分，形成四個象限，由前上、後上、後下、前下順序，依次稱爲第一象限(ⅠQ)、第二象限(ⅡQ)、第三象限(ⅢQ)、第四象限(ⅣQ) (圖 5-4)。投影面與投影面的交線稱爲**基線**，水平投影面與直立投影面的基線以 HV 稱之。

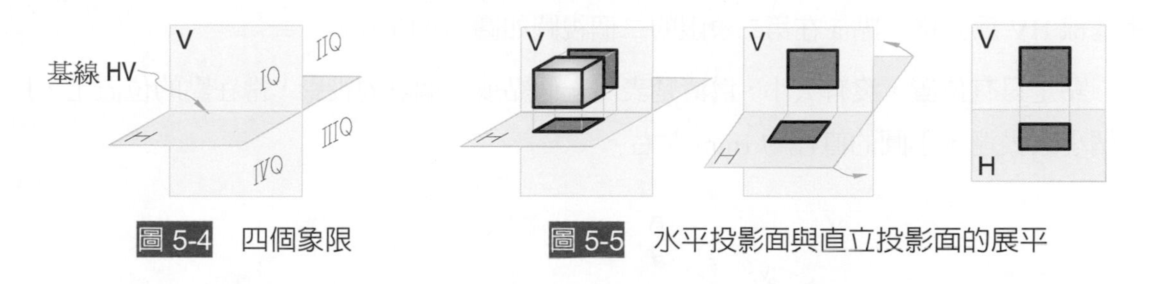

圖 5-4 四個象限　　圖 5-5 水平投影面與直立投影面的展平

假設置長方體於第一象限，在水平投影面和直立投影面上分別產生投影後，再將水平投影面以基線 HV 爲軸，向前下方旋轉，使與直立投影面重合(圖 5-5)，然後把各投影面上的投影照樣畫在紙上，便得物體的二個視圖(圖 5-6)，這就是正投影多視圖的由來。凡物體在直立投影面上的投影稱爲**直立投影**；在水平投影面上的投影稱爲**水平投影**。由直立投影得此物體的**前視圖**；由水平投影得此物體的**俯視圖**。

圖 5-6 物體的二個視圖　　圖 5-7 基線與投影線都畫出

初步學習投影原理，爲便於了解，繪製視圖時，常將基線和投影線用細實線畫出。**投射線**的投影即稱爲**投影線**，因正投影的投射線與投影面垂直，所以基線與投影線必互相垂直，同時在繪出之視圖中，基線的註記位置，就視圖所在投影面而定(圖 5-7)。在電腦上繪製正投影多視圖，就是以其直角坐標，利用各指令作圖。

5-2 點的正投影

空間一個點，若已知其在水平投影面的上方、直立投影面的前方，則此點必在第一象限。若已知其在水平投影面的下方、直立投影面的後方，則此點必在第三象限無疑，其他依此類推。

所以當已知點 a 在水平投影面上方二格(每格設爲 5mm)、直立投影面後方五格處，則點 a 必在第二象限(圖 5-8)，其直立投影(前視圖)a^v 距基線 HV 爲二格、水平投影(俯視圖)a^h 距基線 HV 爲五格。點 a 在第二象限的二個視圖如圖 5-9 所示。

點是只有位置，沒有大小，爲清楚表出一個點或一個點的投影，常在點的位置上，以一個小圓表達，小圓的直徑約 1mm 左右。

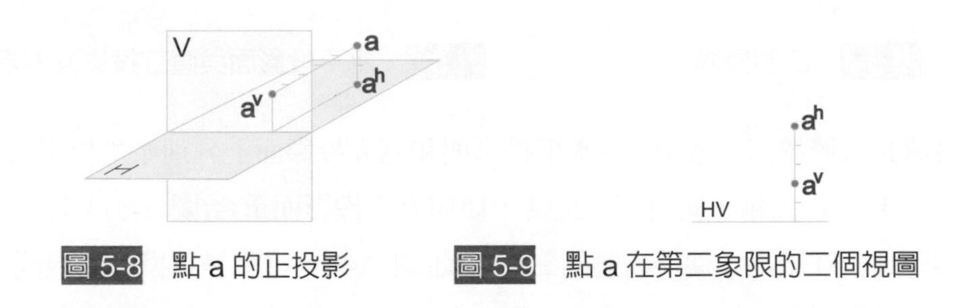

圖 5-8 點 a 的正投影　　圖 5-9 點 a 在第二象限的二個視圖

由點的投影(視圖)可知其在空間的位置，圖 5-10 中的

點 a 在第一象限，　　點 e 在第一與第二象限間的 V 面上，

點 b 在第二象限，　　點 f 在第一與第四象限間的 H 面上，

點 c 在第三象限，　　點 g 在第三與第四象限間的 V 面上，

點 d 在第四象限，　　點 m 在第二與第三象限間的 H 面上，

點 n 在基線 HV 上。

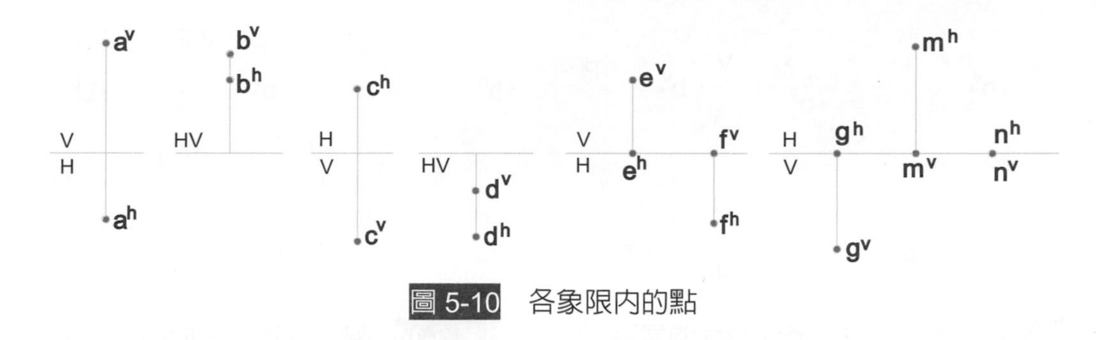

圖 5-10 各象限內的點

至此，我們可以發現，如果一個點在第二或第四象限，其投影或視圖有重疊在一起的可能，所以在實際運用的情況下，都不將目的物置於第二或第四象限，所以以下述及之正投影都將限於第一或第三象限。

在需要的情況下，適當的位置上，可增加一個與水平投影面及直立投影面均相交成直角的投影面，稱爲**側投影面**，以「P」表示，簡稱 P **面**(圖 5-11)。側投影面與直立投影面之基線以 VP 稱之。凡物體在側投影面上的投影，稱爲**側投影**，由側投影可得此物體的**側視圖**。

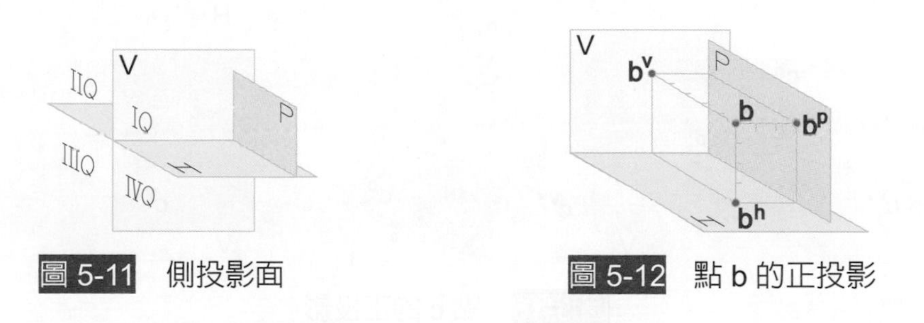

圖 5-11 側投影面

圖 5-12 點 b 的正投影

空間一個點，若已知其離開側投影面的距離，即可決定其在空間的左右位置。設點 b 在水平投影面上方四格、直立投影面前方五格、側投影面左方三格處，則點 b 必在第一象限(圖 5-12)，分別在各投影面上產生投影後，先將側投影面以基線 VP 爲軸旋轉，使之與直立投影面重合，再將水投影面以基線 HV 爲軸旋轉，也使之與直立投影面重合(圖 5-13)。點 b 的直立投影 b^v 距基線 HV 爲四格，水平投影 b^h 距基線 HV 爲五格，b^v 及 b^h 均距基線 VP 三格，其側投影 b^p 距基線 VP 爲五格、距基線 HV 爲四格，點 b 的三個視圖如圖 5-14 所示。

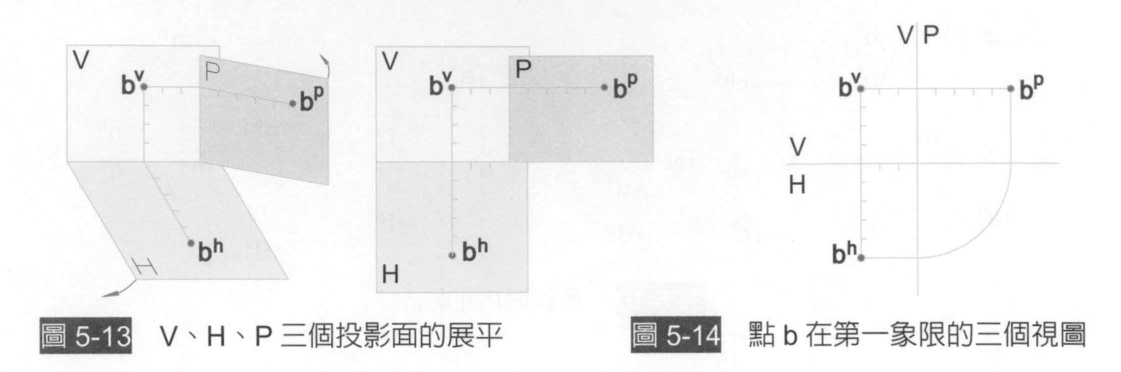

圖 5-13 V、H、P 三個投影面的展平

圖 5-14 點 b 在第一象限的三個視圖

同理，設點 c 在水平投影面下方三格、直投影面後方六格、側投影面左方二格，則點 c 必在第三象限，分別在各投影面上產生投影後，先將側投影面以基線 VP 爲軸旋轉，使之與直立投影面重合，再將水平投影面以基線 HV 爲軸旋轉，也使之與直立投影面重合(圖 5-15)。點 c 的直立投影 c^v 距基線 HV 爲三格，水平投影 c^h 距基線 HV 爲六格，c^v 及 c^h 均距基線 VP 二格，側投影 c^p 距基線 VP 爲六格、距基線 HV 爲三格，點 c 的三個視圖如圖 5-16 所示。

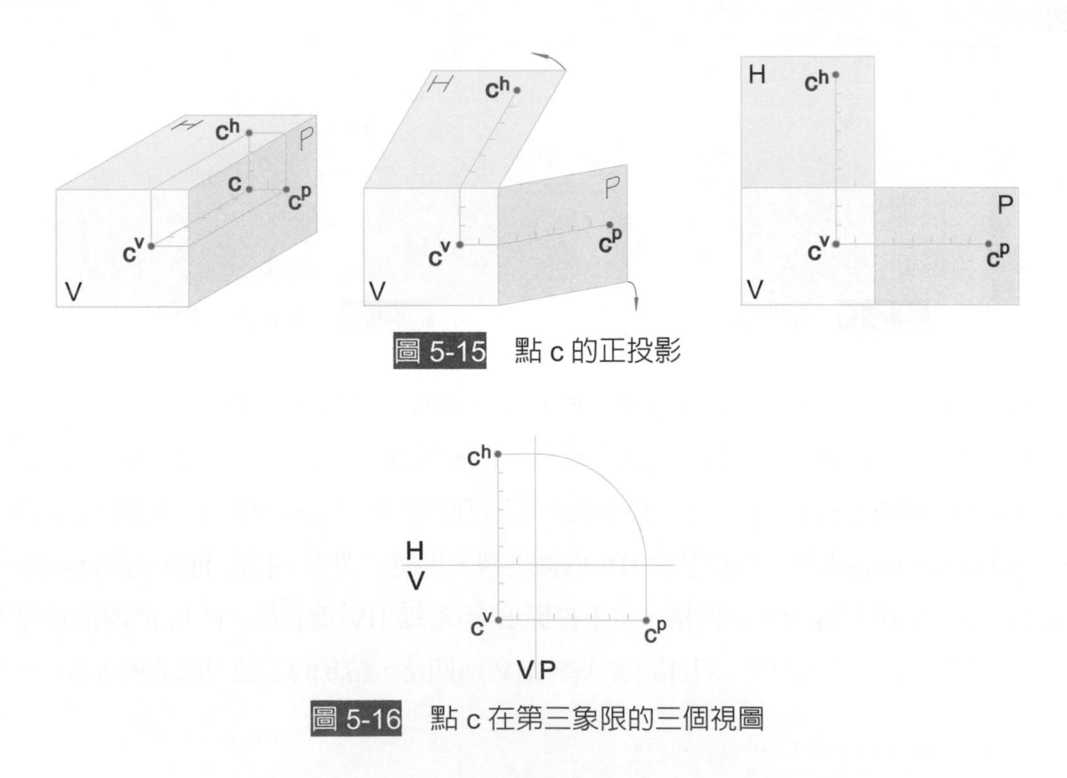

圖 5-15 點 c 的正投影

圖 5-16 點 c 在第三象限的三個視圖

5-3 直線的正投影

線由點移動而得，亦即由一點接一點密集而成，一直線可由線上任二點決定其位置，並可無限伸長，截取其上一段，即稱為線段，線段兩端點投影的連線便是此線段的投影。設直線上的點 a 與點 b 的位置已知，則線段 ab 的直立投影 a^vb^v、水平投影 a^hb^h 和側投影 a^pb^p 便可確定，而繪出其三視圖(圖 5-17)。

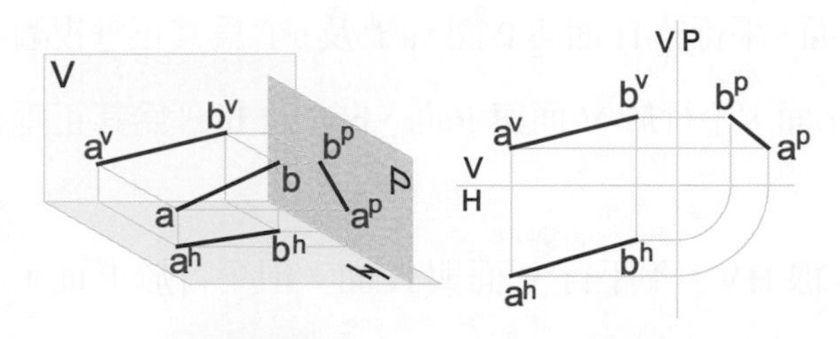

圖 5-17 直線線段的三視圖

5-4 直線的正垂視圖與端視圖

若直線與投影面平行，則直線上的任意點至此投影面間的距離恆相等，且直線在此投影面上的投影顯示其實長，所得之視圖是為此直線的**正垂視圖**。若直線與投影面垂直，則直線在此投影面上的投影必為一個點，所得之視圖是為此直線的**端視圖**。由線段的視圖，可知其與投影面 V、H、P 間的關係，圖 5-18 中的

線段 ab 平行於 V 面，a^vb^v 為其正垂視圖，a^hb^h 必平行於基線 HV。

線段 cd 在 V 面上，c^vd^v 為其正垂視圖，c^hd^h 必與基線 HV 重合。

線段 ef 平行於 H 面，e^hf^h 為其正垂視圖，e^vf^v 必平行於基線 HV。

線段 gk 在 II 面上，g^hk^h 為其正垂視圖，g^vk^v 必與基線 HV 重合。

線段 mo 平行於 V 面，也平行於 H 面，即平行於基線 HV，必垂直於 P 面，m^vo^v 及 m^ho^h 均為其正垂視圖，m^po^p 為其端視圖。

線段 st 重合於基線 HV，且垂直於 P 面，s^vt^v 或 s^ht^h 為其正垂視圖。

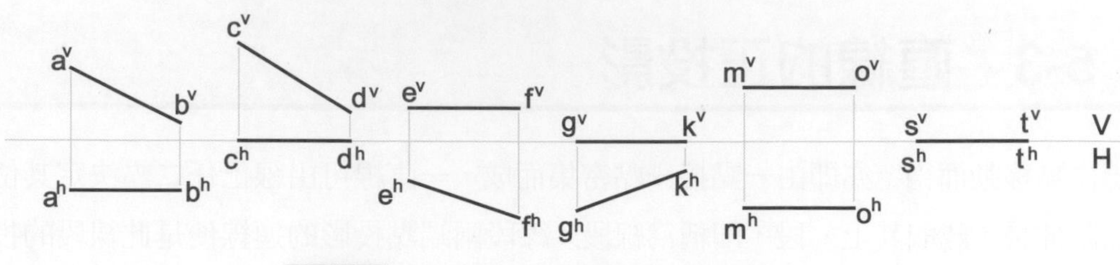

圖 5-18　直線線段與投影面間的關係(一)

在圖 5-19 中的

線段 af 垂直於 V 面，平行於 H 面與 P 面，a^hf^h 及 a^pf^p 為其正垂視圖，a^v 或 f^v 為其端視圖。

線段 bg 垂直於 H 面，平行於 V 面與 P 面，b^vg^v 及 b^pg^p 為其正垂視圖，b^h 或 g^h 為其端視圖。

線段 ck 垂直於基線 HV，不平行 V 面與 H 面，但平行於 P 面，c^pk^p 為其正垂視圖。

線段 dm 不平行於 V 面，也不平行於 H 面及 P 面。

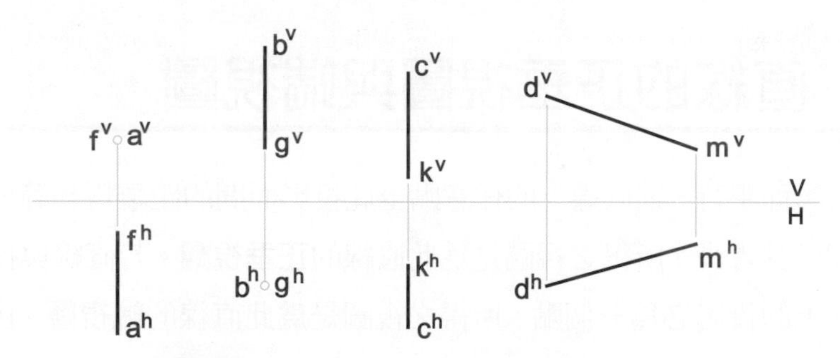

圖 5-19　直線線段與投影面間的關係(二)

凡與直立投影面平行的直線，稱為前平線。凡與水平投影面平行的直線，稱為水平線。凡與側投影面平行的直線，稱為側平線。所以圖 5-18 及圖 5-19 中的線段 ab、cd、mo、st、bg 均屬於前平線；線段 ef、gk、mo、st、af 均屬於水平線；線段 af、bg、ck 均屬於側平線。

5-5 主要視圖與輔助視圖

若直線不垂直於投影面，就無法在該投影面上得直線的端視圖。若直線不平行於投影面，就無法在該投影面上得直線的正垂視圖。所以需要另外一個投影面使之與直線垂直或平行，當此等投影面是直立投影面、水平投影面、側投影面以外的投影面，就歸納爲輔助投影面，輔助投影面上的投影，稱爲輔助投影，由輔助投影而得之視圖，稱爲輔助視圖。直立投影面、水平投影面、側投影面三者則歸納爲主要投影面，主要投影面上的投影，統稱爲主要投影，由主要投影而得之視圖，統稱爲主要視圖。輔助投影面可就需要使用多個，分別以「X」、「Y」、「Z」等表之，簡稱 X 面、Y 面或 Z 面。

若有線段 ab 與投影面 V、H、P 都不平行，則 a^vb^v、a^hb^h、a^pb^p 均非其正垂視圖，當然不是線段 ab 的實長所在，要求得線段 ab 的實長，可取一輔助投影面 X，使與線段 ab 平行，並垂直於水平投影面，則與水平投影面的基線爲 HX，此基線必平行於 a^hb^h，產生輔助投影 a^xb^x 後，以基線 HX 爲軸旋轉，使與水平投影面重合，而得線段 ab 的輔助視圖 a^xb^x，亦即線段 ab 的正垂視圖，是其實長所在，且 $a^xa_2=a^va_1$、$b^xb_2=b^vb_1$(圖 5-20)。

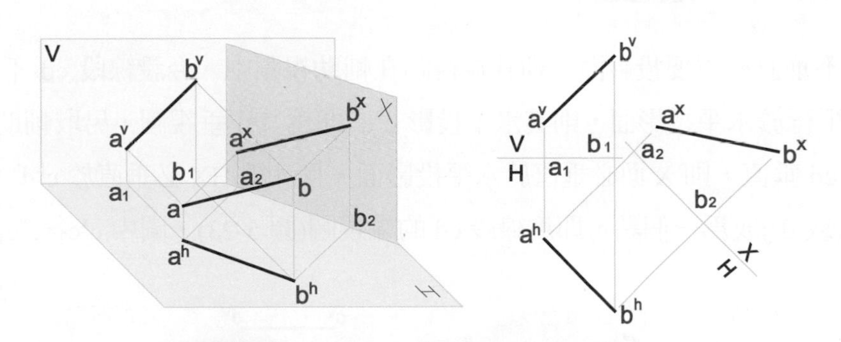

圖 5-20 由輔助視圖得線段 ab 的實長

若不用輔助投影面，而直接用圖 5-20 中 abb^ha^h 所圍成的四邊形平面，以 bb^h 爲軸，迴轉至$(a)(a)^h$ 位置，使之與直立投影面平行，然後得其直立投影$(a)^vb^v$，即爲線段 ab 的實長所在(圖 5-21)，注意圖中 $a^va_1=(a)^v(a)_1$。同理，也可以 aa^h 爲軸迴轉，使之與直立投影面平行；更可以 abb^va^v 所圍成的四邊形平面，而以 bb^v 或 aa^v 爲軸迴轉，使之與水平投影面平行，而得其實長(圖 5-22)，此即所謂以迴轉法求得線段的實長。

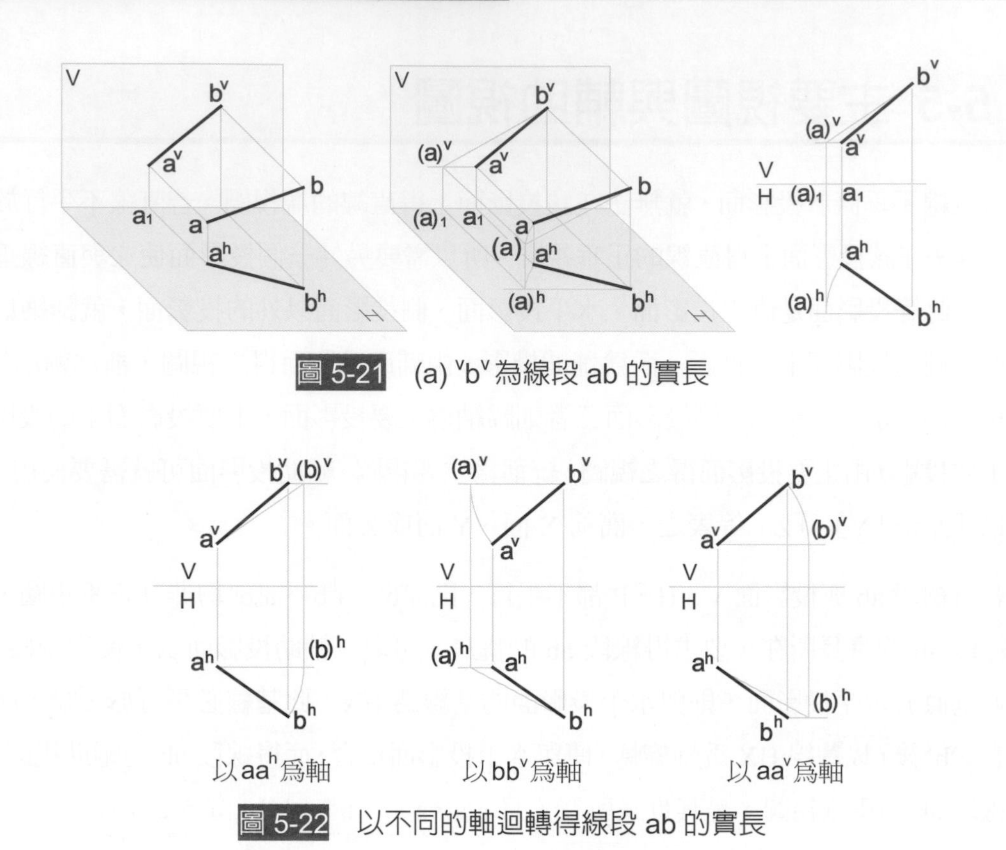

圖 5-21 (a) $^vb^v$ 為線段 ab 的實長

圖 5-22 以不同的軸迴轉得線段 ab 的實長

若直線不垂直於主要投影面，則其端視圖在輔助視圖中。今設線段 cd 不垂直於直立投影面，但平行於水平投影面，則其水平投影 c^hd^h 即爲其正垂視圖，另取輔助投影面 X，使之與線段 cd 垂直，則 X 面必垂直於水平投影面，且基線 HX 必垂直於 c^hd^h，線段 cd 的輔助視圖 c^x(或 d^x)成爲一個點，即爲線段 cd 的端視圖(圖 5-23)，圖中 $c^xc_2=c^vc_1$。

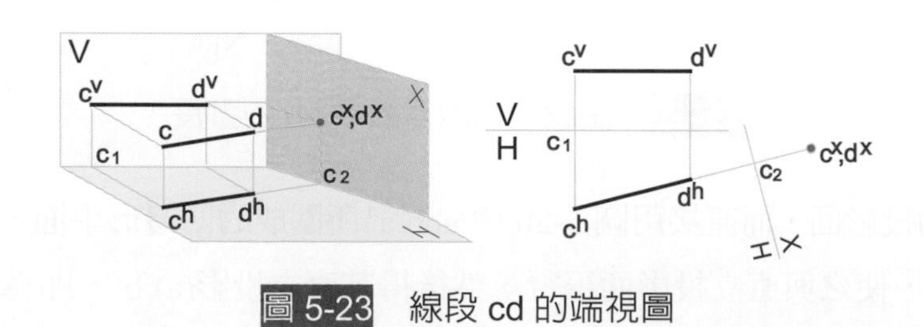

圖 5-23 線段 cd 的端視圖

若直線不平行於主要投影面，欲得其端視圖，須先由輔助視圖求得其正垂視圖，再由正垂視圖求得其端視圖。今設線段 ef 不平行於主要投影面，先取輔助投影面 X 平行線段 ef，垂直水平投影面，基線 HX 必平行 e^hf^h，得其正垂視圖 e^xf^x，再取一輔助投影面 Y，使之與線段 ef 垂直，則必與輔助投影面 X 垂直，基線 XY 必垂直於 e^xf^x，線段 ef 的輔助視圖 e^y(或 f^y)成爲一個點，即爲線段 ef 的端視圖(圖 5-24)，圖中 $e^ye_3=e^he_2$。

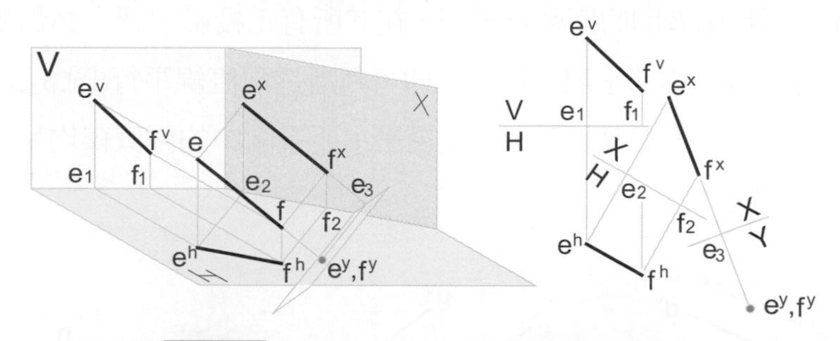

圖 5-24　線段 ef 的正垂視圖與端視圖

5-6　直線的相交、平行和垂直

一、兩直線相交

空間的兩直線如共有一點，此點稱爲共點，則此兩直線相交，此共點又稱爲這兩直線的交點。如圖 5-25 中的線段 ab 和 cd 相交於 o 點，o 點既在線段 ab 上，也在線段 cd 上，就是此兩線段的共點，視圖中的 o^v 與 o^h 的連線必垂直於基線 HV。又線段 ef 和 gk 不相交，沒有共點，因點 s 在線段 ef 上，不在線段 gk 上，點 r 在線段 gk 上，不在線段 ef 上。同理可得知點 t 在線段 ef 上，不在線段 gk 上，點 u 在線段 gk 上，不在線段 ef 上。

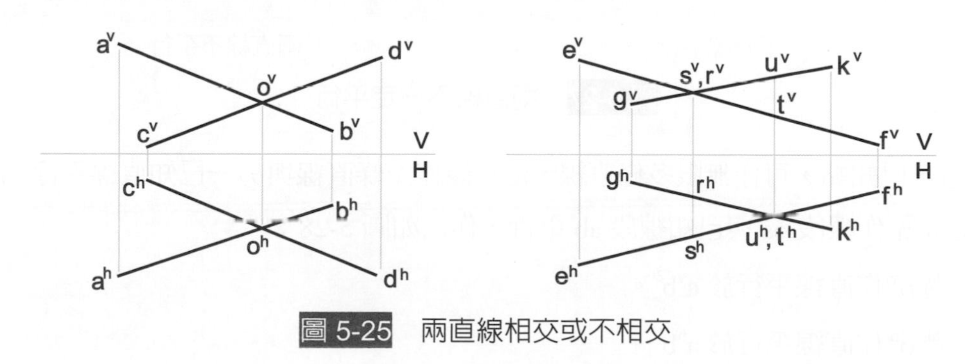

圖 5-25　兩直線相交或不相交

二、兩直線平行

空間的兩直線方向完全相同，則此兩直線平行。因兩直線的方向完全相同，在有限的範圍內必無共點，而且兩者間的距離恆相等，在其所有正投影視圖中必仍相平行，所以當兩直線在相鄰的兩個視圖中都呈現平行時，即可判斷這兩直線平行(圖 5-26)。但當兩直線在相鄰的兩個視圖中均垂直於基線時，則需視三主要視圖中的兩直線均呈現平行時，才能判斷此兩直線平行(圖 5-27)。

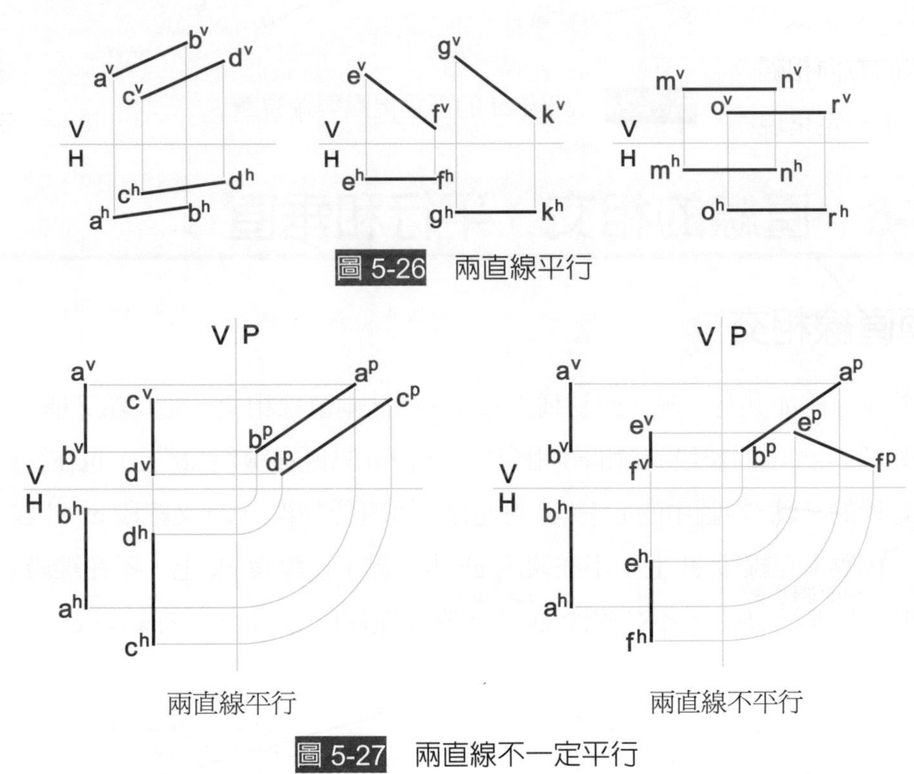

圖 5-26　兩直線平行

圖 5-27　兩直線不一定平行

經過一已知點，可作無限多條直線，但只能作一條直線與另一已知直線平行。設已知點 o，過 o 點作線段 os 與已知線段 ab 平行，作法如圖 5-28：

1. 過 o^v 作直線平行於 a^vb^v。
2. 過 o^h 作直線平行於 a^hb^h。
3. 在所作直線上截取任意點 s，則 os 即爲所求直線上的一段。

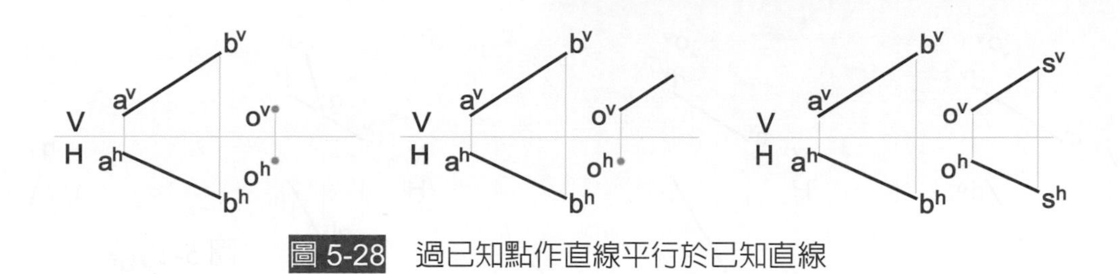

圖 5-28 過已知點作直線平行於已知直線

三、兩直線垂直

空間的兩直線方向相隔 90°時，則此兩直線垂直。空間兩相垂直的直線，不一定相交。若兩直線的方向相隔 90°，且有一共點時，則此兩直線垂直且相交。兩相垂直的直線，在其視圖中不一定呈現相互垂直的情形，但當其中一直線之視圖爲其正垂視圖時，必呈現相互垂直(圖 5-29)。

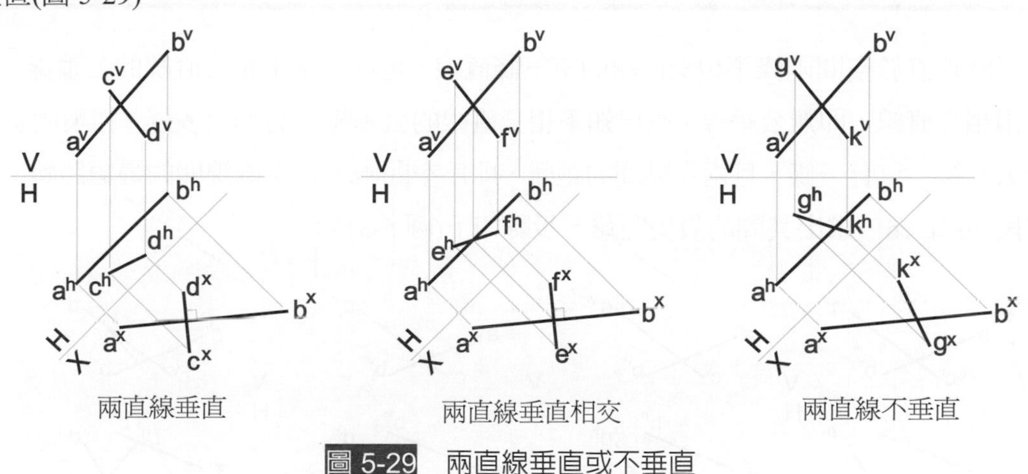

圖 5-29 兩直線垂直或不垂直

經過一已知點，可作無限多條直線與另一已知直線垂直，但只能作一條與另一已知直線垂直且相交。一點 o 至一直線 cd 間的最短距離，即由點 o 作直線 cd 的垂線，與之相交於 g，則線段 og 的實長，即爲點 o 至直線 cd 間的最短距離，作法如圖 5-30：

1. 先畫出已知線段 cd 的正垂視圖 c^xd^x，並將點 o 也投影至 X 面上，得 o^x。
2. 由 o^x 作 c^xd^x 的垂線，交 c^xd^x 於 g^x。
3. 由 g^x 決定 g^h 及 g^v。
4. 再由輔助投影面 Y，使與 og 平行，得線段 og 的正垂視圖 o^yg^y，爲其實長，即得點 o 至直線 cd 間之最短距離。

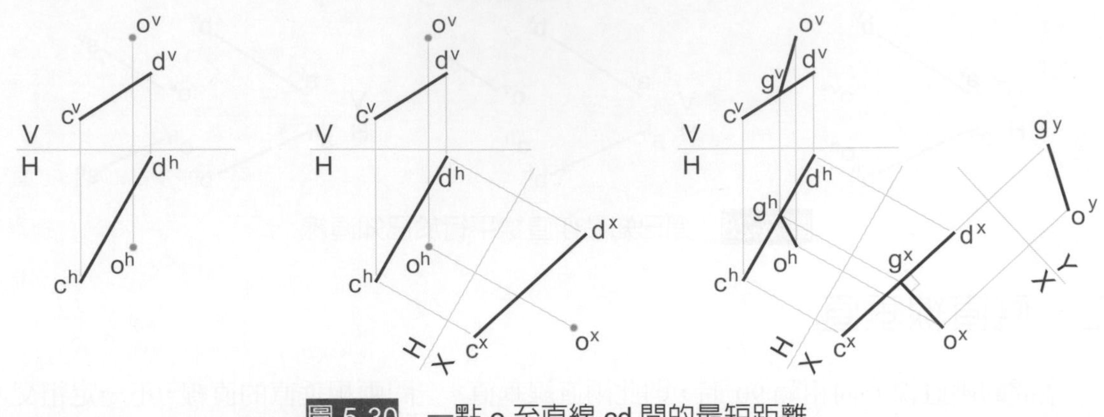

圖 5-30　一點 o 至直線 cd 間的最短距離

5-7　兩直線的公垂線

同時垂直於空間兩條不相交直線的第三條直線，是為此兩不相交直線的公垂線。如果空間兩相交直線，即無公垂線。兩已知不相交直線的公垂線可有無限多條，但與兩者都相交的公垂線，只有一條，且兩交點間的距離，即為空間兩不相交直線間的最短距離。設已知線段 ab 和 cd，求出其間的最短距離，步驟如下(圖 5-31)：

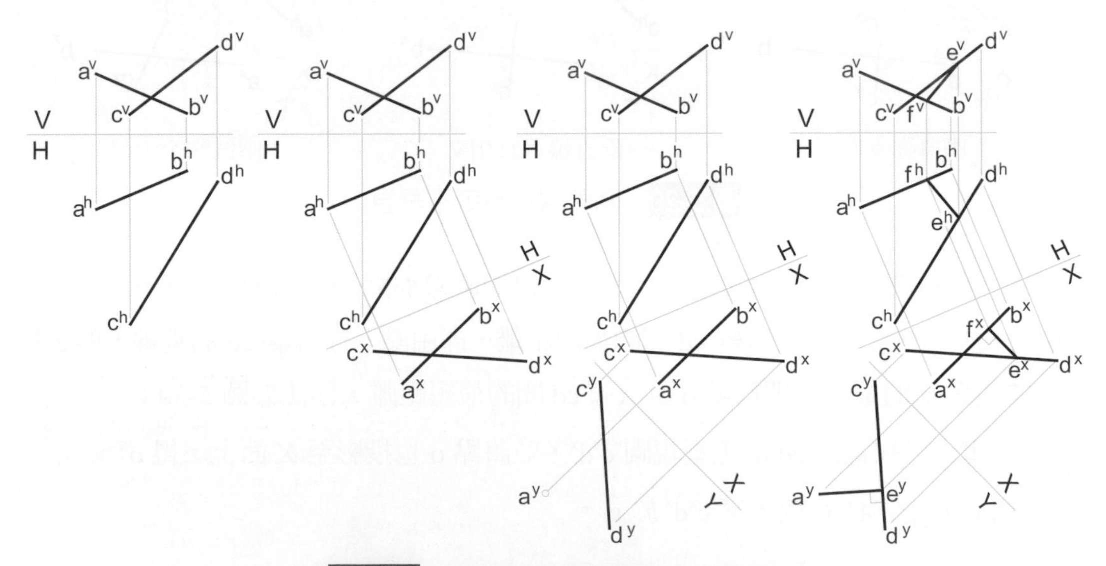

圖 5-31　兩不相交直線間的最短距離

1. 先畫出線段 ab 的正垂視圖 a^xb^x，並將線段 cd 投影至 X 面上，得 c^xd^x。
2. 再畫出線段 ab 的端視圖 a^y，並將線段 cd 投影至 Y 面上，得 c^yd^y。
3. 由 a^y 作 c^yd^y 的垂線，交 c^yd^y 於 e^y，再由 e^y 決定 e^x、e^h 和 e^v。
4. 由 e^x 作 a^xb^x 的垂線，交 a^xb^x 於 f^x，再由 f^x 決定 f^h 和 f^v。
5. 線段 ef 即為已知線段 ab 和 cd 間的最短距離，且 a^ye^y 為其實長所在，因為 a^ye^y 為線段 ef 之正垂視圖。

如果在圖 5-31 中增加一個已知點 g，要經過點 g 作出已知線段 ab 和 cd 的公垂線 gs，可在作得相交的公垂線 ef 後，過 g 點作 ef 的平行線即得(圖 5-32)。

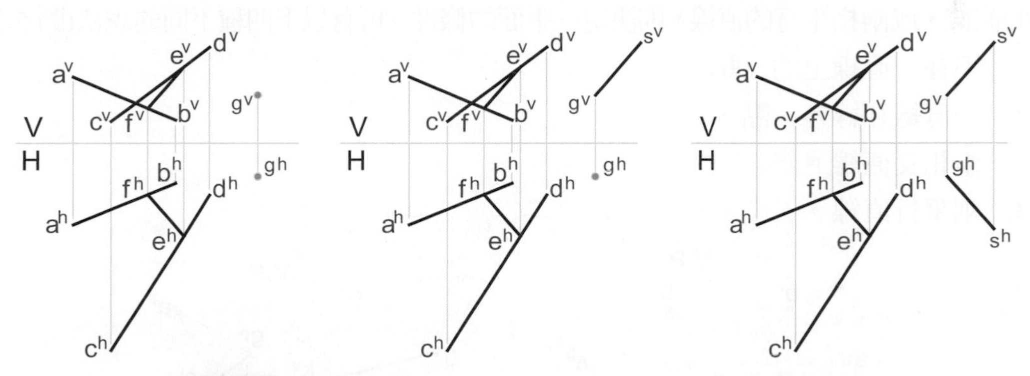

圖 5-32　過已知點 g 作已知線段 ab 和 cd 的公垂線 gs

5-8　平面的正投影

面由線移動而得，亦即由一線拼一線密集而成。平面則由直線移動而得，亦即由無數平行直線密集而成，所以一平面可由不在一直線上的三點決定，並可無限擴大。不在一直線上三已知點之投影，串連圍成之圖形，即為已知無限大平面上截取之三角形平面的投影。設不在一直線上的 a、b、c 三點的位置已知，則此三角形平面的直立投影 $a^vb^vc^v$、水平投影 $a^hb^hc^h$ 和側投影 $a^pb^pc^p$ 便可確定，而繪出平面 abc 的三個視圖(圖 5-33)。

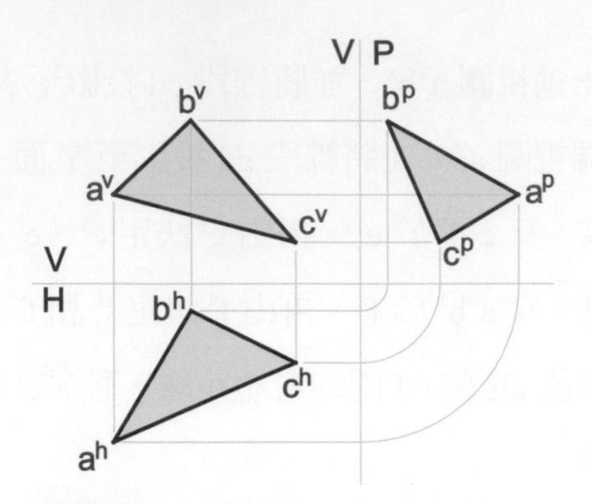

圖 5-33 三角形平面的三個視圖

因為兩點連成一直線，所以不在一直線上的三點，可以引述為一直線和線外一點，或兩相交的直線，或兩相平行的直線，則決定一平面的條件，可有以下四種不同的說法(圖 5-34)：

1. 不在一直線上的三點。
2. 一直線和線外一點。
3. 兩相交直線。
4. 兩平行直線。

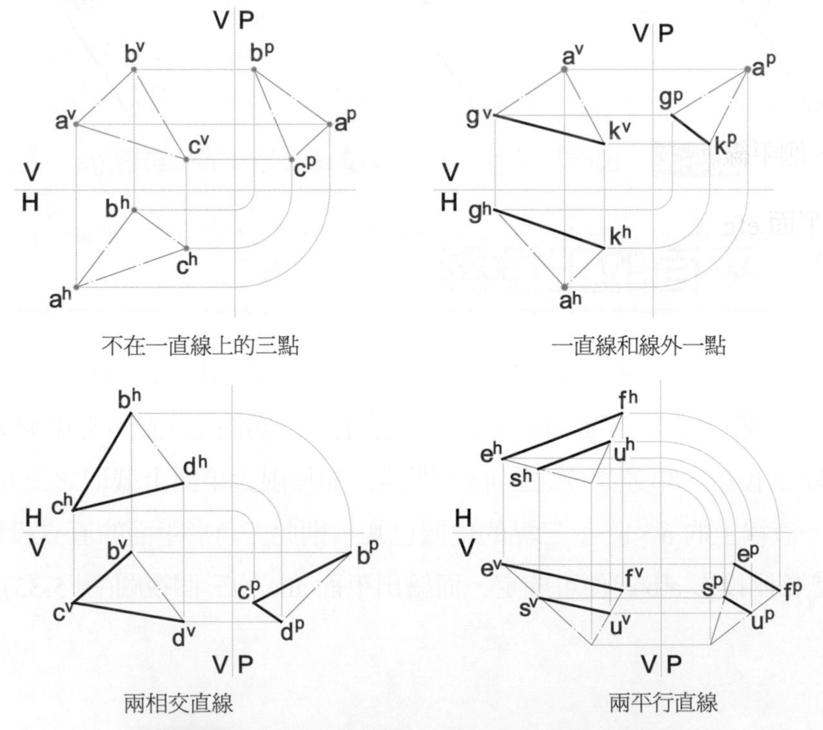

圖 5-34 決定一平面條件的四種不同的說法

5-9 平面上的直線和點

若一直線在一平面上，則此直線上所有點都在這平面上。空間的二點即可決定一直線，則在已知平面上任取二點，將這二點連線，便是這平面上的線段，所以欲在已知平面 cde 上任取一線段 ab，是在平面 cde 的 cd 邊上取 a 點，再在 de 邊上取 b 點，連接 a 與 b 點即得(圖 5-35)。

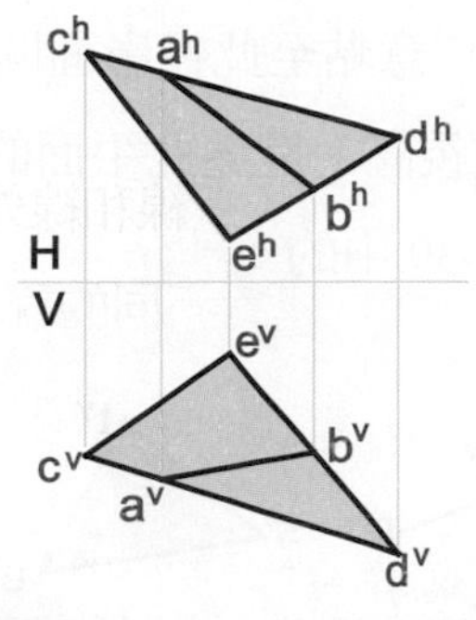

圖 5-35 線段 ab 在平面 cde 上

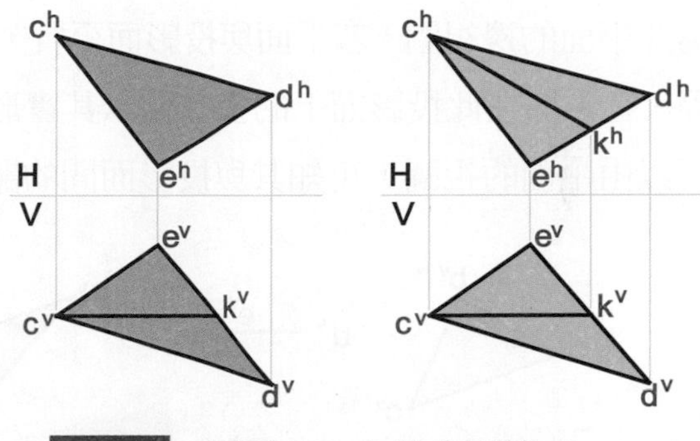

圖 5-36 平面 cde 上的水平線 ck

欲在平面 cde 上取一經過 c 點的水平線 ck，則 c^vk^v 必平行於 HV，所以自 c^v 作一直線與 HV 平行，交 e^vd^v 於 k^v，再由 k^v 決定 k^h 而得之，且 c^hk^h 必爲此水平線的正垂視圖(圖 5-36)。根據前平線、側平線之性質，運用相似的方法，可在已知平面上取得所需之前平線、側平線。

今已知平面 efg 和點 a，要確定點 a 是否在平面 efg 上，只要在平面 efg 上任取一直線能通過 a 點，則 a 點必在平面 efg 上，今在平面 efg 上取線段 gm，使 g^vm^v 經過 a^v，交 e^vf^v 於 m^v，由 m^v 決定 m^h，若 m^hg^h 正好經過 a^h，則點 a 必在平面 efg 上，今 m^hg^h 不經過 a^h，所以點 a 不在平面 efg 上(圖 5-37)。

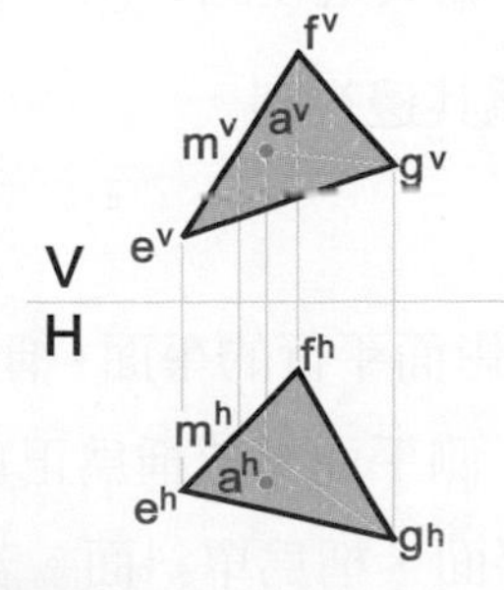

圖 5-37 點 a 不在平面 efg 上

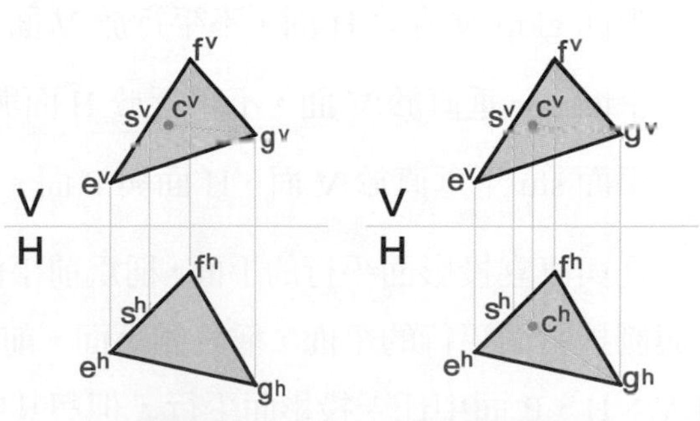

圖 5-38 使點 c 在平面 efg 上

已知點 c 的直立投影 c^v，欲使點 c 在平面 efg 上，可將 c^v 與 g^v 相連，並延長之，交 e^vf^v 於 s^v，由 s^v 決定 s^h，將 g^h 與 s^h 相連，則 c^h 必在 g^hs^h 上(圖 5-38)。

5-10 平面的邊視圖與正垂視圖

若平面與投影面垂直，則平面在此投影面上的投影必爲一直線，由此而得的視圖，是爲此平面的邊視圖。若平面與投影面平行，則自平面上的任意點至此投影面間的距離恆相等，且平面在此投影面上的投影顯示其實形，由此而得的視圖，是爲此平面的正垂視圖。所以由平面的視圖，可知其與投影面間的關係，例如圖 5-39 中的：

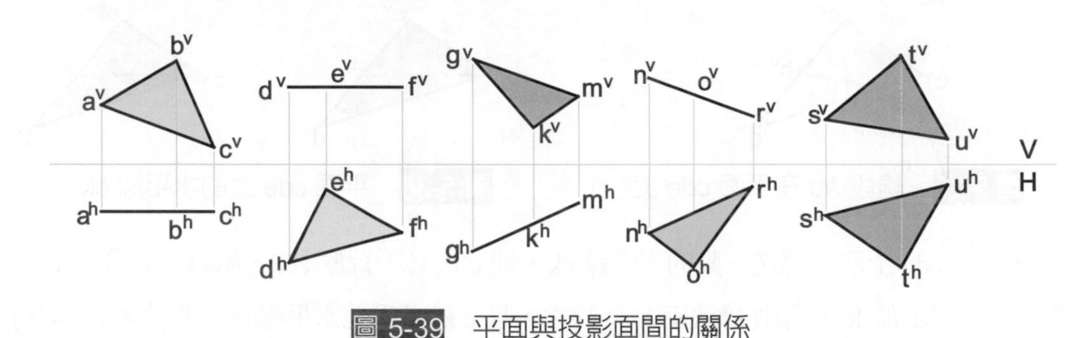

圖 5-39 平面與投影面間的關係

平面 abc 平行於 V 面，垂直於 H 面與 P 面，$a^vb^vc^v$ 爲其正垂視圖，$a^hb^hc^h$ 和 $a^pb^pc^p$ 均爲其邊視圖。

平面 def 平行於 H 面，垂直於 V 面與 P 面，$d^ve^vf^v$ 和 $d^pe^pf^p$ 均爲其邊視圖，$d^he^hf^h$ 爲其正垂視圖。

平面 gkm 垂直於 H 面，不平行於 V 面與 P 面，$g^hk^hm^h$ 爲其邊視圖。

平面 nor 垂直於 V 面，不平行於 H 面與 P 面，$n^vo^vr^v$ 爲其邊視圖。

平面 stu 不垂直於 V 面、H 面與 P 面。

凡與直立投影面平行的平面，稱爲前平面。凡與水平投影面平行的平面，稱爲水平面。凡與側投影面平行的平面，稱爲側平面。前平面、水平面、側平面又統稱爲正垂面。若不與 V、H、P 面中任一投影面平行，但與其中之一垂直的平面，稱爲單斜面。若不與 V、

H、P 面中任一投影面垂直的平面，稱爲複斜面。所以圖 5-39 中的平面 abc 和 def 是屬於正垂面，平面 gkm 和 nor 是屬於單斜面，平面 stu 則爲複斜面。

今有單斜面 aec 垂直於 H 面，則 $a^he^hc^h$ 爲其邊視圖，$a^ve^vc^v$ 非其正垂視圖，欲得其正垂視圖，是取一輔助投影面 X，使與平面 aec 平行，則 X 面亦必垂直於 H 面，基線 HX 必平行於 $a^he^hc^h$，得 $a^xe^xc^x$ 爲其正垂視圖，是其實形所在，圖中 $a^xa_2=a^va_1$、$e^xe_2=e^ve_1$、$c^xc_2=c^vc_1$(圖 5-40)。

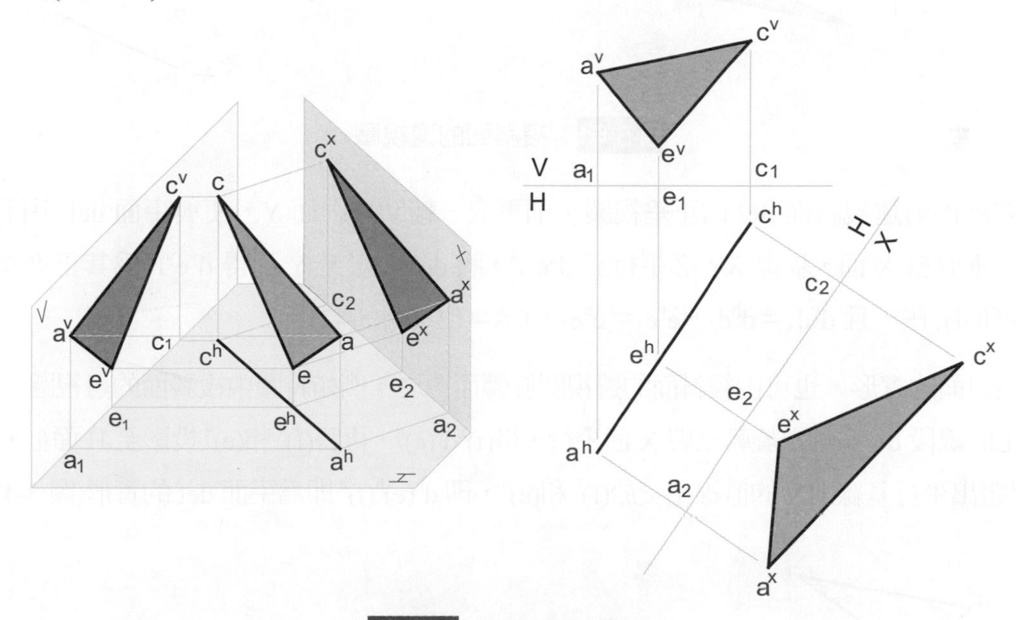

圖 5-40　單斜面的實形

一個平面可視爲由無數條平行直線密集而成，則平面的邊視圖又可視爲由這些平行直線的端視圖密集而成。若平面上有一直線垂直於投影面，得其**端視圖**，則平面上所有與這直線平行的直線都垂直於此投影面，亦即此平面垂直於此投影面，各直線端視圖的連線，便是平面的**邊視圖**。

複斜面是與三主要投影面都不相垂直的平面，無法在主要視圖中得其邊視圖，今有複斜面 def，欲得其邊視圖，是在平面 def 上取一水平線 do，則 d^vo^v 必平行於基線 HV，d^ho^h 爲其正垂視圖，取一輔助投影面 X，使與水平線 do 垂直，得水平線 do 的端視圖 d^x，並將點 e 投影至 X 面上得 e^x，連接 d^x 與 e^x 並延長之，將點 f 投影至 X 面上，與 d^xe^x 的延長線相交得 f^x，則 $d^xe^xf^x$ 即爲複斜面 def 的邊視圖，圖中 $d^xd_2=d^vd_1$、$e^xe_2=e^ve_1$、且 $f^xf_2=f^vf_1$(圖 5-41)。

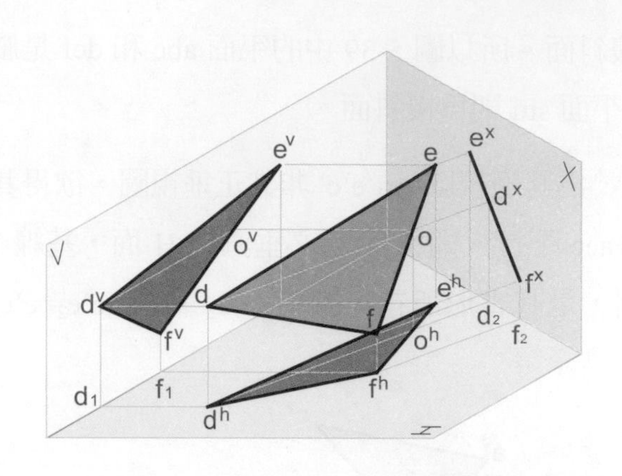

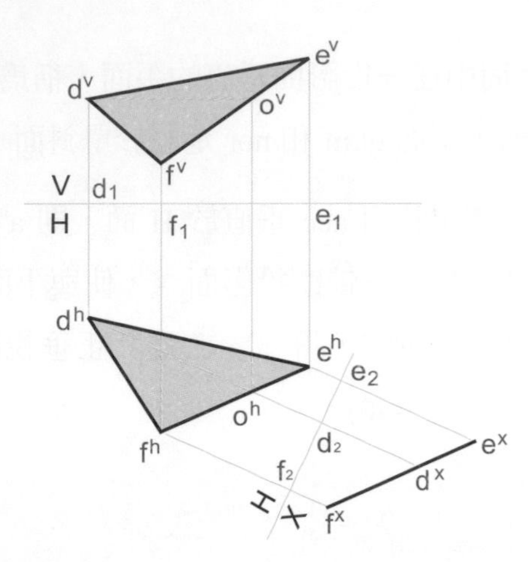

圖 5-41　複斜面的邊視圖

如欲得前述複斜面 def 的正垂視圖，則再取一輔助投影面 Y，使與平面 def 平行，則 Y 面必垂直於 X 面，基線 XY 必平行於 $d^xe^xf^x$，將 def 投影至 Y 面得 $d^ye^yf^y$ 爲其正垂視圖，是其實形所在，且 $d^yd_3 = d^hd_2$、$e^ye_3 = e^he_2$、$f^yf_3 = f^hf_2$ (圖 5-42)。

複斜面的實形，也可由複斜面的邊視圖旋轉而得之。例如將圖中複斜面的邊視圖，以此平面上的線段 do 爲軸線旋轉至與 X 面平行，得$(f)^xd^x(e)^x$，再將$(f)^x$和$(e)^x$投影至 H 面上，與由 f^h、e^h 畫出平行基線 HX 的直線相交於$(f)^h$和$(e)^h$，則 $d^h(e)^h(f)^h$ 即爲平面 def 的實形(圖 5-43)。

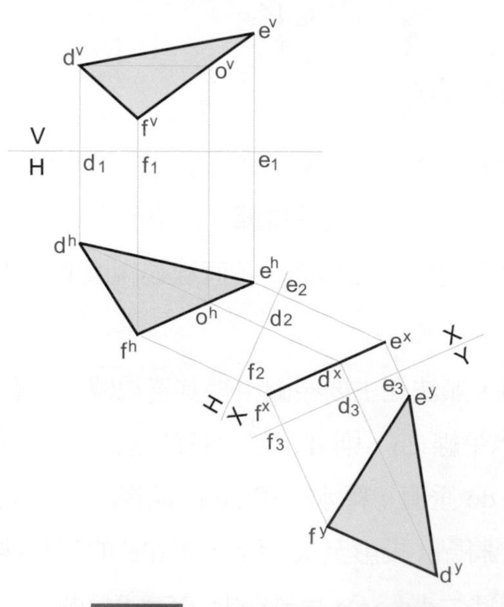

圖 5-42　複斜面的正垂視圖

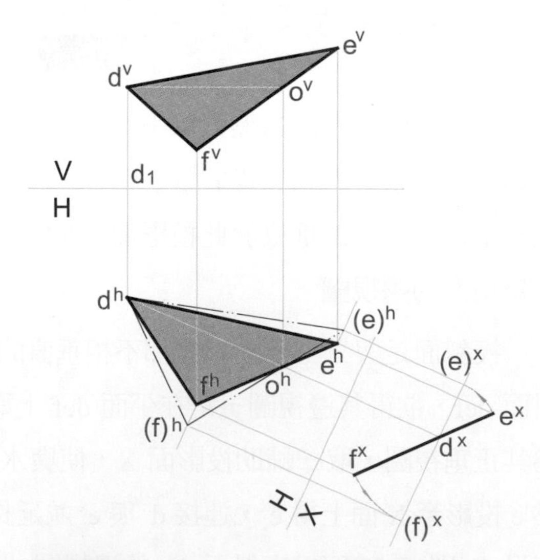

圖 5-43　旋轉複斜面邊視圖得其實形

 5-11 兩直線間的夾角

兩直線間的夾角，是指兩直線相交所形成的角，而以兩直線在其正垂視圖中的夾角爲其眞實大小，稱爲實角，未特別註明時，均指銳角而言。如欲得兩相交直線間的實角，可由此兩直線所決定平面的正垂視圖中得之。一般說求兩直線間的夾角，即指求兩直線間所夾的實角。

設線段 ab 與 bc 相交於 b 點，求角 b 的實角，畫法如圖 5-44：

1. 過 a 點作平面 abc 上的前平線 ad。
2. 畫出平面 abc 的邊視圖 $a^xb^xc^x$。
3. 再畫出平面 abc 的正垂視圖 $a^yb^yc^y$，則角 $a^yb^yc^y$ 即爲角 b 的實角。

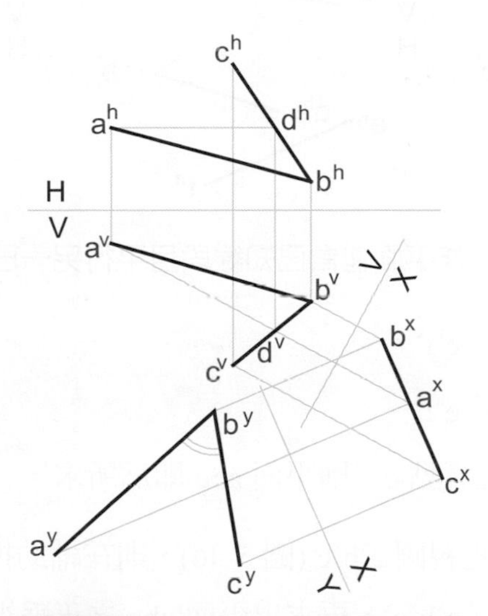

圖 5-44 求兩相交直線間的實角

5-12 直線與平面平行

一直線與平面上任一直線平行，則此直線必與此平面平行。此已知直線上任意點至此平面間的距離恆等。

經過一已知點可作無限多條直線與已知平面平行。經過一已知點也可作無限多個平面與已知直線平行。在空間兩不相交或不相平行的直線，包含其中之一而平行於另一直線的平面只有一個。所以欲作一直線平行於已知平面，只需在此平面上任取一直線，然後作此直線的平行線即爲所求。反之，欲作一平面平行於已知直線，只需作一直線與已知直線平行，然後作包含此直線的平面即爲所求。

設已知線段 ab 與 ef 在空間不相交也不相平行，作一平面 abc 包含線段 ab，且平行於另一線段 ef，步驟爲(圖 5-45)：

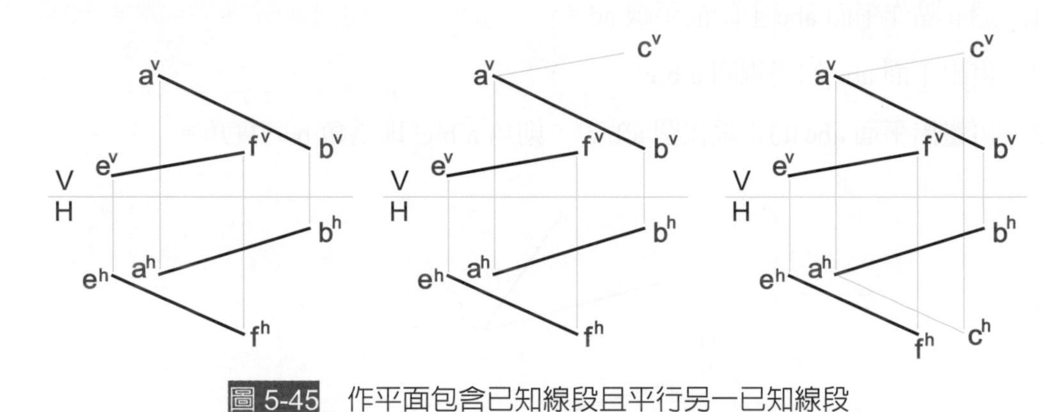

圖 5-45　作平面包含已知線段且平行另一已知線段

1. 過 a^v 畫一直線平行於 e^vf^v。
2. 過 a^h 畫一直線平行於 e^hf^h。
3. 在所畫直線上截取任意點 c，則平面 abc 即爲所求。

若繼續求出所得平面的邊視圖 $a^xb^xc^x$(圖 5-46)，則在輔助投影面 X 上，線段 ef 必與平面的邊視圖平行，則 e^xf^x 平行 $a^xb^xc^x$，再求出平面 abc 之正垂視圖 $a^yb^yc^y$，則在輔助投影面 Y 上 e^yf^y 與 a^yb^y 之交點 g^y 即爲與線段 ab 和 ef 均相交的公垂線 gk 之所在，此時 X 面上 g^xk^x 即爲線段 ab 與 ef 間最短距離之實長。

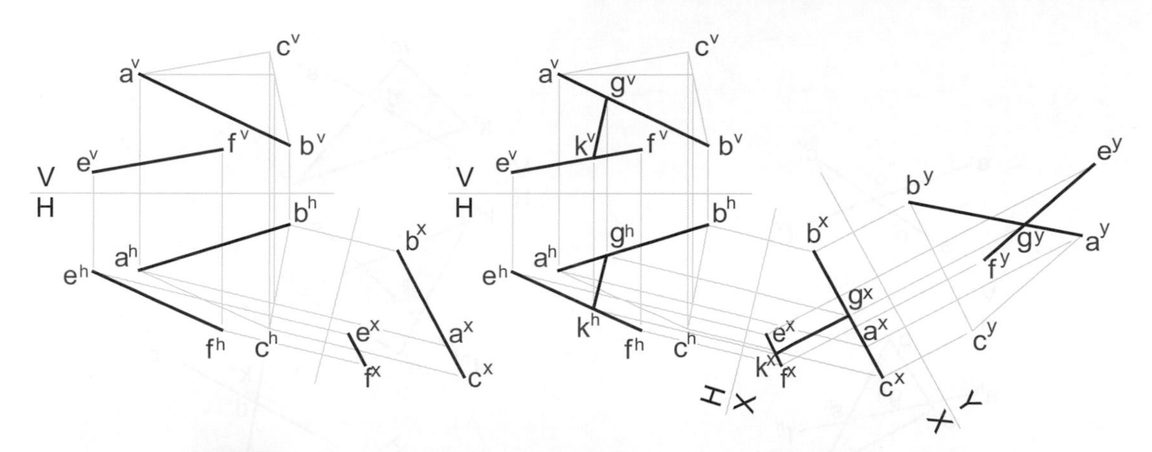

圖 5-46　由作得平面 abc 之正垂視圖求得兩線段間之最短距離

5-13 直線與平面相交

一線與一面有一共點，則此線與此面相交，此共點即爲二者的交點。一面與另一面有一共線，則此兩面相交，此共線即爲二面的交線。一直線與一平面相交，只有一交點。兩平行線可以決定一平面，則兩平行線與一平面相交所得兩交點之連線，便是兩平面之交線，此交線必爲一直線，且只有一條。

直線與單斜面或正垂面的交點，可由平面的邊視圖中獲得。此種由邊視圖求得交點的方法，稱爲邊視圖法。設平面 abc 爲垂直於直立投影面的單斜面，則線段 ef 與平面 abc 的交點，必在平面的邊視圖 $a^vb^vc^v$ 與線段 e^vf^v 的交點 g^v 上(圖 5-47)，因爲 g 點在平面 abc 上，又在線段 ef 上，是二者的共點，再由 g^v 決定 g^h，g^h 在線段 e^hf^h 上，又在平面 $a^hb^hc^h$ 的範圍內，是爲線段 ef 與平面 abc 的交點。

因爲平面 abc 與線段 ef 同在第一象限，由 H 面上的 e^hf^h 與 b^hc^h 的交點 s^h 投影至 V 面，投影線先與 e^vf^v 相交，得知線段 gf，在平面 abc 的下方，所以在 II 面上線段 ef 的　段 g^hs^h 被平面 abc 遮住，成爲隱藏線，應畫成虛線。

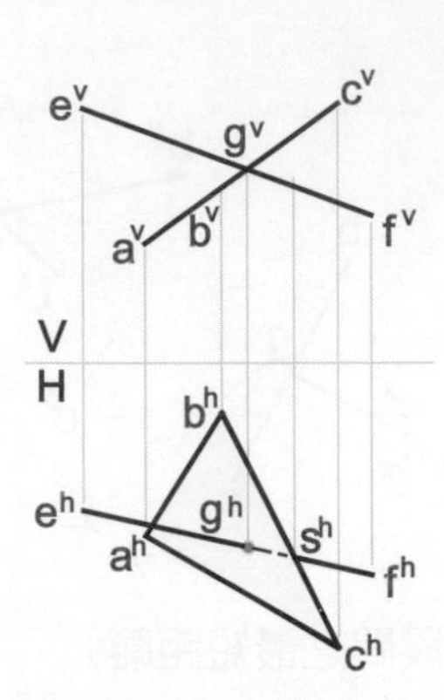

圖 5-47 邊視圖法求直線與單斜面的交點

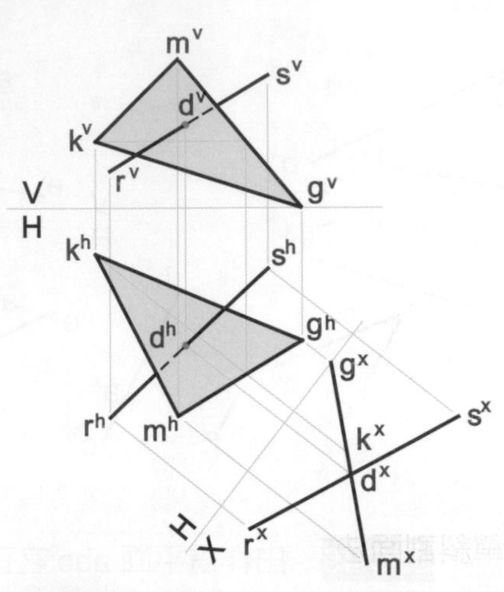

圖 5-48 邊視圖法求直線與複斜面的交點

直線與複斜面的交點，可先求得複斜面的邊視圖，再由邊視圖中獲得二者的交點。設平面 gkm 爲一複斜面，欲求得線段 rs 與複斜面 gkm 的交點，則先求得複斜面 gkm 的邊視圖 $g^xk^xm^x$，再將線段 rs 投影至 X 面上得 r^xs^x，與複斜面的邊視圖 $g^xk^xm^x$ 的交點 d^x，即爲二者的交點，由 d^x 決定 d^h 和 d^v(圖 5-48)。

直線與複斜面的交點，亦可用單斜割面法求之(圖 5-49)。即將線段 rs 的直立投影 r^vs^v 設爲包含線段 rs 而垂直於直立投影面的一個單斜面的邊視圖，則複斜面 gkm 的一邊 kg 與所設單斜面的交點爲 e、另一邊 gm 與所設單斜面的交點爲 f，則線段 ef 是爲複斜面 gkm 與所設單斜面的交線，而此所設單斜面是包含線段 rs 的，則線段 rs 與複斜面 gkm 的交點必在線段 ef 上，所以 e^hf^h 與 r^hs^h 的交點 d^h 即爲線段 rs 與複斜面 gkm 的交點，由 d^h 決定 d^v。

因爲所設包含線段 rs 而垂直於直立投影面的平面爲一單斜面，此單斜面與複斜面 gkm 的交線 ef，相當於此單斜面切割複斜面 gkm 所得之截線，所以稱這種求交點的方法爲單斜割面法。

若將圖 5-49 中的線段 rs 換成前平線 tu(圖 5-50)，則設包含線段 tu 而垂直於水平投影面的一個平面爲正垂面，切割複斜面 gkm 所得截線 nw，則線段 tu 與複斜面的交點 o，必在截線 nw 上，這種求交點的方法，則稱爲正垂割面法。

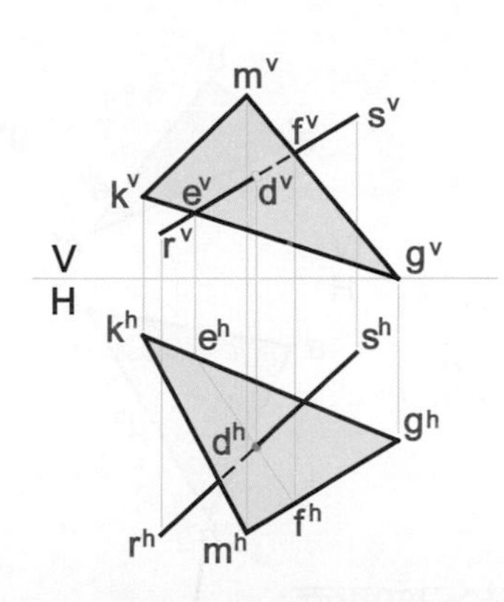

圖 5-49 單斜割面法求直線與複斜面的交點

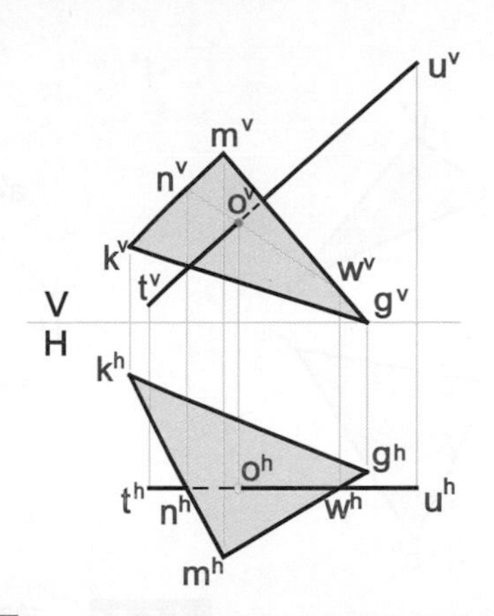

圖 5-50 正垂割面法求直線與複斜面的交點

5-14 直線與平面垂直

一直線與一平面上任意兩相交直線均垂直，則此直線與此平面垂直，此時直線已與平面上所有直線均垂直，因爲兩相交直線即可決定一平面。

經過一已知點，只能作一直線垂直於已知平面。經過一已知點也只能作一平面垂直於已知直線。所以欲作一直線垂直於已知平面，只需在此平面上任取兩不相平行的直線，然後作一直線垂直於這兩直線即爲所求。反之，欲作一平面垂直於已知直線，只需作二相交直線分別垂直於已知直線，由此二相交直線決定的平面即爲所求。

設已知點 f 與平面 abc，過 f 點作線段 fg 與平面 abc 垂直，步驟如下(圖 5-51)：

1. 在平面 abc 上取一水平線 ad，則 a^vd^v 必平行於基線 HV，a^hd^h 爲其正垂視圖。
2. 過 f^h 畫 a^hd^h 的垂線。
3. 在平面 abc 上再取一前平線 ae，則 a^he^h 必平行於基線 HV，a^ve^v 爲其正垂視圖。
4. 過 f^v 畫 a^ve^v 的垂線。
5. 在所畫直線上截取 g 點，則線段 fg 即爲所求。

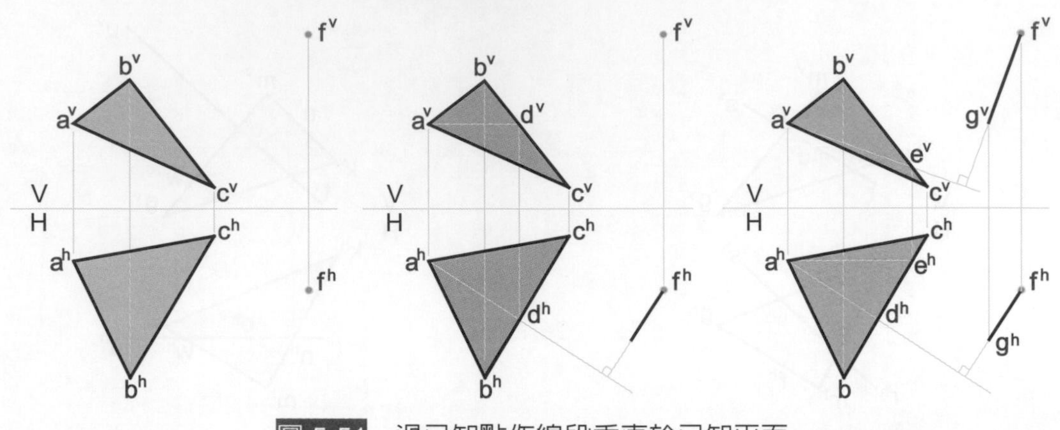

圖 5-51 過已知點作線段垂直於已知平面

設已知點 e 與線段 ab，過 e 點作一平面 efg 與線段 ab 垂直，步驟如下(圖 5-52)：

1. 過點 e 畫一水平線 ef，則 e^vf^v 必平行於基線 HV，因 e^hf^h 為其正垂視圖，故畫 e^hf^h 與 a^hb^h 垂直。
2. 再過點 e 畫一前平線 eg，則 e^hg^h 必平行於基線 HV，因 e^vg^v 為其正垂視圖，故畫 e^vg^v 與 a^vb^v 垂直。
3. 則線段 ef 及 eg 所決定的平面必垂直於線段 ab，故平面 efg 即為所求。

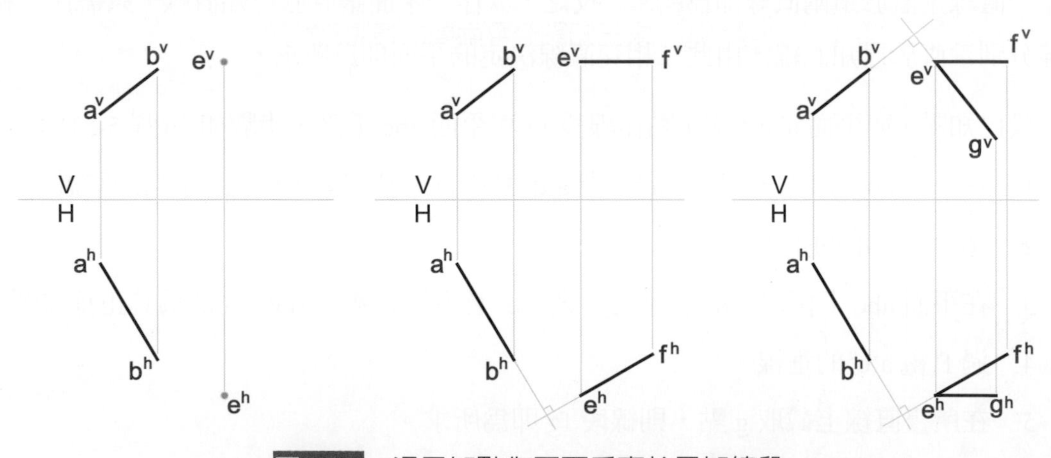

圖 5-52 過已知點作平面垂直於已知線段

經過一已知點，只能作一直線垂直於已知平面。此時，直線與平面之交點稱為垂足。自已知點至垂足間的距離，即為此已知點至平面間的最短距離。

設已知點 o 與平面 rst，求出點 o 至平面 rst 間的最短距離 ob，並畫出 b^v 及 b^h，步驟如下(圖 5-53)：

1. 在平面 rst 上取一前平線 se，畫出平面 rst 的邊視圖 $r^xs^xt^x$，再將 o 點投影至 X 面上得 o^x。
2. 過 o^x 畫 $r^xs^xt^x$ 的垂線交於 b^x，則 o^xb^x 即爲 o 點至平面 rst 間的最短距離，且爲其實長，這是因爲輔助投影面 X 是與平面 rst 垂直，則必與所作線段 ob 平行。
3. 由 o^v 作直線 o^vb^v 平行基線 VX。
4. 由 b^x 決定 b^v 和 b^h。

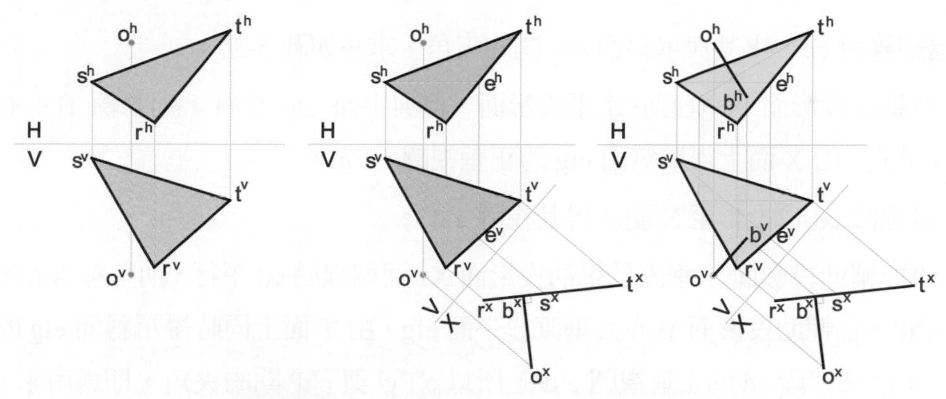

圖 5-53 求已知點至平面間的最短距離

5-15 直線與平面的夾角

直線與平面的夾角，是指在一個視圖中，直線的正垂視圖與平面的邊視圖間呈顯的夾角，未特別註明時，是指其銳角而言。

直線與正垂面間的夾角，顯示於直線的正垂視圖中。設已知線段 ab，求其與前平面間的夾角，求法如圖 5-54：

1. 取輔助投影面 X 與直立投影面垂直，而平行於線段 ab，得線段 ab 的正垂視圖 a^xb^x。
2. 過 a^x 作基線 VX 的平行線 a^xd，此時的 a^xd 正好是過 a 點的前平面之邊視圖，故 $\angle b^xa^xd$ 即爲所求。

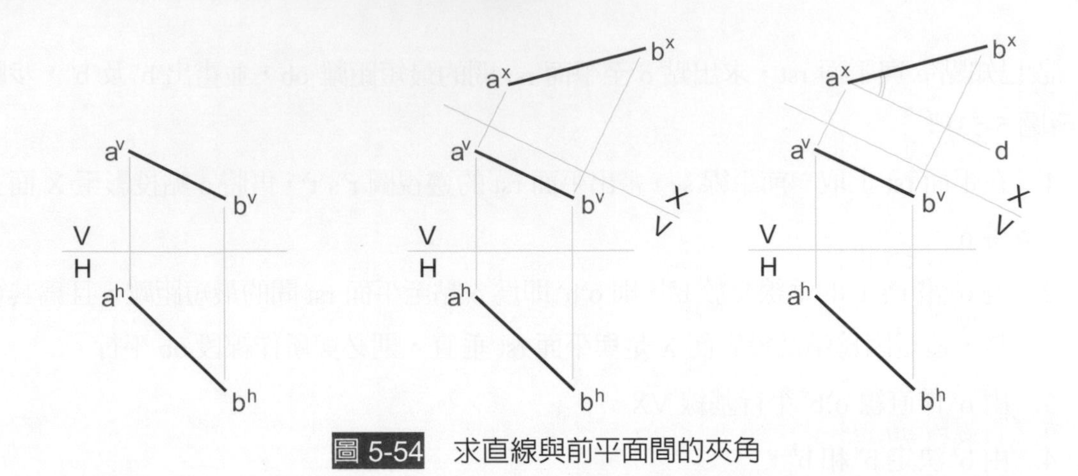

圖 5-54　求直線與前平面間的夾角

設已知線段 cd，求其與單斜面 efg 間的夾角，求法如圖 5-55：

1. 取輔助投影面 X 垂直於水平投影面，而與平面 efg 平行，則基線 HX 必平行於 $e^hf^hg^h$，由 X 面上得單斜面 efg 的正垂視圖 $e^xf^xg^x$。
2. 將線段 cd 也投影至 X 面，得其視圖 c^xd^x。
3. 再取輔助投影面 Y 垂直於輔助投影面 X，而與線段 cd 平行，則基線 XY 必平行於 c^xd^x，且輔助投影面 Y 亦必垂直於平面 efg，由 Y 面上同時得單斜面 efg 的邊視圖 $e^yf^yg^y$ 和線段 cd 的正垂視圖 c^yd^y，所以 $e^yf^yg^y$ 與 c^yd^y 間的夾角，即爲所求。

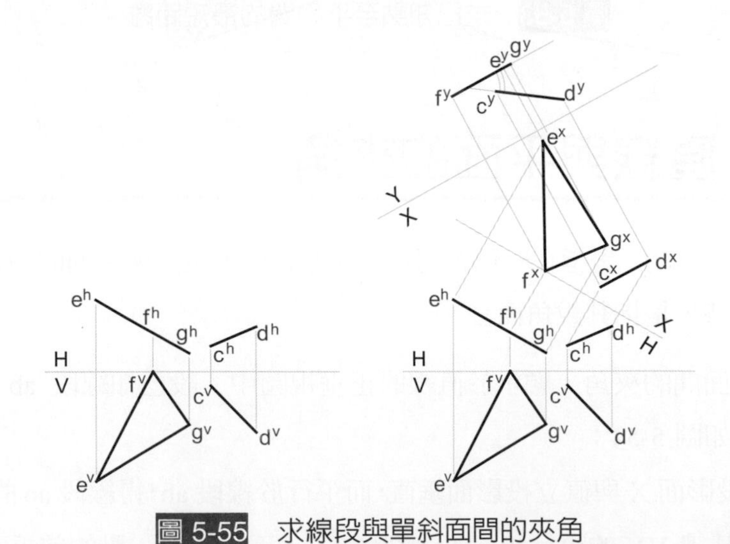

圖 5-55　求線段與單斜面間的夾角

設已知線段 ab，求其與複斜面 efg 間的夾角，求法如圖 5-56：

1. 取輔助投影面 X 垂直於水平投影面，而與複斜面 efg 垂直，由 X 面上得複斜面 efg 的邊視圖 $e^x f^x g^x$。
2. 將線段 ab 也投影至 X 面，得其視圖 $a^x b^x$。
3. 再取輔助投影面 Y 垂直於輔助投影面 X，而與複斜面 efg 平行，則由 Y 面上得複斜面 efg 的正垂視圖 $e^y f^y g^y$。
4. 將線段 ab 也投影至 Y 面，得其視圖 $a^y b^y$。
5. 再取輔助投影面 Z 垂直於輔助投影面 Y，而與線段 ab 平行，則輔助投影面 Z 必與複斜面 efg 垂直，由 Z 面上同時得線段 ab 正垂視圖 $a^z b^z$ 與複斜面 efg 的邊視圖 $e^z f^z g^z$，則 $a^z b^z$ 與 $e^z f^z g^z$ 間的夾角，即為所求。

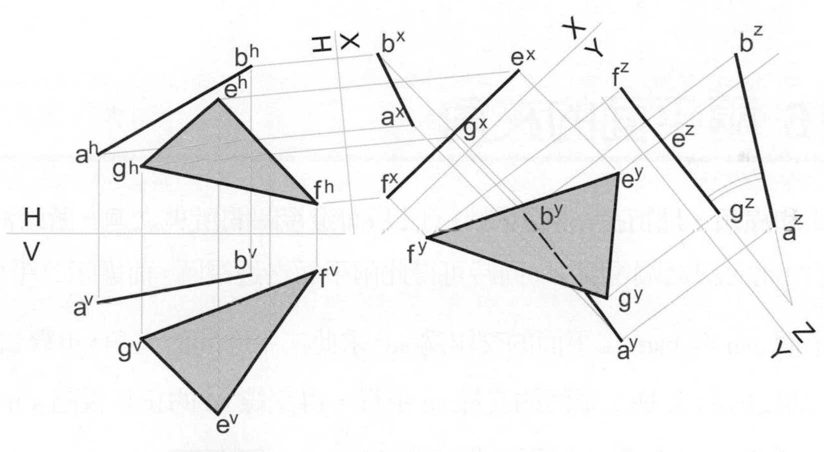

圖 5-56　求線段與複斜面間的夾角(一)

也可先由輔助投影面 X 與 Y，求得線段 ab 的端視圖 a^y，再取輔助投影面 Z，使之與複斜面 cfg 垂直，且不行於線段 ab，同時得線段 ab 的正垂視圖 $a^z b^z$ 與複斜面 efg 的邊視圖 $e^z f^z g^z$，則 $a^z b^z$ 與 $e^z f^z g^z$ 間的夾角，即為所求(圖 5-57)。

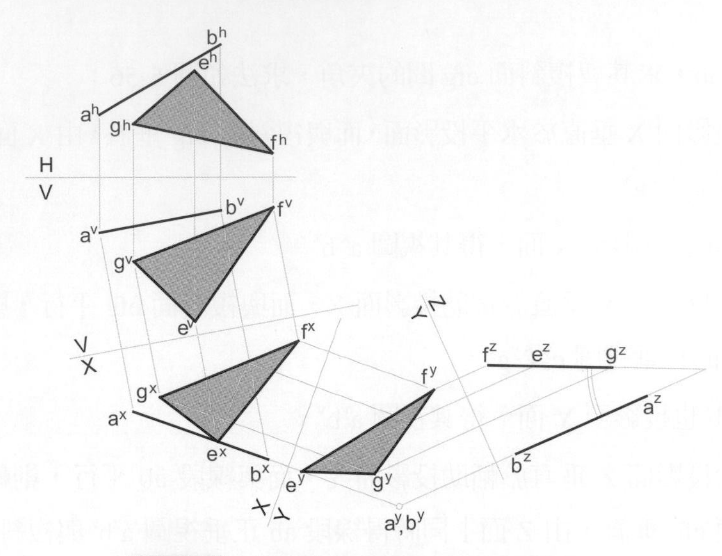

圖 5-57 求線段與複斜面間的夾角(二)

5-16 兩平面的夾角

兩平面間的夾角，是指在一個視圖中，二平面邊視圖間所夾之角，所以當兩平面之交線繪出時，可由此交線之端視圖中，同時可得此兩平面之邊視圖，而顯示二平面間的夾角。

設已知平面 asu 與 bsu，二平面的交線爲 su，求此二平面間的夾角，步驟如下(圖 5-58)：

1. 取輔助投影面 X 與二平面的交線 su 平行，得交線 su 的正垂視圖 s^xu^x。
2. 將點 a 與點 b 也投影至 X 面，得 a^x 與 b^x。
3. 取輔助投影面 Y 與交線 su 垂直，得交線 su 的端視圖 s^y 或 u^y，同時得平面 asu 與 bsu 的邊視圖 a^ys^y 和 b^ys^y，則 a^ys^y 與 b^ys^y 的夾角，即爲所求。

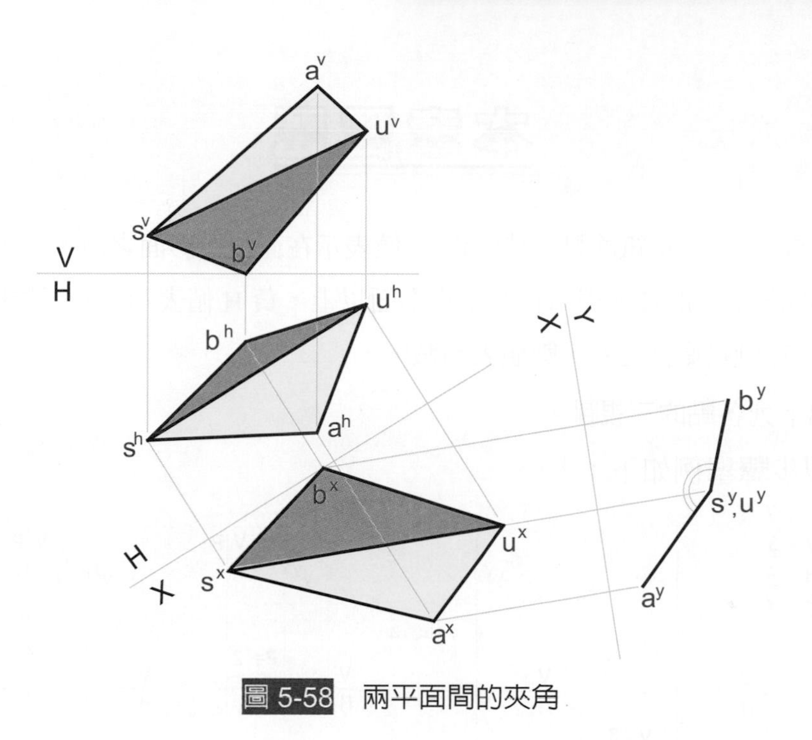

圖 5-58 兩平面間的夾角

本章習題

一、本題用 5mm 的方格紙繪製，其中正 V 值表示在直立投影面之前，負 V 值表示在直立投影面之後，正 H 值表示在水平投影面以上，負 H 值表示在水平投影面以下，正 P 值表示在側投影面之左，數值表格數。

1. 畫出下列各點的三視圖。

繪製步驟舉例如下：

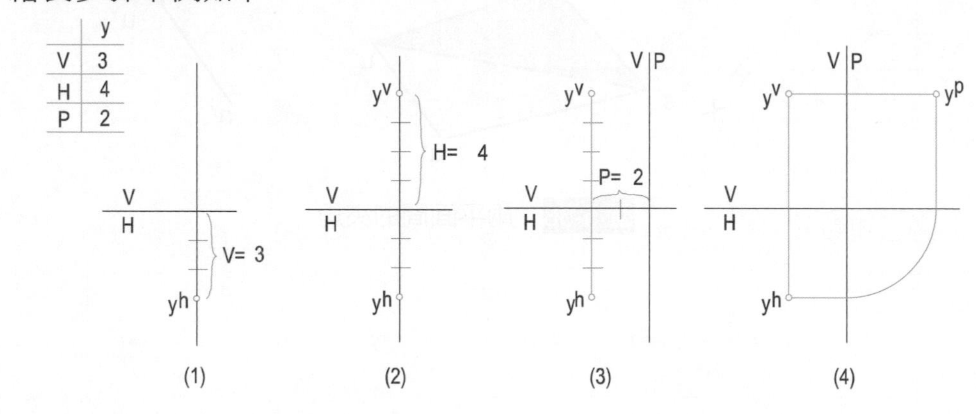

點	a	b	c	d	e	f	g	i	j	k	l	m	n	o	r	s	t	u	w	x
V	2	-6	-2	4	3	0	1	-7	-2	-8	3	-6	5	3	-1	0	4	6	-2	-5
H	5	-3	-2	1	2	-5	6	0	-6	-3	3	-5	2	7	-6	4	5	0	-4	-5
P	4	3	3	2	4	2	4	5	2	2	3	1	2	5	4	3	1	1	4	3

2. 畫出線段 bc 的三視圖或端視圖。

	(1)		(2)		(3)		(4)		(5)		(6)		(7)		(8)		(9)		(10)		(11)		(12)	
線段	b	c	b	c	b	c	b	c	b	c	b	c	b	c	b	c	b	c	b	c	b	c	b	c
V	1	4	5	1	4	4	2	4	1	1	-5	-2	-3	-3	-5	-1	-4	0	-6	-3	-1	-4	-3	-5
H	1	6	2	6	2	2	6	3	2	5	-6	-2	-1	-5	-4	-1	-2	-5	-6	0	-2	-1	-4	0
P	10	4	7	3	5	1	3	3	5	2	3	9	6	2	4	4	6	1	5	1	5	1	4	1

3. 以迴轉法畫出線段 cd 的實長。

	(1)		(2)		(3)		(4)		(5)		(6)		(7)		(8)		(9)		(10)		(11)		(12)	
線段	c	d	c	d	c	d	c	d	c	d	c	d	c	d	c	d	c	d	c	d	c	d	c	d
V	5	2	6	2	2	4	1	8	5	8	-1	-4	-2	0	-2	-5	-4	-1	-2	-6	-5	-2	-4	0
H	6	1	1	3	1	5	5	2	2	0	-1	-3	-2	-6	-1	-6	-7	-1	-4	0	-7	-2	-3	-6
P	7	2	8	3	6	2	5	1	5	2	5	1	6	3	6	2	7	3	5	0	4	1	4	2

4. 已知線段 fg 和 km 相交於 o 點，畫出 o^v、o^h 及 f^hg^h。

	(1)				(2)				(3)				(4)				(5)				(6)			
線段	f	g	k	m	f	g	k	m	f	g	k	m	f	g	k	m	f	g	k	m	f	g	k	m
V	2		5	3	3		5	1	1		1	5	-5		-2	-5	-2		-3	-4	-4		-3	-3
H	3	1	1	4	3	5	7	2	1	4	4	1	-1	-3	-3	-1	-3	-3	-1	-5	-5	-2	-4	-4
P	7	2	6	1	6	2	4	4	2	6	4	4	5	3	6	1	6	2	7	1	5	1	5	1

5. 過已知點 n，作線段 ns 平行於已知線段 rt，畫出 n^vs^v、n^hs^h 及兩平行線間距離 ab 的實長。

	(1)				(2)				(3)				(4)				(5)				(6)			
線段	n	s	r	t	n	s	r	t	n	s	r	t	n	s	r	t	n	s	r	t	n	s	r	t
V	2		5	8	4		4	1	-1		-5	-9	-1		-4	-1	-1		-2	0	-3		-4	-2
H	1		4	9	1		3	3	-8		-4	0	-5		-3	-2	-9		0	-4	-3		-2	-7
P	5	0	7	3	5	1	8	3	8	3	6	1	4	7	5	1	1	4	6	3	6	3	4	1

6. 過線段 dt 上的 d 點，作線段 ds 垂直於線段 dt，畫出 d^vs^v。

	(1)			(2)			(3)			(4)			(5)			(6)			(7)			(8)		
線段	d	t	s	d	t	s	d	t	s	d	t	s	d	t	s	d	t	s	d	t	s	d	t	s
V	4	1	3	4	1	3	2	6	1	-4	0	-3	-1	-5	-3	-4	-2	-1	-2	-2	-4	-2	-3	-4
H	4	5		5	0		2	0		-6	-4		-4	-3		-5	-9		-3	-6		-4	-5	
P	4	1	2	5	1	8	1	5	4	2	6	0	3	8	1	1	5	3	3	1	2	1	3	2

7. 線段 af 是線段 bg 和 ck 間的最短距離，畫出 a^vf^v 及 a^hf^h。

	(1)				(2)				(3)				(4)				(5)				(6)			
線段	b	g	c	k	b	g	c	k	b	g	c	k	b	g	c	k	b	g	c	k	b	g	c	k
V	3	6	1	7	6	8	5	2	6	3	7	6	-4	-7	-4	-2	-1	-4	-4	0	-7	-6	-4	-6
H	2	5	1	3	0	3	4	3	5	3	0	3	-2	-6	-9	-5	-1	-1	-5	-1	-1	-6	-1	-4
P	7	3	5	0	7	1	7	2	8	3	6	1	11	4	9	1	9	3	7	1	8	4	5	1

8. 畫出平面 tuw 的正垂視圖。

	(1)			(2)			(3)			(4)			(5)			(6)			(7)			(8)		
平面	t	u	w	t	u	w	t	u	w	t	u	w	t	u	w	t	u	w	t	u	w	t	u	w
V	1	4	6	1	6	3	4	2	6	-4	-4	-1	-5	-3	-1	0	-5	-4	-1	0	-6	0	-6	-4
H	4	3	1	1	2	3	4	5	1	-1	-2	-5	-7	-1	-2	-1	-6	-7	-4	-1	-4	-4	-1	-6
P	5	0	2	4	2	0	9	2	0	6	1	2	5	1	6	8	5	1	5	1	2	7	3	1

9. 線段 de 與 fg 相交於 e，而∠def 為 60°，畫出 d^ve^v 及 d^he^h。

	(1)			(2)			(3)			(4)			(5)			(6)			(7)			(8)		
	d	f	g	d	f	g	d	f	g	d	f	g	d	f	g	d	f	g	d	f	g	d	f	g
V	2	1	6	2	1	6	2	2	5	8	2	4	-3	-7	-2	-2	-1	-4	-5	-3	-3	-5	-5	-1
H	1	1	4	1	2	3	3	4	0	6	1	3	-9	-2	-1	-6	-8	-1	-3	-7	-1	-4	-3	-1
P	1	6	2	6	1	7	1	5	2	5	2	9	9	7	1	1	7	2	2	1	5	3	5	1

10. 作線段 de 平行於已知平面 abc，畫出 e^h。

	(1)					(2)					(3)					(4)				
	a	b	c	d	e	a	b	c	d	e	a	b	c	d	e	a	b	c	d	e
V	1	4	7	5		1	5	6	3		-3	-6	-2	-5		-1	-6	-4	-6	
H	4	7	1	5	4	2	5	1	4	2	-7	-2	-1	-4	-6	-3	-7	-1	-5	-3
P	12	5	7	4	1	9	3	5	0	3	13	11	5	4	1	13	11	6	1	4

11. 包含已知線段 bc，作平面 bcd 平行於另一已知線段 ef，畫出 d^v。

	(1)					(2)					(3)					(4)				
	b	c	d	e	f	b	c	d	e	f	b	c	d	e	f	b	c	d	e	f
V	5	1	7	1	3	4	1	2	1	3	-3	-6	-2	-4	-2	-4	-7	-1	-2	-4
H	1	3		2	5	1	5		5	1	-1	-2		-1	-5	-6	-9		-3	-5
P	6	1	2	10	8	10	7	4	3	1	5	1	0	12	8	10	8	5	4	1

12. 線段 de 與複斜面 fgk 相交於 m 點，分別用邊視圖法和單斜割面法畫出 m^v 及 m^h。

	(1)					(2)					(3)					(4)				
	d	e	f	g	k	d	e	f	g	k	d	e	f	g	k	d	e	f	g	k
V	4	5	7	2	6	5	4	4	7	1	-5	-1	-2	-6	-1	-6	-1	-2	-6	-4
H	1	6	4	6	1	2	8	6	5	1	-2	-4	-1	-1	-6	-1	-9	-2	-8	-4
P	8	1	9	4	2	9	2	9	1	6	7	2	9	1	4	10	4	12	7	2

13. 求點 e 至平面 gkm 間最短距離 ef 的實長，並畫出 f^v 及 f^h。

	(1)				(2)				(3)				(4)				(5)			
	e	g	k	m	e	g	k	m	e	g	k	m	e	g	k	m	e	g	k	m
V	7	4	1	6	6	4	1	7	7	5	1	7	-2	-1	-8	-3	-6	-4	-6	-1
H	1	6	1	5	6	1	5	2	1	3	1	7	-5	-3	-7	-1	-8	-1	-6	-7
P	7	7	6	1	7	9	5	1	3	8	4	1	2	7	4	2	7	8	1	4

14. 分別畫出線段 mo 與水平面及前平面間所夾的實角。

	(1)		(2)		(3)		(4)		(5)		(6)		(7)		(8)		(9)		(10)	
線段	m	o	m	o	m	o	m	o	m	o	m	o	m	o	m	o	m	o	m	o
V	3	6	7	2	6	4	2	4	8	2	-7	-5	-3	-4	-4	-8	-6	-1	-8	-5
H	1	5	4	2	1	7	6	3	5	4	-2	-8	-1	-4	-7	-5	-5	-2	-8	-5
P	6	2	7	1	9	3	8	2	4	9	7	2	6	3	5	1	6	2	7	3

15. 畫出平面 abc 與 bcd 間的夾角。

	(1)				(2)				(3)				(4)			
平面	a	b	c	d	a	b	c	d	a	b	c	d	a	b	c	d
V	2	1	5	5	0	7	4	5	-4	-5	-1	-6	-1	-6	-2	-4
H	3	2	4	7	1	4	2	5	-1	-4	-2	-1	-1	-5	-2	-1
P	1	7	3	5	5	7	3	1	8	4	5	1	1	4	6	8

二、依正投影原理，完成下列各圖：

1. 畫出線段 ab 的正垂視圖。

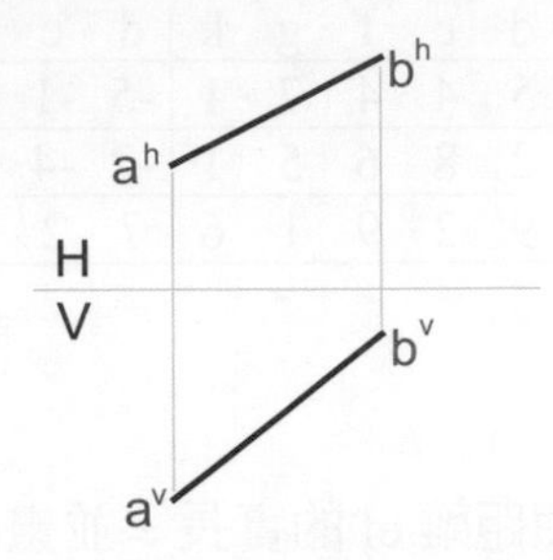

2. 用旋轉法畫出線段 cd 的實長。

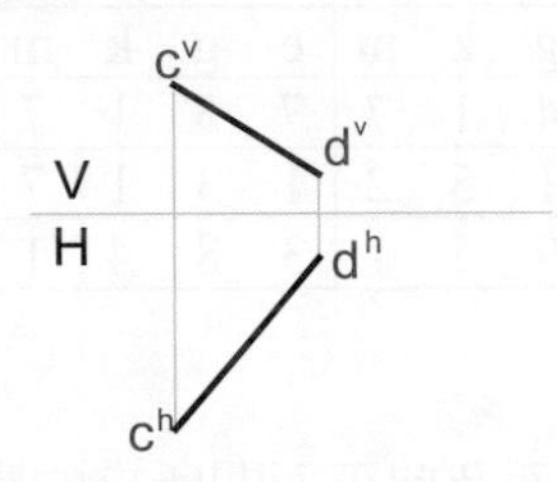

3. 畫出點 e 至直線 fg 間的最短距離 ek 的實長。

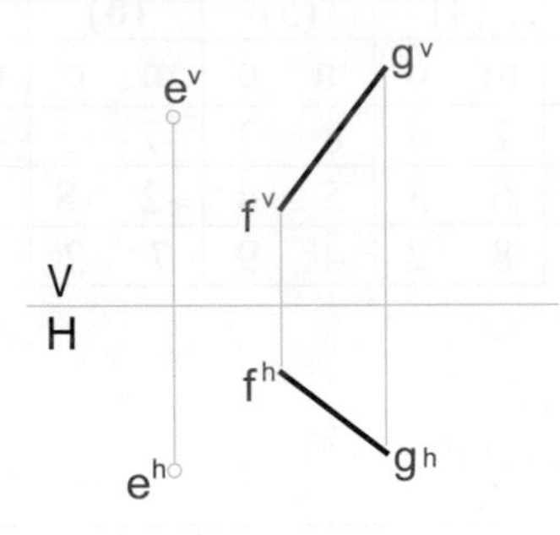

4. 畫出平面 bcd 的正垂視圖。

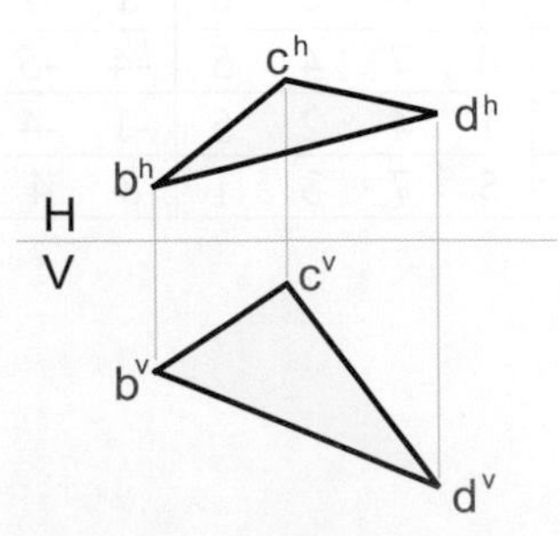

5. 畫出直線 ak 與 bm 間最短距離 es 的 c^vs^v 和 e^hs^h。

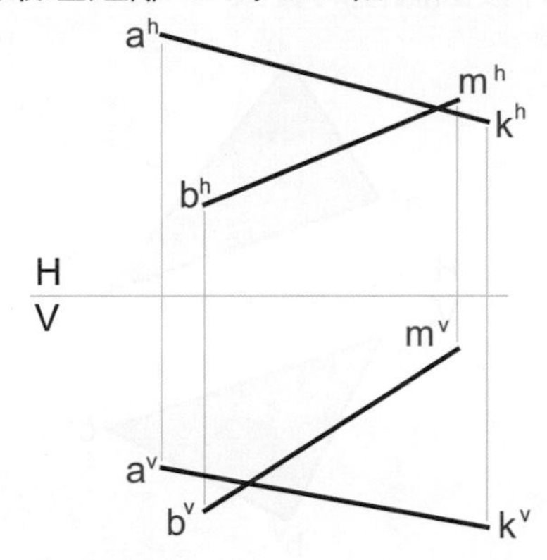

6. 畫出直線 bd 與平面 cef 間的實角。

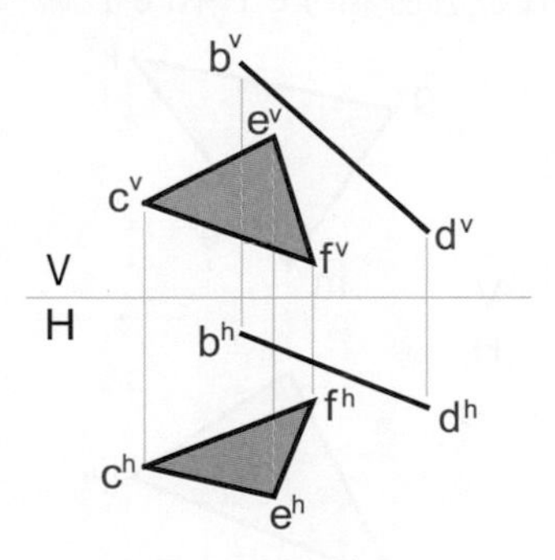

7. 畫出平面 afg 與平面 bfg 間的實角。

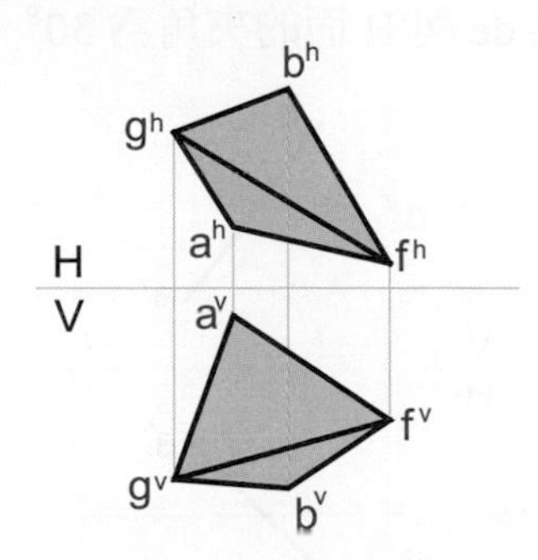

8. 畫出三角形平面 abc 外接圓直徑的實長。

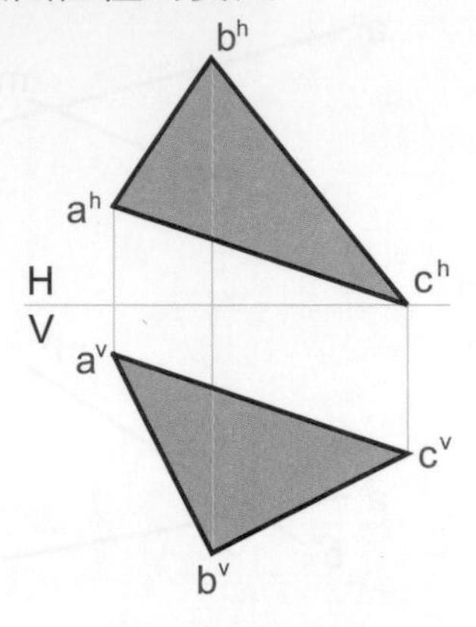

9. 畫出點 e 至平面 gkm 間最短距離的 e^vf^v 和 e^hf^h。

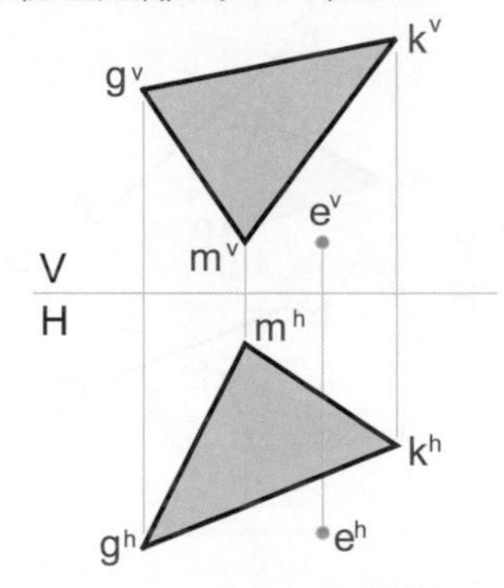

10. 由點 d 作線段 ab 的垂線 de 與 H 面的夾角為 30°，畫出 e^v 和 e^h。

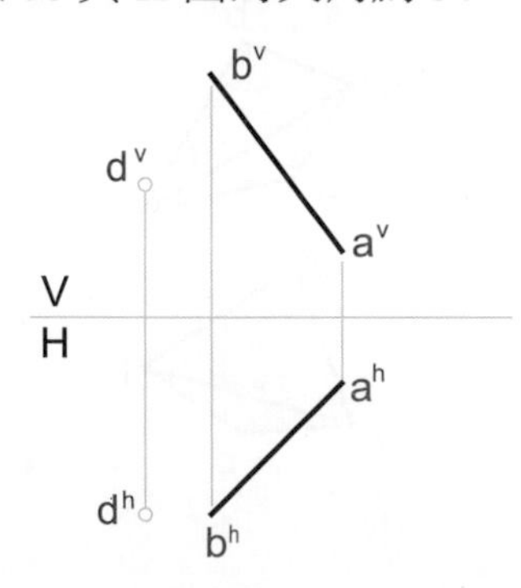

11. 畫出矩形 cdef 的 c^hf^h。

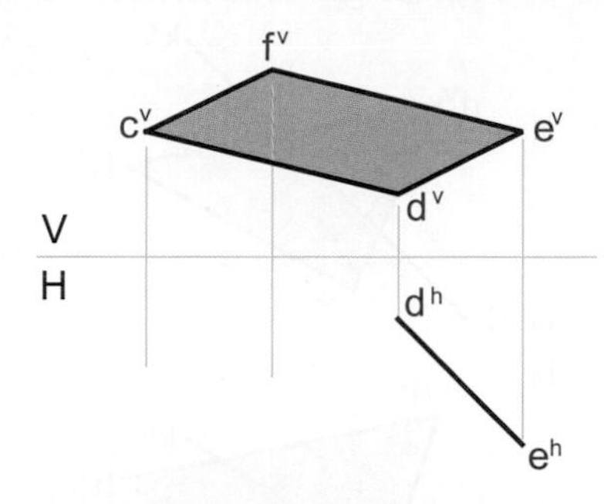

12. 平面 fgk 為正三角形，與 P 面垂直，而 g 點高於 k 點，畫妥其三視圖。

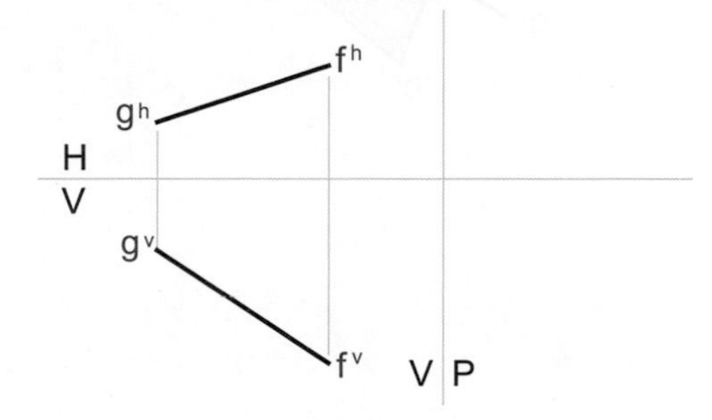

13. 等腰三角形 odc 之頂點 o 在線段 ab 上，畫出 o^v 和 o^b。

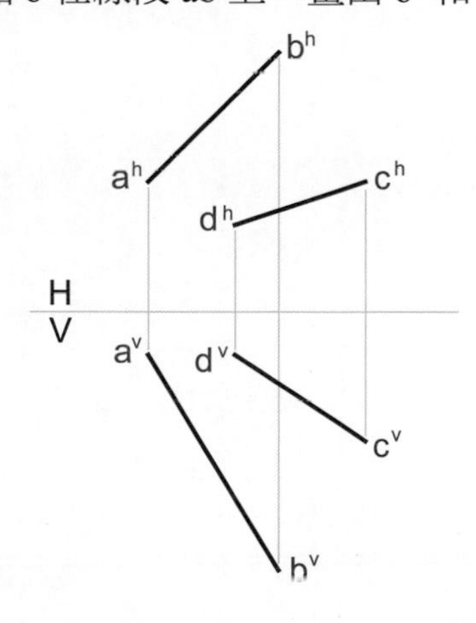

14. 在平面 bcd 上取一直線 ef 與線段 gk 垂直相交於 m 點，畫出 m^v，m^h，e^vf^v 和 e^hf^h。

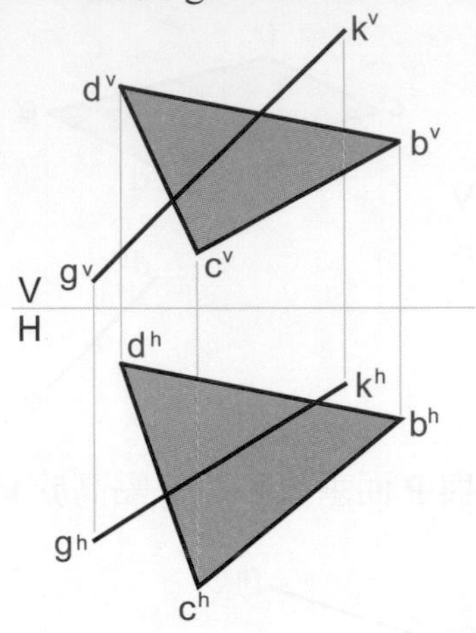

Chapter

6

物體的正投影

6-1 體的投影

由點構成線，由線構成面，由面構成體。凡由平面構成之體，稱爲**平面體**，如角柱、角錐等。凡由平面和曲面或全由曲面構成之體，則稱爲**曲面體**，如圓柱、圓錐、球等。

因體是由面構成的，面的輪廓，面與面的交線或曲面的極限在視圖中繪成線。當體上的各面投影在同一投影面上時，會產生重疊或被遮住的現象，因此可見的輪廓在視圖中以可見輪廓線表示，可見輪廓線用粗實線繪製；被遮住之輪廓以隱藏線表示，隱藏線以線條種類中之虛線繪製，虛線呈由許多短線組成(見表 3-1)，繪製時，虛線兩端與其他線條相遇或轉彎處，須相接不能有空隙，但如果虛線是實線的延長線時，則必須留有空隙(圖 6-1)。

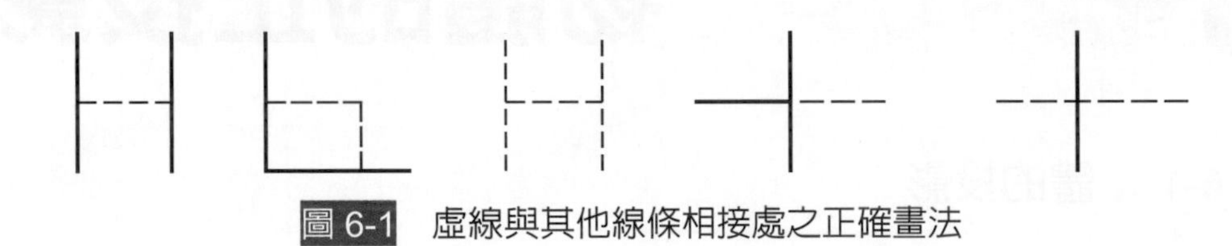

圖 6-1 虛線與其他線條相接處之正確畫法

1. 設有一角柱(圖 6-2)，其軸線垂直於直立投影面、平行於水平投影面，置於第一象限，其視圖如圖 6-3 所示。同一角柱置於第三象限，其視圖如圖 6-4 所示。

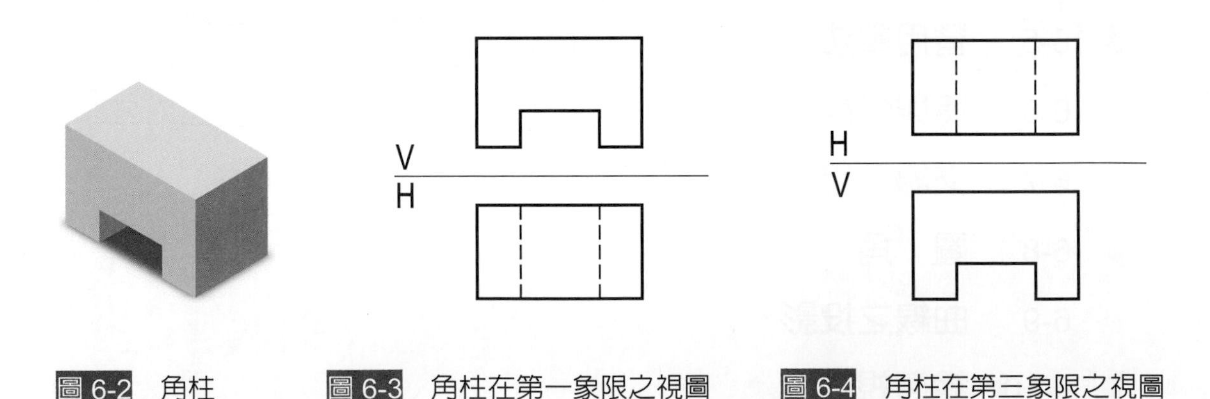

圖 6-2 角柱　圖 6-3 角柱在第一象限之視圖　圖 6-4 角柱在第三象限之視圖

2. 設直立三角錐之軸線垂直於水平投影面，置於第一象限，其視圖如圖 6-5 所示。
3. 設圓柱之軸線垂直於水平投影面，置於第一象限其視圖如圖 6-6 所示。直立投影面上之 a^vc^v 及 b^vd^v 即曲面體投影所產生之極限線。

4. 設圓錐之軸線垂直於水平投影面，置於第三象限其視圖如圖 6-7 所示。

5. 設一球體置於第三象限，其視圖如圖 6-8 所示。

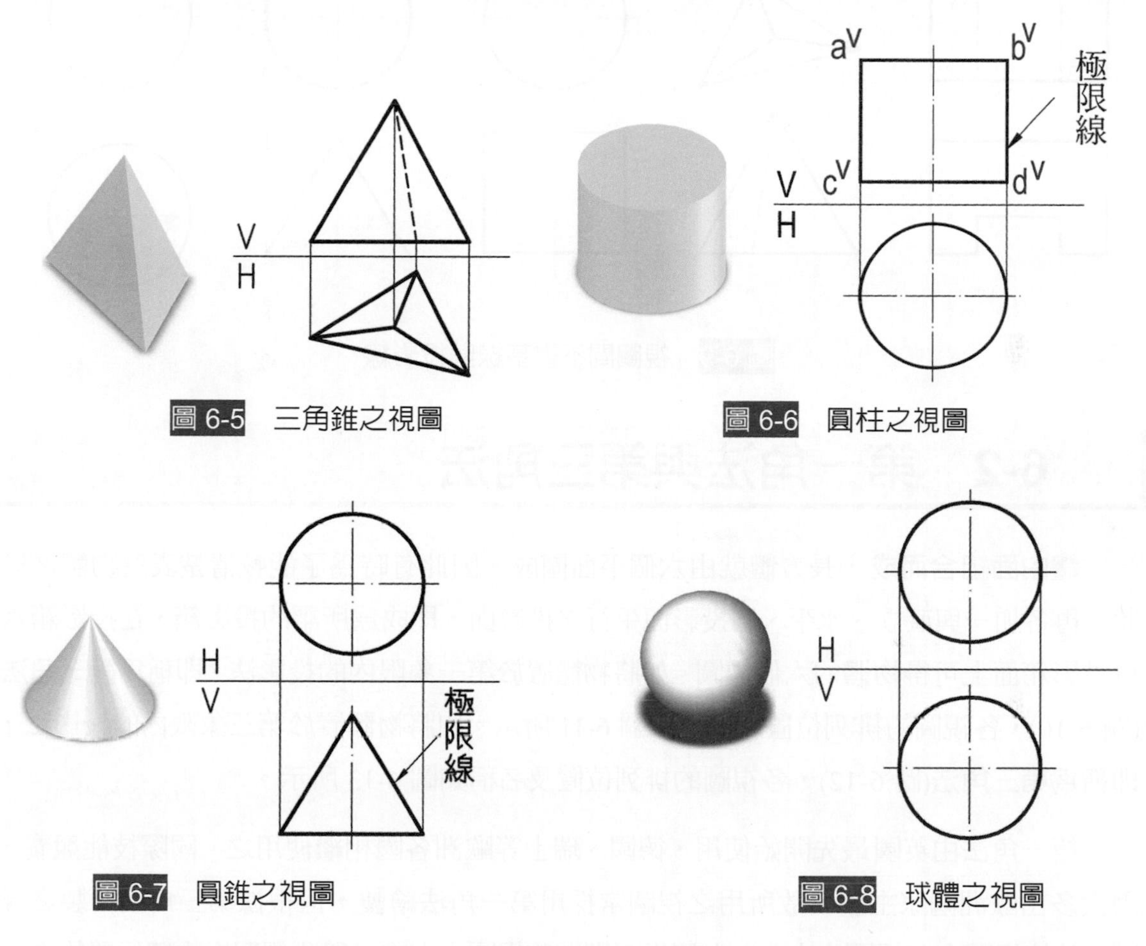

圖 6-5 三角錐之視圖

圖 6-6 圓柱之視圖

圖 6-7 圓錐之視圖

圖 6-8 球體之視圖

圓柱、圓錐在視圖中除曲面產生極限線外，另一視圖即呈現圓形。工程圖在視圖中如呈對稱形狀都用細鏈線表示其對稱的中心軸線稱爲中心線，並伸出視圖約 2~3mm，圓形視圖更要畫出一呈水平，另一呈直立之兩條中心線，以明確表出圓心之所在，因此繪製時，圓心不得正好是中心線的一點上，而必須落在兩條中心線長劃相交之交點上。如圖 6-6、6-7 及 6-8 所示。

由圖 6-3 至圖 6-7 可看出各物體之視圖中，整個物體與直立、水平投影面間的距離，已無關其大小的表達，所以在工程圖中表達時不再畫基線與投影線，但爲明確表明物體是立於第一象限或第三象限，一般都會在標題欄內註明其投影法(參見第十四章工作圖)。圖

6-9 是將以上各物體立於第三象限之表示法。

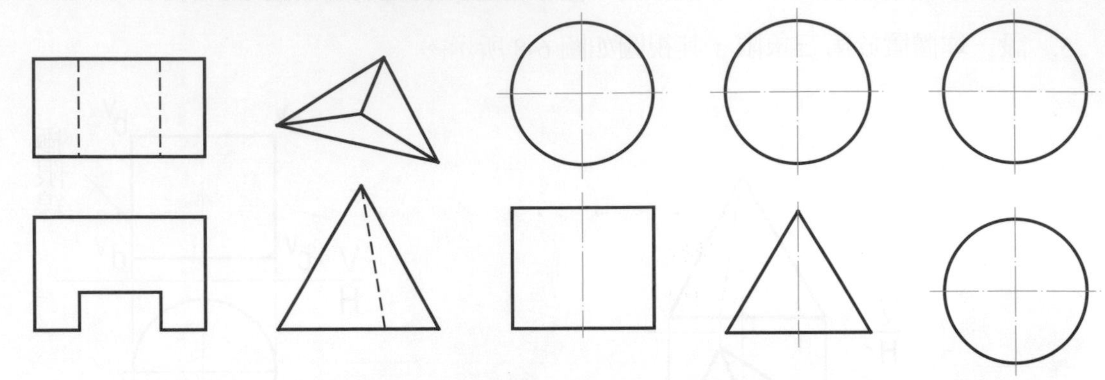

圖 6-9 視圖間不畫基線與投影線

6-2 第一角法與第三角法

體由面組合而成，長方體就由六個平面圍成。因此有時爲了能較清楚表達物體之形狀，再各加一與直立、水平、側投影面平行之投影面，即成爲所謂的投影箱，在投影箱六個投影箱面上可得物體的六個視圖。如將物體置於第一象限內的投影法，即稱爲**第一角法**(圖 6-10)，各視圖的排列位置及名稱如圖 6-11 所示。如將物體置於第三象限內的投影法，即稱爲**第三角法**(圖 6-12)，各視圖的排列位置及名稱如圖 6-13 所示。

第一角法由英國最先開始使用，德國、瑞士等歐洲各國相繼使用之。國際技能競賽，因大多由歐洲國家主辦，故所用之視圖常採用第一角法繪製，但根據第三角法繪製之視圖，其俯視圖在前視圖之上方，右側視圖則在前視圖之右方，與我們觀看物體位置的方向相同，較容易了解，適合初學者使用。因此美國、日本都採用此種畫法。

目前我國國家標準爲應工商界以貿易爲主的需要，已將過去限用第一角法的規定，改爲第一角法或第三角法同等適用，並爲符合**國際標準**，於標題欄內或其他明顯處繪製如圖 6-14 之符號。本書以下各章中除有特別註明者外，均採用第三角法。

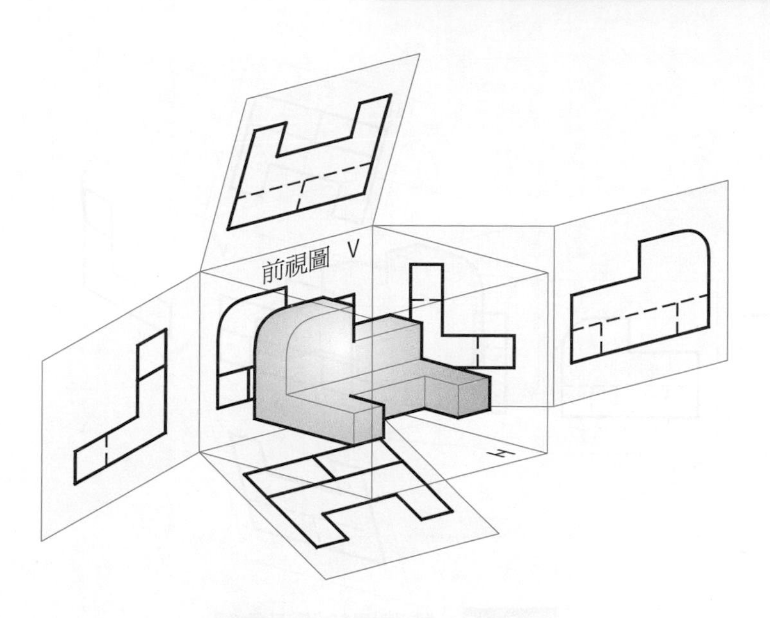

圖 6-10 物體置於第一象限

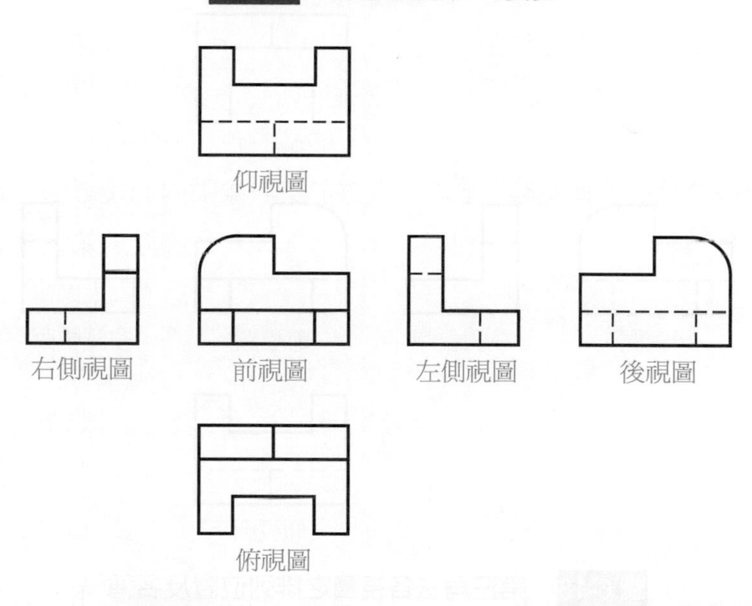

圖 6-11 第　角法各視圖之排列位置及名稱

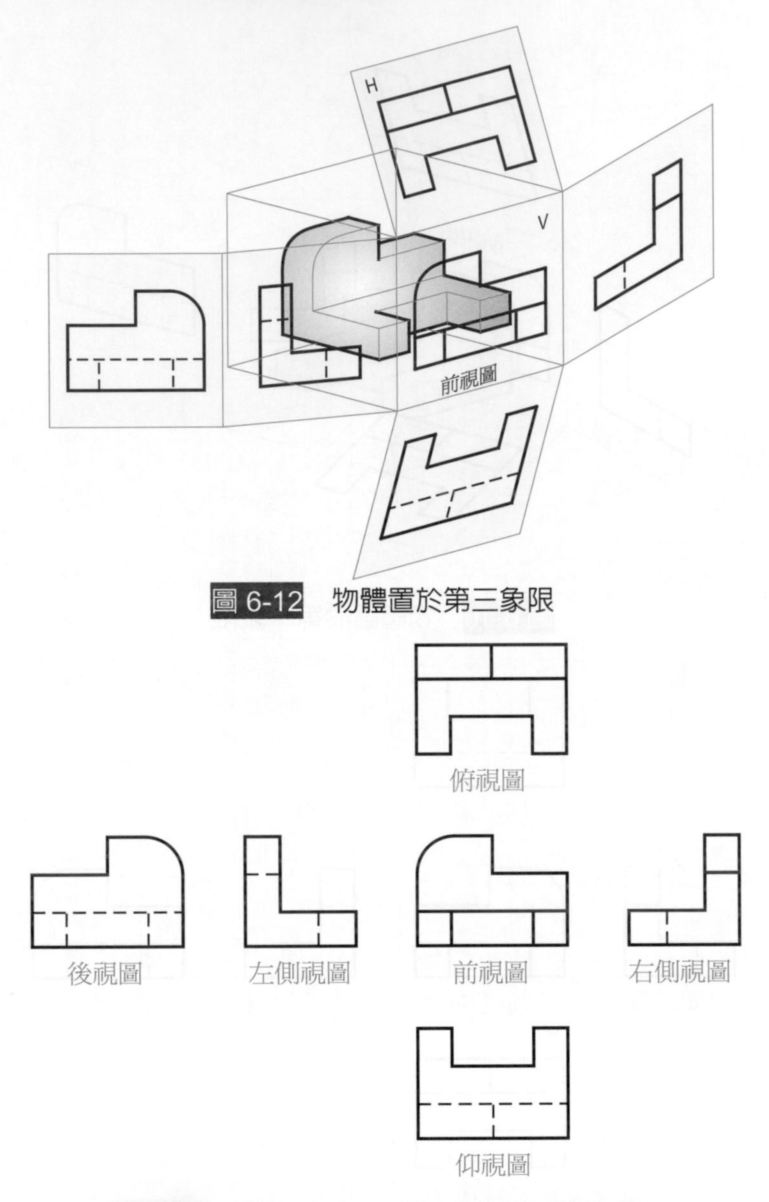

圖 6-12 物體置於第三象限

圖 6-13 第三角法各視圖之排列位置及名稱

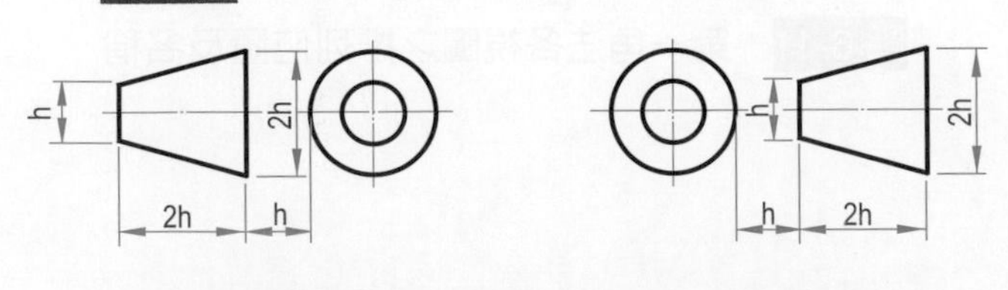

圖 6-14 第一角法及第三角法符號

6-3 線條的優先順序

視圖中常會有線條重疊的現象發生，通常遇到可見輪廓線與其他線條重疊時，則一律畫可見輪廓線，隱藏線與中心線重疊時，則畫隱藏線(圖 6-15)，所以線條重疊時，均以粗者爲優先，遇粗細相同時，則以重要者爲優先。

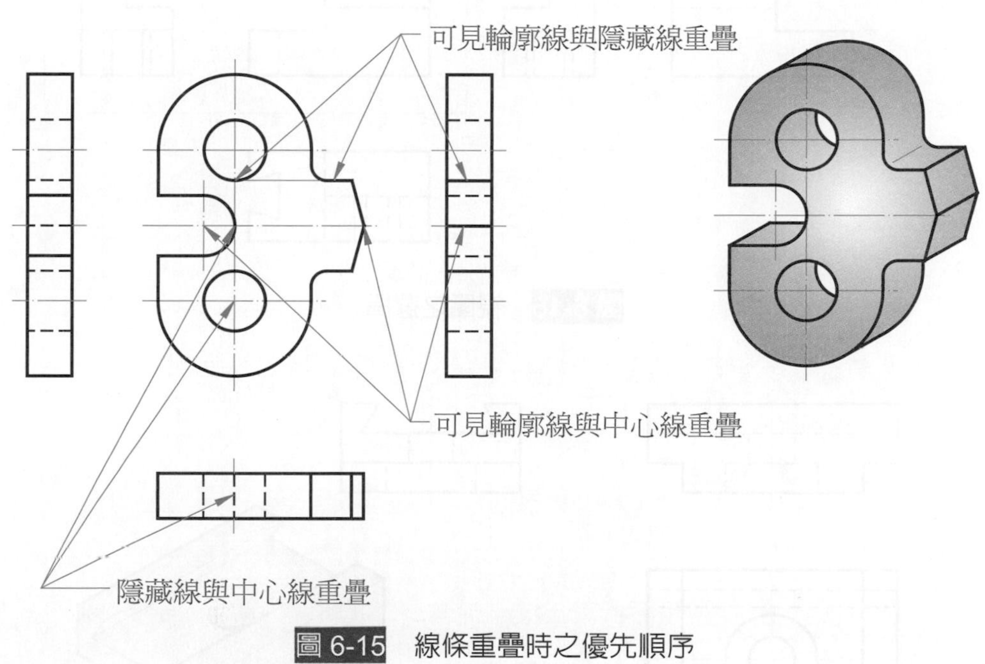

圖 6-15 線條重疊時之優先順序

6-4 視圖的選擇

用六個視圖來描述物體的形狀，固然是很週詳，但有時覺得太過於繁雜，實際上我們將六個視圖作一概略的分析，很顯然的可以看出其中前視圖與後視圖、俯視圖與仰視圖、右側視圖與左側視圖彼此相似，所以一般都以呈 L 形排列的三個視圖來描述一個物體的形狀即已足夠(圖 6-16)，所以正投影多視圖又有正投影三視圖之稱，簡稱三視圖。當然不一定要選前視圖、俯視圖及右側視圖，因爲視圖的選擇全依物體的形狀決定，以最能清楚表達物體形狀爲原則。如圖 6-17 則選用前視圖、仰視圖及右側視圖。

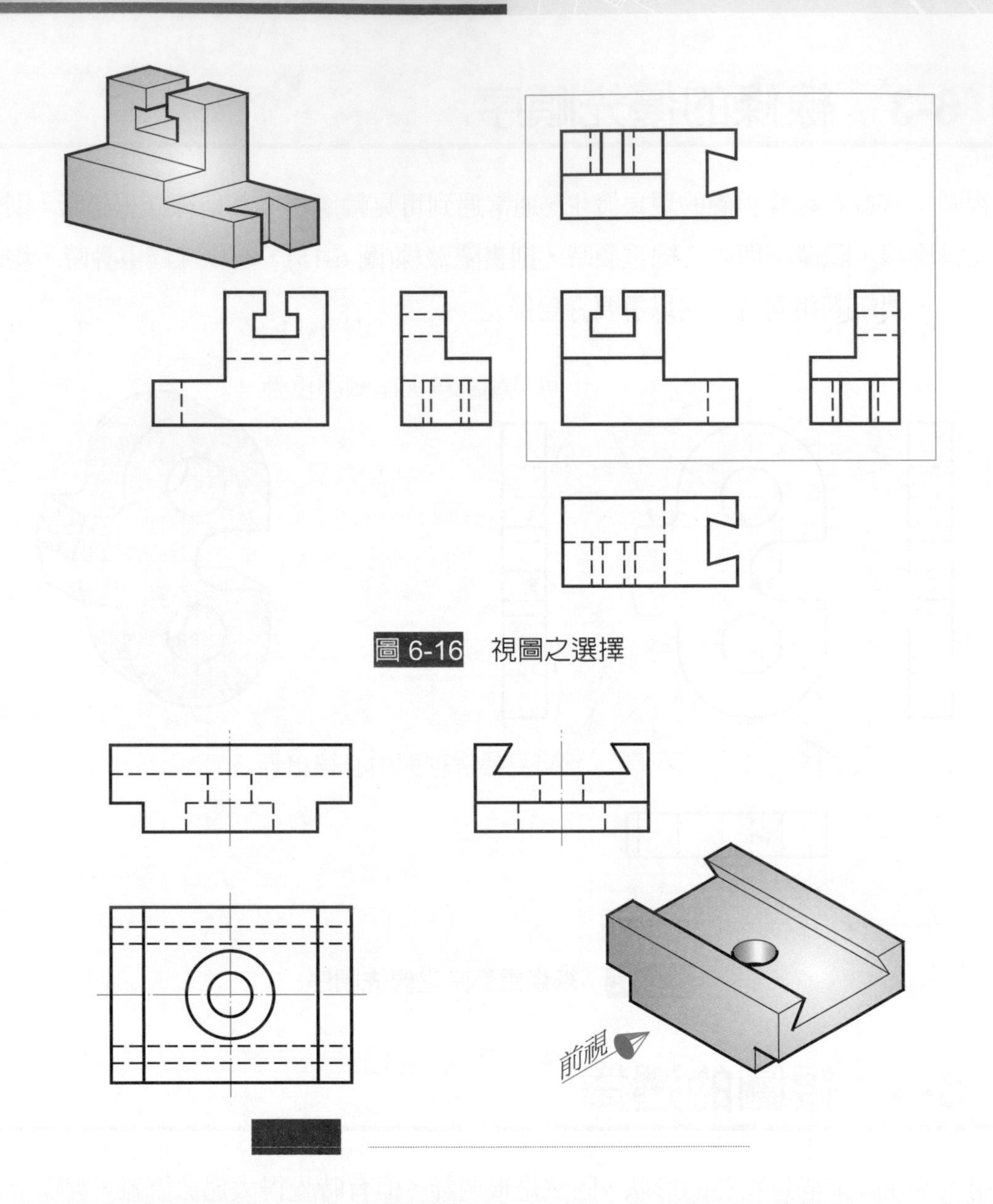

圖 6-16 視圖之選擇

其實選用視圖的個數，也沒有硬性的規定，原則上依物體形狀的繁簡而定，如圖 6-18 中的右側視圖與前視圖相似，此時右側視圖省略，選用兩個視圖即可，如選用三個視圖，則其中一個便屬多餘；又如圖 6-19 中的右側視圖，對於物體形狀的表達並無助益，此時也將右側視圖省略，選用兩個視圖。

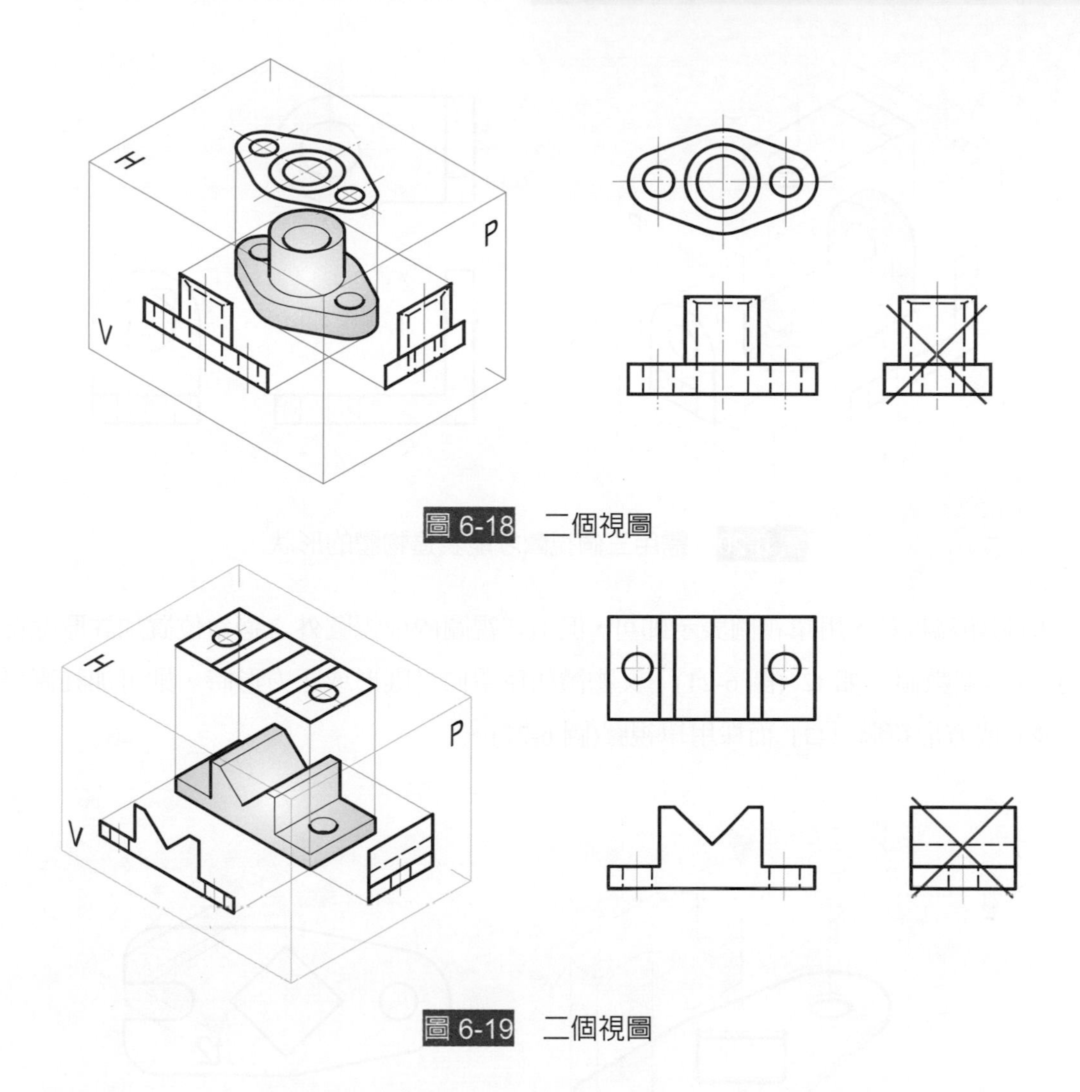

圖 6-18 二個視圖

圖 6-19 二個視圖

有時如圖 6-20 所示物體形狀雖然很簡單，但此時如只選擇前視圖與右側視圖兩個視圖，則物體底板之圓及圓弧無法表達，又如選擇前視圖與俯視圖，則物體側板之圓及圓弧亦無法表示，故此物體之形狀必須選用三個視圖，換句話說，凡能顯示物體圓形、圓弧或斜邊時，其視圖是不得省略的，因此視圖的選擇，需讀者多加思考，勤加練習。

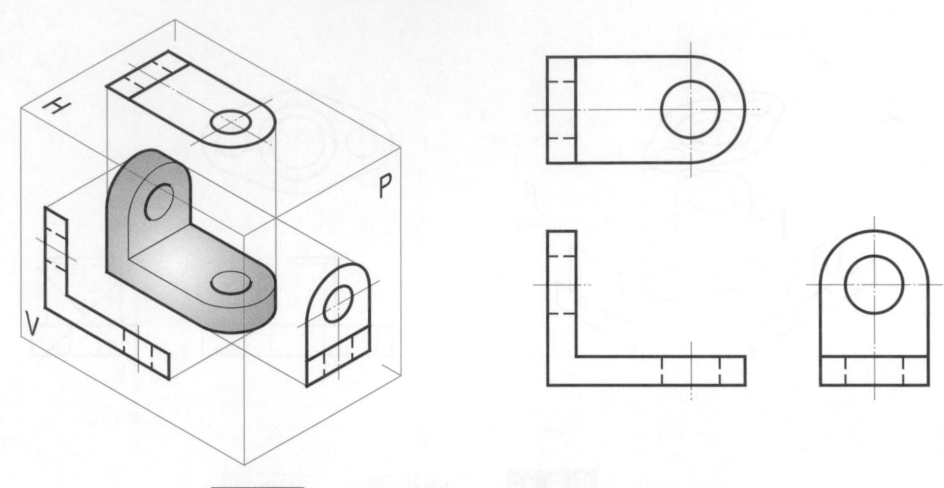

圖 6-20　需用三個視圖才能表達物體的形狀

物體如為板料，用單視圖表示即可，但須在視圖內或視圖外之適當位置加註厚度符號「t」及厚度數值，如 t2 (圖 6-21)；又物體如為單向呈圓形或正方形時，則可加註直徑符號「φ」或方形符號「□」而採用單視圖(圖 6-22)。

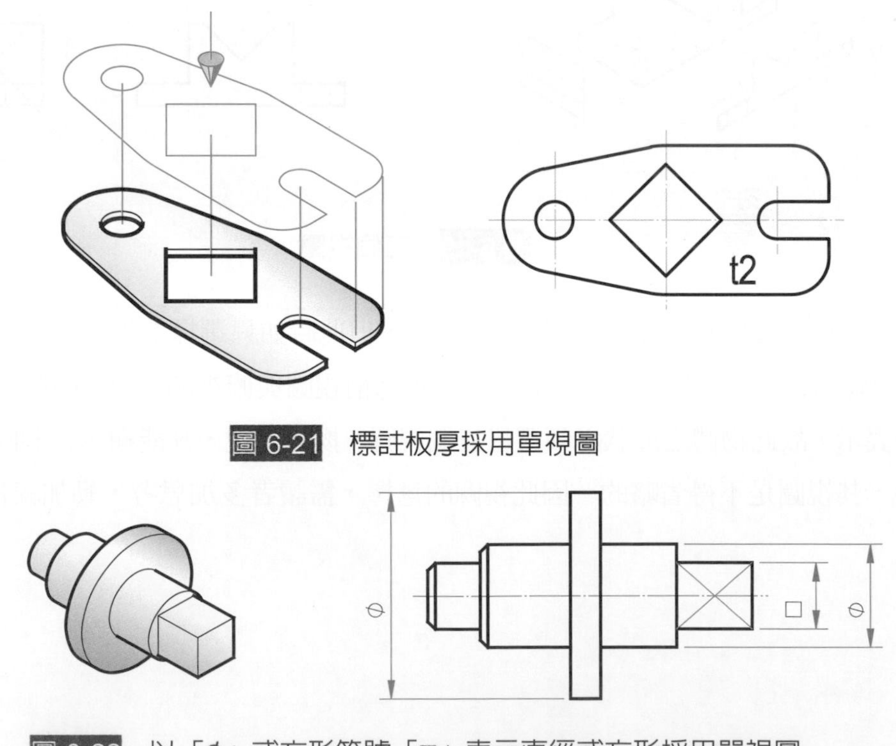

圖 6-21　標註板厚採用單視圖

圖 6-22　以「φ」或方形符號「□」表示直徑或方形採用單視圖

從前述各組視圖中，可知前視圖通常是反映物體的主要特徵，是最必要的視圖，因此前視圖的選擇甚爲重要，一般都以最能表達物體結構形狀特徵或最寬大的面(圖 6-23)或零件之加工位置(圖 6-24)爲選擇之依據。

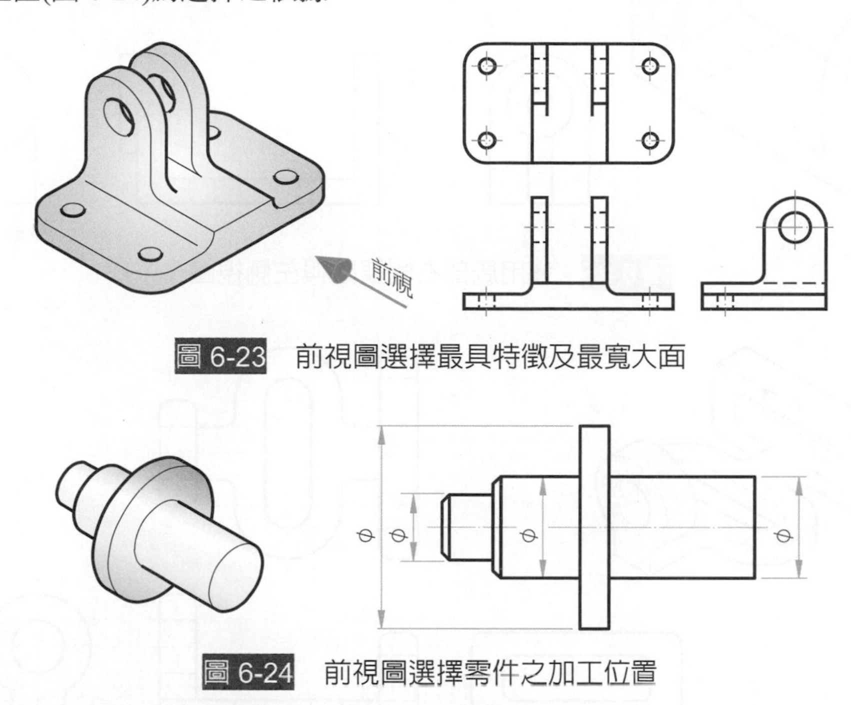

圖 6-23 前視圖選擇最具特徵及最寬大面

圖 6-24 前視圖選擇零件之加工位置

6-5 習用畫法

正投影視圖中，有時爲了更清楚表明物體的形狀和節省繪製的時間，常有違背投影原理，而採用一般公認的簡化畫法，稱爲**習用畫法**。習用畫法中，有關剖視部分將於 8-7 節中介紹，其他則列述如下：

1. **局部視圖**：正投影視圖中，有時只表達物體某一部分，而省略其他不需要部分的視圖及線條，稱爲局部視圖。運用局部視圖可簡化視圖中的線條，例如圖 6-25 和 6-26 中的物體，同時採用局部的右側視圖與左側視圖，可將物體的形狀表達得更清楚。運用局部視圖可節省繪製時間，例如圖 6-27 中用一個簡單的局部俯視圖，即可清楚表達鍵座形狀。相對於局部視圖，畫完整之整個視圖，則稱爲全視圖。

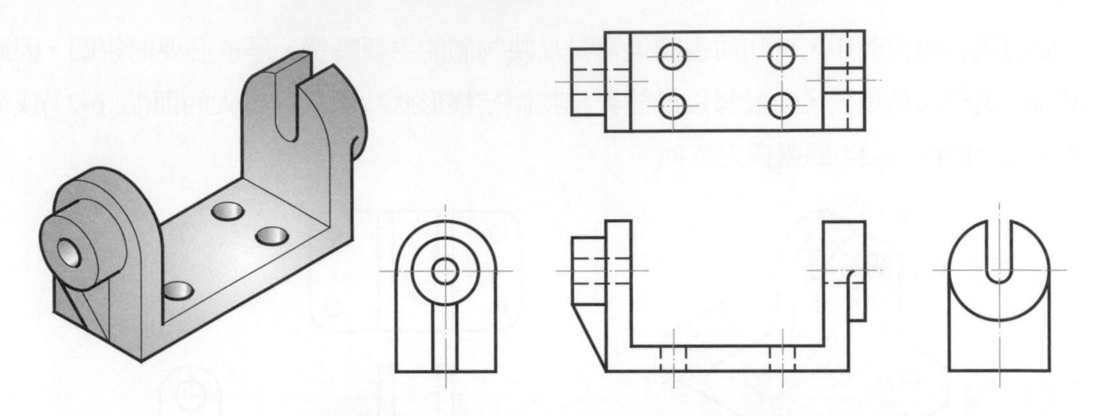

圖 6-25　運用局部右側視圖與左側視圖

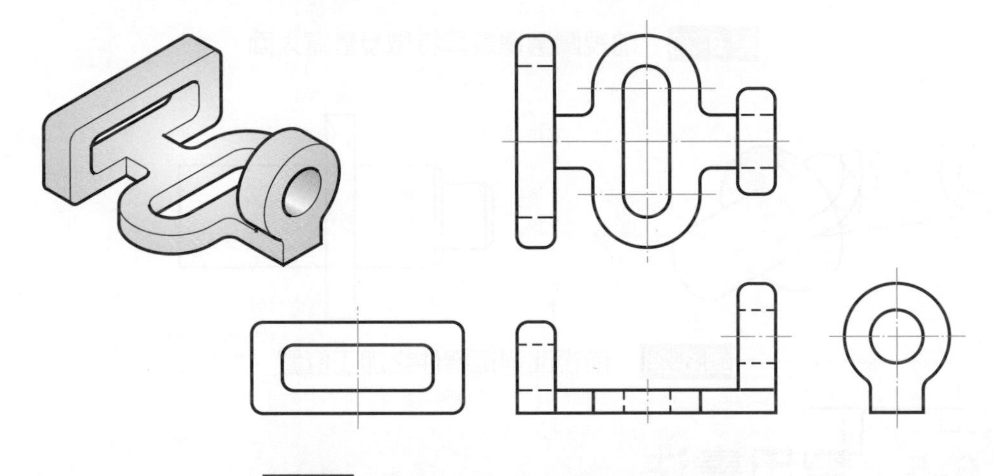

圖 6-26　運用局部右側視圖與左側視圖

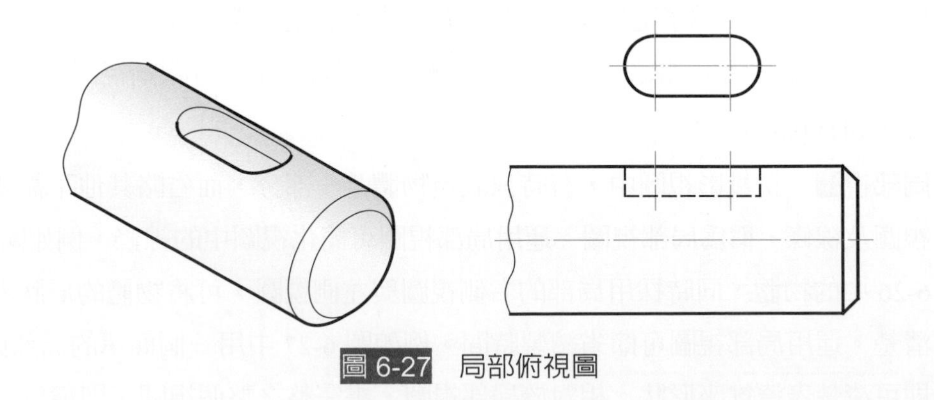

圖 6-27　局部俯視圖

2. **轉正視圖**：凡零件之一部位與他部位成交角時，可將此一部位迴轉至與投影面平行後，繪出此部位之視圖稱爲轉正視圖(圖 6-28)。又當物體上有許多相同大小形狀之部位，環繞圓周作等距離分布時，除利用轉正視圖原則表示外，更可不論其個數多寡，在其右側視圖只以兩個畫出即可。例如圖 6-29 之前視圖中，一圓盤物體上有五個等距同大小之圓孔，在其右側視圖只表示出對稱二個，而其二孔之孔距是以前視圖中此五個小圓孔圓心位置所在圓周(稱爲孔位圓)的直徑爲其距離。並注意此時這些圓孔的中心線是以孔位圓爲其一條中心線，另一條中心線則爲經過小圓圓心而指向孔位圓中心之直線。

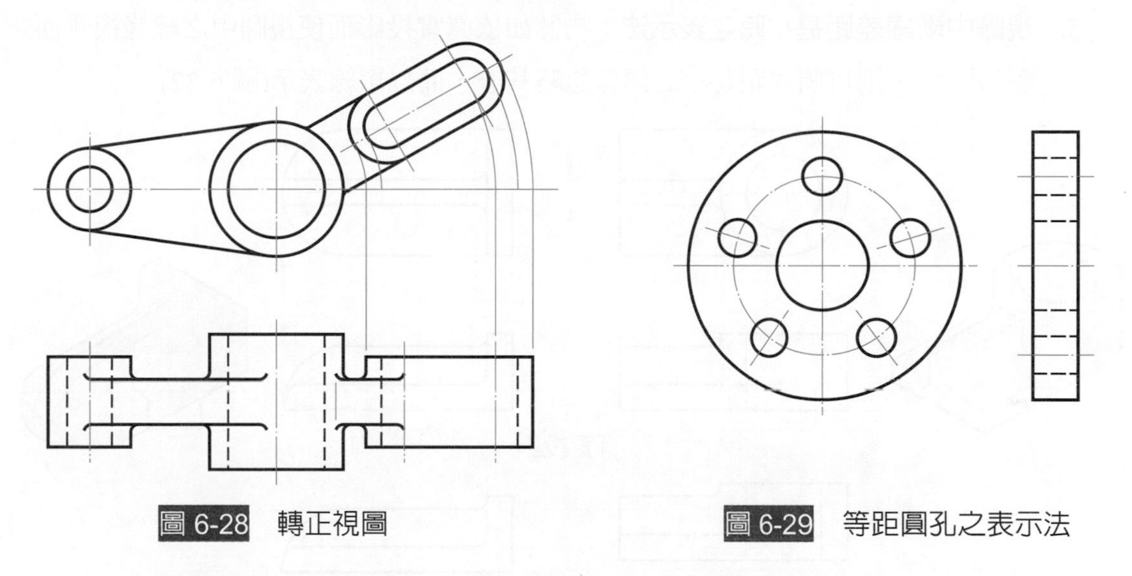

圖 6-28 轉正視圖　　圖 6-29 等距圓孔之表示法

3. **中斷視圖**：較長的物體，其間如無變化，可將其無變化部分中斷，以節省空間，此種視圖稱爲中斷視圖。繪製中斷視圖，折斷處無論物體的形狀爲何，都以折斷線即不規則的連續細線或帶鋸齒狀連續細線繪製(圖 6-30)。而以前常用之 S 形斷裂表示法，因繪製較費時，已不再使用。

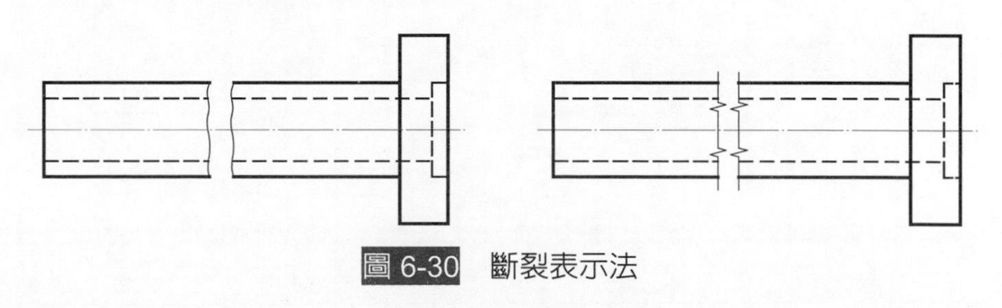

圖 6-30 斷裂表示法

4. **軸上平面之表示法**：凡軸上圓柱面加工成平面，且以一視圖表示時，須在此平面上加畫兩相交之細對角線表明(圖 6-31 及圖 6-22)。

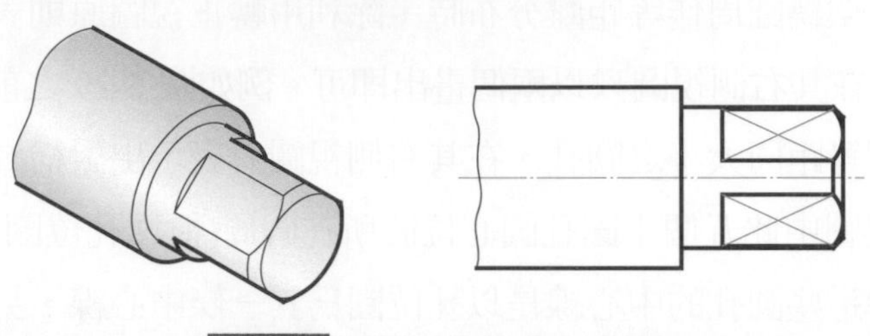

圖 6-31　軸上平面之表示法

5. **視圖中兩線差距甚小時之表示法**：物體如依眞實投影而使視圖中之線條複雜而妨礙識圖時，則可將差距甚小之兩線忽略其一，而以單線表示(圖 6-32)。

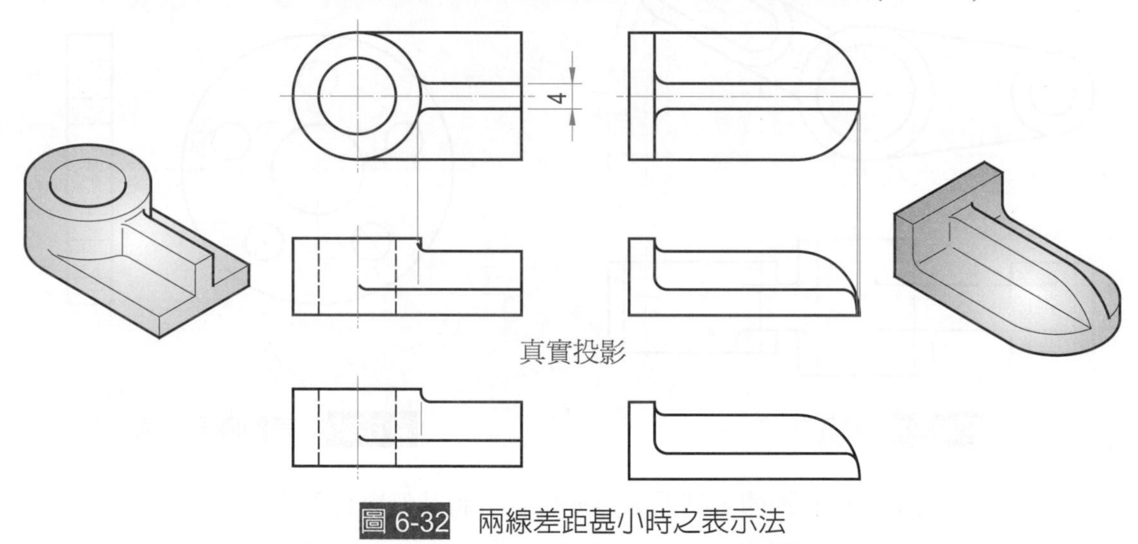

圖 6-32　兩線差距甚小時之表示法

6. **滾花、金屬網及紋面板之表示法**：機件經滾花之加工面、金屬網、紋面板以細實線表示，亦可僅畫出一角表示之(圖 6-33)。

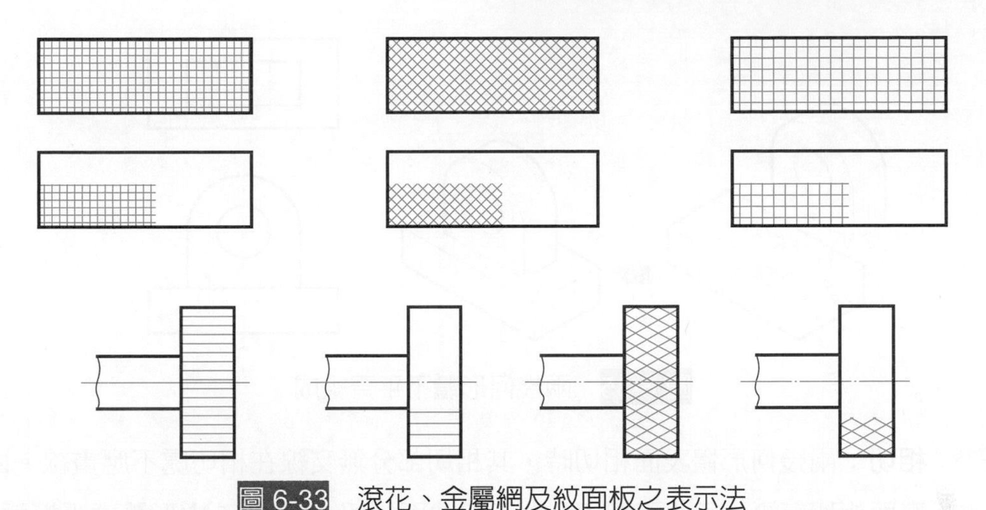

圖 6-33　滾花、金屬網及紋面板之表示法

6-6　體與體間的交線

一般物體都由角柱體、圓柱體、角錐體、圓錐體等幾何形體組合而成，分析這些組成形體的表面連接關係有平齊、不平齊，相切與相交等四種情況，簡述如下：

一、 **平齊**：兩幾何形體表面平齊，其平齊部分成爲一平面，在視圖中成爲邊視圖，如圖 6-34。

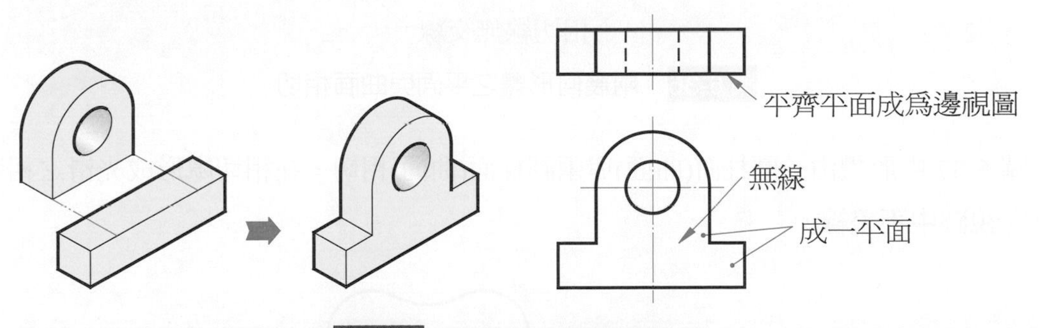

圖 6-34　兩幾何形體平齊組成

二、 **不平齊**：兩幾何形體表面不平齊，其不平齊部份在視圖中即須畫線間隔表示兩形體，如圖 6-35。

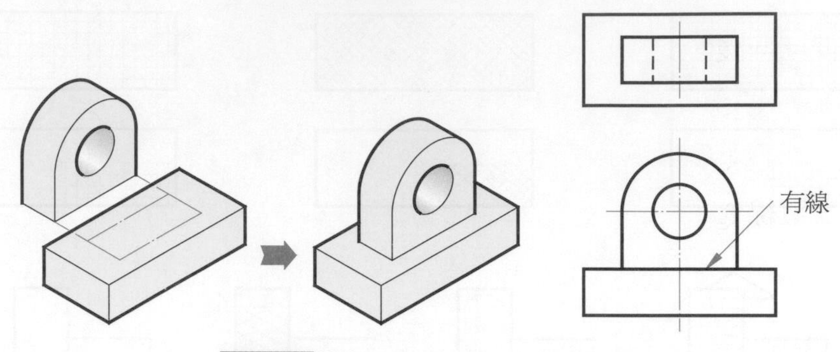

圖 6-35　兩幾何形體不平齊組成

三、 **相切**：兩幾何形體表面相切時，其相切部分無交線在相切處不應畫線。兩形體表面相切有平面與曲面相切，曲面與曲面相切。圖 6-36 中形體由平板面(平面)與圓柱面(曲面)相切，在相切處形成光滑之相切面，在視圖中不能畫線。

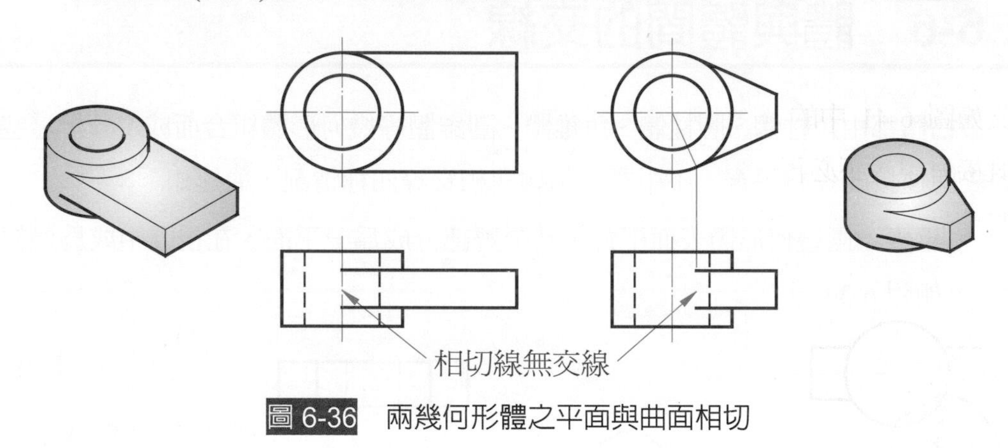

圖 6-36　兩幾何形體之平面與曲面相切

圖 6-37 中形體由一圓柱面(曲面)與兩圓柱面(曲面)相切，在相切處形成光滑之相切面時，在視圖中不畫線。

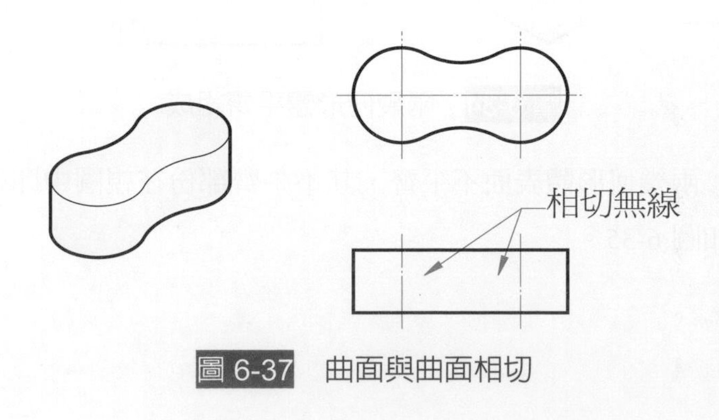

圖 6-37　曲面與曲面相切

四、**相交**：兩幾何形體相交，其表面會產生交線。兩形體表面爲平面，平面與平面相交，其交線必爲直線，如圖 6-38 中線段 ab。平面與曲面相交或曲面與曲面相交，其交線大多爲曲線，如圖 6-39 中之曲線 cde，但也有少數爲直線者如圖 6-40 中之直線 fg。

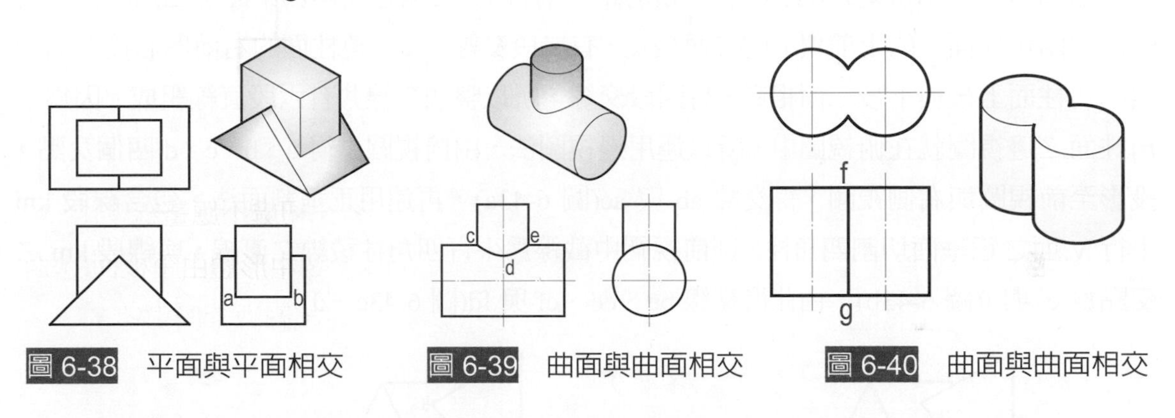

圖 6-38 平面與平面相交　圖 6-39 曲面與曲面相交　圖 6-40 曲面與曲面相交

又如圖 6-41 中的物體，是由圓柱體與角柱體組合而成，繪出其正投影視圖時，其交線可直接呈現，不必再求取，但圖 6-42 中的物體，是由三角柱體與四角柱體組合而成，畫出其正投影視圖時，二者的交線，不能直接呈現，必需進一步求出。

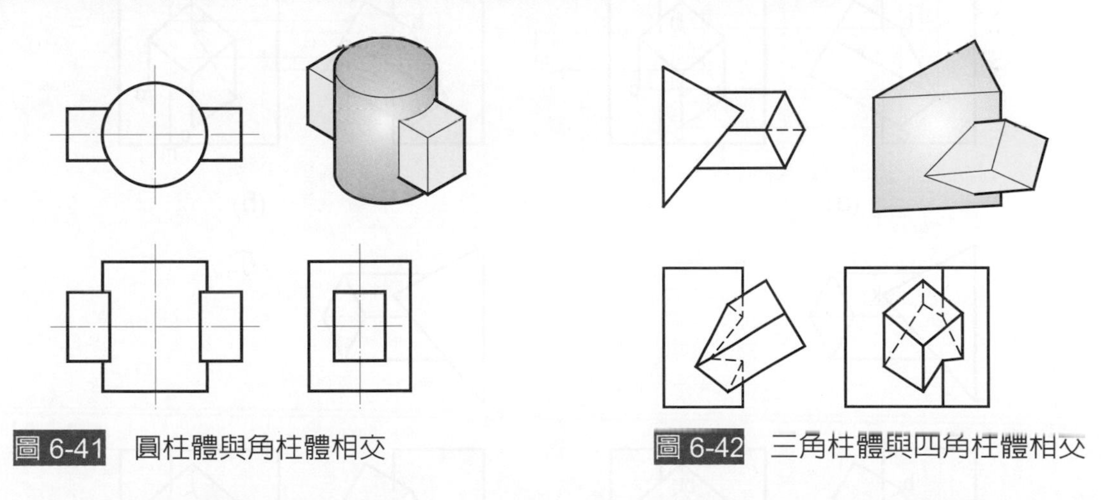

圖 6-41 圓柱體與角柱體相交　圖 6-42 三角柱體與四角柱體相交

因此，要求出體與體間交線之前，須先設法了解各體具有多少個面，是平面還是曲面，那幾個面彼此相交，然後逐一選擇二個體上各一面，求出其間的交線，最後綜合起來，始可得整個體與體的交線。若二面均爲平面，則在一平面上取二直線，或在二平面上各取一直線，與另一面相交，得交點的連線，便是此二平面之交線。若二面中有一面爲曲面，則至少必須在平面上取三直線，或二面上各取數條線與另一面相交，得至少三個交點後，以光滑曲線連得交線。一般求直線與面的交點，可運用邊視圖法、正垂割面法或單斜割面法。但當可以輕易獲得面之邊視圖時，則必採用邊視圖法，不考慮採用正垂割面法或單斜割面法。

如圖 6-43 中物體要求其交線，先得知三角柱面與四角柱面均為平面，三角柱面的右前面與四角柱面上的上前與下前二面相交，有二段交線，又三角柱面的右前與右後二面均與四角柱面上後與下後二面相交，有四段交線，所以整個交線共有六段直線組成。因為三角柱面之邊視圖就在俯視圖中，所以運用邊視圖法，由俯視圖中得 a、b、c、d 四個交點，投影至前視圖與右側視圖，得交線 ab 與 ac(圖 6-43a)，再運用正垂割面法，包含線段 km 平行 V 面之正垂面切割四角柱，則前視圖中截線為平行四角柱稜線之直線，與線段 km 之交點為 e 與 f(圖 6-43b)，由此得交線 be、ed、cf 與 fd(圖 6-43c、d)。

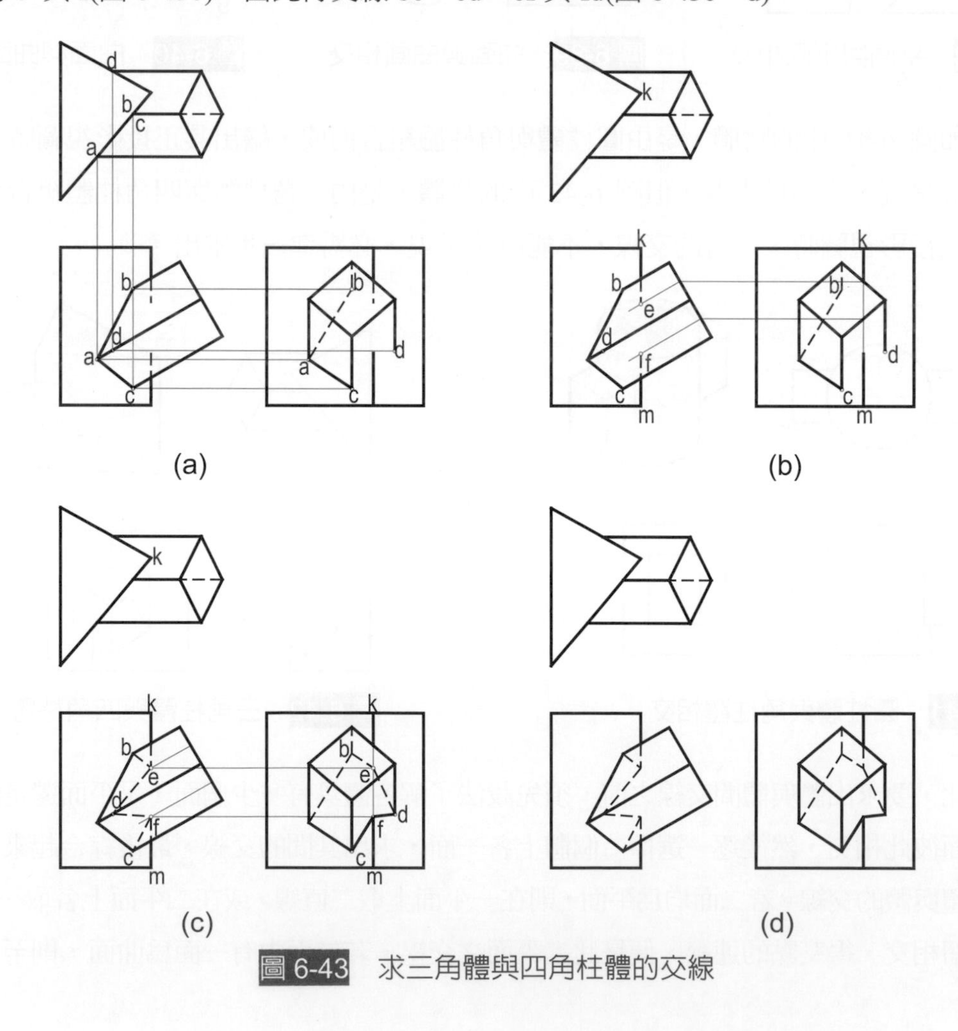

圖 6-43　求三角體與四角柱體的交線

圖 6-44 中三角柱體與圓錐體相交，欲求出其交線，先得知三個三角柱面均與圓錐面相交，圓錐面爲曲面，所以整個交線由三段曲線組成。最下方的三角柱面爲正垂面，最上方的三角稜線爲水平線，所以運用邊視圖法，由前視圖中得 a 和 f 二交點，投影至俯視圖，再以最下方的三角柱面爲割面，運用正垂割面法切割圓錐，在俯視圖上得一個圓形的截線，則圓弧 cfd 即爲最下方的三角柱面與圓錐面的交線，投影至前視圖(圖 6-44a)，再任取一水平面，運用正垂割面法，求得交點 b 和 e (圖 6-44b)，則在俯視圖中分別以光滑曲線連接 a、b、c 三點和 a、e、d 三點，在前視圖中以光滑曲線連接 a、b、c 三點，即得(圖 6-44c)。

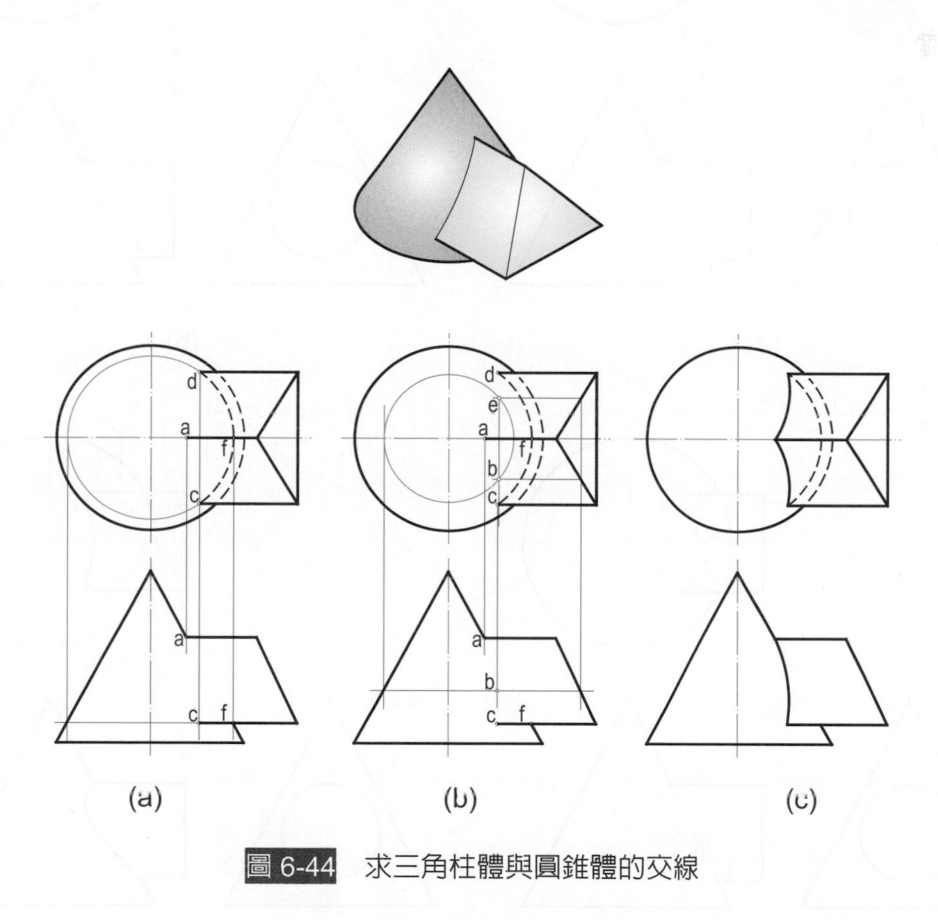

圖 6-44　求三角柱體與圓錐體的交線

又如圖 6-45 為圓柱體與圓錐體相交，其交線為曲線，交線之求法，亦可運用正垂割面法求得。

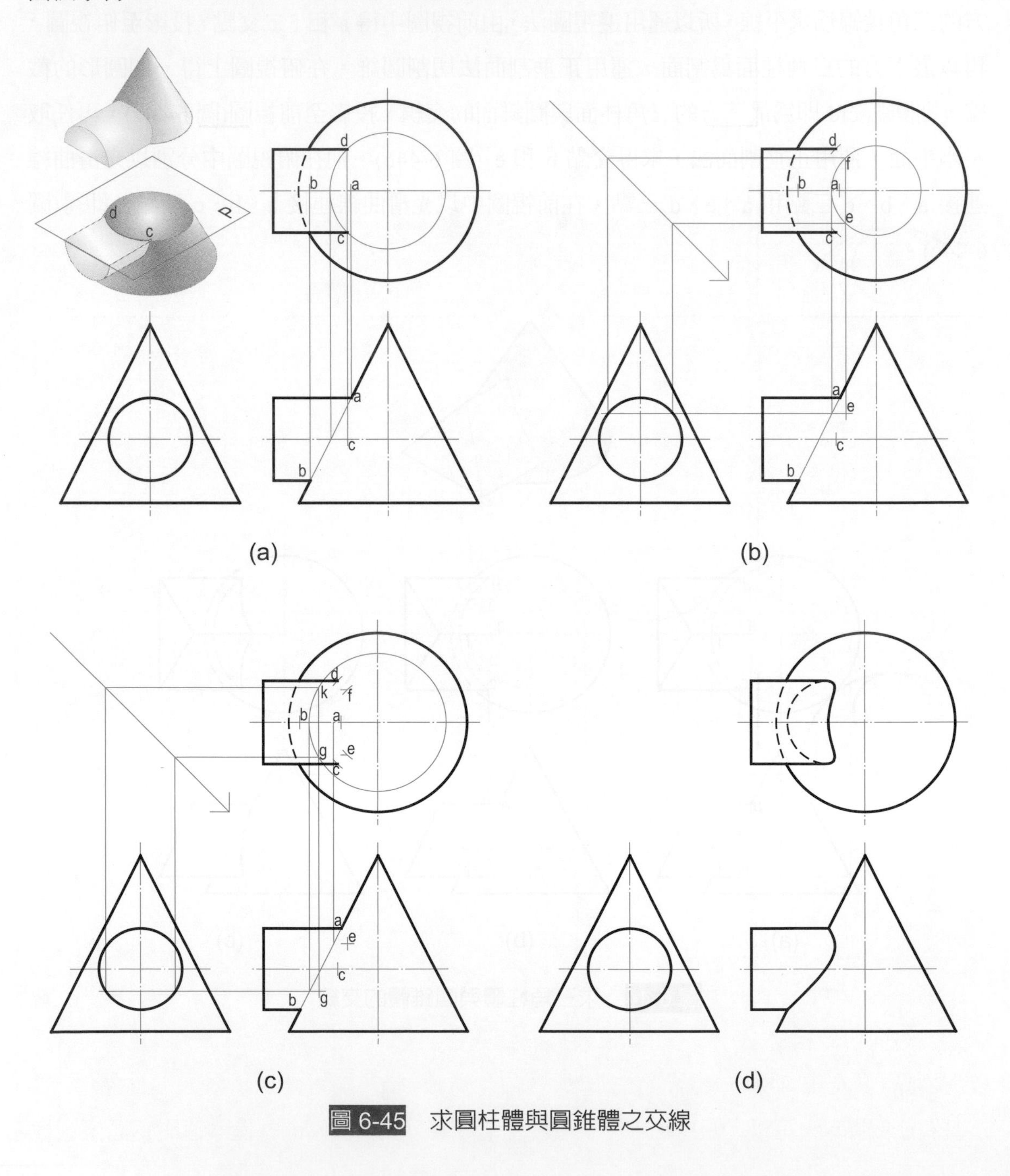

圖 6-45 求圓柱體與圓錐體之交線

如圖 6-46 爲圓柱體與球體相交，其交線之求法仍可用正垂割面法求得。

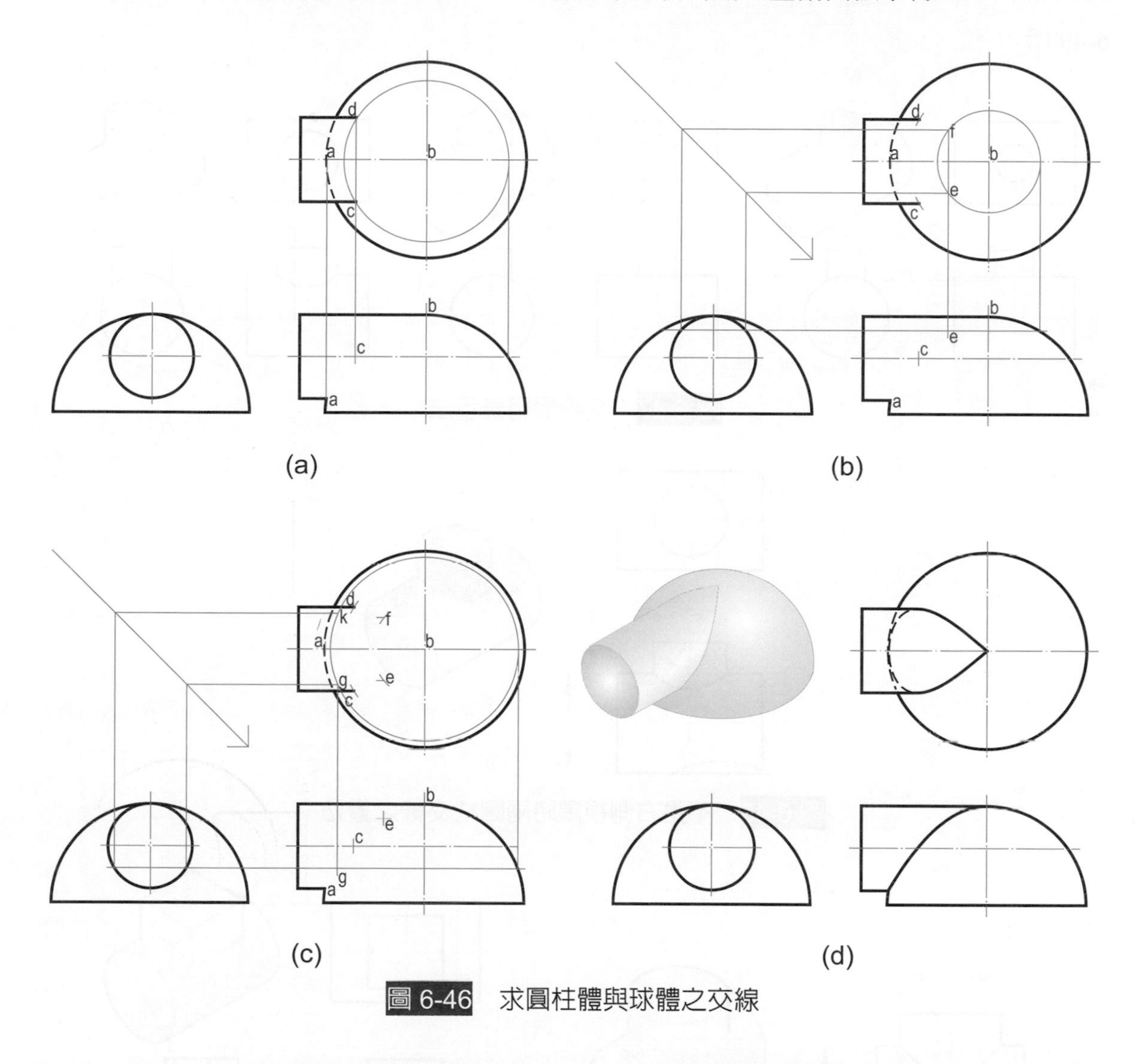

圖 6-46 求圓柱體與球體之交線

6-7 交線習用表示法

兩幾何形體相交，如果視圖不要求準確表明其交線時，可不須以眞實投影逐一求出交線上的點，其交線可採用**習用表示法**，其畫法大都視其大小以直線或圓弧表示之(圖 6-47)。不畫右側視圖時，可以大圓柱之半徑爲圓弧畫之如圖 6-48。若兩圓柱體其直徑相同或圓柱體與較大方柱體相交時，其交線形成直線，但此交線不屬習用畫法，而是**實際投影**，如圖 6-49 所示。

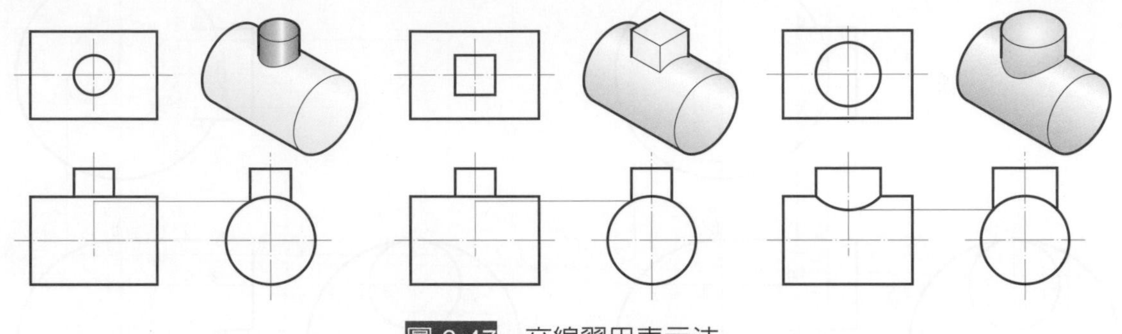

圖 6-47　交線習用表示法

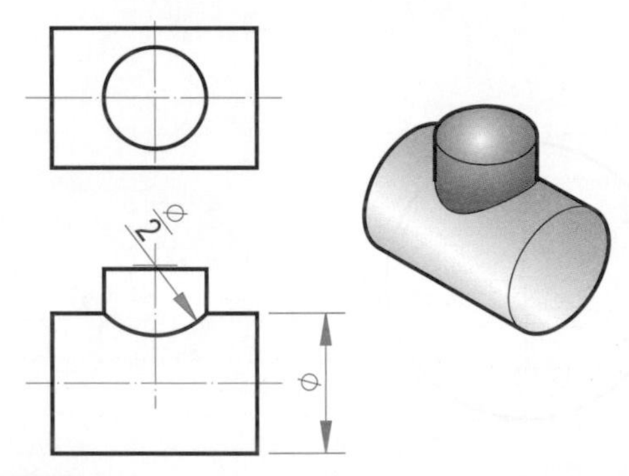

圖 6-48　不畫右側視圖時兩圓柱交線之畫法

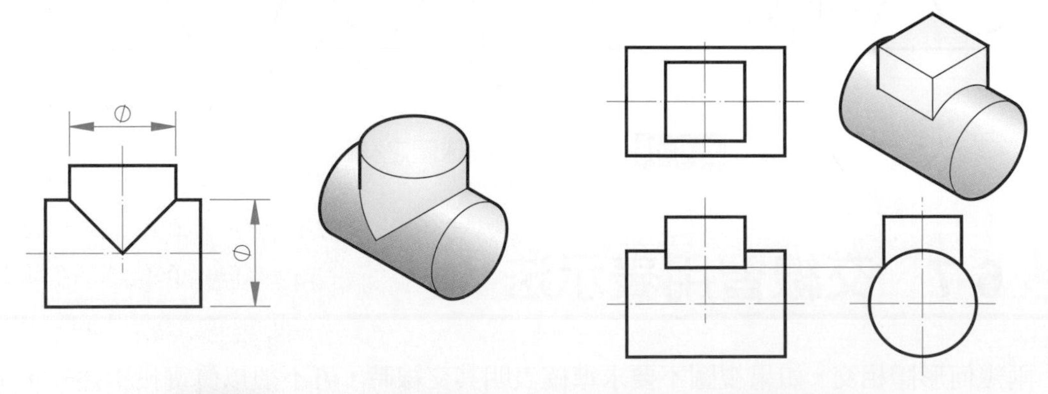

圖 6-49　直徑相同兩圓柱面、圓柱體與較大方柱體之交線

6-8 圓 角

凡是鑄製、鍛製、塑製等方法製成的物體，其內角部位形成圓角者稱爲內圓角，而外角部位形成圓角者則稱爲外圓角。通常物體在製造過程中，因尖銳的轉角強度較弱，易折裂或造成凹陷等不良後果，因此很多的物體都在其轉角處故意製成圓角，而圓角的半徑都隨著物體大小以及材料的厚薄而定，當圓角半徑大於 3mm 時，用圓規或模板繪製，圓角半徑在 3mm 以下時，多以徒手繪製(圖 6-50)。

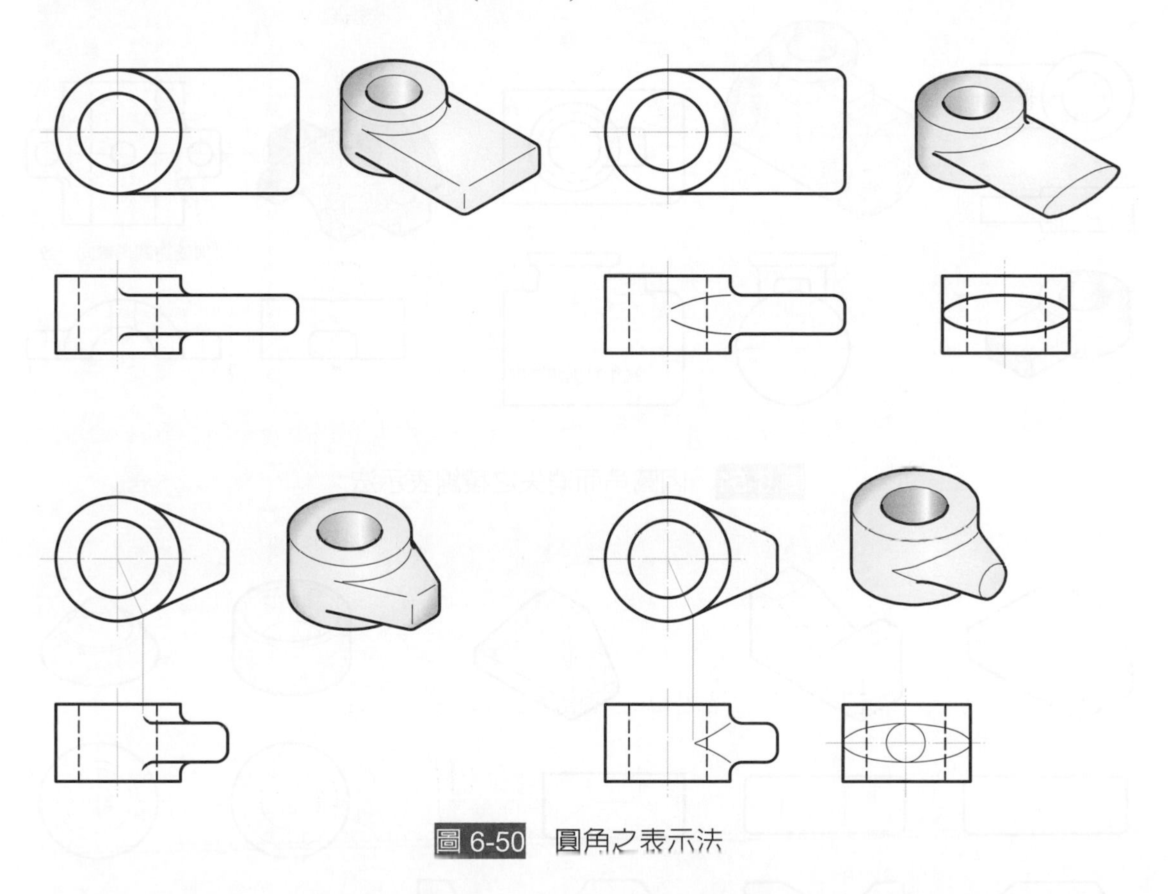

圖 6-50　圓角之表示法

視圖中表示物體上兩面位於轉角處的交線，又稱爲**稜線**，稜線會因圓角而消失，但爲使圖面能清晰表示，此時消失的稜線，在與輪廓線相接處留約 1mm 之空隙，以細實線表出(圖 6-51、6-52)。消失的稜線如爲隱藏時，則不予畫出。

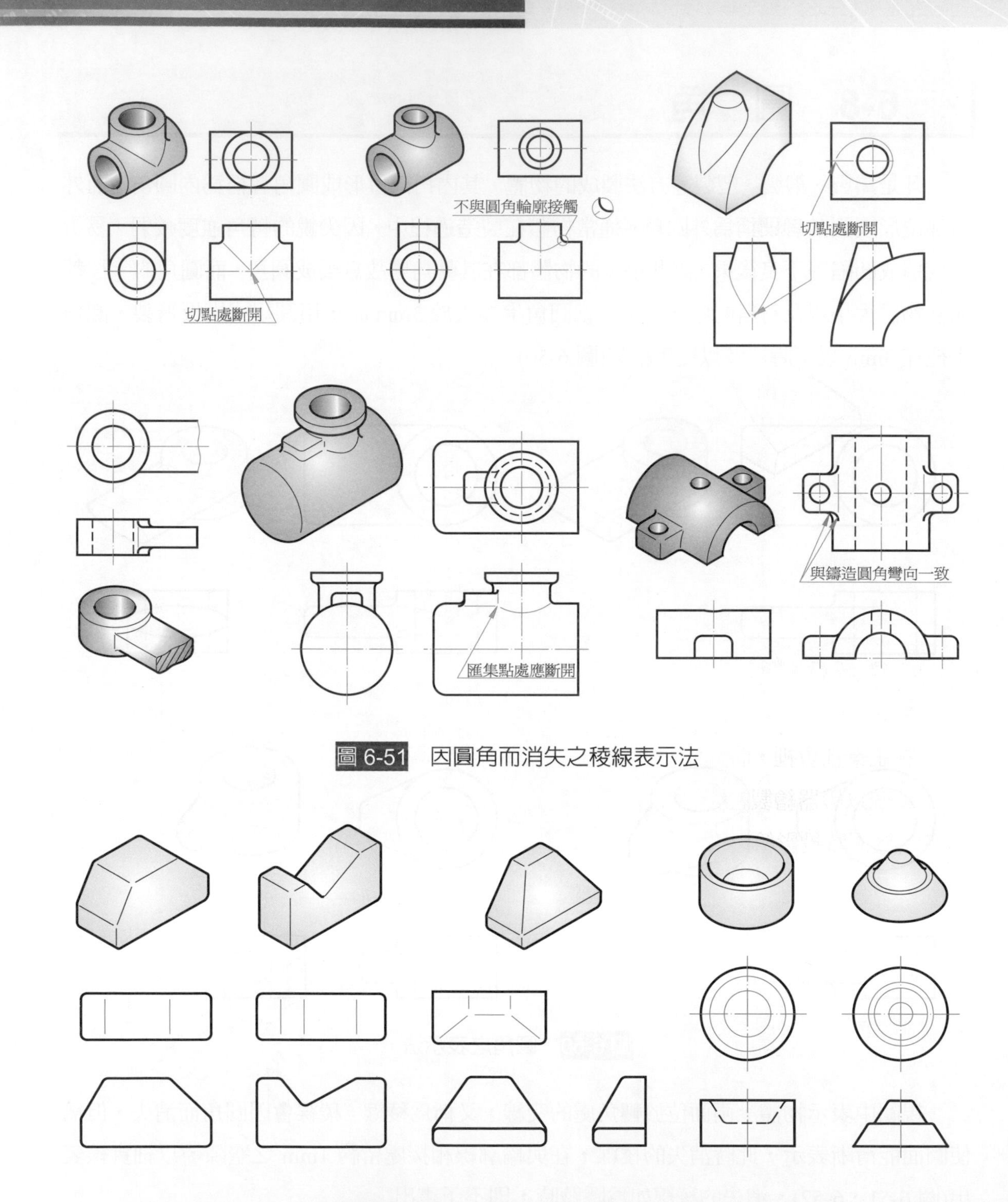

圖 6-51　因圓角而消失之稜線表示法

圖 6-52　因圓角而消失之稜線表示法

6-9 曲線之投影

有些物體在正投影視圖中常有與投影面不相平行之曲線，此時曲線上之點，需逐一投影，再以圓滑曲線連接各點(圖 6-53)。

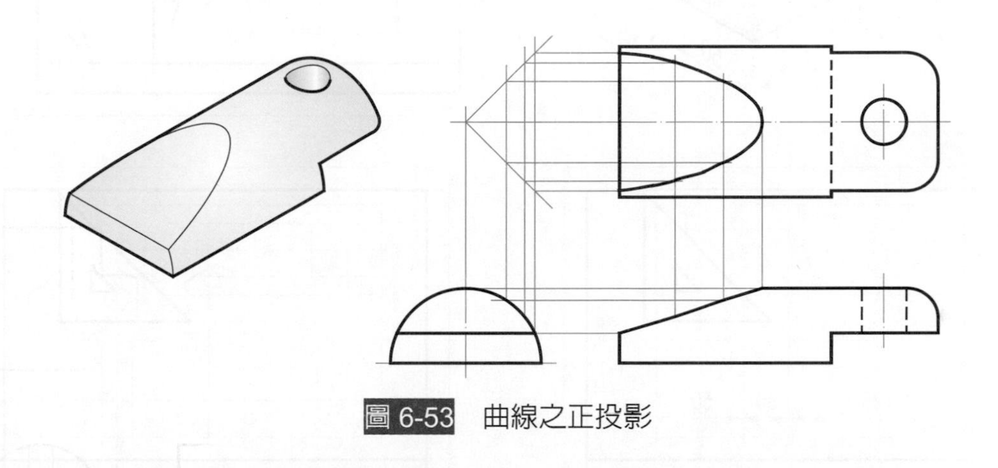

圖 6-53 曲線之正投影

6-10 繪製視圖

在工業社會裡，時間就是金錢，繪製視圖，不但要求正確、整潔，而速度也很重要，因此傳統以儀器繪製視圖時，繪製者要盡量減少手中換用儀器之次數，如有兩個或三個視圖時，應同時投影繪製，千萬不可完成一視圖後再來畫另一視圖。下列為一般繪製視圖的程序(圖 6-54)。

1. 選擇前視圖、決定視圖數量以及其排列位置。
2. 決定比例。可能的情況下，盡量採用實大比例。
3. 進行布局。將視圖安置在圖紙上適當位置稱為布局。一般視圖與視圖間之距離約為 30mm，若須標註尺度時則略增加。
4. 定出視圖最大範圍線。
5. 定中心線。
6. 按工件之構造由外向內、由大處至小處順序畫之，先畫圓及圓弧等，再畫直線。
7. 擦去不必要的線條。

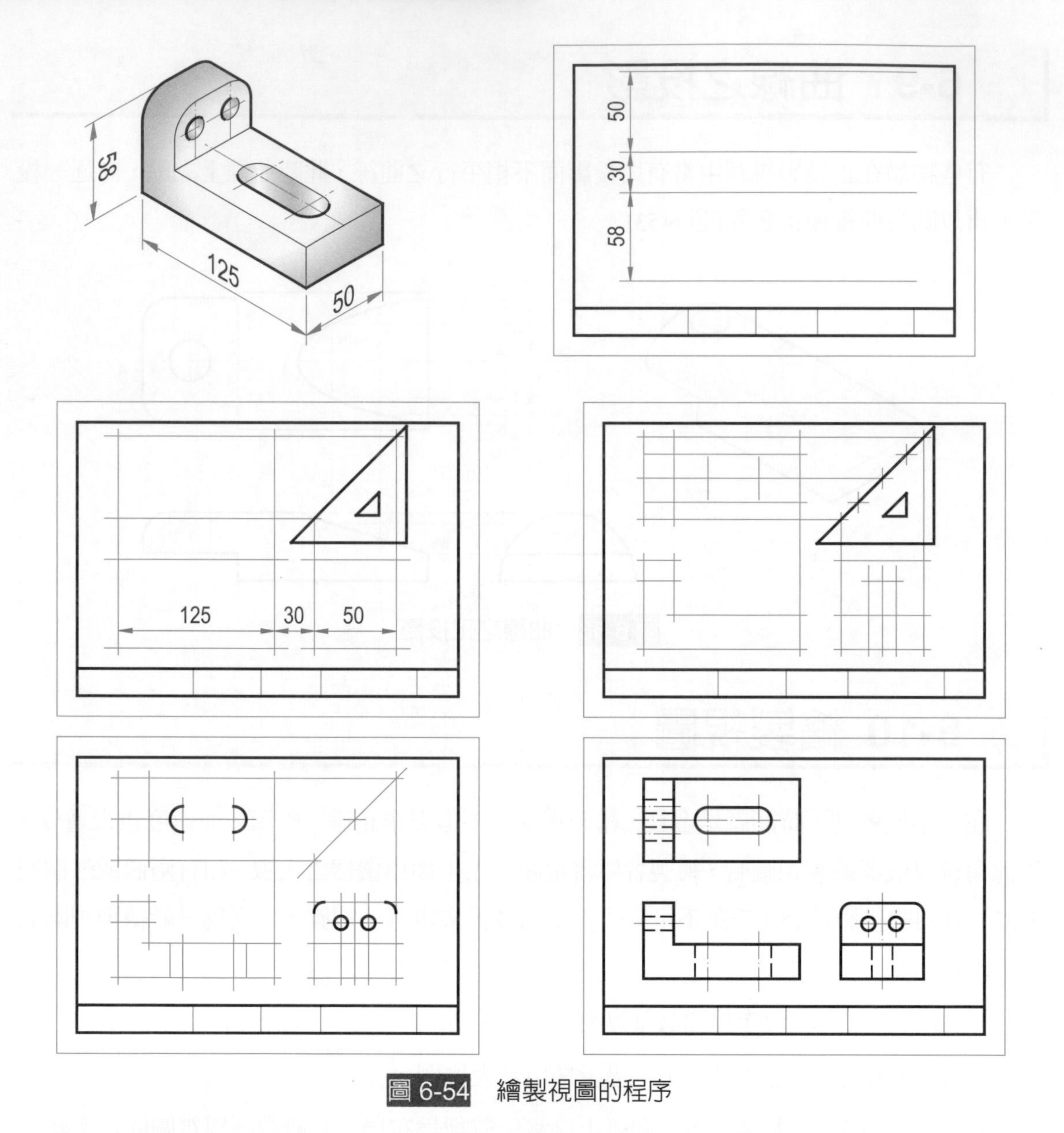

圖 6-54 繪製視圖的程序

有關電腦繪製視圖，視圖的正確性仍是最重要的。因此繪製前，仍須先考慮前視圖的選擇以及視圖的數量，至於布局可於繪製後，以編輯指令，將各視圖安置於適當位置，比例可依圖紙的大小於出圖時再行考量。有關繪製視圖過程，請參考所附教學光碟。

6-11 識　圖

圖是工業界的語言，凡是學工的人，不僅要能自己畫圖，也必須毫無猶豫地能看懂他人所畫的圖，即所謂識圖。而識圖的重點即在於正投影視圖的閱讀，所以識圖所需的能力，是與投影原理的了解成正比。因此識圖可說就是由投影觀點、應用投影原理以了解物體形狀之過程。

學習識圖最好的方法，就是在考量如何去做出此一物體，因此識圖的過程中，必先對視圖中的細節和組成部分加以逐一考慮，當心中對整個圖具備完整的概念後，再把各部分連結起來，便能瞭解物體的整個形狀。爲達到此能力，除必須對投影原理有相當的認識外，還須純熟的應用。

從投影原理之應用來分析，找出在視圖上各線及面所呈現的關係，研究物體之形狀。

一、 在視圖中的線可代表(圖 6-55)

1. 面之稜邊。
2. 面之交線。
3. 面之極限。

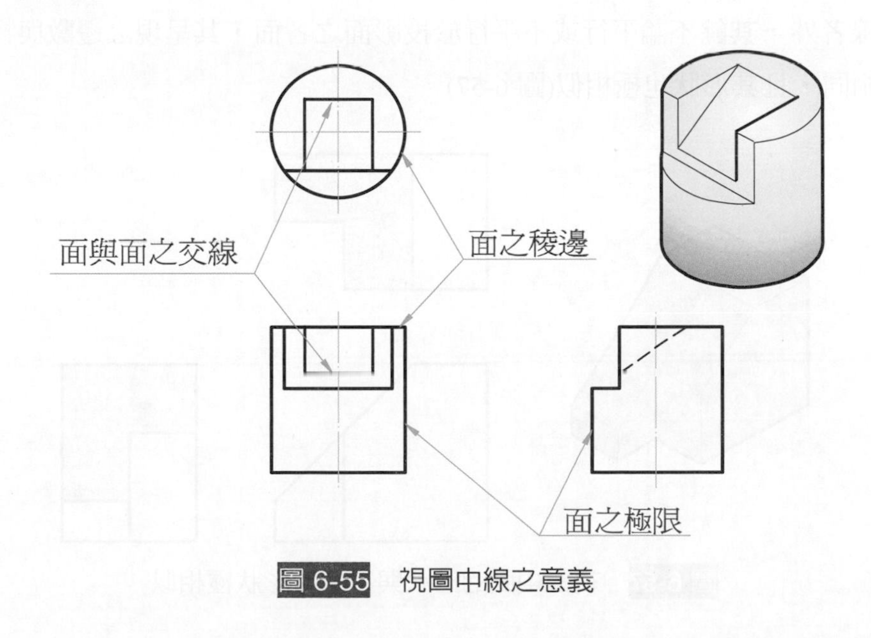

圖 6-55　視圖中線之意義

二、物體的面在視圖中出現的情況(圖 6-56)

1. 面之眞實形狀大小，爲正垂面。
2. 面之縮小，爲單斜面或複斜面。
3. 面爲曲面。

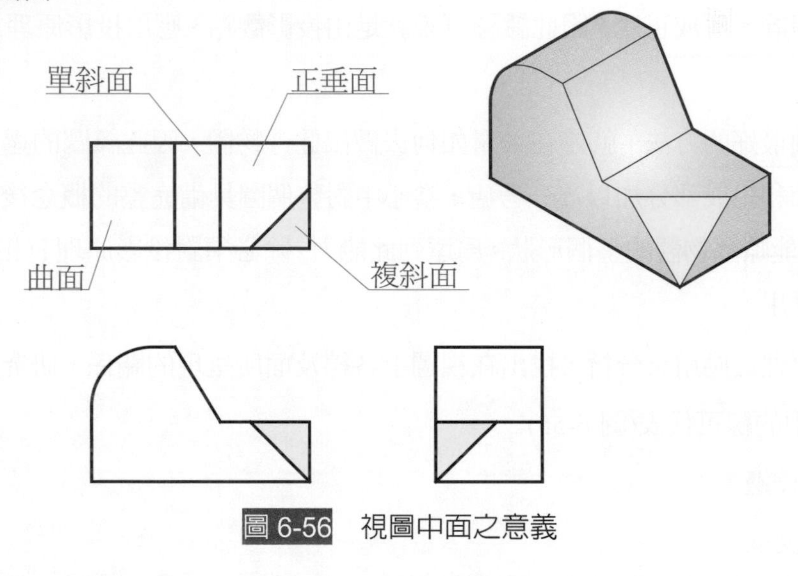

圖 6-56 視圖中面之意義

三、物面呈現在視圖中的幾何形狀，除與投影面垂直，其正投影爲邊視圖，呈現一直線或曲線者外，其餘不論平行或不平行於投影面之各面，其呈現之邊數與物體各面之邊數相同，且其形狀也極相似(圖 6-57)。

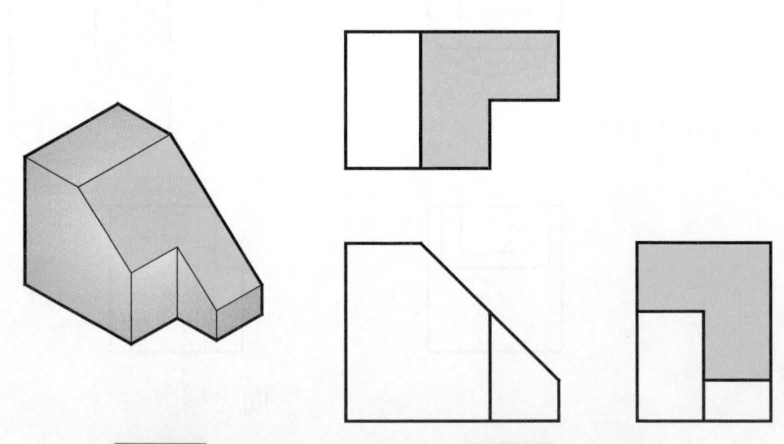

圖 6-57 視圖中面的形狀與物面之形狀極相似

四、一個視圖中劃分爲兩區域，即爲物體之兩鄰面，兩鄰面永不可能位於同一平面內，否則視圖中便不劃分爲兩區域。今劃分爲相鄰兩區域，則物體之兩鄰面可能有(1)高低不同、(2)斜度不同、(3)凹凸不同等三種情形。如圖 6-58 中之俯視圖全劃分爲相同的兩區域，而其前視圖即呈現上述三種情況，此種分析在識圖時幫助甚大，希各讀者多加練習。圖 6-59 爲另一相鄰兩區域之例。

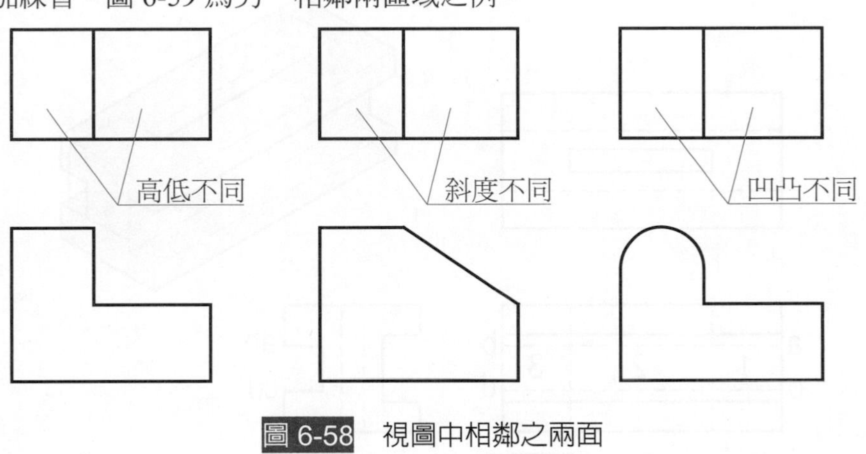

圖 6-58 視圖中相鄰之兩面

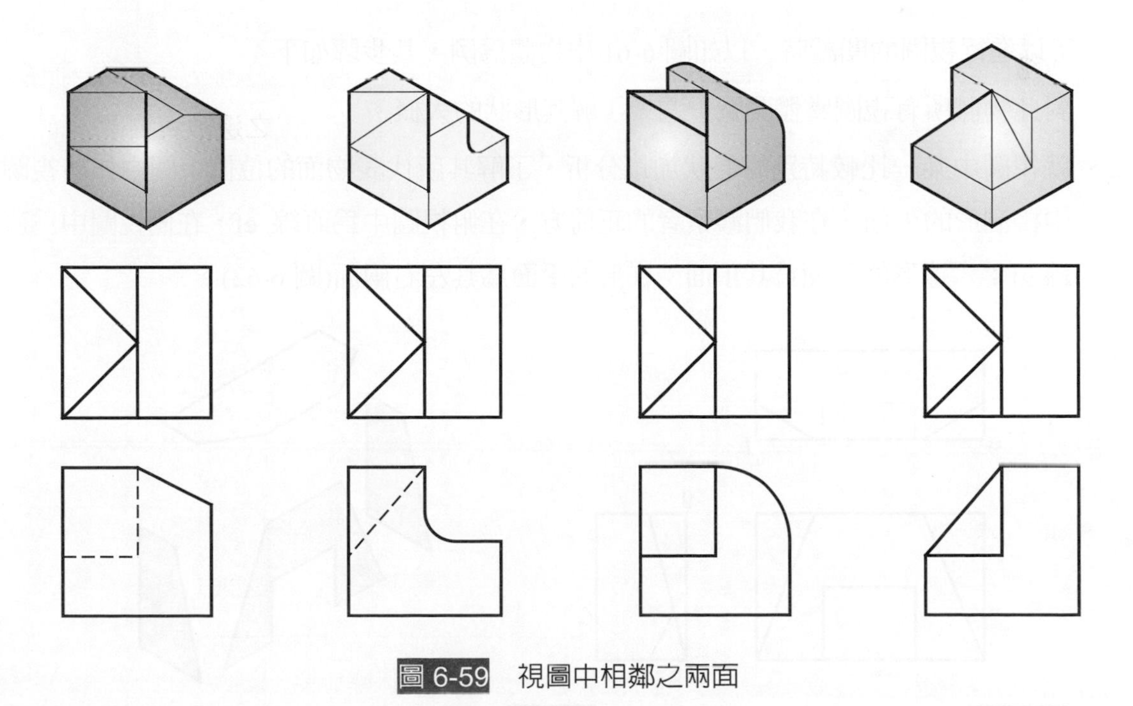

圖 6-59 視圖中相鄰之兩面

五、隱藏面是表示隱藏在物體內部或背後之面，由於全用虛線表示，而且常有互相重疊的現象，以致識圖時常會發生混淆，閱讀時必須細心，依賴各視圖之配合而加以組合。如圖 6-60 之例，交錯之虛線，使面含糊不清，如 ab、cd 兩虛線所代表之面間，1、2、3 隱藏面是連貫的，不是分開的，其所表示的即爲物體背面凹進之面。

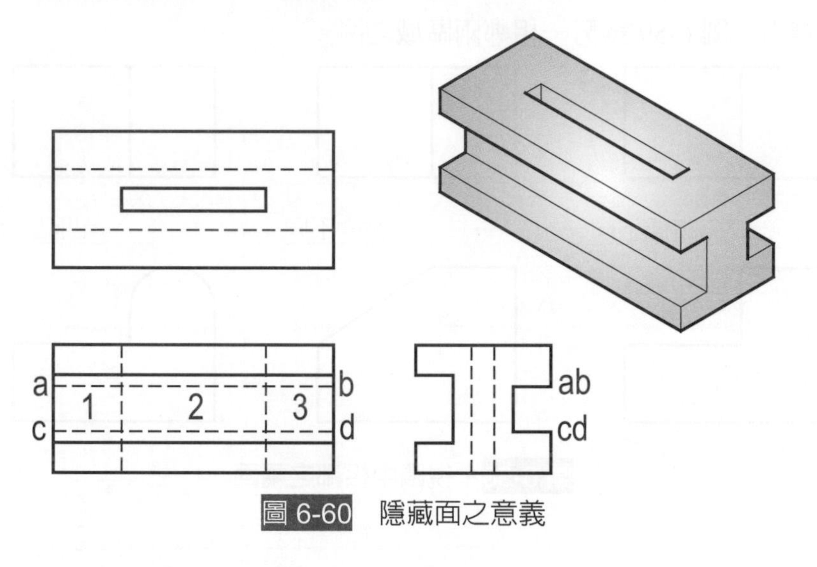

圖 6-60 隱藏面之意義

所以進行視圖的閱讀時，以如圖 6-61 中物體爲例，其步驟如下：

一、對此物體所有視圖整體閱覽一遍，了解其形狀的大概。

二、就視圖中某一比較特別的形狀加以分析，了解其所代表物面的位置。圖中如前視圖中橋洞形的平面，在我們觀察者的正前方，在俯視圖中爲直線 ef，在側視圖中爲直線 gf；六邊形的平面爲其頂面；梯形的平面爲其左右兩面(圖 6-62)。

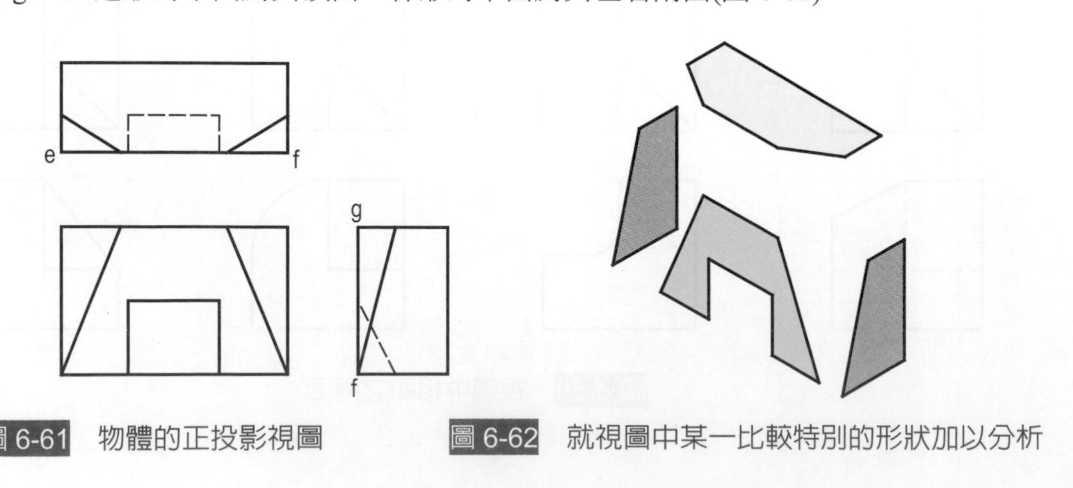

圖 6-61 物體的正投影視圖

圖 6-62 就視圖中某一比較特別的形狀加以分析

三、就一個視圖中劃分的區域，可了解各面的上下、前後或左右之關係。因為各區域不可能位於同一平面內，例如圖 6-63 中物體的各區域，前視圖中央的長方形，由側視圖可知其為由前向後傾斜的單斜面；前視圖中左右兩個三角形，由俯視圖及側視圖在三個視圖中全形成面，故可知其分別由上方向右下或左下傾斜的複斜面，其他都是正垂面，如此明白整個物體的形狀(圖 6-64)。

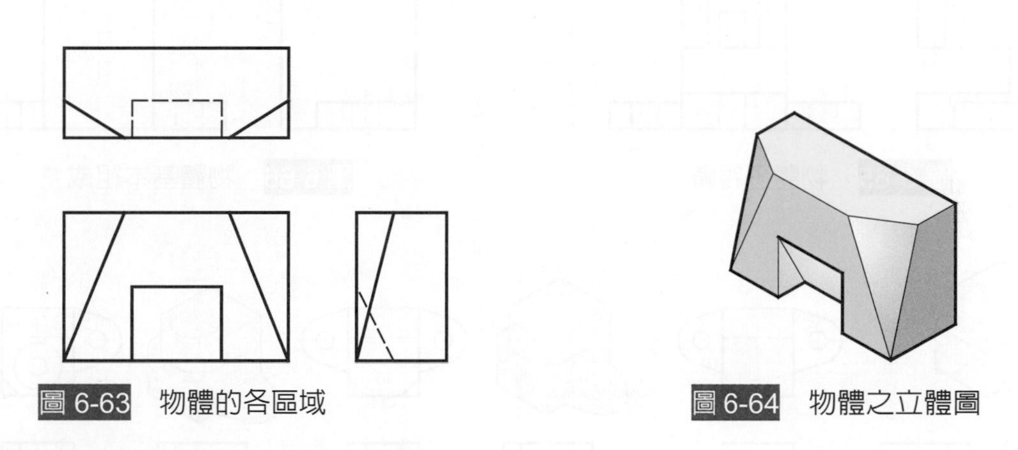

圖 6-63　物體的各區域

圖 6-64　物體之立體圖

有時，物體的組成不須靠面與線來分析，而直接由其組成之形體來分析，如閱讀圖 6-65 中物體的視圖，其步驟如下：

一、對此物體所有視圖整體瞭解並分析。

二、從視圖中可知該物體是由中間之長方體及底部左右皆有圓孔之兩圓弧柱體所組成(圖 6-66)。

三、再分析長方體之形狀，從側視圖可知在長方體中間除去一長柱體，從俯視圖可知，在上部左、右各切去一個三角柱體，且前方中央有一柱坑，下部鑽一通孔。(圖 6-67)

四、綜合歸納想出各幾何形體間之關係，如此明白整個物體之形狀，即如圖 6-68 所示之立體圖。

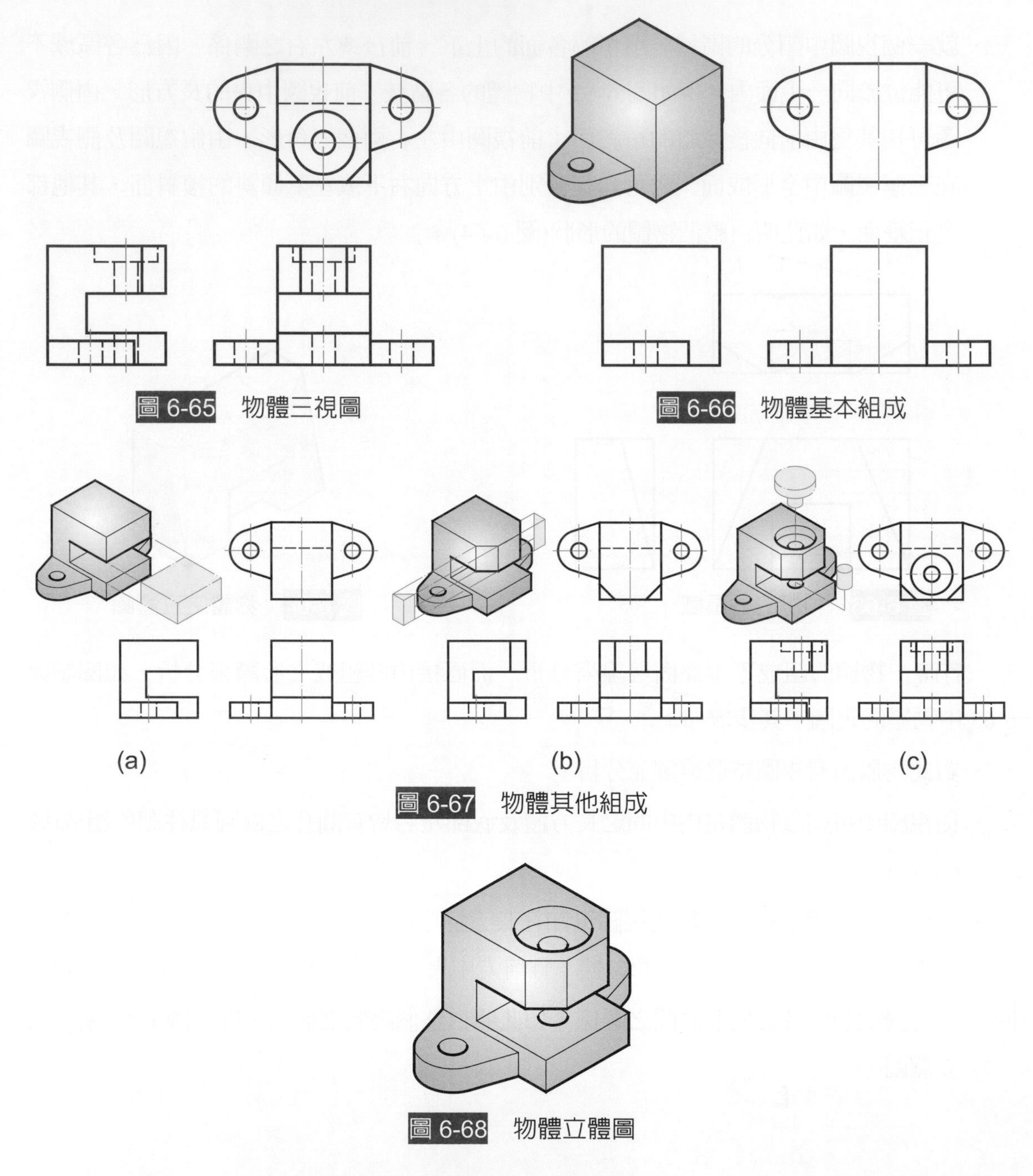

圖 6-65 物體三視圖

圖 6-66 物體基本組成

圖 6-67 物體其他組成

圖 6-68 物體立體圖

又如圖 6-69 中爲物體兩視圖，其識圖時之步驟如下：

一、對此物體之兩視圖作對照分析。

二、瞭解此物體由一圓柱體及長方體，中間以平板連接，再以三角楔塊支撐。

三、長方體在前視圖中有一虛線，從俯視圖中瞭解其有相鄰的參個區域，因此可判斷其為「凵」形或為「V」形，如圖 6-70；如為「V」形，在俯視圖中應劃分為四個區域，如圖 6-71。這也是在表達物體有「凵」形或「V」形時，宜採用三個視圖的原因。

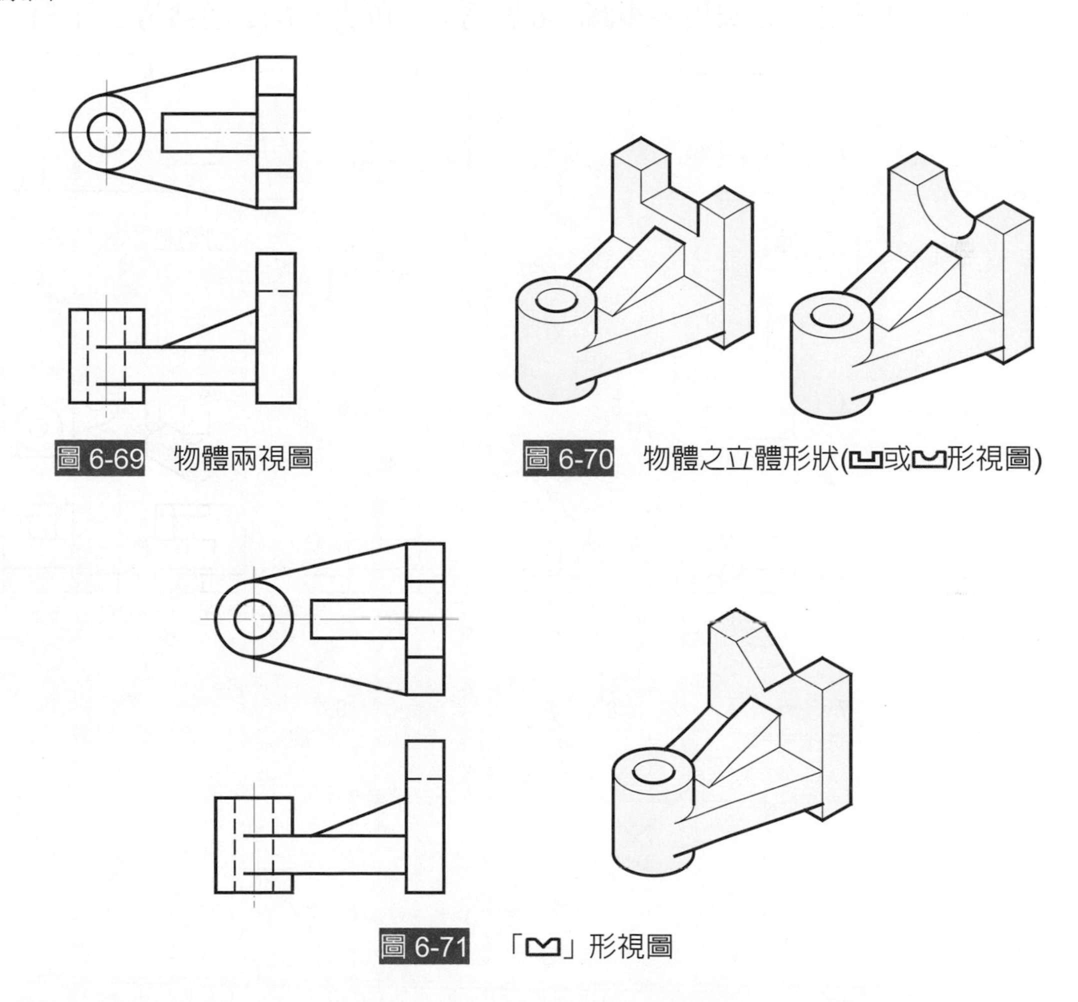

圖 6-69　物體兩視圖

圖 6-70　物體之立體形狀(凵或V形視圖)

圖 6-71　「V」形視圖

初學者識圖亦可藉徒手畫立體圖或用黏土、臘等製作模型的方法來幫助。

本章習題

一、下列視圖均以打底線繪製，請依圖量其大小後，以 2：1 比例，及線條應有的種類、粗細和畫法畫出各視圖(1-6 題爲第一角法，7-12 題爲第三角法)。

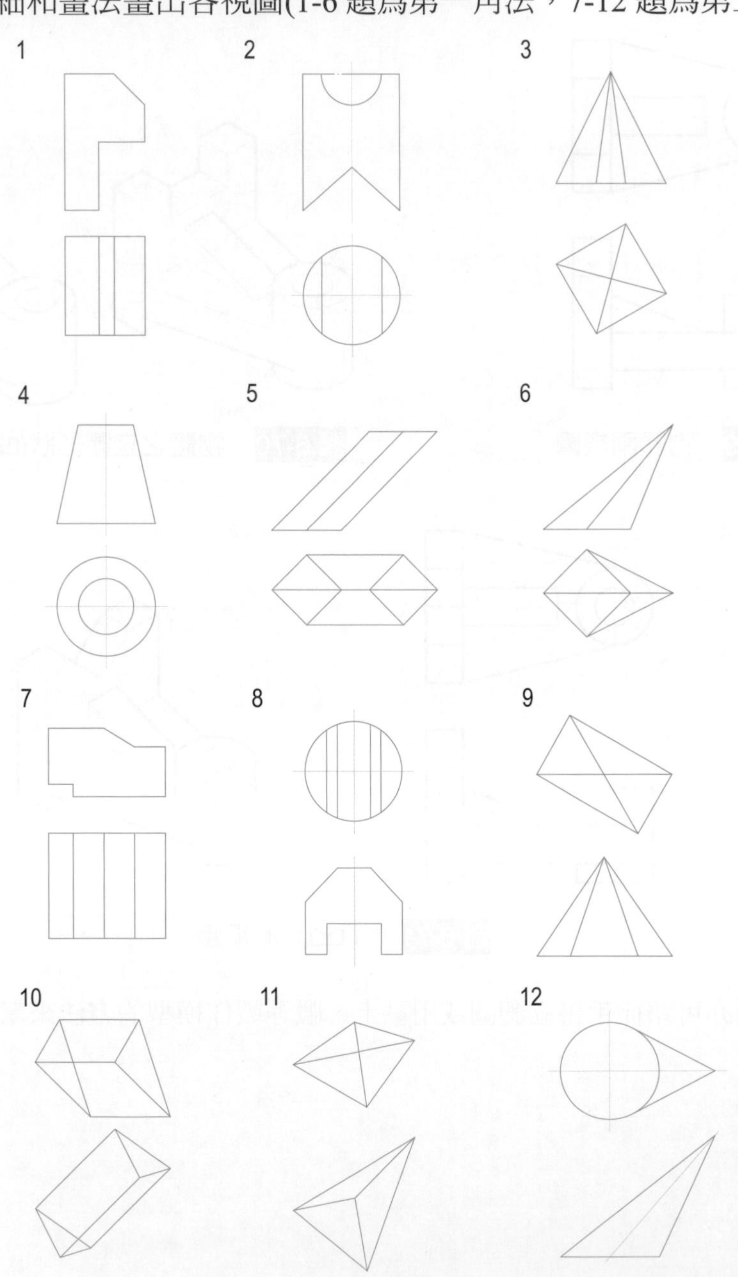

二、參考立體圖補繪所缺視圖。

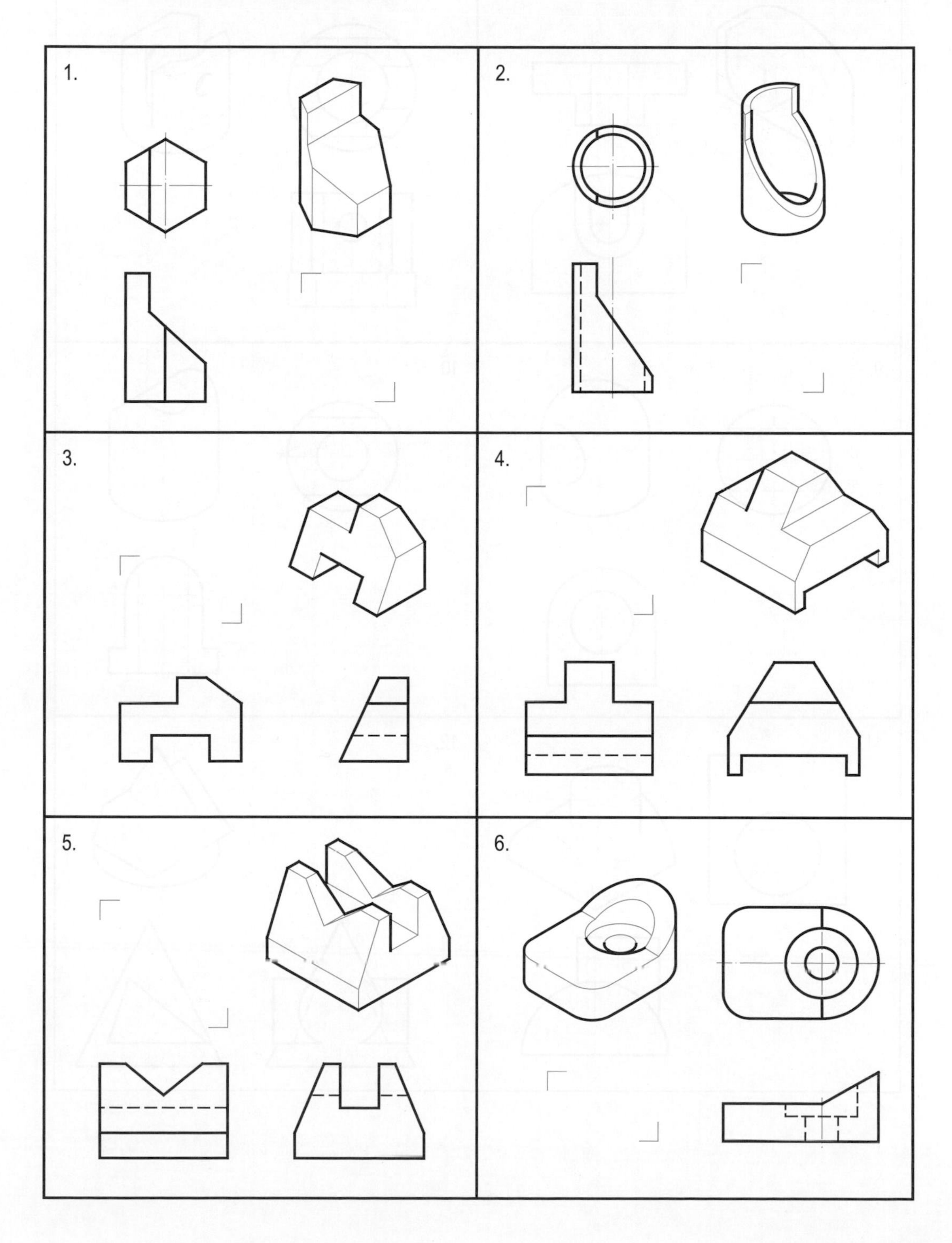

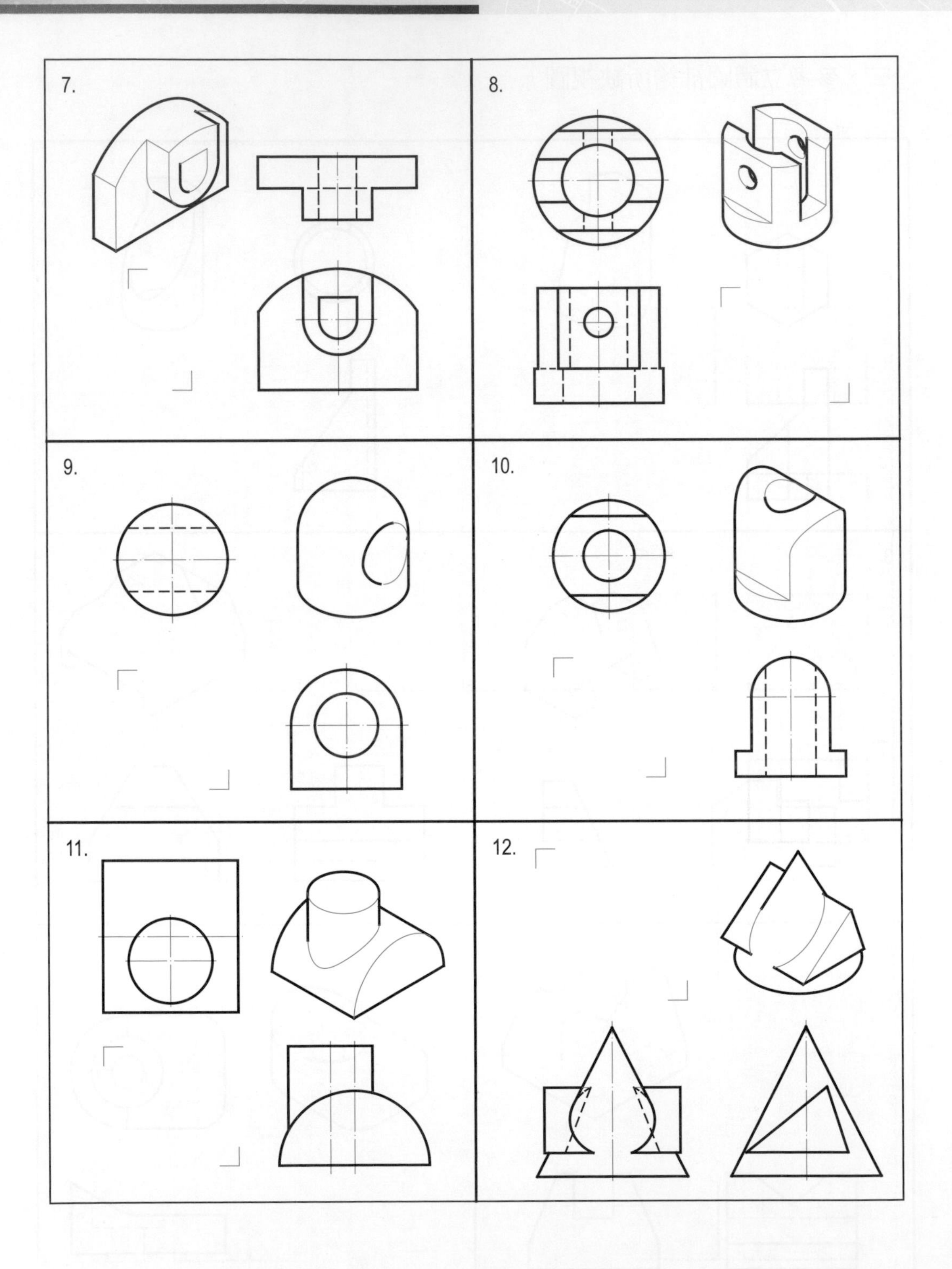
7.
8.
9.
10.
11.
12.

三、 補繪下列各題中所缺之線條。

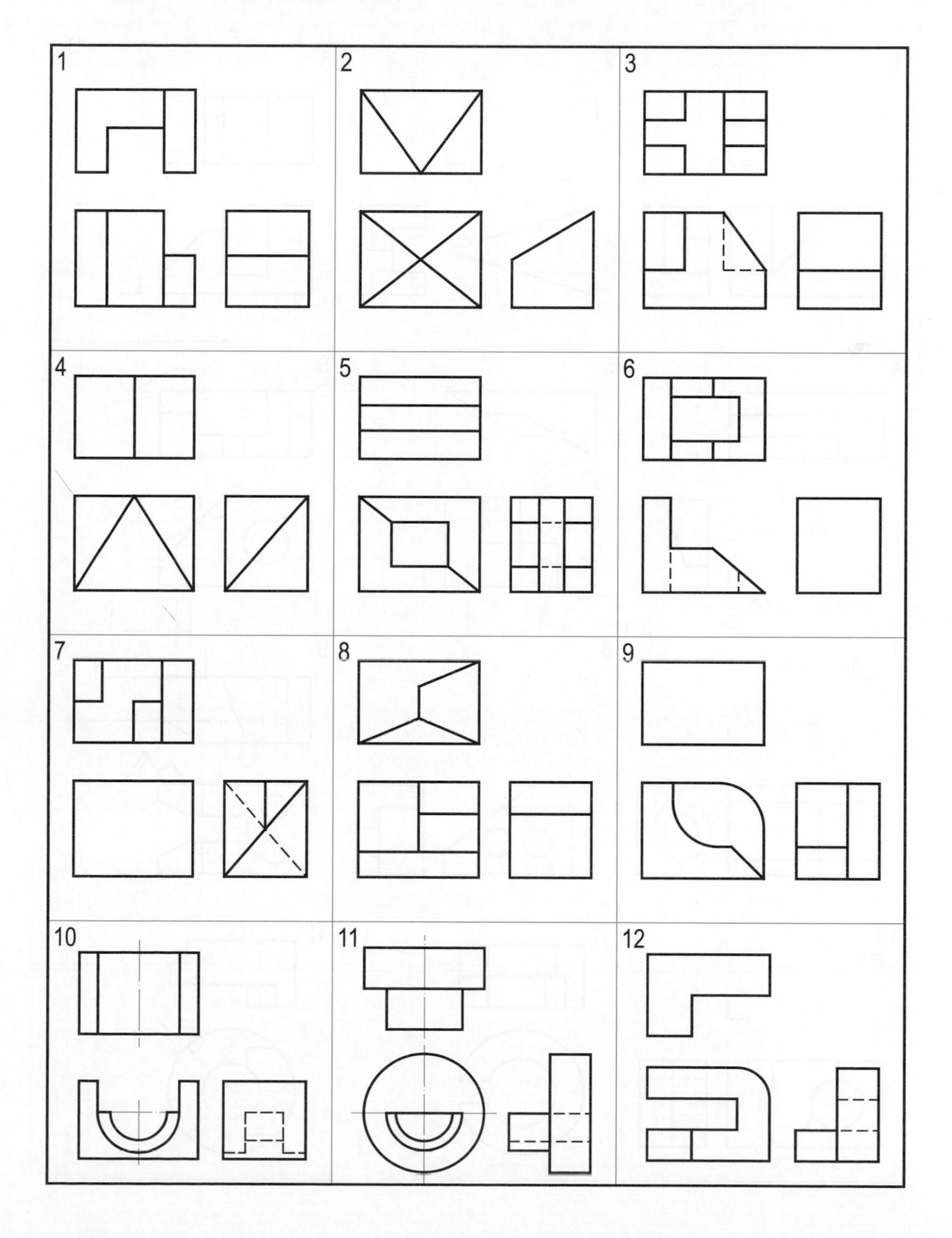

四、補繪下列各題中所缺之視圖。

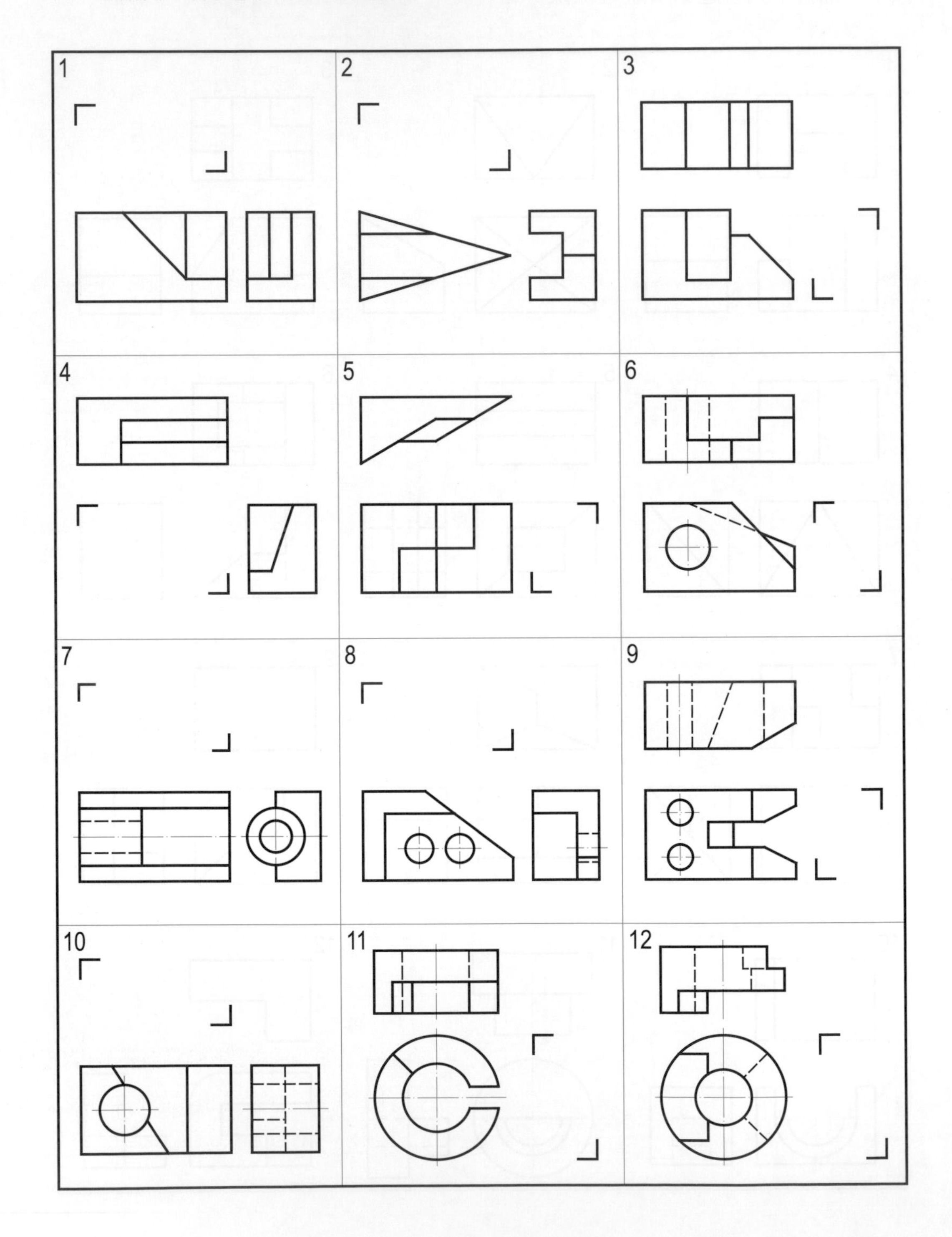

五、用儀器畫出下列各題之正投影視圖(凡未註明圓角半徑者均以 R2 繪製，並考慮其繪製時之比例)。

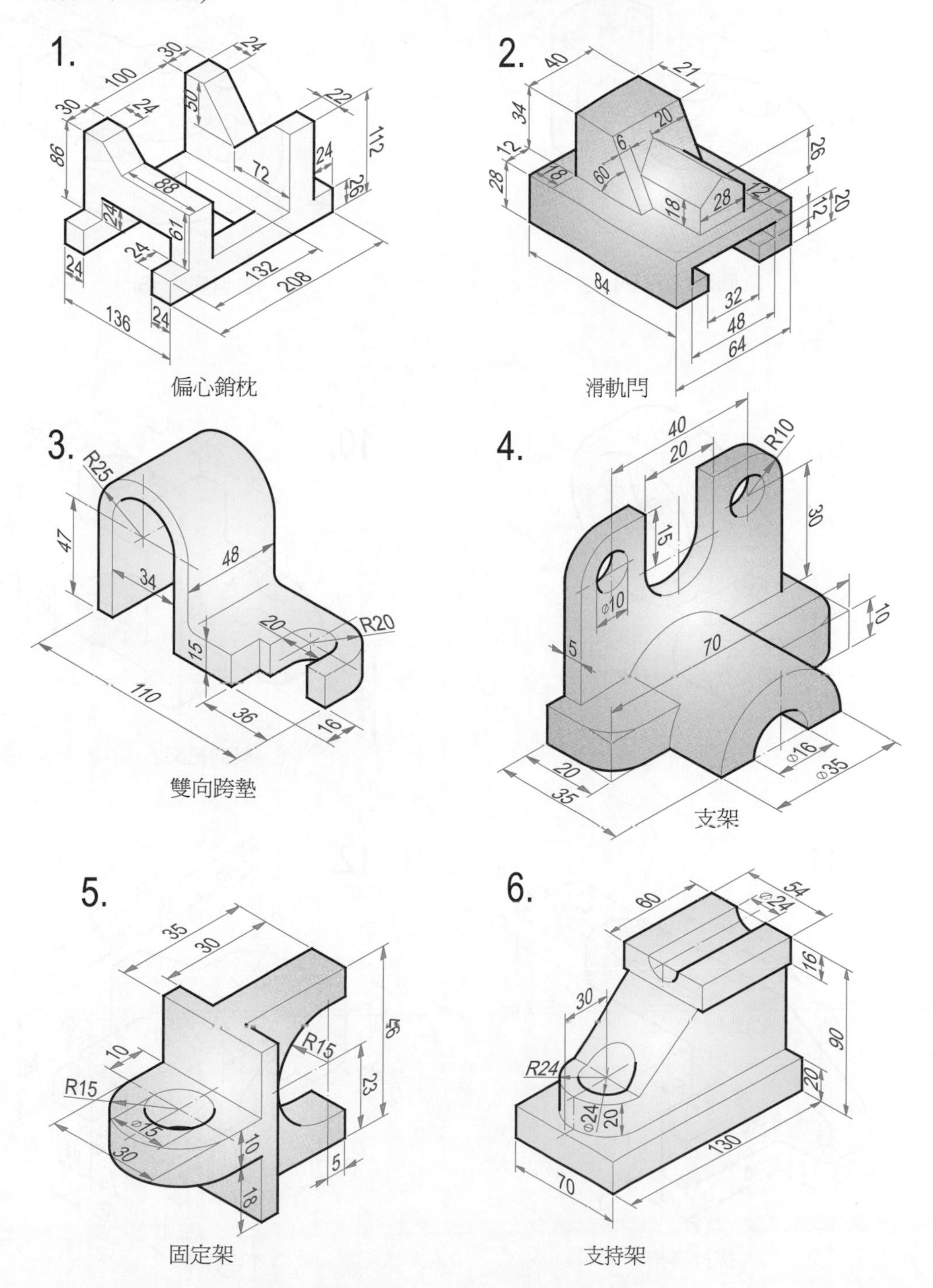

偏心銷枕

滑軌門

雙向跨墊

支架

固定架

支持架

7.

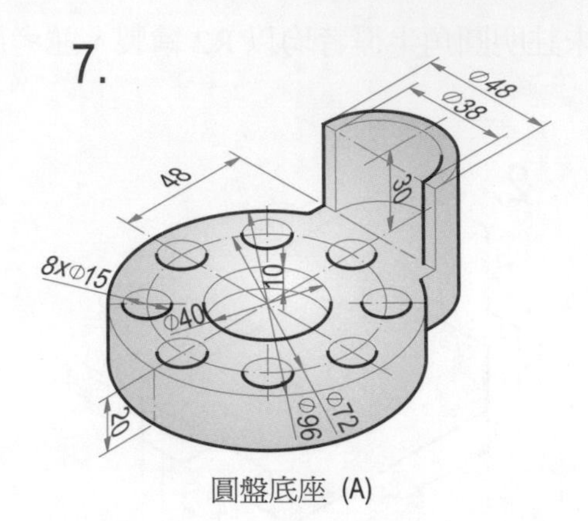

圓盤底座 (A)

8.

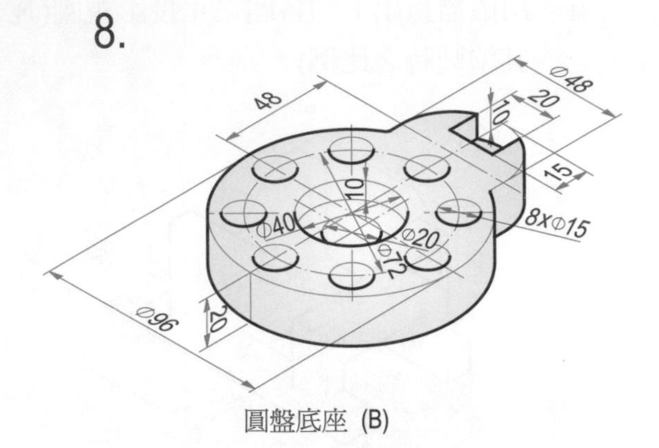

圓盤底座 (B)

9.

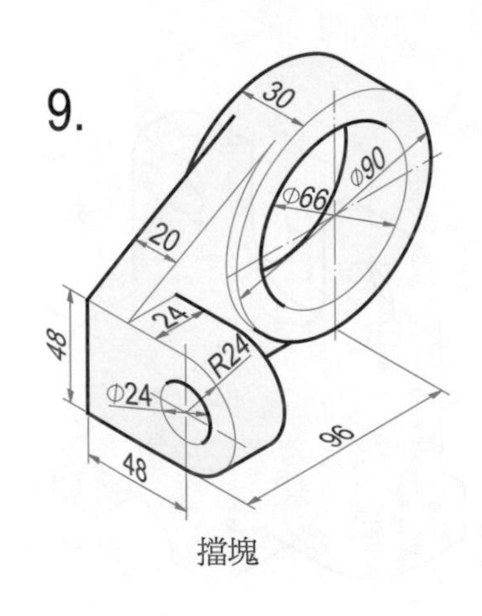

擋塊

10.

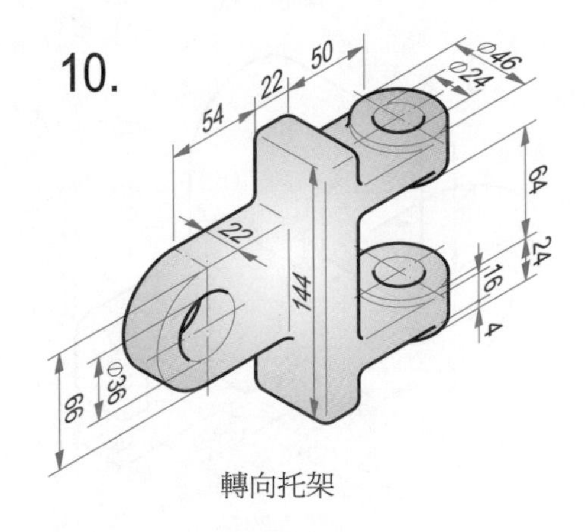

轉向托架

11.

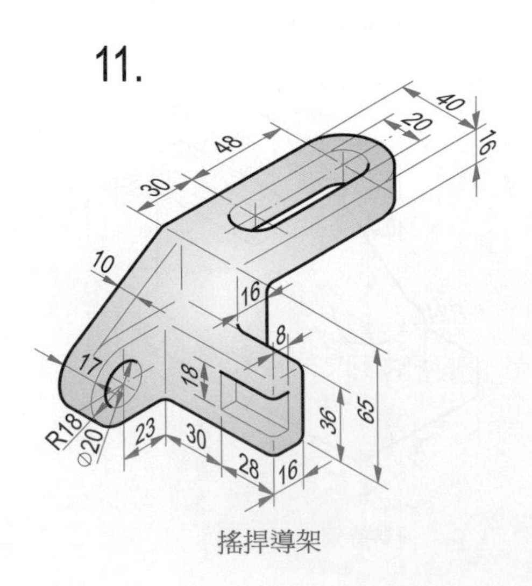

搖捍導架

12.

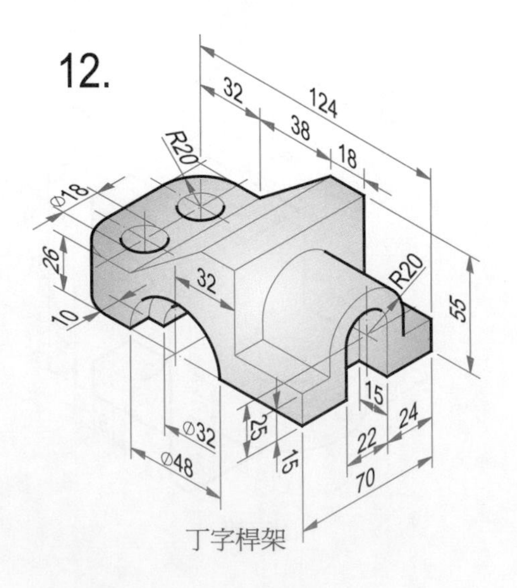

丁字桿架

13.

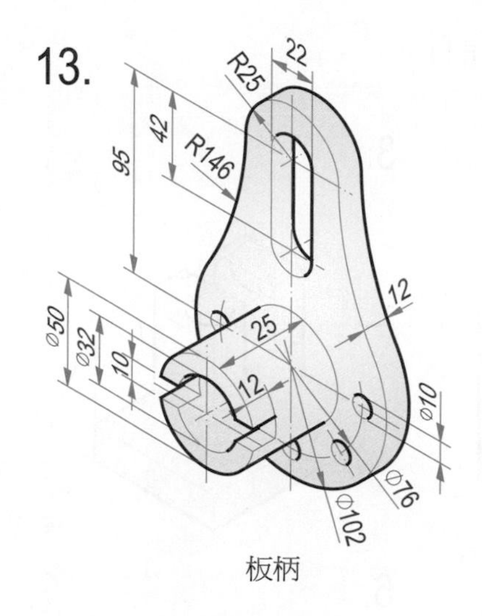

板柄

14.

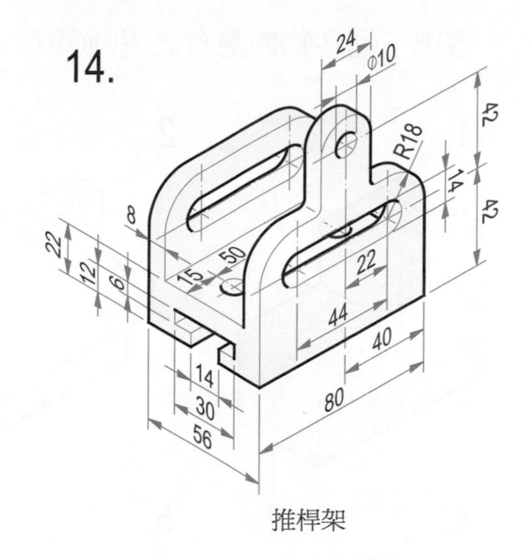

推桿架

15.

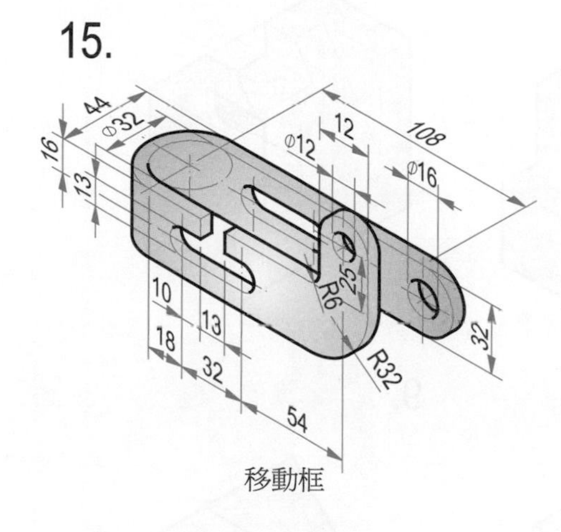

移動框

16.

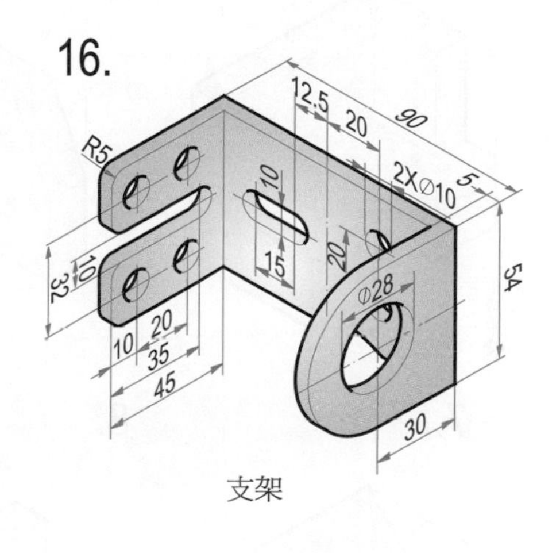

支架

17.

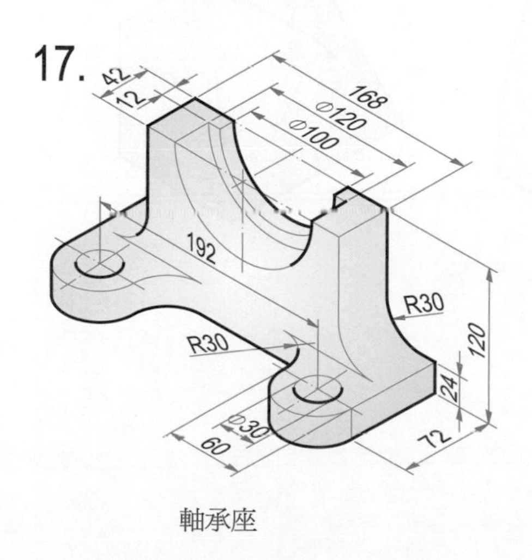

軸承座

18.

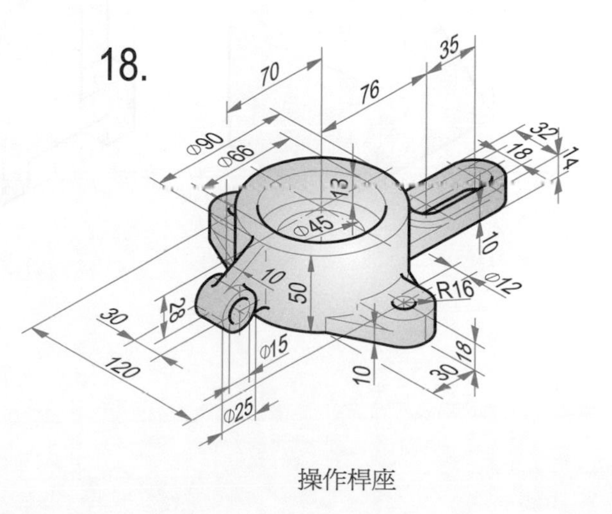

操作桿座

六、畫出下列各物體應有之視圖(單位大小自訂)。

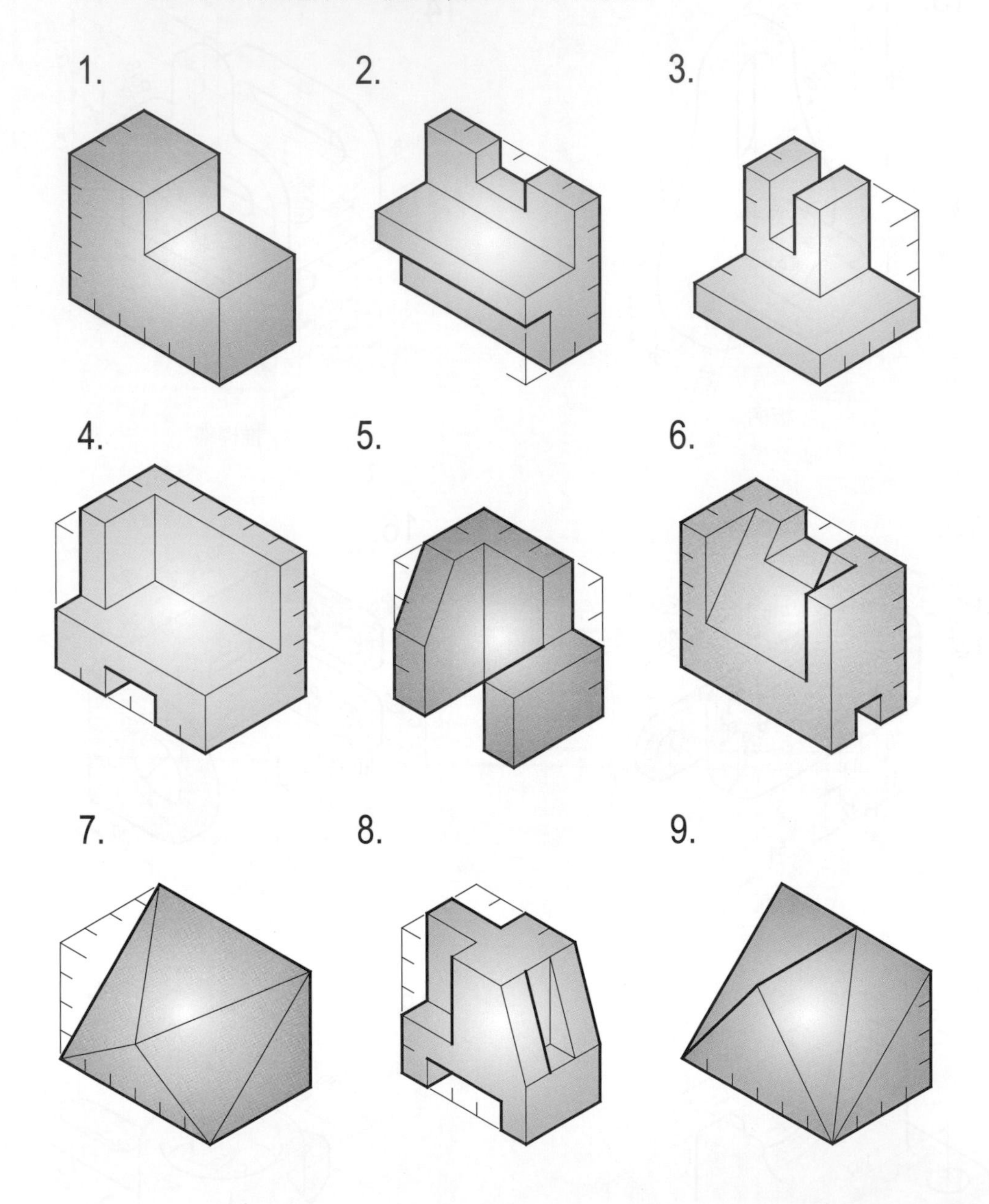

10.

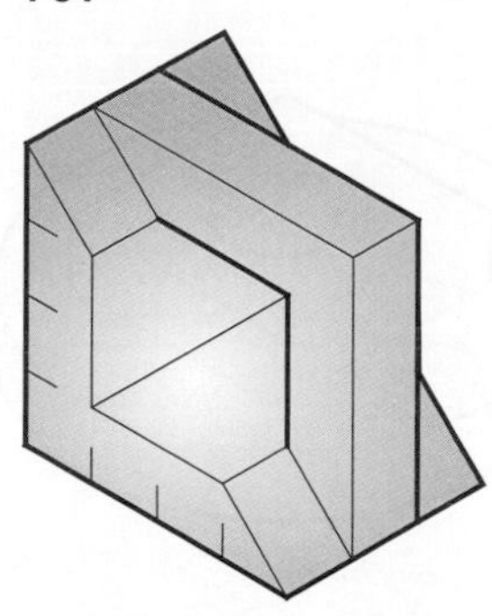

11.

12.

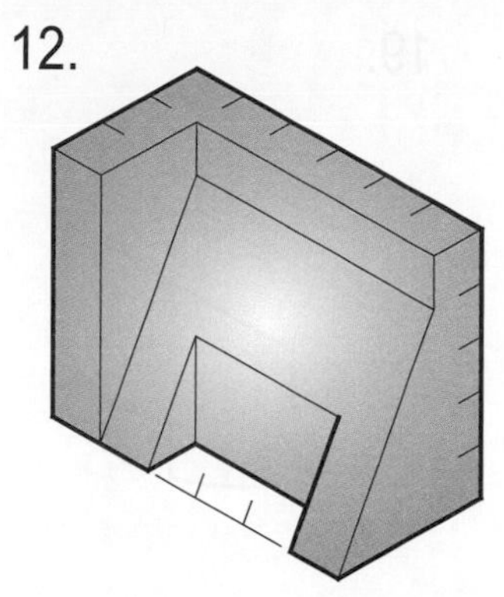

13.

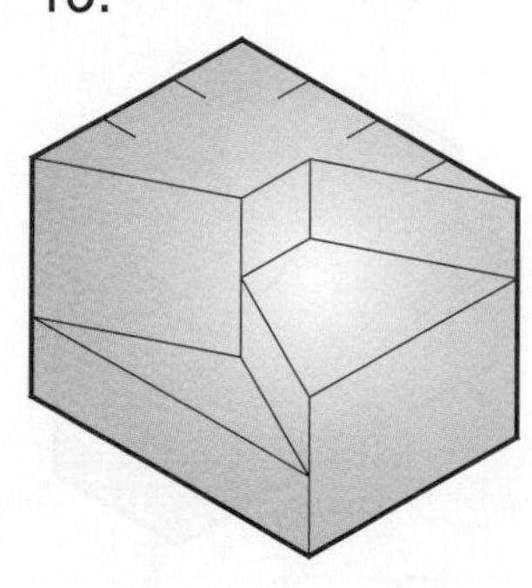

14.

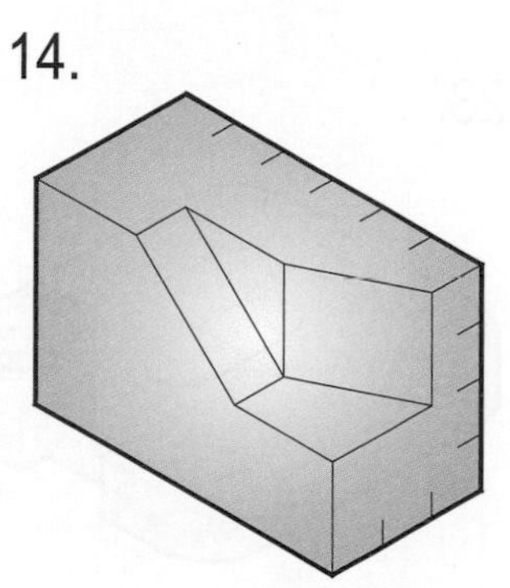

15.

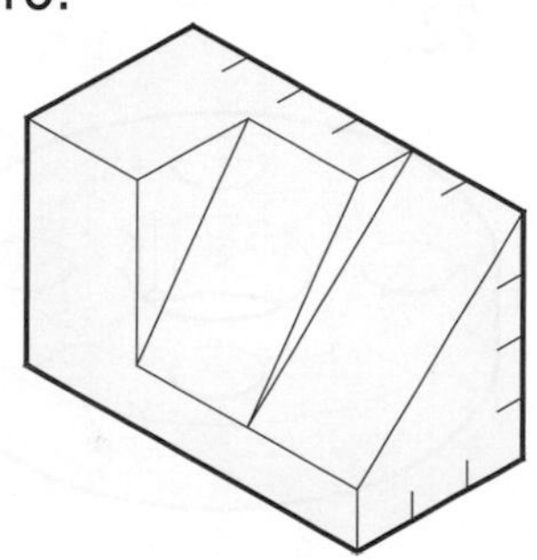

16.

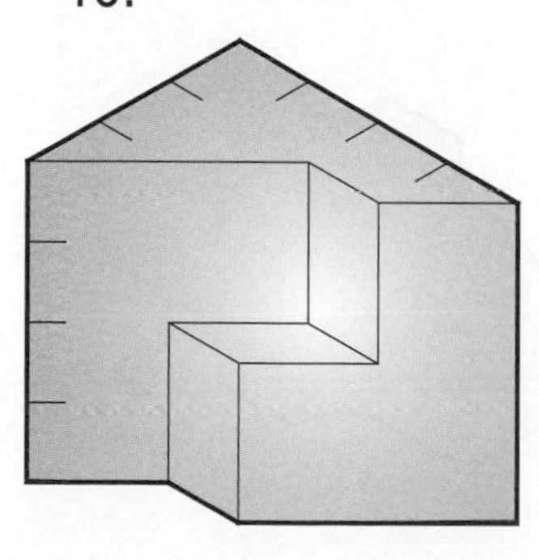

17.

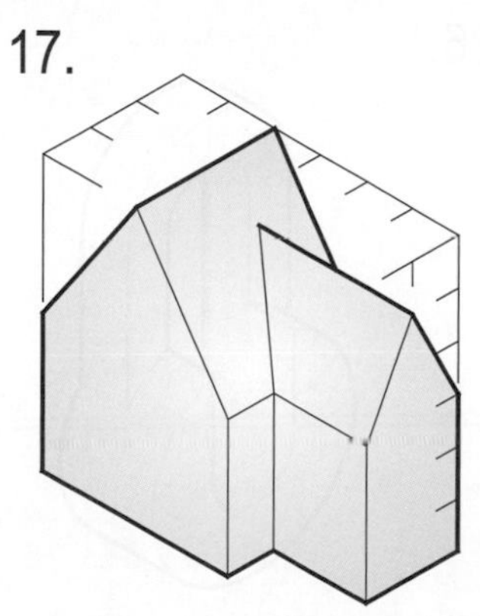

18.

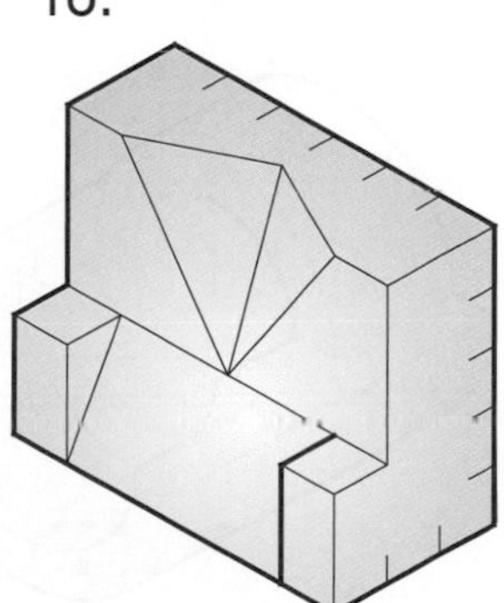

19.

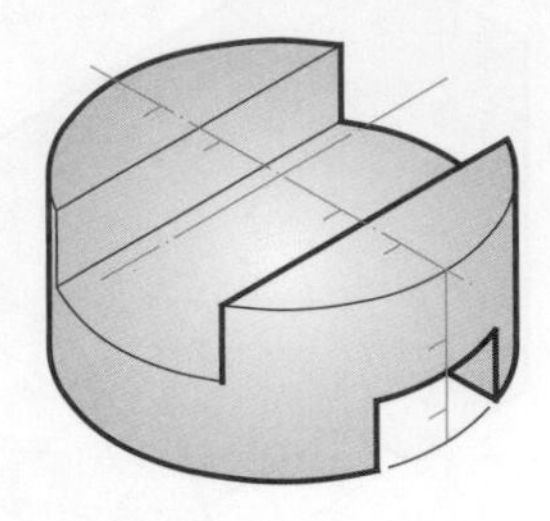

20.

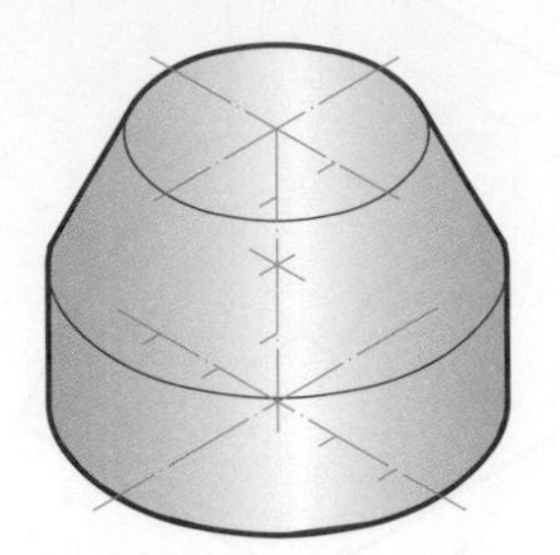

21.

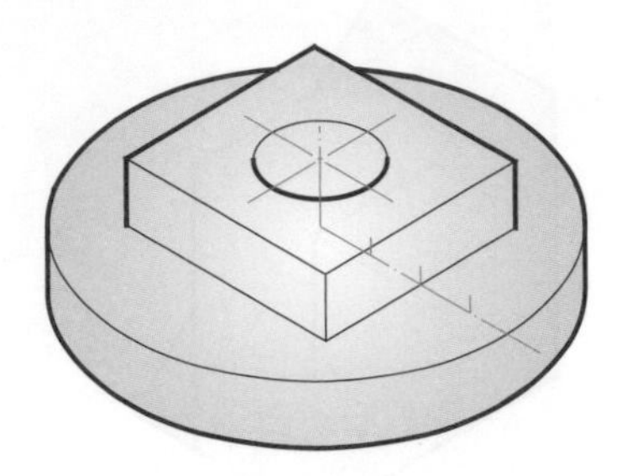

22.

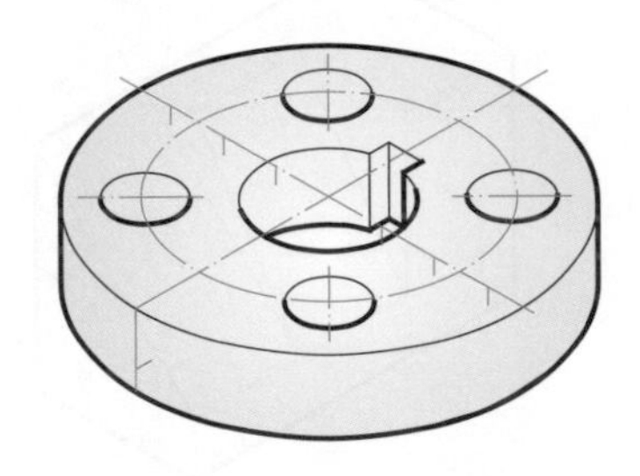

23.

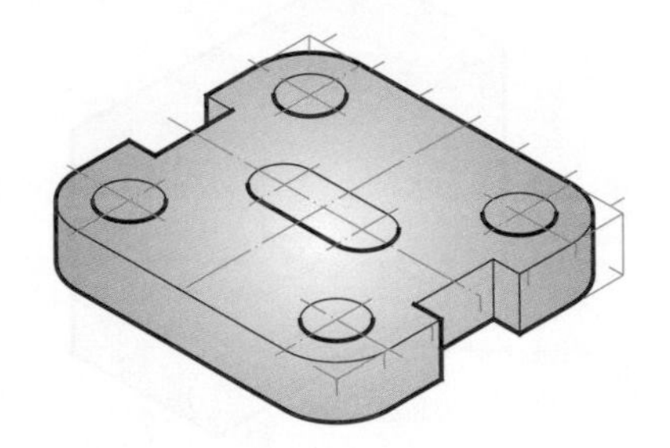

24.

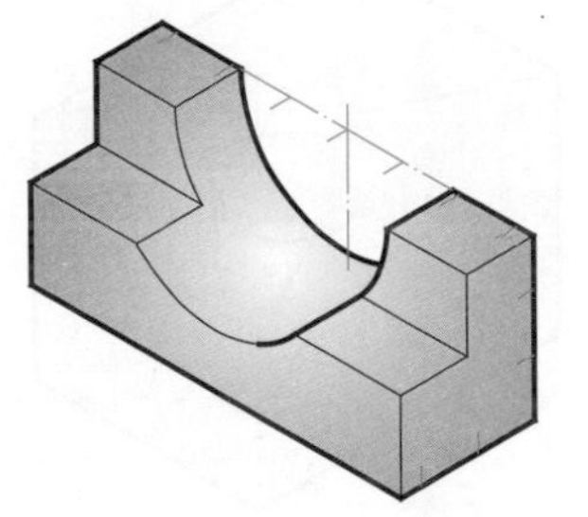

25.

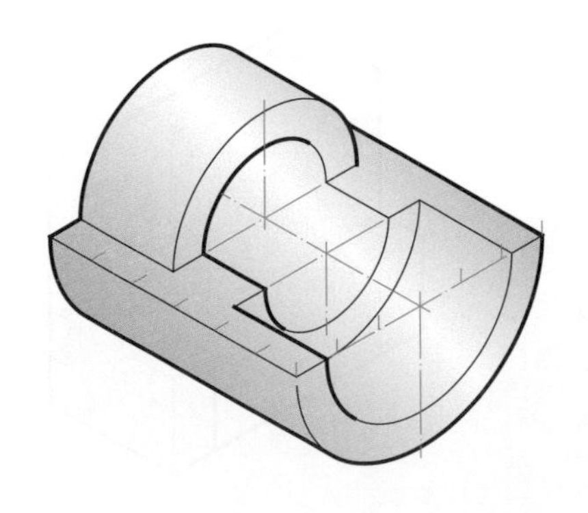

26.

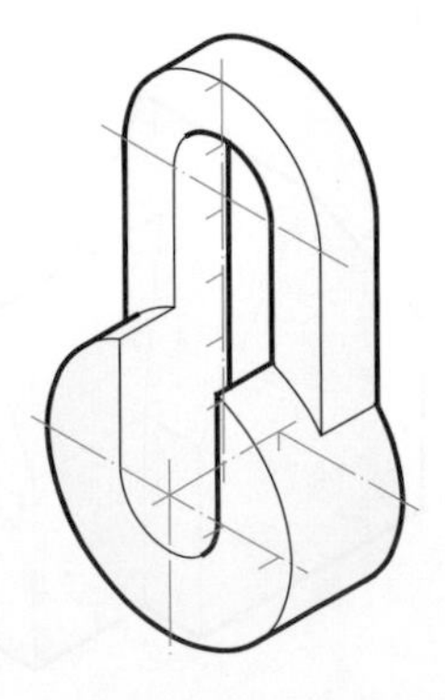

27.

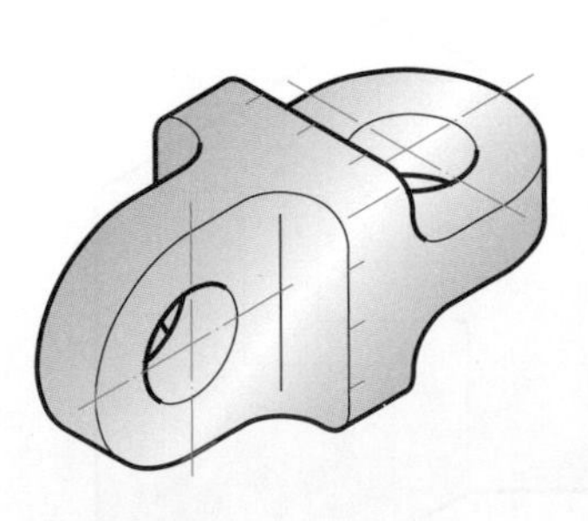

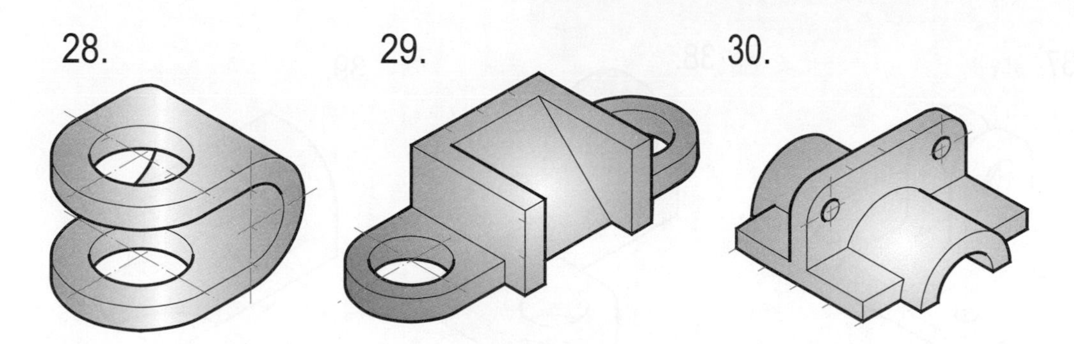
28.
29.
30.

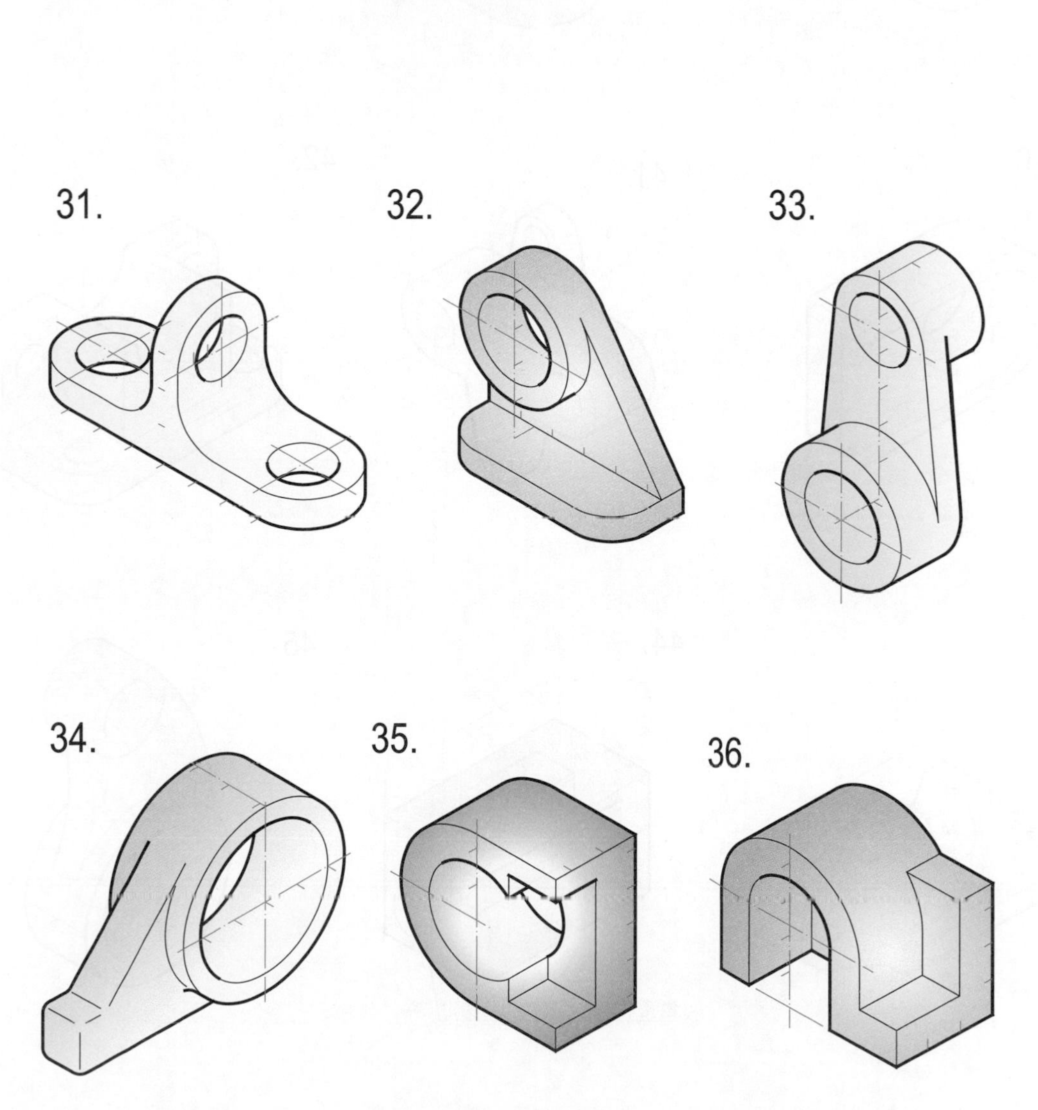
31.
32.
33.
34.
35.
36.

37.

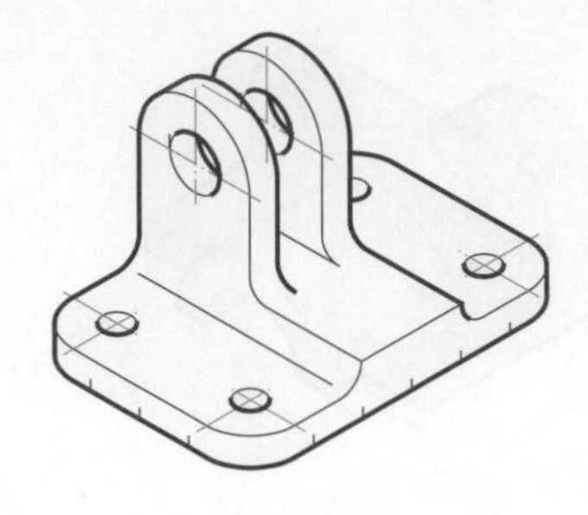

38.

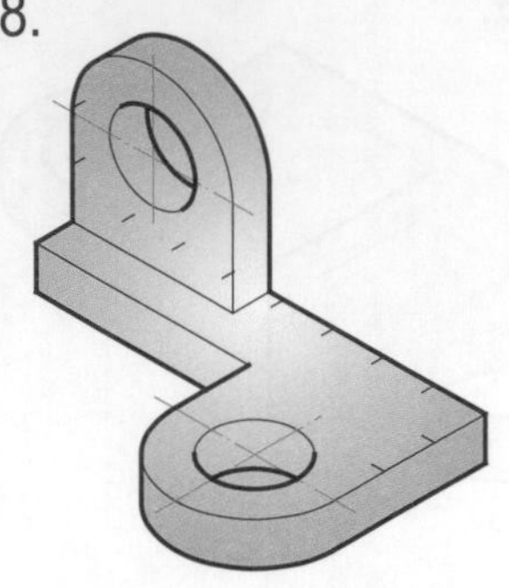

39.

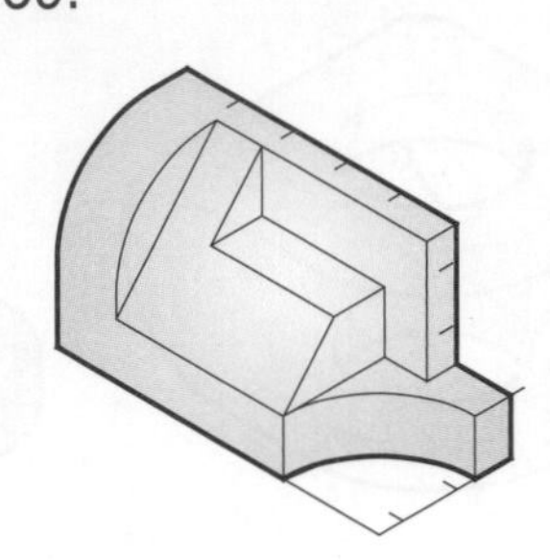

40.

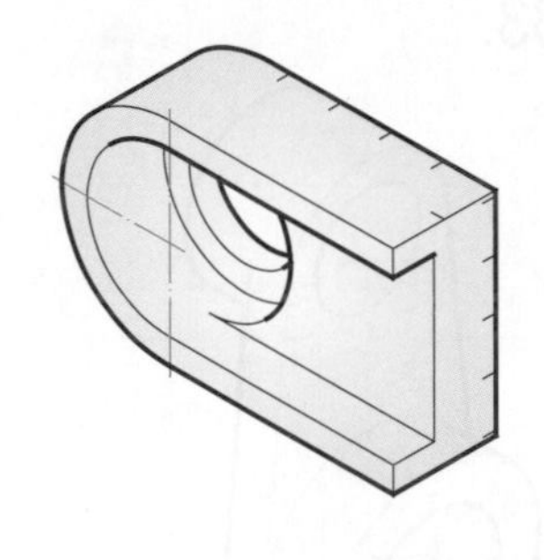

41.

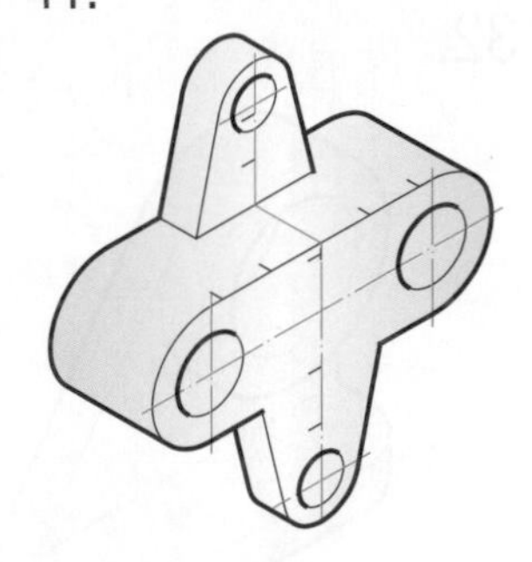

42.

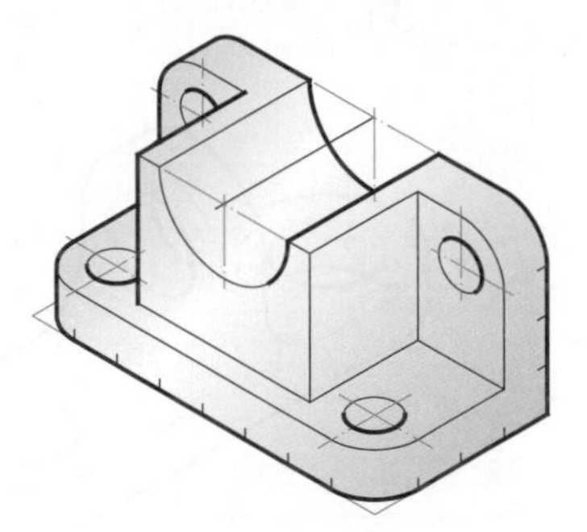

43.

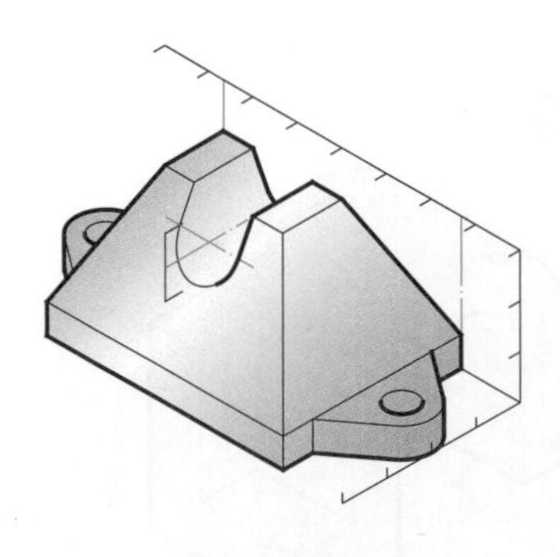

44.

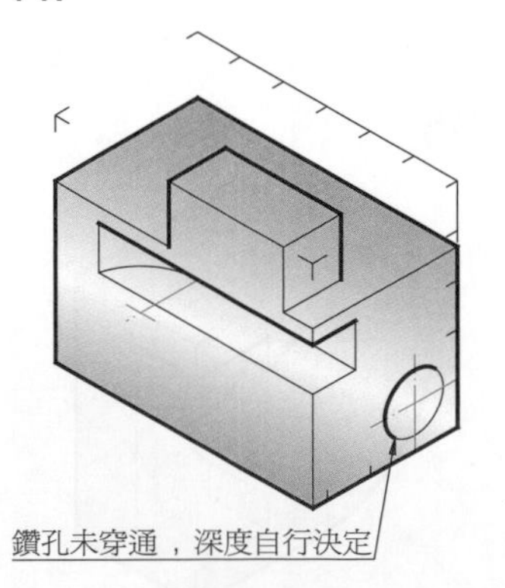

45.

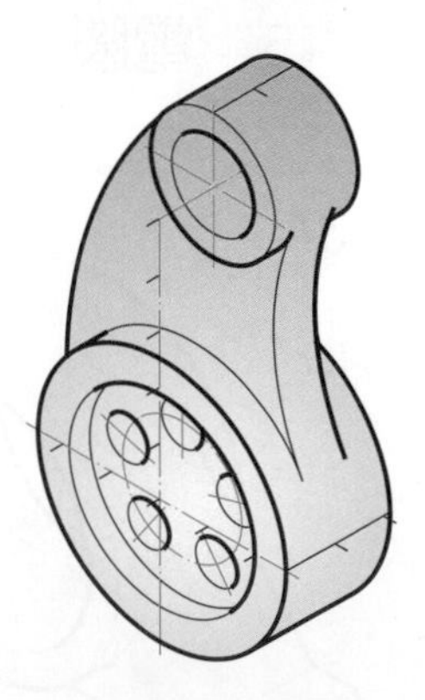

Chapter 7

物體的輔助視圖

7-1 斜面與輔助視圖

物體上的平面與直立投影面、水平投影面或側投影面等三主要投影面之一平行者，是爲**正垂面**，**正垂面**在主要視圖中即能顯示其**實形**。而與三主要投影都不相平行的平面，是爲**斜面**。斜面分成單斜面與複斜面二種，**單斜面**是與三主要投影面之一垂直的斜面；**複斜面**是與三主要投影面都不垂直的斜面(圖 7-1)。物體上如有斜面，欲得其實形，都需運用輔助投影面與之平行，求得其顯示實形之**輔助視圖**。

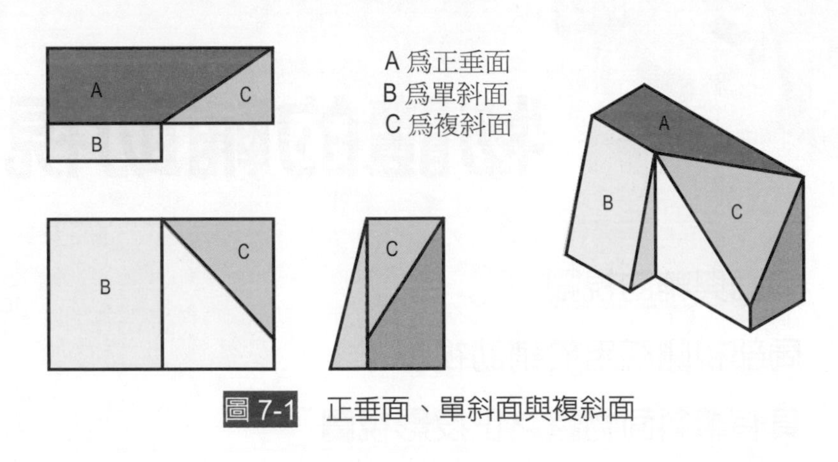

圖 7-1　正垂面、單斜面與複斜面

有斜面的物體，若斜面上有圓弧、圓孔等(圖 7-2)，在其俯視圖與右側視圖中，斜面部分都不是眞實形狀，圓與圓弧都呈現橢圓與橢圓弧，繪製起來非常不方便，而且也不易由視圖中了解其形狀(圖 7-3)。

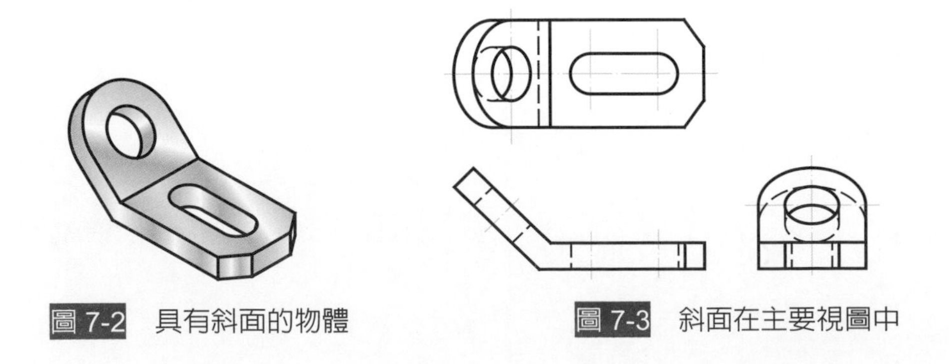

圖 7-2　具有斜面的物體

圖 7-3　斜面在主要視圖中

7-2 局部視圖應用於輔助視圖

局部視圖可應用於主要視圖，如本書第 6-5 節所述，也可應用於輔助視圖。例如圖 7-2 中的物體，將其俯視圖中的橢圓部分，即與投影面 H 不相平行的部分省略，像折斷似的，畫成局部視圖，另外增加輔助視圖表達斜部分的實形。一般表達斜面實形的輔助視圖，都以局部視圖畫出，即只畫出斜面部分(圖 7-4a)，也可像折斷似的畫出(圖 7-4b)。這樣的三個視圖，即一個局部俯視圖、一個全前視圖、一個局部輔助視圖，對物體形狀的表達仍然相當完整。

必要時，輔助視圖可平行移至任何位置(圖 7-4c)，但需在投影方向加繪箭頭及文字註明。輔助視圖亦可作必要之旋轉，但需在投影方向加繪箭頭及文字註明，並在旋轉後之輔助視圖上方加註旋轉符號及旋轉之角度(圖 7-4d)，旋轉符號為一半徑等於標註尺度數字字高之半圓弧，一端加繪標明旋轉方向之箭頭。

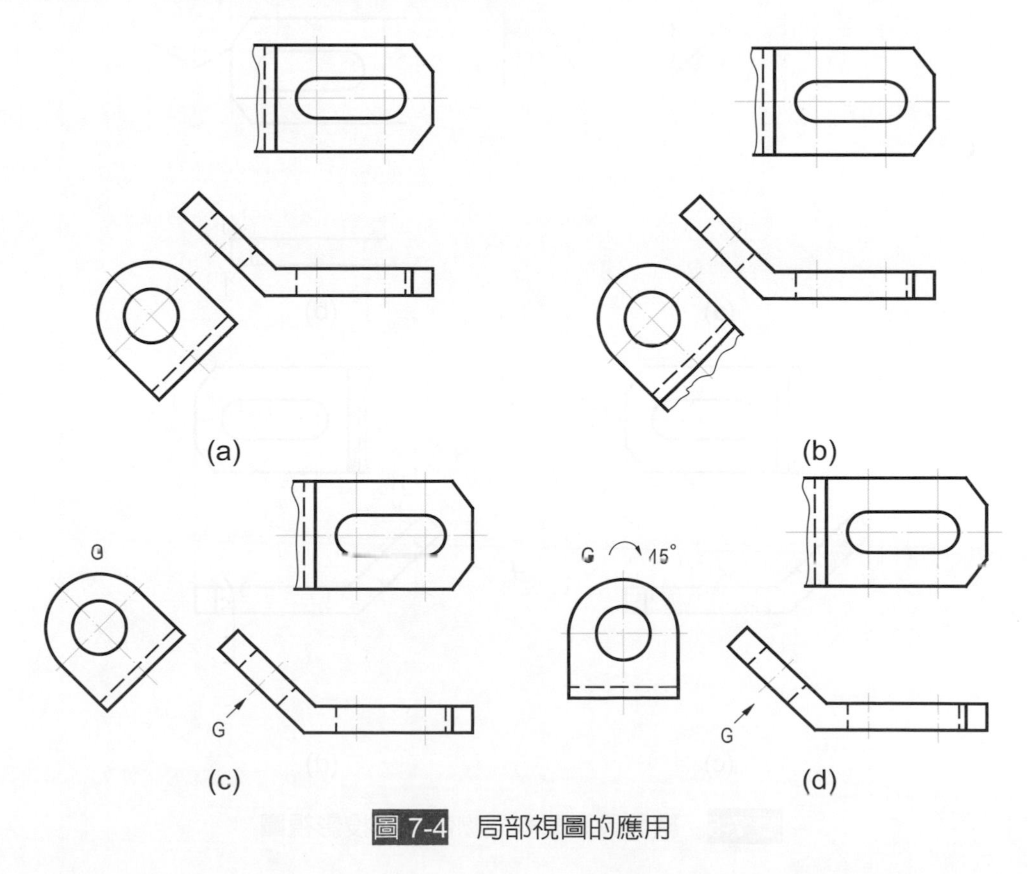

圖 7-4 局部視圖的應用

7-3 具有單斜面物體之正投影視圖

具有單斜面的物體，例如圖 7-2 中的物體，需要表出單斜面的實形時，即需畫出單斜面的**正垂視圖**。由含有單斜面邊視圖的一個主要視圖出發，取輔助投影面 X 與單斜面平行，由此得其正垂視圖，顯示其實形，繪製的步驟如圖 7-5 所示：

1. 決定選取前視圖與俯視圖。
2. 繪妥此兩視圖中非斜面部分。
3. 在前視圖中完成斜面部分的邊視圖。在俯視圖中以折斷線省略斜面部分。
4. 取輔助投影面 X 與單斜面平行，將中心線及半徑投影至 X 面上。
5. 畫出圓孔與半圓，完成其正垂視圖。
6. 擦除基線、投影線及不必要的底線，即完成此物體應有之正投影視圖。

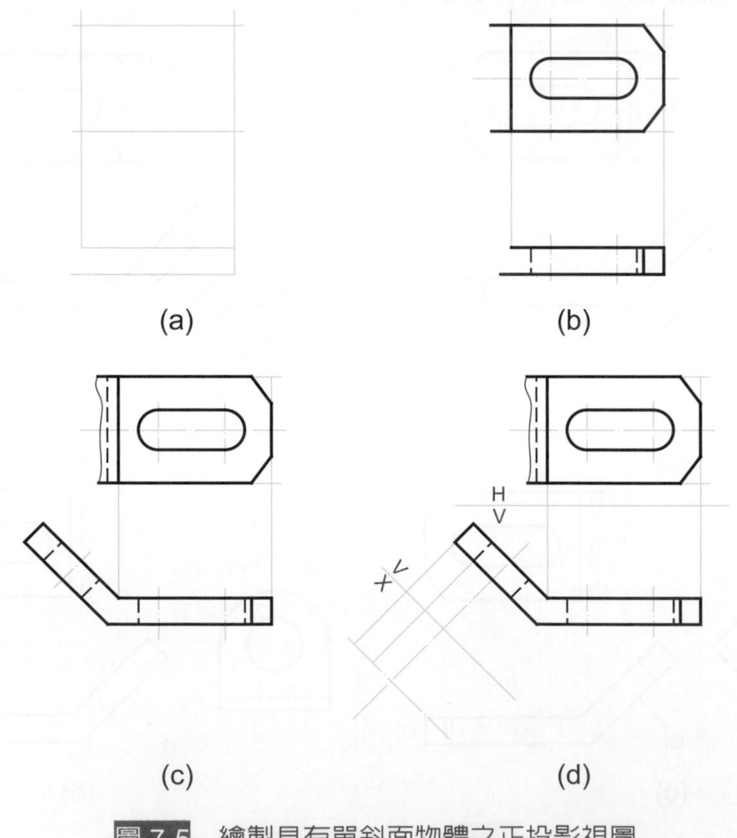

圖 7-5 繪製具有單斜面物體之正投影視圖

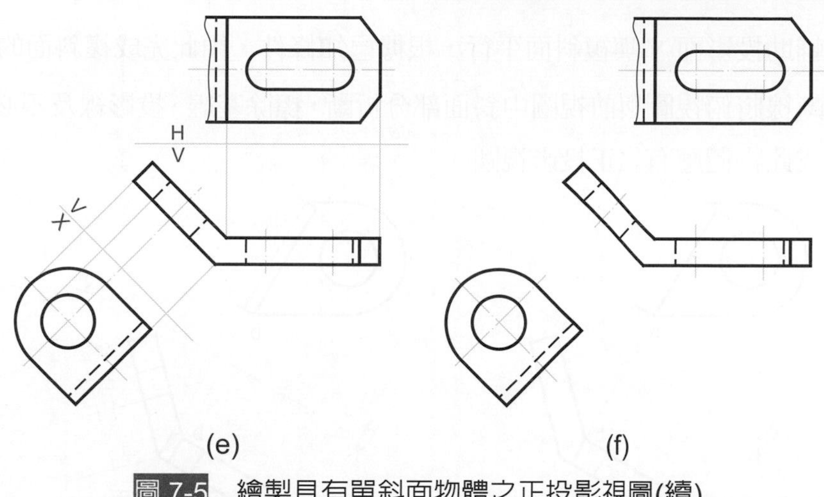

圖 7-5 繪製具有單斜面物體之正投影視圖(續)

7-4 具有複斜面物體之正投影視圖

具有複斜面的物體，需要表出複斜面的實形時，即需畫出複斜面的正垂視圖。因爲複斜面不垂直於主要投影面的，所以先要取輔助投影面 X 與複斜面垂直，由此得其邊視圖，再取輔助投影面 Y 與複斜面平行，由邊視圖得其正垂視圖，繪製圖 7-6 中物體的正投影視圖，步驟如圖 7-7 所示：

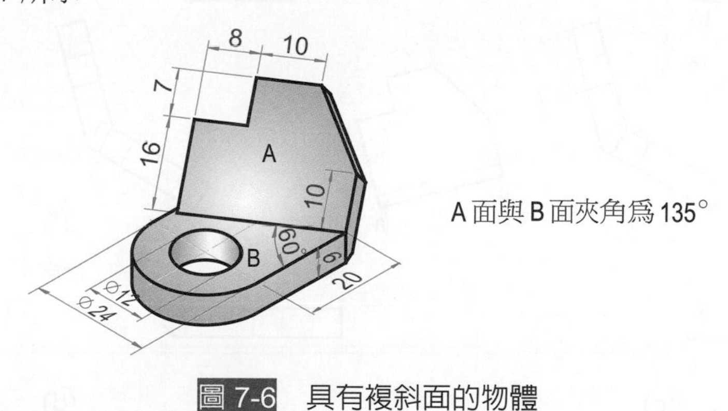

圖 7-6 具有複斜面的物體

1. 決定選取前視圖與俯視圖。
2. 繪妥此兩視圖中非斜面部分。
3. 俯視圖中線段 ab 爲複斜面與正垂面之交線，爲其正垂視圖，取輔助投影面 X 與線段 ab 垂直，得線段 ab 的端視圖。根據已知條件，由此完成複斜面的邊視圖。

4. 再取輔助投影面 Y 與複斜面平行，根據已知條件，由此完成複斜面的正垂視圖。
5. 以折斷線將俯視圖與前視圖中斜面部分折斷，擦除基線、投影線及不必要的底線，即完成此物體應有之正投影視圖。

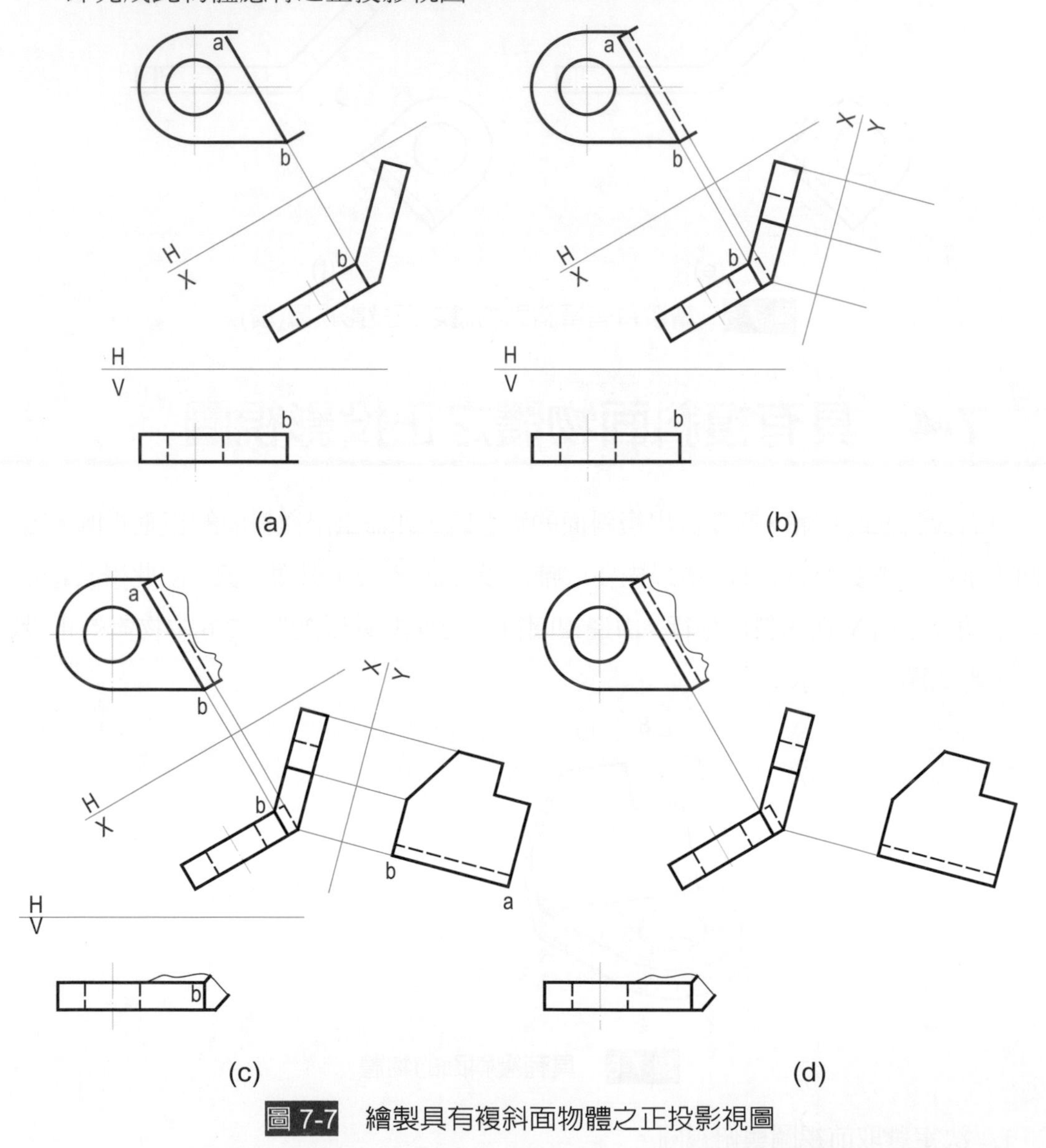

圖 7-7　繪製具有複斜面物體之正投影視圖

對於具有斜面的物體，需要表達斜面的實形時，一定要用到輔助視圖，已如前述。有時具有斜面的物體，無法直接畫出其主要視圖，一定要由輔助視圖的協助才能完成。當圖 7-6 中的物體，如有需要畫出其全俯視圖，得由複斜面的邊視圖投影至俯視圖而得(圖

7-8a)。再有需要畫出其全前視圖，得依靠輔助投影面 X 上點 c 離開基線 HX 的距離 A，以及點 d 離開基線 HX 的距離 B，移至前視圖中點 c 離開基線 HV 的距離 A，以及點 d 離開基線 HV 的距離 B，得點 c 與點 d 在前視圖中的高度(圖 7-8b)，其他各點依此類推，而完成前視圖(圖 7-8c、d)。

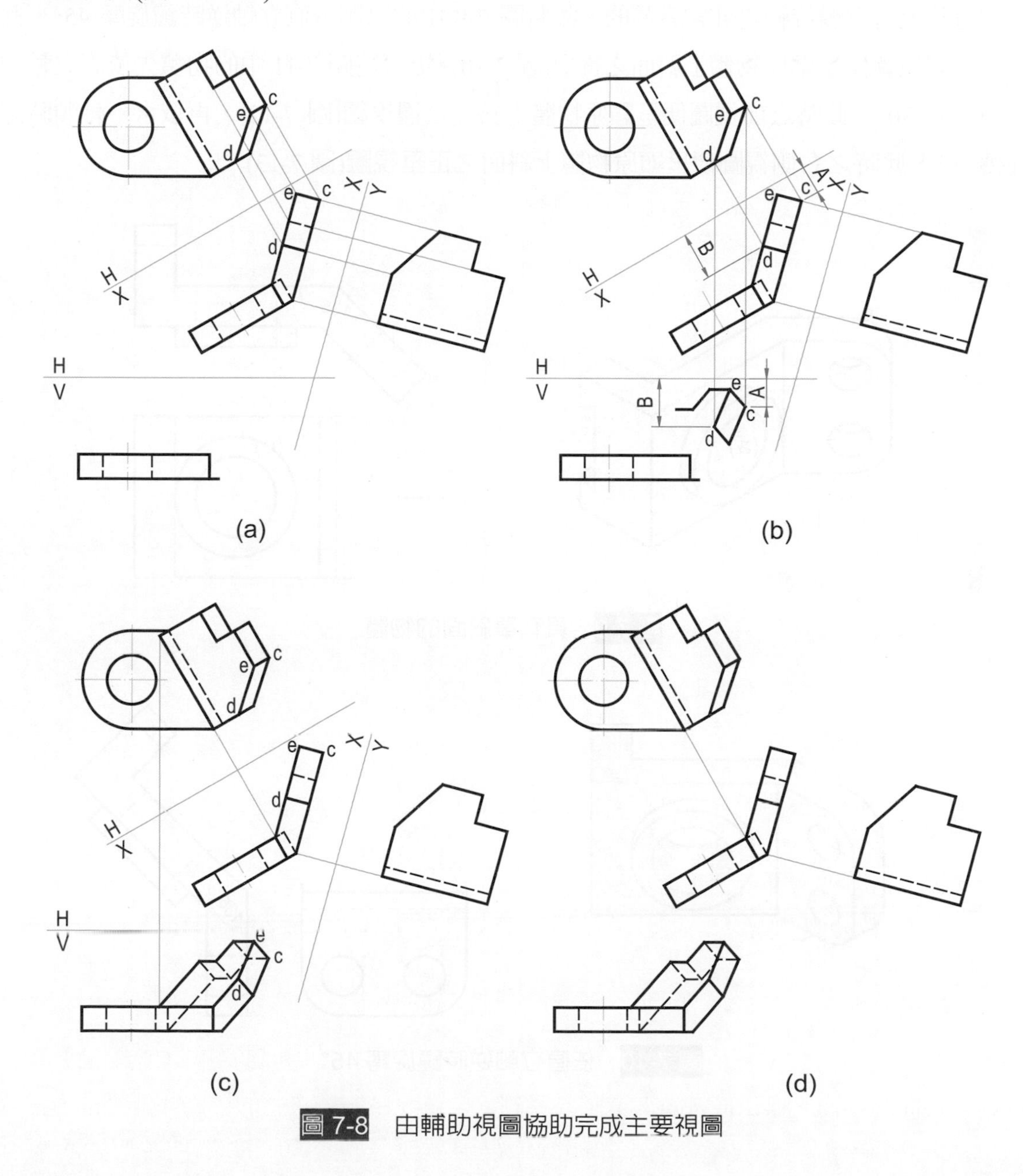

圖 7-8　由輔助視圖協助完成主要視圖

7-5 電腦上立體之旋轉運用於具有斜面的物體

電腦上將立體旋轉是非常容易的，故將圖 7-9 中的物體依直立軸逆時鐘旋轉 45°，此時之左側視圖便呈顯原物體上斜面之實形(圖 7-10)。更可將圖 7-11 中的物體先依直立軸逆時鐘旋轉 30°，此時之前視圖便呈顯原物體上斜面之**邊視圖**(圖 7-12)，再依水平軸順時鐘旋轉 30°，此時之右側視圖便呈顯原物體上斜面之**正垂視圖**(圖 7-13)。

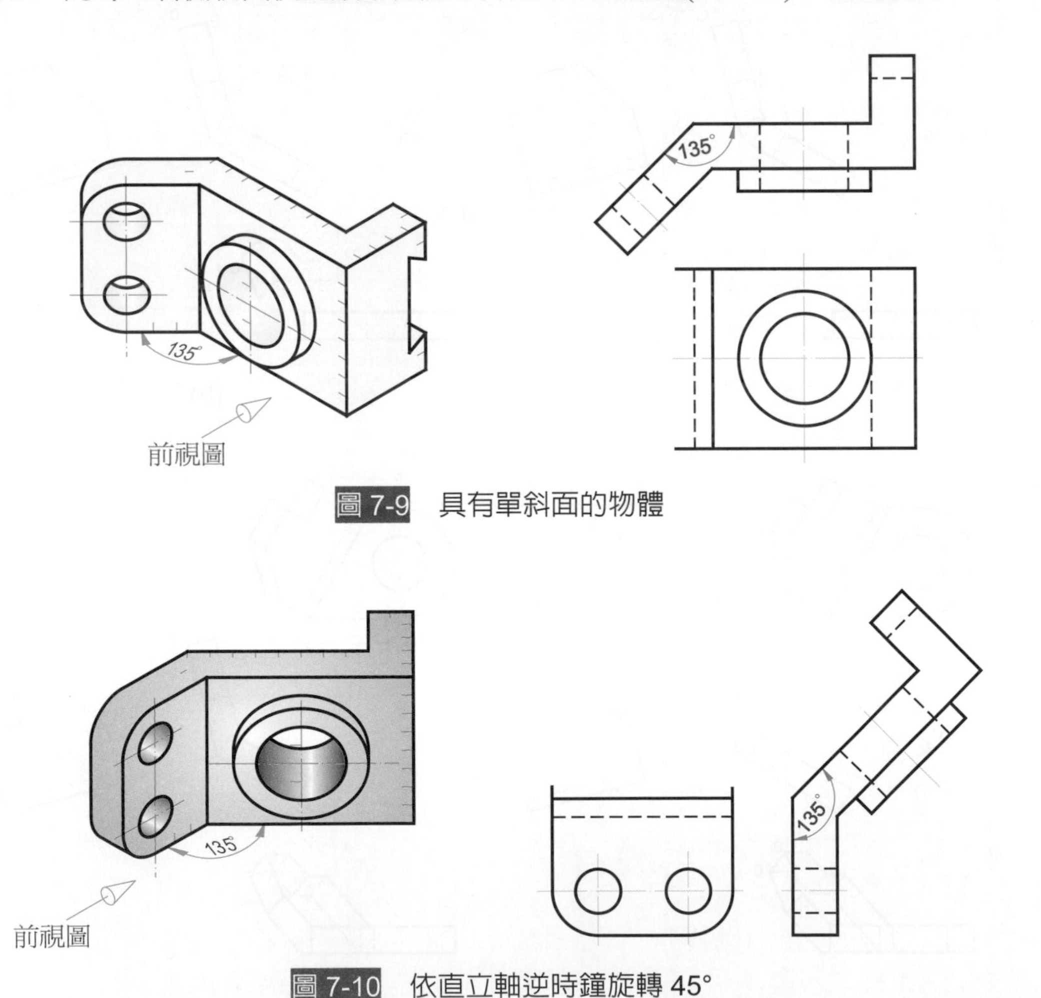

圖 7-9　具有單斜面的物體

圖 7-10　依直立軸逆時鐘旋轉 45°

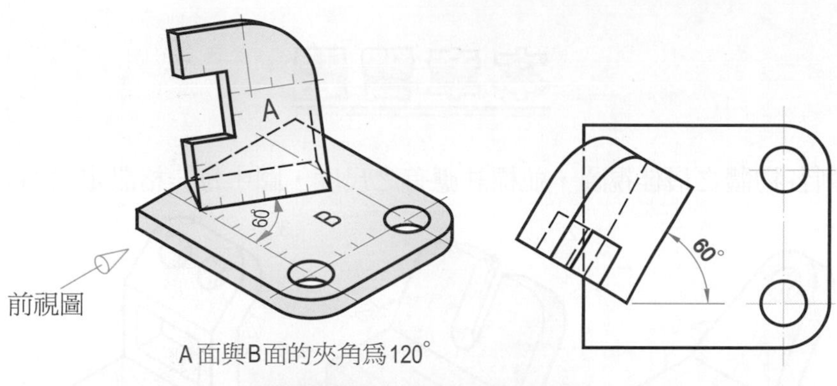

圖 7-11 具有複斜面的物體

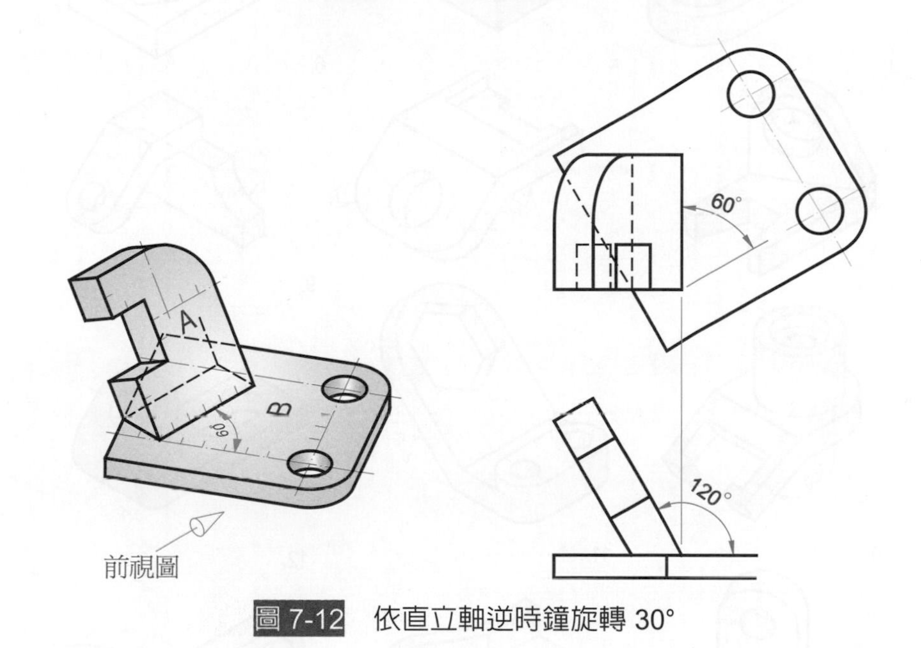

圖 7-12 依直立軸逆時鐘旋轉 30°

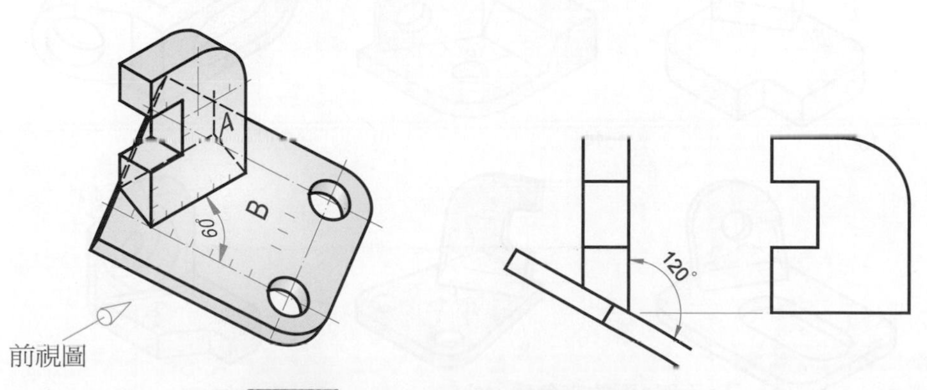

圖 7-13 依水平軸順時鐘旋轉 30°

本章習題

畫出下列各物體之最佳視圖，並標註應有之尺度，圖中每一格設定為 10mm。

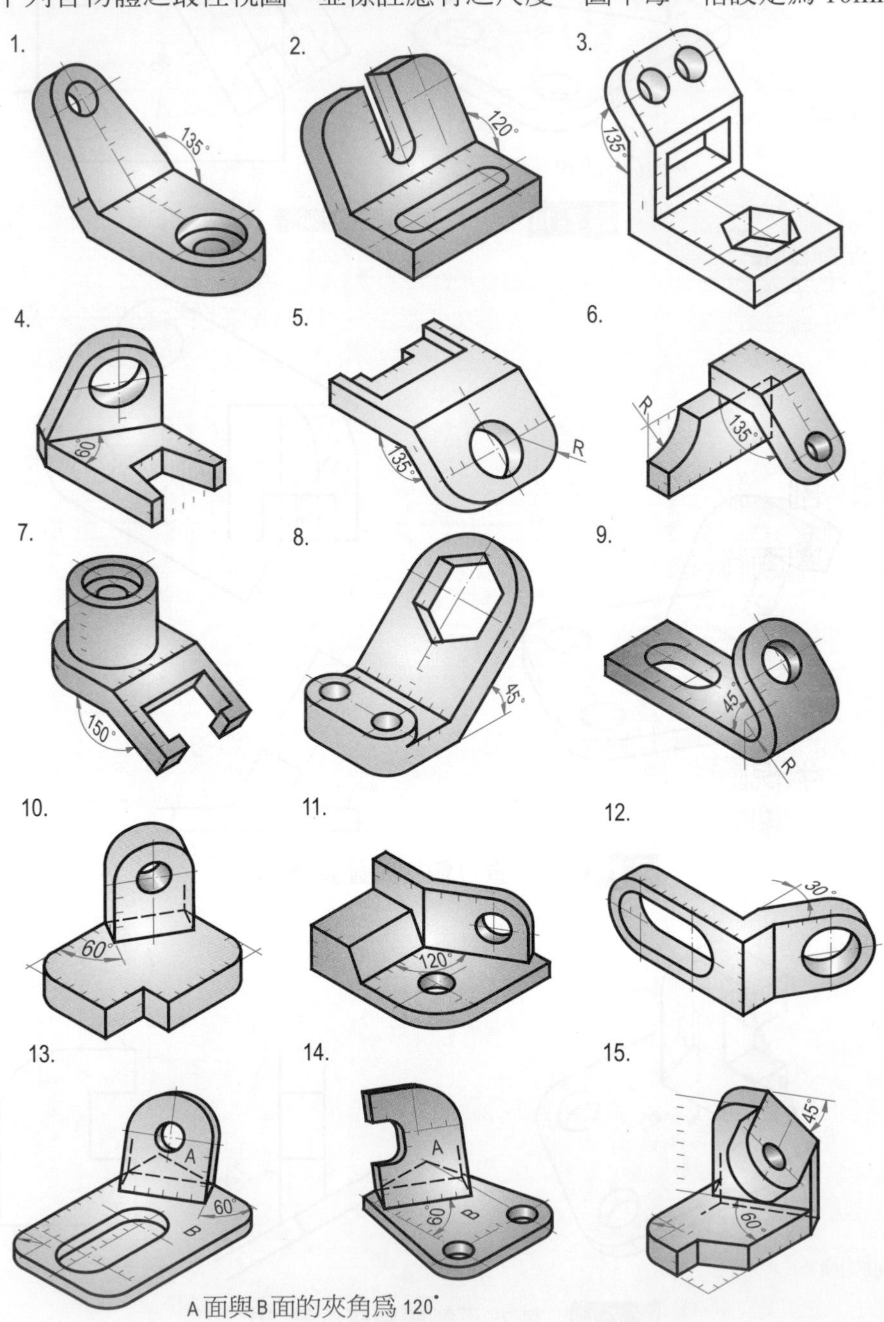

A面與B面的夾角為 120°

Chapter

8

剖視圖

8-1 剖 視

當物體內部結構比較複雜時，在視圖中就會出現許多的虛線，影響了圖形的清晰度，爲了能夠將此些物體內部結構表達清楚，可假想將此物體以割面剖開，把處於觀察者與割面間之部分移去，將剩餘部份以正投影原理來表達物體形狀繪製其視圖，然後在被切到的實體部位畫上剖面線，此種表達物體形狀的視圖即稱爲剖視圖。如此可知剖視圖所用之原理仍爲正投影原理。如圖 8-1 中可以比較出剖視圖(b)較非剖視圖(a)爲清晰。因此物體內部形狀複雜，若不採用剖視圖來表示，則視圖常被許多的隱藏線所混亂，造成視圖之不清晰。

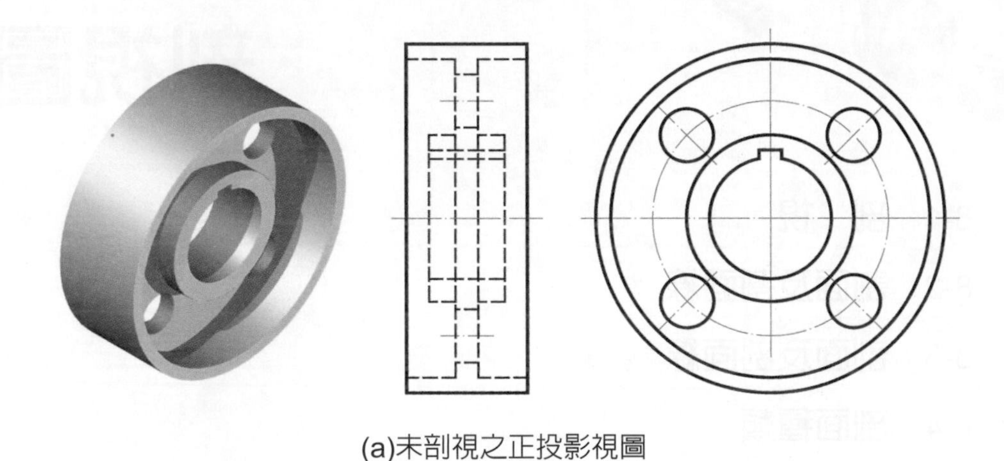

(a)未剖視之正投影視圖

(b)剖視圖

圖 8-1 用剖視圖表達內部結構複雜之物體較清晰

8-2 割面及割面線

對物體作假想的剖切，以了解其內部形狀，所用之割切面稱為割面，割面在正投影多視圖中，以割面線表出割面之邊視圖(圖 8-2)。割面線兩端為粗實線，中間則以一點細鏈線連接，兩端以箭頭標示正對剖面之方向，箭頭之大小及形狀如圖 8-3 所示。割面必要時可以轉折，割面線轉折處的大小如圖 8-4 所示。採用多個割面時，應分別以大楷拉丁字母標明，一割面線兩端應以同一字母標示，字母寫在箭頭外側，書寫方向一律朝上，如圖 8-29。割面之兩端伸出視圖外約 10 公釐，當割面位置甚為明確時，割面線則多予以省略，如圖 8-2 之割面線應予省略，繪製成為如圖 8-5。

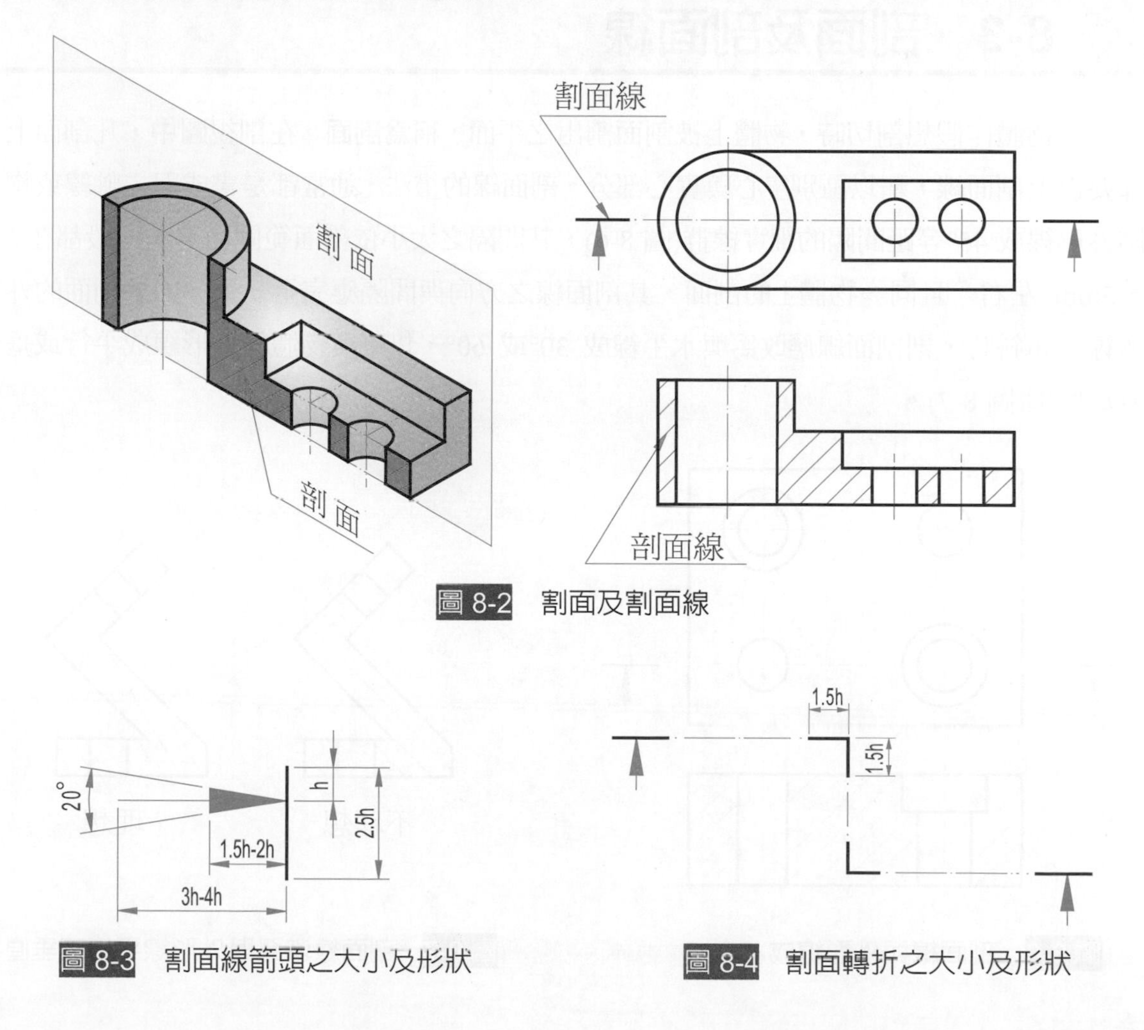

圖 8-2 割面及割面線

圖 8-3 割面線箭頭之大小及形狀

圖 8-4 割面轉折之大小及形狀

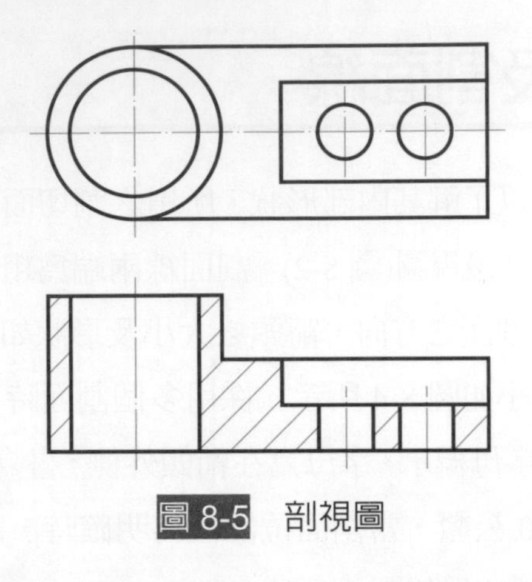

圖 8-5 剖視圖

8-3 剖面及剖面線

對物體作假想剖切時，物體上被割面割出之平面，稱爲**剖面**。在剖視圖中，凡剖面上都要畫上剖面線，藉以區別空心與實心部分。剖面線的畫法，通常都是畫成與主軸線或物體外形線成 45°等距間隔的細實線群(圖 8-6)，其間隔之大小依剖面範圍而定，一般都在 2～5mm 左右。且同一物體上的剖面，其剖面線之方向與間隔應完全一致。如果剖面的外形線有傾斜時，則剖面線應改爲與水平線成 30°或 60°，以不與物體的外形線成平行或垂直爲原則(圖 8-7)。

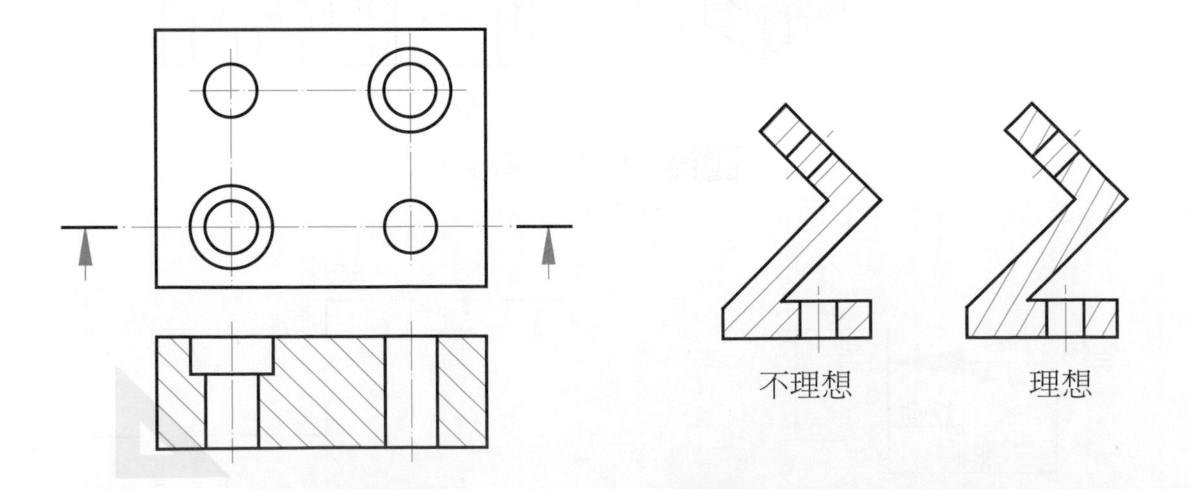

圖 8-6 剖面線與外形線成 45°

圖 8-7 剖面線避免與外形線平行或垂直

物體若由數個零件組合而成時，其組合之剖視圖中，相鄰的兩個零件，其剖面線的方向須相反，或使用不同的剖面線間隔，或使剖面線的傾斜角度不同，以能清晰表出每個零件，利於視圖之閱讀(圖 8-8)。

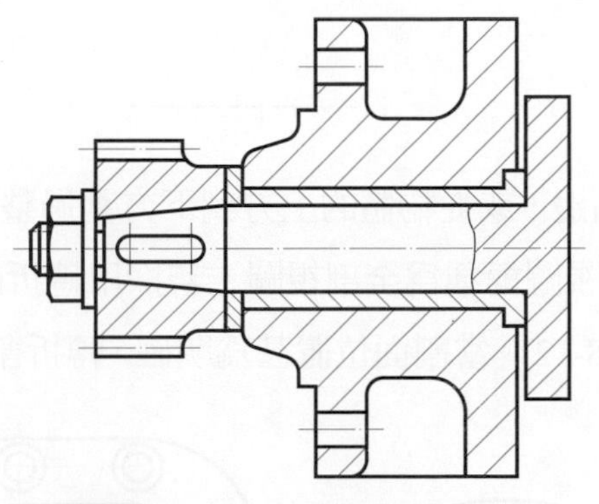

圖 8-8　改變剖面線間隔與方向

如果物體的剖面範圍太窄小時，則可用塗黑方式來表示(圖 8-9)；如果剖面範圍太大時，為節省繪製時間，剖面線可僅畫剖面的邊緣部分(圖 8-10)，電腦製圖如僅畫剖面的邊緣部份反而不易，因此可依圖形的美觀與清晰自行選擇。

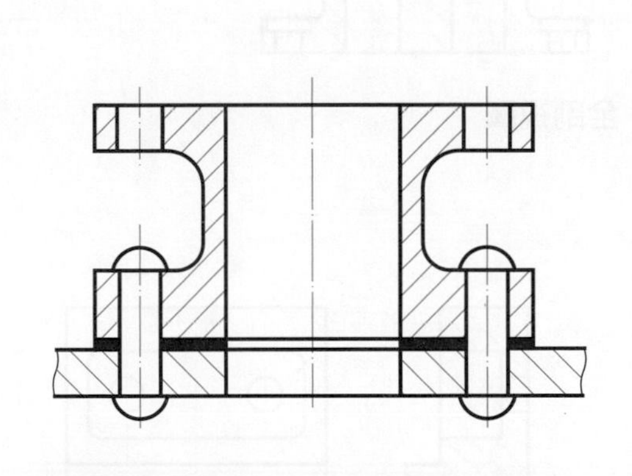

圖 8-9　剖面線以塗黑方式表示

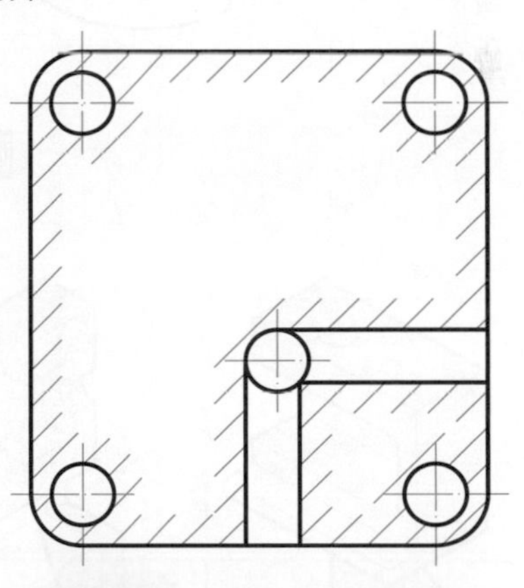

圖 8-10　僅畫剖面邊緣部分

電腦製圖繪製剖面線非常方便，從主要功能表中點選繪製(Drawing)指令列中之剖面線(Hatch)或只要在繪製指令中，點選剖面線之圖標「 」，再點選「使用者定義」自訂剖面線間距(2～3mm)與角度(45°)後，點選剖面線區域即可，繪製步驟請參考所附之教學光碟。另剖面線所用線條建議採用顏色 4 之淺藍色。

8-4 剖面種類

由於物體的形狀與構造各有不同，因此所用的剖切方法及剖切的部位亦有所不同。常用的剖面有下列數種：

一、全剖面

割面從物體的左邊到右邊，或從物體的上方到下方割過整個物體，所得的剖面稱爲全剖面(圖 8-11)，全剖面的剖視圖簡稱爲全剖視圖。若採用轉折的割面，割面轉折處在剖視圖中是不可加以繪出的(圖 8-12)。當割面位置甚爲明確，轉折割面線亦可予省略(圖 8-13)。

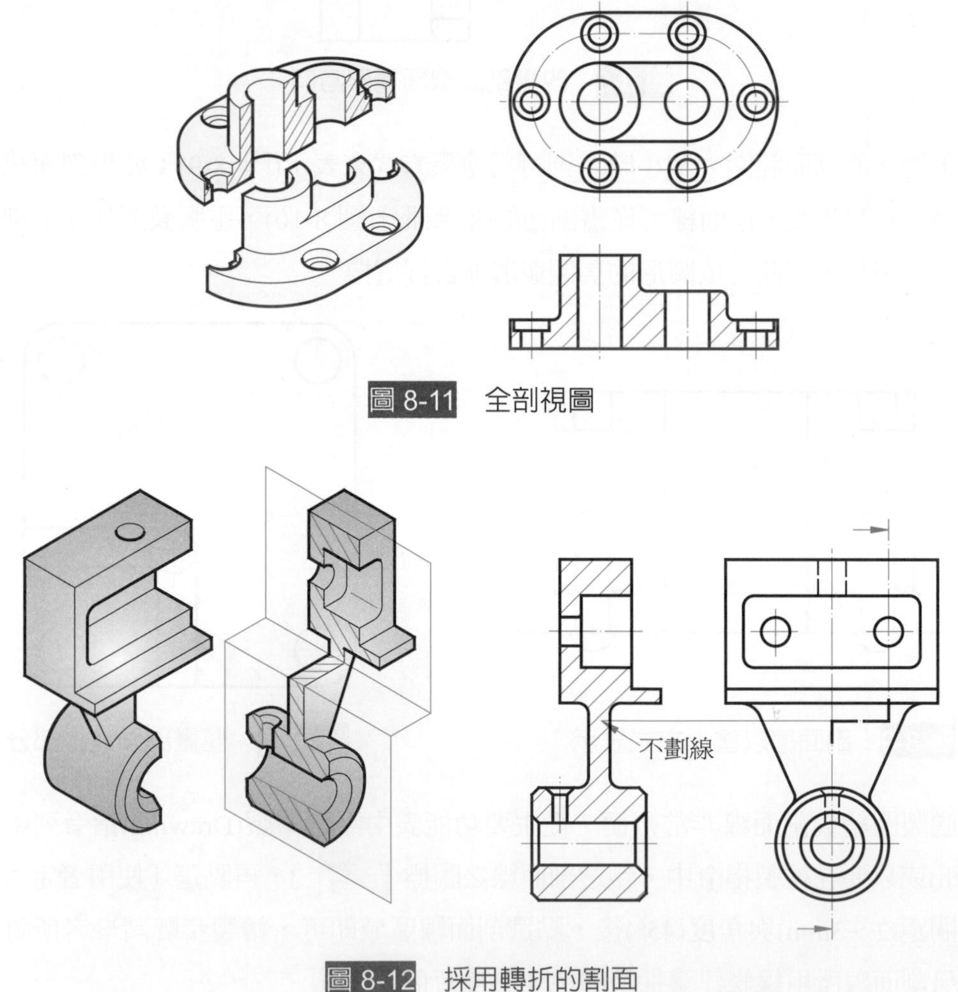

圖 8-11 全剖視圖

圖 8-12 採用轉折的割面

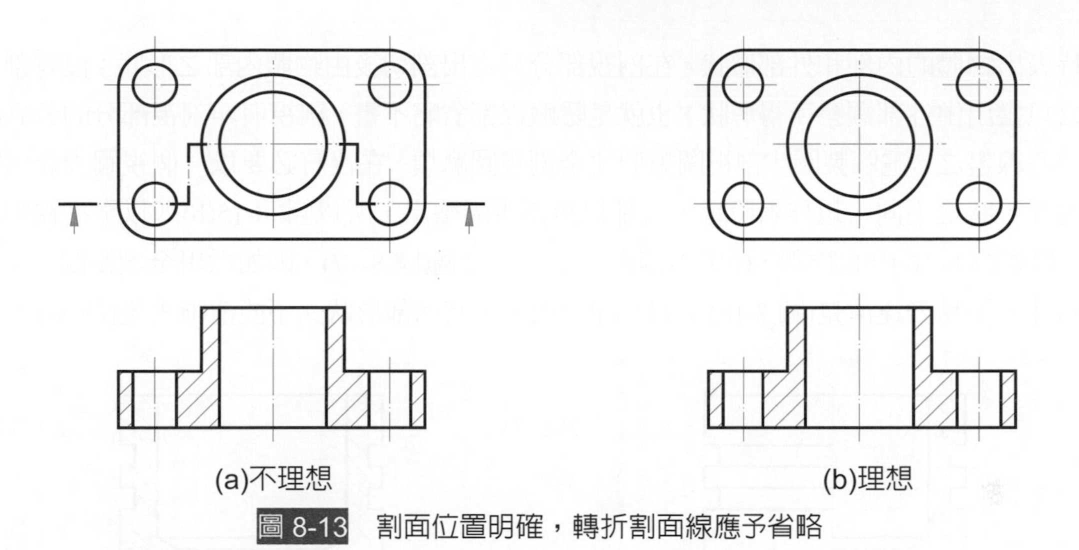

圖 8-13　割面位置明確，轉折割面線應予省略

在剖視圖中，只要能清楚表出物體之形狀，隱藏線須省略不畫，以免增加圖面之混淆不清，但若因省去隱藏線而不能清楚表出物體之形狀時，則隱藏線不能省略，圖 8-14(a)中的隱藏線省略，仍可清楚表出物體形狀，但在圖 8-14(b)中；如將隱藏線省略，則物體之形狀則無法表達清楚，隱藏線就不得省略。

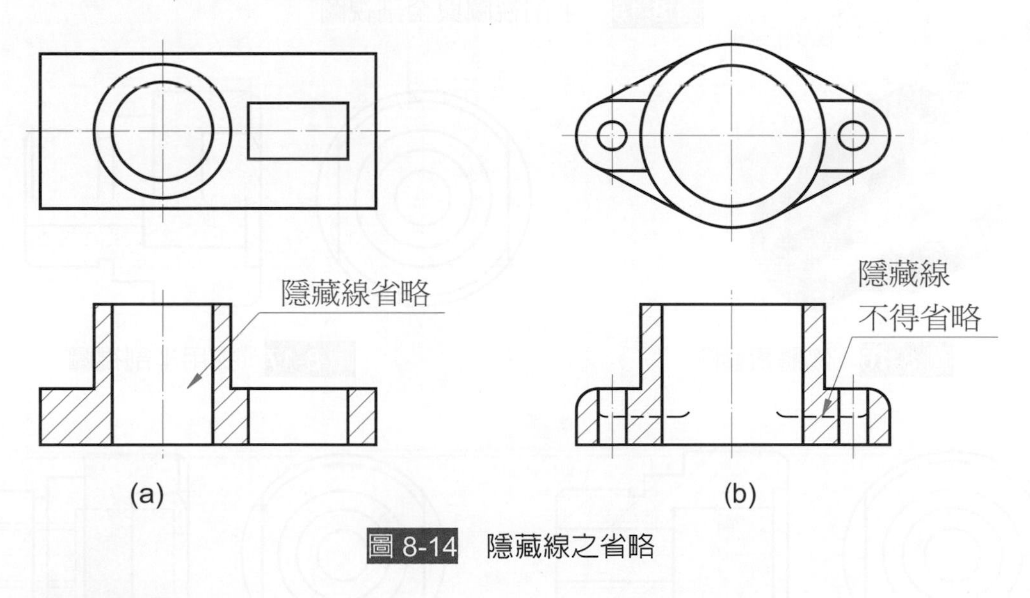

圖 8-14　隱藏線之省略

二、半剖面

凡物體的形狀呈對稱時，割面只割過對稱部位，即將物體的四分之一角切除，所得的剖面稱爲半剖面，半剖面的剖視圖簡稱爲半剖視圖(圖 8-15a)。半剖視圖能在一個視圖中

同時表出物體的內部和外部形狀。在剖視部分只畫出剖切後由物體內部之形狀；沒有剖視部分只畫出由外部觀察所得形狀，也就是隱藏線都省略不畫，剖視與非剖視部分的分界線用中心線畫之。電腦製圖半剖視圖繪製比全剖視圖麻煩，在沒有必要以一個視圖表達出物體內外形狀之不同，以作對照時，大都以全剖視圖繪出，所以圖 8-15(b)即以全剖視圖繪製。但如圖 8-16 中的物體，採用半剖視圖是最為合適(圖 8-17)，因如採用全剖視圖，則物體的外形不易表達清楚(圖 8-18)；如不加剖視，則其內部形狀又不能清晰表達(圖 8-19)。

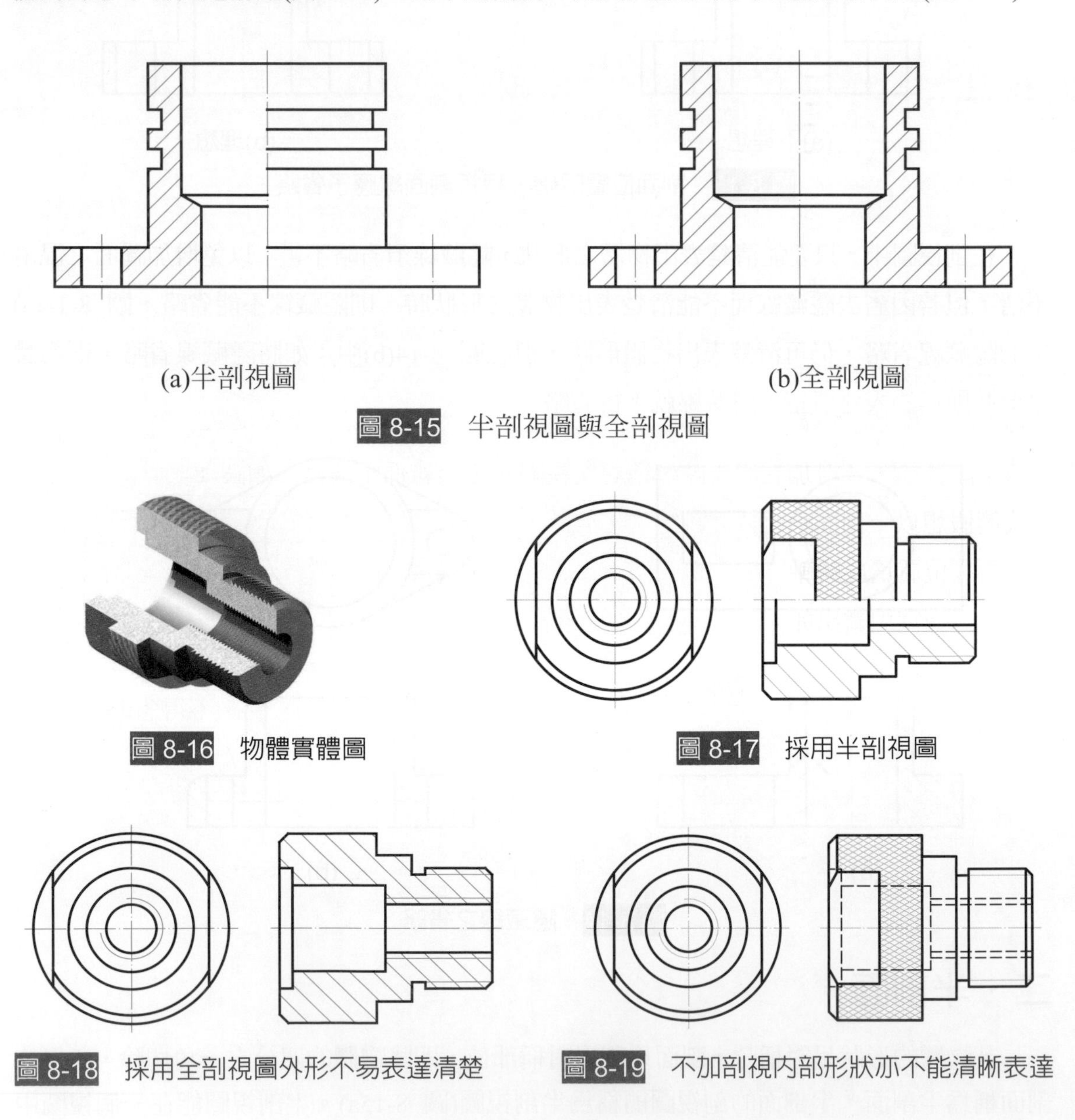

(a)半剖視圖　　(b)全剖視圖

圖 8-15　半剖視圖與全剖視圖

圖 8-16　物體實體圖

圖 8-17　採用半剖視圖

圖 8-18　採用全剖視圖外形不易表達清楚

圖 8-19　不加剖視內部形狀亦不能清晰表達

三、局部剖面

物體內部僅有某一部分較複雜，無需或不便採用全剖面或半剖面時，可採用局部剖面。局部剖面是假想割面只切割到所需部位，然後將其局部移去，所得的剖面稱為局部剖面，局部剖面的剖視圖簡稱為局部剖視圖。在局部剖視圖中，剖視與非剖視部分的分界線以折斷線畫之，折斷線是以細實線畫成不規則的曲線(圖 8-20)。

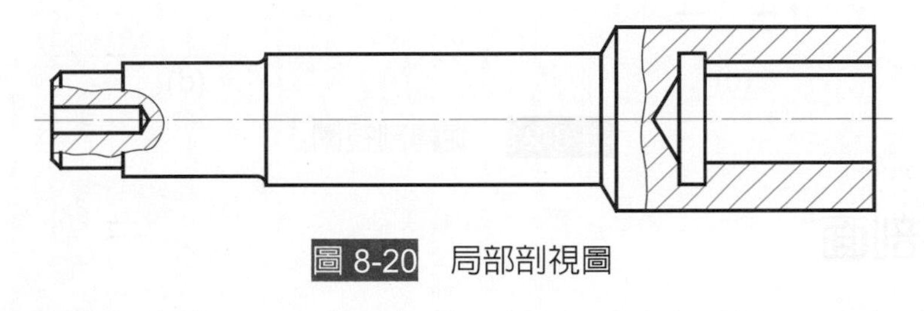

圖 8-20 局部剖視圖

四、旋轉剖面

假想將物體割切後所得剖面旋轉 90°重疊於原視圖中，是為旋轉剖面，旋轉剖面的剖視圖簡稱為旋轉剖視圖。今以圖 8-21 中之物體來說明，如使用兩視圖，則其丁字形肋的形狀未能表明，若增加右側視圖，則右側視圖必定複雜而不清楚，如圖 8-21(b)所示，因此我們假想以一割面垂直於肋剖切之，如圖 8-21(a)所示，然後將所得剖面，以視圖中割面線所在位置為旋轉軸，旋轉 90°後重疊於此視圖中，如圖 8-21(c)所示，此時旋轉剖面之輪廓改以細實線畫出如圖 8-21(d)所示。剖面上 A、B 兩尺度由俯視圖中量得。

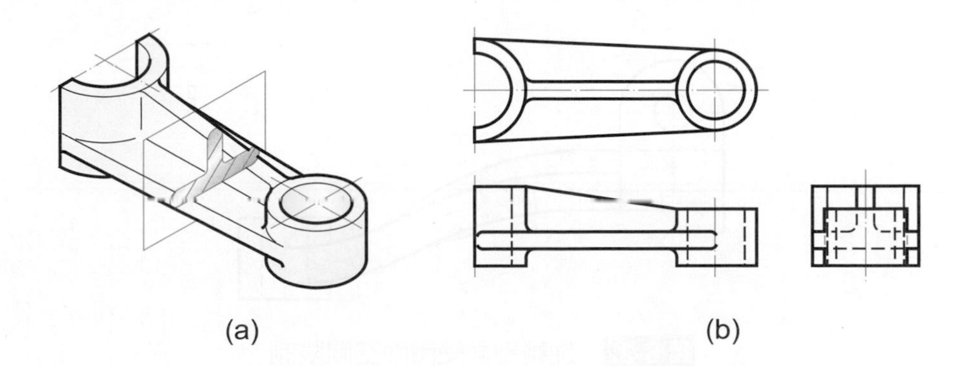

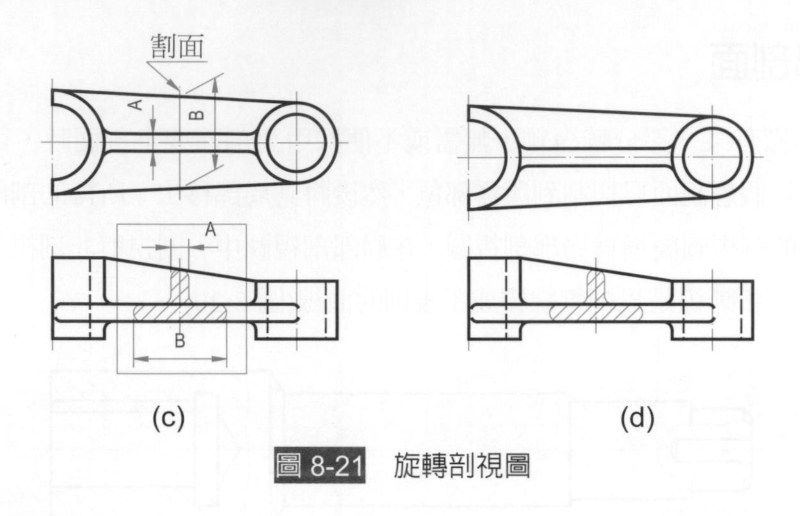

圖 8-21 旋轉剖視圖

五、移轉剖面

移轉剖面與旋轉剖面的原理完全相同。當物體採用旋轉剖面後影響原有視圖的清晰，或受圖面空間之限制無法擠入時(圖 8-22)，則將旋轉剖面沿旋轉軸平移出原有之視圖(圖 8-23)，或平移至原視圖外之適當位置，並用文字註明該剖面是由何割面產生(圖 8-24)，便得移轉剖面的剖視圖簡稱爲移轉剖視圖。此時，移轉剖面之輪廓，則用粗實線畫出。移轉剖視圖得視需要加以放大，但要注意在移轉剖視圖之上方，須註明其所用比例(圖 8-25)。

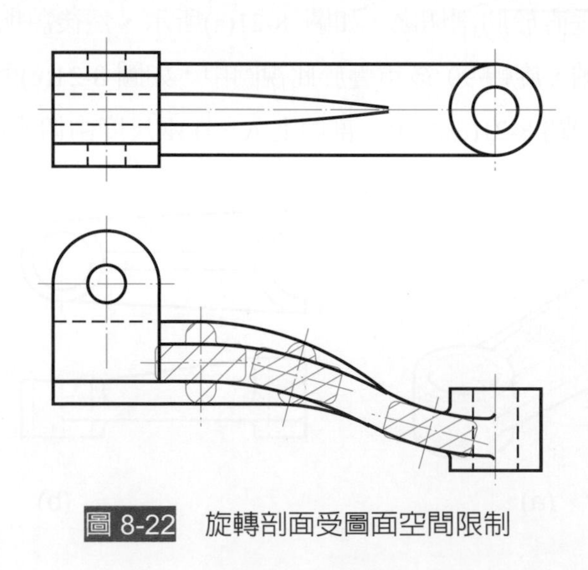

圖 8-22 旋轉剖面受圖面空間限制

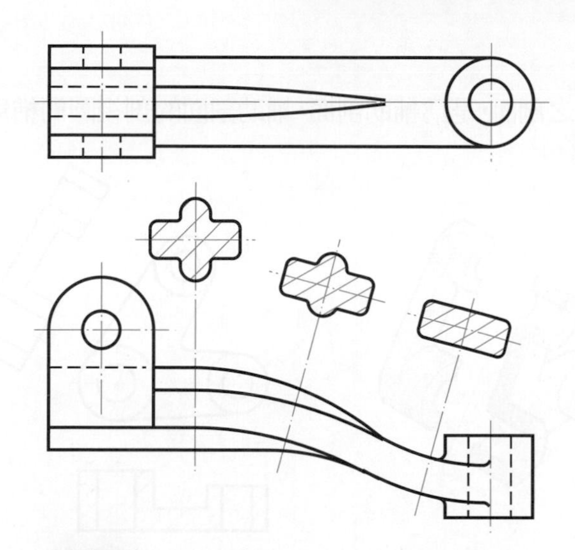

圖 8-23　沿旋轉軸平移出之移轉剖視圖

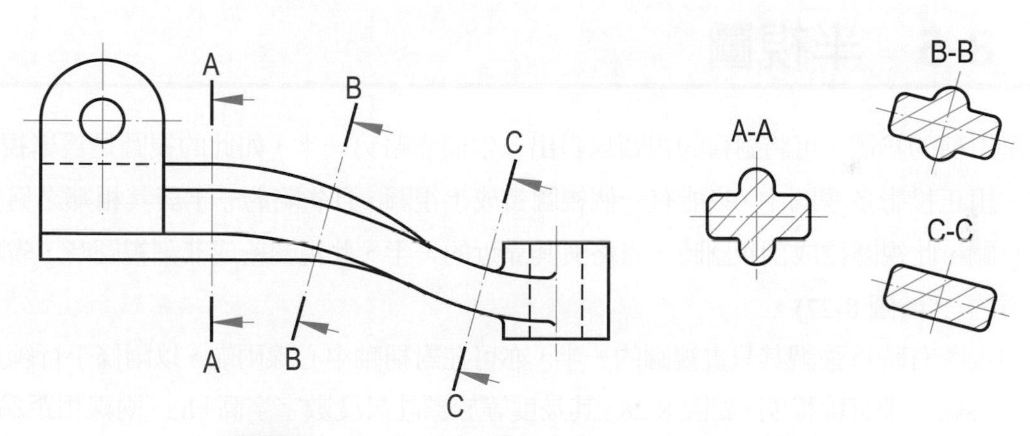

圖 8-24　平移至原視圖外適當位置之移轉剖視圖

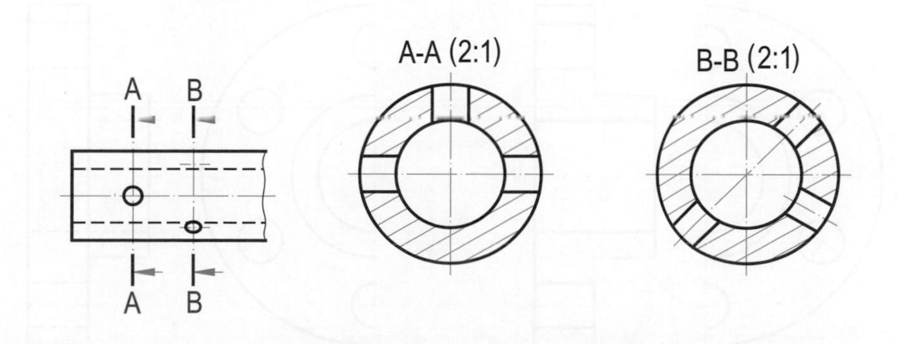

圖 8-25　移轉剖視圖之放大

六、輔助剖面

產生於輔助視圖中之剖面，是爲輔助剖面，輔助剖面的剖視圖簡稱爲輔助剖視圖(圖 8-26)。

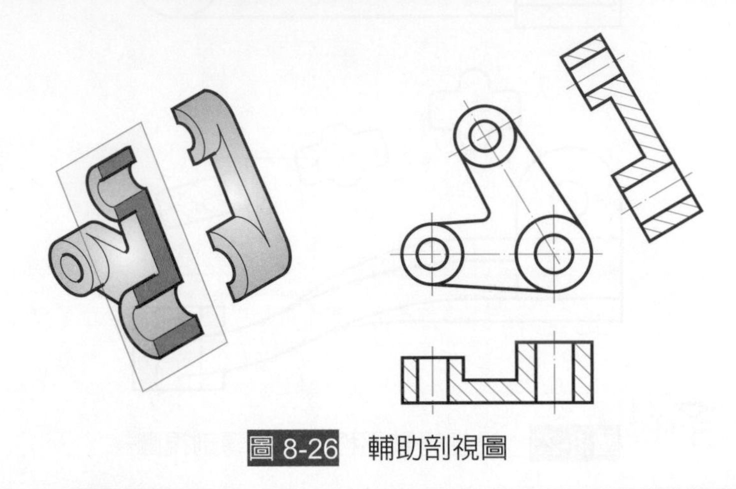

圖 8-26 輔助剖視圖

8-5 半視圖

呈對稱的物體，可將對稱的視圖只畫出一半而省略另一半，如此的視圖是爲**半視圖**。但在一組正投影多視圖中，只能有一個視圖畫成半視圖，且省略的一半與其相鄰之另一個視圖有關，此視圖繪成剖視圖時，省略與其靠近的一半、此視圖繪成非剖視圖時，省略與其遠離的一半(圖 8-27)。

半視圖有時爲強調其只畫視圖的一半，亦可在對稱軸中心線兩端，以兩條平行線且垂直於中心線之細實線標明，如圖 8-28。其長度等於標註尺度數字字高「h」，兩線相距爲「h」之三分之一。

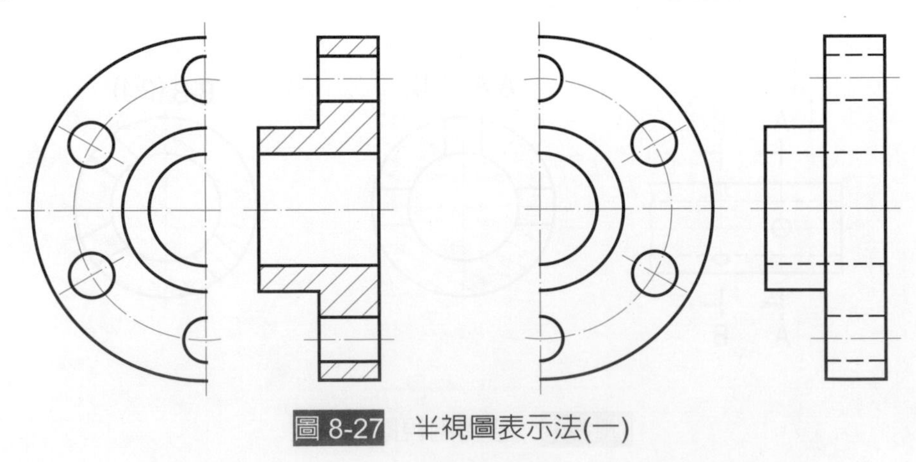

圖 8-27 半視圖表示法(一)

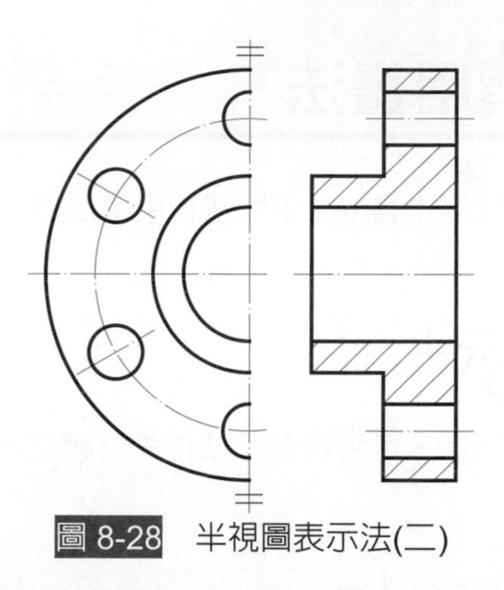

圖 8-28　半視圖表示法(二)

8-6　多個割面之應用

有時物體的形狀很複雜，需用到多個割面時，則各割面彼此獨立，互不相干或牽制，但每一割面的割面線要畫清楚，並用字母標明，在每一剖視圖上方更要註明該剖視圖是由何割面產生(圖 8-29)。

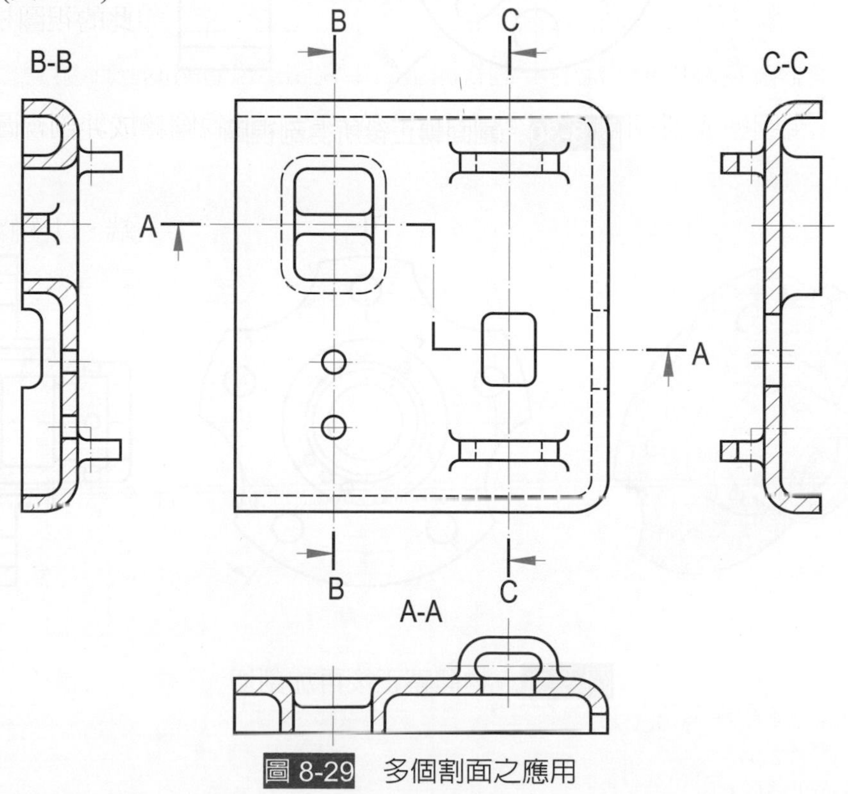

圖 8-29　多個割面之應用

8-7 剖視習用畫法

在繪製剖視圖時，除可採用本書 6-5 中所述習用畫法外，還可採用剖視習用畫法，常用之剖視習用畫法如下：

一、割面之轉正表示法

爲能更清楚表示物體之形狀，可將物體某部位先行轉正，然後加以剖切，再畫出其剖視圖(圖 8-30 和圖 8-31)。

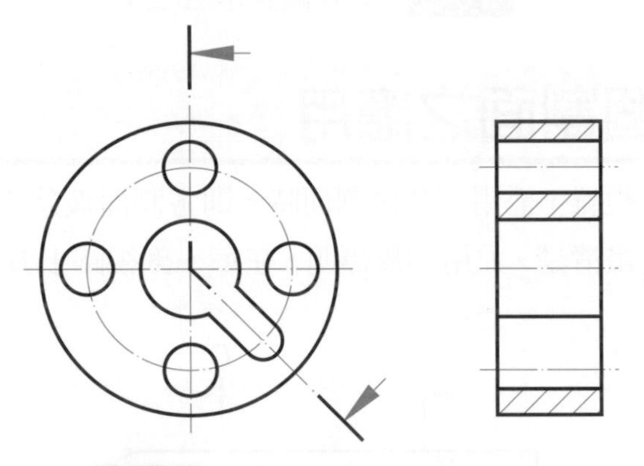

圖 8-30 割面轉正後所得剖視圖

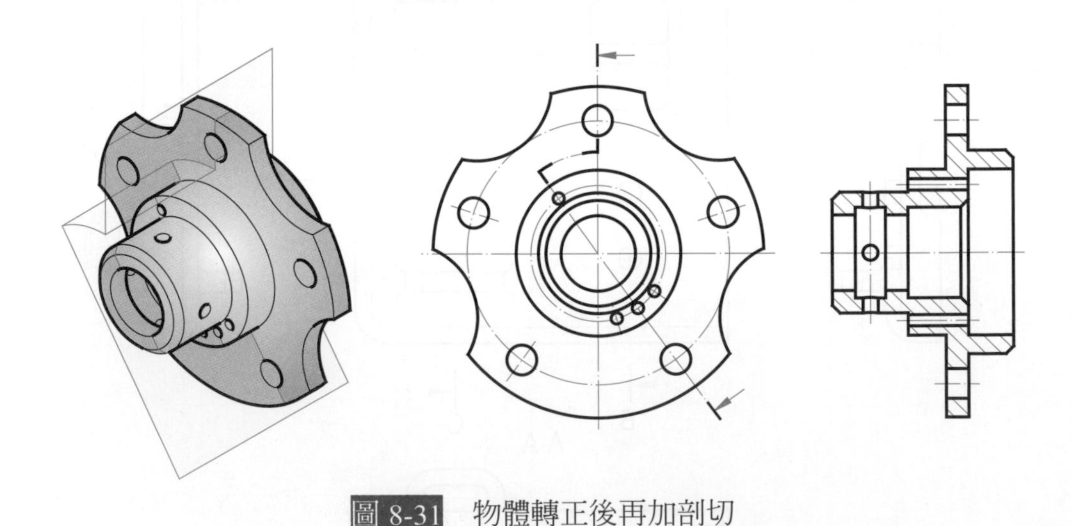

圖 8-31 物體轉正後再加剖切

二、不加以剖視之部分

凡物體上之肋、輻、耳等部分是不加縱剖的，即使被割面割及，亦當作沒割到，否則與實體之腹板、凸緣等相混淆，但肋與輻的橫斷形狀則可以旋轉剖面表示，其剖面線之方向與距離須與本體相同，試仔細比較圖 8-32、圖 8-33、圖 8-34、圖 8-35、圖 8-36、圖 8-37 當可瞭解。

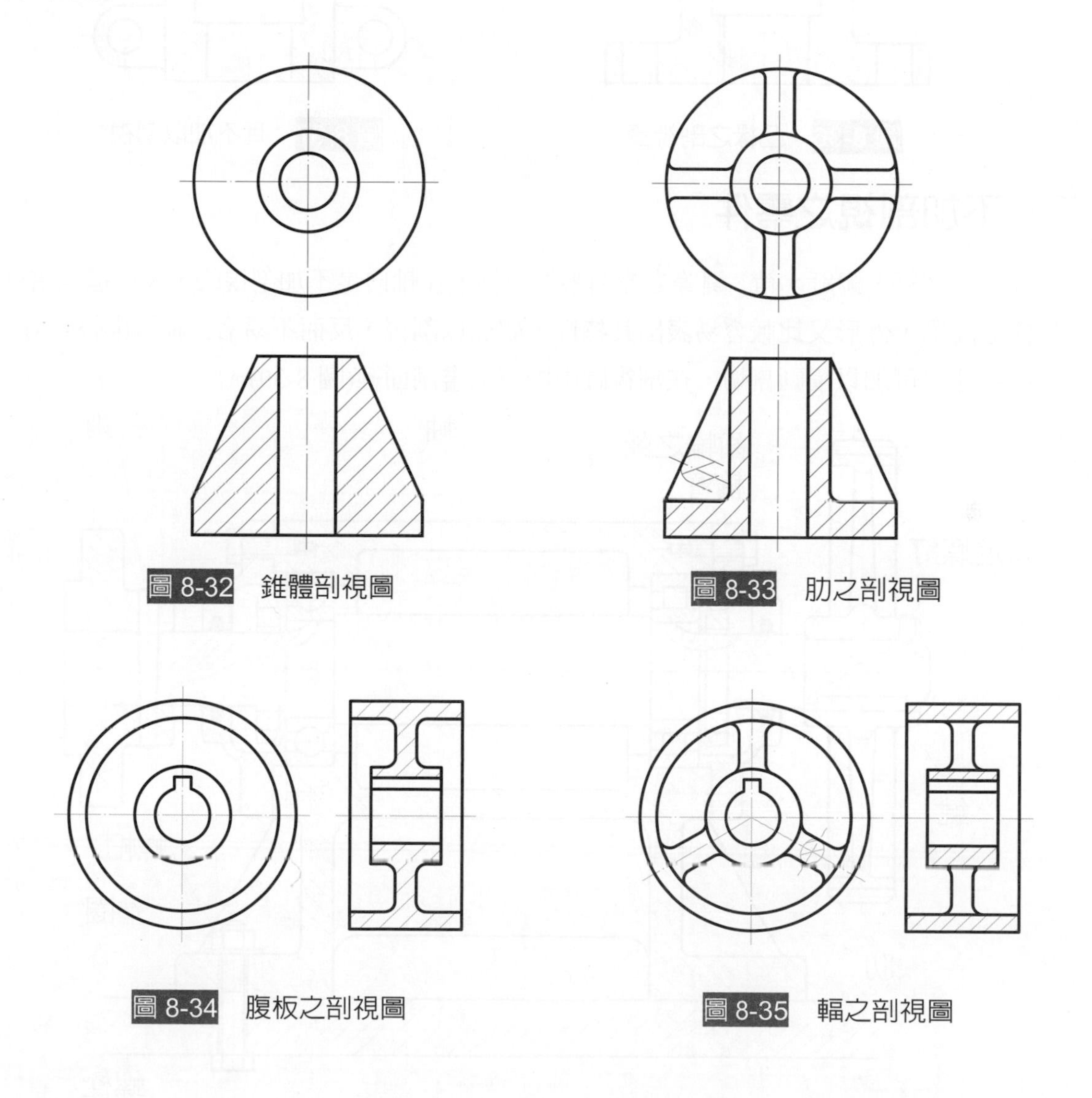

圖 8-32　錐體剖視圖

圖 8-33　肋之剖視圖

圖 8-34　腹板之剖視圖

圖 8-35　輻之剖視圖

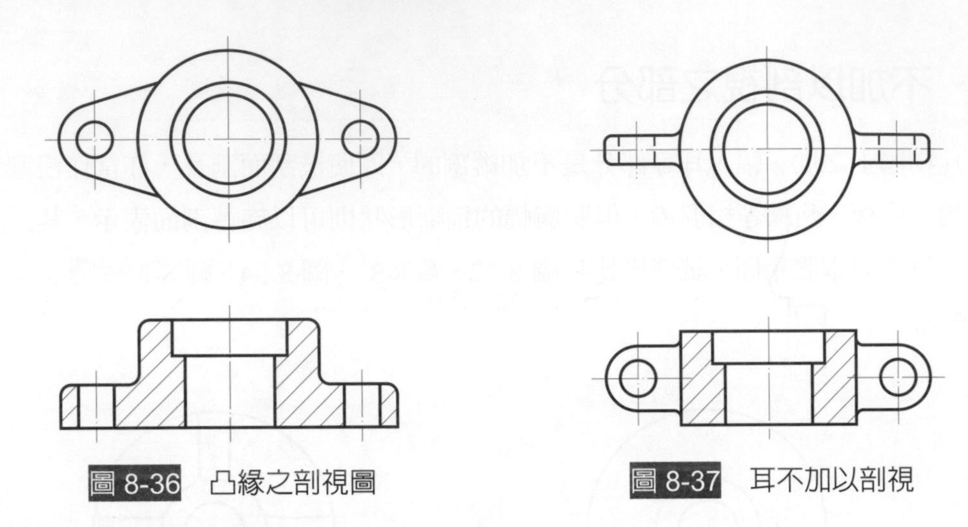

圖 8-36 凸緣之剖視圖

圖 8-37 耳不加以剖視

三、不加剖視之零件

許多如螺釘、鉚釘、銷、鍵等之標準零件或軸，在軸向是不加剖視的，因爲這些零件內部構造簡單，外形又比較容易表出其特性，如加以剖視，反而不易令人瞭解(圖 8-38)，但這些零件均可加以橫斷剖切，在剖視圖中則須加畫剖面線(圖 8-39)。

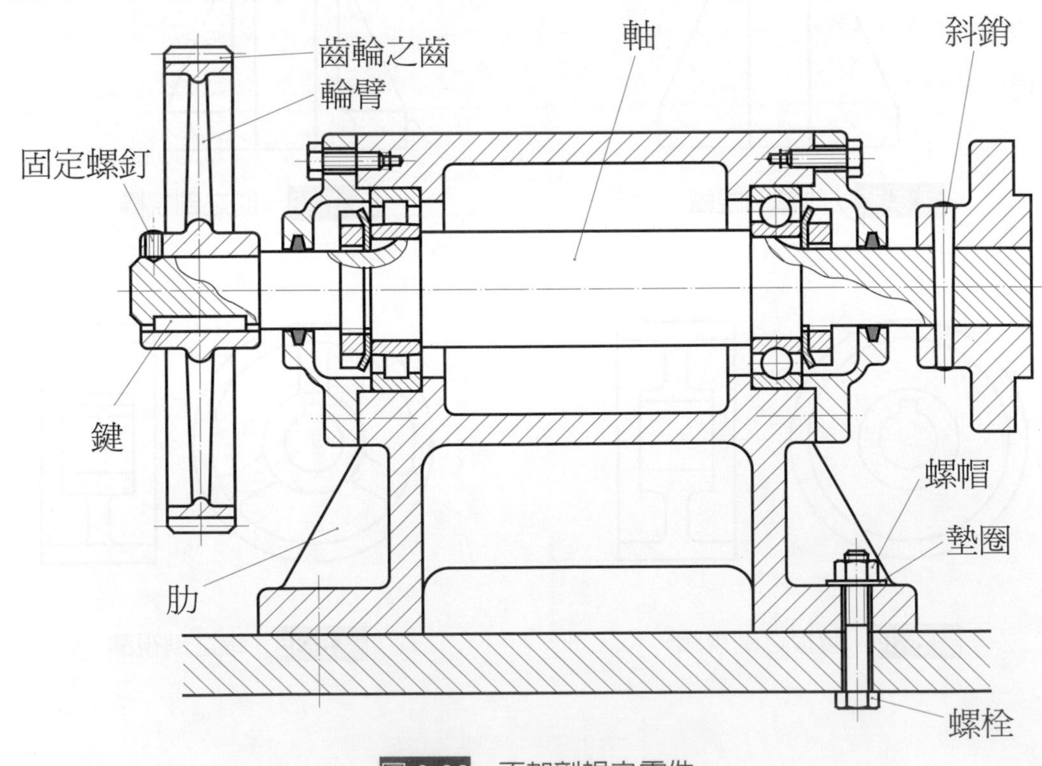

圖 8-38 不加剖視之零件

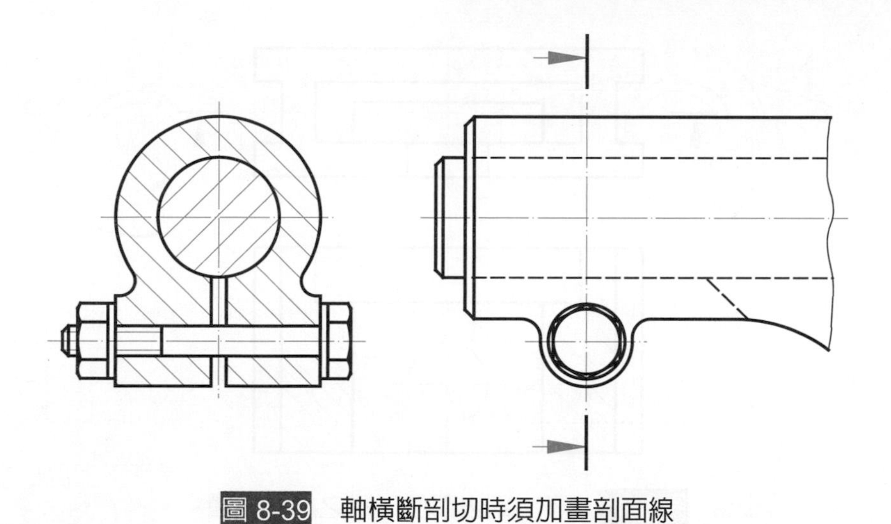

圖 8-39 軸橫斷剖切時須加畫剖面線

四、虛擬視圖

不存在於該視圖中之形狀，以假想線繪出於該視圖中，此種視圖稱爲虛擬視圖。例如一物體的前視圖已繪妥，其頂部之孔位圓與八個小圓孔的形狀應在俯視圖中表達，但爲省繪俯視圖，除中心線外以假想線接畫於前視圖之上方(圖 8-40)。又例如物體需以剖視圖表示，但被剖去的部位中，又有某些形狀需要表示，亦以假想線繪出該部位(圖 8-41)。

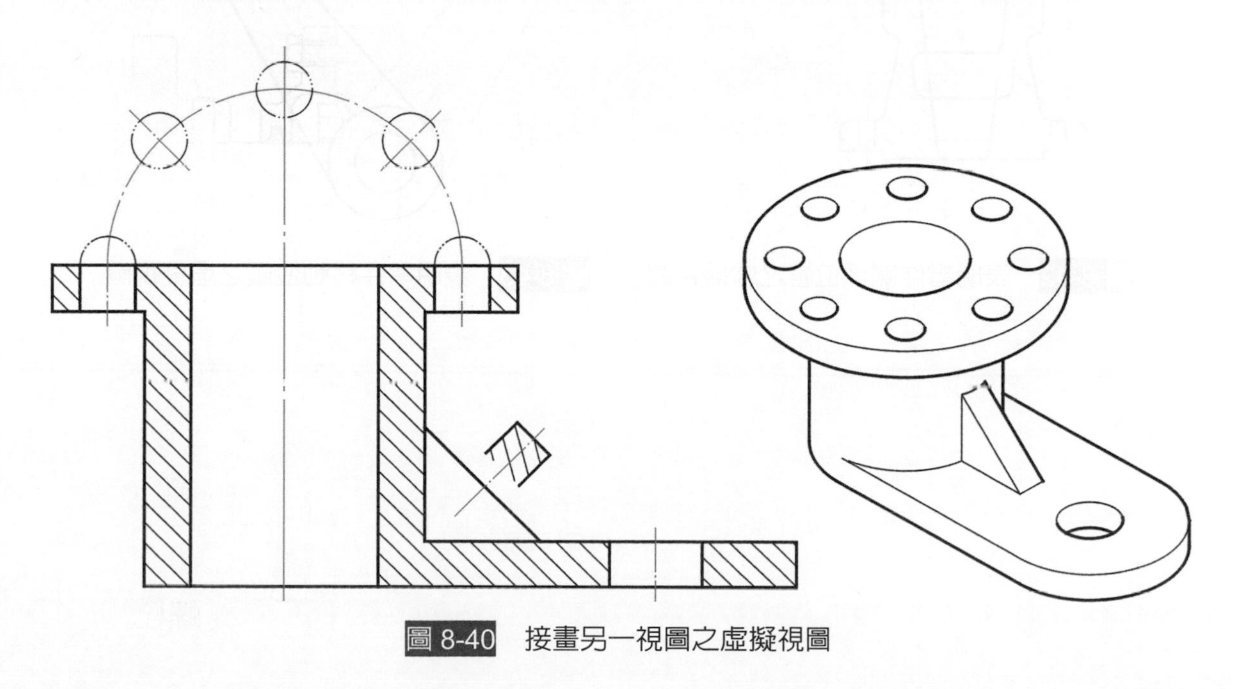

圖 8-40 接畫另一視圖之虛擬視圖

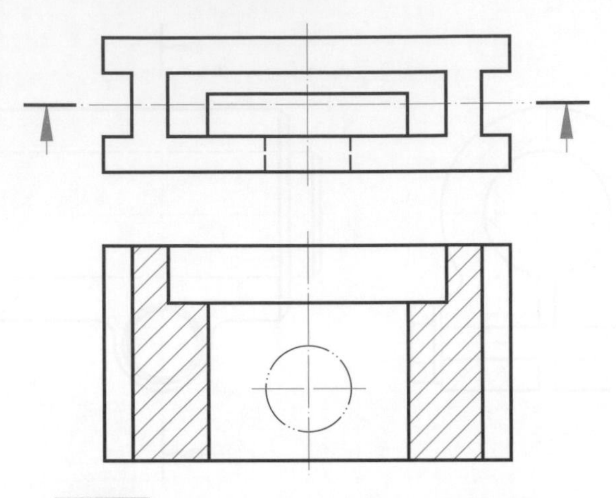

圖 8-41　表出剖去部位形狀之虛擬視圖

有時爲了製造時較能瞭解該零件之加工需求，也可在一零件的視圖中，用假想線畫出與之相關零件的外形，以表明其關係位置(圖 8-42)。有時爲了機構的模擬，更可以假想線畫出零件的移動位置(圖 8-43)。

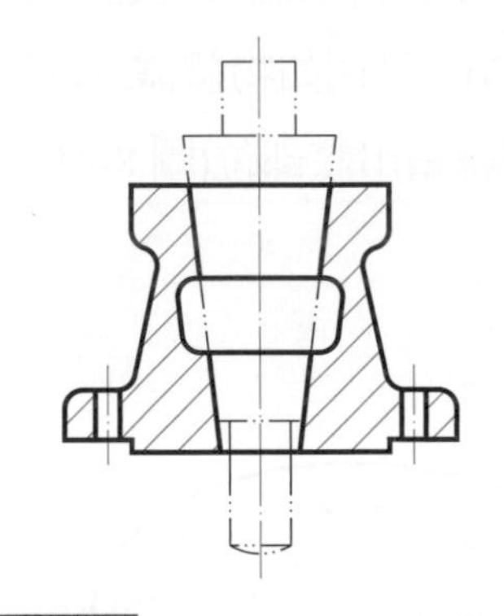

圖 8-42　表明零件關係位置之虛擬視圖

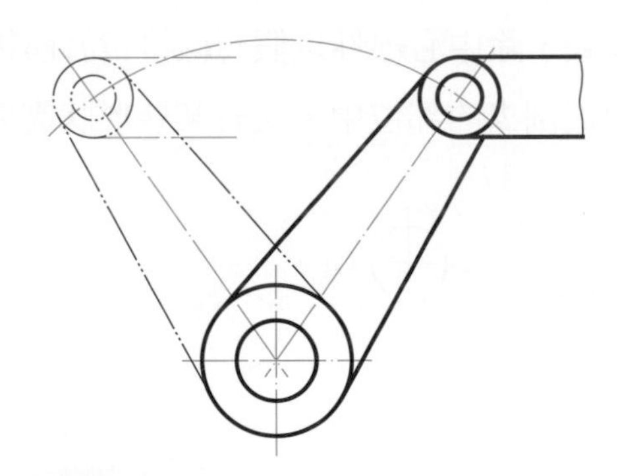

圖 8-43　表明零件移動位置之虛擬視圖

一、 依所示之割面線，畫出剖視圖。

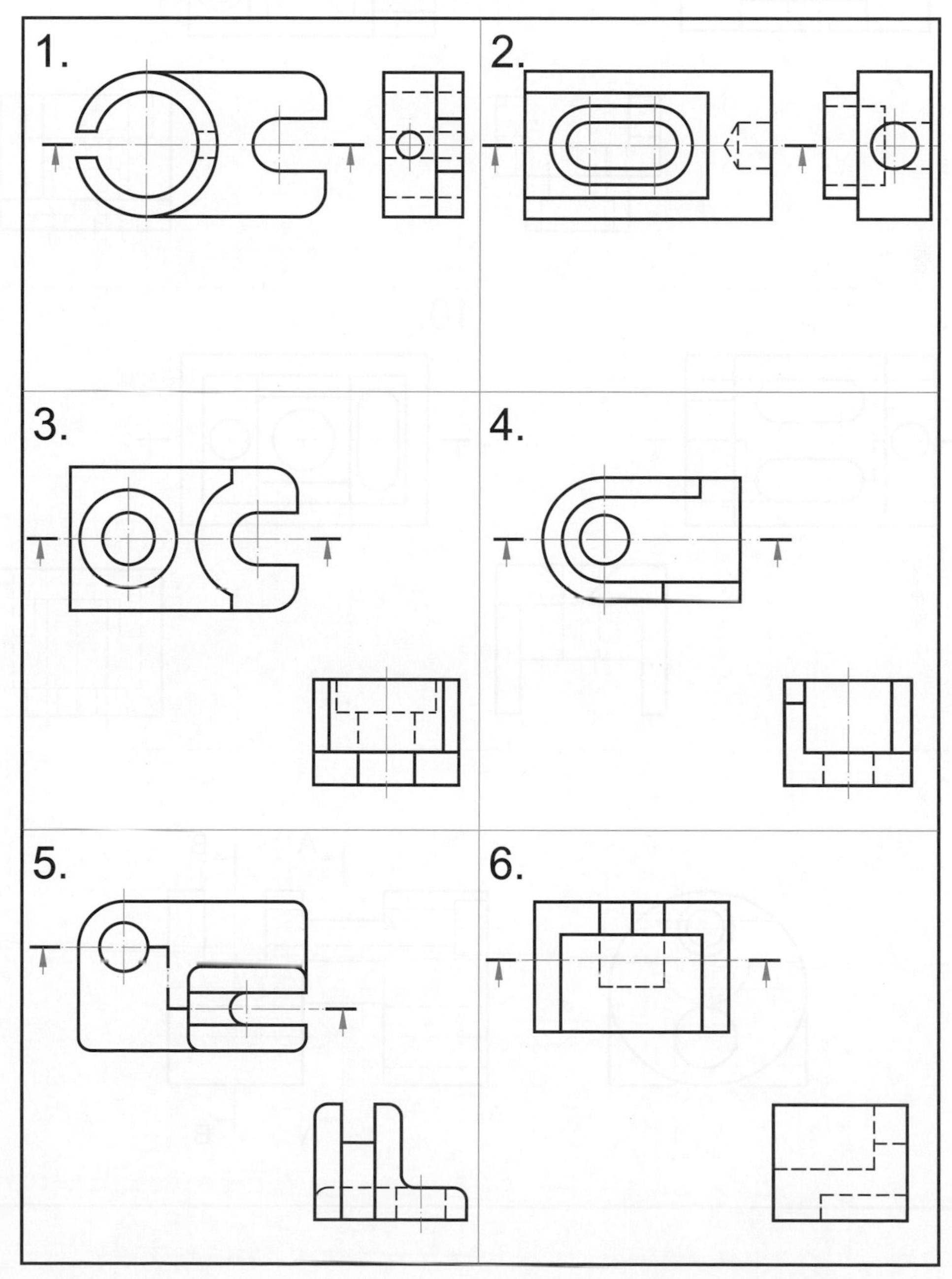

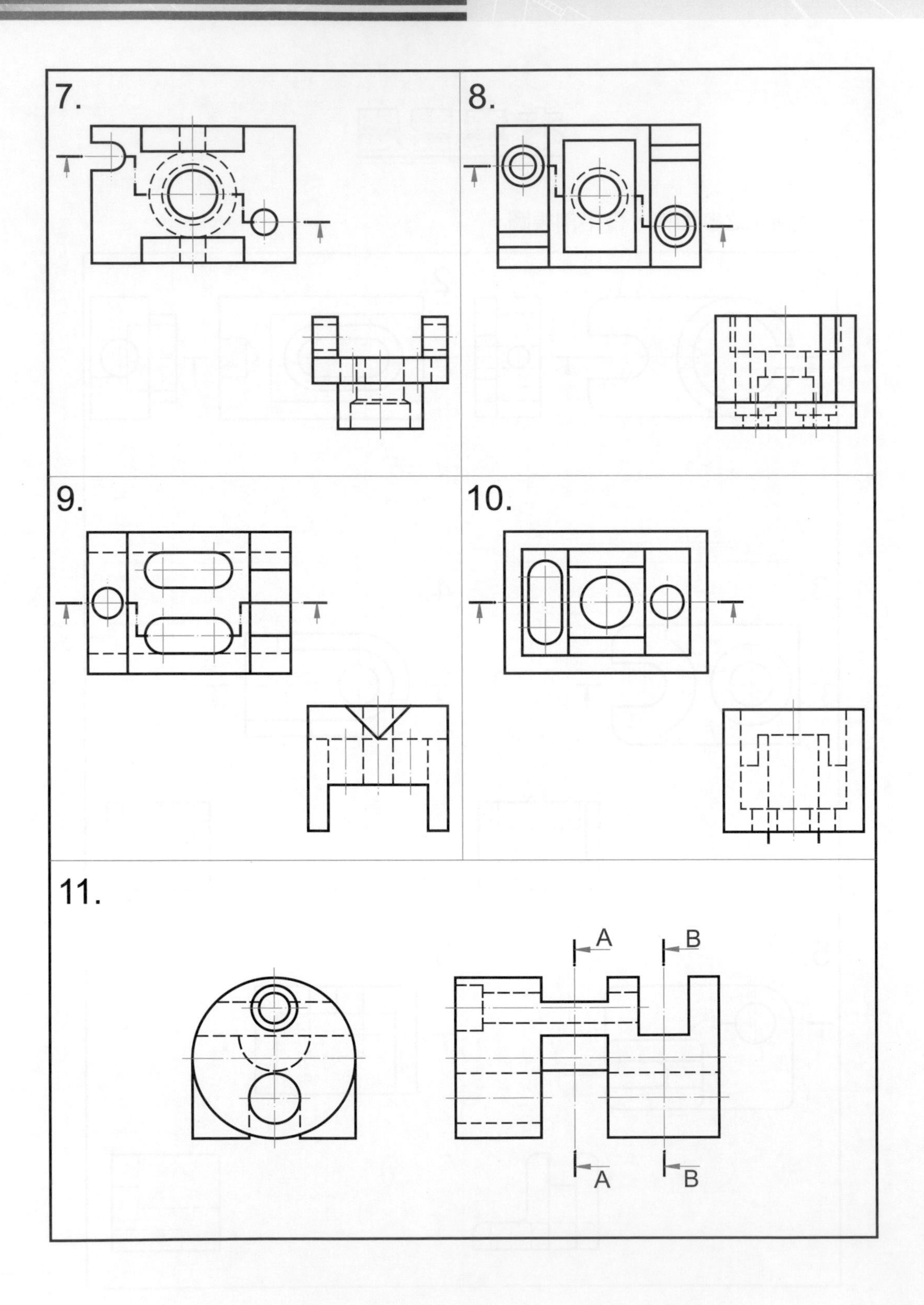
7.
8.
9.
10.
11.
A
B
A
B

二、 請以最理想之剖視圖表達下列各物體的形狀。

1.

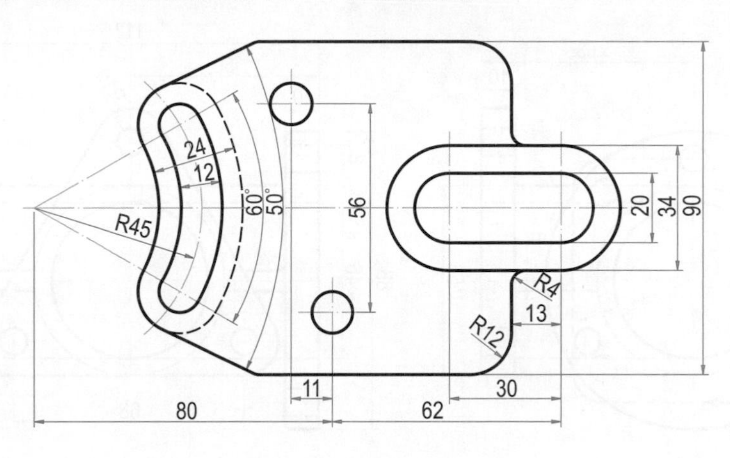

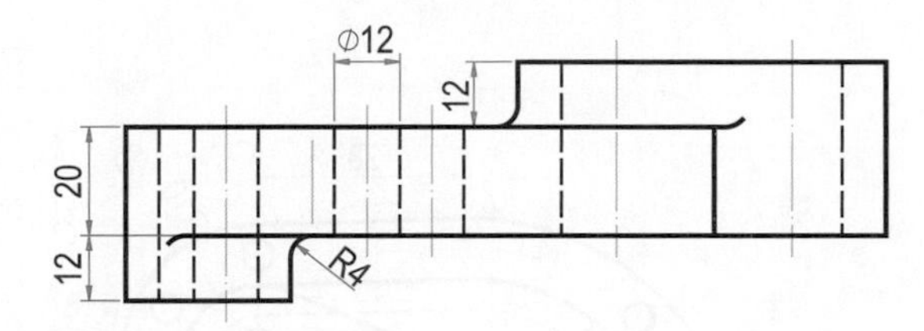

2.

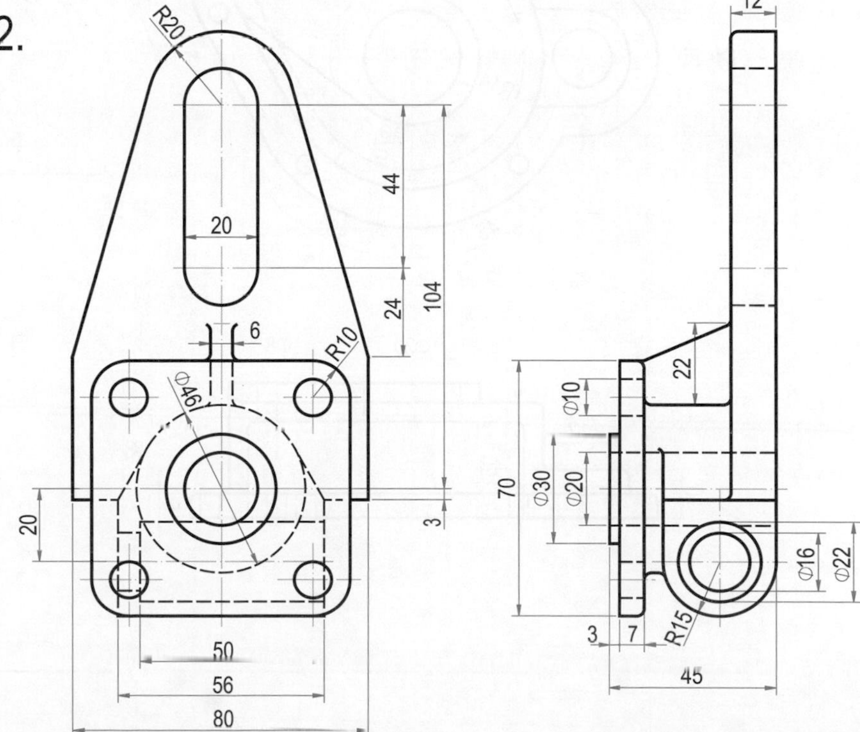

3.

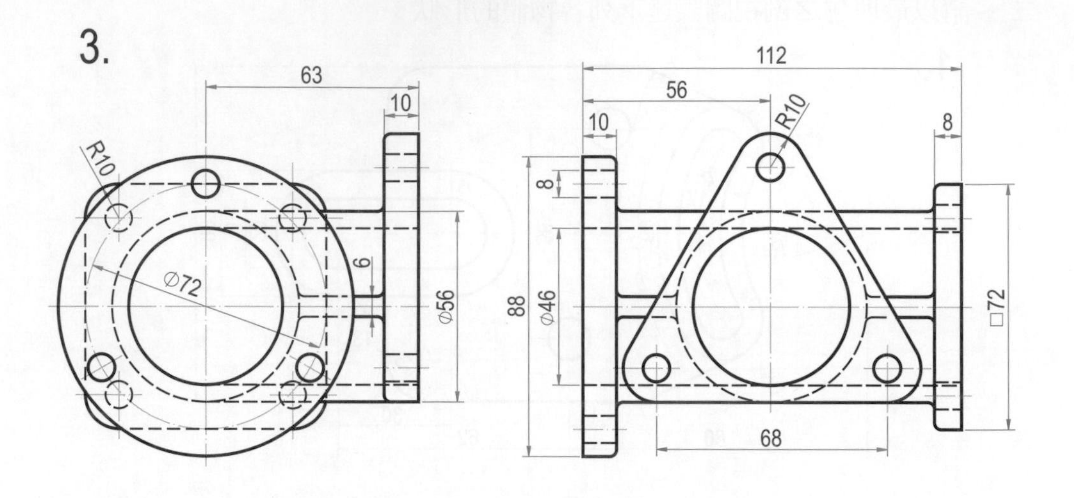
63
10
R10
⌀72
6
⌀56
112
56
10
R10
8
8
88
⌀46
□72
68

4.

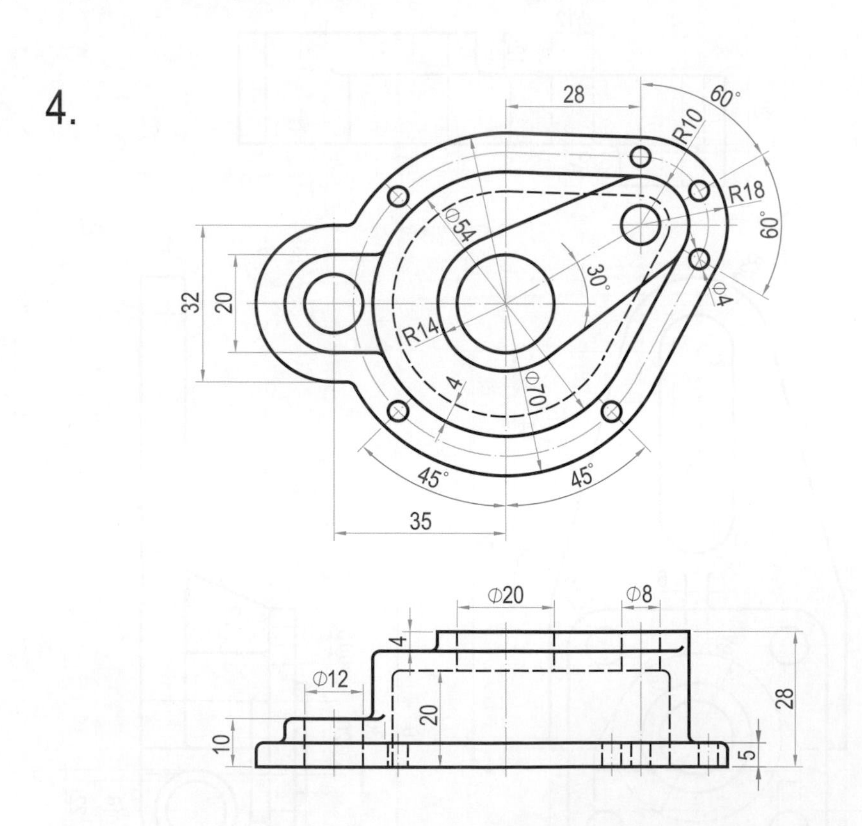
28
60°
R10
R18
60°
⌀54
30°
⌀4
32
20
R14
4
⌀70
45°
45°
35
⌀20
⌀8
4
⌀12
20
28
10
5

三、 依所示尺度量測，以 1：1 比例畫出剖視圖。

1.

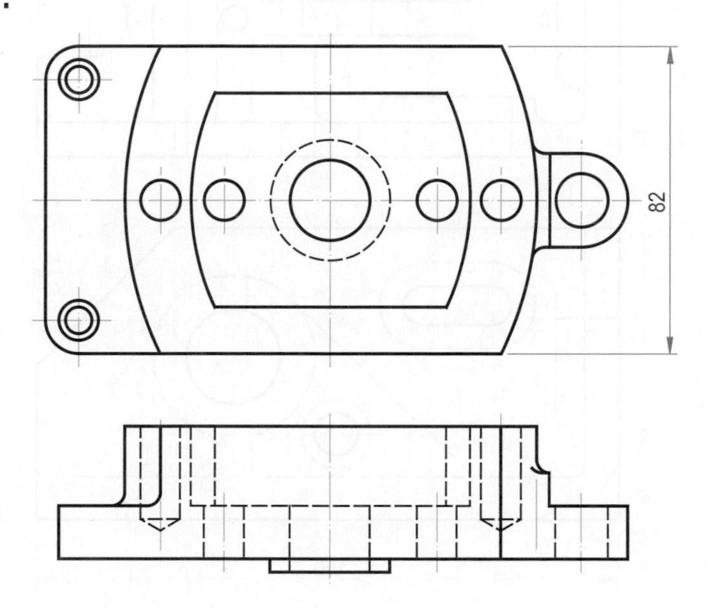

2.

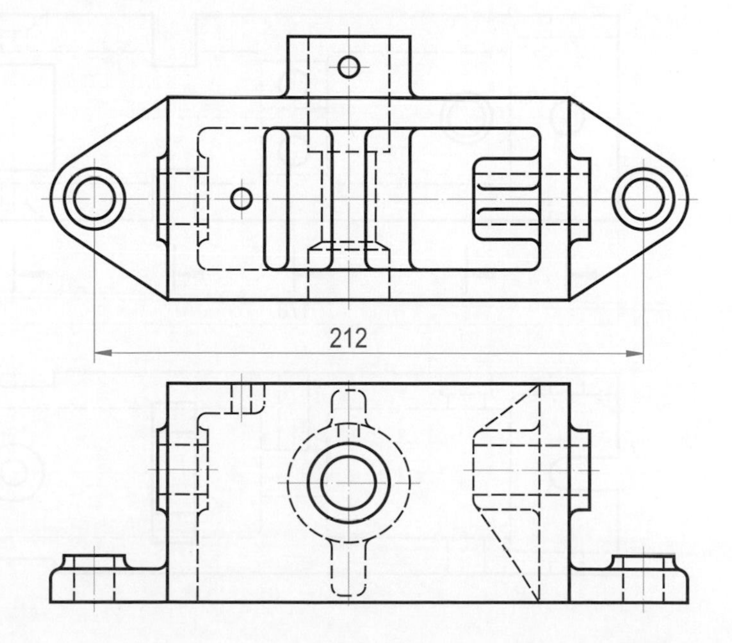

3.

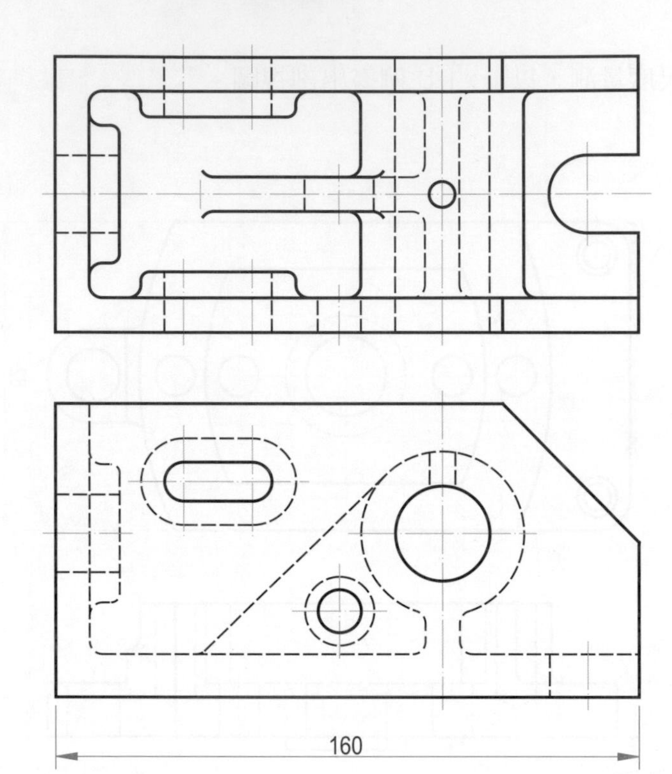

4.

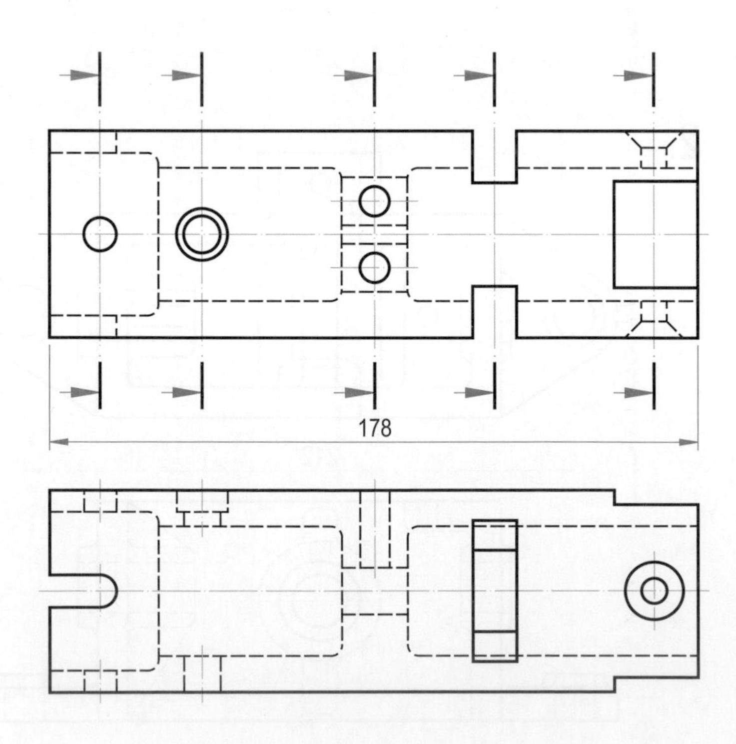

四、 請以最理想之視圖表達下列各物體之形狀，並標註尺度(比例自訂，未標註之圓角爲 R2)。

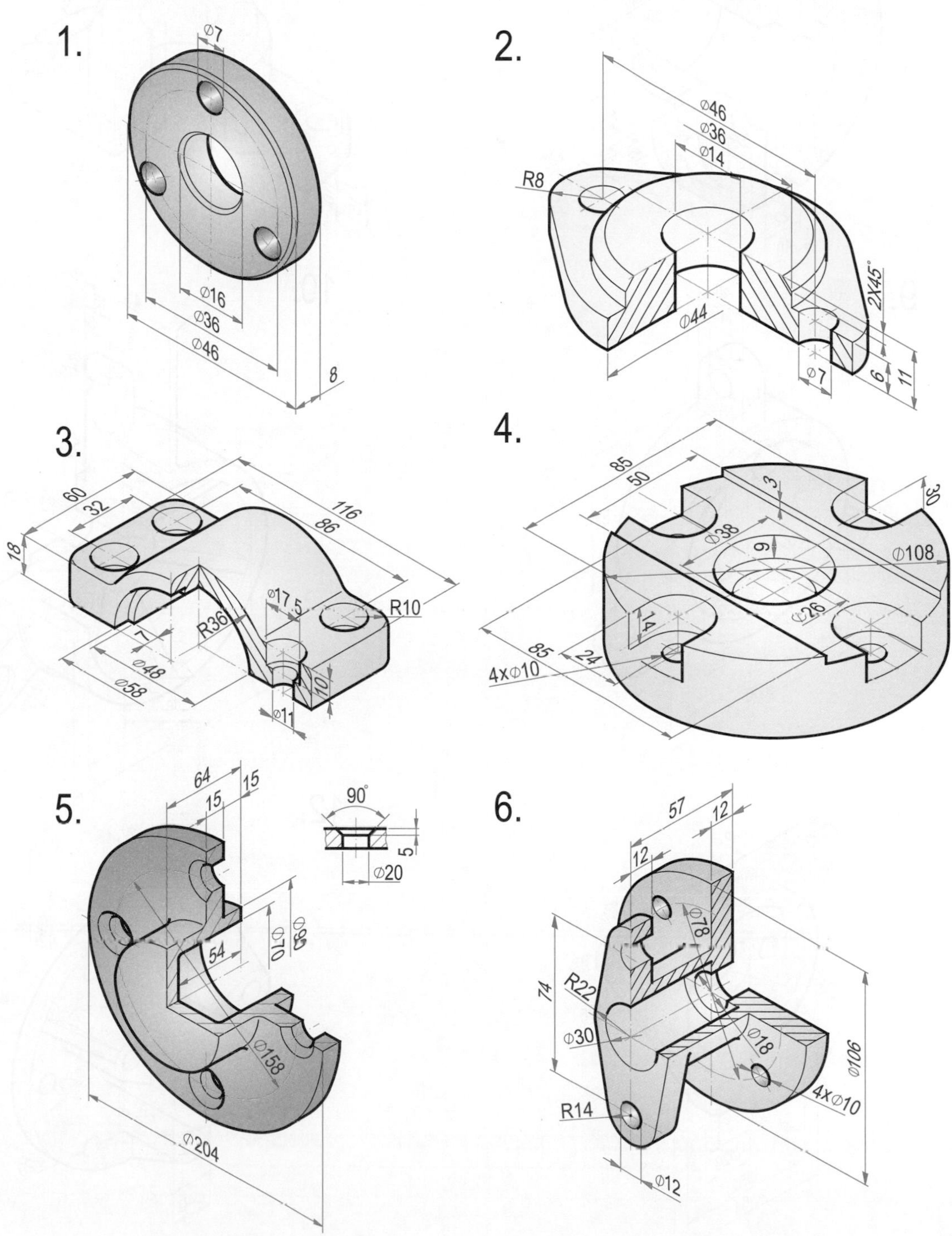

7.

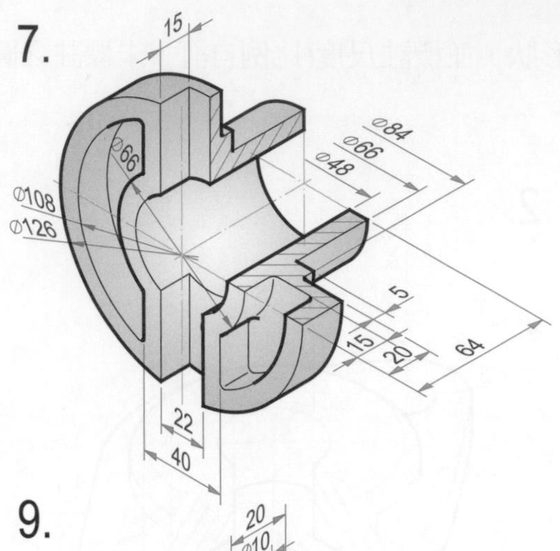
15
Ø84
Ø66
Ø48
Ø66
Ø108
Ø126
5
15
20
64
22
40

8.

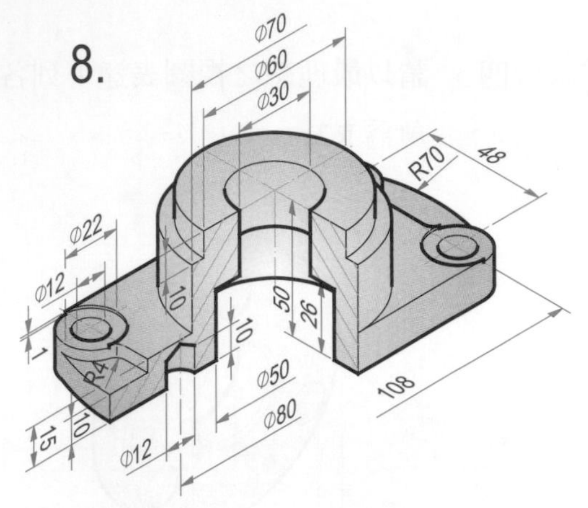
Ø70
Ø60
Ø30
R70
48
Ø22
Ø12
10
50
26
10
1
R4
Ø50
Ø80
108
15
10
Ø12

9.

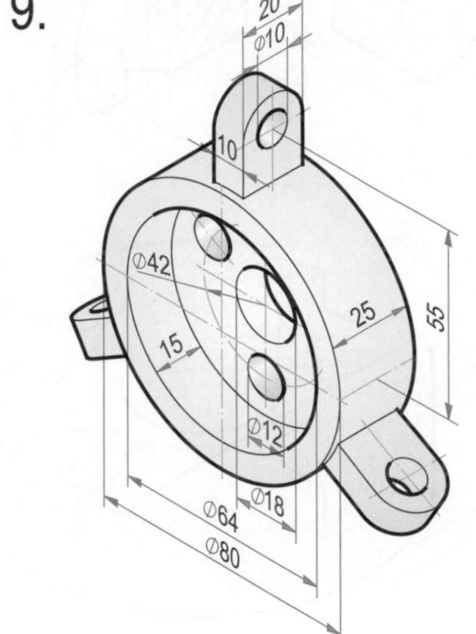
20
Ø10
10
Ø42
25
55
15
Ø12
Ø18
Ø64
Ø80

10.

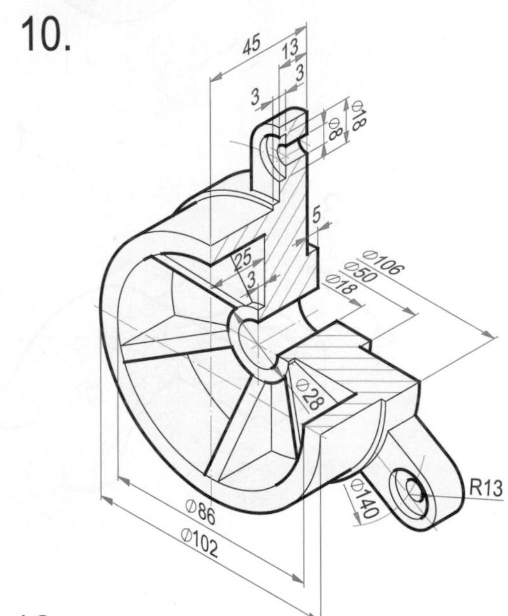
45
13
3
3
Ø18
Ø8
5
25
3
Ø106
Ø50
Ø18
Ø28
R13
Ø140
Ø86
Ø102

11.

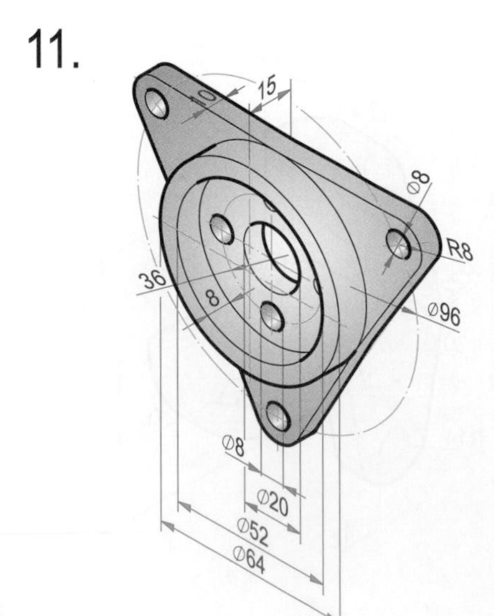
10
15
Ø8
R8
36
8
Ø96
Ø8
Ø20
Ø52
Ø64

12.

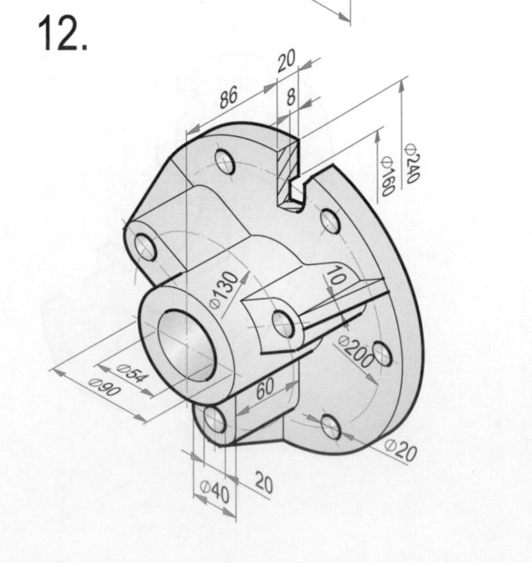
20
86
8
Ø240
Ø160
10
Ø130
Ø200
Ø54
Ø90
60
Ø20
Ø40
20

13.

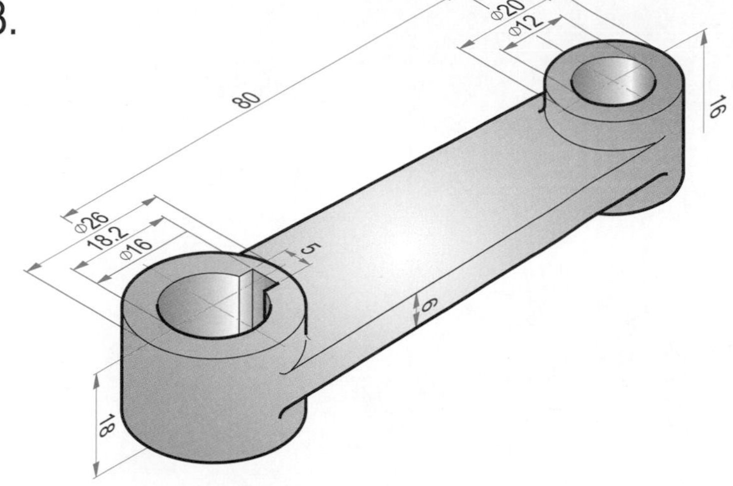
Φ20
Φ12
80
16
Φ26
18.2
Φ16
5
6
18

14.

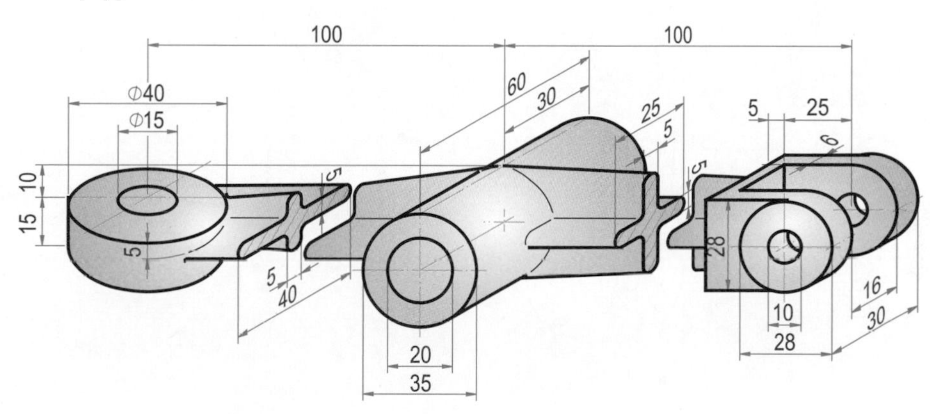
100
100
Φ40
Φ15
60
30
25
5
5
25
6
10
15
5
5
5
5
40
28
16
10
30
28
20
35

15.

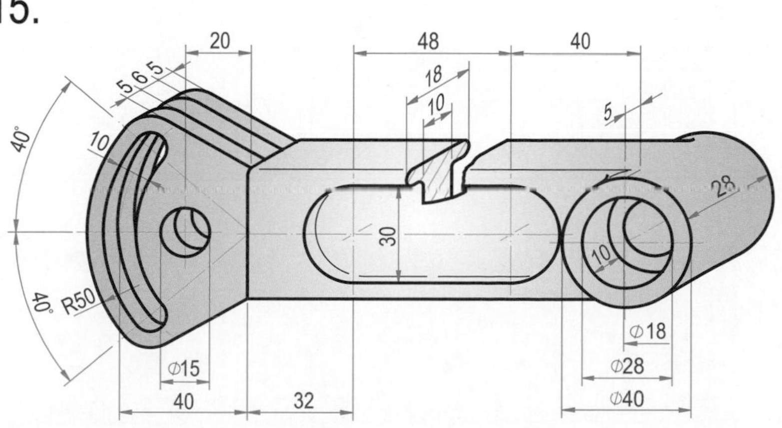
20
48
40
5 6 5
18
10
5
40°
10
28
30
10
40°
R50
Φ18
Φ15
Φ28
40
32
Φ40

Chapter

9

尺度標註

9-1 概 述

視圖爲表示物體的形狀，尺度則在表出物體的大小與位置。尺度包括**長度**、**角度**、**錐度**、**斜度**、**弧長**、**直徑**、**半徑**等。標註尺度應遵守國家標準的規定，力求正確簡明，方便讀圖者閱讀。尺度標註錯誤，影響加工生產與品質檢驗，在今天大量快速生產的情況下，將造成莫大的損失。

以**尺度界線**確定尺度之範圍，延伸於視圖輪廓外，以細實線繪製，與視圖的輪廓線不相接觸，約留 1mm 的空隙，伸出尺度線約 2～3mm，必要時尺度界線可以視圖輪廓線或中心線代替(圖 9-1)。

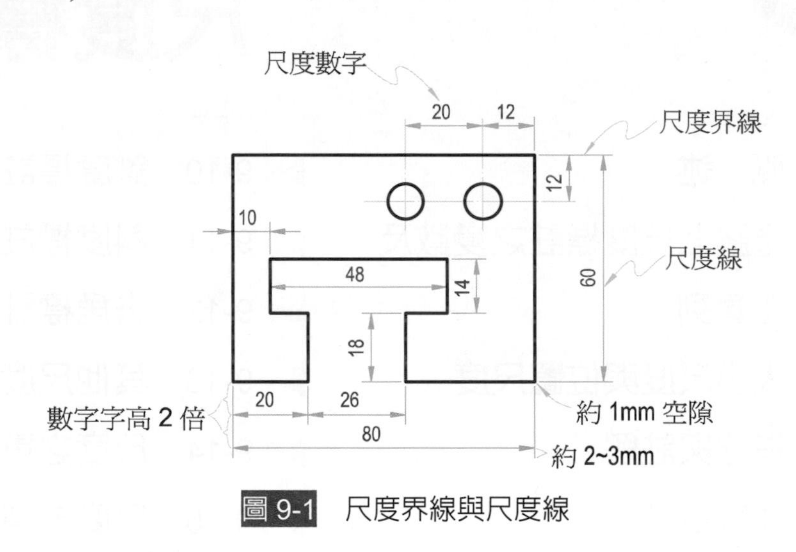

圖 9-1 尺度界線與尺度線

尺度線表出尺度之距離方向，多與尺度界線垂直，以細實線繪製，平行於其所表示的距離，各層尺度線間的距離約爲尺度數字字高之二倍。尺度線不得與視圖上任何線條重疊。當尺度界線與視圖輪廓線的夾角小於 10°時，尺度界線可不與尺度線垂直，而與尺度線夾 60°的傾斜角度(圖 9-2)。

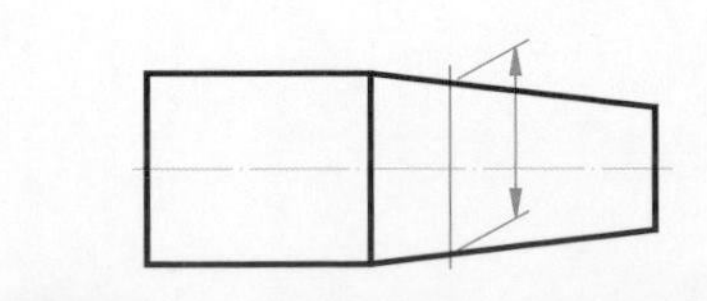

圖 9-2 尺度界線與尺度線不垂直

尺度線端的箭頭表示尺度之起迄，箭頭尖端應正好與尺度界線接觸。箭頭長度等於尺度數字字高 h，箭頭後端可採開尾式或塡空式，畫法如圖 9-3 所示，同一張圖上之箭頭應採用同一形式與同一大小。遇尺度線過短時，可將箭頭甚至尺度數字移至尺度界線之外側，相鄰之兩尺度線均甚短時，可以直徑約 1mm 之小黑點在原箭頭尖端上代替相對之兩箭頭(圖 9-4)。

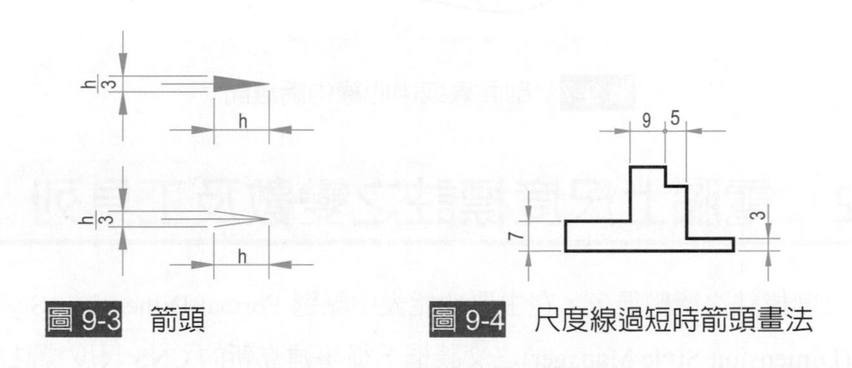

圖 9-3 箭頭　　圖 9-4 尺度線過短時箭頭畫法

尺度數字及其單位則決定尺度之大小(此即一般人所謂之尺寸)。數字的字高隨圖之大小而定，一般除 A0, A1 大小的圖外，約爲 2.5mm，順尺度線橫書於尺度線上方之中央，距尺度線約 1mm 處(圖 9-5)。尺度線不得因數字而中斷，當尺度線很短，數字寫在尺度界線外側時，尺度線也不中斷(圖 9-6)。當長度之單位爲 mm 時，尺度數字之後不必加註單位，否則應將單位註明，在一般物體上，除公差外，尺度都用整數的 mm。

圖 9-5 尺度數字順尺度線橫書於尺度線上方中央　　圖 9-6 尺度線不中斷

尺度的數字或符號應避免與任何線條相交錯，遇到剖面線或中心線時，則可將剖面線或中心線中斷讓開(圖 9-7)。

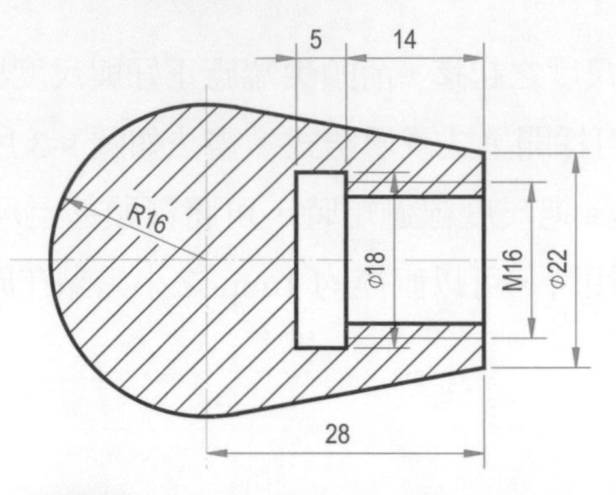

圖 9-7　剖面線或中心線中斷讓開

9-2　電腦上尺度標註之變數及工具列

電腦上尺度標註之變數很多，在主要功能表中點選 Format\Dimension Style 出現**標註型式管理員**(Dimension Style Manager)之交談框，從事建立新的 CNS 尺度標註型式，以符合國家標準之規定(表 9-1 至表 9-6)。然後運用尺度標註之工具列(圖 9-8)，點選工具列中之小圖標，得標註尺度之指令，進行尺度標註。

表 9-1　「標註型式管理員」之交談框

標註型式管理員

目前的標註型式: ISO-25
型式(S):
ISO-25
預覽: ISO-25
14,11
16,6
28,07
60°
R11,17
設為目前的(U)
新建(N)...
修改(M)...
取代(O)...
比較(C)...
列示(L):
所有型式
不列示外部參考內的型式(D)
描述
ISO-25
關閉
說明(H)

表 9-2 建立新的 CNS 尺度標註型式

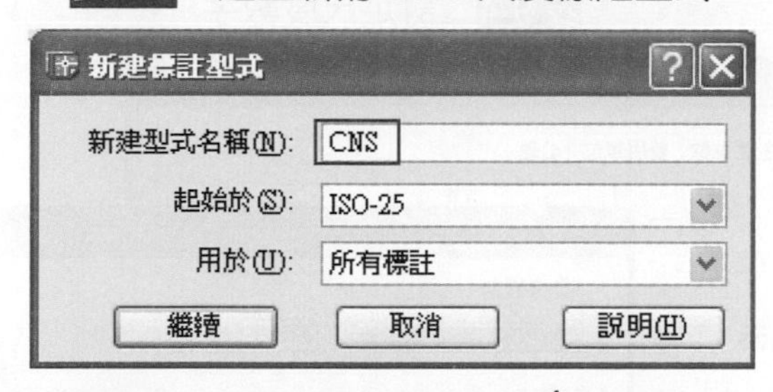

表 9-3 訂定尺度線、尺度界線和箭頭

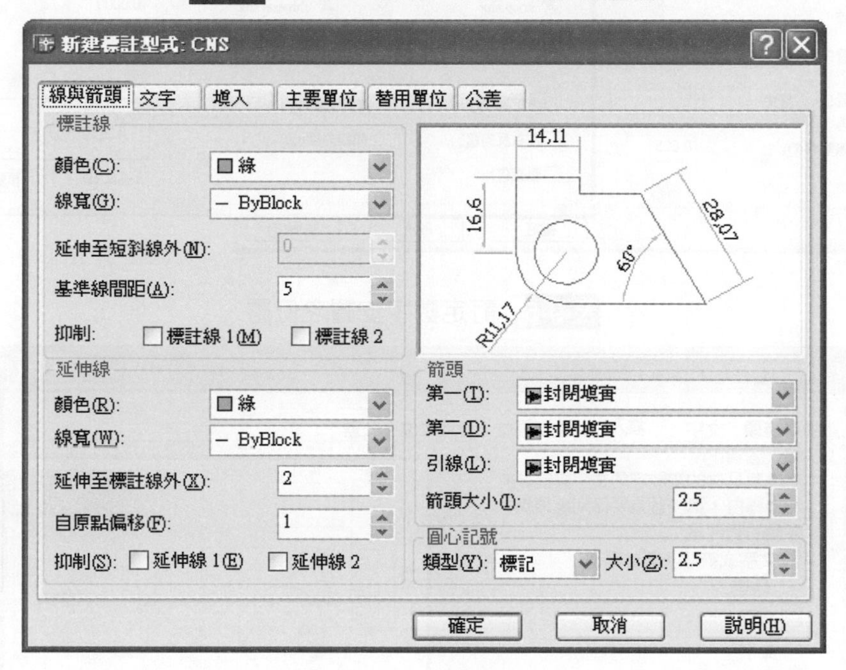

表 9-4　訂定尺度數字

表 9-5　訂定數字安置之位置

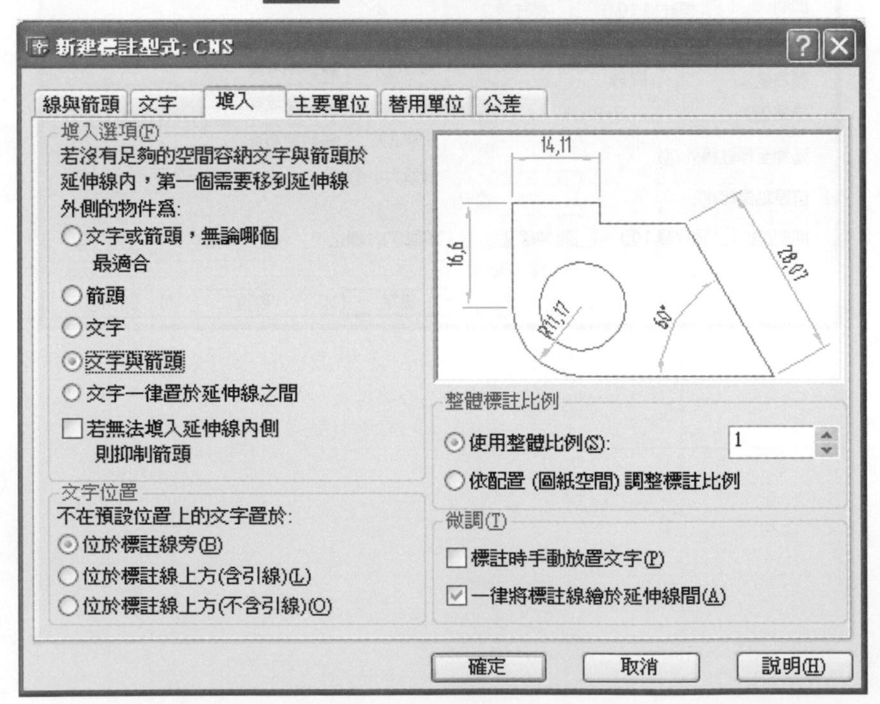

表 9-6　訂定數字單位

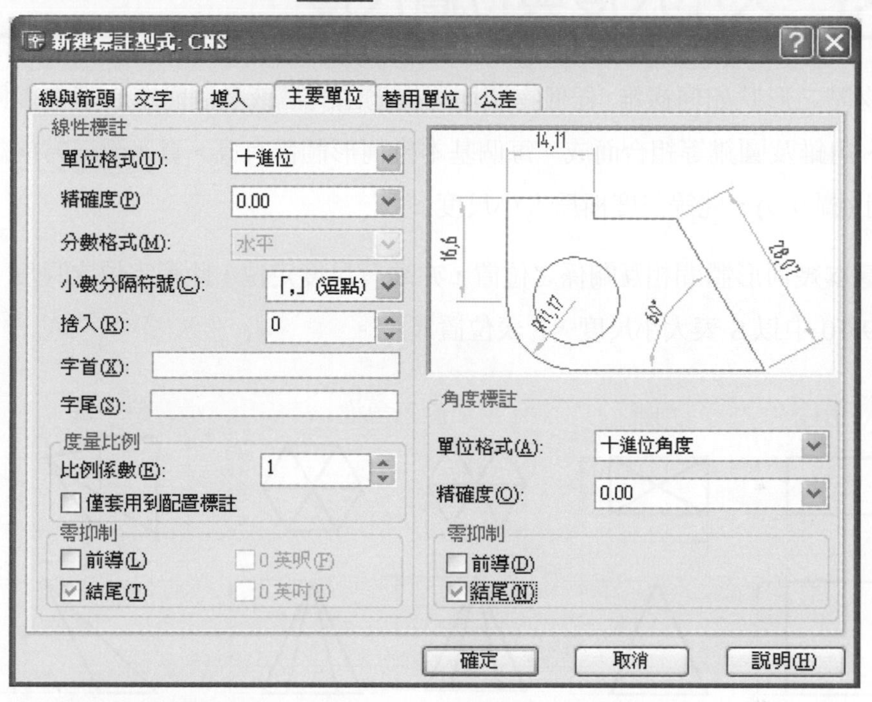

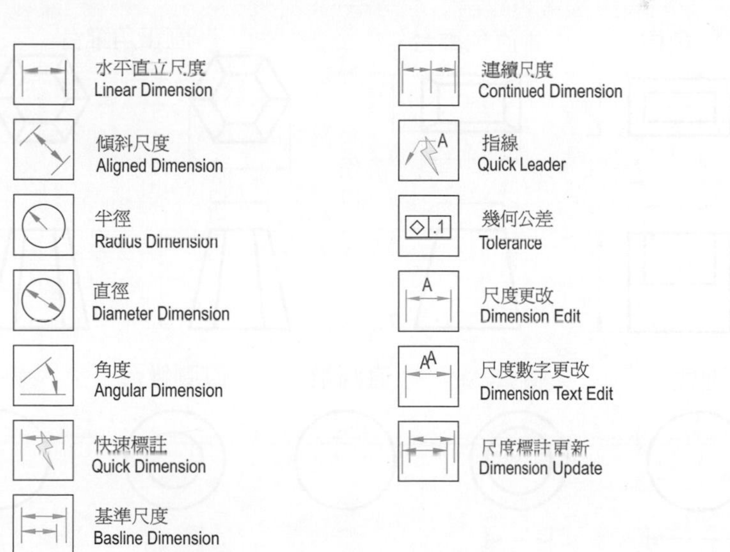

圖 9-8　尺度標註之工具列

9-3 大小尺度與位置尺度

不論物體之形狀如何複雜，任何物體均可視爲由一個或多個簡單之基本幾何形體如角柱、圓柱、角錐及圓錐等組合而成。每個基本幾何形體都有高、寬、深三方向之尺度，以表出其大小(圖 9-9)，此等尺度稱爲大小尺度。

各個基本幾何形體間相互關係之位置，亦須有尺度定位，此等定位之尺度，稱爲位置尺度。圖 9-10 中以 S 表大小尺度，P 表位置尺度。

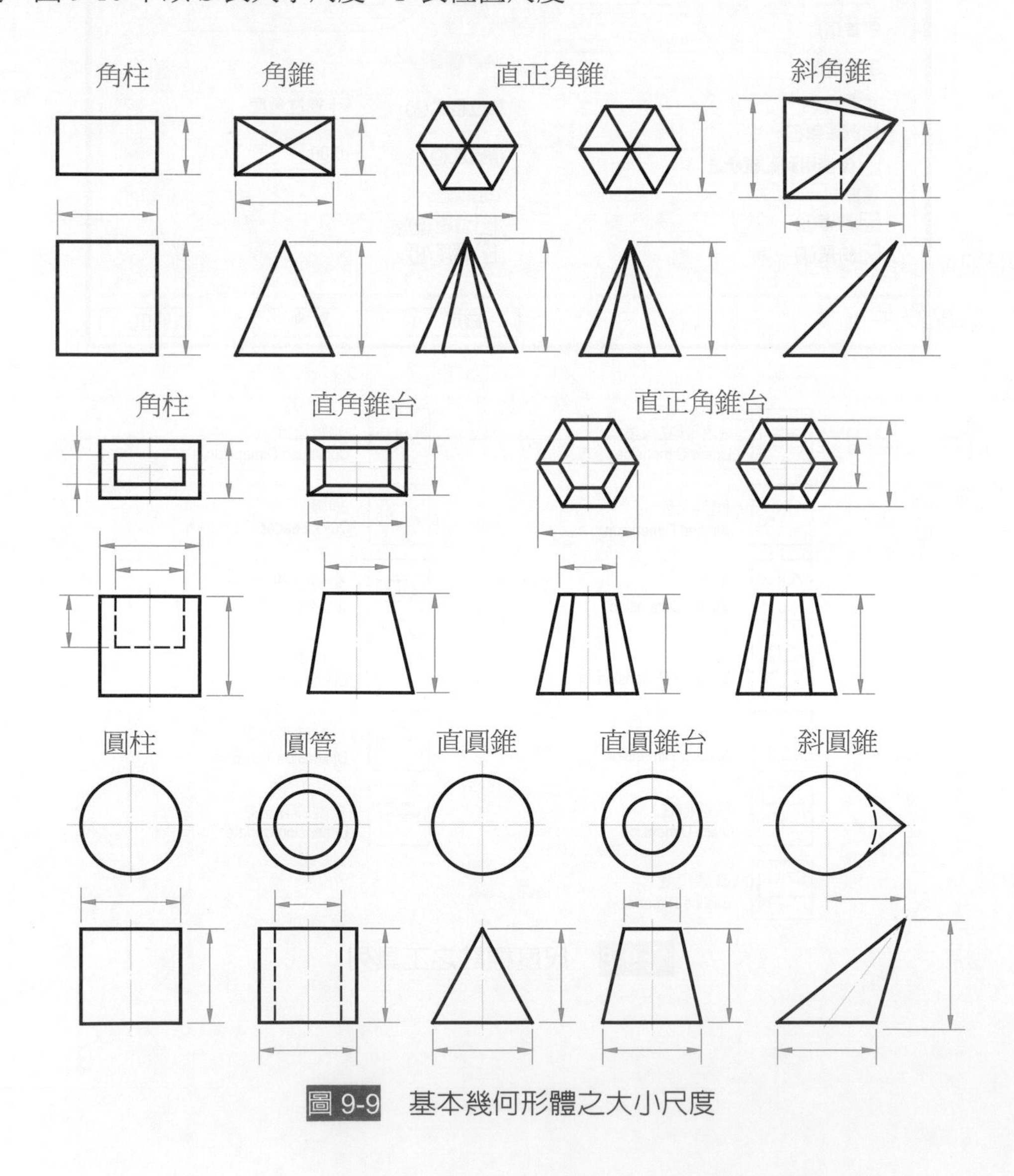

圖 9-9 基本幾何形體之大小尺度

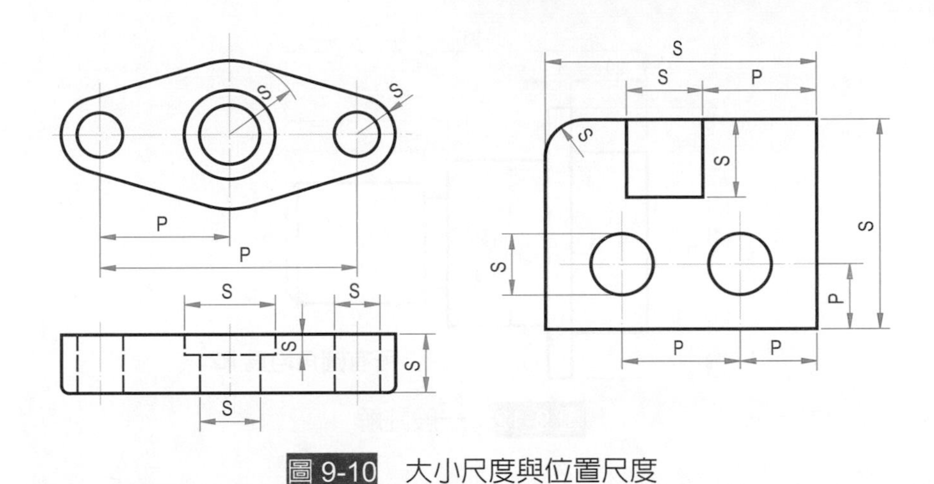

圖 9-10 大小尺度與位置尺度

9-4 指線與註解

指線由一段水平線與一段斜線組成，以細實線繪製，斜線端帶有箭頭，斜線要避免與圖中其他線條平行。

註解是以文字與符號等提供與圖有關之資料，凡不能用視圖或尺度表達者，都用註解表出。註解有**專用註解**與**一般註解**二種：專用註解是針對某一部位而言，要用指線，將指線箭頭指在欲註明註解之處，註解文字則寫在指線之水平線上方，水平線應與註解等長(圖 9-11)。一般註解則就圖之全部而言，毋需指線，須集中寫在視圖之下方，或靠近標題欄(圖 9-12)。通常註解之中文字高 3.5mm、英文字高 2.5mm。

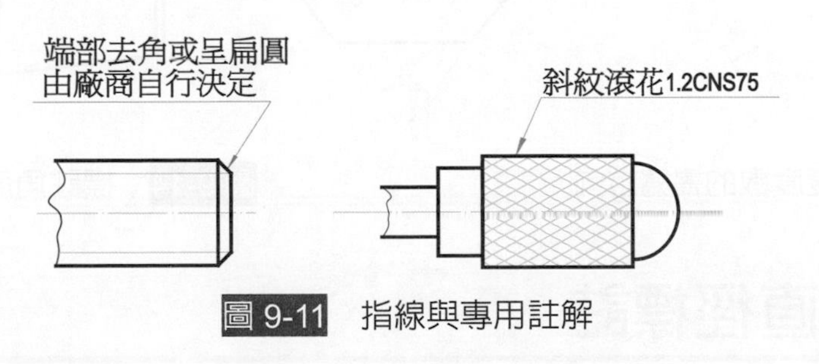

圖 9-11 指線與專用註解

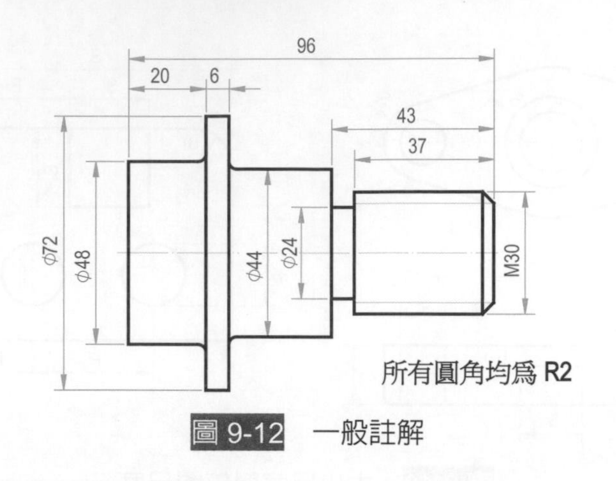

圖 9-12　一般註解

9-5　角度標註

角度的尺度線是以角的頂點為圓心之一段圓弧。角的大小，一般以度數表達，度數的書寫方向如圖 9-13 所示。部位狹窄的角度可標註於對頂角方向(圖 9-14)。在電腦上，角度度數的符號「°」，可以控制碼「%%d」得之。

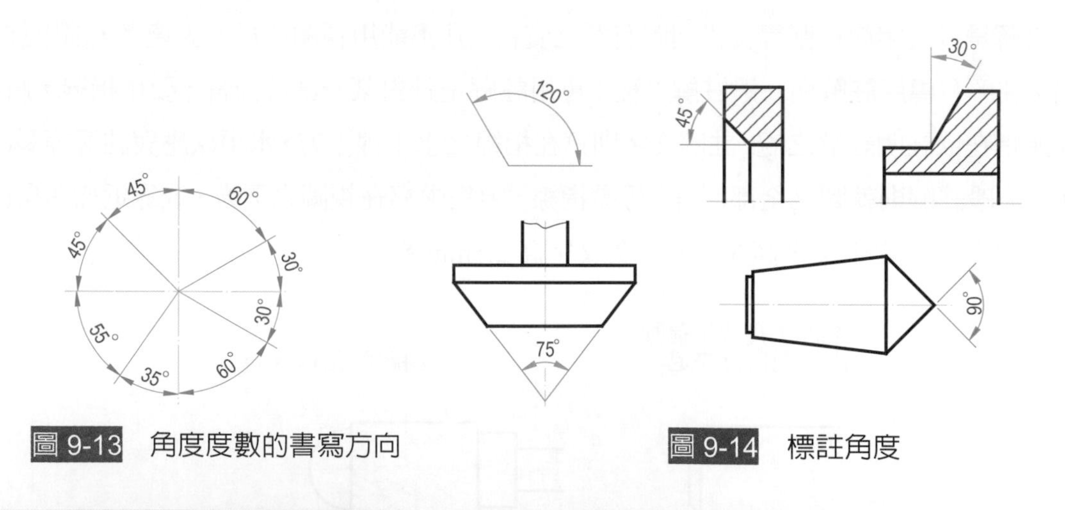

圖 9-13　角度度數的書寫方向

圖 9-14　標註角度

9-6　直徑標註

圓之大小以直徑表示，由直徑符號與直徑數字連寫而成。**直徑符號「 ∅ 」**，其高度粗細與數字相同，符號中之直線與尺度線約成 75°，其封閉曲線為一正圓形(圖 9-15)。在電腦上，直徑符號「 ∅ 」，可以控制碼「%%c」得之。標註直徑時，直徑符號註在直徑數字之前，不得省略。

∅12

圖 9-15　直徑符號之畫法

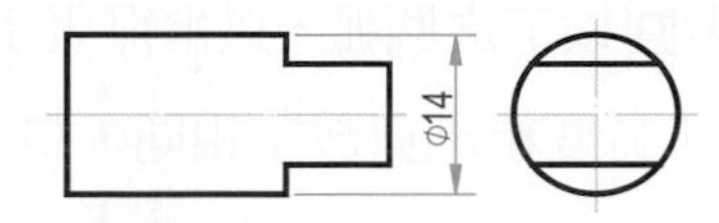

圖 9-16　標註整個圓的直徑

整個圓的直徑，應標註於非圓形之視圖上爲原則(圖 9-16)。若僅有圓形視圖時(圖 9-17)或在孔位圓中(圖 9-18)，直徑尺度始可標註於圓形視圖上，此時之尺度線爲傾斜之直徑線，但若由圓周引出尺度界線，則尺度界線必須平行於圓之中心線(圖 9-19)。

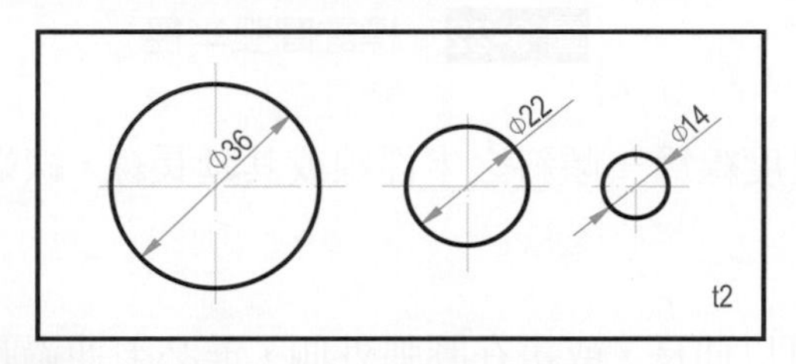

圖 9-17　僅有圓形視圖時標註圓的直徑

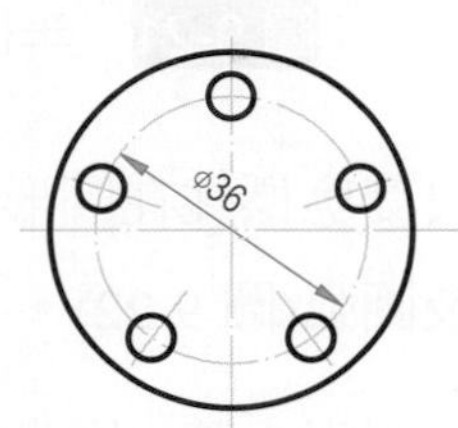

圖 9-18　孔位圓的直徑標註

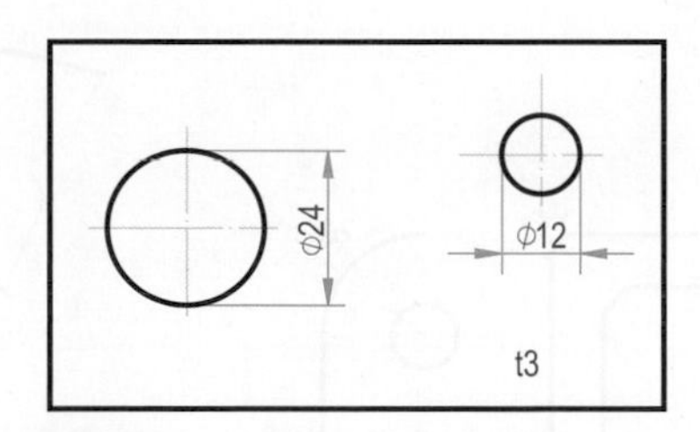

圖 9-19　由圓周引出之尺度界線

半圓或半圓以上之圓弧應註其直徑尺度於圓形視圖上(圖 9-20)。

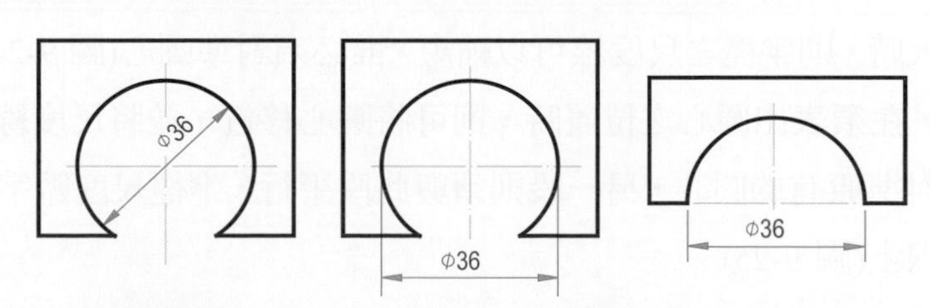

圖 9-20　半圓或半圓以上之圓弧應標註其直徑

9-7 半徑標註

半圓以及半圓以下之圓弧，以半徑表示其大小，由半徑符號與半徑數字連寫而成。**半徑符號「R」**，其高度粗細與數字相同。標註半徑時，半徑符號註在半徑數字之前，不得省略(圖 9-21)。

R5

圖 9-21 半徑符號之畫法

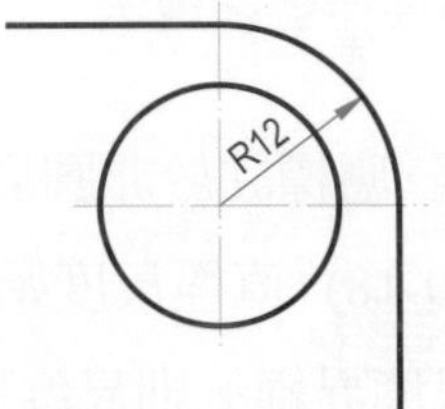

圖 9-22 標註圓弧半徑

半徑尺度應標註在圓形視圖上，其尺度線為一傾斜之半徑線或其延長線，線端只有一個箭頭觸及圓弧(圖 9-22)。

圓弧半徑過小時，則半徑之尺度線可以伸長，或畫在圓弧外側，惟必須通過圓心或對準圓心(圖 9-23)。

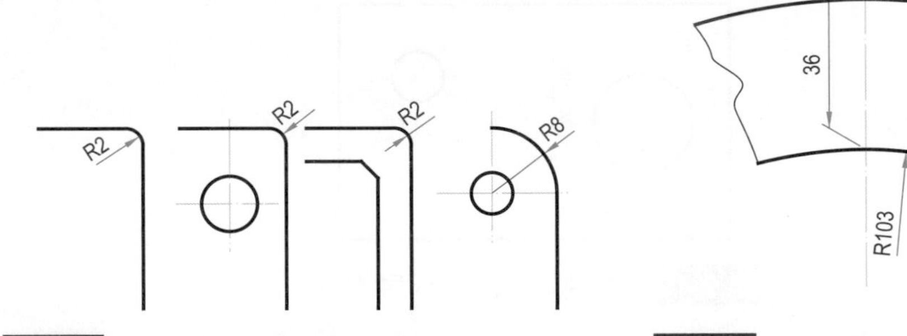

圖 9-23 半徑過小時各種標註法

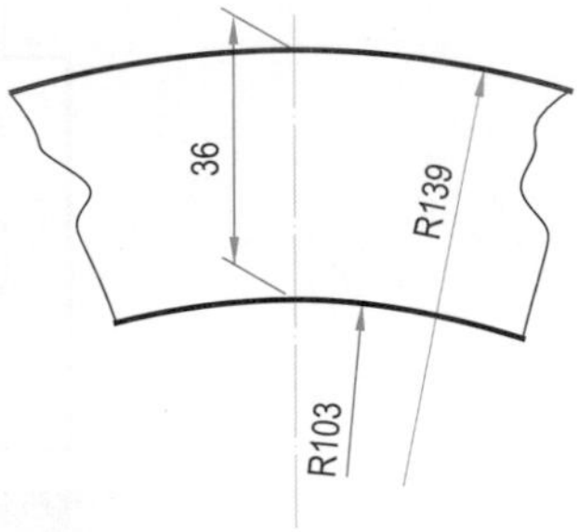

圖 9-24 半徑過大時之標註法

圓弧半徑過大時，則半徑之尺度線可以縮短，惟必須對準圓心(圖 9-24)。如半徑很大，圓心離圓弧很遠，在須表出圓心之位置時，則可將圓心移近，並將尺度線轉折，帶箭頭的一段尺度線必須對準原有的圓心，另一段則須與此段平行，半徑尺度數字及符號須註在帶箭頭之一段尺度線上(圖 9-25)。

一般凸出之半圓弧，亦可以半徑表出其大小(圖 9-26)。

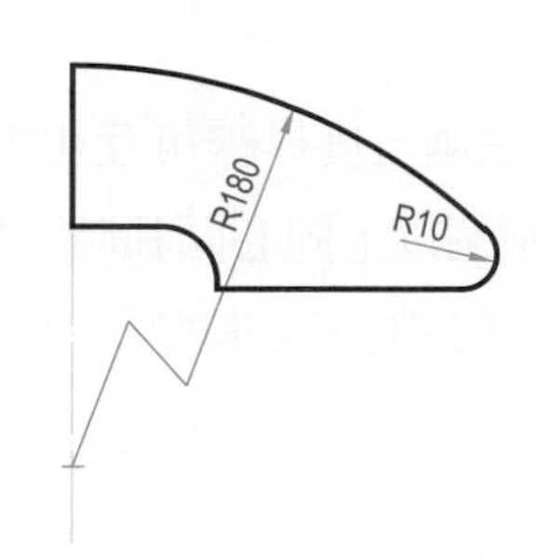

圖 9-25 半徑大且須表出圓心位置時之標註法

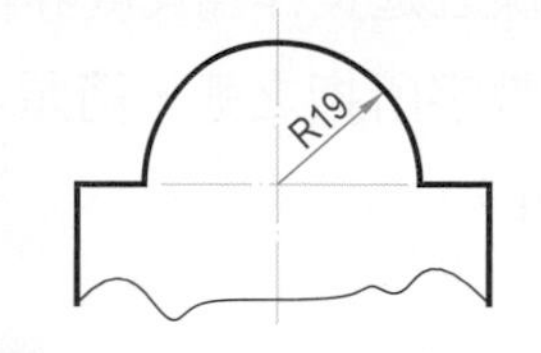

圖 9-26 一般凸出之半圓弧可標註其半徑

9-8 厚度標註

平板形的物體，可在其視圖內或在其視圖下方附近，以**厚度符號「t」**加註在厚度數字之前，表明其板厚(圖 9-27)，由此可省略顯示板厚之視圖，而以一個視圖表達其形狀。厚度符號之高度粗細與標註尺度之數字相同。

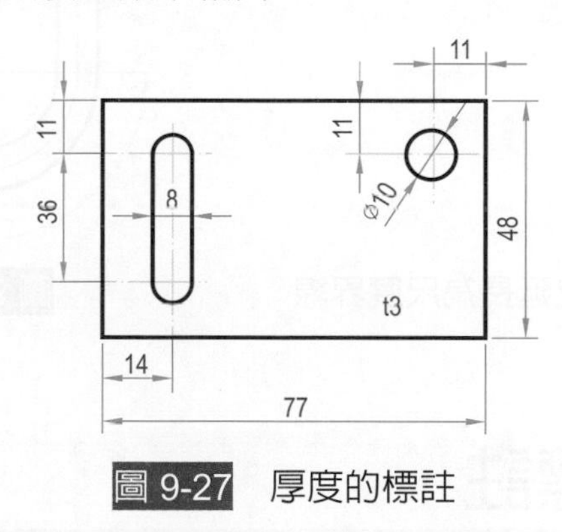

圖 9-27 厚度的標註

9-9 弧長標註

弧長係表示圓弧之長度，以弧長符號與弧長數字表示。

弧長符號為一直徑等於標註尺度數字高度之半圓弧，其粗細與數字相同，標註在尺度數字之前，弧長之尺度線為一段圓弧，與弧線同一圓心。

當只有一個非連續圓弧，且圓心角小於 90°，弧長之兩尺度界線可互相平行(圖 9-28)。否則使用半徑線之延長作爲尺度界線(圖 9-29)。若有兩個以上同心圓弧時，則須用箭頭示明弧長之尺度數字所指之弧，箭頭之尾端與尺度線或弧長數字之間應留 1mm 之空隙(圖 9-29 和圖 9-30)。

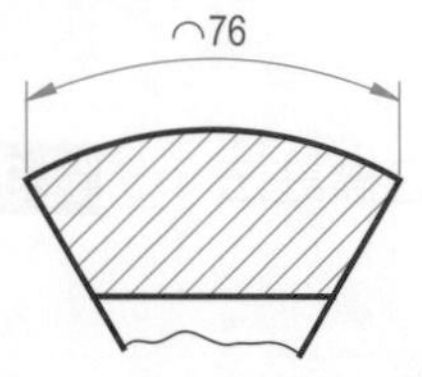

圖 9-28　圓心角小於 90°之一個弧長

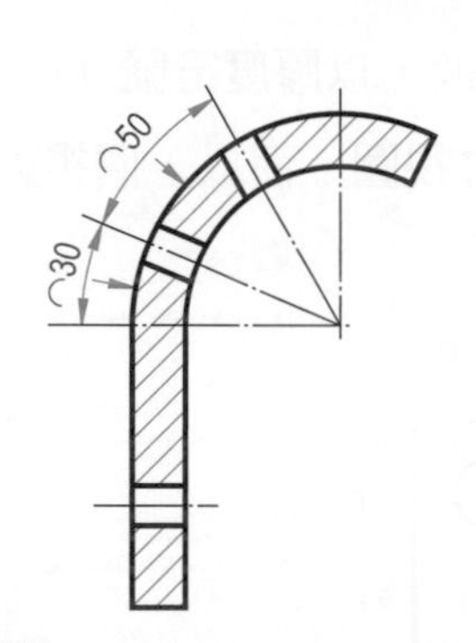

圖 9-29　用半徑線之延長為尺度界線

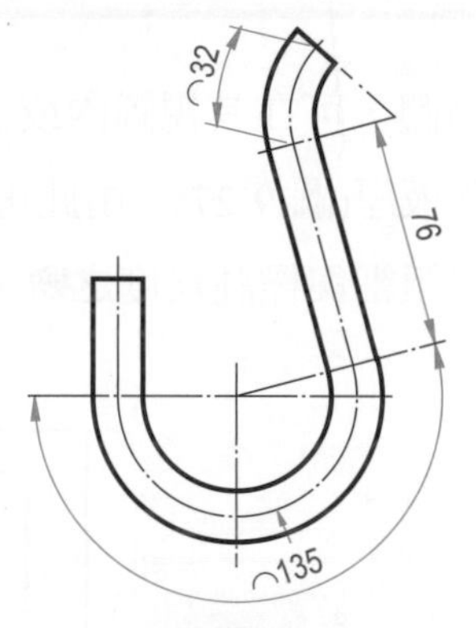

圖 9-30　中心線圓弧長

9-10 錐度標註

錐度指圓錐兩端直徑差與其長度之比值(圖 9-31)。**錐度符號**「 ⊳ 」之高度粗細與尺度數字相同，設尺度數字高度 h，則符號水平方向之長度約爲 1.5h(圖 9-32)，符號之尖端恆指向右方。

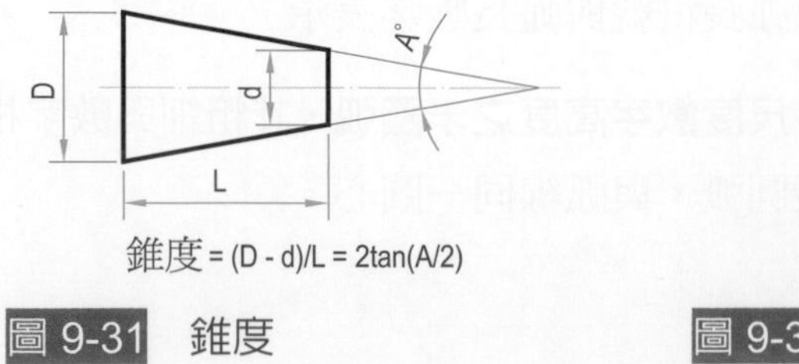

圖 9-31　錐度

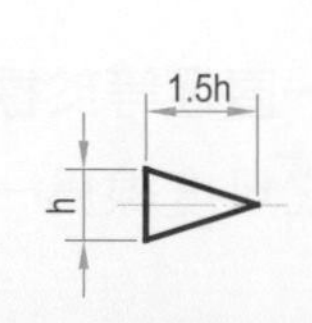

圖 9-32　錐度符號畫法

在視圖上以錐度符號標註錐度，如同專用註解之標註，運用指線，在錐度符號之後加註其比值，例如「 ⊳ 1:5」，即表示圓錐軸向長 5 單位時，兩端直徑差為 1 單位(圖 9-33)。特殊規定之錐度，如莫氏錐度(MT)、白氏錐度(BS)等，則在錐度符號之後寫其代號以代替比值(圖 9-34)。

錐度亦可以一般尺度標註法標註之(圖 9-35)。

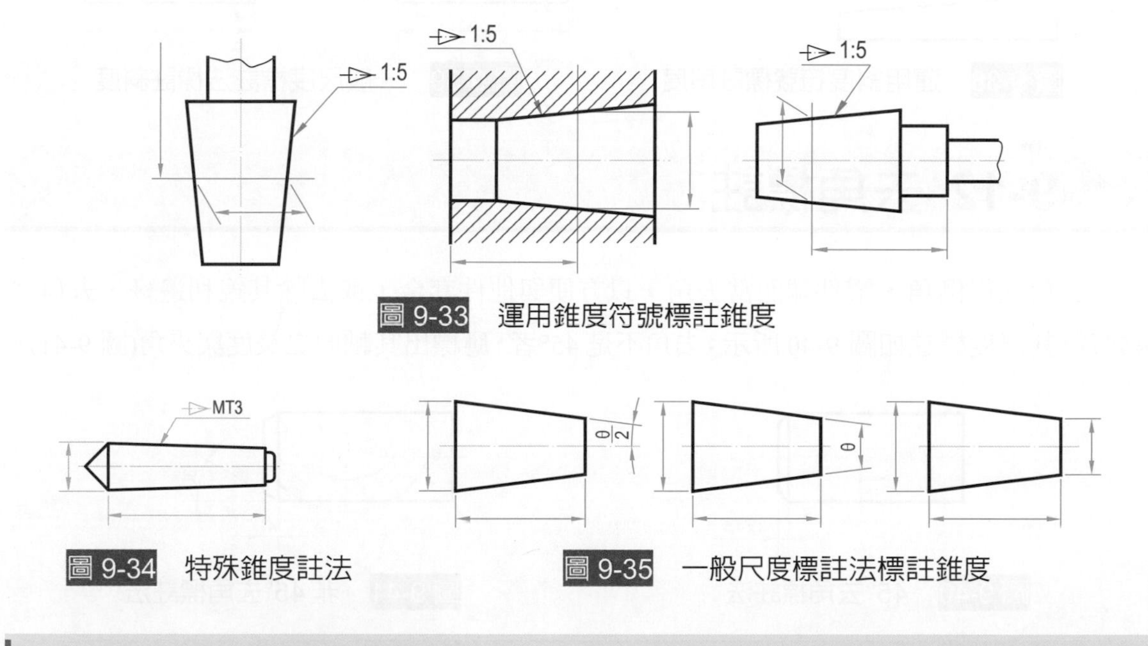

圖 9-33 運用錐度符號標註錐度

圖 9-34 特殊錐度註法

圖 9-35 一般尺度標註法標註錐度

9-11 斜度標註

斜度是指傾斜面或傾斜線兩端高低差與其兩端間距離之比值(圖 9-36)。斜度符號「 ◺ 」之高為尺度數字字高 h 之半，粗細與尺度數字相同，符號水平方向之長度約為 1.5h，即尖角約為 15°(圖 9-37)，符號之尖端恆指向右方。

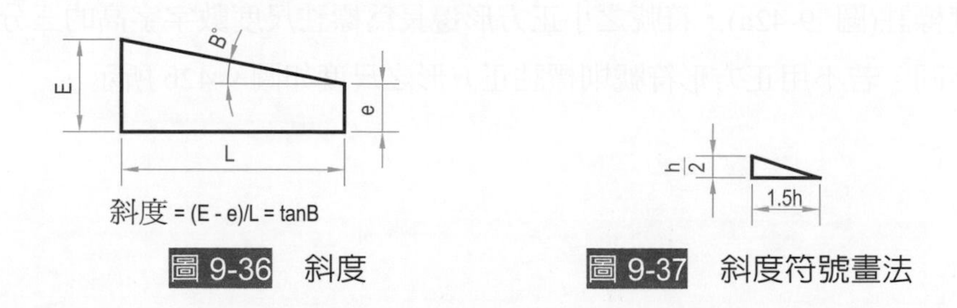

圖 9-36 斜度

圖 9-37 斜度符號畫法

在視圖上以斜度符號標註斜度，如同專用註解之標註，運用指線，在斜度符號之後加註其比值，例如「 ⊿ 1：12」，即表示傾斜面或傾斜線兩端間距離爲 12 單位時，兩端高低差爲 1 單位(圖 9-38)。斜度亦可依一般尺度標註法標註之(圖 9-39)。

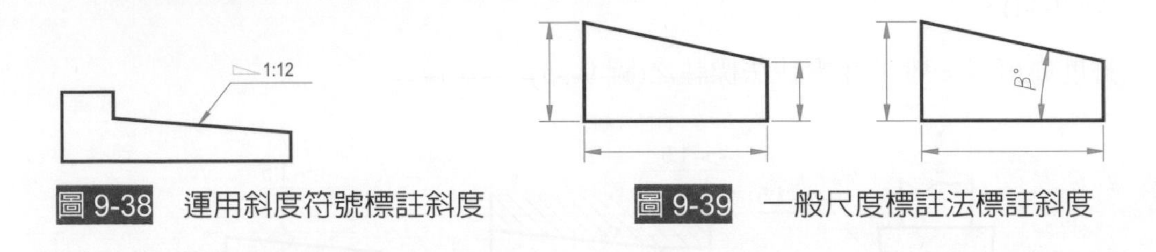

圖 9-38　運用斜度符號標註斜度　　圖 9-39　一般尺度標註法標註斜度

9-12 去角標註

去角又稱倒角，零件端面常去角，以方便與他件套合，或去除其銳利邊緣，去角爲 45°者，其尺度標註如圖 9-40 所示；去角不是 45°者，應標出其軸向之長度與夾角(圖 9-41)。

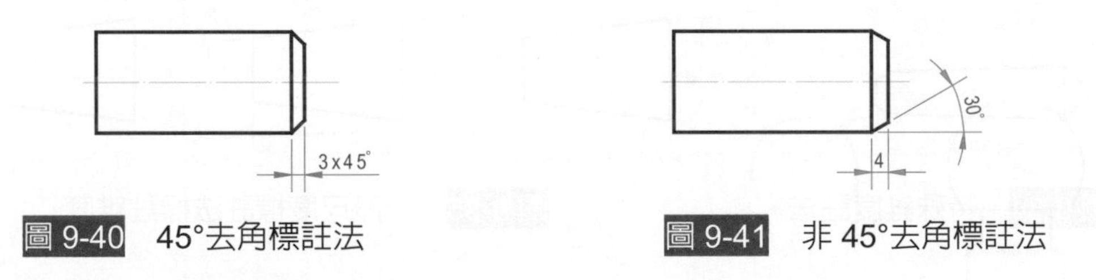

圖 9-40　45°去角標註法　　圖 9-41　非 45°去角標註法

9-13 其他尺度標註方法

一、正方形尺度標註

正方形係四邊邊長相等，且相鄰之兩邊互相垂直，可運用正方形符號「 □ 」，以簡化其尺度標註(圖 9-42a)，符號之小正方形邊長爲標註尺度數字字高的三分之二，粗細與尺度數字同。若不用正方形符號則標註正方形之尺度如圖 9-42b 所示。

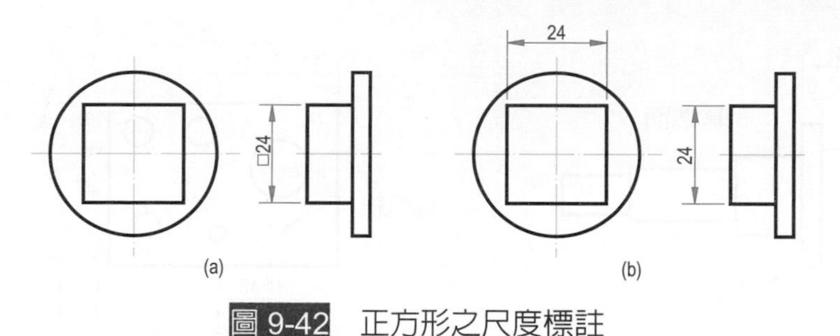

圖 9-42 正方形之尺度標註

二、球面尺度標註

球面之大小，以圓之半徑或直徑表示之，標註的方法與圓或圓弧相同，惟須在其前加註球面之符號「S」，其高度粗細與尺度數字相同(圖 9-43)。

常用零件之端面，例如圓桿端面、鉚釘頭、螺釘頭、手柄端等，其球面符號常予省略不註(圖 9-44)。

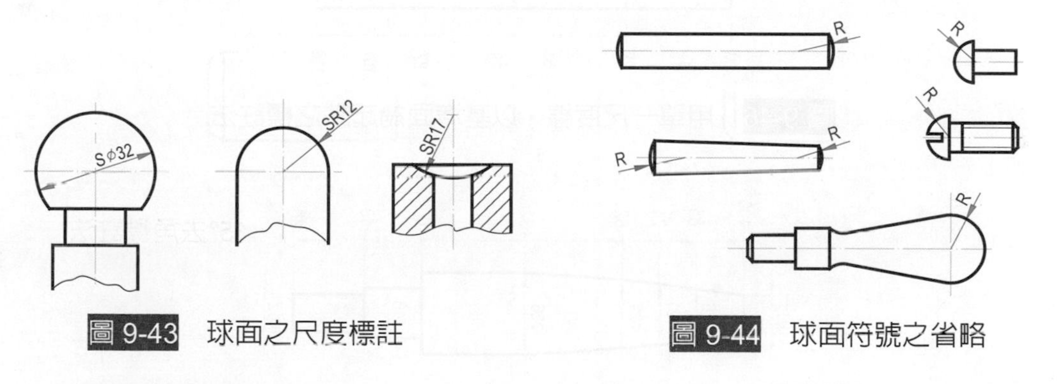

圖 9-43 球面之尺度標註

圖 9-44 球面符號之省略

三、基準尺度標註

爲加工需要，常以機件之某加工面或某線爲基準，而將各尺度均以此等基準爲起點標註，此種尺度稱爲基準尺度(圖 9-45)。

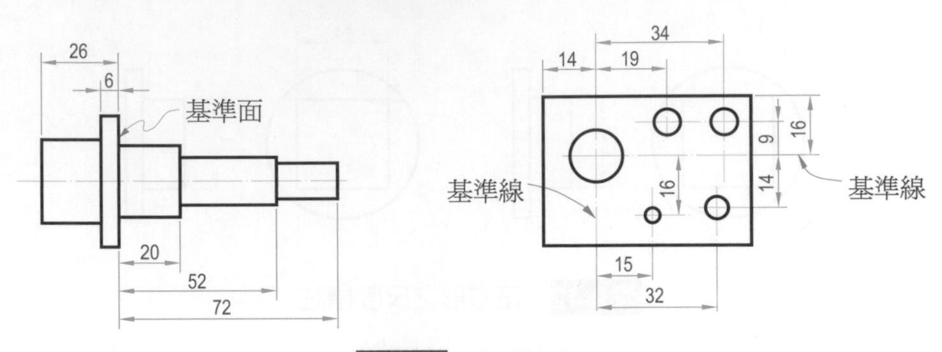

圖 9-45 基準尺度

爲減少尺度線之層數，當採用一個基準面或基準線時，基準尺度可用單一尺度線以基準面或基準線爲起點，用小圓點表示，各尺度線用單向箭頭，尺度數字註在尺度界線末端，以表示其位置距離(圖 9-46、圖 9-47、圖 9-48、圖 9-49)。

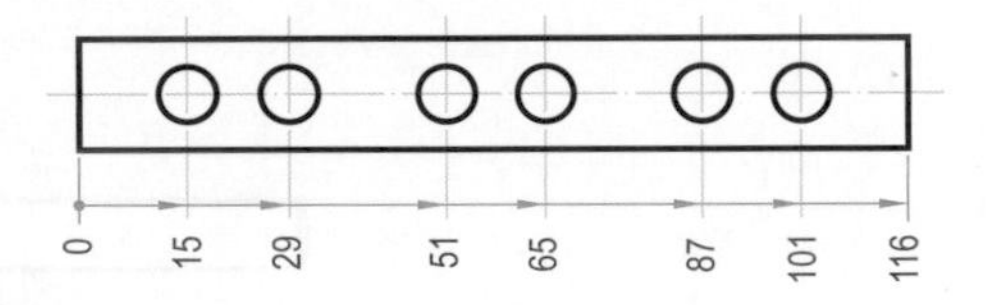

圖 9-46 用單一尺度線，以基準面為起點之標註法

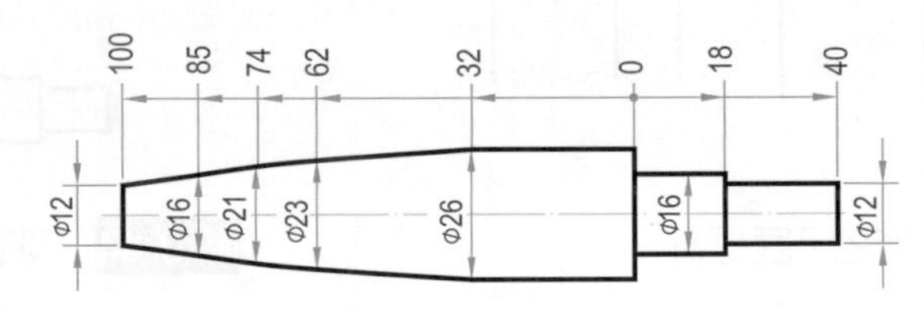

圖 9-47 用單一尺度線，以基準面為起點兩側之標註法

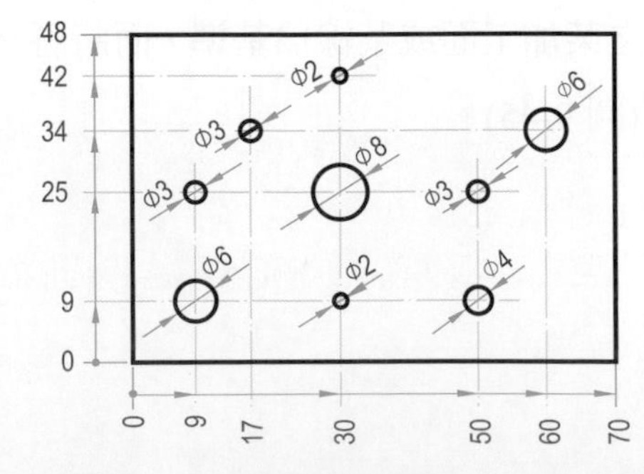

圖 9-48 用單一尺度線，以基準面為起點，水平與垂直位置之標註法

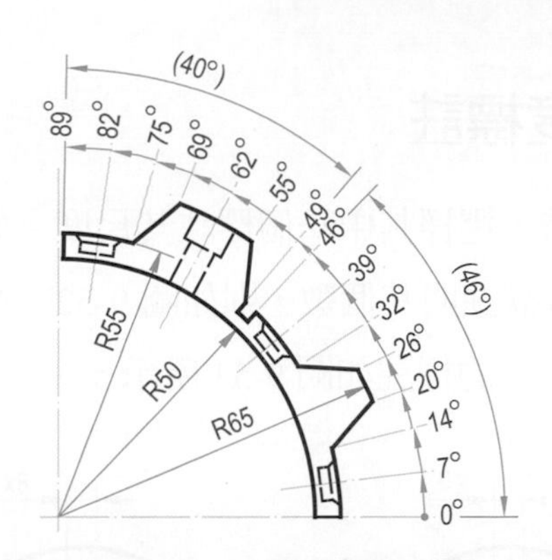

圖 9-49　用單一尺度線，以基準線為起點，角度之標註法

若採用列表的方式，將各孔編號，則可將圖 9-48 簡化成圖 9-50。

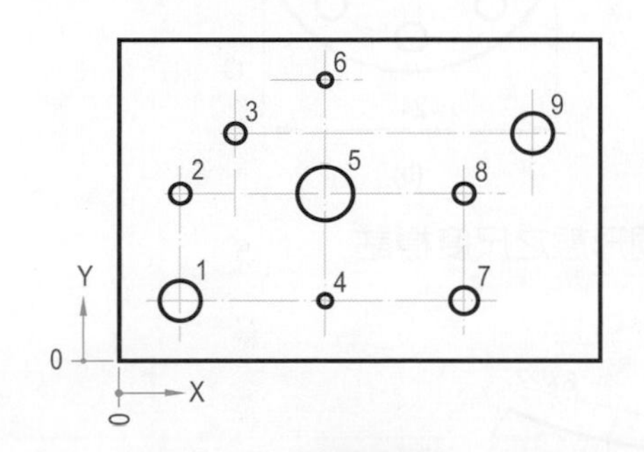

	1	2	3	4	5	6	7	8	9
X	9	9	17	30	30	30	50	50	60
Y	9	25	34	9	25	42	9	25	34
∅	6	3	3	2	8	2	4	3	6

圖 9-50　用列表方式標註基準尺度

四、連續尺度標註

尺度一個連接一個，成爲一串之尺度，稱爲連續尺度(圖 9-51)。標註連續尺度可減少尺度之層數，但各連續尺度之誤差會累積，且相互干擾，所以在不影響機件功能之部位，才適合標註連續尺度。

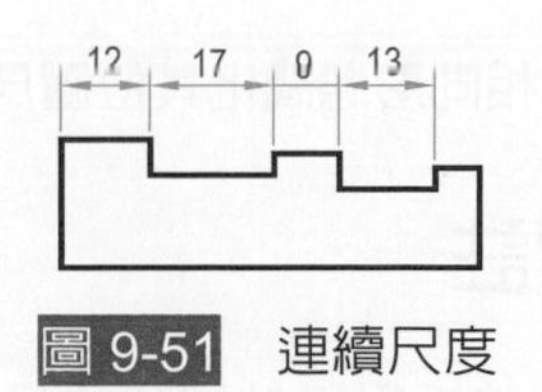

圖 9-51　連續尺度

五、相同形態之尺度標註

物體上有多個相同形態時，選擇其中一個標註其尺度。如圖 9-52a 中，有八個相同的小圓孔，個數可不加註明。若欲註明其個數，則如圖 9-52b 所示。若其間隔距離或間隔角度也相等，可以簡化其位置尺度的標註如圖 9-53 所示。

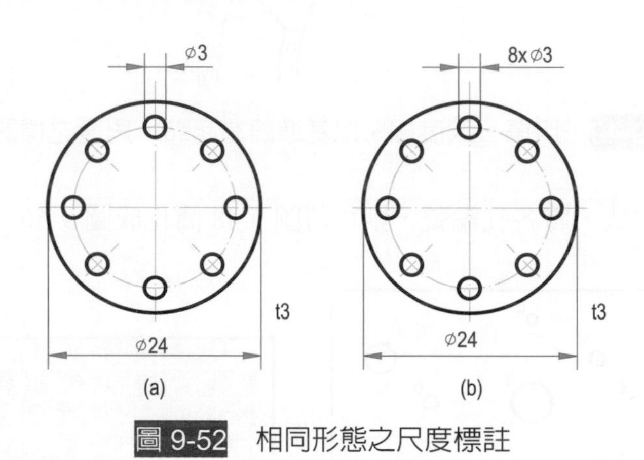

圖 9-52 相同形態之尺度標註

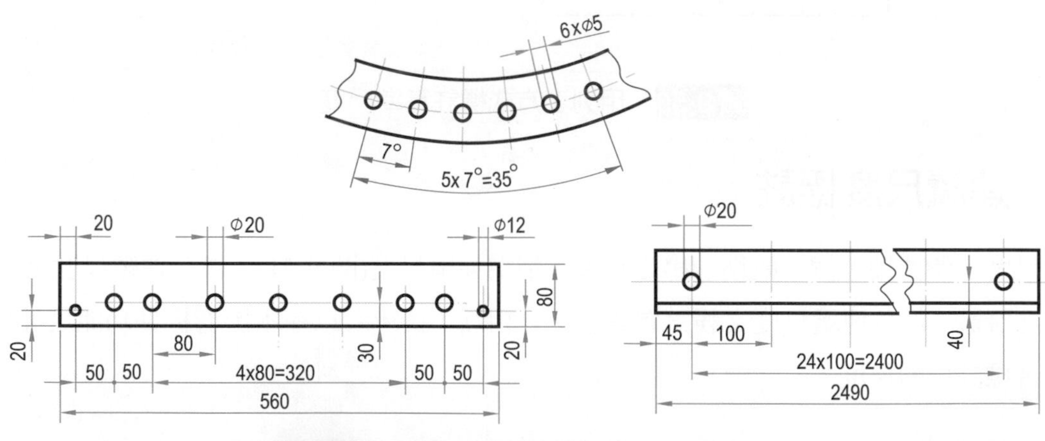

圖 9-53 相同形態簡化其位置尺度之標註

六、對稱形態之尺度標註

物體成對稱形態時，可以中心線爲對稱軸標註其尺度，因而省略多個位置尺度，例如圖 9-54a 中物體左右成對稱形態，省略多個水平之位置尺度，但當此等尺度有多層時，尺度之數字呈對齊狀，易使讀者閱讀產生疲勞，宜稍移動數字位置，使之左右錯開(圖 9-54b)。

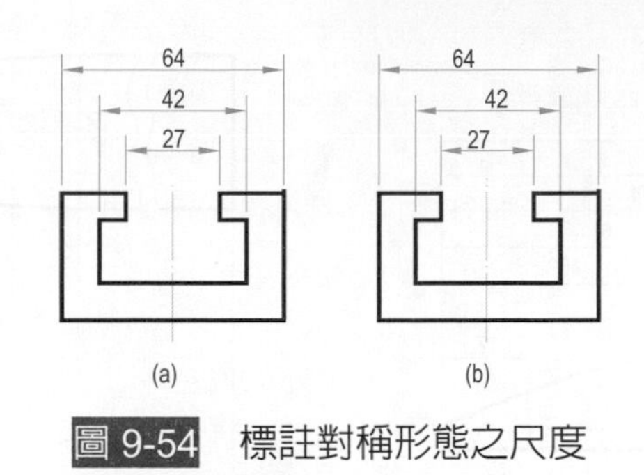

圖 9-54 標註對稱形態之尺度

七、稜角消失部位之尺度標註

物體之稜角因去角或圓角而消失時，標註該部位之尺度，應將原有之稜角以細實線補畫出，並由角的頂點處引尺度界線，或在角的頂點處加一圓點，再由此小圓點引尺度界線(圖 9-55)。

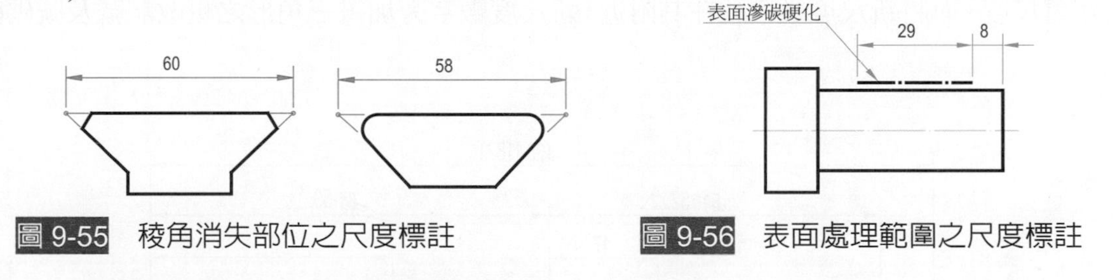

圖 9-55 稜角消失部位之尺度標註

圖 9-56 表面處理範圍之尺度標註

八、表面處理範圍之尺度標註

物體某部位之表面需特別處理時，在距離該部位輪廓線約 1mm 處，以粗的一點鏈線表出其範圍，並標註尺度，再以註解註明其處理方法(圖 9-56)。

九、不規則曲線之尺度標註

不規則曲線之尺度，不需高度準確時，通常用支距方式標註(圖 9-57)。比較精密時，用座標方式標註，即應用基準線之標註方法(圖 9-58 和圖 9-59)。

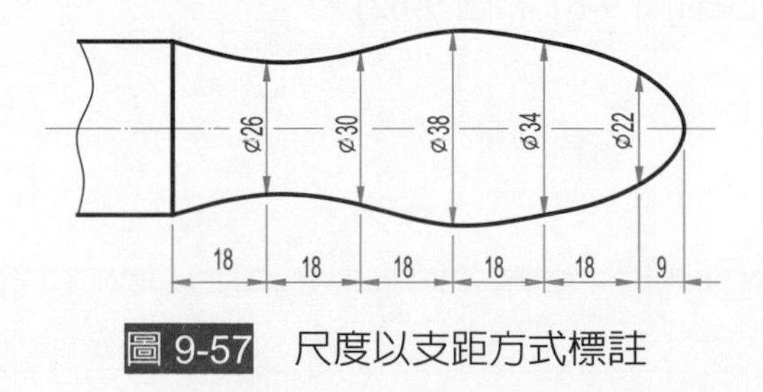

圖 9-57 尺度以支距方式標註

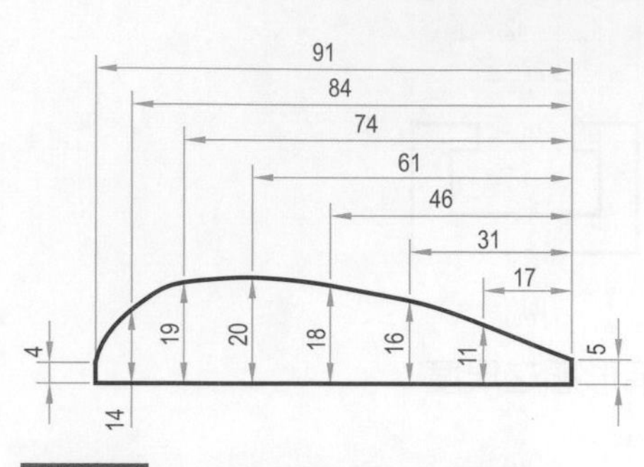

圖 9-58 尺度以座標方式標註

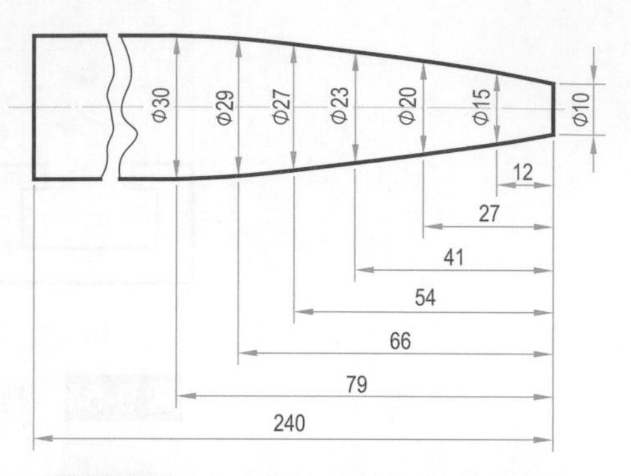

圖 9-59 尺度以基準線方式標註

十、尺度更改之標註

當圖中某尺度因設計或製造之需要，必須更改時，此時不宜將舊尺度刪除，應以雙線劃除舊尺度，而將新尺度數字註在其附近，新尺度數字旁加畫三角形之更改記號及號碼(圖9-60)。

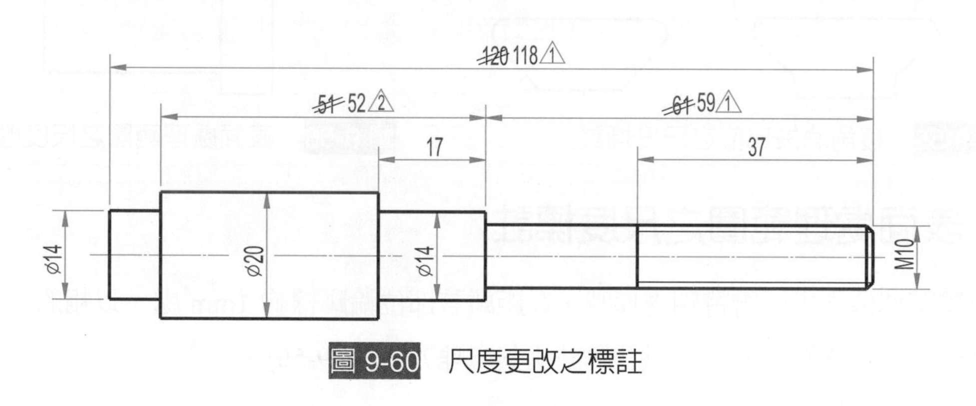

圖 9-60 尺度更改之標註

十一、半視圖與半剖視圖之尺度標註

半視圖或半剖視圖其省略之一半，可不畫一條尺度界線及此尺度線一端之箭頭，惟其尺度線之長必須超過中心線(圖 9-61 和圖 9-62)。

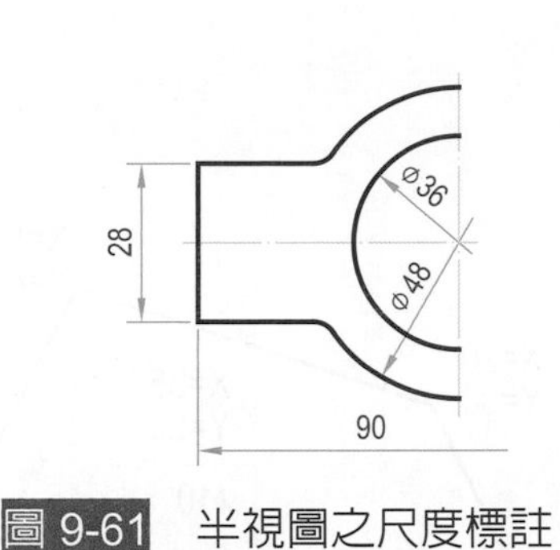

圖 9-61 半視圖之尺度標註

圖 9-62 半剖視圖之尺度標註

十二、半圓突緣與凹槽之尺度標註

半圓突緣或凹槽與直線相連部分之尺度，多標註其相距之寬度，而不標註其半徑(圖 9-63)。

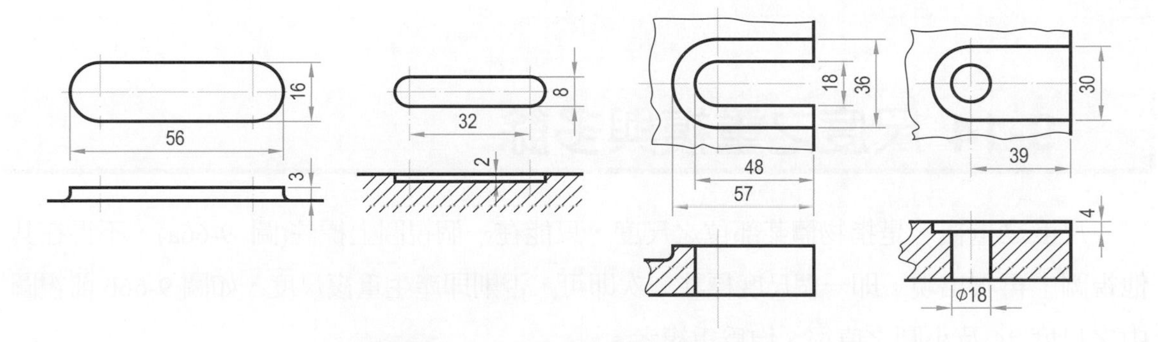

圖 9-63 半圓突緣與凹槽之尺度標註

十三、以座標決定點之位置，代替尺度標註

直角座標之橫座標 X 軸與縱座標 Y 軸相交於原點，以小圓點表明，原點之標度為 O，橫座標之標度由原點向右為正值，向左為負值，縱座標之標度由原點向上為正值，向下為負值，負值時均應加註符號“－”。

標度可以表格方式表示(圖 9-64)，也可以直接標註在各點旁(圖 9-65)。

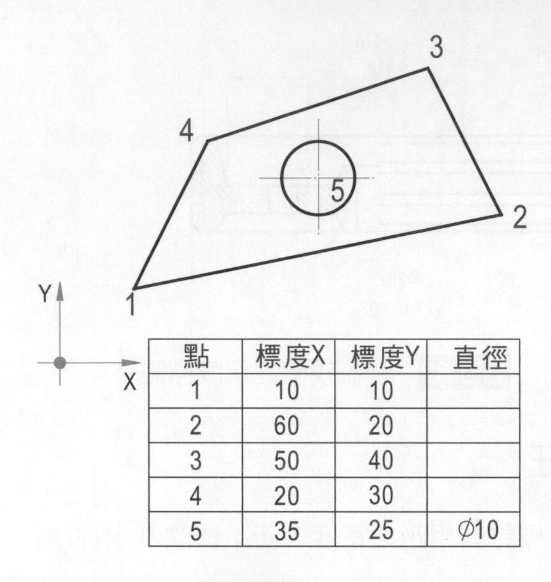

點	標度X	標度Y	直徑
1	10	10	
2	60	20	
3	50	40	
4	20	30	
5	35	25	⌀10

圖 9-64　以表格方式表示

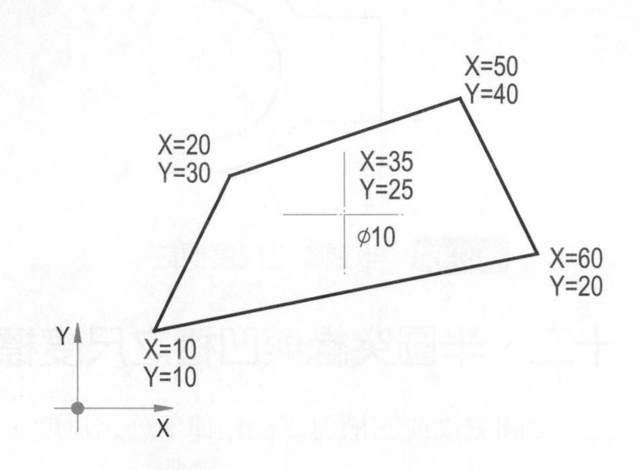

圖 9-65　直接標註在各點旁

9-14 尺度之重複與多餘

尺度之重複，是指物體某部位之尺度，只能在一個視圖上標註(圖 9-66a)，不得在其他視圖上再次出現，即一個尺度標註一次即可，否則即產生重複尺度，如圖 9-66b 前視圖中之尺度 44 及小圓之直徑 8 均爲重複者。

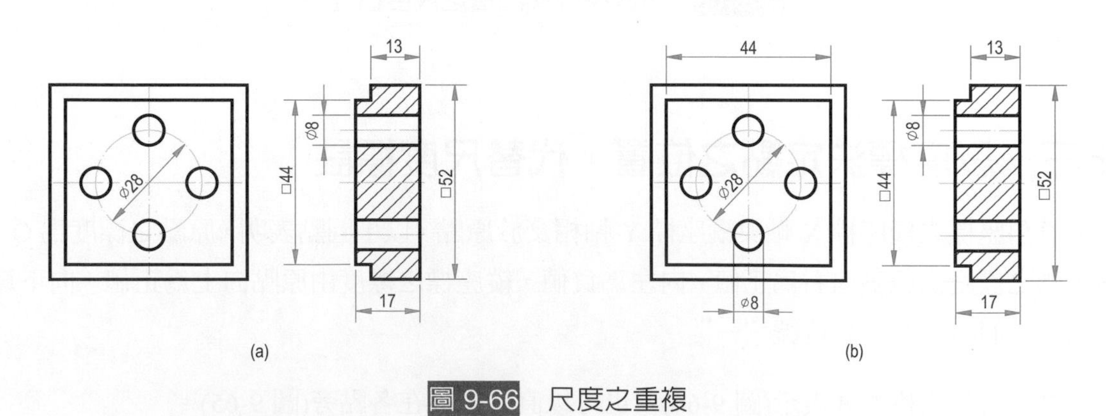

圖 9-66　尺度之重複

尺度之多餘，是指某一形態之大小或位置，可有二種或二種以上之尺度標註方式時，僅能選用一種方式標註，其他應予省略，否則即有多餘之尺度出現(圖 9-67a)，一般都選擇總長、總寬或總深之尺度，以避免識讀者計算(圖 9-67b)。若多餘尺度爲供參考用，稱爲參考尺度，須將該尺度數字加註括弧，以區別之(圖 9-67c)。

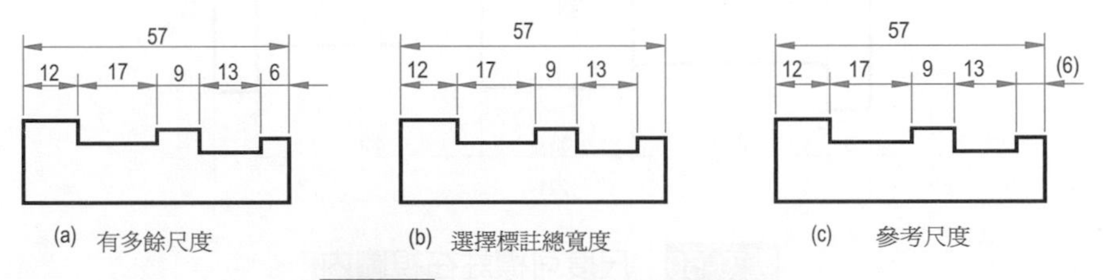

圖 9-67 多餘尺度或參考尺度

9-15 尺度安置原則

一、 尺度盡可能註在視圖之外，且在視圖與視圖之間。尺度由小至大向視圖外依次排列(圖 9-68)。

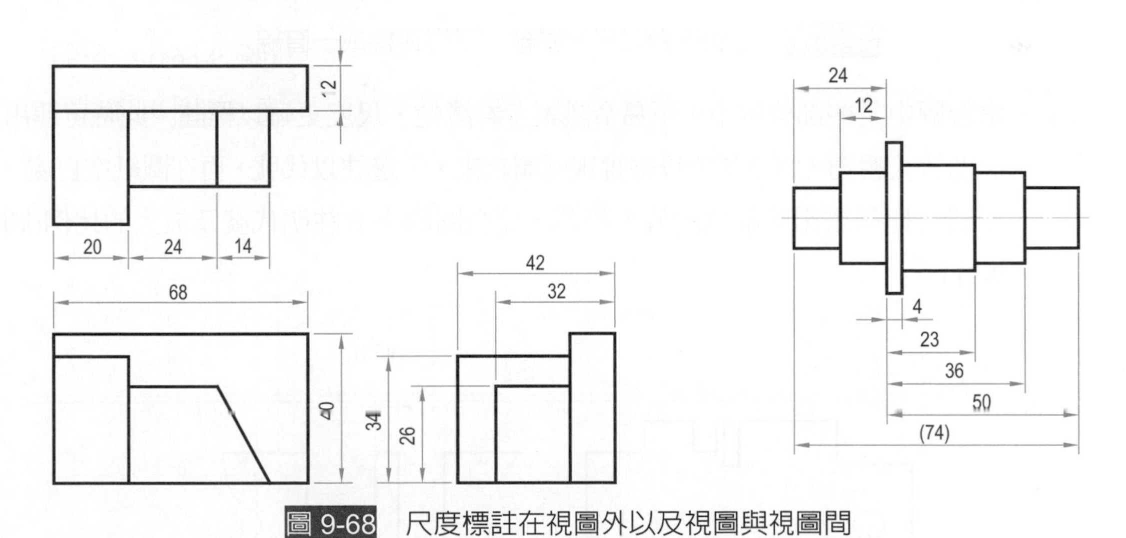

圖 9-68 尺度標註在視圖外以及視圖與視圖間

二、 尺度界線應避免交叉，若遇尺度界線延伸過長或交錯，造成紊亂，爲求清晰，此時可將尺度標註於視圖內(圖 9-69)。

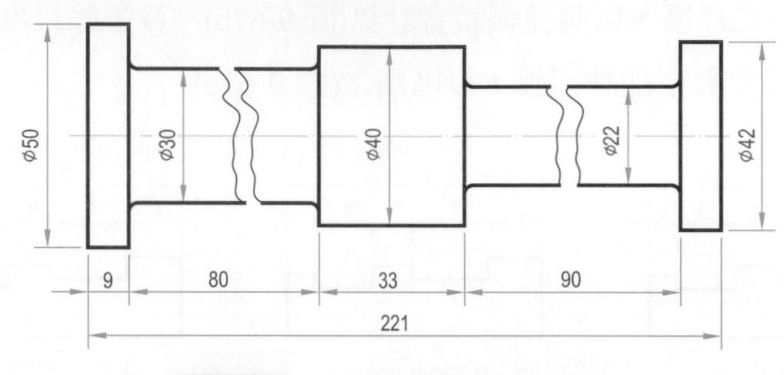

圖 9-69 尺度可標註在視圖內

三、 分屬二個視圖之尺度界線，不可連接成一直線(圖 9-70)。

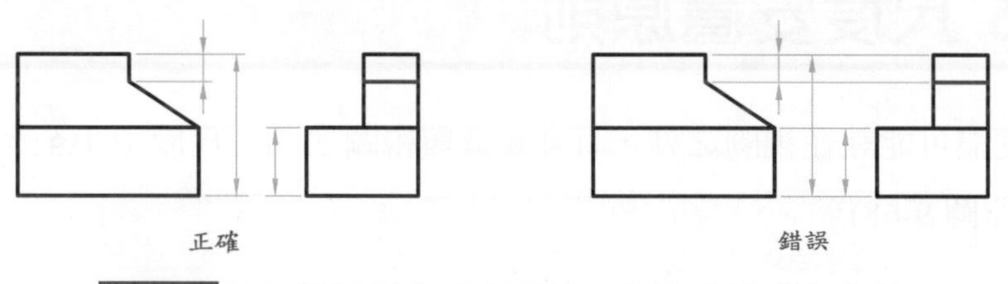

圖 9-70 二個視圖之尺度界線，不可連接成一直線

四、 當視圖中某些部位過小，不易令識讀者看清楚，尺度更難以標註，此時可運用局部放大視圖，將該部位以細實線圓圈起來，旁邊註以代號，再在圖紙空白處，以適當比例畫出該部位的放大視圖，並在圖的上方註明代號及放大的比例(圖 9-71)。

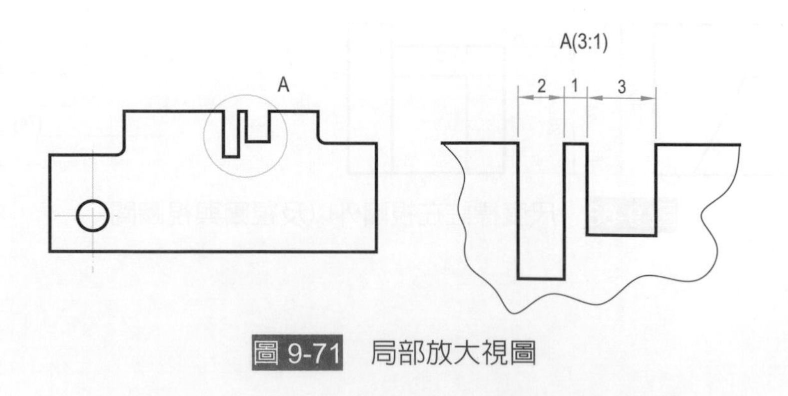

圖 9-71 局部放大視圖

五、 有多個尺度線都很短的連續尺度，則尺度數字應高低交錯註寫(圖 9-72)。

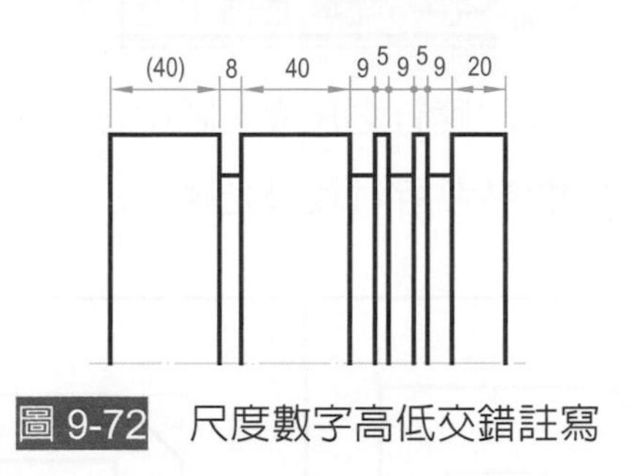

圖 9-72 尺度數字高低交錯註寫

六、 單純的圓柱體，標明其直徑尺度時，只需一個視圖即足夠清楚表達其形狀，而省略其圓形的視圖(圖 9-73)。

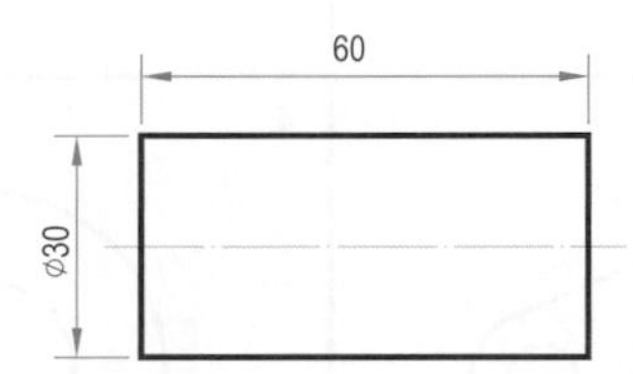

圖 9-73 單純的圓柱體，標明其直徑尺度時，只需一個視圖即清楚表達其形狀

9-16 電腦上尺度標註符號之建立

許多工程製圖用之電腦軟體上，並沒有尺度標註時所需之符號(圖 9-74)，可在需要標註尺度之底圖一角，按本章所述各符號之畫法，先行建妥備用。

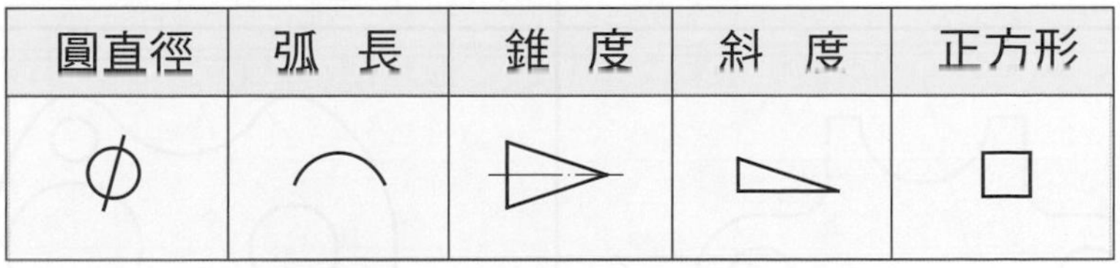

圓直徑	弧 長	錐 度	斜 度	正方形
⌀	⌒	▷	◺	□

圖 9-74 尺度標註時所需之符號

本章習題

一、 畫出下列各視圖，並標註應有之尺度，圖中每一格可設為 10mm，題 1～8 均為厚度 3mm 之板狀物體(參考所附教學光碟片)。

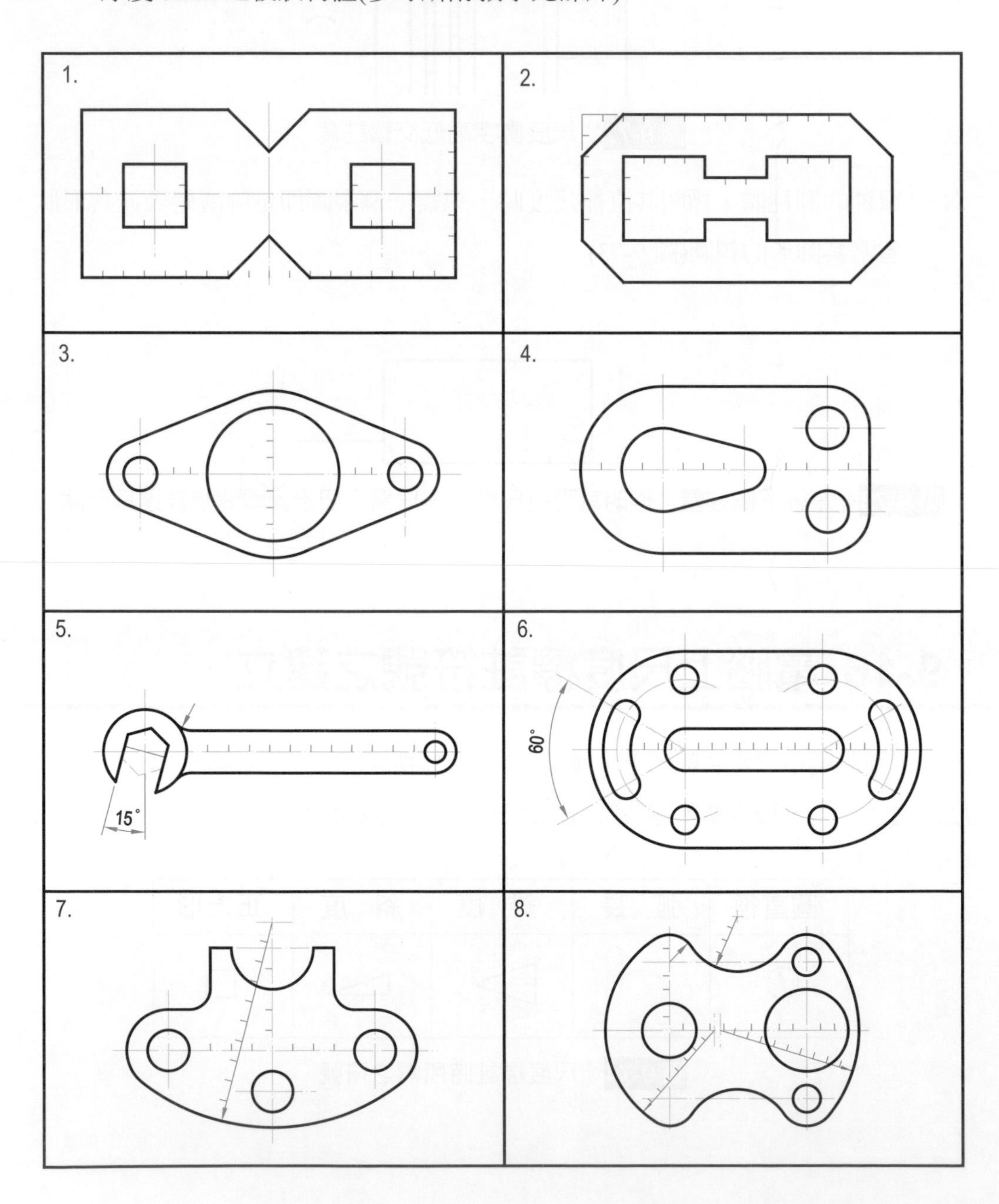

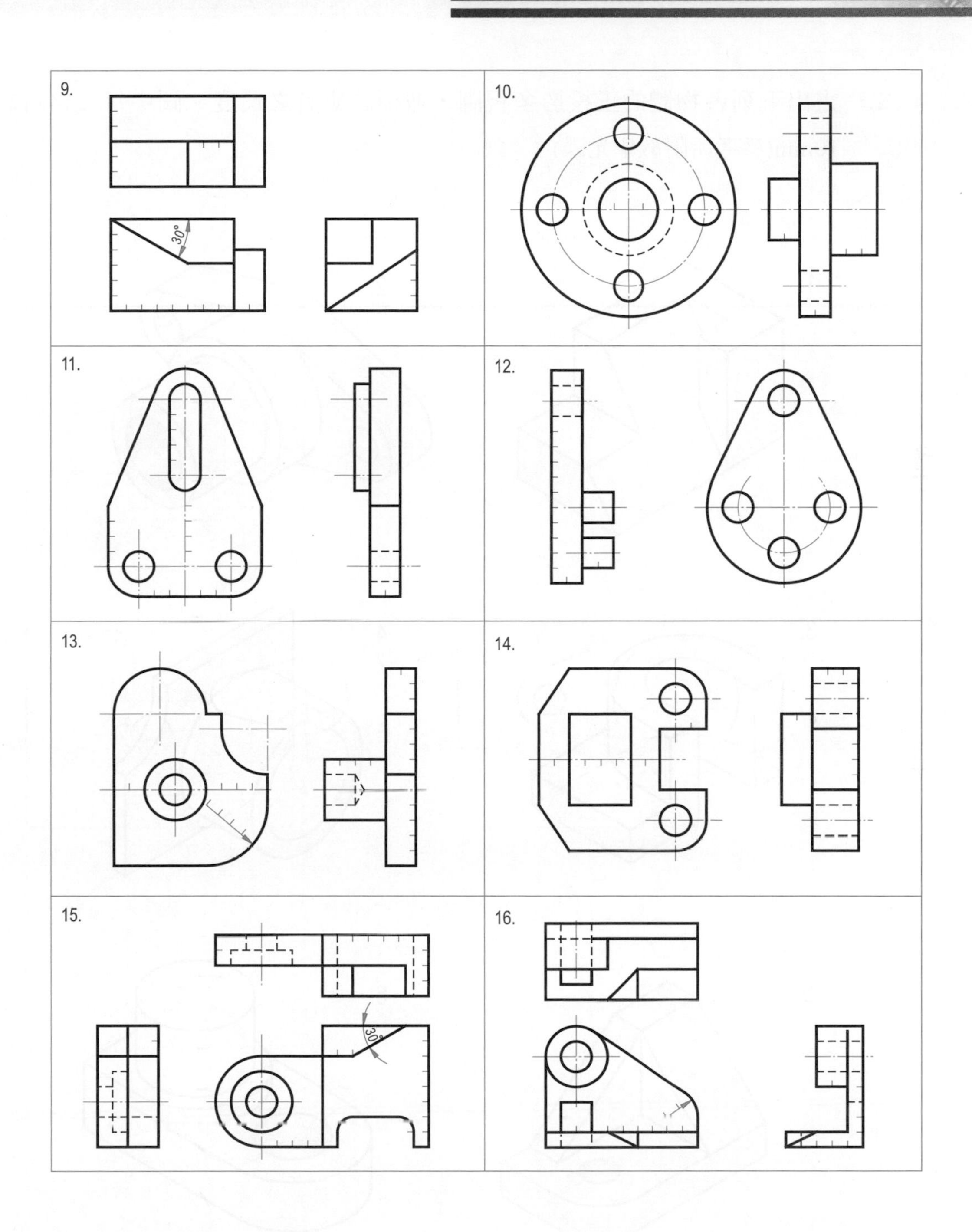
9.
30°
10.
11.
12.
13.
14.
15.
30°
16.

二、 畫出下列各物體的正投影多視圖，並標註應有之尺度。圖中每一格可設爲10mm(參考所附教學光碟)。

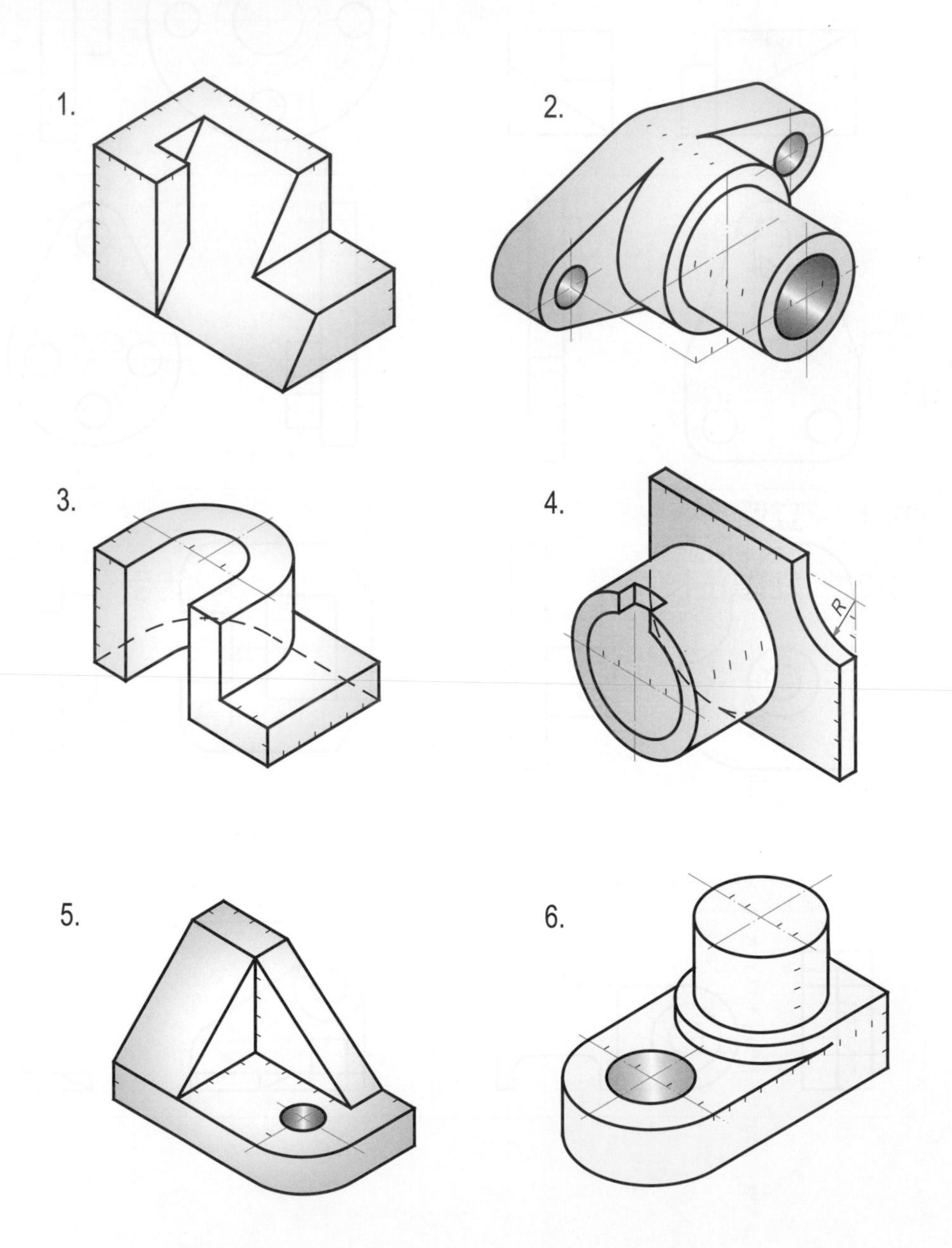

Chapter

10

立體圖

10-1 立體圖

假如一個長方體的高、寬、深三方向的線長都能在一個視圖內顯示出來，而且其中任二方向的線長不在同一條直線上，則此視圖便有立體的感覺，是為**立體圖**(圖 10-1)。在這以前所提到的正投影視圖，在每一個視圖中只能表出物體上高、寬、深三方向線長中之二個，所以沒有立體感，是為**平面圖**。

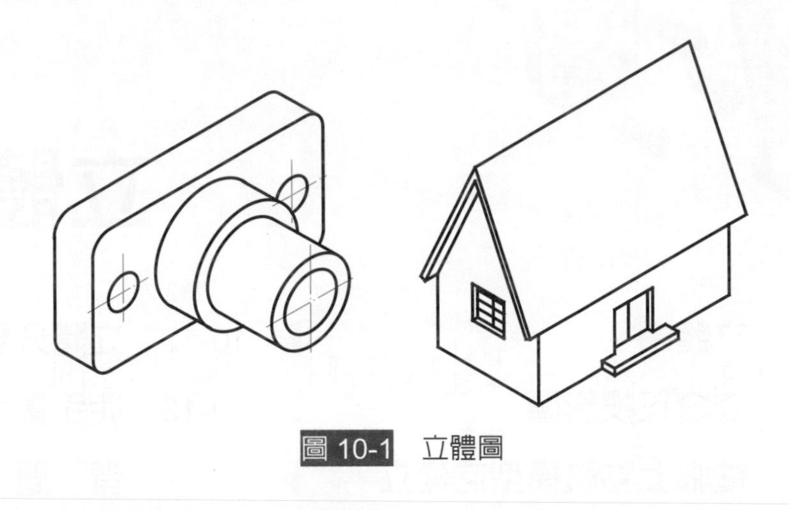

圖 10-1　立體圖

10-2 立體正投影圖

設有一正方形六面體，使其一面與投影面平行，根據正投影，則此六面體上所有各面均為正垂面，其前視圖必為一正方形。若使此六面體繞直立軸旋轉一小於 90°的角度，則代表高、寬、深三方向的線長都會出現在前視圖中，但代表寬和深二方向的線長在同一條直線上，沒有立體感。若再使此六面體繞一水平軸旋轉一小於 90°的角度，則所得前視圖中代表高 CO、寬 AO、深 BO 三方向的線長落在三條不同的直線上，就有立體感，便得立體圖。這種立體圖是根據正投影而得，所以稱為立體正投影圖(圖 10-2)。當代表高、寬、深三方向線長的三直線 AO、BO、CO 相交於一點 O 時，此三直線稱為**立體圖的三軸線**。

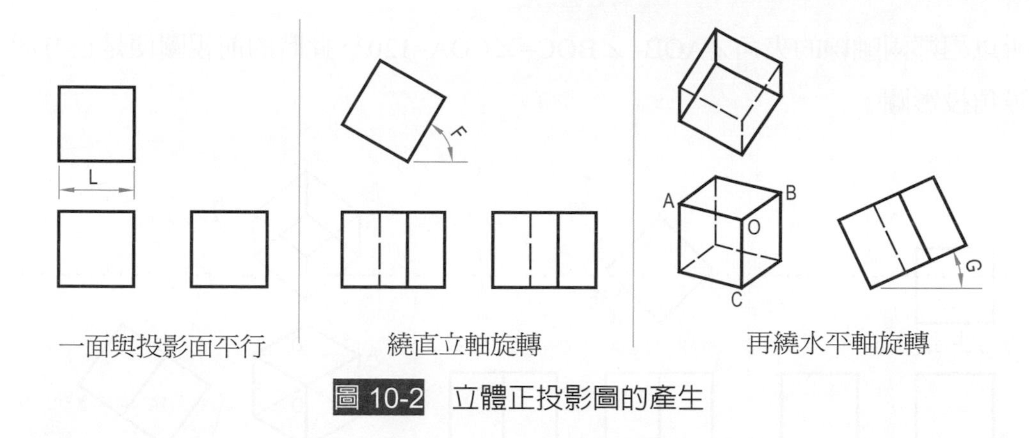

圖 10-2 立體正投影圖的產生

根據繞直立軸或水平軸旋轉角度的不同，立體正投影圖分成**等角投影圖**、**二等角投影圖**與**不等角投影圖**三種(圖 10-3)：

圖 10-3 各種立體正投影圖

一、等角投影圖

設正方形六面體的每邊長爲 L，使其一面與投影面平行時，所得前視圖必爲每邊長爲 L 的正方形。若繞直立軸線旋轉 45°，則所得前視圖的高長爲 L，寬長和深長均縮短爲 $\sqrt{2}$ L/2。若再繞水平軸線旋轉 35°16'，則前視圖中的∠COA=∠BOC(圖 10-4)，

高長 CO=Lcos35°16'=0.8165L

寬長 AO=深長 BO= $L\sqrt{(1+\sin^2 35°16')/2}$ =0.8165L

所以代表高、寬、深三方向的單位線長均相等，亦即三軸線上的單位線長均相等，約爲實長的 82%，再將 CO 延長交 AB 於 D，則

OD=($\sqrt{2}$ /2)Lsin35°16'=0.40825L　　∠BOD=60°　∠AOB=120°

所以相鄰兩軸線的夾角∠AOB=∠BOC=∠COA=120°，此時的前視圖便是正方形六面體的等角投影圖。

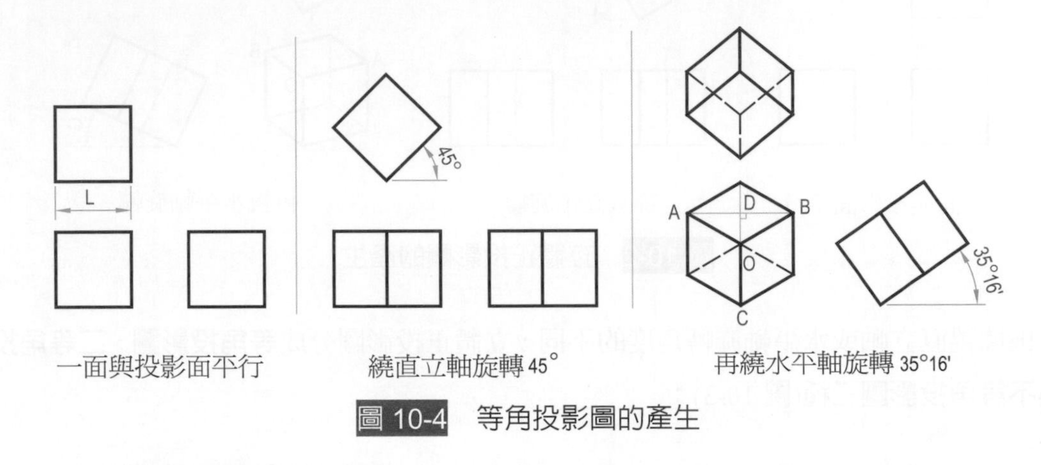

圖 10-4 等角投影圖的產生

二、二等角投影圖

設正方形六面體的邊長為 L，使其一面與投影面平行時，所得前視圖必為每邊長為 L 的正方形。若繞直立軸線旋轉 45°，則所得前視圖的高長為 L，寬長與深長均縮短為 $\sqrt{2}$ L/2。若再繞水平軸線旋轉一小於 90°的角度 G≠35°16'，則前視圖中的∠AOC=∠BOC ≠∠AOB，

高長 CO 為 h=LcosG

寬長 AO=深長 BO=L$\sqrt{(1+\sin^2 G)/2}$

所以代表高、寬、深三方向中，有二個方向的單位線長是相等的，亦即二條軸線上的單位線長相等，但不等於實長，是為二等軸，∠AOC=∠BOC，是為二等角，此時的前視圖便是正方形六面體的二等角投影圖(圖 10-5)。

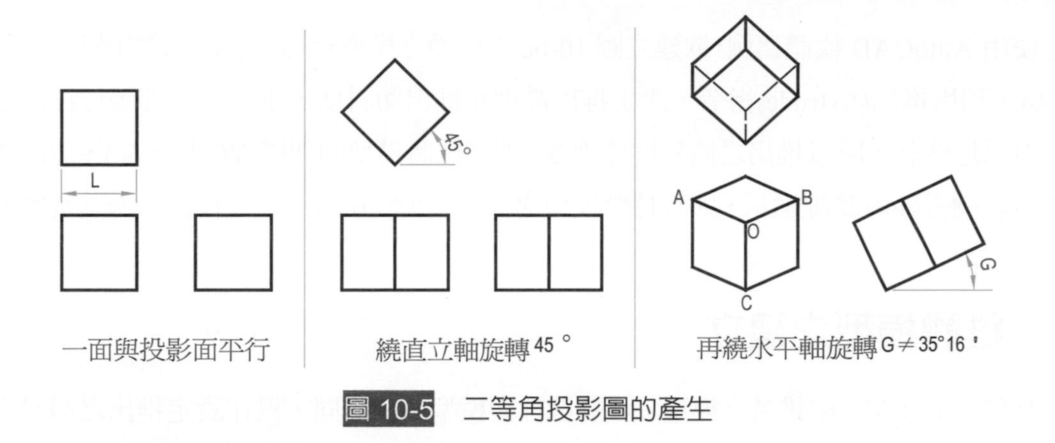

圖 10-5 二等角投影圖的產生

三、不等角投影圖

設正方形六面體的每邊長為 L，使其一面與投影面平行時，所得前視圖必為每邊長為 L 的正方形。若繞直立軸線旋轉一小於 90°的角度 F≠45°，則所得前視圖的高長為 L，寬長與深長均縮短而不相等。若再繞水平軸線旋轉一小於 90°的角度 G≠35°16'，則前視圖的高長、寬長與深長均縮短而不相等，亦即三軸上的單位線長都不相等，而且任二軸間的夾角也不相等，此時的前視圖便是正方形六面體的不等角投影圖，產生的情形如前面的圖 10-2。

10-3 電腦上物體模型之建立

一、柱體模型之建立

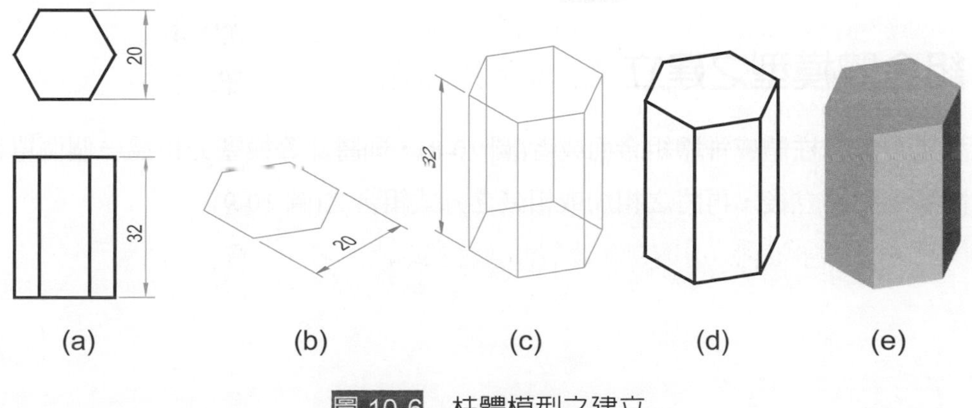

圖 10-6 柱體模型之建立

使用 AutoCAD 軟體爲例，欲建立圖 10-6a 中杜體之模型，是先繪妥柱體的底面形狀(圖 10-6b)，利用推出(Extrude)指令，設定推出高度和推出傾斜度，推出高度即等於柱體之長 32，因爲是柱體，所以推出之傾斜度應爲 0，即得柱體模型的架構圖(圖 10-6c)，然後以立體正投影圖去除隱藏線顯示，即得柱體模型之立體圖(圖 10-6d)，加上陰影，得其實體模型(圖 10-6e)。

二、錐體模型之建立

欲建立圖 10-7a 中錐體之模型，步驟與柱體模型之建立同，只在設定推出之傾斜度爲 12°，即得錐體模型之架構圖(圖 10-7b 和 c)，以及錐體模型之立體圖(圖 10-7d)和實體模型(圖 10-7e)。

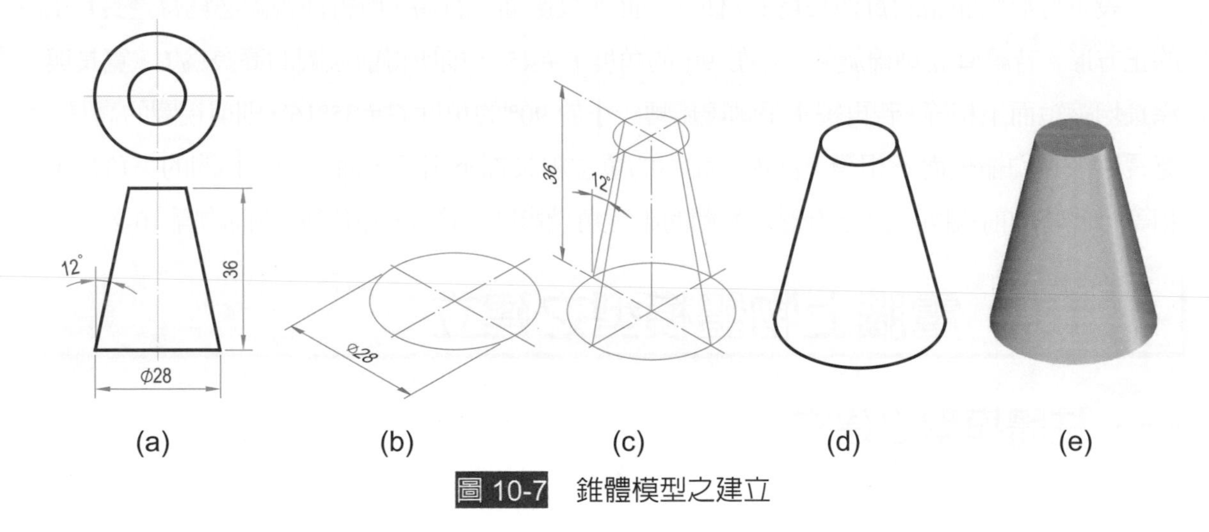

圖 10-7 錐體模型之建立

三、組合體模型之建立

模型是由多個柱體或錐體組合而成者(圖 10-8)，則將此等模型分析爲一個個單獨的柱體或錐體，分別建立後，再將之相加或相減之方式組合之(圖 10-9)。

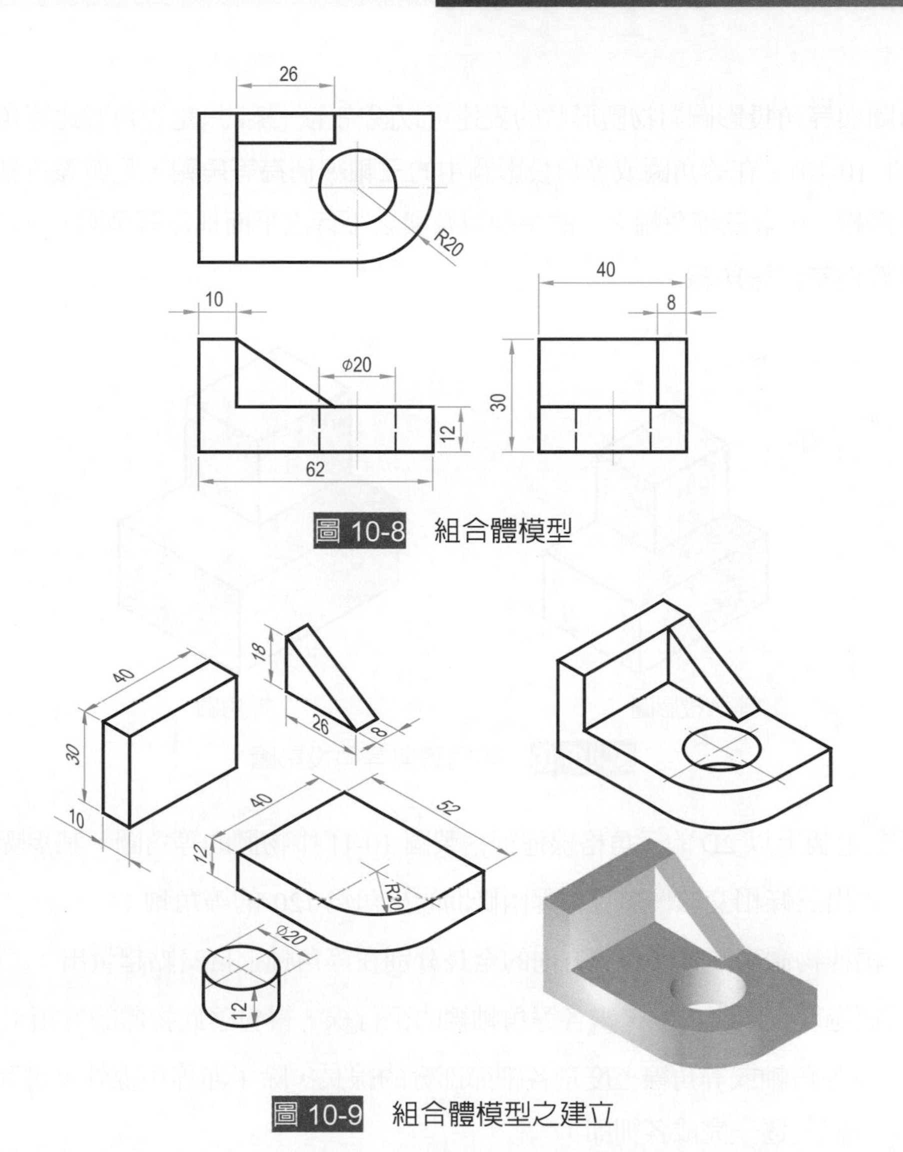

圖 10-8 組合體模型

圖 10-9 組合體模型之建立

10-4 電腦上以 2D 繪製立體圖

繪製物體的等角投影圖，雖然三軸線上的單位線長均相等，但都縮短為實長的 82%，度量時需換算，比較麻煩，所以在一般平面上(即 2D 的情形下)都按物體的實際線長在等角軸或等角線上直接度量，如此繪出的立體圖，稱為**等角圖**，以有別於等角投影圖。

等角圖與等角投影圖對物體形狀的表達可以說完全一樣，只是等角圖比等角投影圖稍大而已(圖 10-10)。在等角圖或等角投影圖中的**三軸線稱為等角軸**，凡與等角軸平行的直線稱爲**等角線**，包含三等角軸之二的平面以及與之平行之平面稱爲**等角面**，與**等角軸不相平行的直線稱為非等角線**。

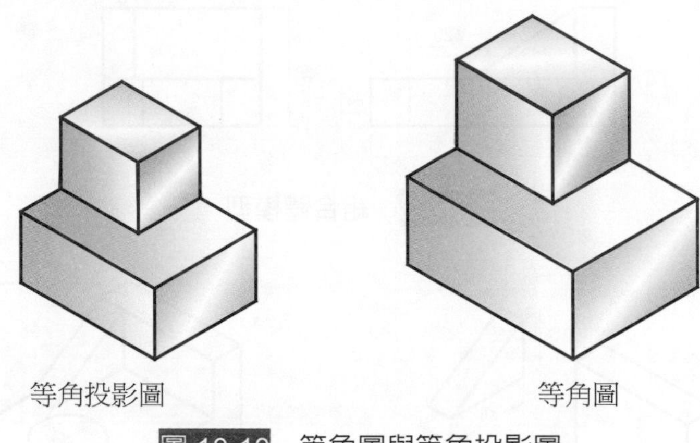

圖 10-10　等角圖與等角投影圖

所以在電腦上以 2D 的三角格線進行繪製圖 10-11 中物體的等角圖，其步驟是：

(一) 畫出三條相交於一點且相鄰兩條間的夾角爲 120°的等角軸；

(二) 根據物體高、寬、深三方向的全長分別在等角軸上自交點起量出；

(三) 經過度量所得的點，畫各等角軸線的平行線，得包著此物體的方箱；

(四) 在等角軸或等角線上度量各細節部分的線長，除了非等角線外，畫等角軸的平行線，逐一完成各細節；

(五) 由等角軸或等角線上的端點連出非等角線；

(六) 繪妥完成線，去除不必要的底線。

在一般立體圖中，所有隱藏線都不畫出，除非在標註尺度或有必要表達遮住部分的形狀時，才擇要畫出一些。

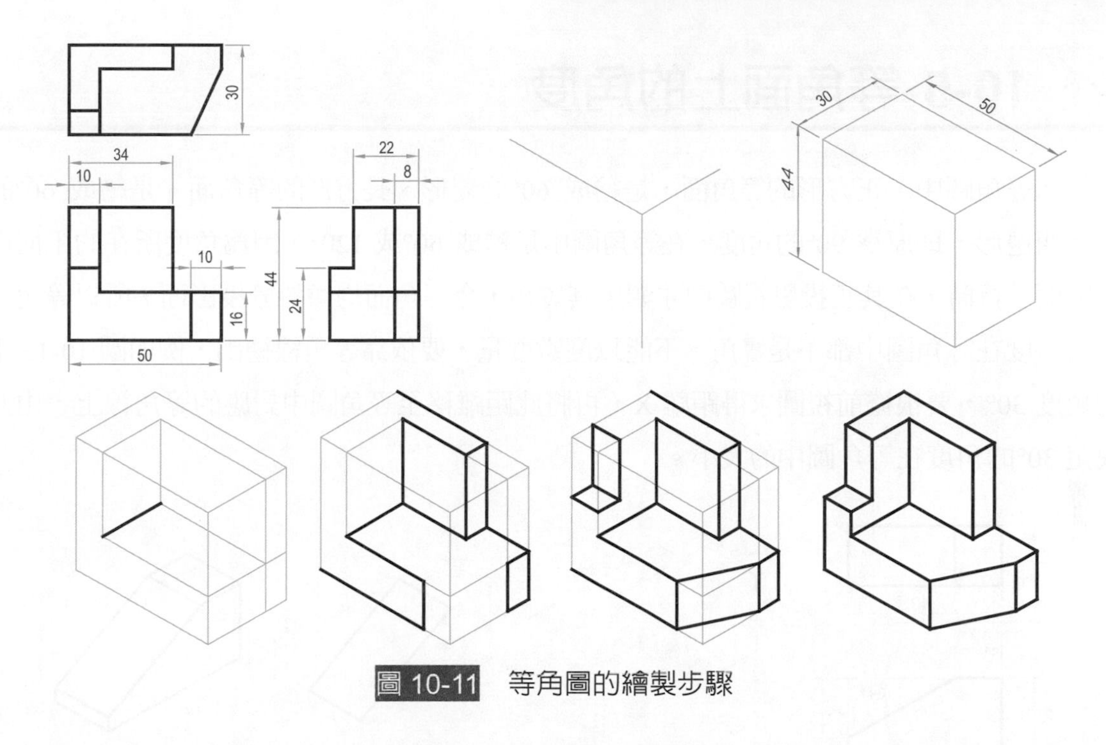

圖 10-11 等角圖的繪製步驟

物體上如有斜面，則在其等角圖中，會出現與等角軸不相平行的非等角線，在非等角線上不可按物體的實長直接度量，得依靠等角軸或等角線上的端點連出，例如圖 10-12 中的斜面長度 40，在其等角圖中的線段 AB 其長度並不等於 40，不能以 40 直接度量，得依靠前視圖中的長度 X，在其對應的等角線上度量而得 B 點，連接 A 點與 B 點而得非等角線的長度。

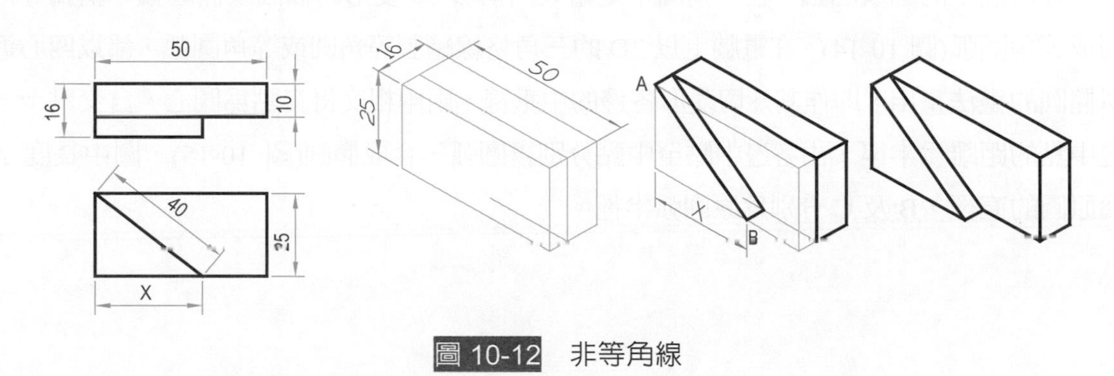

圖 10-12 非等角線

10-5 等角面上的角度

在等角圖中，正方形的等角面，是繪成 60°的菱形、長方形的等角面，是繪成 60°的平行四邊形，即原爲 90°的角度，在等角圖中是繪成 60°或 120°，因爲角度所在的平面與投影面平行時，在其正投影視圖中才顯示其實角，今等角面均傾斜於投影面，所以等角面上的角度在等角圖中都不是實角，不能以度數度量，要依靠等角線繪出，例如圖 10-13 中的角度 30°，要根據前視圖求得距離 X，再將此距離移至等角圖中對應的等角線上，由此決定 30°的角度在等角圖中的大小。

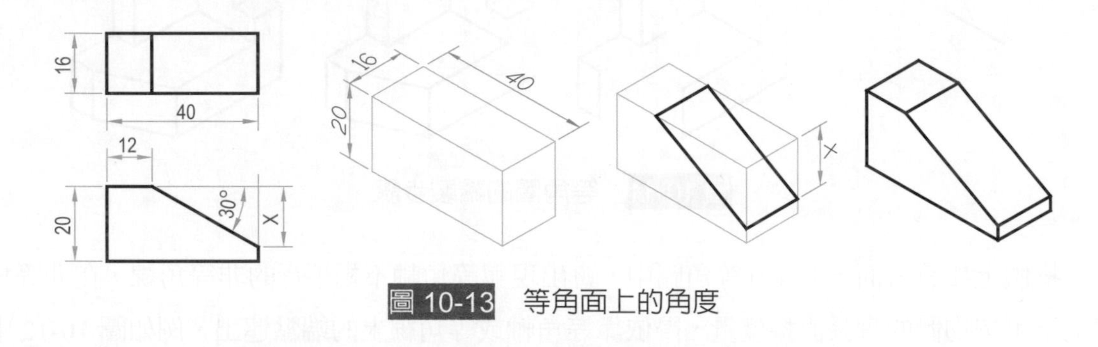

圖 10-13 等角面上的角度

10-6 等角面上的圓及圓弧

等角面上的圓或圓弧，在等角圖中是繪成內切於 60°菱形的橢圓或橢圓弧，稱爲等角圓或等角圓弧(圖 10-14)。在電腦上以 2D 的三角格線繪製等角圓或等角圓弧，都以四心近似橢圓的畫法畫出，即作其外切菱形各邊的中垂線，兩兩相交得交點爲圓心，自交點至各邊中點的距離爲半徑，由各邊中點至中點分別畫圓弧，合成橢圓(圖 10-15)，圖中長度 A 爲原圓的直徑，B 及 C 分別爲原圓弧半徑。

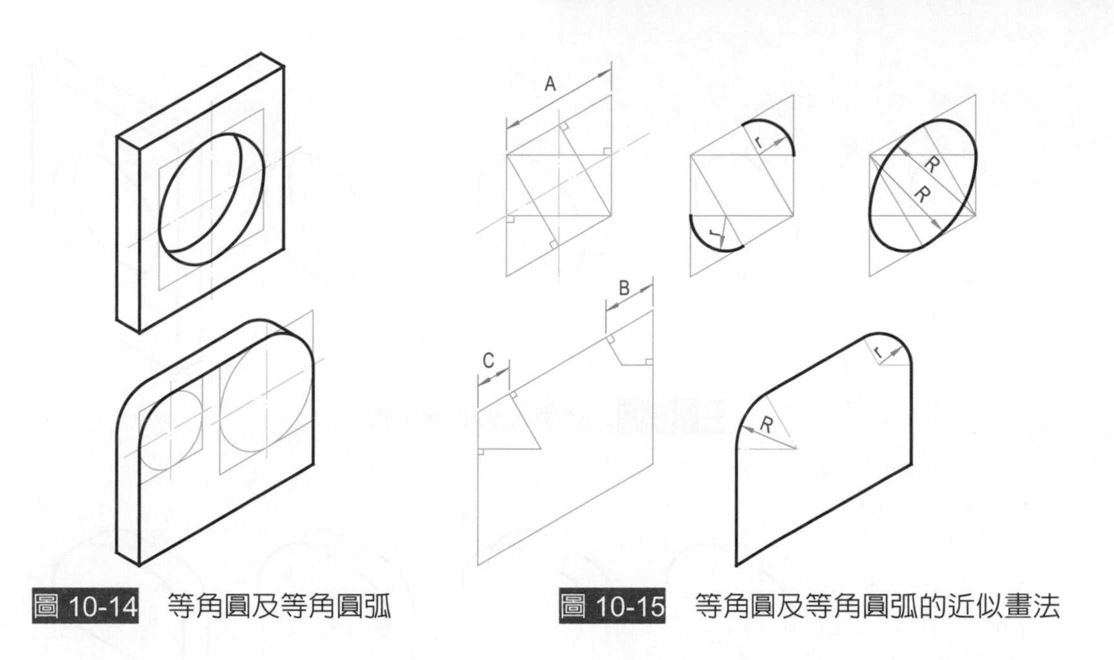

圖 10-14 等角圓及等角圓弧

圖 10-15 等角圓及等角圓弧的近似畫法

繪製圓棒、圓孔及具有圓弧物體的等角圖，前端面上的橢圓畫妥後，可運用複製(Copy)指令複製至後端面上，再運用修剪(Trim)指令剪除不必要的部分，其繪製步驟，分別圖示於圖 10-16、圖 10-17 和圖 10-18 中。

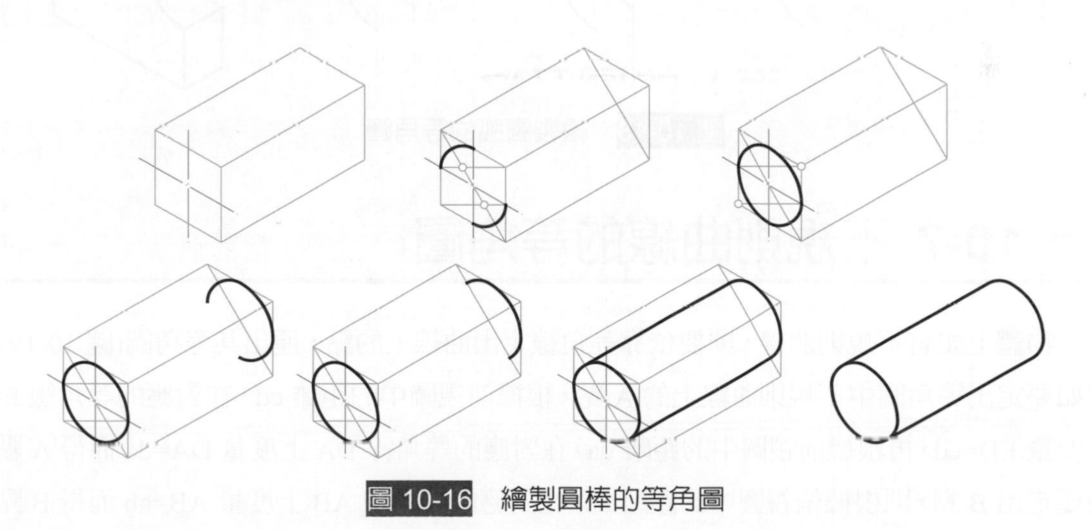

圖 10-16 繪製圓棒的等角圖

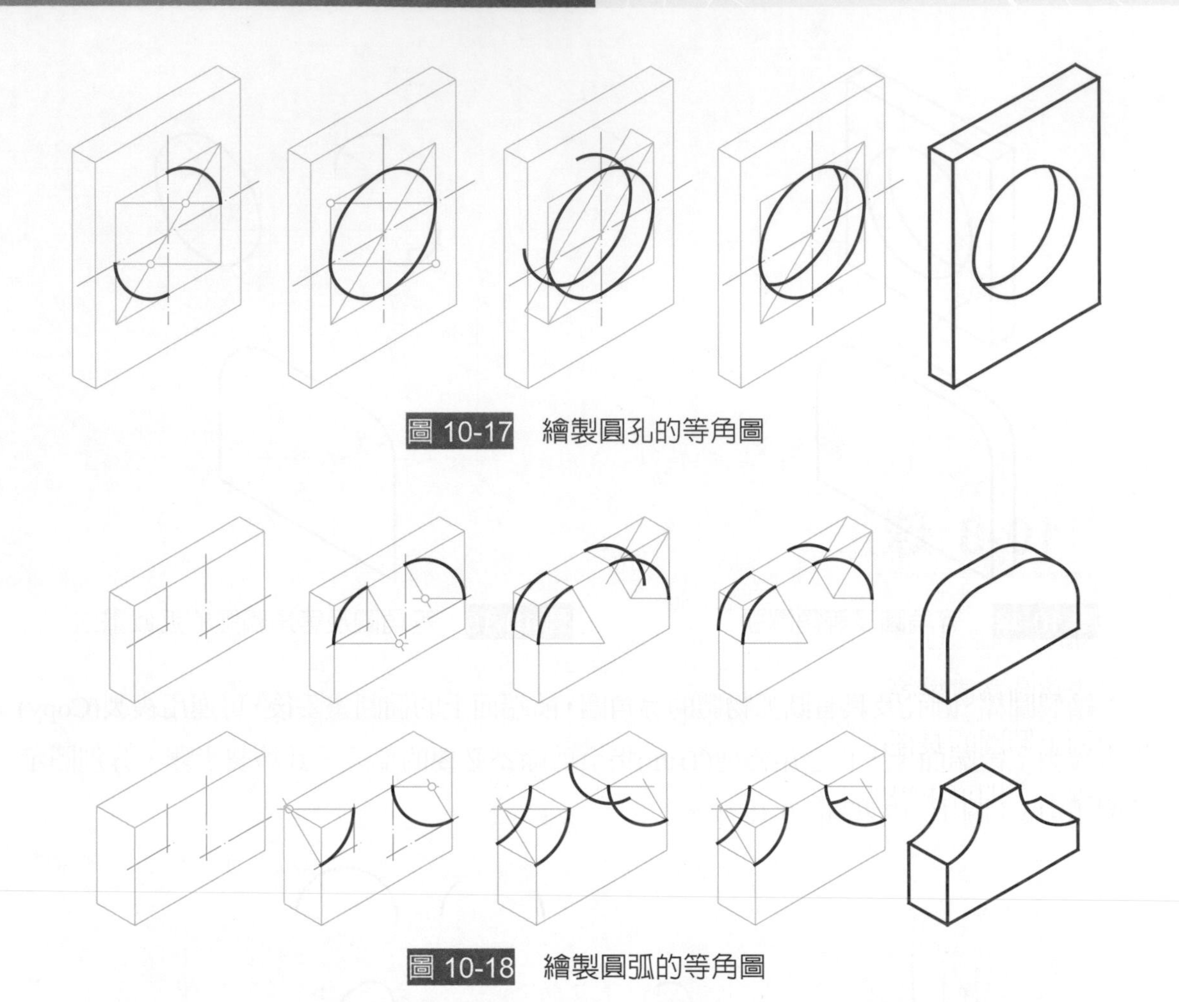

圖 10-17 繪製圓孔的等角圖

圖 10-18 繪製圓弧的等角圖

10-7 不規則曲線的等角圖

物體上如有不規則曲線，則要依靠等角線定出曲線上的點，連出其等角圖(圖 10-19)。例如要定出等角圖中不規則曲線上的 A 點，根據前視圖中的距離 ed，在對應的等角線 EM 上度量 ED=ed，再根據前視圖中的距離 da，在對應的等角線 DA 上度量 DA=da 而得 A 點；如要定出 B 點，則根據俯視圖中的距離 ab，在對應的等角線 AB 上度量 AB=ab 而得 B 點；同理可得 F 點和 G 點等，然後經過 A、F 或 B、G 等點用曲線板或電腦上以 spline 指令分別連出光滑的曲線，便是所求不規則曲線的等角圖。理論上，能定出曲線上的點愈多，連得的曲線愈準確。

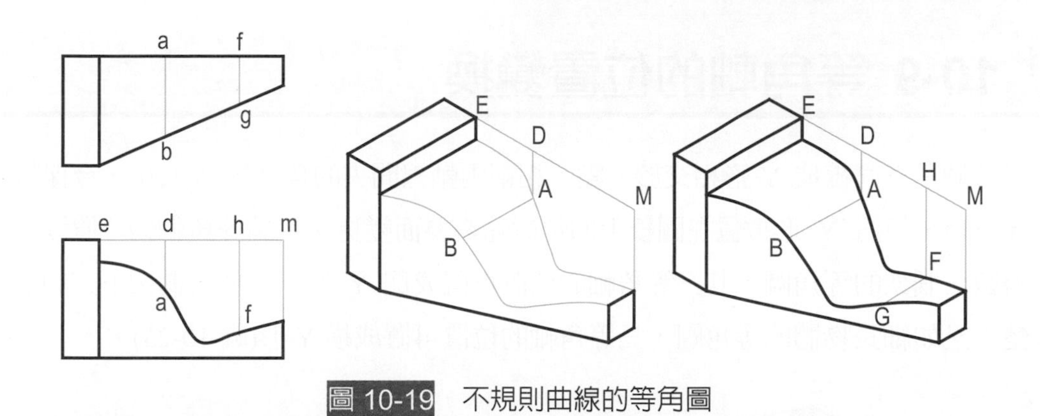

圖 10-19 不規則曲線的等角圖

10-8 球及螺紋的等角圖

球的等角投影圖或等角圖必定是一個圓。球之等角投影圖為直徑等於原球徑之一圓；球之等角圖為直徑等於原球徑 1.23 倍之一圓，由半球的等角圖中可得知此圓直徑等於半球平面上橢圓的長徑(圖 10-20)。故利用球的外切方箱在前視圖中的距離 X，移至對應的等角線上，即可求得所需的直徑，不必計算也不必畫出橢圓(圖 10-21)。

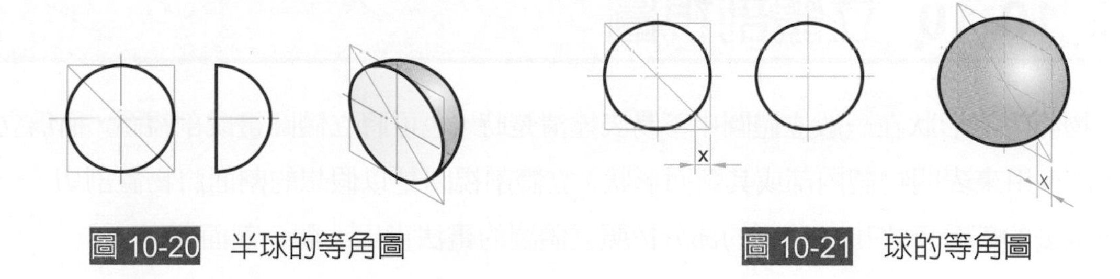

圖 10-20 半球的等角圖

圖 10-21 球的等角圖

螺紋在等角圖中簡化的畫法，是無論外螺紋或內螺紋，都根據螺紋的大徑繪製間隔相等的平行等角圓代表螺紋的峰線即可，其間隔約為 1mm 左右，但螺紋大徑在 10mm 以下者此間隔應略減小，大徑在 20mm 以上者應略加大(圖 10-22)。

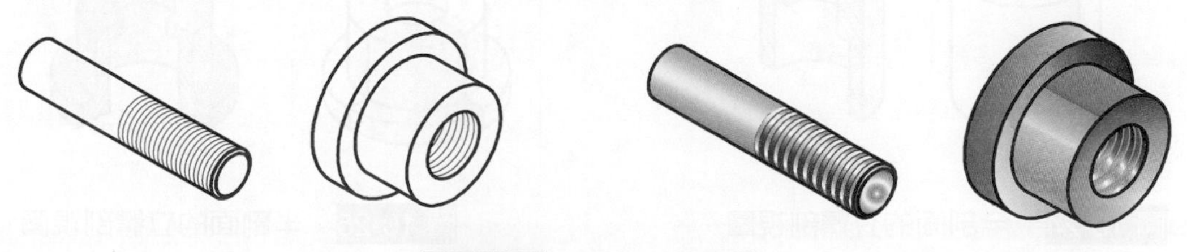

圖 10-22 螺紋的等角圖

10-9 等角軸的位置變換

等角軸是三直線成 Y 形相交於一點，相鄰兩軸線間夾的角度均為 120°，今保持其間的關係不變，只將 Y 形放置在圖紙上的位置隨需要而變更，是謂等角軸的位置變換。例如需繪製一擱架的等角圖，其三等角軸的位置可置成倒 Y 形，以便將擱架下方的形狀表達清楚；又如細長物體的等角圖，三等角軸的位置可置成橫 Y 形(圖 10-23)。

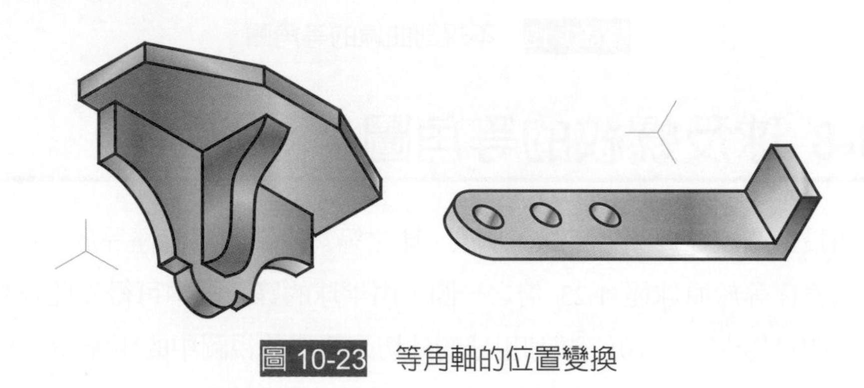

圖 10-23　等角軸的位置變換

10-10 立體剖視圖

物體內部形狀在一般立體圖中不易表達清楚時，也可將立體圖畫成剖視圖，稱為立體剖視圖，用來表明物體內部或其斷面形狀。立體剖視圖是以假想的割面將物體剖切，一般都將剖去的部分不畫出，留下的部分按照立體圖的畫法畫出，顯示剖面即得。

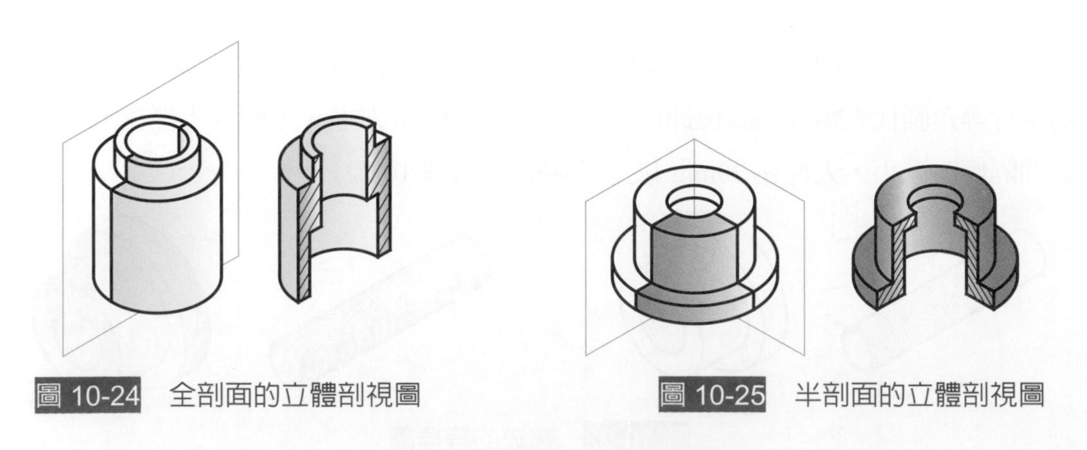

圖 10-24　全剖面的立體剖視圖

圖 10-25　半剖面的立體剖視圖

所以全剖面的立體剖視圖就是畫出割面後的部分(圖 10-24)。半剖面的立體剖視圖，是對對稱的物體剖去四分之一角，畫出剩下的四分之三，顯示剖面而得半剖面的立體剖視圖(圖 10-25)。其他像局部剖面、組合剖面等均可以立體圖畫出。在繪製立體剖視圖時要注意剖面線的傾斜方向，一般都取與剖面中菱形長對角線平行者(圖 10-26)。

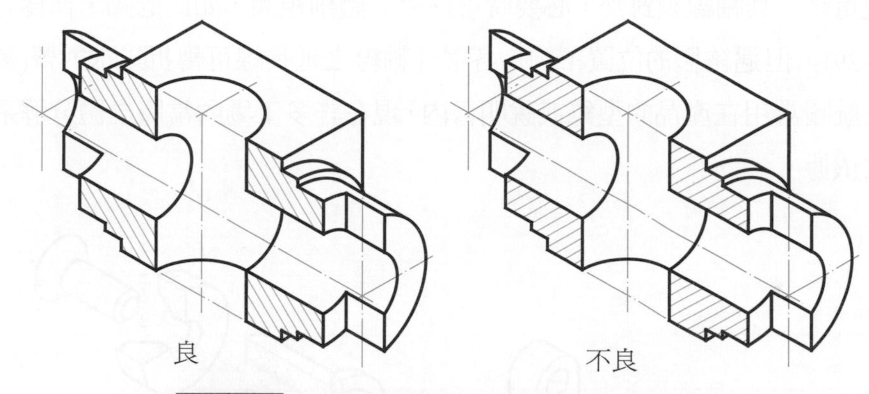

圖 10-26 立體剖視圖中剖面線的傾斜方向

10-11 立體正投影圖上尺度的標註

一般正投影多視圖上尺度標註的方法都可適用在立體正投影圖上，只要把坐標移至所需物面上，再進行尺度的標註，例如標註圖 10-27 中的尺度 33 和 15，是將坐標移至左方面上，但要注意數字的方向是隨等角面而有不同，共有六個可能的方向如圖 10-28 所示。

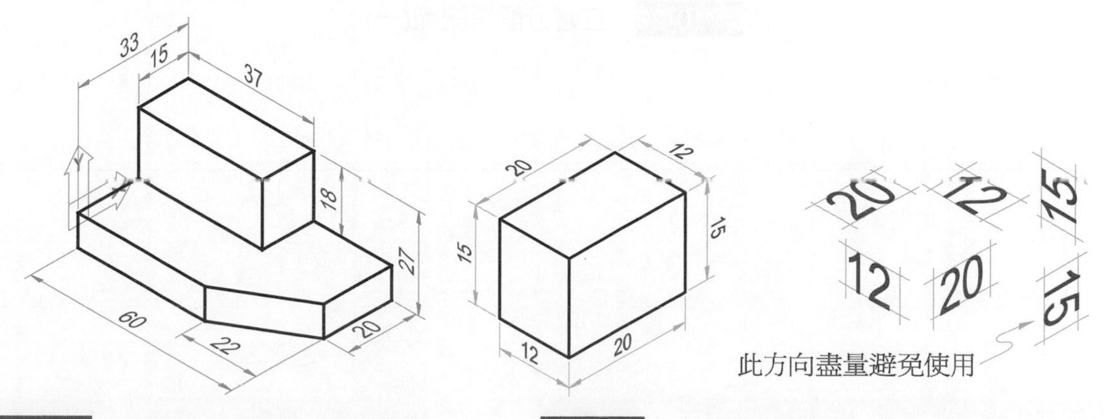

圖 10-27 立體正投影圖上尺度標註

圖 10-28 立體正投影圖上標註尺度數字之方向

10-12 立體分解系統圖

有許多個零件組成的物體，依其未裝配前的情況而按裝配的順序，在一張圖紙上，分別畫出所有各零件的立體圖，各零件均須按同一種立體圖的畫法，同樣的比例繪製，各零件盡量避免重疊，其軸線須對齊，必要時可採用立體剖視圖，如此的圖，稱爲立體分解系統圖(圖 10-29)，但遇繪製的位置不夠，各零件軸線之延長線可轉折以求對齊(圖 10-30)。立體分解系統圖常用在產品的型錄或說明書內，現在許多工場內常將立體分解系統圖作爲工件裝配之依據。

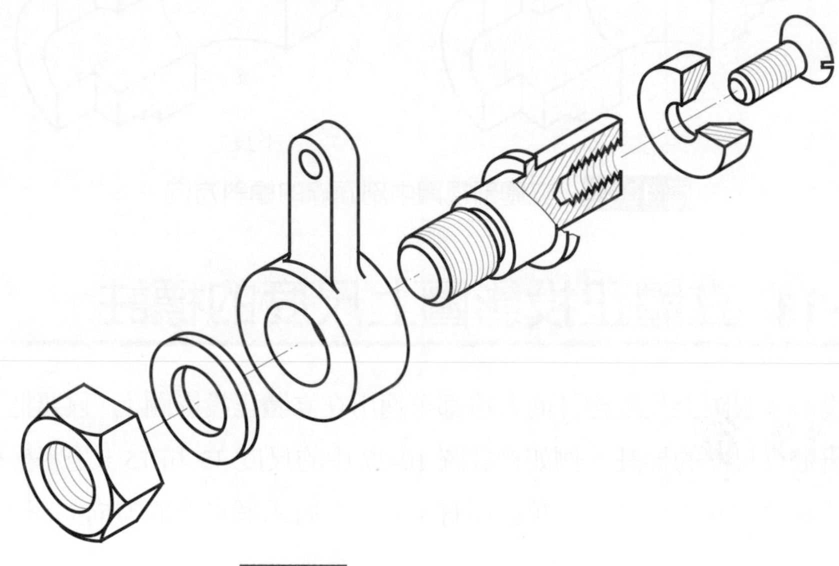

圖 10-29　立體分解系統圖(一)

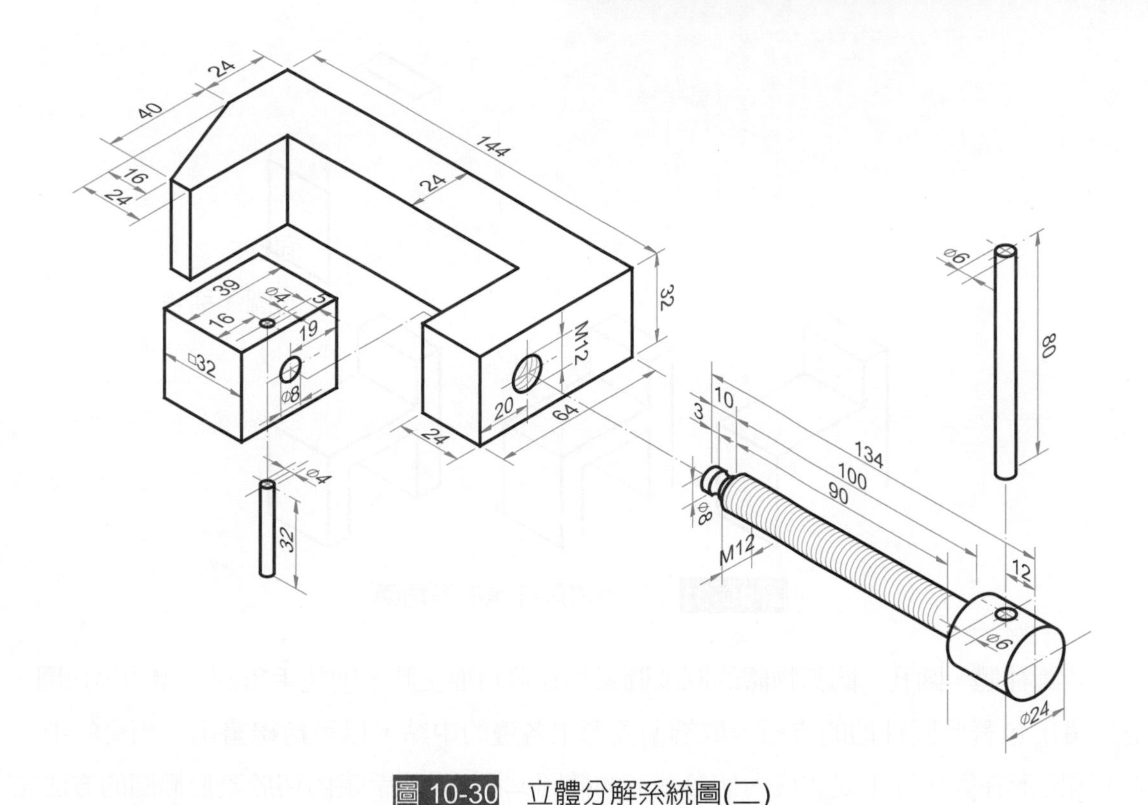

圖 10-30 立體分解系統圖(二)

10-13 徒手畫等角圖

立體圖的種類很多，各種立體圖都可以徒手繪製，但以徒手繪製等角圖者居多。因爲徒手畫與用器畫所根據的原理原則完全相同，所以徒手繪製等角圖的步驟仍依據前所述，只是在繪製時捨棄圓規、尺等儀器，運用徒手繪製。在繪製前，先考慮物體的正面，確定物體的寬度、高度、深度分別所屬的等角軸，再估計圖上的線長與物體線長間的關係，然後用底線畫出等角軸線，根據物體的全寬、全高、全深在等角軸線上估計定點，務使各線長之間的比例與物體上對應線長之間的比例不相去太遠，畫出包著此物體的方箱，再估計各細節所在之點，逐步完成各細節(圖 10-31)。

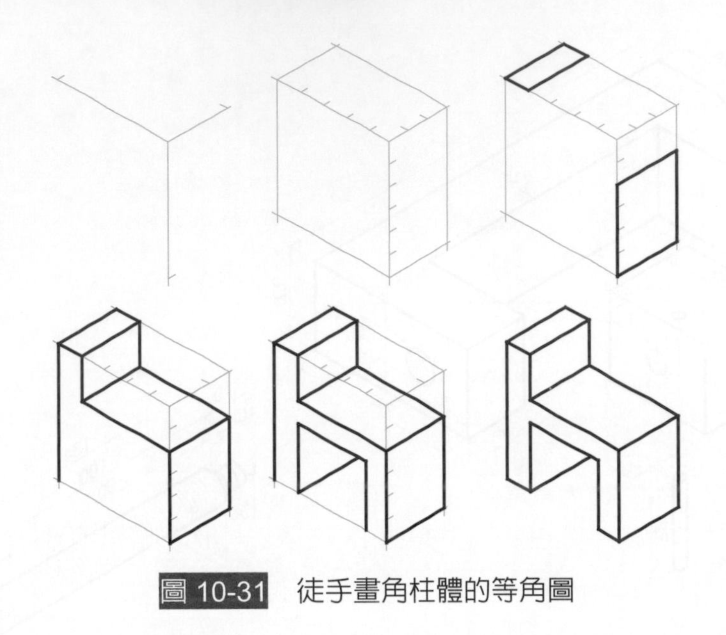

圖 10-31　徒手畫角柱體的等角圖

若圓柱體、圓孔、圓弧物體的圓或圓弧均在等角面上時，則徒手畫圓柱體的等角圖，是先畫出包著此圓柱體的方箱，取端面菱形上各邊的中點，以等角線畫出二相交的中心線，因圓形在等角面上是畫成內切於菱形的橢圓，所以以徒手畫內切於菱形橢圓的方法先圈出近端面上的的橢圓，再連出菱形的長對角線，以此長對角線爲界圈出遠端面上可以見到的半個橢圓，就可完成圓柱體的等角圖(圖 10-32)。

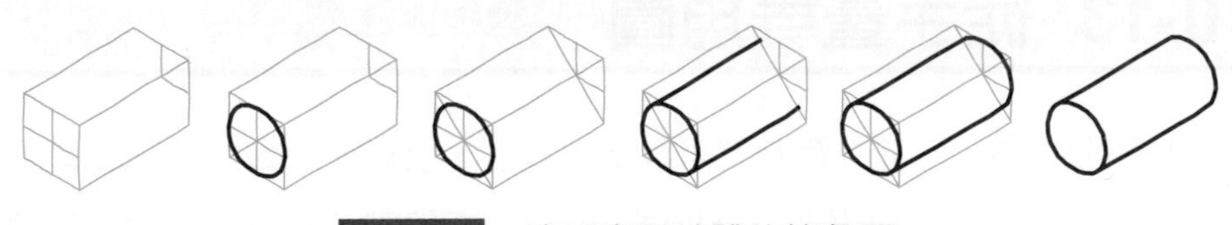

圖 10-32　徒手畫圓柱體的等角圖

徒手畫圓孔的等角圖，則先根據圓孔的位置及圓孔的直徑，畫出圓孔在等角面上的外切菱形，取菱形各邊的中點，以等角線畫出二相交的中心線，圈出孔口內切於菱形的橢圓，於此橢圓上任取幾點，向孔深的方向畫線，在這些線上取孔深定點，經過這些點圈出孔底在孔口露出的部分橢圓，就可完成圓孔的等角圖(圖 10-33)。

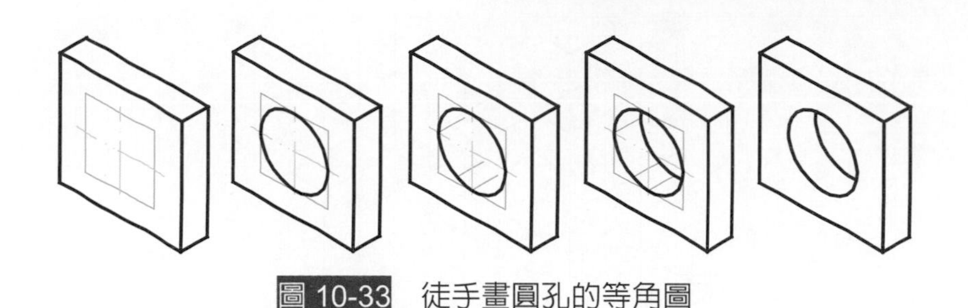

圖 10-33　徒手畫圓孔的等角圖

徒手畫圓弧的等角圖，則先按圓弧所在的部位以直角的情形畫出，再根據圓弧的半徑找出橢圓弧的切點，分別圈出所需的橢圓部分，若遠端面上的橢圓弧被遮住時，應先以等角線畫出近端面上圓弧的中心線，連菱形的對角線，在遠端面上畫出同樣的對角線彼此平行，先圈出近端面上的橢圓弧，再以剛才所畫的對角線爲界，圈出遠端面上可見部分的橢圓弧即成(圖 10-34)。

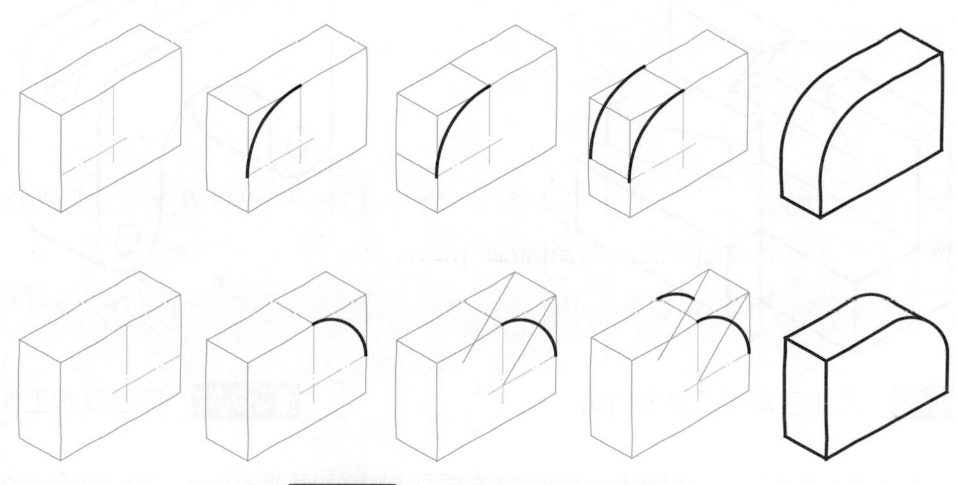

圖 10-34　徒手畫圓弧的等角圖

在初學徒手繪製等角圖時，可利三角格紙(圖 10-35)來練習，沿著格線畫直線便是等角線或等角軸線，這樣可使等角線或等角軸線的方向不致偏轉，而且物體高、寬、深三方向的線長可以數格決定，效果非常理想(圖 10-36)。

圖 10-35　三角格紙

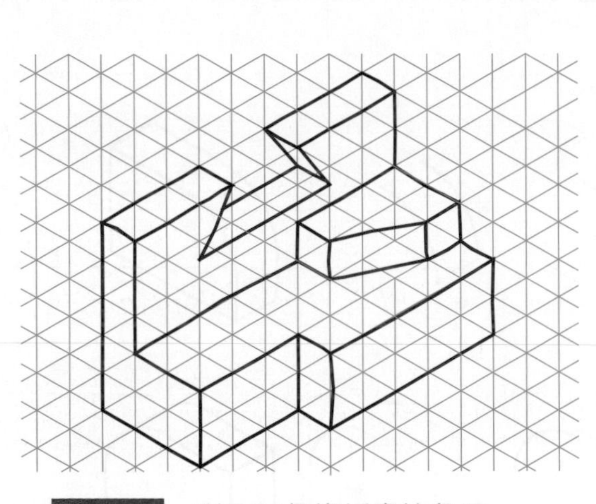

圖 10-36　利用三角格紙畫等角圖

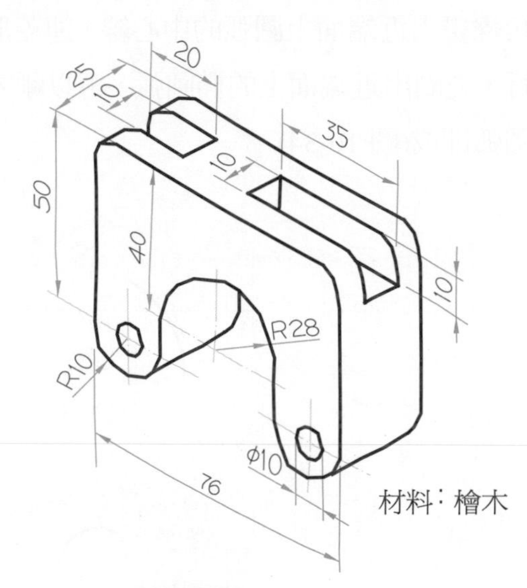

圖 10-37　徒手立體工作圖

如果能在畫妥的徒手等角圖上，按照前述標註尺度的原理原則，以徒手標出製作此物體時所需的尺度和註解，便成爲可供實用的徒手立體工作圖(圖 10-37)。

若一物體是由多個零件組合而成，也可以徒手畫出其立體分解系統圖，即按各零件在未裝配前的情況，在一張圖紙上分別依照將要裝配的順序，對齊軸線，盡量避免各零件的重疊，徒手畫出各零件的等角圖，便得徒手立體分解系統圖(圖 10-38)。

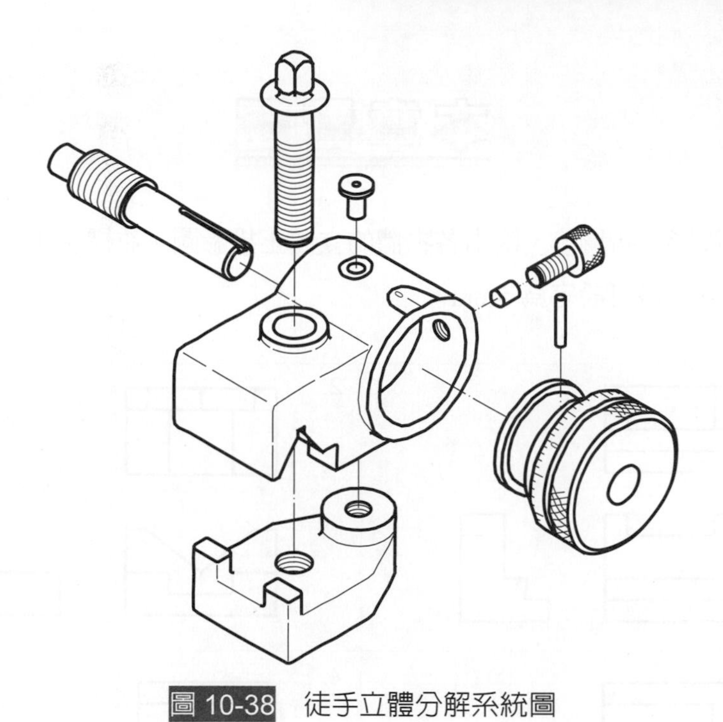

圖 10-38 徒手立體分解系統圖

本章習題

練習閱讀正投影多視圖後，繪出各物體的立體正投影圖，並標明應有的尺度，或得其實體模型，圖中每一格可設定為 5mm。

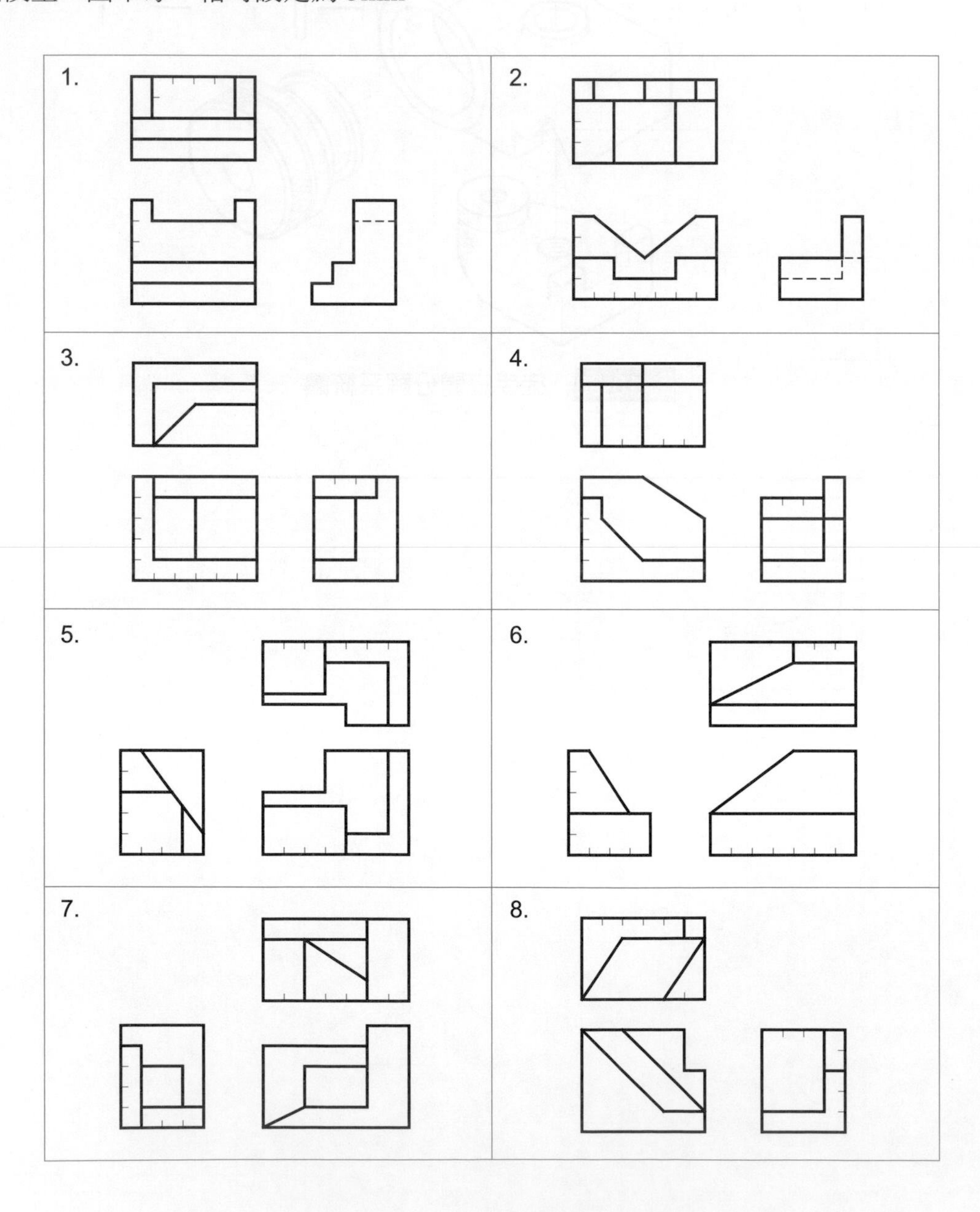

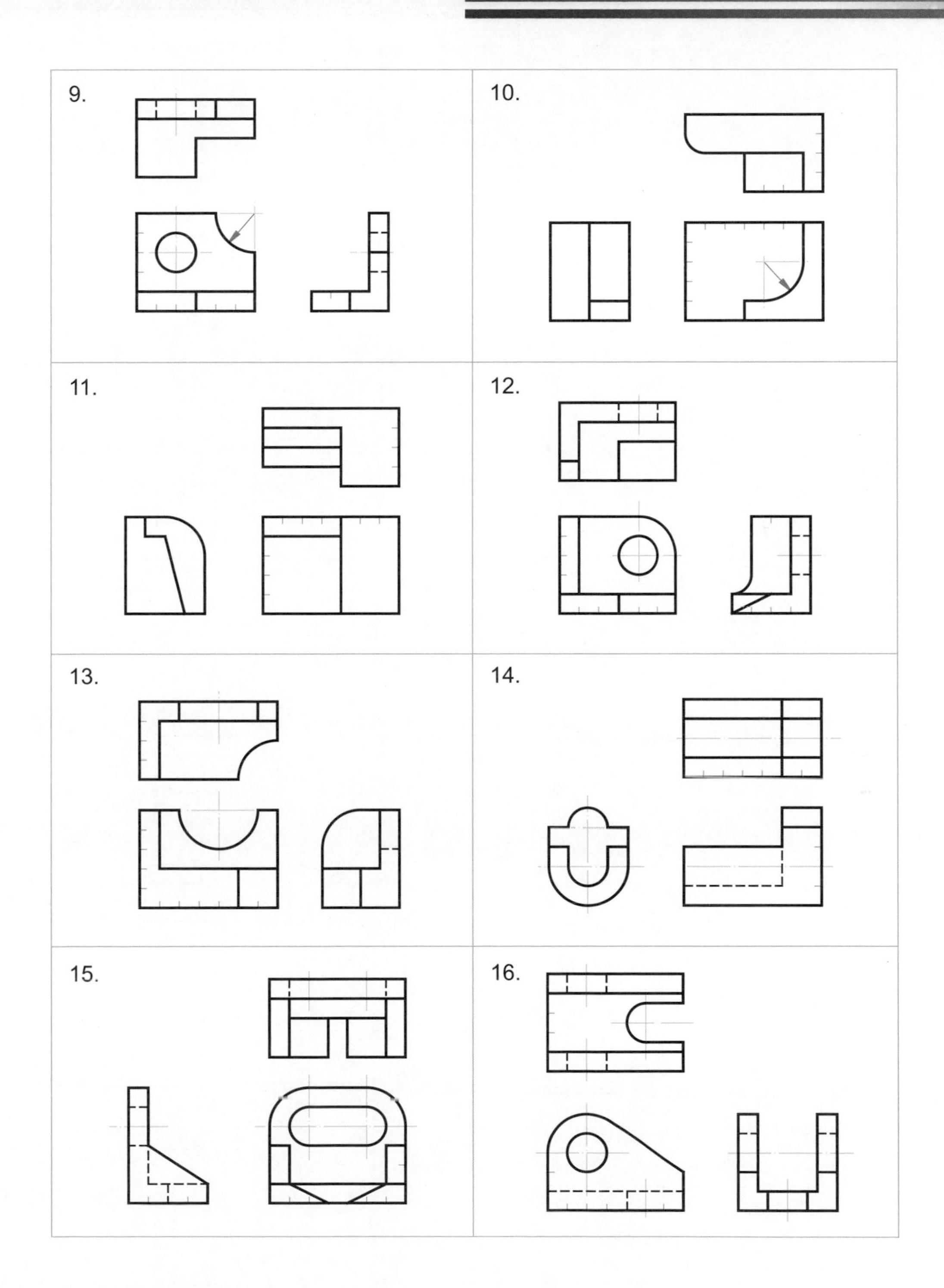
9.
10.
11.
12.
13.
14.
15.
16.

Chapter 11

公差與配合

11-1 公　差

製作物品時，因受機器之震動、材料之變異、刀具之磨耗、溫度之變化、人員之技術等因素，在尺度上很難絕對準確，絲毫不差，因此在設定的尺度上給予允許存在的差異，以使產製之物品能達到所需之精度，有利於以後之互換，此種差異量即謂之公差。公差愈小精度愈高，反之，公差愈大精度愈低。

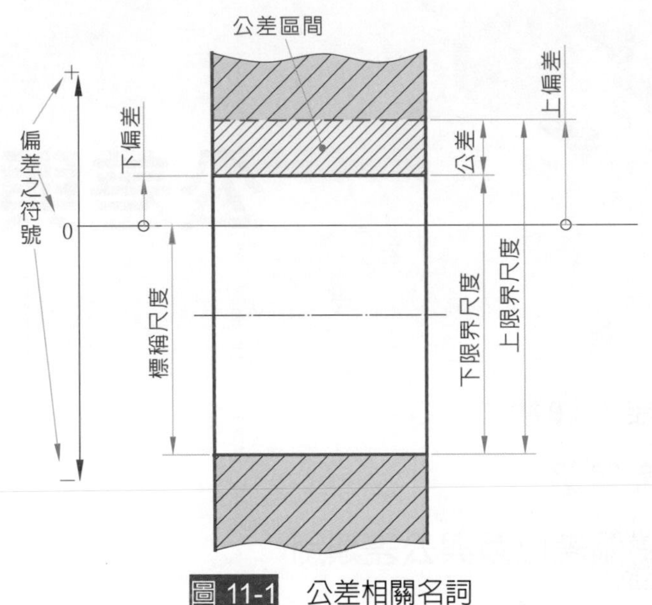

圖 11-1　公差相關名詞

與公差相關之各名詞解釋如下(圖 11-1)：

1. 孔(hole)：工件之內部尺度形態，含非圓柱形者，即外件。
2. 基孔(basic hole)：以孔作爲基孔制配合系統之基準。
3. 軸(shaft)：工件之外部尺度形態，含非圓柱形者，即內件。
4. 基軸(basic shaft)：以軸作爲基軸制配合系統之基準。
5. 標稱尺度(nominal size)：即理想形態之尺度。標稱尺度是應用上及下偏差得知限界尺度之位置，也就是舊標準中稱爲「基本尺度(basic size)」。
6. 實際尺度(actual size)：由實際量測而得之尺度。

7. 限界尺度(limit of size)：尺度形態可允許之尺度範圍。實際尺度應介於上及下限界尺度之間，包含限界尺度。
8. 上限界尺度(upper limit of size, ULS)：尺度形態可允許之最大尺度。
9. 下限界尺度(lower limit of size, LLS)：尺度形態可允許之最小尺度。
10. 公差(tolerance)：上限界尺度與下限界尺度之差。公差為絕對值，無正負之分，也是上偏差與下偏差之差。
11. 偏差(deviation)：就是實際尺度減去標稱尺度，亦稱實際偏差。
12. 上限界偏差(upper limit deviation)：簡稱上偏差，上限界尺度減標稱尺度，上偏差是帶有正負符號之數值，可以是正、零或負。

    ES (用於內部尺度形態)

    es (用於外部尺度形態)
13. 下限界偏差(lower limit deviation)：簡稱下偏差，下限界尺度減標稱尺度，下偏差是帶有正負符號之數值，可為正、零或負。

    EI (用於內部尺度形態)

    ei (用於外部尺度形態)
14. **公差區間**(tolerance interval)：**是指包含公差上、下限界尺度之間之變異值。區間之位置確定於公差之大小及標稱尺度。公差區間不一定包含標稱尺度。公差限界也許是雙向的或單向的。**

今假設標稱尺度為 75，允許最大可至 75.03，最小可至 74.94(圖 11-2)，

則：上限界尺度為 75.03

下限界尺度為 74.94

上偏差為＋0.03，即上限界尺度與標稱尺度之差

下偏差為－0.06，即下限界尺度與標稱尺度之差

公差為 0.09，即上限界尺度與下限界尺度之差。公差為絕對值，無正負之分。

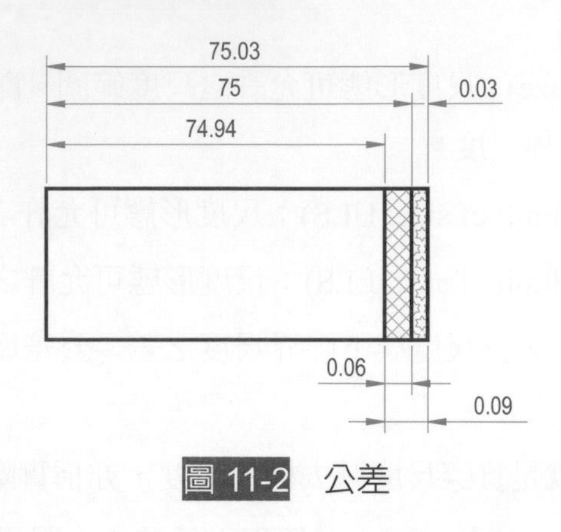

圖 11-2 公差

物品產製完成，量測該部位而得之實際尺度，在上限界尺度與下限界尺度之間者爲合格品，否則即爲廢品。

11-2 公差的種類

按公差適用範圍分：

1. 通用公差：對相同尺度範圍共通適用的公差。
2. 專用公差：對某一尺度專用的公差。

按限界尺度與標稱尺度的關係分：

1. 單向公差：上與下限界尺度均大於或小於標稱尺度。

   適用於需要配合部位之尺度。例如

   $45^{+0.04}_{+0.01}$　　　$36^{-0.02}_{-0.05}$

2. 雙向公差：上限界尺度大於標稱尺度，下限界尺度小於標稱尺度。

   適用於不需要配合部位之尺度或位置尺度。例如

   56 ± 0.04　　　$65^{+0.03}_{-0.01}$

 11-3 公差等級

公差的大小可隨需要訂定，但世界上各國間為求步調一致，對公差的大小訂有共同的標準，稱為國際準標公差(International Tolerance)，以其英文的縮寫 IT 表示，我國即採用此標準公差。標準公差對某一範圍的尺度，將其公差自最小至最大分成多個等級，稱為公差等級。各公差等級分別以 IT01、IT0、IT1、IT2、IT3、……IT17、IT18 命名。所謂 IT8，就是指公差等級為 8 的標準公差。01 級的公差最小，18 級的公差最大，同一等級的公差，就其標稱尺度由小至大遞增，標準公差數值為絕對值，無正負之分，詳細數值可查閱國際標準公差表，茲摘錄部分如表 11-1。

表 11-1　標準公差

單位：0.001mm

級別 IT / 基本尺度 mm	01	0	1	2	3	4	5	6	7	8	9	10	11	12	13	14	15	16	17	18
<3	0.3	0.5	0.8	1.2	2	3	4	6	10	14	25	40	60	100	140	250	400	600	1000	1400
>3 – 6	0.4	0.6	1	1.5	2.5	4	5	8	12	18	30	48	75	120	180	300	480	750	1200	1800
>6 – 10	0.4	0.6	1	1.5	2.5	4	6	9	15	22	36	58	90	150	220	360	580	900	1500	2200
>10 – 18	0.5	0.8	1.2	2	3	5	8	11	18	27	43	70	110	180	270	430	700	1100	1800	2700
>18 – 30	0.6	1	1.5	2.5	4	6	9	13	21	33	52	84	130	210	330	520	840	1300	2100	3300
>30 – 50	0.6	1	1.5	2.5	4	7	11	16	25	39	62	100	160	250	390	620	1000	1600	2500	3900
>50 – 80	0.8	1.2	2	3	5	8	13	19	30	46	74	120	190	330	460	740	1200	1900	3000	4600
>80 – 120	1	1.5	2.5	4	6	10	15	22	35	54	87	140	220	350	540	870	1400	2200	3500	5400
>120 – 180	1.2	2	3.5	5	8	12	18	25	40	63	100	160	250	400	630	1000	1600	2500	4000	6300
>180 – 250	2	3	4.5	7	10	14	20	29	46	72	115	185	290	460	720	1150	1850	2900	4600	7200
>250 – 315	2.5	4	6	8	12	16	23	32	52	81	130	210	320	520	810	1300	2100	3200	5200	8100
>315 – 400	3	5	7	9	13	18	25	36	57	89	140	230	360	570	890	1400	2300	3600	5700	8900
>400 – 500	4	6	8	10	15	20	27	40	63	97	155	250	400	630	970	1550	2500	4000	6300	9700
>500 – 630			9	11	16	22	32	44	70	110	175	280	440	700	1100	1750	2800	4400	7000	11000
>630 – 800			10	13	18	25	36	50	80	125	200	320	500	800	1250	2000	3200	5000	8000	12500
>800 – 1000			11	15	21	28	40	56	90	140	230	360	560	900	1400	2300	3600	5600	9000	14000
>1000 – 1250			13	18	24	33	47	66	105	165	260	420	660	1050	1650	2600	4200	6600	10500	16500
>1250 – 1600			15	21	29	39	55	78	125	195	310	500	780	1250	1950	3100	5000	7800	12500	19500
>1600 – 2000			18	25	35	46	65	92	150	230	370	600	920	1500	2300	3700	6000	9200	15000	23000
>2000 – 2500			22	30	41	55	78	110	175	280	440	700	1100	1750	2800	4400	7000	11000	19500	28000
>2500 – 3150			26	36	50	68	96	135	210	330	540	860	1350	2100	3300	5400	8600	13500	21000	33000

11-4 基礎偏差位置與公差類別

在說明公差的圖解中，常以一水平線代表公差爲零的所在，稱爲零線。零線以上的偏差爲正值，零線以下的偏差爲負值。代表上限界尺度與下限界尺度二水平線間的距離，是爲公差區間。公差區間中接近零線的偏差，亦即最接近標稱尺度之偏差，稱爲基礎偏差(fundamental deviation)。

二個需套合在一起的零件，稱爲配合件。就配合件配合的部位而言，在外側者稱爲外件，通稱爲孔；在內側者稱爲內件，通稱爲軸。國際間爲便於確定二配合件間的的配合狀況，訂出 A、B、C、CD、D、E、EF、F、FG、G、H、J、Js、K、M、N、P、R、S、T、U、V、X、Y、Z、ZA、ZB、ZC 二十八類基礎偏差之位置。

以大楷拉丁字母標示孔之基礎偏差位置，A 至 ZC 則按基礎偏差由正至負依大小順序排列，偏差位置 H 之下偏差正好爲 0；以小楷拉丁字母標示軸之基礎偏差位置，a 至 zc 則按基礎偏差由負至正依大小順序排列，偏差位置 h 之上偏差正好爲 0(圖 11-3)。各公差等級軸或孔之基礎偏差均經計算後詳細列表，可查閱有關標準，茲摘錄部分如附錄二十八。

ISO 線性尺度公差之編碼系統即在標示公差類別(tolerance class)，公差類別是由基礎偏差位置之拉丁字母與公差等級之阿拉伯數字組合標示之，例如 E8、H7、P9、d7、f8、s6 等。

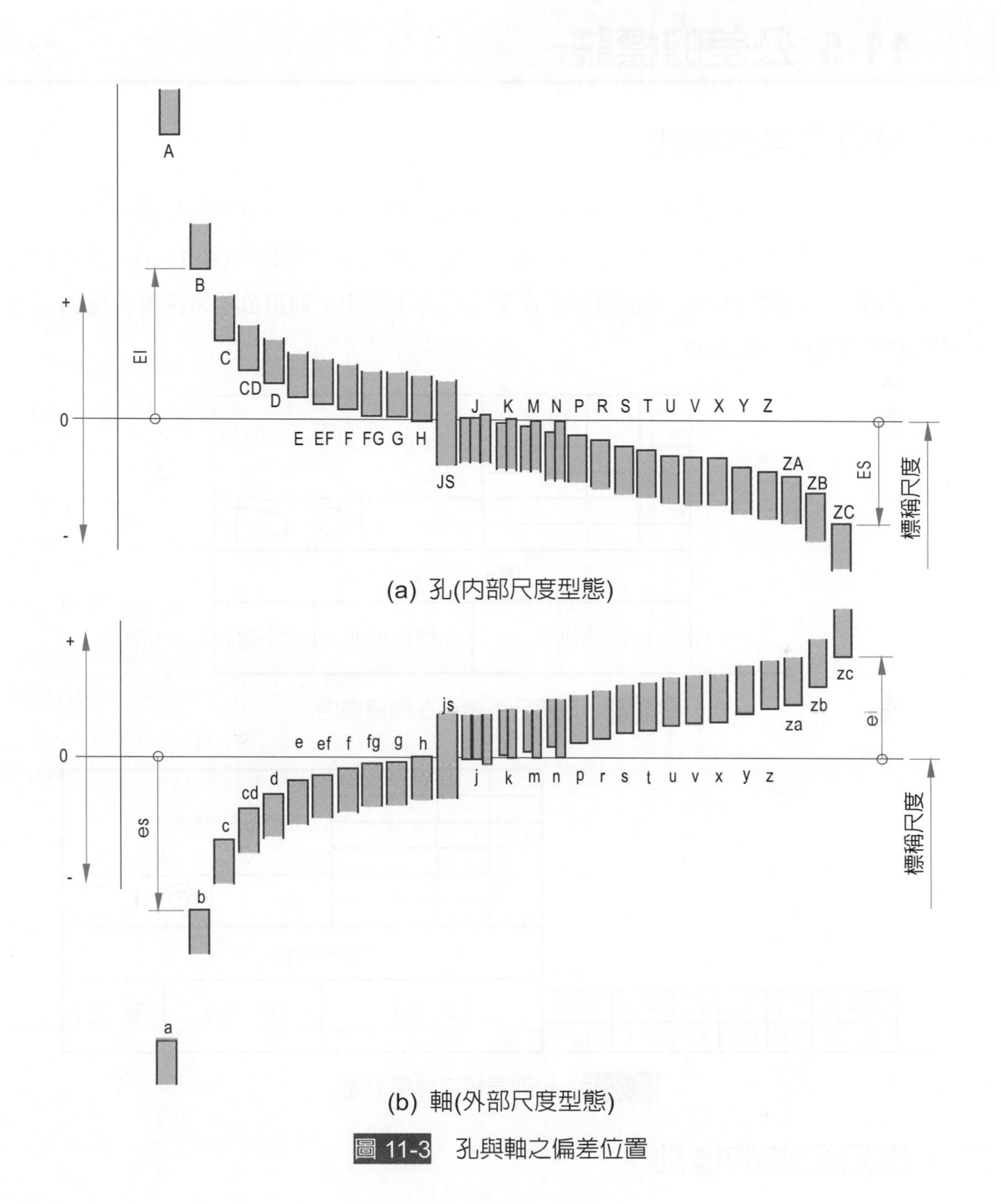

圖 11-3 孔與軸之偏差位置

11-5 公差的標註

一、通用公差的標註

工程圖上未註有公差的尺度，並不是表示這些尺度沒有公差，而是採用通用公差，此種公差是適用於圖上未註有公差之尺度。通用公差是標註在標題欄內(圖 11-4)，或另列表格置於標題欄附近(圖 11-5)，或記載於各作業工場的手冊中。通用公差常採用各種加工方法標準中所訂定之一般公差。

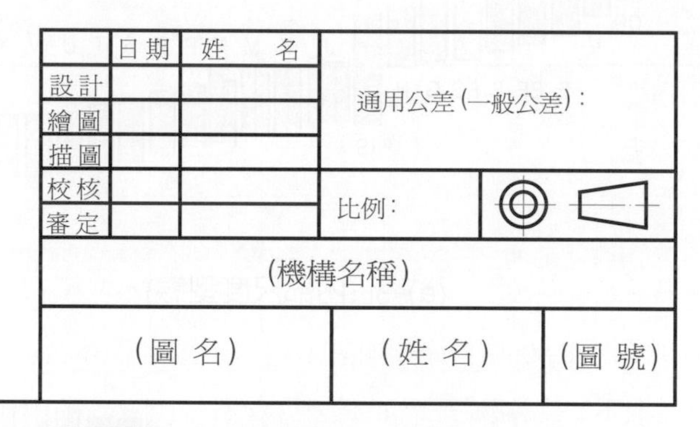

圖 11-4　通用公差標註在標題欄內

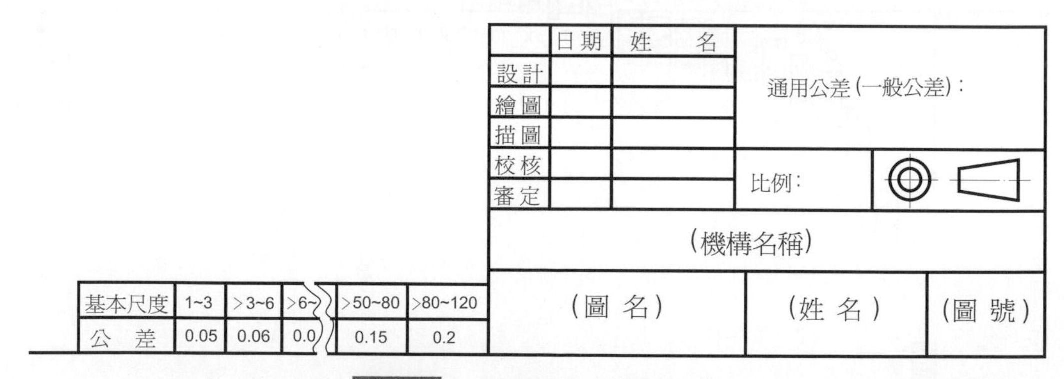

圖 11-5　另列表格之通用公差

二、專用公差的標註

對於二者需要配合的部位，必須定出適合其功能之公差，此種公差是專對某一尺度而言，在圖上與該尺度並列，是爲該尺度專用之公差。

1. 以限界尺度標註：

上限界尺度寫在上層，下限界尺度寫在下層，小數點對齊(圖 11-6a)。角度的標註方法與之類同(圖 11-6b)。

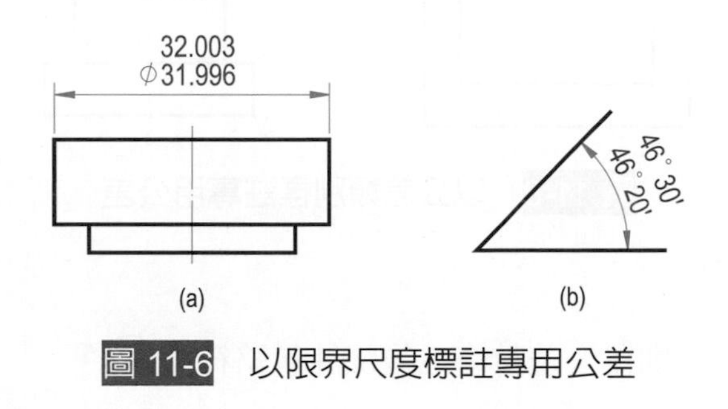

圖 11-6 以限界尺度標註專用公差

2. 以上下偏差標註：

標稱尺度外再加上下偏差，上偏差寫在上層，下偏差寫在下層，與以限界尺度標註的方法相同(圖 11-7a)。角度的標註方法與之類同(圖 11-7b)。

上偏差為 0 或下偏差為 0 時，仍得加註 0，且 0 之前不得加註＋或－之符號(圖 11-7c)。若上下偏差之絕對值相同時，則合為一層書寫(圖 11-7d)。角度的標註方法與之類同(圖 11-7e)。

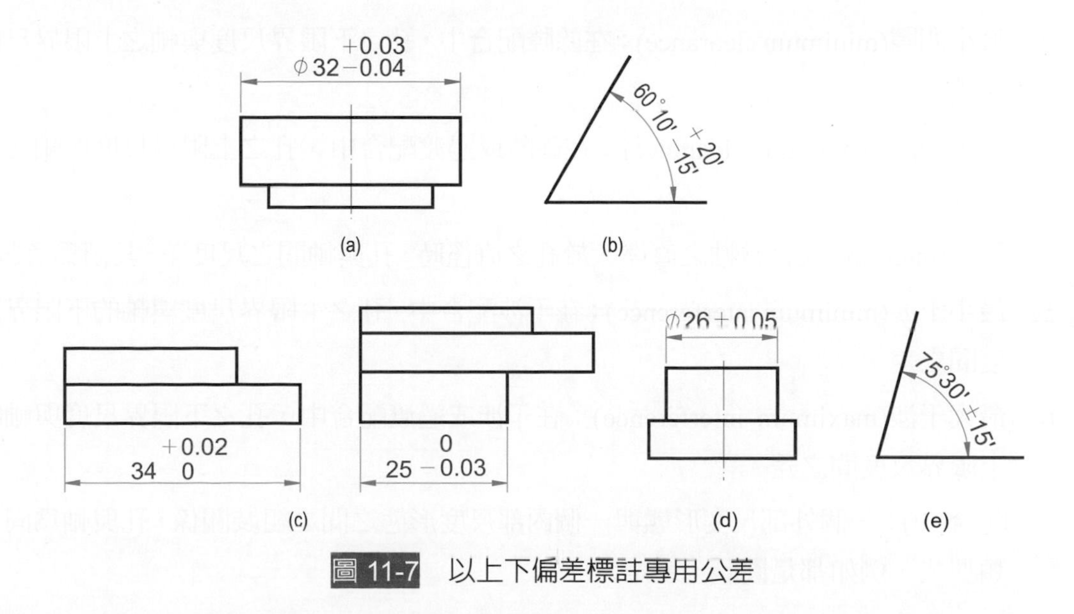

圖 11-7 以上下偏差標註專用公差

3. 以公差類別標註：

標稱尺度外再加註公差類別(圖 11-8)。

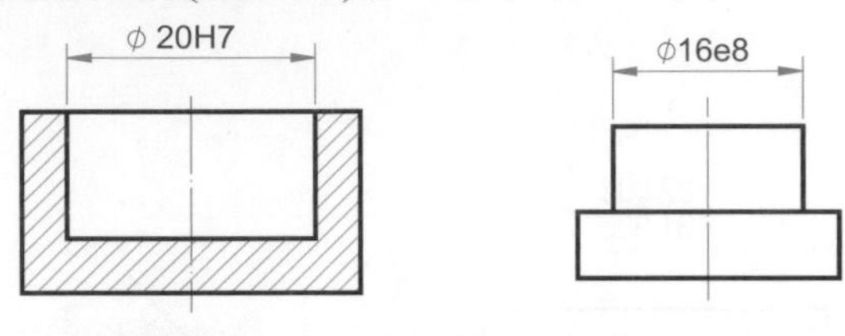

圖 11-8 以公差類別標註專用公差

4. 加註包絡符號Ⓔ

如有包絡的要求時，則在公差數字之後加註包絡符號Ⓔ。

11-6 配　合

標註公差的目的，是在控制產製物品應有的精度，以及獲得所需的配合，達到機件具有互換的特性。

有關配合之專有名詞，說明如下：

1. 間隙(clearance)：當軸之直徑小於孔的直徑時，孔與軸間之尺度差。其值爲正數。
2. 最小間隙(minimum clearance)：在餘隙配合中，孔之下限界尺度與軸之上限界尺度之差。
3. 最大間隙(maximum clearance)：在餘隙或過渡配合中，孔之上限界尺度與軸之下限界尺度之差。
4. 干涉(interference)：當軸之直徑大於孔之直徑時，孔與軸間之尺度差，其值爲負數。
5. 最小干涉(minimum interference)：在干涉配合中，孔之上限界尺度與軸的下限界尺度間之差。
6. 最大干涉(maximum interference)：在干涉或過渡配合中，孔之下限界尺度與軸的上限界尺度間之差。
7. 配合(fit)：一個外部尺度形態與一個內部尺度形態之間之組裝關係，孔與軸爲同一類型式，例如都是圓形，或是方形。

8. 餘隙配合(clearance fit)：組裝時，孔與軸之間保有間隙的配合。也就是孔之下限界尺度大於或等於軸之上限界尺度。

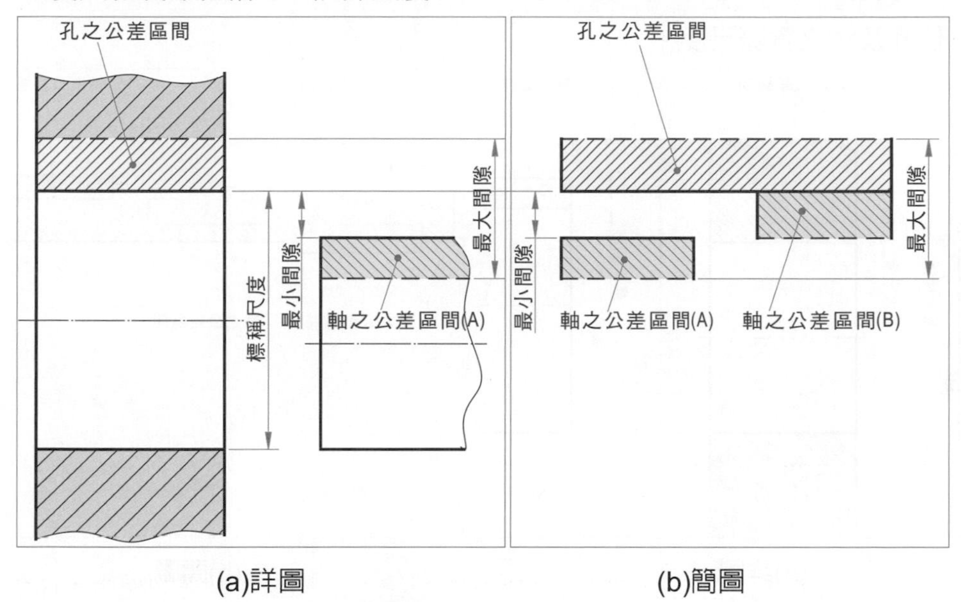

(a)詳圖　　(b)簡圖

圖 11-9　餘隙配合定義

9. 干涉配合(interference fit)：組裝時，孔與軸之間保有干涉之配合。也就是孔之上限界尺度小於或等於軸之下限界尺度。

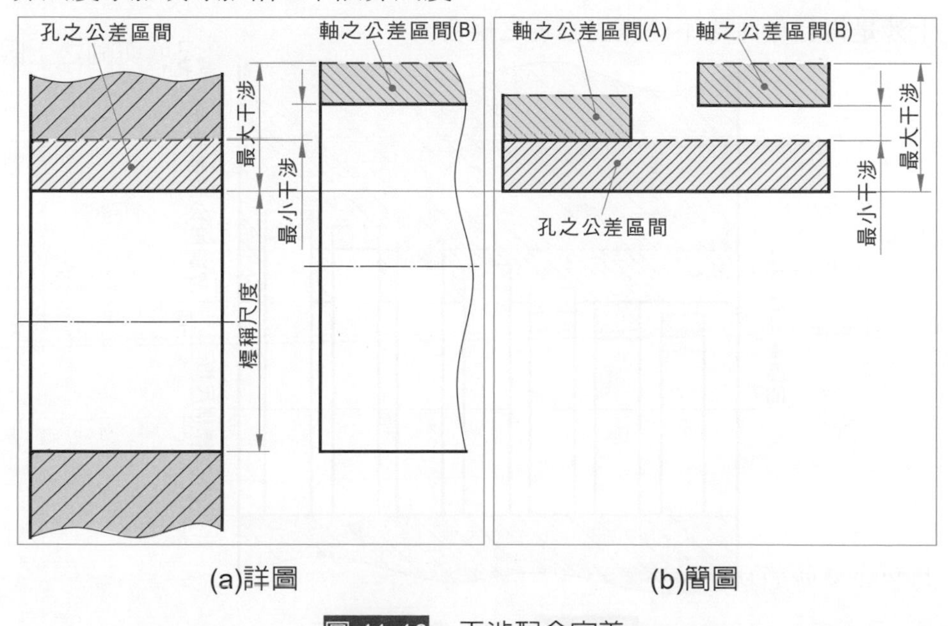

(a)詳圖　　(b)簡圖

圖 11-10　干涉配合定義

10. 過渡配合(transition fit)：組裝時，孔與軸之間保有間隙或干涉之配合。於過渡配合中，孔與軸之公差區間可能是完全或部分重疊，因此，是否存在間隙或干涉，需依孔及軸之實際尺度。

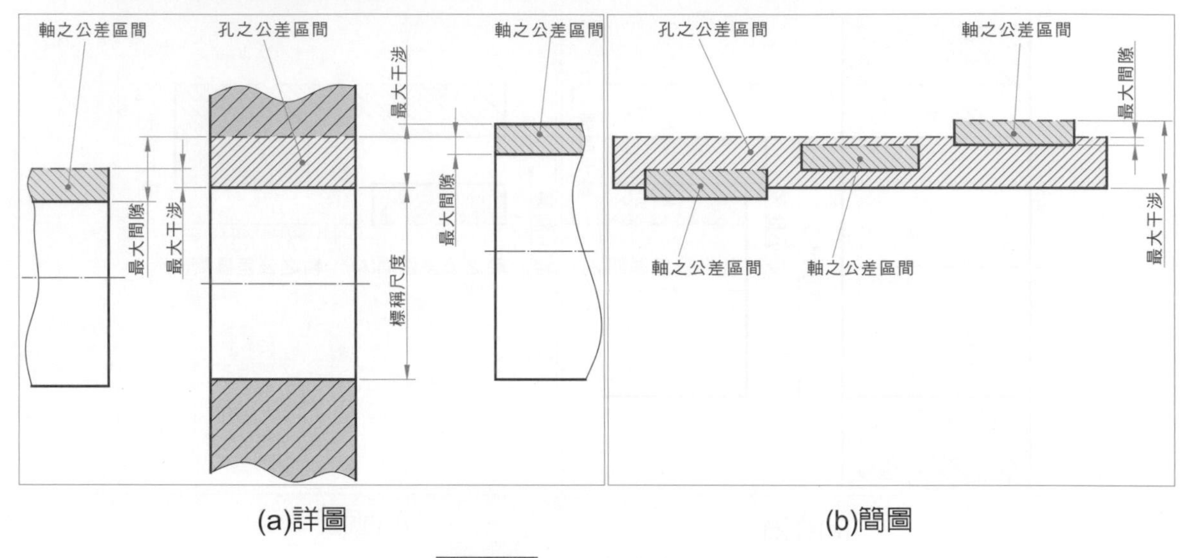

圖 11-11 過渡配合定義

11. 基孔制配合系統(hole-basis fit system)：孔之基礎偏差固定爲零之配合系統，亦即下偏差爲零。此配合制度之孔之下限界尺度是與標稱尺度相同。其所需的間隙或干涉是得自於軸之不同基礎偏差之組合。

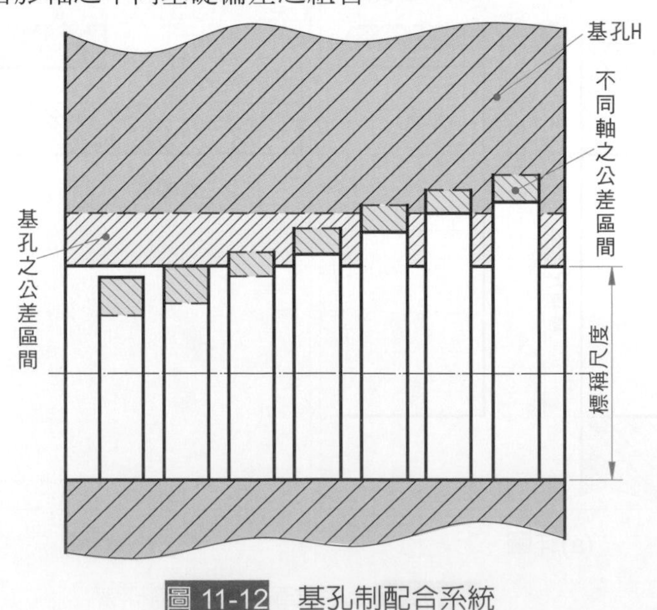

圖 11-12 基孔制配合系統

12. 基軸制配合系統(shaft-basis fit system)：軸之基礎偏差固定為零之配合系統，亦即上偏差為零。此配合制度之軸之上限界尺度是與標稱尺度相同。其所需的間隙或干涉是得自於孔之不同基礎偏差之組合。

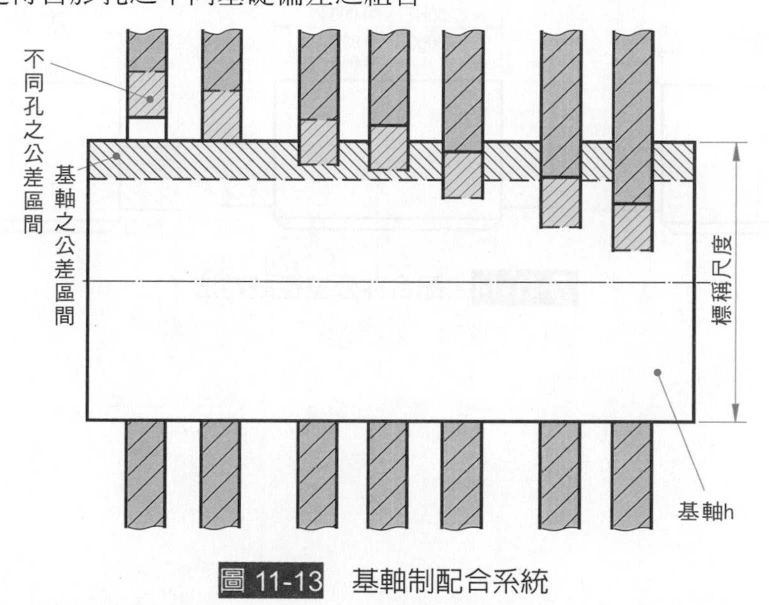

圖 11-13　基軸制配合系統

各種配合舉例如表 11-2。

表 11-2　各種配合

以尺度 46 為例		
餘隙配合(H8/e7) H8　$46^{+0.039}_{0}$	干涉配合(H7/s6) H7　$46^{+0.025}_{0}$	過渡配合(H6/m6) H6　$46^{+0.016}_{0}$
e7　$46^{-0.050}_{-0.075}$	s6　$46^{+0.059}_{+0.043}$	m6　$46^{+0.025}_{+0.009}$
最大餘隙 46.039－45.925＝0.114 最小餘隙 46.000－45.950＝0.050	最大干涉 46.000－46.059＝－0.059 最小干涉 46.025－46.043＝－0.018	最大干涉 46.000－46.025＝－0.025 最大餘隙 46.016－46.009＝0.007

配合件的公差，可採用公差類別標註、公差類別加註限界尺度標註、上下偏差標註等(圖 11-14)。

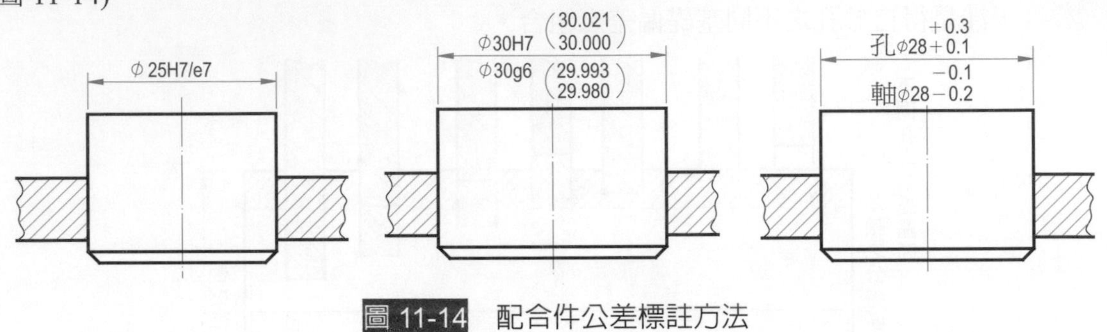

圖 11-14 配合件公差標註方法

本章習題

1. 尺度 $20_{-0.01}^{+0.03}$，其公差是多少？
2. 尺度 $20_{-0.08}^{-0.04}$，其公差是多少？
3. 二配合件孔為 $35_{+0.1}^{+0.3}$，軸為 $35_{-0.2}^{-0.1}$，其最小餘隙為多少？
4. 二配合件孔為 $42_{-0.6}^{-0.2}$，軸為 $42_{+0.1}^{+0.3}$，其最大干涉為多少？
5. 一圓柱直徑為 20，其專用公差為 g7，以上下偏差標註其公差，則此尺度應寫成？
6. 一圓孔直徑為 25，其專用公差為 H6，以限界尺度標註其公差，則此尺度應寫成？
7. 工件尺度 $\phi\begin{matrix}20.200\\20.125\end{matrix}$，改以上下偏差標註其公差？
8. 工件尺度 $30_{-0.2}^{+0.6}$，改以限界尺度標註其公差？
9. 工件尺度 45mm，給予單向公差 0.05，以上下偏差標註其公差，則此尺度應寫成？
10. 工件尺度 60mm，給予雙向公差 0.2，以上下偏差標註其公差，則此尺度應寫成？

11. 圖中軸件與孔件配合，其尺度如表所示，將應有的數值填入下方空格內：

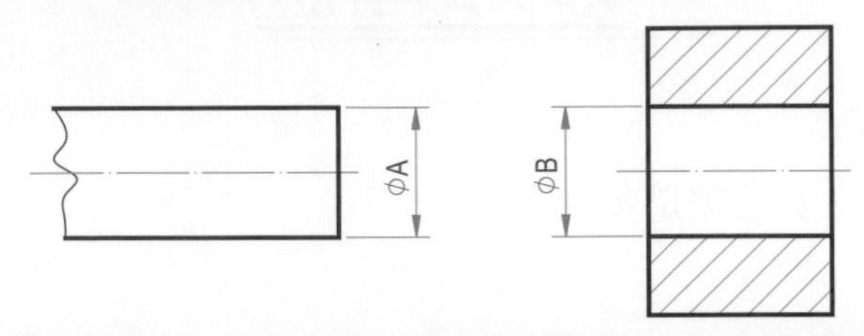

A		+0.072 12+0.065	+0.01 29　0	24.885 24.670	40.000 39.935	30e8	27n7	150h6	80d9
B		+0.005 12　0	+0.06 29　0	25.020 25.000	40.150 40.105	30H7	27H8	150P7	80H10
A	標稱尺度								
	上偏差								
	下偏差								
	公差								
	上限界尺度								
	下限界尺度								
B	標稱尺度								
	上偏差								
	下偏差								
	公差								
	上限界尺度								
	下限界尺度								
A 與 B 之配合種類									
最大餘隙									
最小餘隙									
最大干涉									
最小干涉									

Chapter

12 表面符號

機件表面之組織結構稱爲表面織構，用來表示機件表面織構的符號稱爲表面織構符號，簡稱表面符號。

機件之表面織構，影響機件之性能及機件相對運動之順滑與磨損之能耐度。因此，製造時，對機件表面織構之各項要求，在圖面上均須以共通之表面符號表出。

工業愈進步，對機件產品表面的精密度要求愈高，而用來測定機件表面粗糙程度的儀器精密度也愈高，對機件表面織構的註寫，也須依測定儀器之進步更加詳細。ISO 對表面符號的註寫，已作大幅度的修訂，而我國國家標準亦隨之修改，但產業界對機件表面織構之測定，大都仍沿用舊有儀器，對機件表面符號之標註也未及更新。本書有鑑於此，特將最新表面符號與舊有者分別敘述，期能知新通舊，以爲辨識選擇遵循。特別提醒，因同一符號在新舊標準中有不同意義，故標註時，新舊表面符號不宜混合使用。

12-1 表面輪廓線

一、表面輪廓線

要評估機件表面的粗糙程度，須先擷取此機件表面的上下起伏狀況。爲分析取得資料，可在此機件表面上，選取一個適當方向，在此方向上取一垂直於機件表面的虛擬平面，使其與機件表面相交，則機件表面與此平面相交所得之曲線即稱爲表面輪廓線(圖 12-1)。利用此輪廓線，可作爲分析表面狀況之依據。

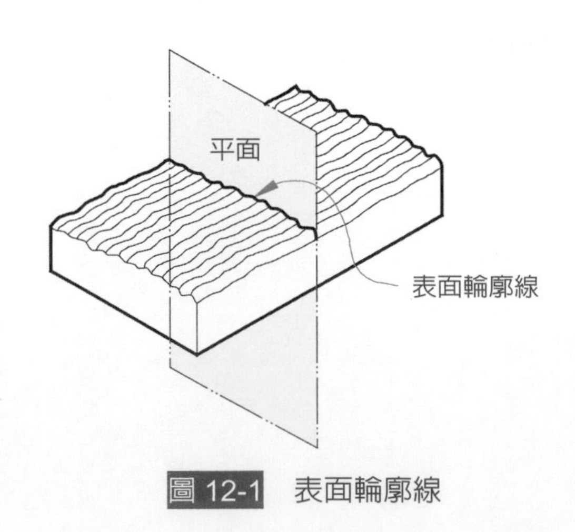

圖 12-1　表面輪廓線

表面輪廓線可利用儀器取得，一具現代典型的表面粗糙度測量儀器，基本上，包含一個可伸縮的測頭，一個可支撐測頭及機件的軌道，再一個用以處理所得數據的處理器。當測頭在機件表面上選定的一個方向滑動，依表面的上下起伏取得數據，再由處理器產生一可見的上下起伏曲線，此曲線即爲表面輪廓線。

機件表面呈現粗糙狀況的來源大約可分爲二：

1. 因機件本身材質或使用之切割工具、磨光工具等，所產生之粗糙結果，此部分稱爲粗糙度成分。
2. 因機器之震動、測量儀器測頭或軌道移動不精確或機件固定太緊太鬆等，所造成之粗糙結果，此部分稱爲波狀成分。

這兩種不同成分，呈現在輪廓線濾波器上，具有不同的波長。粗糙度成分之波長較短，波狀成分之波長較長。由於輪廓線濾波器可以將輪廓線分成短波部分及長波部分，且可選擇僅傳輸短波部分或長波部分。因此，選定短波部分及長波部分的分界點，即可利用輪廓線濾波器，取得需要的輪廓線短波部分或長波部分的傳輸結果。

此處，決定短波部分及長波部分的分界點即稱爲該輪廓線截止點。

早期使用的輪廓線濾波器是類比型，如 2RC、2RCPC 等，其偏離性較大，現爲配合電腦或微處理機都採用數位型，如高斯輪廓線濾波器，其偏離性較小，也是目前如 ISO 等標準機構推薦使用的濾波器。

二、基本輪廓線、粗糙度輪廓線及波狀輪廓線

此三種輪廓線均由表面輪廓線經不同之濾波器獲得，爲表面符號標註之依據基礎。

1. 基本輪廓線

   基本輪廓線是由表面輪廓線，經波長爲 λs 之高斯輪廓線濾波器過濾掉比 λs 短的成分而得。

2. 粗糙度輪廓線

粗糙度輪廓線是由表面輪廓線經過波長為λs 之高斯輪廓線濾波器，過濾掉比λs 短的成分，再經波長為λc 高斯輪廓線濾波器，過濾掉比λc 長的成分而得。

此處，由λs 到λc 之區間稱為粗糙度輪廓線之傳輸波域。

3. 波狀輪廓線

波狀輪廓線是由表面輪廓線經波長為λc 之高斯輪廓線濾波器過濾掉比λc 短的成分，再經波長為λf 之高斯輪廓線濾波器，過濾掉比λf 長的成分而得。

此處，由λc 到λf 之區間稱為波狀輪廓線之傳輸波域。

以下為輪廓線形成之流程(圖 12-2)。

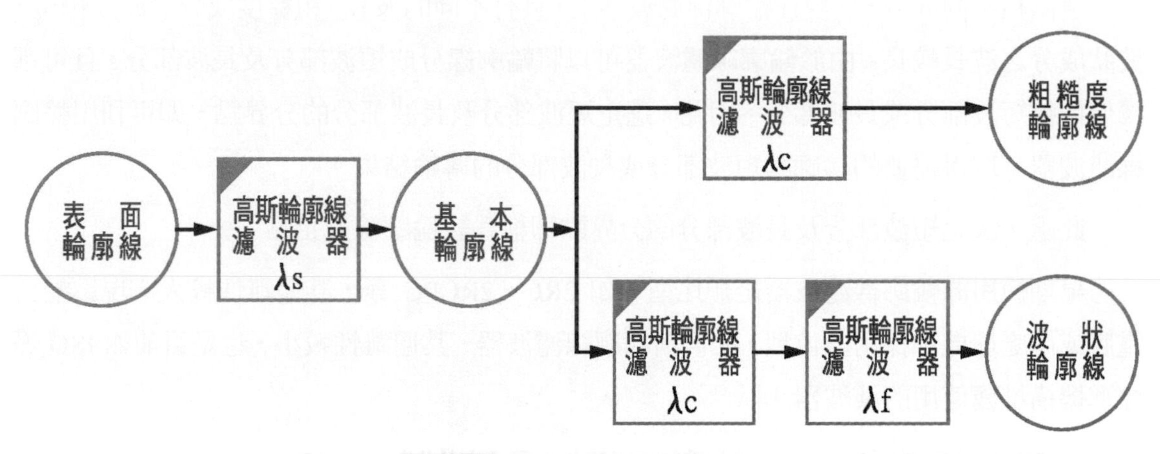

圖 12-2 輪廓線形成之流程

在儀器處理上，基本輪廓線是取五倍的λc 值為全部長度，每個λc 值長度再分為 100 或 300 等分。取表面輪廓線在全部長度範圍內各分點之值，做最小平方法之直線擬合，然後，在各分點上，將表面輪廓線在此擬合直線上或下之長度取為各分點之新值，則此新值可形成另一輪廓線，此輪廓線即為基本輪廓線(圖 12-3)。此項處理可移除機件表面傾斜之因素。此處，等分後之長度即為λs 之值。

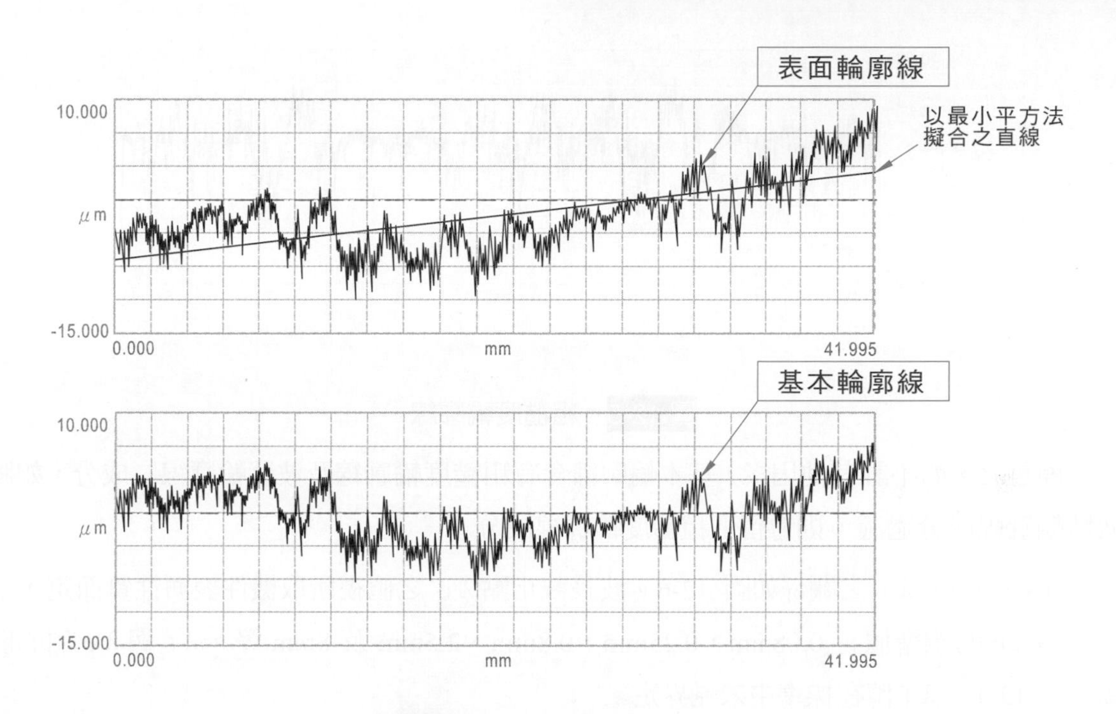

圖 12-3 基本輪廓線之產生

如將波狀輪廓線與基本輪廓線顯示於同一平面座標上，則基本輪廓線可視爲站在波狀輪廓線上的曲線(圖 12-4)。

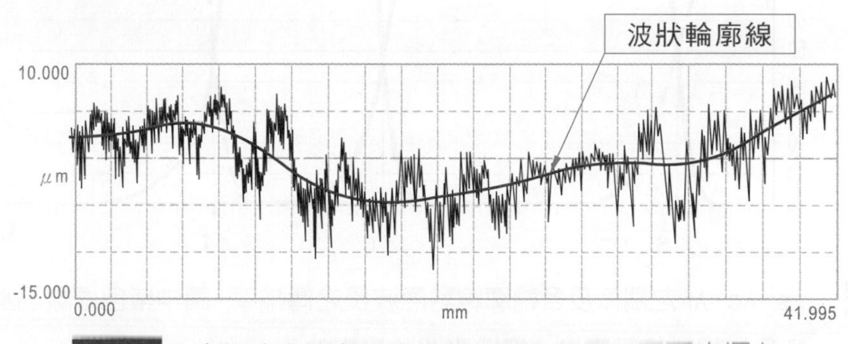

圖 12-4 波狀輪廓線與基本輪廓線顯示於同一平面座標上

再將基本輪廓線高於或低於波狀輪廓線部分，註記於原座標點處，則形成一新的輪廓線，此輪廓線即爲粗糙度輪廓線(圖 12-5)。

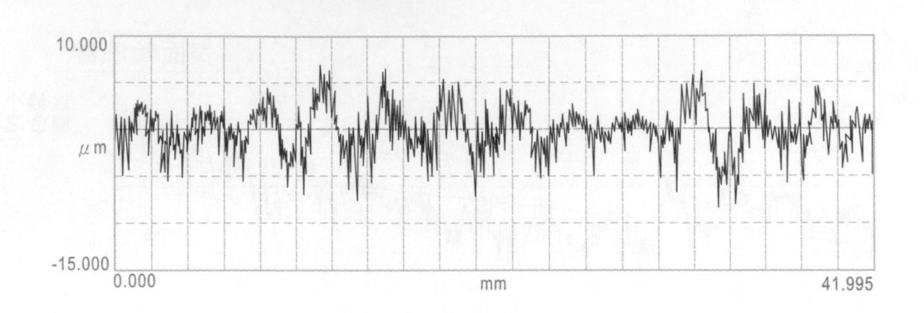

圖 12-5 粗糙度輪廓線

簡言之，如不計其他因素，基本輪廓線含有粗糙度輪廓線及波狀輪廓線二成分，如將波狀輪廓線成分過濾，則會留下粗糙度輪廓線成分。

λs，λc，λf 之關係如圖 12-6。波長截止點 λc 之值視所取機件表面性質而定，一般使用 λc 的標準值有 0.08mm，0.25mm，0.8mm，2.5mm 及 8mm 等。λs 與 λc 值的關係見表 12-1，λf 值在標準中未見界定。

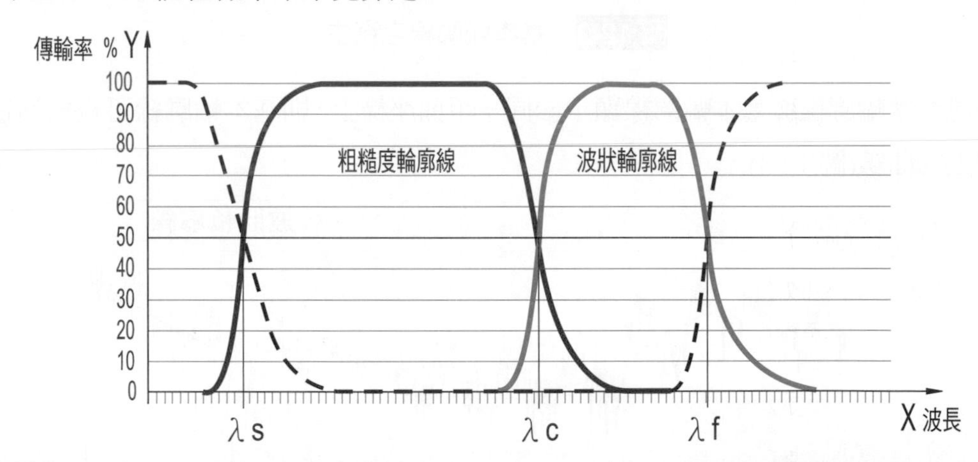

圖 12-6 λs，λc，λf 之關係及各輪廓線對應波長之傳輸率，圖中紫色虛線為基本輪廓線，紅色為粗糙度輪廓線，綠色為波狀輪廓線

表 12-1 λs 及 λc 之關係

λc(mm)	0.08	0.25	0.8	2.5	8.0
λc：λs	30	100	300	300	300

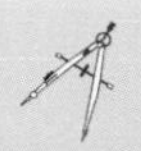 12-2 輪廓線之相關名詞與常用參數

一、相關名詞

1. 座標系統：取笛卡爾右手直角座標系統，以各輪廓線之平均線作 X 軸，高度標於 Z 軸，Y 軸則顯示在實際表面方向。
2. 評估長度 ln： 爲實際用於評估表面粗糙程度之長度，根據 λc 輪廓線濾波器截止點之值而定，通常取爲截止點之值的五倍，如無法取得，最少也要有三倍。
3. 量測長度：爲取得機件表面資料數據之長度。量測長度爲配合濾波器之使用，均應長於評估長度。一般處理上，量測長度取爲截止點之值的七倍長，評估長度則取其中間的五個長度。
4. 取樣長度：在 X 軸方向做描述輪廓線特性使用之長度。

   (1) 基本輪廓線之取樣長度 lp：設爲評估長度 ln。

   (2) 粗糙度輪廓線之取樣長度 lr：設爲 λc。

   (3) 波狀輪廓線之取樣長度 lw：設爲 λf。

二、常用參數

1. 以輪廓線區分，有基本輪廓線參數、粗糙度輪廓線參數及波狀輪廓線參數，基本輪廓線之參數均以「P」開始；粗糙度輪廓線之參數均以「R」開始；波狀輪廓線之參數均以「W」開始。
2. 以性質區分有振幅參數、間隔參數、混合參數、曲線參數及相關參數等。

因輪廓線常用參數之數量甚多，特將其列表於後(表 12-2)，以備參用。

表 12-2 輪廓線常用參數

		基本輪廓線	粗糙度輪廓線	波狀輪廓線	參數名稱
振幅參數	峰谷值	Pp	Rp	Wp	最大輪廓線波峰高度
		Pv	Rv	Wv	最大輪廓線波谷深度
		Pz	Rz	Wz	最大輪廓線高度
		Pc	Rc	Wc	輪廓線元素之平均高度
		Pt	Rt	Wt	輪廓線總高度
	平均值	Pa	Ra	Wa	輪廓線振幅之算術平均
		Pq	Rq	Wq	輪廓線振幅之均方根
		Psk	Rsk	Wsk	輪廓線振幅之不對稱性
		Pku	Rku	Wku	輪廓線振幅之陡峭度
間隔參數		PSm	RSm	WSm	輪廓線元素之平均寬度
混合參數		PΔq	RΔq	WΔq	輪廓線斜率之均方根
曲線參數		Pmr(c)	Rmr(c)	Wmr(c)	輪廓線材料比
		Pδc	Rδc	Wδc	輪廓線水平高度差
		Pmr	Rmr	Wmr	相對材料比

表中 Rz 之定義與舊有標準不同。

爲方便在電腦或處理器上使用，ISO 機構特別提出，表中一些特殊符號如 λ、Δ、δ 等，可依次以英文字母 L、d、d 代替。

12-3 最新表面符號之組成

在圖面上表達機件表面織構各項要求之表面符號，其基本符號爲一不等邊之 V 字形。對於必須去屑加工之表面，在報告或合約書中寫爲 MRR(Material required removed)，在圖面上則在基本符號上加一短橫線，自基本符號較短邊之末端畫起，圍成一等邊三角形(圖 12-7)。對於不得到去屑加工之表面，在報告或合約書中寫爲 NMR(No material removed)，在圖面上則在基本符號上加一圓，與 V 字形之兩邊相切，圓之最高點與較短邊之末端對齊(圖 12-8)。

如果不限定可否去屑加工之表面，由加工者自由選擇任何加工方法，在報告或合約書中寫為 APA(Any process allowed)，在圖面上則在基本符號上不加短橫線或小圓(圖 12-9)。

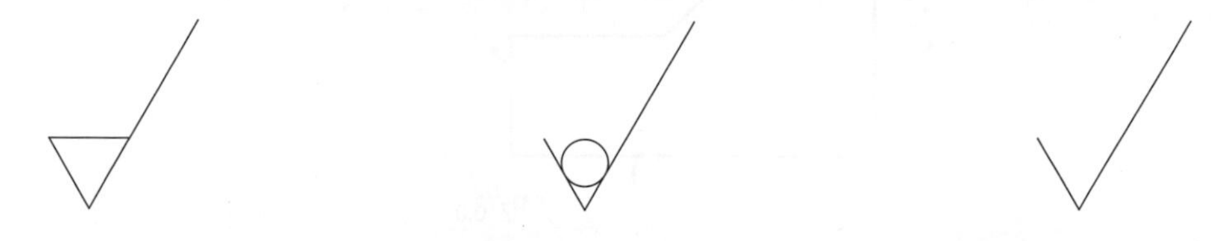

圖 12-7 必須去屑加工之表面　圖 12-8 不得去屑加工之表面　圖 12-9 不限定可否去屑加工之表面

自基本符號較長邊之末端起，畫一水準線用以標註對表面符號各項要求，其註寫位置如圖 12-10，實際應用時，其中除表面參數外，其他各項目如非必要，均可省略標註。

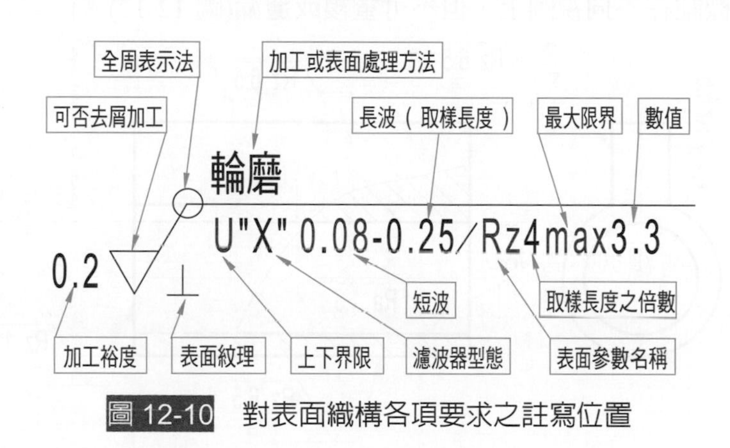

圖 12-10 對表面織構各項要求之註寫位置

12-4 在視圖上標註表面符號

一、標註方向

在視圖上標註表面符號之方向以朝上及朝左為原則，若表面傾斜方向或地位不利時，則將表面符號標註於指線上如圖 12-11 所示。

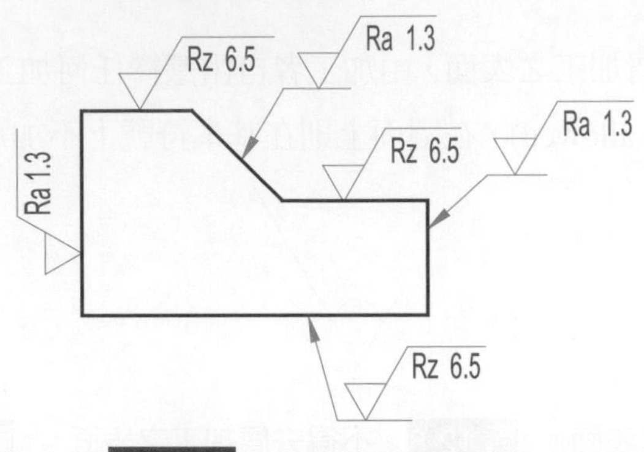

圖 12-11　表面符號標註方向

二、標註位置

表面符號以標註在機件各表面之邊視圖或極限線上爲原則，同一機件上不同表面之表面符號，可分別標註在不同視圖上，但不可重複或遺漏(圖 12-12)。

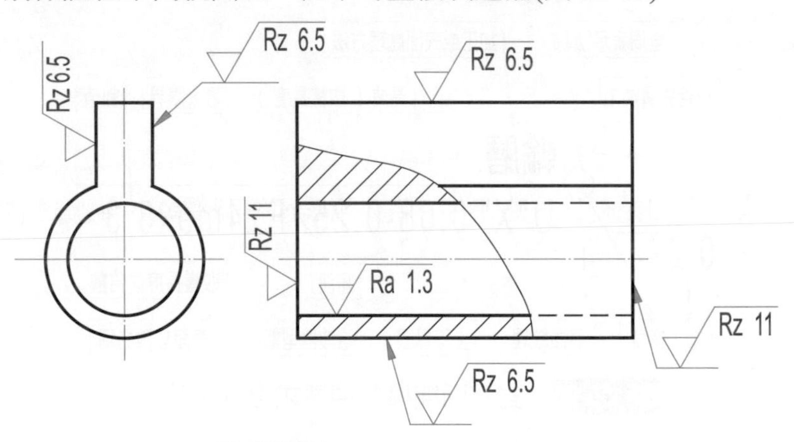

圖 12-12　表面符號標註位置

在不影響視圖之清晰，可將表面符號標註在尺度線上(圖 12-13)。

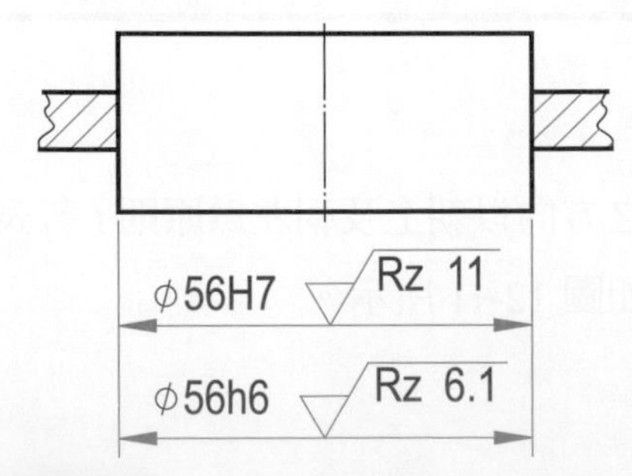

圖 12-13　表面符號標註在尺度線上

三、標註合用表面符號

二個或二個以上之表面上，其表面符號完全相同，可用一指線分出二個或二個以上之指示端，分別指在各表面上或其延長線上，而其相同之表面符號僅標註一個於指線上，稱爲合用之表面符號(圖 12-14)。

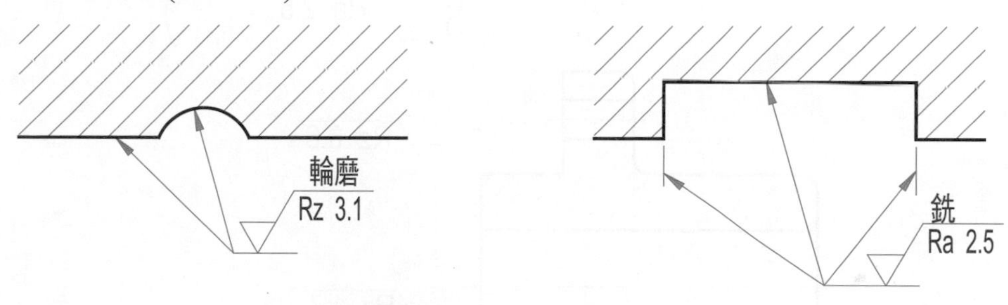

圖 12-14 合用之表面符號

四、標註公用表面符號

機件上所有各面之表面符號完全相同時可將其表面符號標註於機件之視圖外，作爲公用之表面符號件號，例如編號爲 5 之零件，將公用表面符號標註在件號之右側(圖 12-15)。

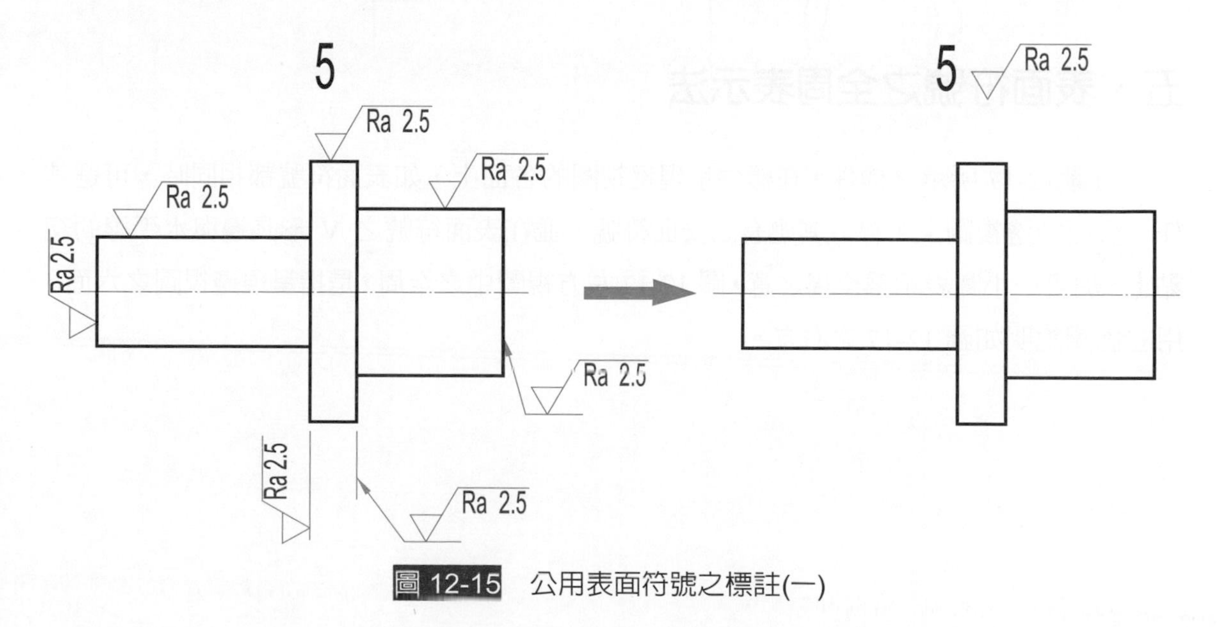

圖 12-15 公用表面符號之標註(一)

同一機件上除少數表面外，其大部分表面符號均相同時，可將相同之表面符號標註於視圖外件號之右側，作爲公用表面符號，而少數例外之表面符號仍分別標註在各面之邊視圖或極限線上並在公用表面符號之右側加畫一個有括弧之基本符號，代表視圖上所標註之各個表面符號，如圖 12-16 所示。

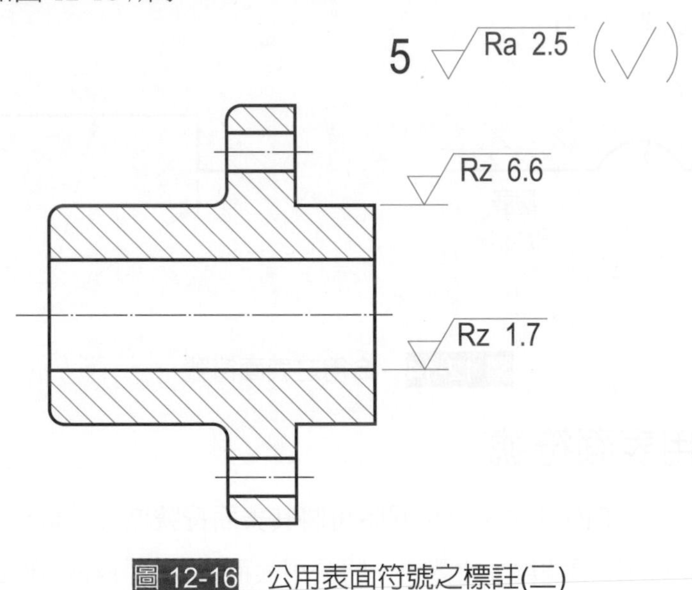

圖 12-16　公用表面符號之標註(二)

五、表面符號之全周表示法

如圖 12-17 所示之機件，在機件呈現邊視圖的各面上，如表面符號都相同時，可選其任一表面的邊視圖上，標註其應有之表面符號，並在表面符號之 V 形長邊與水平線的交點上，加畫一小圓表示爲全周之意，圖 12-17 左方視圖中之全周，是指呈現邊視圖之六面，用立體圖說明如圖 12-17 之右方。

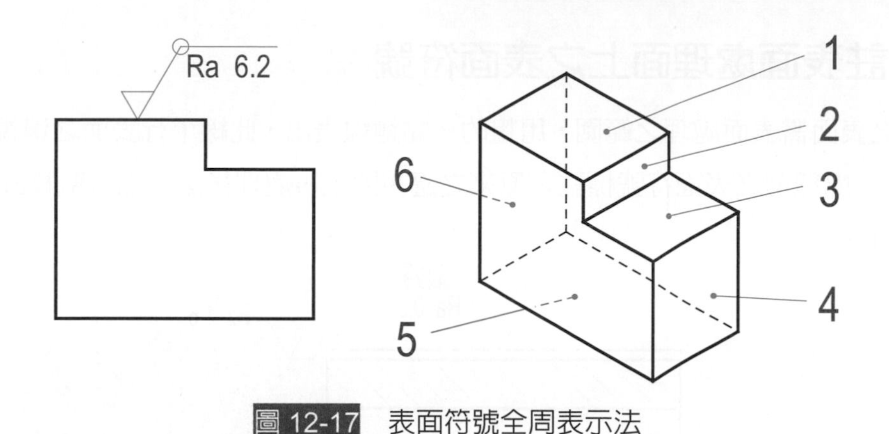

圖 12-17　表面符號全周表示法

六、使用代號標註表面符號

爲簡化視圖上表面符號之標註，可用代號分別標註，而將各代號與其所代表之實際表面符號並列於視圖外之適當位置(圖 12-18 與圖 12-19)。

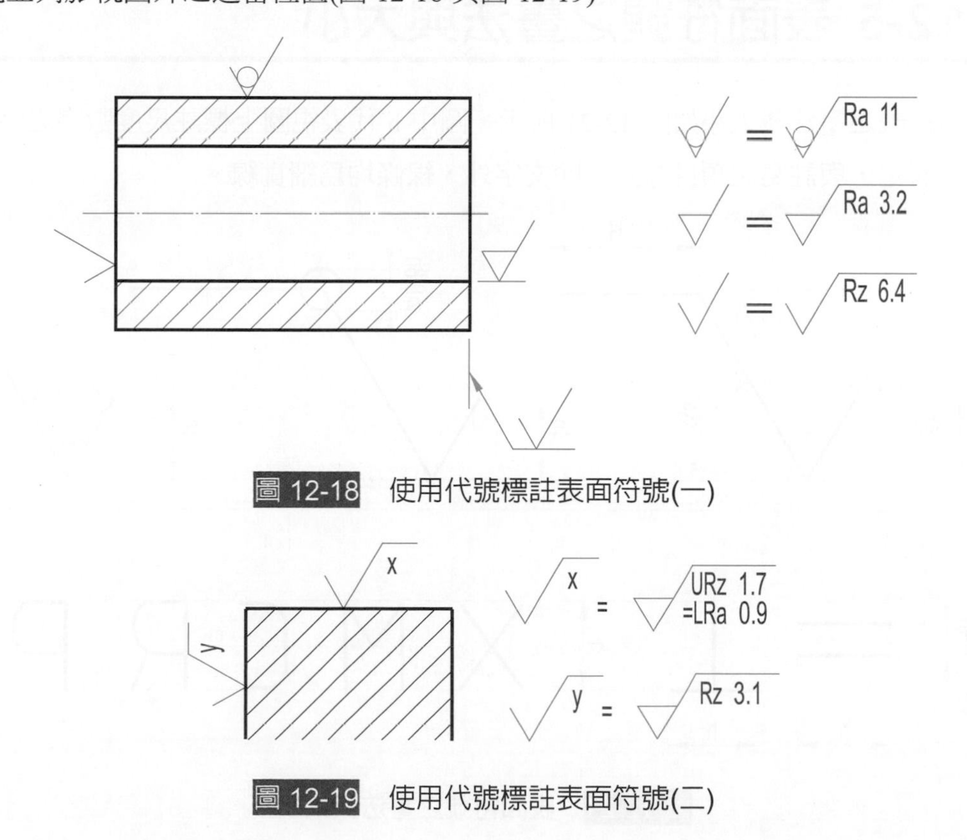

圖 12-18　使用代號標註表面符號(一)

圖 12-19　使用代號標註表面符號(二)

七、標註表面處理面上之表面符號

機件之表面需表面處理之範圍，用粗的一點鏈線表出，此線平行表面之邊視圖，且相距約 1mm。處理前之表面符號標註在原來之邊視圖上，處理後之表面符號標註在粗鏈線上(圖 12-20)。

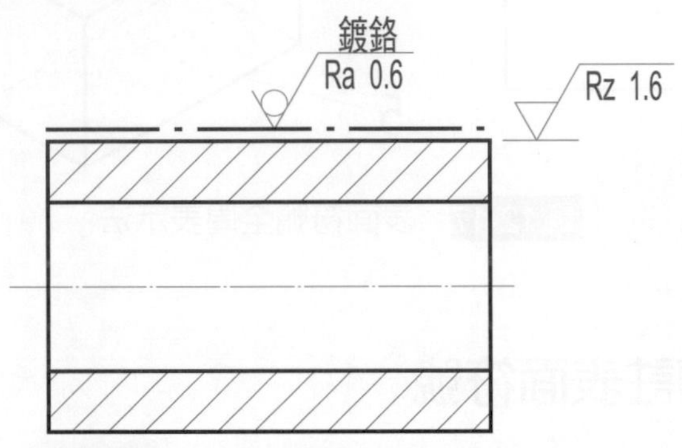

圖 12-20　標註表面處理面上之表面符號

12-5 表面符號之畫法與大小

表面符號之畫法與大小如圖 12-21 所示，圖中 h 代表視圖上標註尺度數字之字高，H 則視需要而定，與註寫之項目等長，除文字外，線條均爲細實線。

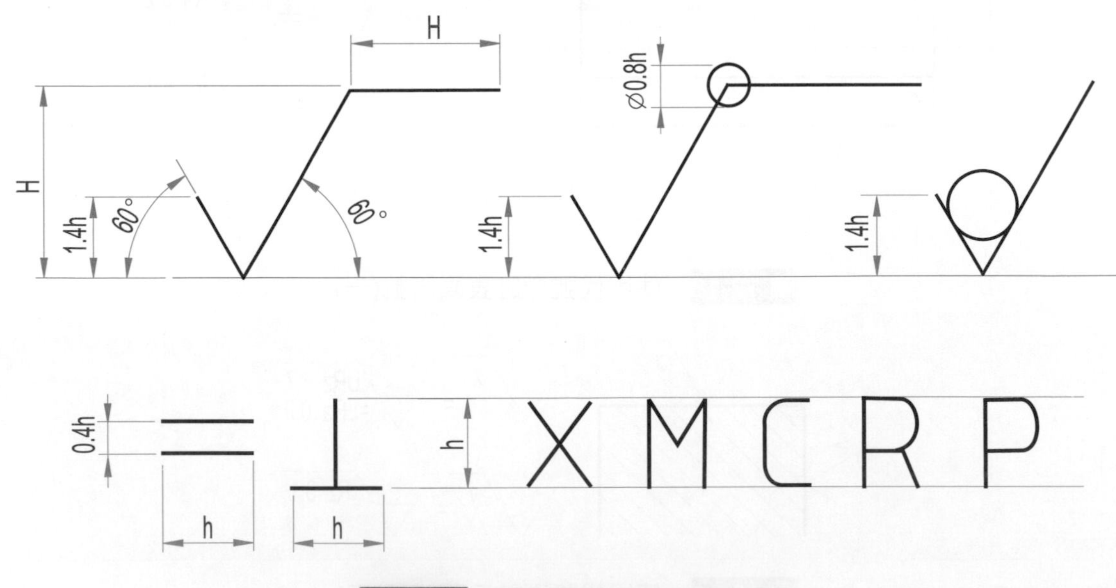

圖 12-21　表面符號之畫法與大小

 12-6 表面符號標註範例

範例	符號	說明
1	Ra 0.7	必須去除材料，單邊上限界規格，預設傳輸波域，粗糙度參數 Ra，輪廓線振幅之算術平均 0.7μm，評估長度為 5 倍取樣長度(預設值)，16%之增減限界(預設值)。
2	Rz 0.4	不得去除材料，單邊上限界規格，預設傳輸波域，粗糙度參數 Rz，最大輪廓線高度 0.4μm，評估長度為 5 倍取樣長度(預設值)，16%之增減限界(預設值)。
3	Rzmax 0.2	必須去除材料，單邊上限界規格，預設傳輸波域，粗糙度參數 Rz，最大高度 0.2μm，評估長度為 5 倍取樣長度(預設值)，最大限界。
4	0.008-0.8/Ra 3.2	必須去除材料，單邊上限界規格，傳輸波域短的波長 0.008mm，長的波長 0.8mm，粗糙度參數 Ra，輪廓線振幅之算術平均 3.2μm，評估長度為 5 倍取樣長度(預設值)，16%之增減限界(預設值)。
5	-0.8/Ra3 3.2	必須去除材料，單邊上限界規格，傳輸波域長的波長 0.8mm，粗糙度參數 Ra，輪廓線振幅之算術平均 3.2μm，評估長度為 3 倍取樣長度，16%之增減限界(預設值)。
6	U Ramax 3.2 L Ra 0.8	不得去除材料，雙邊上下限界規格，兩限界傳輸波域均為預設值，上限界：粗糙度參數 Ra，輪廓線振幅之算術平均 3.2μm，評估長度為 5 倍取樣長度(預設值)，最大限界；下限界：粗糙度參數 Ra，輪廓線振幅之算術平均 0.8μm，評估長度為 5 倍取樣長度(預設值)，16%之增減限界(預設值)。
7	0.8-25/Wz3 10	必須去除材料，單邊上限界規格，傳輸波域短的波長 0.8mm，長的波長 25mm，波狀參數 Wz，最大輪廓線高度 10μm，評估長度為 3 倍取樣長度，16%之增減限界(預設值)。
8	0.008-/Pt max 25	必須去除材料，單邊上限界規格，傳輸波域短的波長 0.008mm，基本參數 Pt，輪廓線總高度 25μm，評估長度等於工件之全長(預設值)，最大限界。

12-7 舊有表面符號

因為最新表面符號之標註在可否去屑加工、加工或表面處理方法、表面紋理、加工裕度上以及符號之畫法與大小等均沿用舊有表面符號之標示，甚至在視圖上，僅公用表面符號標註不同。因此本節僅將其不同之部分敘述於後。

舊有表面符號之組成及各項加註項目之位置如圖 12-22。

1.切削加工符號。
2.表面粗糙度。
3.加工方法代號。
4.基準長度。
5.刀痕方向或紋理符號。
6.加工裕度。

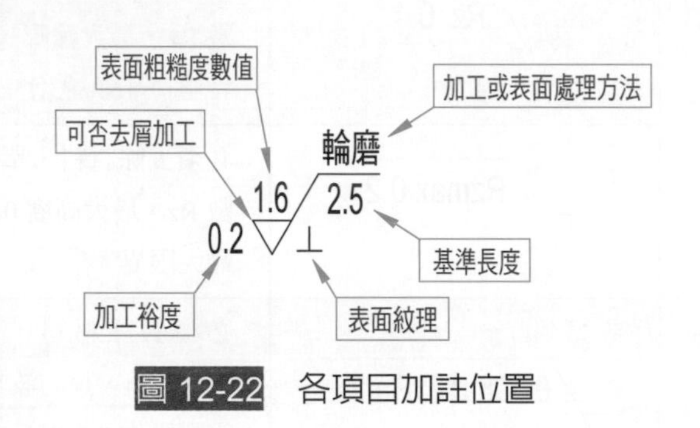

圖 12-22 各項目加註位置

在實際應用時，各加註項目，非必要者可不加註，但如僅有基本符號，而無任何加註，則無意義，因此不可單獨使用基本符號。

一、表面粗糙度值

表面粗糙度值有中心線平均粗糙度 Ra、最大粗糙度 Rmax 和十點平均粗糙度 Rz(此處 Rz 之定義與最新標準中 Rz 之定義不同)等三種表示法，其單位均為μ m。

我國國家標準採用"中心線平均粗糙度"。數值之後不加單位，如表 12-3 所示。

Ra 數值中優先選用光胚面的有 100，粗切面的有 50、25、12.5，細切面的有 6.3、3.2，精切面的有 1.6、0.80、0.40、0.20，超光面的有 0.100、0.050、0.025 以及 0.012。

表 12-3 中心線平均粗糙度值

表面情況	基準長度 (mm)	說 明	表面粗糙度 Ra (μm)
超光面	0.08	以超光製加工方法，加工所得之表面，其加工面光滑如鏡面。	0.010 0.012 0.016 0.020
	0.25		0.020 0.025 0.032 0.040 0.050 0.063 0.080 0.100
精切面	0.8	經一次或多次精密車、銑、磨、搪光、研光、擦光、抛光或刮、鉸、搪等有屑切削加工法所得之表面，幾乎無法以觸覺或視覺分辨出加工之刀痕，故較細切面光滑。	0.125 0.160 0.20 0.25 0.32 0.40 0.50 0.63 0.80 1.00 1.25 1.60 2.0
細切面	2.5	經一次或多次較精細車、銑、刨、磨、鑽、搪、鉸或銼等有屑切削加工所得之表面，以觸覺試之，似甚光滑，但由視覺仍可分辨出有模糊之刀痕，故較粗切面光滑。	2.5 3.2 4.0 5.0 6.3 8.0 10.0
粗切面	8	經一次或多次粗車、銑、刨、磨、鑽、搪或銼等有屑切削加工所得之表面，能以觸覺及視覺分辨出殘留有明顯刀痕。	12.5 16.0 20 25 32 40 50 63 80
光胚面	25 或 25 以上	一般鑄造、鍛造、壓鑄、輥軋、氣焰或電弧切割等無屑加工法所得之表面，必要時尚可整修毛頭，惟其黑皮胚料仍可保留。	100 125

二、粗糙度寫法

1. 最大限界：係用一數值表示表面粗糙度之最大限界(圖 12-23)。

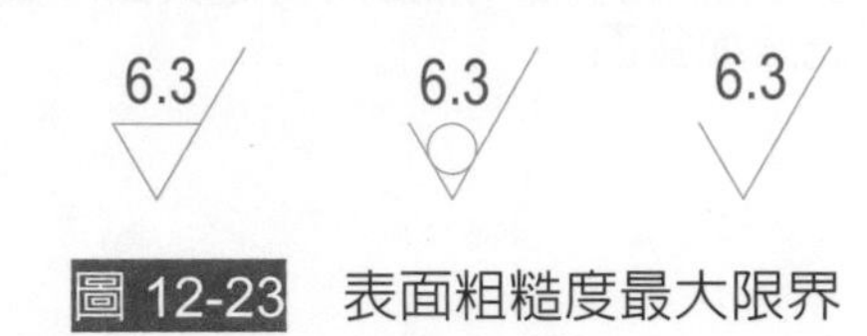

圖 12-23 表面粗糙度最大限界

2. 上下限界：係用兩數值並列表示表面粗糙度之最大最小限界(圖 12-24)。

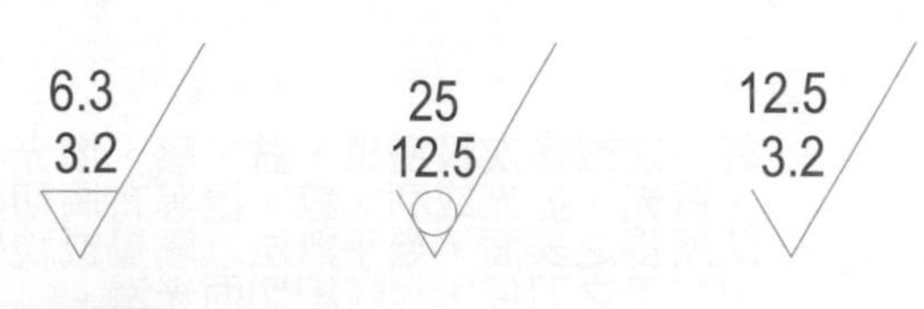

圖 12-24 表面粗糙度上下限界

三、基準長度

表面粗糙度曲線並非等間距之規則曲線，故在測量粗糙度值時，需規定在曲線上截取一定長度而測量之，所規定之測量長度，即稱爲基準長度。基準長度共有六種如表 12-4 所示，單位爲 mm，其中 0.8 爲最常用之基準長度，稱爲標準基準長度。基準長度與加工精度有關，即加工愈精細者，採用愈小之基準長度；加工愈粗糙者，則採用愈大之基準長度。但在測量中心線平均粗糙度值時，爲求準確起見，常以二至三倍之基準長度爲實際的測量長度。

表 12-4 基準長度(mm)

0.08	0.25	0.8	2.5	8	25

四、基準長度寫法

基準長度之單位為 mm，書寫位置必須與表面粗糙度對齊(圖 12-25a)。如表面粗糙度為上下限界，而兩限界之基準長度相同時，對正表面粗糙度兩限界之中間僅寫一次即可(圖 12-25b)。一般常用之基準長度如表 12-8 所示。如採用表 12-7 中所示之基準長度均省略不寫(圖 12-25c)，否則必須予以註明。

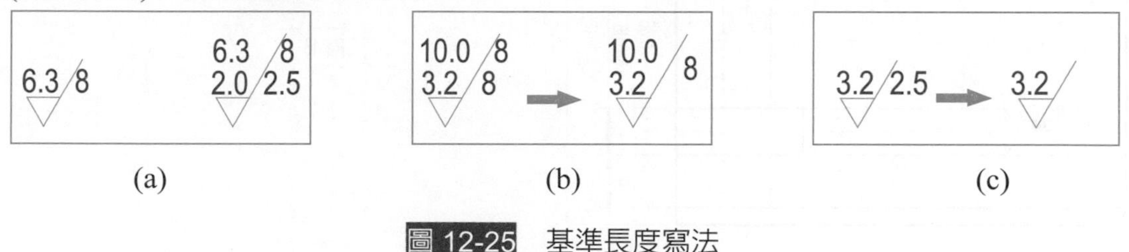

圖 12-25 基準長度寫法

五、在視圖上公用表面符號之標註

表面符號在同一機件各表面完全相同時，可將其表面符號標註於視圖外件號之右側，稱公用之表面符號，如圖 12-26 中之 6.3，「3」為零件之件號。同一機件上除少數表面外，其大部分表面符號均相同時，可將相同之表面符號標註於視圖外件號之右側，而少數例外之表面符號仍分別標註在各視圖內之相關表面上，並在件號右側依其表面粗糙度之粗細，由粗至細順序標註於後，並在其兩端加註括弧(圖 12-26)。

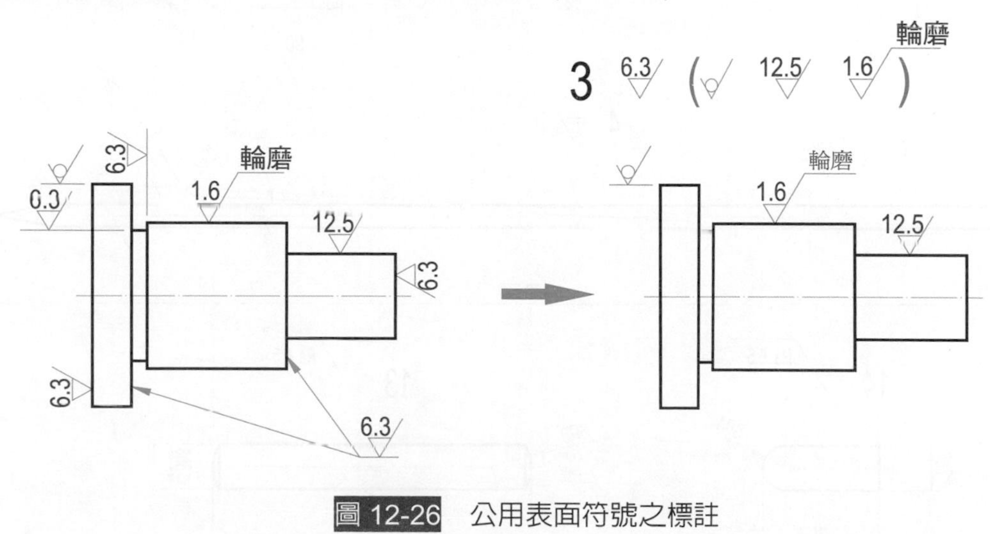

圖 12-26 公用表面符號之標註

本章習題

一、請抄繪「劃線針」各零件之零件圖。

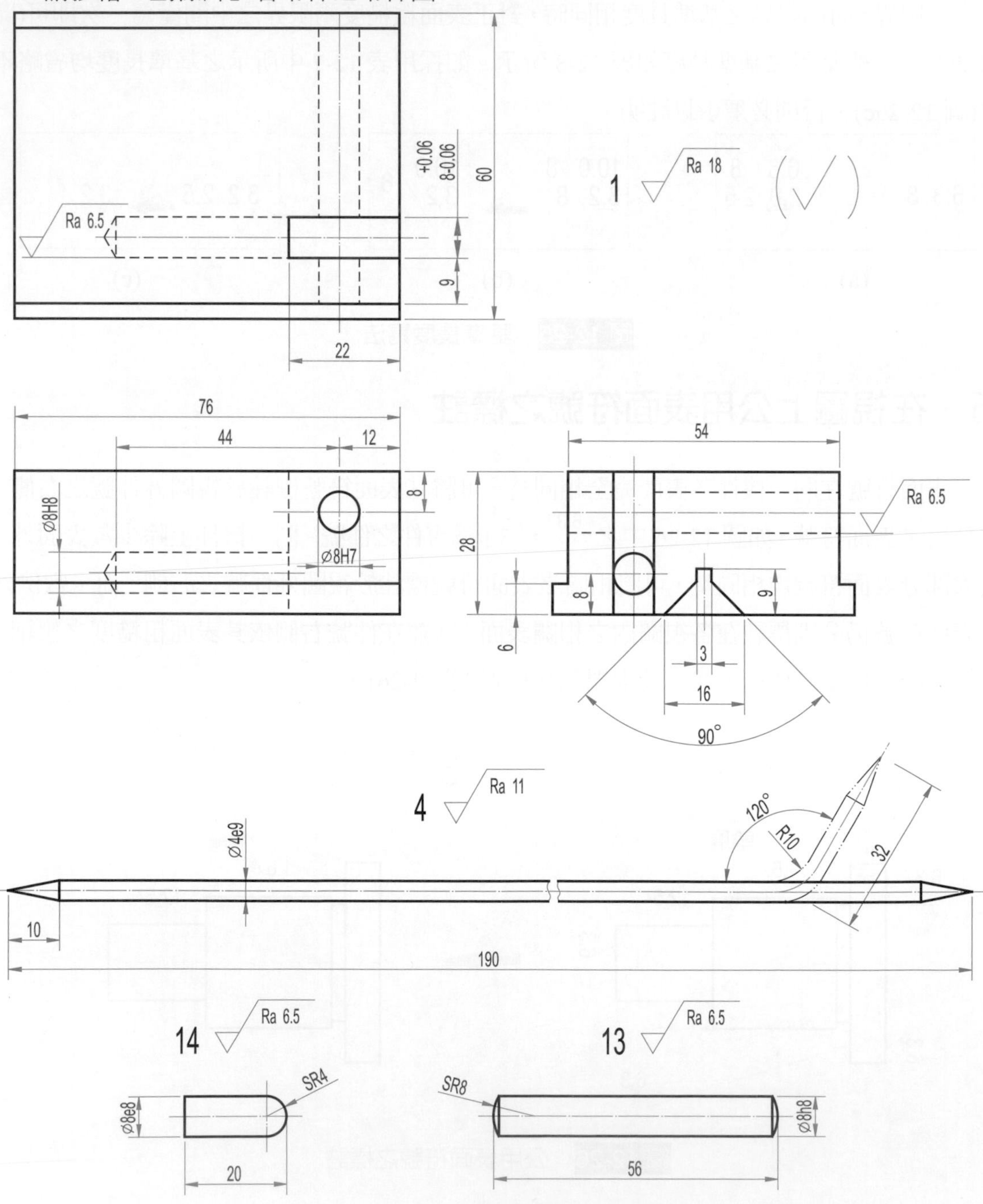

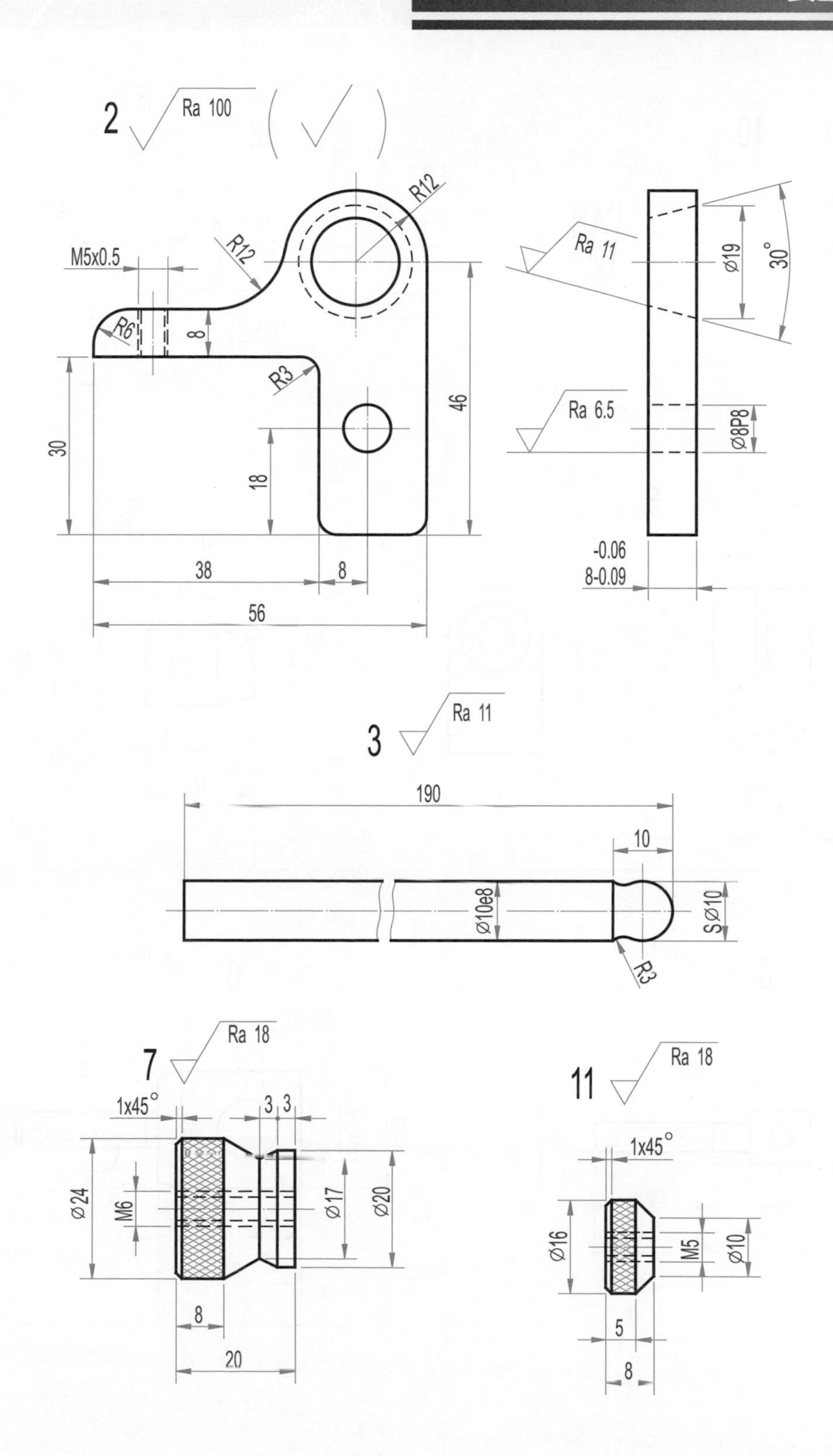
2
Ra 100
M5x0.5
R12
R12
R6
8
R3
46
30
18
38
8
56
Ra 11
Ø19
30°
Ra 6.5
Ø8P8
-0.06
8-0.09
3
Ra 11
190
10
Ø10e8
SØ10
R3
7
Ra 18
1x45°
3 3
Ø24
M6
Ø17
Ø20
8
20
11
Ra 18
1x45°
Ø16
M5
Ø10
5
8

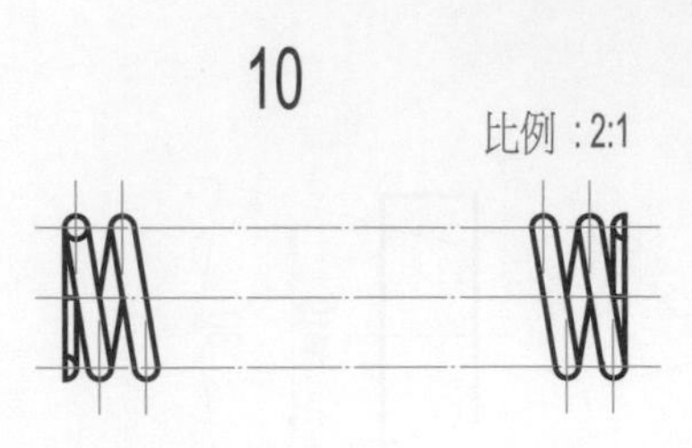

線徑		1
簧圈	平均直徑	6
	外徑	7
總圈數		12
座圈數		2
旋向		右
自由長度		24
兩端形狀		並攏後磨平

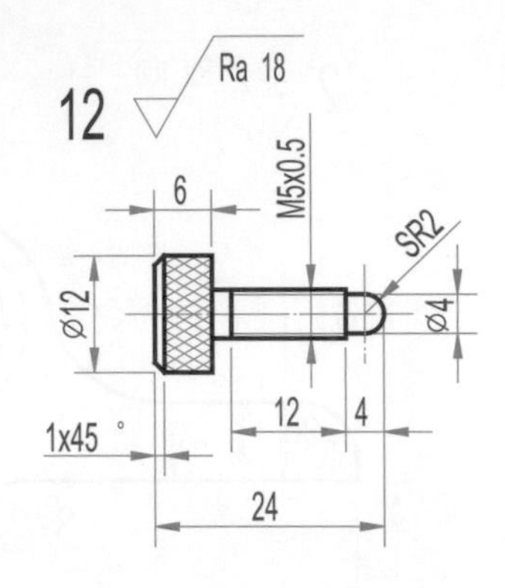

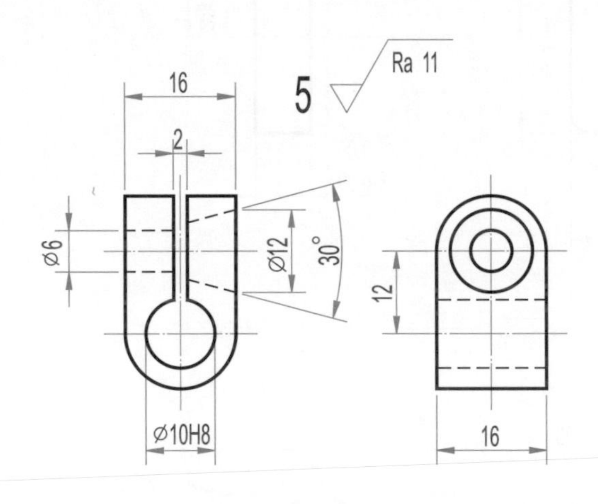

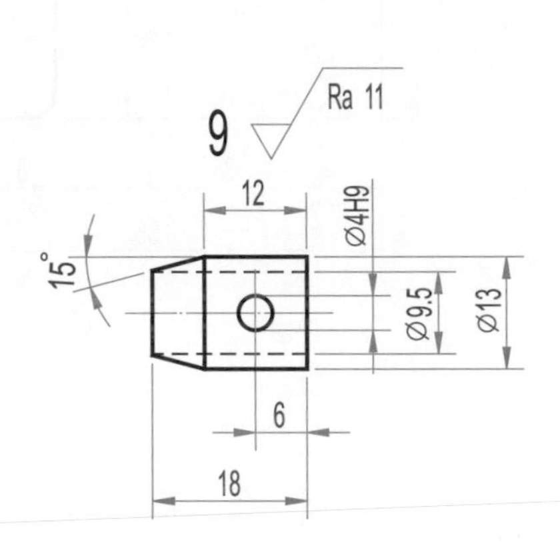

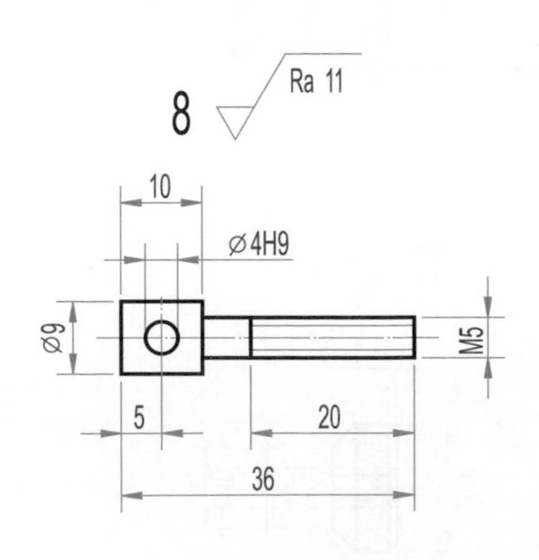

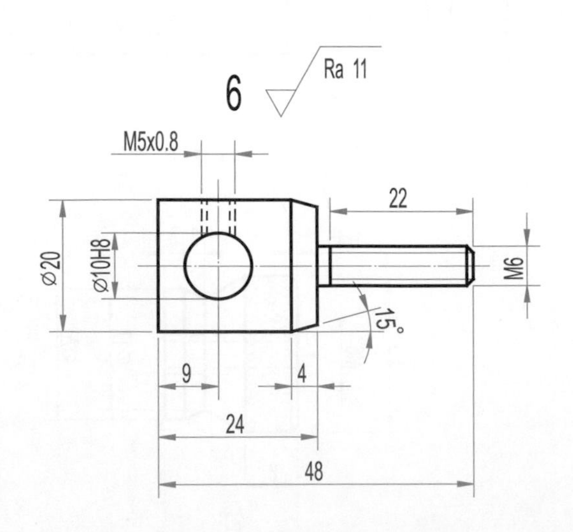

二、下圖為泵體之二視圖，請選用最理想之視圖，依圖示尺度，以 1：1 之比例繪製之，並標註其尺度及表面符號。

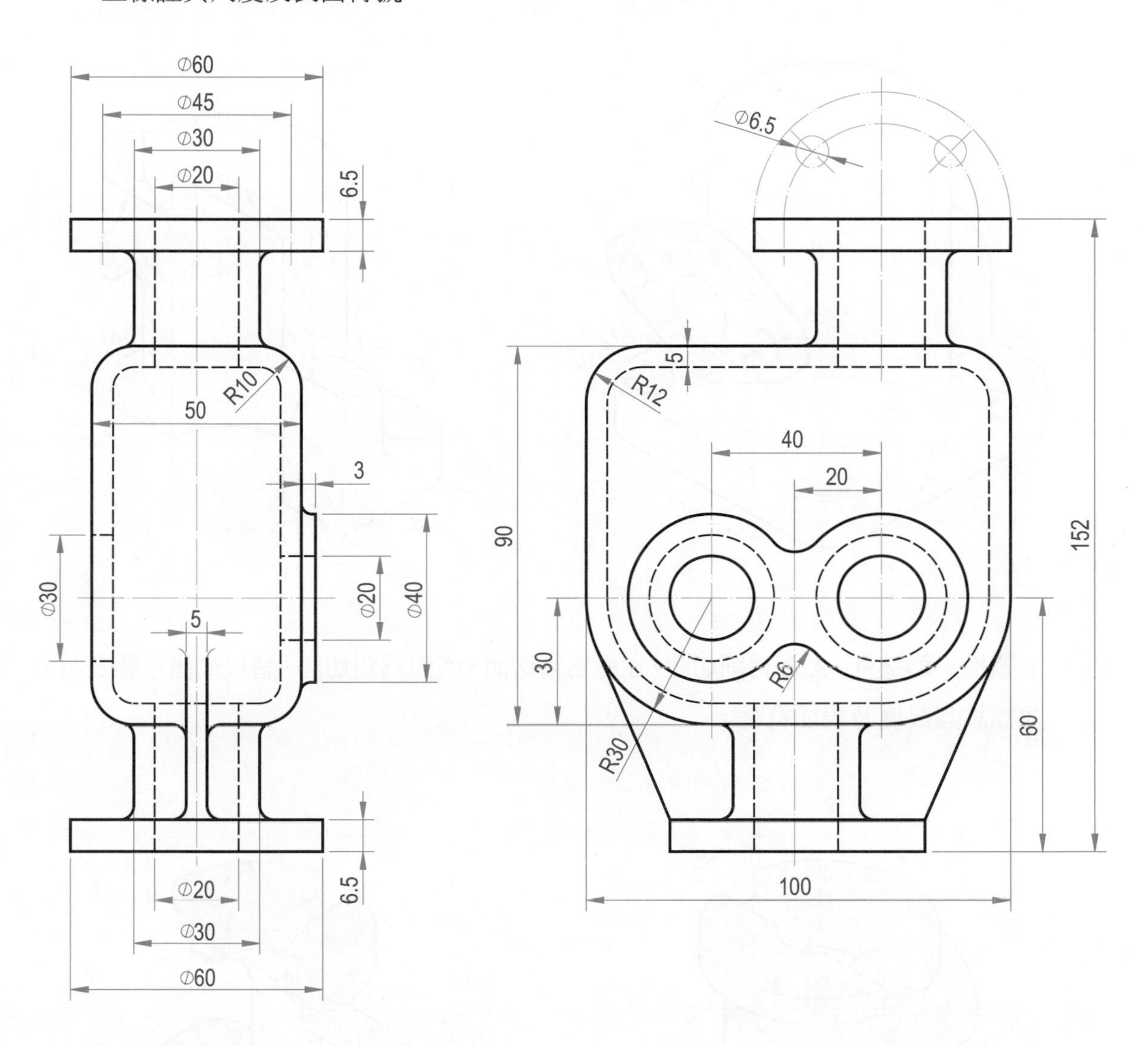

三、下圖為一鑄造件，A 面為細切面，底面為粗切面，請以最佳視圖表示，並標註其尺度及表面符號。

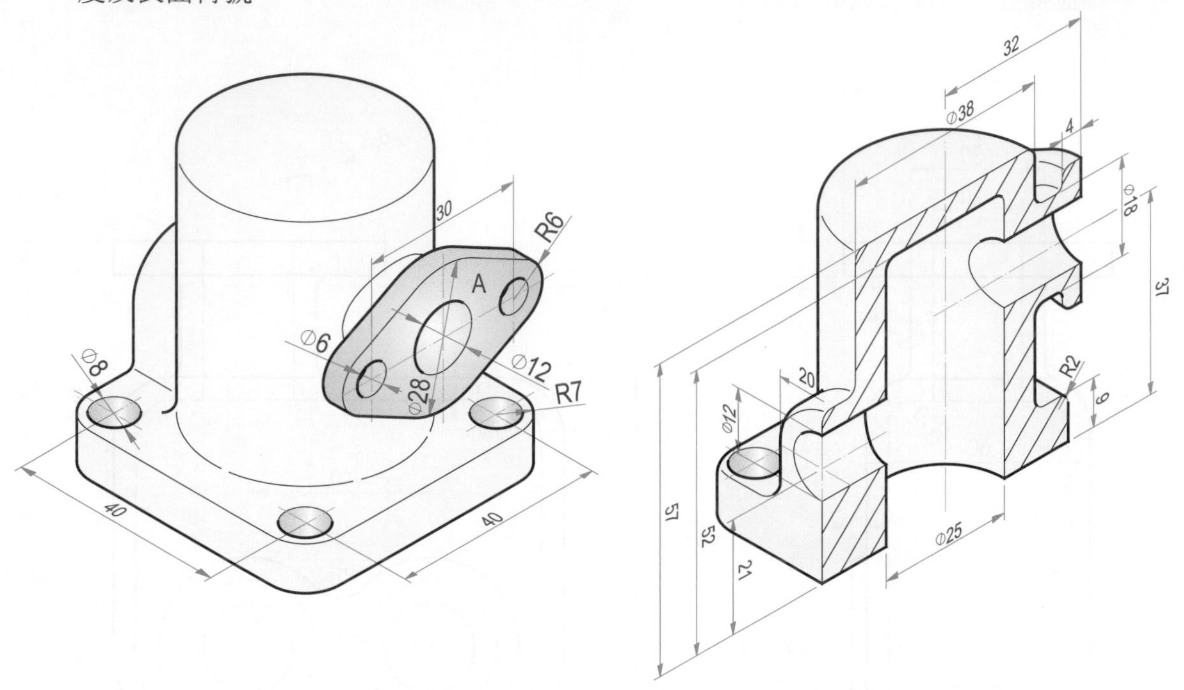

四、下圖為一鑄造件，A 面為細切面，B 面為精切面，底面為粗切面，請以最佳視圖表示，並標註其尺度及表面符號。

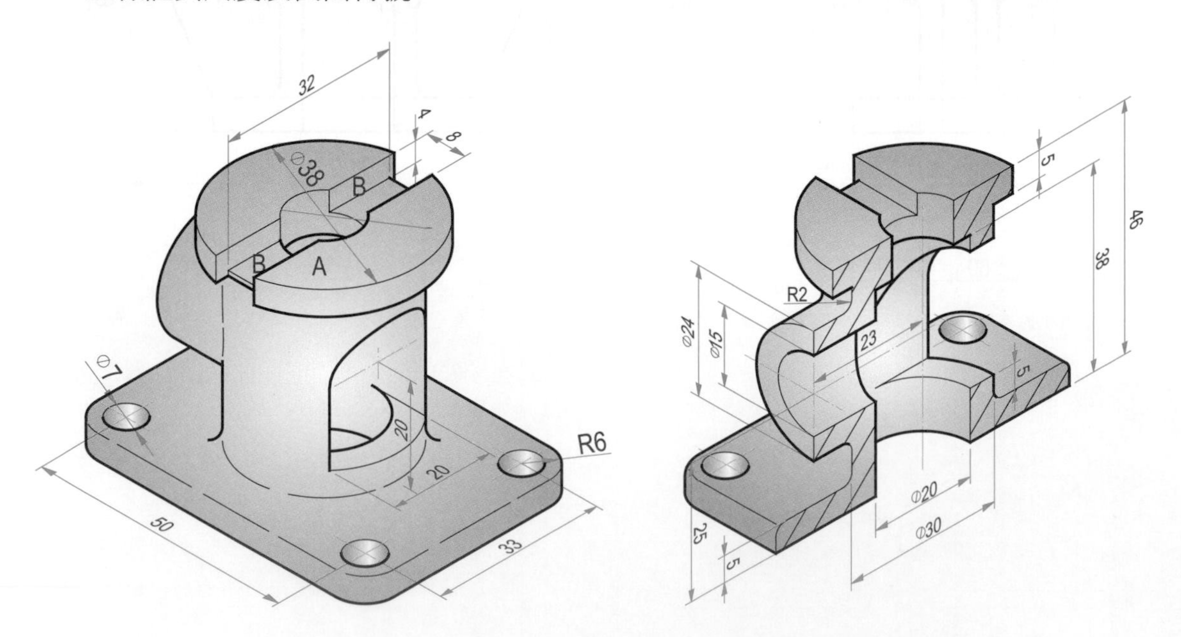

Chapter

13

螺紋及結件

13-1 螺　紋

一點繞圓柱面或圓錐面旋轉，並順圓柱或圓錐軸線方向前進所得的軌跡，稱為**螺旋線**。若在圓柱面或圓錐面上按螺旋線刻出凹凸的紋路，便是螺紋。有螺紋的零件可於機件裝配時作為固定用，亦可作為動力、運動的傳達、尺度之測量以及機件間相關位置之調整。

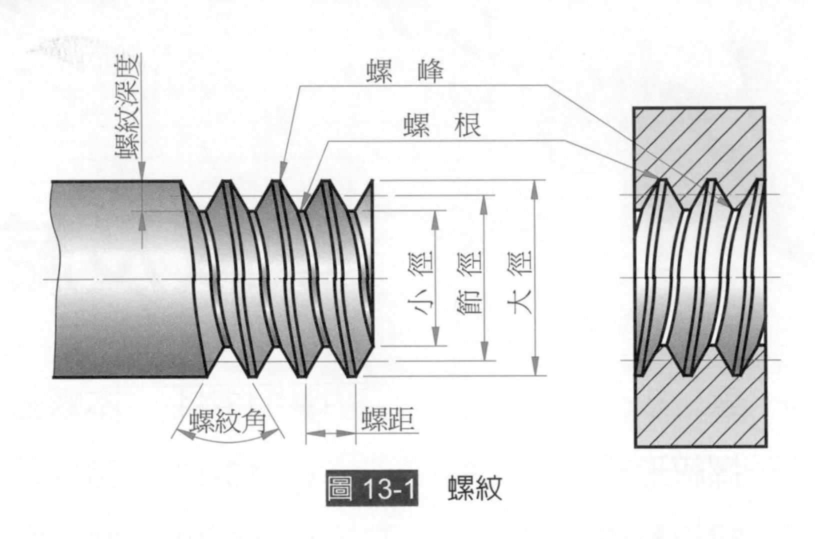

圖 13-1　螺紋

1. 螺峰：螺紋凸起之最高處，例如外螺紋上離圓柱或圓錐軸線之最遠處(圖 13-1)。
2. 螺根：螺紋凹下之最低處，例如外螺紋上離圓柱或圓錐軸線之最近處。
3. 大徑：螺紋最大處之直徑，亦稱標稱直徑。
4. 小徑：螺紋最小處之直徑，亦稱根徑。
5. 節徑：螺紋之牙寬與牙間空隙相等處之直徑。
6. 螺紋深度：螺峰與螺根間之垂直距離，亦即螺紋大徑與小徑差之半之距離，簡稱螺紋深。
7. 螺紋角：螺紋兩側面間之夾角，稱為螺紋角。
8. 直螺紋：在圓柱面上所做的螺紋，稱為直螺紋，為一般常用之螺紋。
9. 斜螺紋：在圓錐面上所做的螺紋，稱為斜螺紋。
10. 外螺紋：在圓柱體或圓錐體之外表面所做之螺紋，稱為外螺紋，例如螺釘或螺桿上之螺紋。

11. 內螺紋：在圓柱形或圓錐形之孔壁上所做之螺紋，稱為**內螺紋**，例如螺帽上的螺紋。有內螺紋的孔，常稱之謂**螺孔**。沒有內螺紋的一般孔，則稱之謂**光孔**。
12. 右螺紋：自軸線端觀之，螺紋紋路依**順時針**方向圍繞前進者，或由側面看，螺紋紋路順右手大拇指傾斜者，稱為**右螺紋**(圖 13-2)，為一般常用之螺紋。

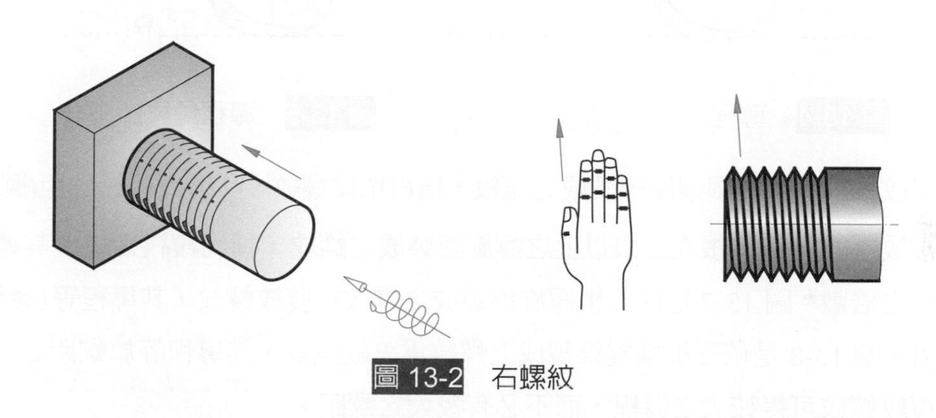

圖 13-2　右螺紋

13. 左螺紋：自軸線端觀之，螺紋紋路依**逆時針**方向圍繞前進者，或由側面看，螺紋紋路順左手大拇指傾斜者，稱為**左螺紋**(圖 13-3)。

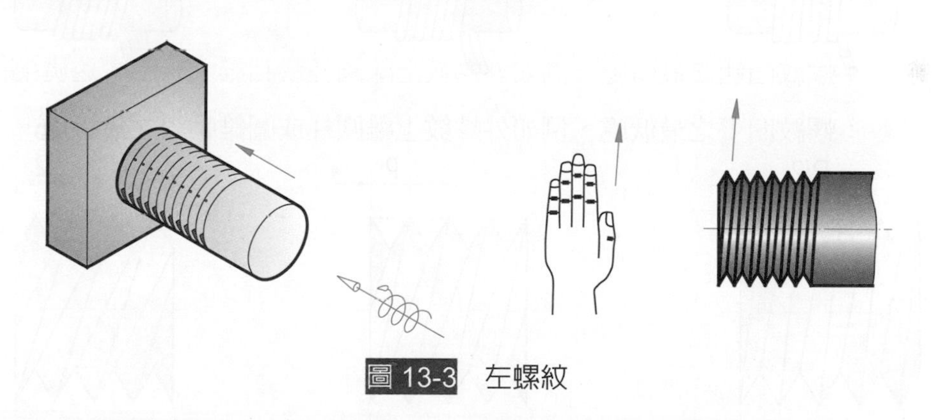

圖 13-3　左螺紋

14. 螺距：螺紋上相鄰兩同位點間，平行於軸線方向之距離，常用 P 代表。
15. 導程：當螺紋旋轉一週，沿軸線方向前進或後退之距離，常用 L 代表(圖 13-4)。
16. 導程角 α ：垂直於螺紋之軸線作一平面，該平面與螺旋線之切線所夾之角，稱為導程角，與螺旋角互為餘角(圖 13-5)。
17. 螺旋角 β ：螺紋切線與包含切點及螺紋軸線之立面所夾之角，稱為螺旋角。

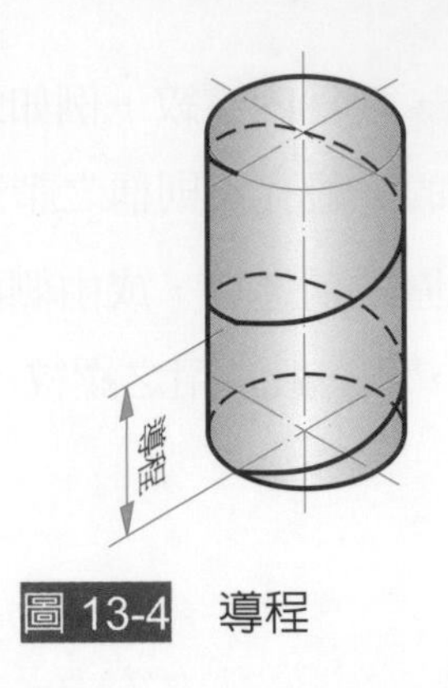

圖 13-4　導程

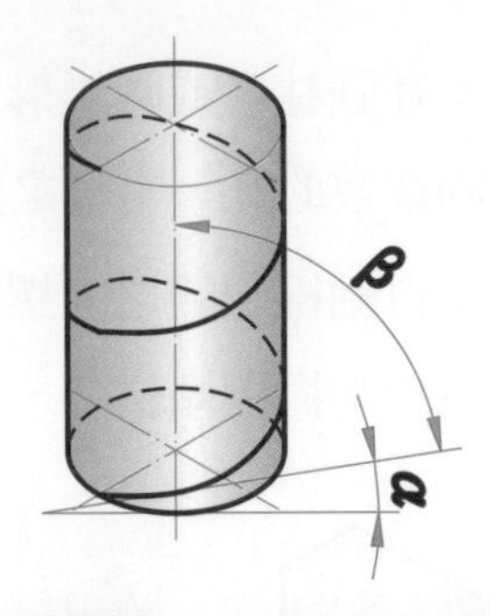

圖 13-5　導程角與螺旋角

18. 單紋螺紋：依一根螺旋線製成之螺紋，稱爲單紋螺紋，其導程等於螺距(圖 13-6)。
19. 複紋螺紋：依二根或二根以上之螺旋線製成之螺紋，稱爲複紋螺紋，其導程爲螺距之倍數。圖 13-7 是依二根螺旋線製成之螺紋爲雙紋螺紋，其導程等於螺距之二倍，圖 13-8 是依三根螺旋線製成之螺紋爲三紋螺紋，其導程等於螺距之三倍。用複紋螺紋可得較大之進程，而不必有較大之螺距。

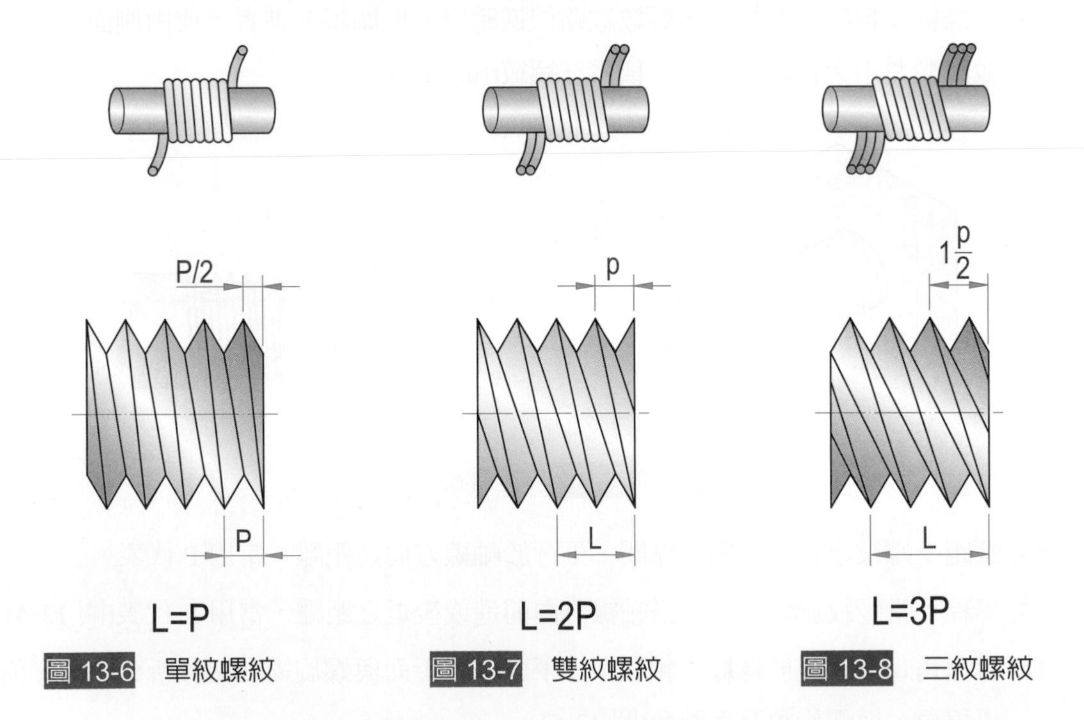

圖 13-6　單紋螺紋　　圖 13-7　雙紋螺紋　　圖 13-8　三紋螺紋

13-2 螺紋形式

螺紋因應用的目的不同，其形式亦有所不同，根據軸向斷面形狀而予以標準化的形式可分爲下列數種(圖 13-9)。

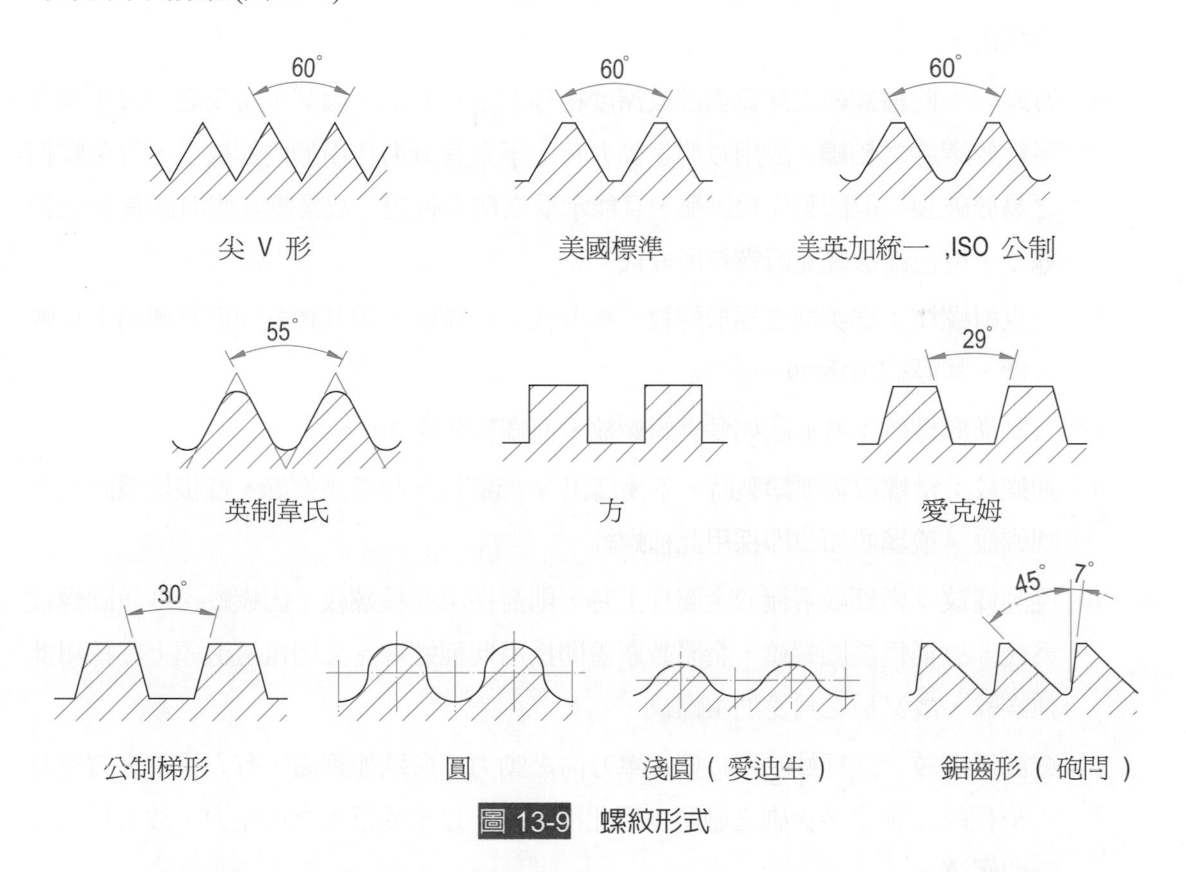

圖 13-9 螺紋形式

1. 尖 V 形螺紋：此種螺紋之螺峰與螺根均爲 60°尖 V 形，因其尖端易於損傷，根部則易斷裂，實際應用較少。
2. 美國標準螺紋：是由尖 V 形螺紋改變而來，將螺峰與螺根均削平，故不易磨損，並使根部強度增高，第二次世界大戰以前，在美國普遍被採用。
3. 英美加統一螺紋：係由美國、加拿大、英國三國在第二次世界大戰時共同協商而定之標準螺紋，其以美國標準螺紋爲基礎，除將其螺峰削平或成圓弧形外，還將螺根做成圓弧形。此種螺紋在 1948 年取代了美國標準螺紋。

4. ISO 公制螺紋：國際標準組織爲求劃一全世界之 V 形螺紋標準，制定了 ISO 公制螺紋與 ISO 英制螺紋各一種，其形狀與英美加統一螺紋相似，僅螺紋深度略大些。此種螺紋爲大多數國家所採用，亦爲所有螺紋中最常用之螺紋。
5. 英制韋氏螺紋：螺紋角爲 55°，螺峰與螺根均採用圓弧形，可增加強度，現已甚少採用。
6. 方螺紋：此種螺紋之牙寬與螺紋深度相等而呈正方形，因其上所受之力幾乎全部平行於螺旋之軸線，故用以傳送動力時，不致有分力作用於內螺紋上，可免螺帽之易於破裂。但因製作較困難，且能承受之剪力較差，故常將其側面修有 3°之傾斜度，現已漸被愛克姆螺紋所取代。
7. 愛克姆螺紋：爲英制之梯形螺紋，漸取代方形螺紋，因其較堅固而且製造上比較方便，其螺紋角爲 29°。
8. 公制梯形螺紋：其形狀如愛克姆螺紋，而螺紋角爲 30°。
9. 圓螺紋：當螺紋需要鑄製時，不易鑄出 V 形螺紋，故採用螺峰、螺根均爲圓弧之圓螺紋。玻璃瓶瓶口即採用此種螺紋。
10. 淺圓螺紋：當螺紋需輾於金屬片上時，則需採用此種螺紋。因螺紋深度較圓螺紋爲淺，故稱爲淺圓螺紋，金屬製瓶蓋即採用此種螺紋。又因電燈泡頭上亦採用此種螺紋，故又稱之爲愛迪生螺紋。
11. 鋸齒形螺紋：此種螺紋用以傳送單方向之動力，形狀如鋸齒，有方螺紋之效率及 V 形螺紋之強度，火砲之砲閂多用此種螺紋，以承受巨大之後座力，故又稱之爲砲閂螺紋。

13-3 螺紋畫法

以正投影方式來繪製螺紋，所得形狀如圖 13-1 所示，此種圖，繪起來不易又費時，只有在廣告圖或展示圖中才使用，在工作圖中是不被採用的。美國國家標準協會(American National Standards Institute,簡稱 ANSI)是用直線代替螺旋線表示螺峰與螺根之正規符號表示法或以虛線表示之簡化符號表示法來表示，如圖 13-10。

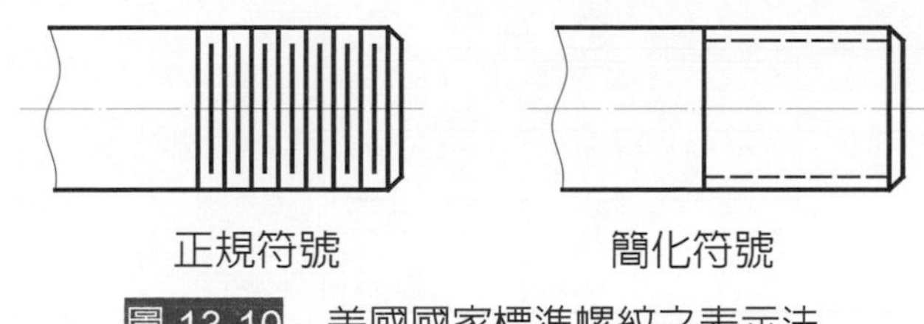

圖 13-10 美國國家標準螺紋之表示法

美國國家標準螺紋之表示法繪製時仍嫌不易，因此國際標準組織(ISO)即採用如圖 13-11、13-12、13-13 之習用表示法來表示。在習用表示法中，不論任何螺紋形式，單螺紋或複螺紋，均以同一表示方法來表示。繪製時螺紋深度也不考慮其眞實大小，而是用較接近且便於度量繪製的數値，此些數値是依螺紋大徑繪製時的大小來決定，如螺紋大徑爲 6，但比例爲 2：1 時，螺紋大徑的大小須畫爲 12，其螺紋深度繪製時則採 1。表 13-1 即爲提供參考之數値，但製造時則須參閱機械設計與製造之相關手冊。我國國家標準爲配合 ISO 標準亦採此畫法。

表 13-1 繪製螺紋深度之習用數値

大徑	3-6	8-16	20-40	40 以上
螺紋深度	0.5	1	1.5	2

一、外螺紋畫法(圖 13-11)

1. 畫出螺紋的大徑與螺紋長。
2. 由表 13-1 中查出螺紋深度之値，畫出螺紋深及小徑。
3. 用 45°三角板畫去角部分。
4. 在前視圖中螺紋大徑、去角部分及螺紋長之範圍線均以粗實線表示之，螺紋小徑則以細實線表示之。在端視圖中，表示螺紋大徑之圓用粗實線，表示螺紋小徑之缺口圓則用細實線，缺口約四分之一個圓，缺口可在任何方位，一端少許超出中心線，另一端稍許不及中心線，如有去角，不畫去角圓，而缺口圓依舊。

外螺紋一般是不予剖切的，但有時爲配合其他形狀，必須加以剖切時，其畫法則如圖 13-12 所示。

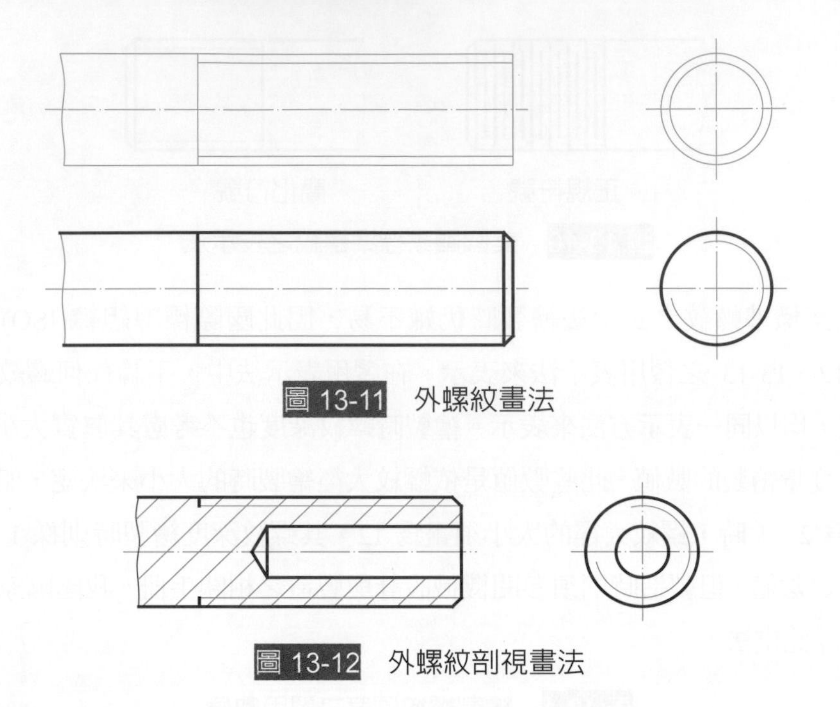

圖 13-11　外螺紋畫法

圖 13-12　外螺紋剖視畫法

二、內螺紋畫法

內螺紋畫法類似外螺紋畫法，不過繪製時需注意孔徑及孔深。孔徑通常都畫成等於螺紋之小徑。在前視之剖視圖中，螺紋小徑、去角部分及螺紋長之範圍線均用粗實線表示之。注意剖面線應畫到螺紋小徑。在端視圖中，表示螺紋小徑之圓用粗實線，表示螺紋大徑之缺口圓則用細實線，其畫法如同外螺紋，亦可省畫去角(圖 13-13)。在前視圖中不剖視時，則螺紋部分全以虛線畫出(圖 13-14)。

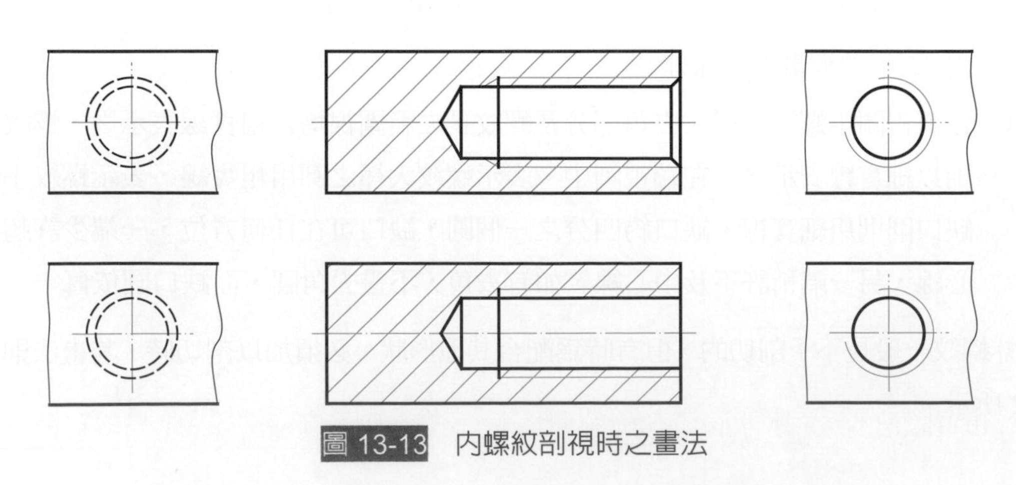

圖 13-13　內螺紋剖視時之畫法

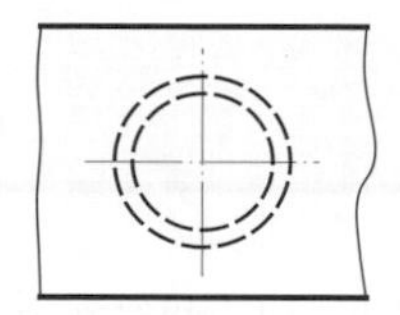
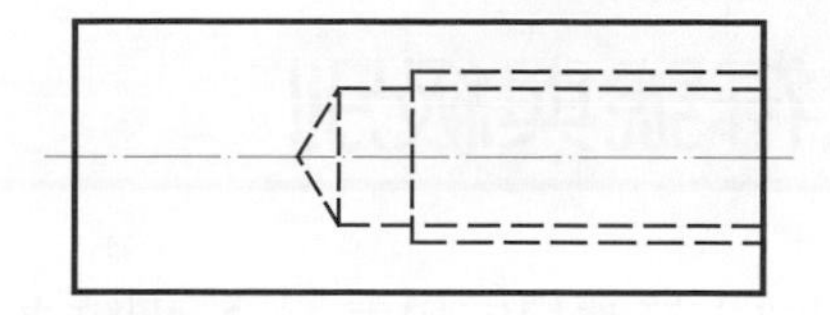
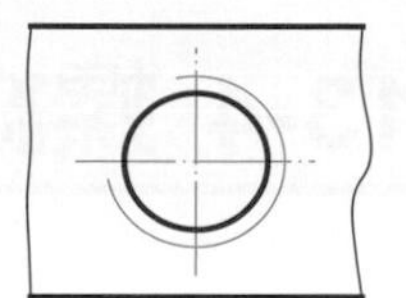

圖 13-14　內螺紋不剖視時之畫法

三、內外螺紋組合畫法

內外螺紋組合時，只須注意內螺紋被外螺紋掩蓋處畫外螺紋，其餘部分仍依內螺紋畫法畫之(圖 13-15)。

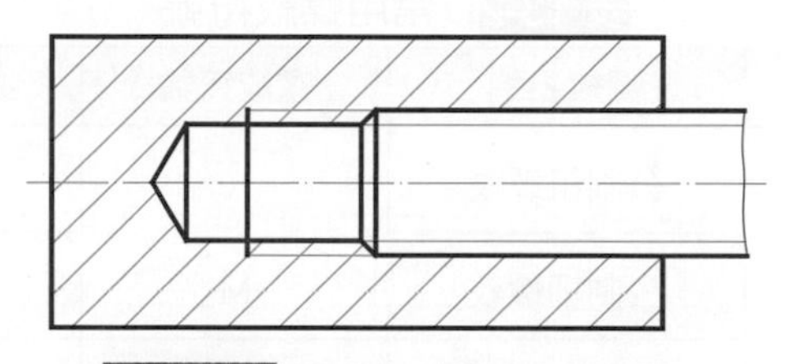

圖 13-15　內外螺紋組合畫法

四、螺紋內嵌畫法

螺紋內嵌係指一工件本身含有一個外螺紋與一個內螺紋，將此工件嵌入另一有內螺紋之工件內，即謂之螺紋內嵌。在剖視圖中，除須將所鑽的孔表示出來外，內嵌件之外螺紋只須畫出其大徑粗實線，內螺紋則依照前述畫法，畫出細實線之大徑與粗實線之小徑，惟須注意剖面線之畫法，見圖 13-16 所示。

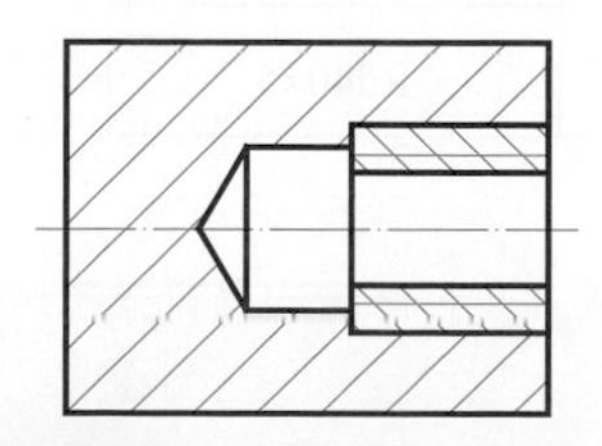

圖 13-16　螺紋內嵌畫法

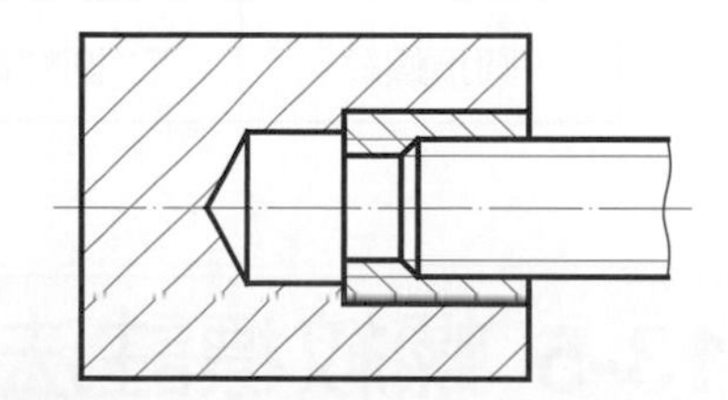

圖 13-17　含有螺紋內嵌之螺紋組合畫法

五、含有螺紋內嵌之螺紋組合畫法

在組合圖中，螺紋內嵌後之內外螺紋組合，在螺紋內嵌之內螺紋中，內螺紋被外螺紋掩蓋處只畫外螺紋即可，見圖 13-17 所示。

13-4 螺紋之符號與級別

我國國家標準對於常用螺紋之符號規定如表 13-2。螺紋之級別則是以螺紋的螺距與大徑的配合來分類，公制螺紋僅有粗級與細級之分。在標註時，凡粗級者不必標註螺距，細級者則必標註其螺距，故標註中未標註螺距時，例如 M20，即表示其爲公制 V 形螺紋粗級，如標成 M20x2 即表示該螺紋爲公制 V 形螺紋細級，螺距爲 2mm。常用螺紋符號見表 13-2，其餘請見附錄三。

表 13-2 常用螺紋符號

螺紋形式	螺紋名稱	螺紋符號	螺紋標註例
V 形螺紋 (三角形螺紋)	公制粗螺紋	M	M8
	公制細螺紋		M8×1
	木螺釘螺紋	WS	WS4
	推拔管螺紋	R	R 1/2
	自攻螺釘螺紋	TS	TS3.5
梯形螺紋	公制梯形螺紋	Tr	Tr40×7
	公制短梯形螺紋	Trs	Trs48×8
鋸齒形螺紋	公制鋸齒形螺紋	Bu	Bu40×7
圓頂螺紋	圓螺紋	Rd	Rd40×5

13-5 螺紋標註法

螺紋之標註法是由螺紋方向、螺紋線數、螺紋符號、螺紋大徑、螺距、螺紋公差之順序排列標註之。

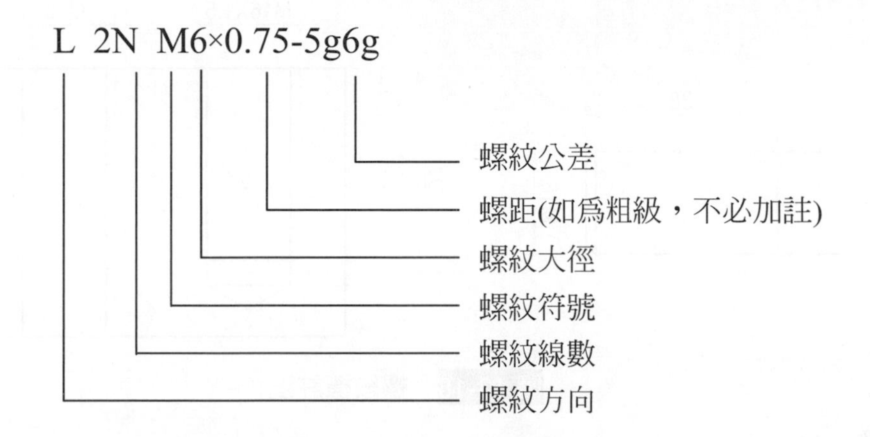

1. 螺紋方向：即表明右螺紋或左螺紋，凡左螺紋則須標註“L”，如爲右螺紋則標註“R”，但須省略不標。
2. 螺紋線數：即表明螺紋爲單紋螺紋或複紋螺紋，凡是單紋螺紋不必標註其線數，如爲雙紋螺紋則須註明 2N；如爲三紋螺紋則須註明 3N 等。
3. 螺紋符號：即表明螺紋之形式，參考表 13-2，符號之字高粗細與標註尺度之數字相同。
4. 螺距：公制螺紋中，螺紋之級數僅有粗、細之分(附錄一、二)，凡是粗級之螺紋，則螺距省去不標，凡標註者皆屬細級。
5. 螺紋公差：包括節徑及大徑或小徑之公差。大楷字母表示內螺紋，小楷字母表外螺紋。若選用之節徑公差與大徑或小徑公差相同時，只標註其中之一即可，不必重複。

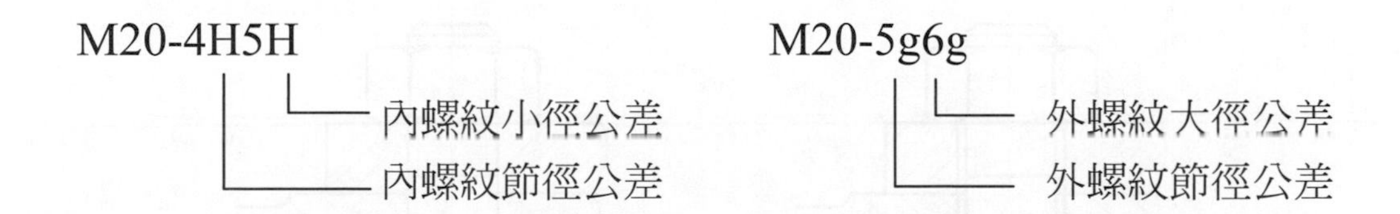

螺紋標註之位置以標註於非圓形之視圖上原則，螺紋長度一律以其有效長度標註之(圖 13-18)。

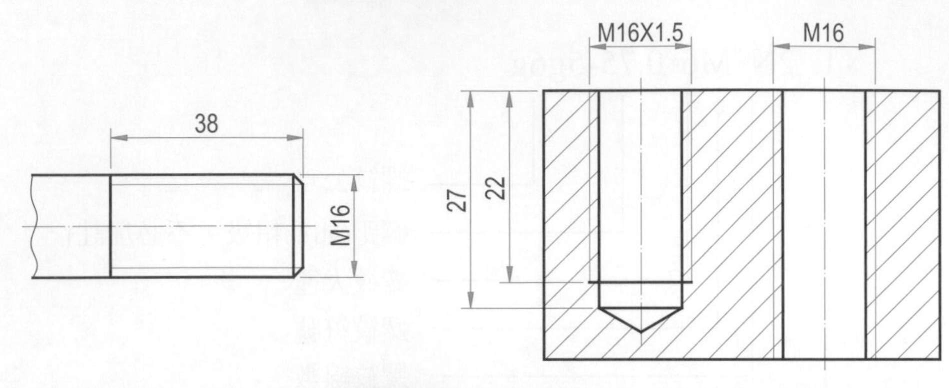

圖 13-18 螺紋標註法

13-6 螺栓與螺帽

凡用於防止機件之相互轉動，或用以結合或固定機件的零件，稱爲結件。螺栓與螺帽、有頭螺釘、小螺釘、固定螺釘、鍵、銷等即爲常用之結件。因工業之高度發展，一些常用結件，均由專業化工廠依據國家標準或其他權威性標準之規定，大量製造，讓使用者可自市面上購得，成爲標準零件。在製圖時，可不必畫出標準零件之詳細工作圖，僅於零件清單或零件表上註明其種類與規格即可；但在組合圖中，必需畫出，才能表示出其裝配位置。本章以下各節將介紹常用標準零件之種類、畫法及其規格之標註。

螺栓之一端有頭，一端有螺紋，穿過兩機件之光孔，在螺紋端旋上螺帽，用以夾住兩機件(圖 13-19)。圖中螺栓與機件間之間隙，可畫出或不畫出，畫出時，可將其間隙畫成 1mm 左右。

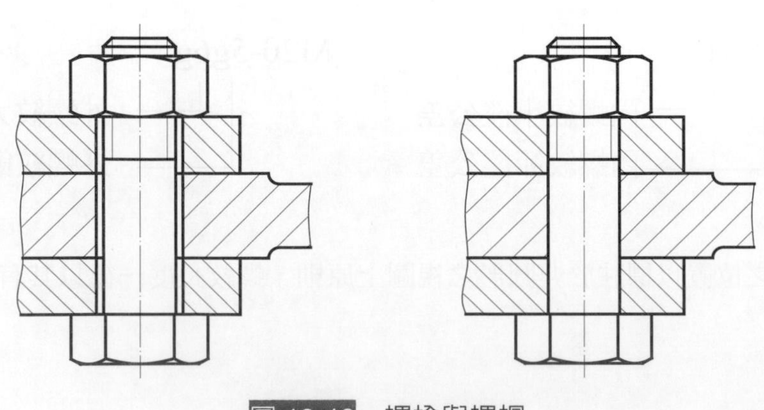

圖 13-19 螺栓與螺帽

市面上有螺栓與螺帽之模板，繪製時如能採用模板，可省時又省力。如無模板欲畫螺栓及螺帽時，須知其標稱直徑及長度，至於其他詳細尺度，可從相關標準中查得，但查得的尺度並不用於繪製，而是按標稱直徑爲螺紋之大徑 D，計算得其他部分繪製用之尺度，圖 13-20 是螺栓螺帽之前視圖與側視圖之畫法，對邊距離 W=1.5D、螺栓頭高 H=0.7D、螺帽厚 T=0.8D。一般都只用前視圖之畫法，因側視圖之畫法中六角螺栓及螺帽易與方頭螺栓及螺帽混淆。

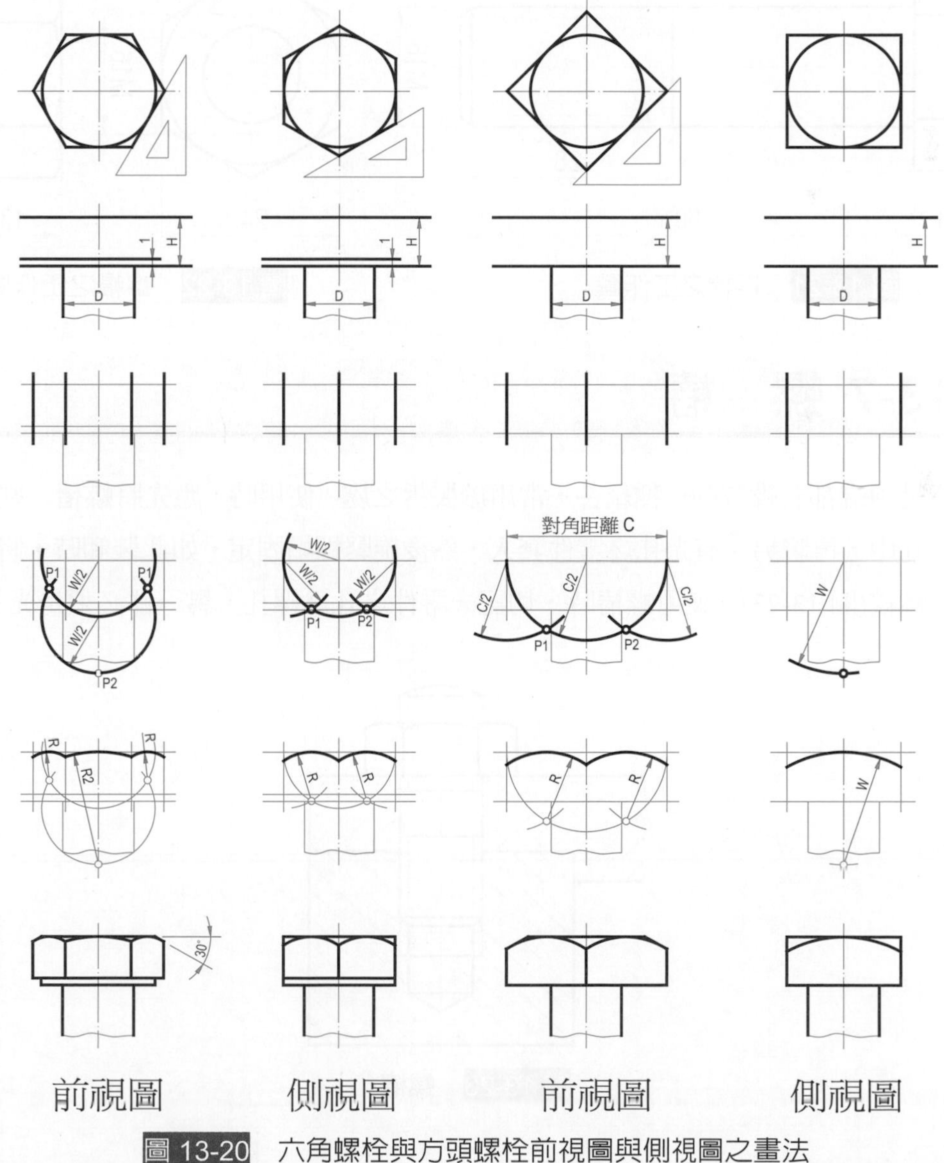

圖 13-20 六角螺栓與方頭螺栓前視圖與側視圖之畫法

若爲標準之螺栓與螺帽，在零件清單或零件表上只須標明螺栓頭型、螺紋規格及螺栓長度(不連頭部)即可。例如六角螺栓 M10×40、六角螺帽 M10(見附錄四)。

若所需之螺栓螺帽爲非標準螺栓螺帽時，則須畫出其詳細之工作圖，以便依圖製造(圖 13-21，13-22)。

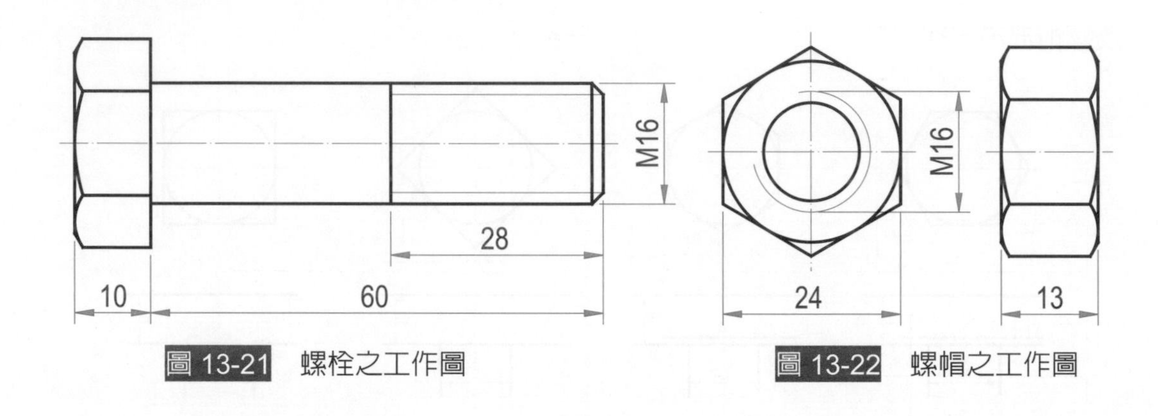

圖 13-21　螺栓之工作圖　　圖 13-22　螺帽之工作圖

13-7 螺　椿

螺椿是兩端都有螺紋的一種結件，常用於裝拆之處。使用時，應先將螺椿一端旋入一零件之螺孔中，再將另一有光孔之零件套入，然後旋緊螺帽固定，如此裝卸時，將較不易損傷到內螺紋(圖 13-23)。使用螺椿時，切記一零件之孔爲螺孔，另一件必須是光孔。

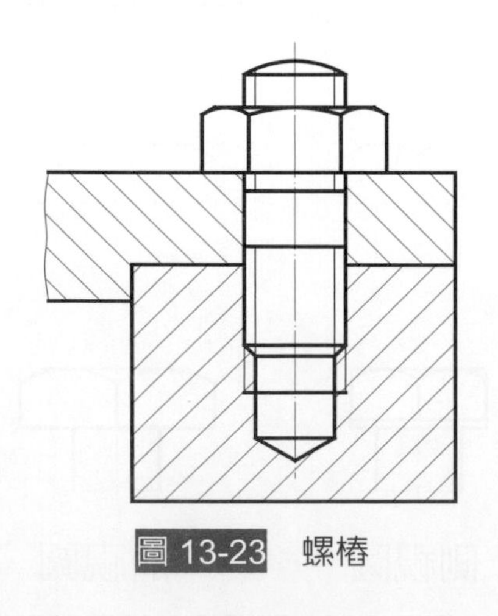

圖 13-23　螺椿

螺樁之畫法與外螺紋畫法相同(圖 13-24)，惟其兩端中，旋入螺孔的一端是爲去角端，另一端則呈圓形者居多，亦有去角者。而螺樁長係指圓頭端螺紋之長度加上沒有螺紋部分之長度。螺樁之規格標註爲：名稱、螺紋×長度。例如螺樁 M16×65。

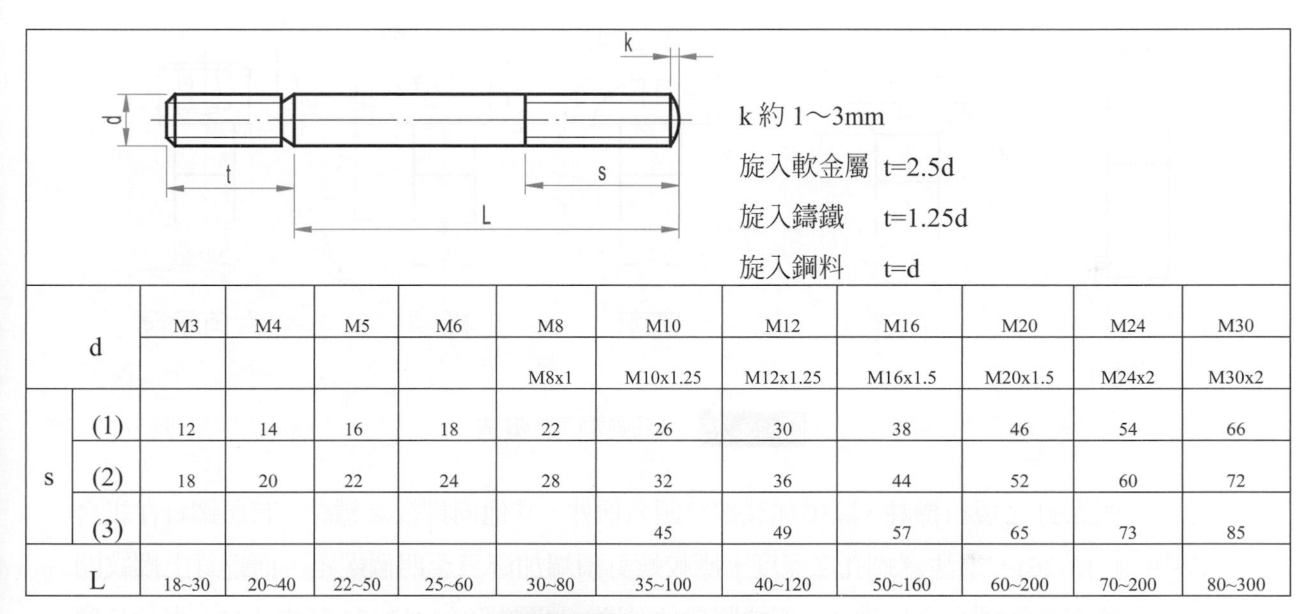

d		M3	M4	M5	M6	M8	M10	M12	M16	M20	M24	M30
						M8x1	M10x1.25	M12x1.25	M16x1.5	M20x1.5	M24x2	M30x2
s	(1)	12	14	16	18	22	26	30	38	46	54	66
	(2)	18	20	22	24	28	32	36	44	52	60	72
	(3)						45	49	57	65	73	85
L		18~30	20~40	22~50	25~60	30~80	35~100	40~120	50~160	60~200	70~200	80~300

圖 13-24 螺樁之畫法

13-8 有頭螺釘

若螺栓單獨使用，不用螺帽，而以其有螺紋之一端直接旋入機件之螺孔中，即稱之謂有頭螺釘。使用時，旋入之機件之孔爲螺孔，而另一件定爲光孔。有頭螺釘頭部形狀多數爲六角形，亦有平頭、圓頭、椽頭、六角承窩(或稱內六角頭)等形狀。繪製時，依圖 13-25 所示螺紋大徑 D，計算得其他部分繪製用之尺度。製造時，所需詳細尺度，則應從相關標準或機械設計與製造手冊查得(見附錄五、六、七)。

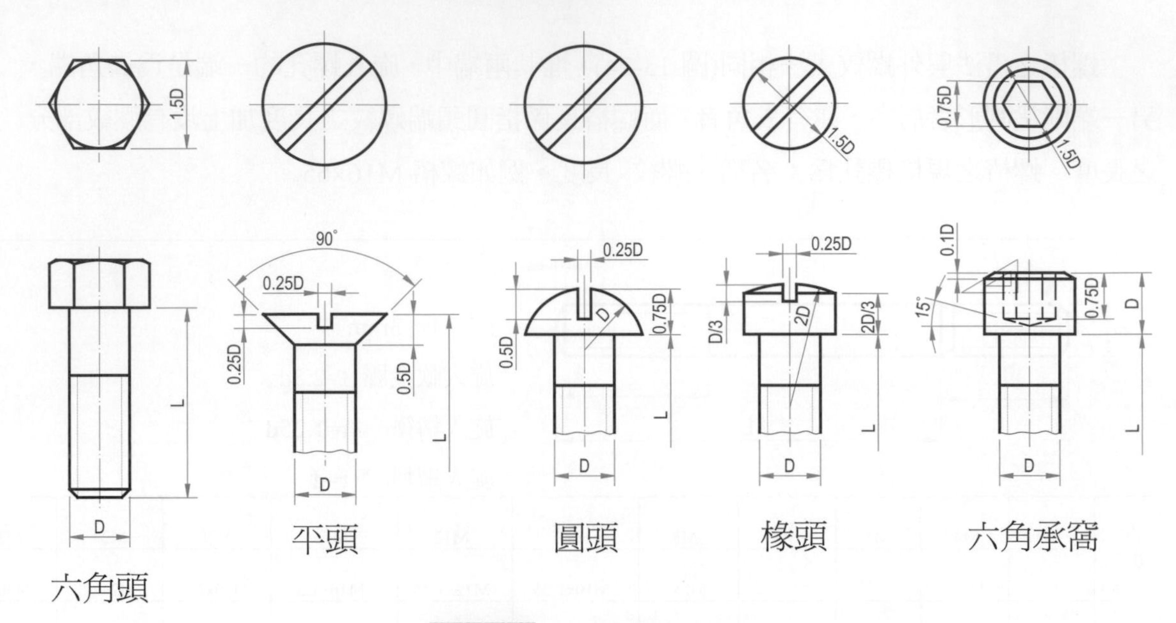

圖 13-25 有頭螺釘之畫法

有頭螺釘之規格標註，除須加註螺釘頭名稱外，其他同螺紋之標註。有頭螺釘在組合圖中(圖 13-26)，須注意螺孔之深度，應較螺釘頂端加深三至四個螺距，而螺釘上螺紋開始之部位亦應較螺孔之口爲高，方能將機件鎖緊。圓頭螺釘 M12×35 其中「35」表示長度 L。

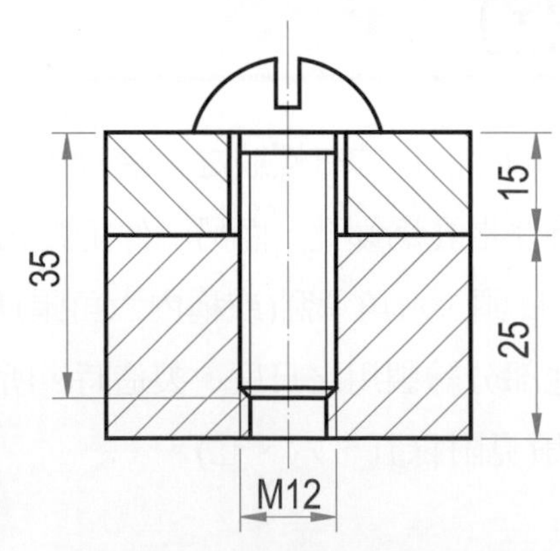

規格標註：圓頭螺釘 M12X35

圖 13-26 在組合圖中之有頭螺釘及其規格標註

13-9 小螺釘

小螺釘的形狀與有頭螺釘相同，僅尺度較小而已，凡螺紋大徑小於 8mm 者，即稱為小螺釘。小螺釘的畫法及規格標註與有頭螺釘相同，惟螺釘頂端不必畫出去角(圖 13-27)。

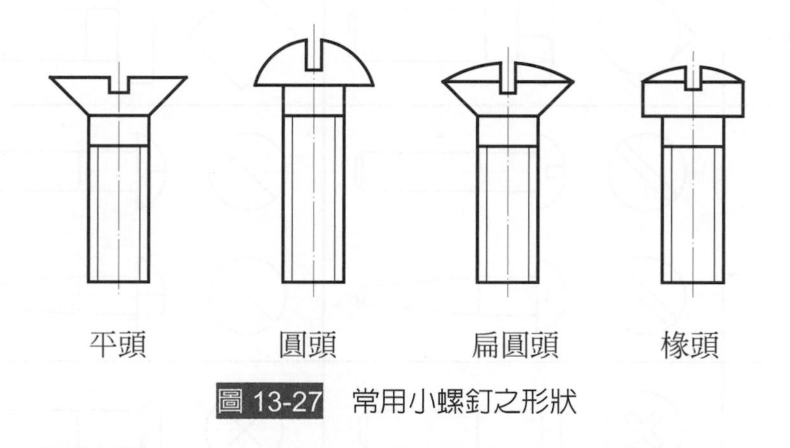

圖 13-27 常用小螺釘之形狀

我國國家標準對於有頭螺釘及小螺釘規定的一般表示法及其簡易表示法如圖 13-28 所示，一般表示法用於工作圖中，簡易表示法則大都用於設計圖。

13-10 固定螺釘

固定螺釘是用於作用力較小之處，如在軸上固定小型齒輪、皮帶輪與軸同時迴轉或防止軸向滑動等。此種螺釘大都不帶頭部，圓柱全長皆切製螺紋，向外一端刻有起子槽或內六角等，以便旋動螺釘。也有方頭之固定螺釘，唯使用時須注意其安全。另固定螺釘壓緊軸之一端，稱為尖端，隨需要之不同而有不同之形狀。固定螺釘之畫法亦依螺紋大徑 D，計算得其他部分繪製用之尺度(圖 13-29)。製造時，所需詳細尺度，則應從相關標準或機械設計與製造手冊查得(見附錄八)。

固定螺釘之規格標註，除須標明螺紋及長度外，另須加註固定螺釘名稱以及頂端形狀，例如方頭去角端固定螺釘 M6×10。

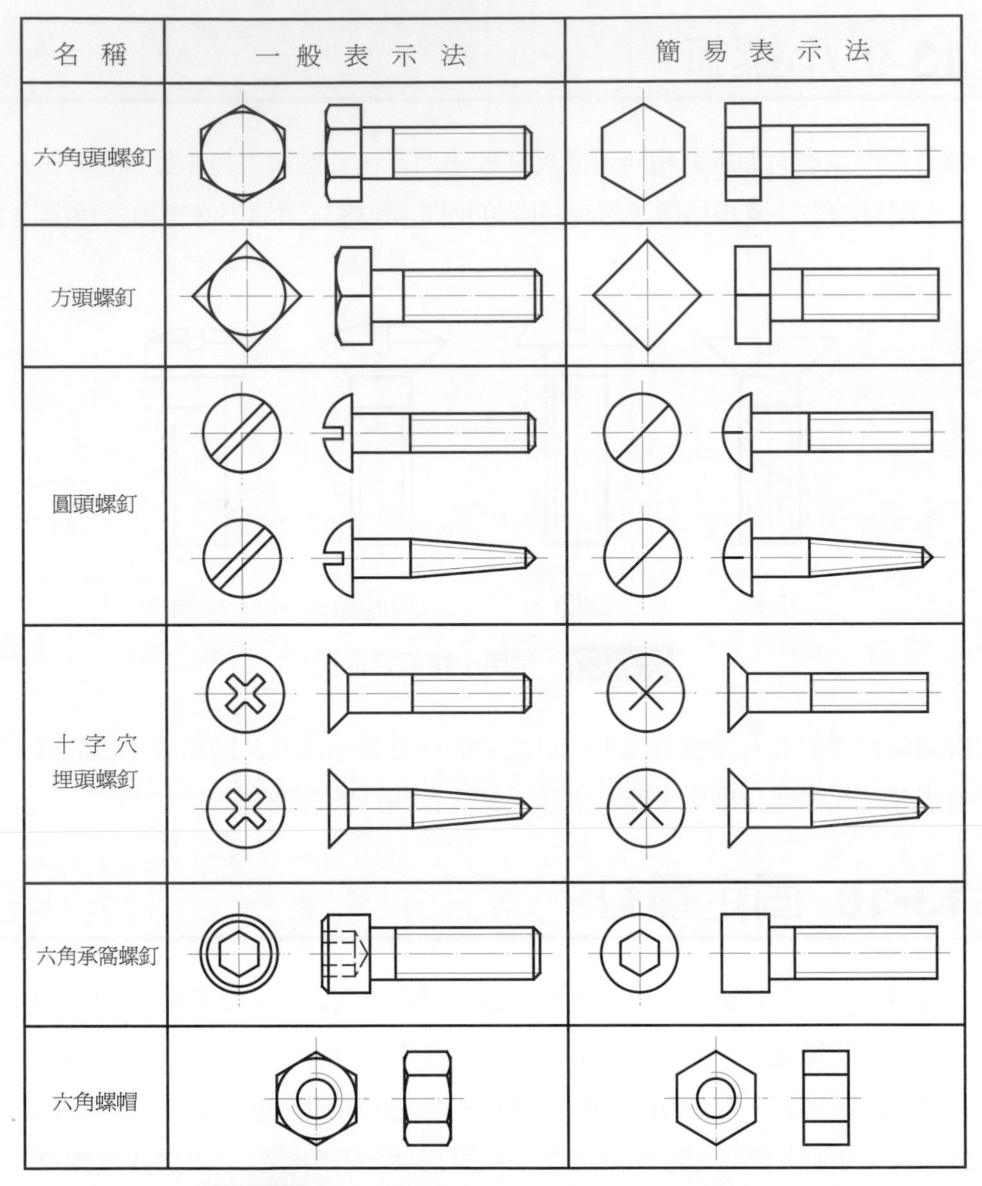

名稱	一般表示法	簡易表示法
六角頭螺釘		
方頭螺釘		
圓頭螺釘		
十字穴埋頭螺釘		
六角承窩螺釘		
六角螺帽		

圖 13-28　螺釘螺帽之一般表示法及簡易表示法

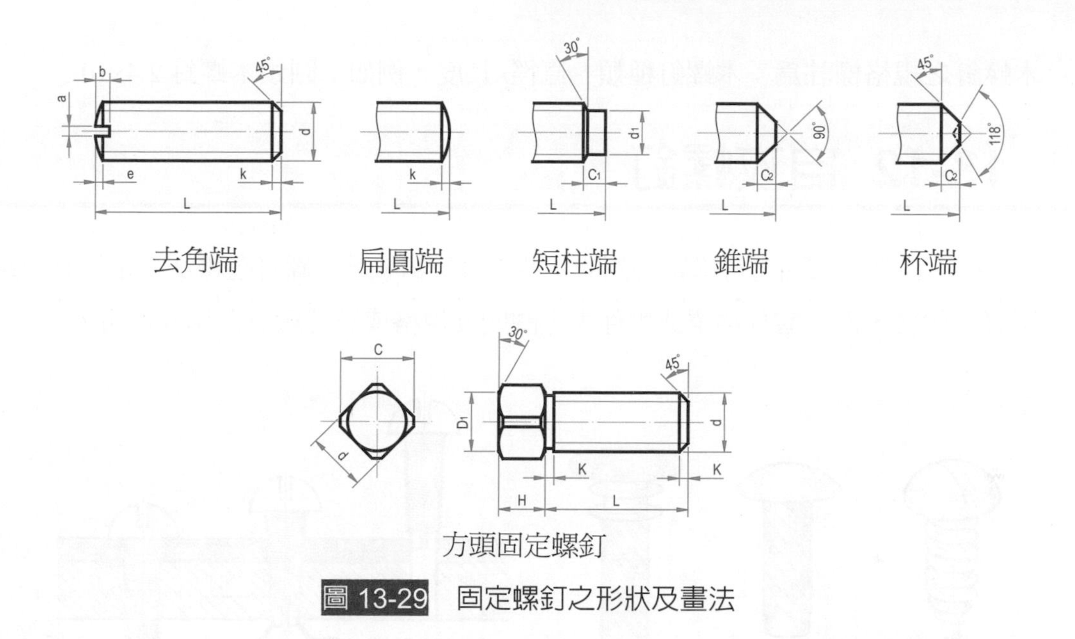

圖 13-29 固定螺釘之形狀及畫法

13-11 木螺釘

用於旋入木材以固定機件之螺釘，稱爲木螺釘。一般均爲鐵製，螺紋屬斜螺紋，常用的有埋頭、扁圓頭、圓頭等數種。其畫法是以標稱直徑 D，計算得其他部分繪製用之尺度(圖 13-30)。製造時，所需詳細尺度，則應從相關標準中查得(見附錄九)。

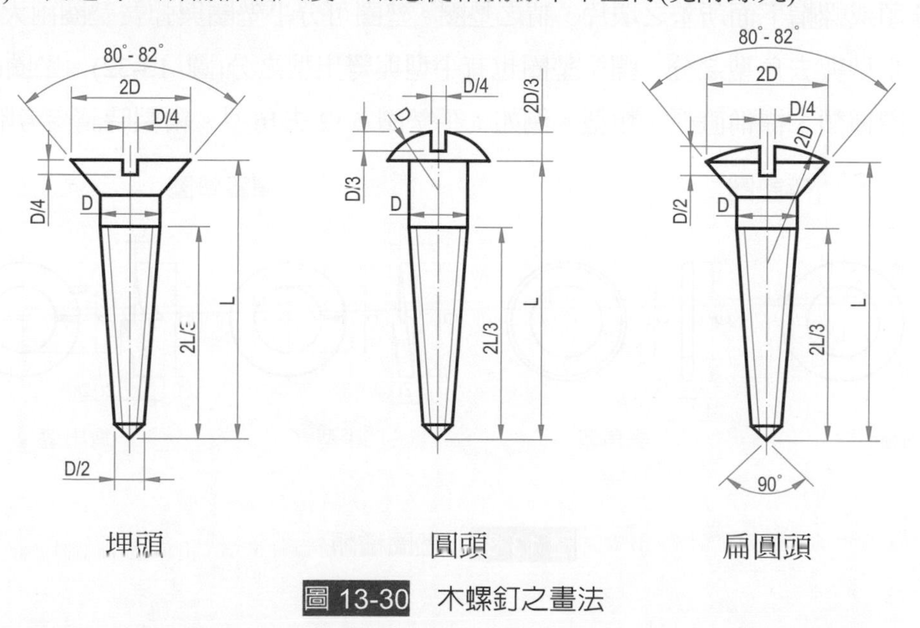

圖 13-30 木螺釘之畫法

木螺釘之規格標註爲：木螺釘種類、直徑×長度。例如：圓頭木螺釘 2.4×10

13-12 自攻螺釘

圖 13-31 爲目前市面上可購買得到的一些自攻螺釘。這些螺釘在畫法上都以有頭螺釘或小螺釘來代替，而在零件清單或零件表上註明其規格或製造廠商之編號即可。

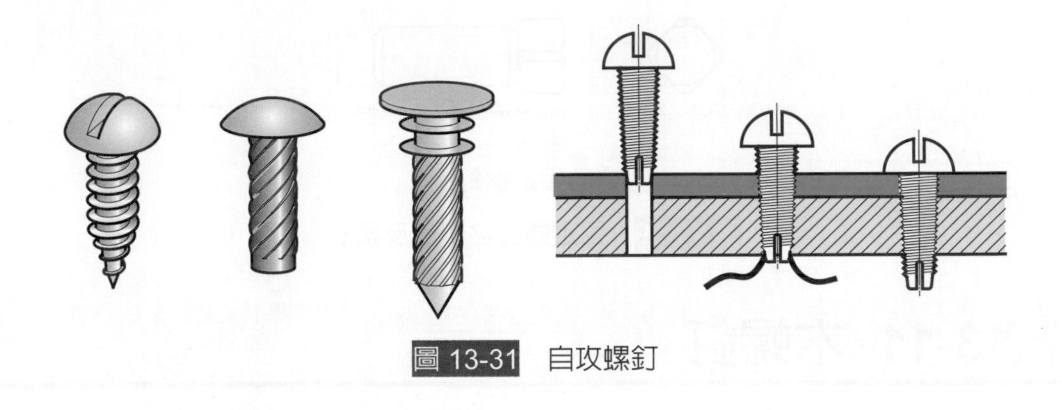

圖 13-31 自攻螺釘

13-13 墊　圈

螺栓頭或螺帽下面所墊之環片，謂之墊圈。墊圈可分平墊圈與彈簧墊圈兩大類，而平墊圈又有平型與去角型之分；彈簧墊圈也有平型與彎出型之分(圖 13-32)。墊圈的規格標註爲：墊圈種類、標稱直徑、類型。例如：平墊圈 ϕ 12 去角型。繪製時請參考附錄十。

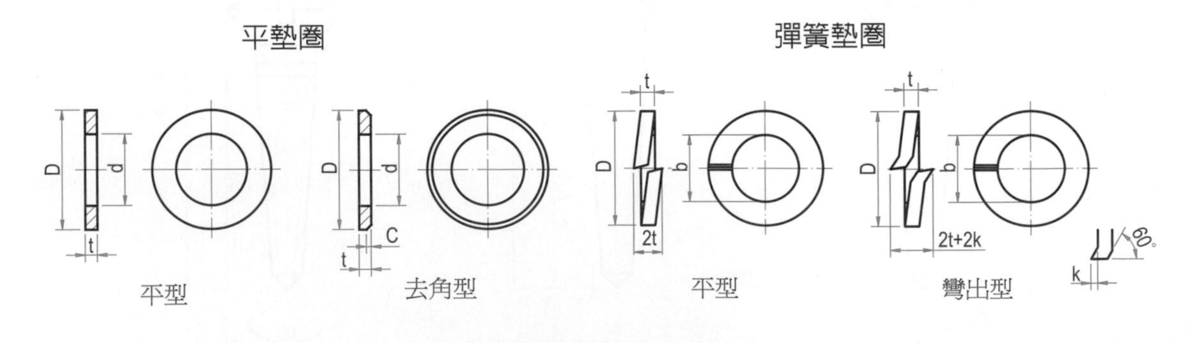

圖 13-32 墊圈種類

13-14 扣 環

具有彈性之開口環圈，嵌在軸溝內之外扣環(圖 13-33)與嵌在輪殼孔內之內扣環(13-34)，用以防止相關機件之軸向移動。一般用鋼片製造，亦有用鋼絲製造者。扣環之規格標註為：扣環種類、軸徑或孔徑×厚度。例如：內扣環 30×1.2。繪製時請參考附錄十一、十二。

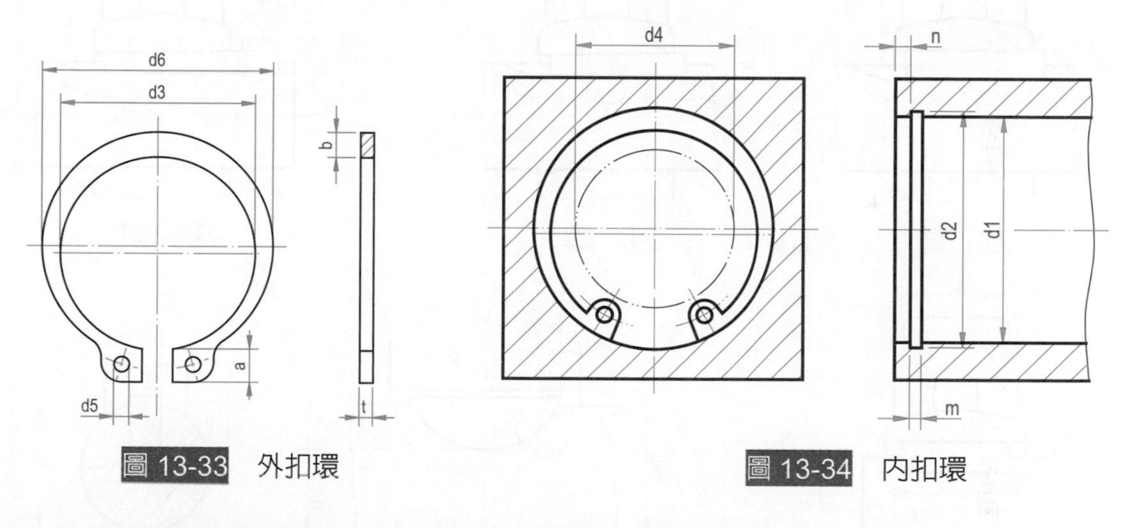

圖 13-33 外扣環　　圖 13-34 內扣環

13-15 鍵

欲將圓盤、齒輪或曲柄等固定於軸上，以防止其發生相對轉動時，常用鍵以達此目的。在軸上製成鍵座，在輪轂內製成鍵槽。鍵之一部分裝於鍵座，另一部分露出軸外而與轂之鍵槽相嵌合，使三者合成一體，便無相對轉動之發生(圖 13-35)。

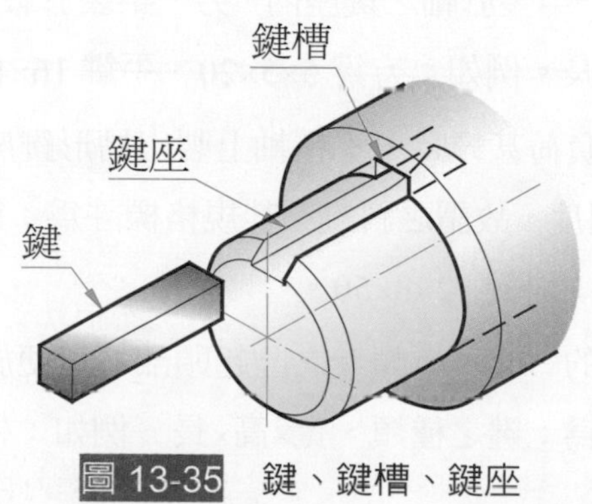

圖 13-35 鍵、鍵槽、鍵座

常用鍵的種類有方鍵、平鍵、斜鍵、帶頭鍵、圓頭平鍵以及半圓鍵等(圖 13-36)繪製時請參考附錄十三。

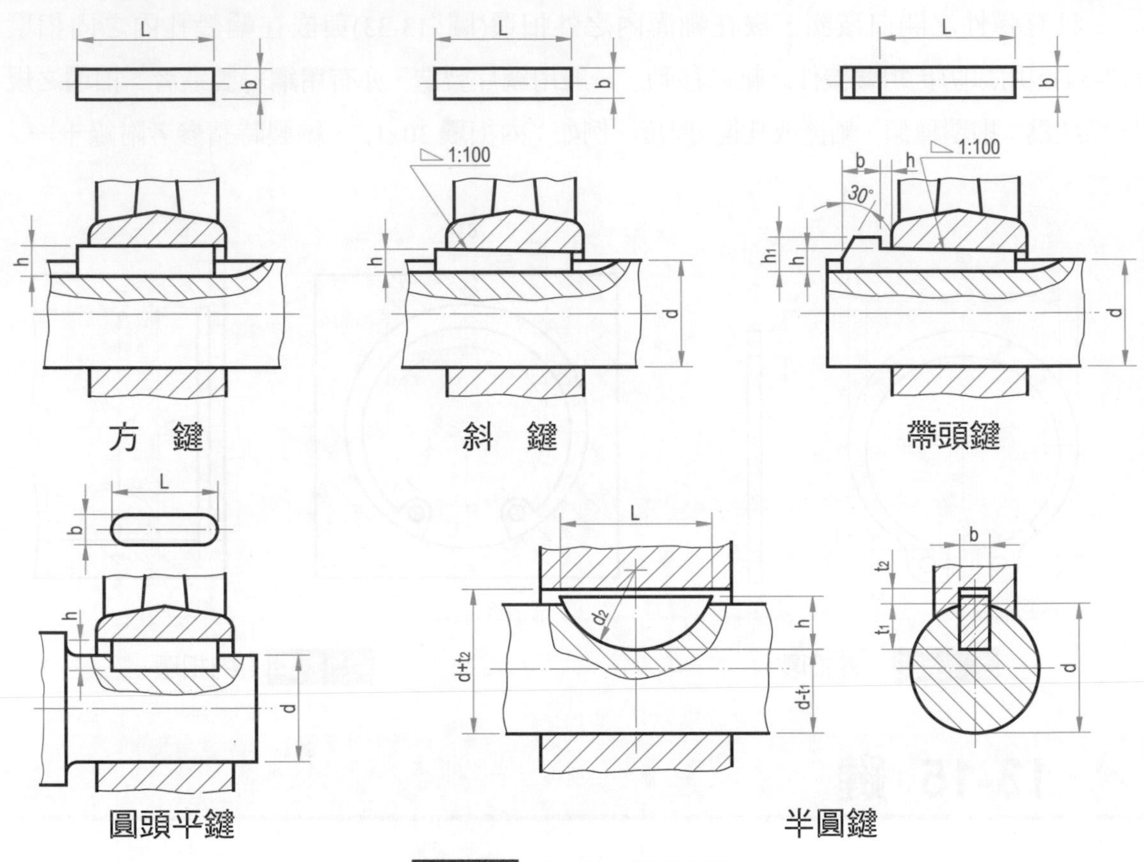

圖 13-36　鍵之種類與畫法

1. 方鍵及平鍵：鍵之表面平坦而無斜度，其斷面呈正方形者爲方鍵，斷面呈長方形者爲平鍵。使用時一半裝於軸之鍵座內，另一半裝於轂之鍵槽內。其規格標註爲：鍵之種類、寬×高×長。例如：方鍵 5×5×20、平鍵 16×10×50。
2. 斜鍵：當機件傳動負荷甚輕時，不在軸上製出槽形鍵座，即可使用斜鍵。斜鍵表面製有 1：100 之斜度，故謂之斜鍵。其規格標註爲：鍵之種類、寬×高(斜面較高之一邊) ×長。例如：斜鍵 12×8×50。
3. 帶頭鍵：是在斜鍵的一端具有頗大之凸起頭部，以便於安裝時敲入及拆卸時橇出之用。其規格標註爲：鍵之種類、寬×高×長。例如：帶頭鍵 16×10×70。

4. 圓頭平鍵：鍵之表面平坦而無斜度，其斷面形狀呈長方形，但其兩端全為半圓形者，稱為圓頭平鍵。其規格標註為：鍵之種類、寬×高×長。例如：圓頭平鍵 16×10×50。
5. 半圓鍵：是一種呈半圓形片狀之鍵，因此其鍵座亦呈半圓形，需用銑刀銑出。其規格標註為：鍵之種類、寬×高。例如：半圓鍵 6×9。

13-16 銷

一般小型之細長棒插入他件之孔中者，均稱為銷。用以組合兩機件，防止滑落或保持相對位置。常用之銷有圓銷、斜銷、開口銷及彈簧銷等(見附錄十四)。

1. 平行銷：又稱為圓銷，有三種不同的外形(圖 13-37)。在使用上須與孔的大小配合，所以在尺度上須加註公差。其規格標註為：銷之種類、直徑、公差×長度。例如：平行銷 ϕ4m6×20。

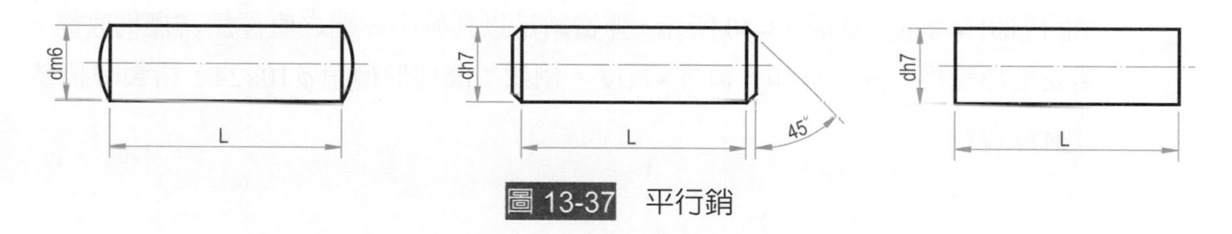

圖 13-37 平行銷

2. 斜銷：為錐度甚小之圓錐形銷，常用以定位，使兩機件拆卸後重新裝合時，仍能保持其原有之位相對位置，有時亦作為軸端之鍵用，稱為銷鍵。斜銷是以其較小端之直徑 d 為標稱直徑(圖 13-38)。其規格標註為：銷之種類、直徑×長度。例如：斜銷 ϕ3×30。

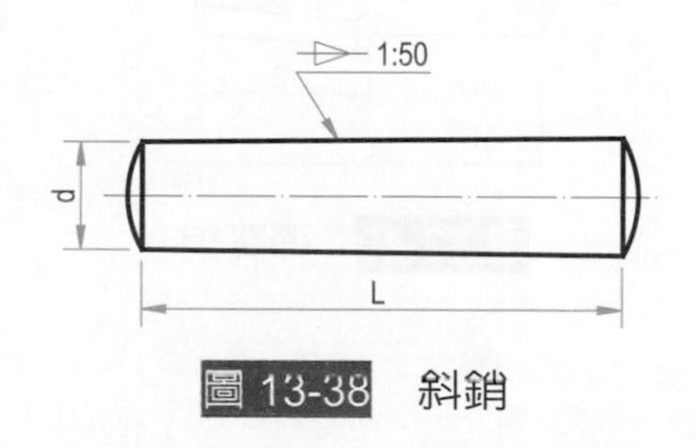

圖 13-38 斜銷

3. 開口銷：一般都用低碳鋼或黃銅製成，其兩腳的末端長度不等，以便使用時把尾部分開，防止脫落。開口銷是以其桿部之直徑 d 為標稱直徑(圖 13-39)。其規格標註為：銷之種類、直徑×長度(L)，例如開口銷 ϕ5×40 繪製時請參考附錄資料。

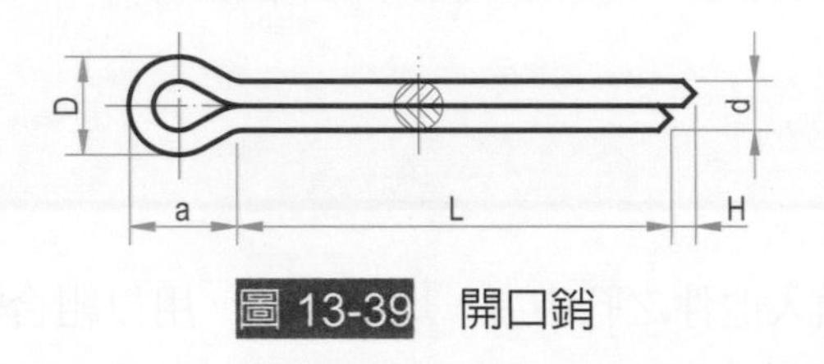

圖 13-39　開口銷

4. 彈簧銷：凡銷的直徑大小具有彈性者，稱為彈簧銷。使用時插入較小之孔中，藉彈性而膨脹緊塞孔內，不易鬆動。常用者有三種：一種是空心圓管形，外側切有長縫，稱為管形彈簧銷，簡稱管銷。而用鋼片捲成渦旋形狀者，稱為捲製彈簧銷，簡稱捲銷。另一種外側擠壓成三個 V 形槽者，稱為 V 形槽彈簧銷，簡稱槽銷。槽銷的形狀有多種，如圖 13-40 所示。彈簧銷是以其較小一端之直徑為其標稱直徑。其規格標註為：銷之種類、直徑×長度。例如：圓柱形槽銷 ϕ10×24，繪製時請參考附錄資料。

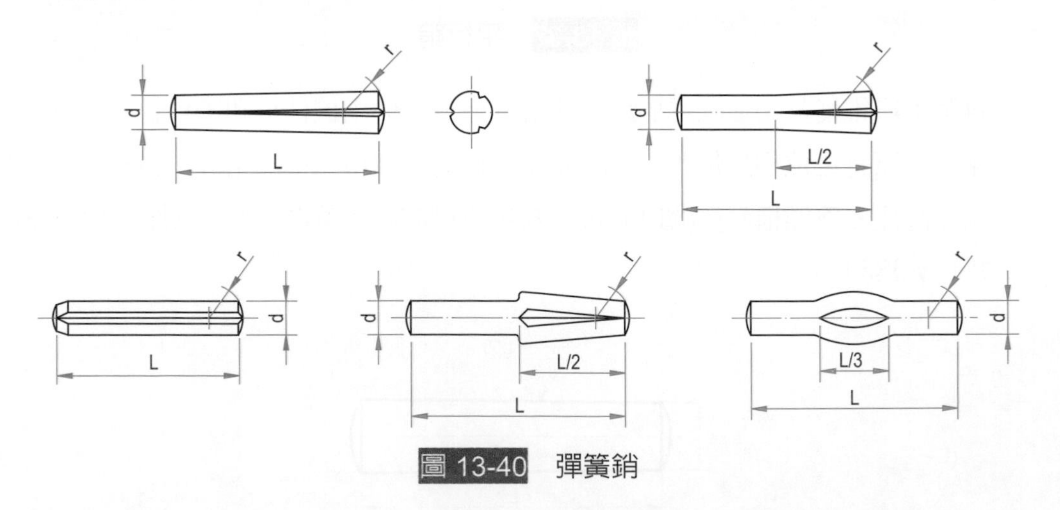

圖 13-40　彈簧銷

本章習題

一、　繪製 M30 六角螺栓長 75 與六角螺帽一組。

二、　繪製 M16 長 35 之圓柱頭螺釘及 M12 長 25 之圓頭螺釘。

三、　繪製 M24 長 80 之六角承窩螺釘。

四、　設有兩鋁金屬件(大小自行設計)欲以螺樁 M16×65 將其結合，試繪出其視圖。

五、　有一軸其直徑爲 30，試繪製其外扣環。

六、　有一孔徑爲 28，是繪製其內扣環。

七、　試繪方頭去角端固定螺釘 M12×20 之兩視圖。

八、　試抄繪 P13-16 圖 13-26 之組合圖，並補繪俯視圖(物體形狀自行設計)。

九、　試有一 5×7.5 半圓鍵，裝置於 ϕ16 之軸上，試畫出其兩視圖。

十、　試繪 ϕ6×30 斜銷之單視圖，並標註其尺度。

十一、繪製 ϕ5 長 63 之開口銷。

十二、如圖示中心線之位置，用 M8 埋頭螺釘將 1、2 兩件結合；用 M8 普通六角螺栓及螺帽將 1、2、3 三件結合，(螺釘及螺栓長度自行判斷)；試以 1：1 之比例畫出件 1、2、3 之零件視圖及組合視圖。

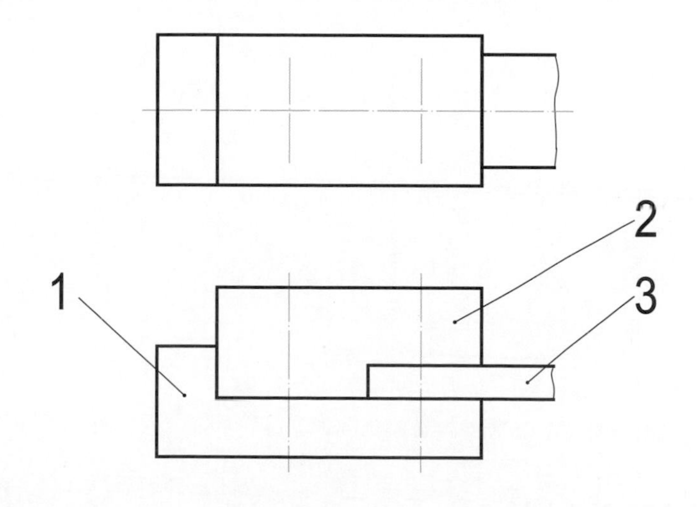

十三、以 2：1 之比例畫出下圖中平行夾之左螺桿、右螺桿、左牙夾及右牙夾之視圖並標註其尺度。

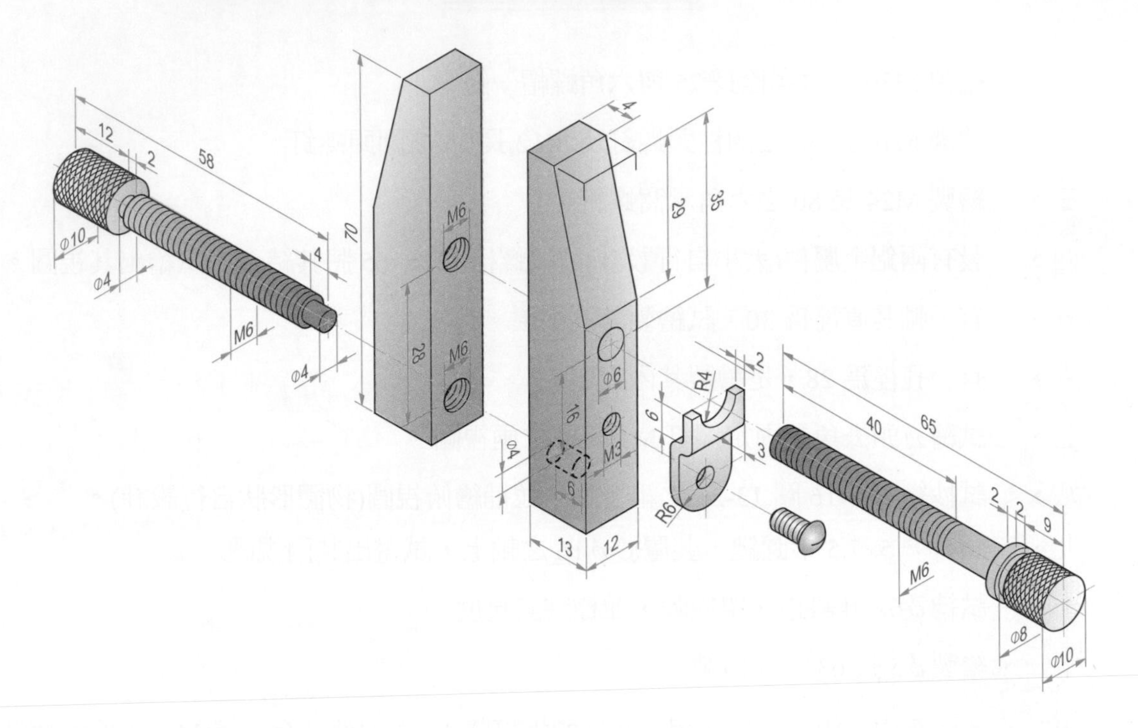

十四、以適當之比例畫出下列各物體應有之視圖。

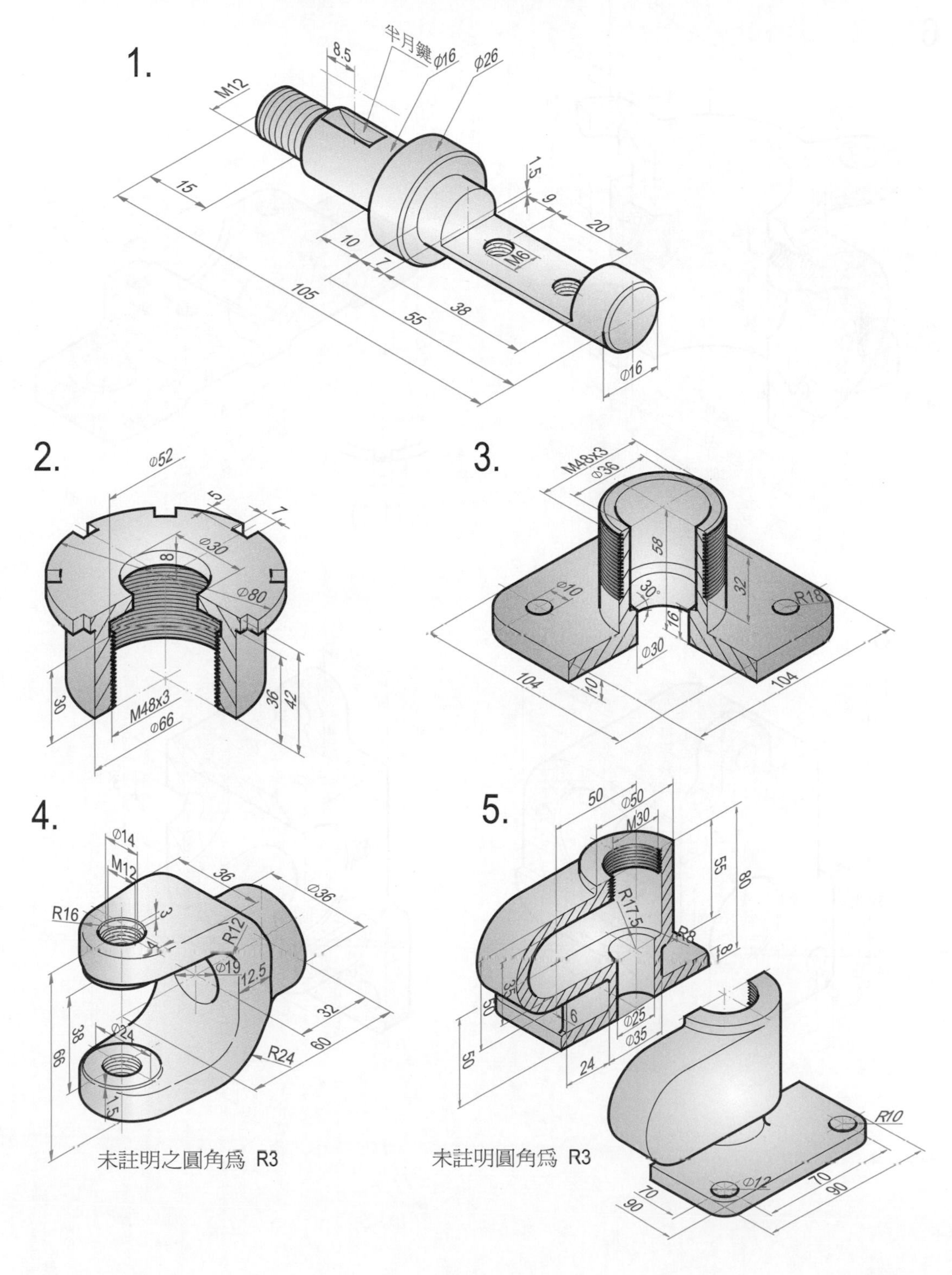

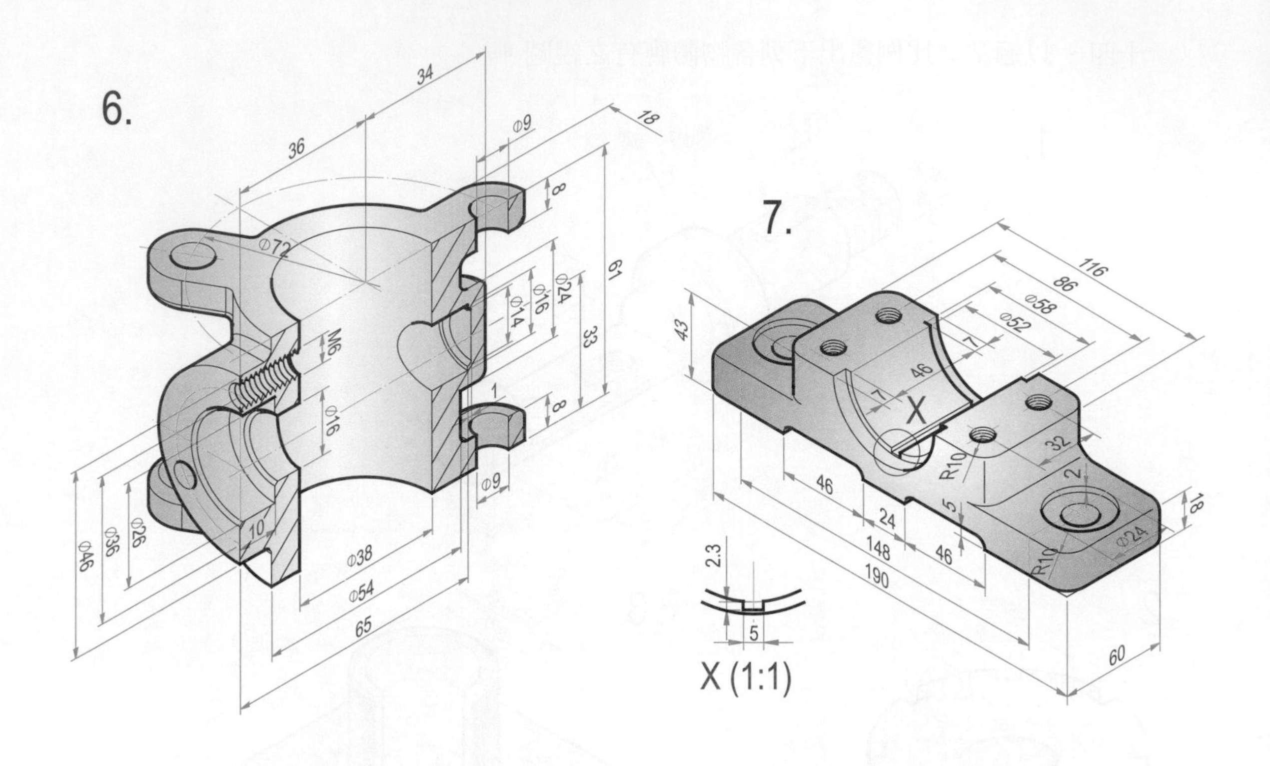
6.
7.
X (1:1)

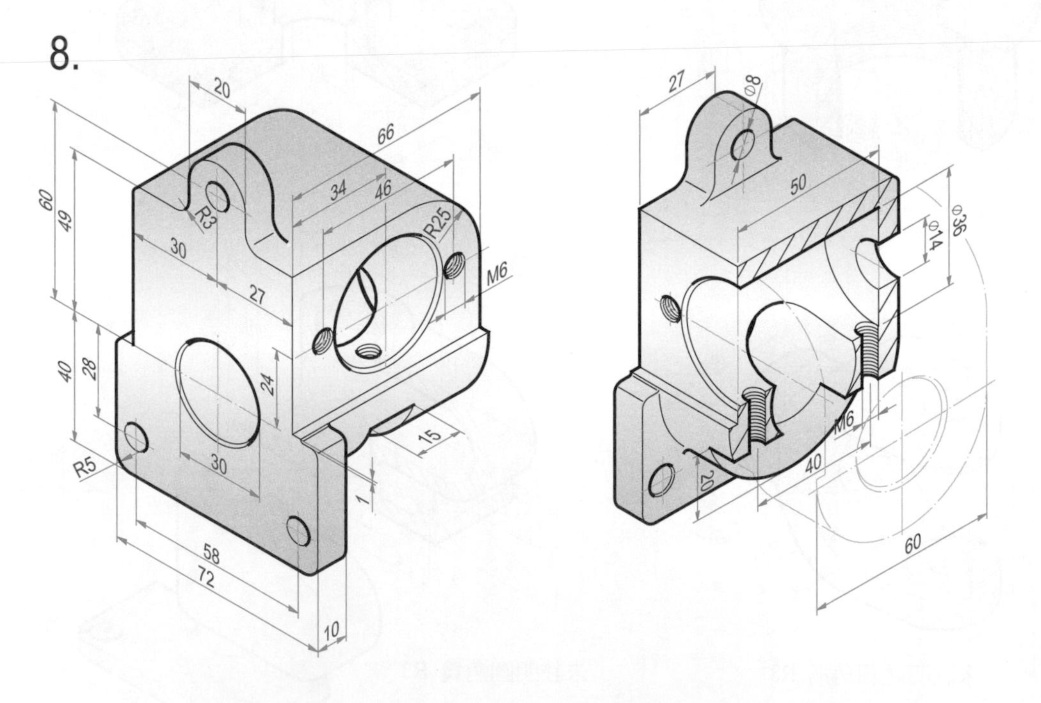
8.

Chapter

14

工作圖

14-1 工作圖之定義

工作圖係供機件製造或結構之營建所需之全部資料，無需再作其他說明。一組工作圖應包括下列各項：

(一) 每部分形狀之全圖---形狀之描述。

(二) 每部分之尺度數字---大小之描述。

(三) 註解說明---公有或專用註解。以規定材料、熱處理、加工製造等之細節。

(四) 每張圖上之描述性標題。

(五) 各部分關係之描述---組合。

(六) 零件表或材料單。

大量生產則需另製工作程序圖以描述製造之步驟，及特殊工具、鑽模、夾具與量規等之應用及類別，由工具設計部門自工作圖及程序圖之資料特別設計製圖，以供製造及使用。

14-2 工作圖之形成

設計新機器或結構，其程序乃由構想、規畫、計算及繪圖四項進行而完成最後所需之圖樣。

(一) 將原有觀念、規畫及發明繪製草圖若干。

(二) 計算證明所設計之機械或結構之適宜性及實用性。

(三) 由決定之草圖及計算而繪製設計圖，用鉛筆及儀器準確畫出，盡可能使用實大比例表示各零件形狀及位置，訂定主要尺度，註明材料、熱處理、加工、餘隙或干涉配合等一般之規範及繪製各零件圖時所需之資料。

(四) 由設計圖及註解說明繪製各零件圖，包含描述形狀及大小所需之視圖及標註必要之尺度與註解等。

(五) 繪製各零件裝配之組合圖。

(六) 編訂零件表或材料單，完成全部工作圖。

14-3 工作圖之圖示方式

(一) 組合圖

組合圖又稱爲裝配圖或總圖，依要求裝成之機器或結構之圖。用以表示各部分之相對位置及其間關係，而表示時視需要而決定視圖數量之多少及視圖之表現方式，是外形圖或爲剖視圖等(圖 14-1)。

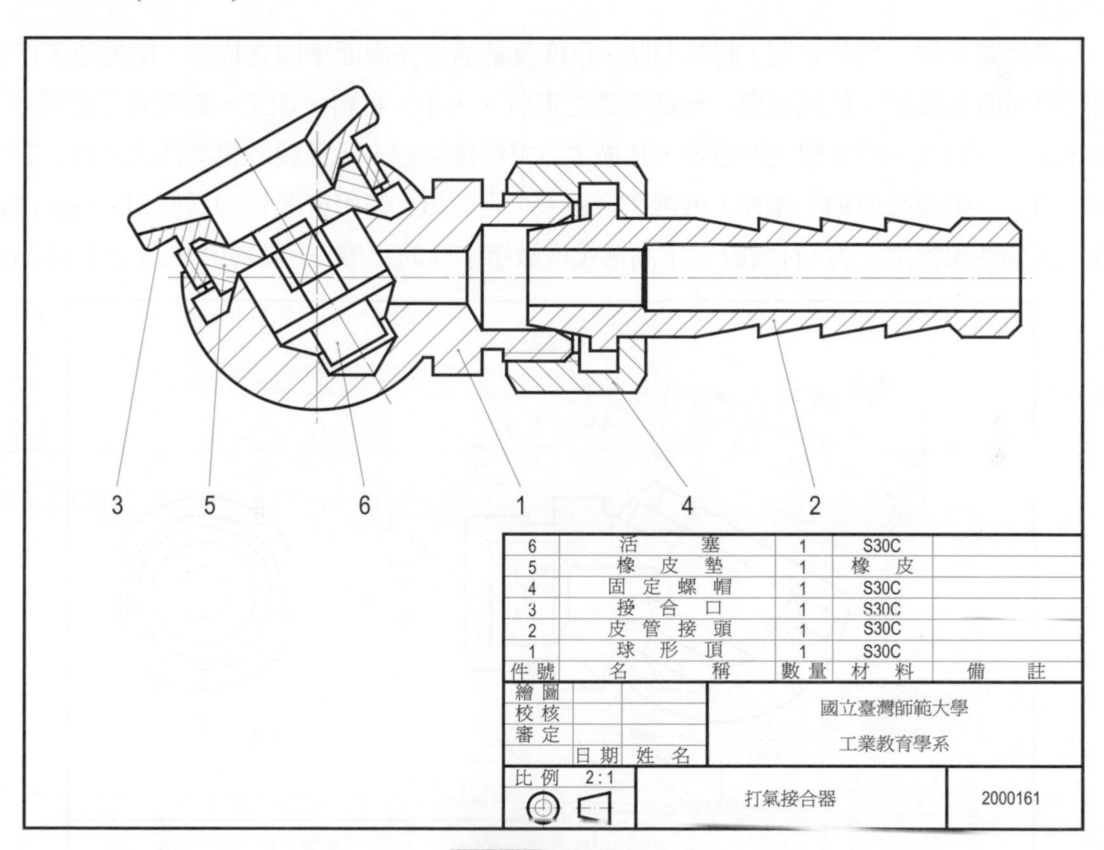

圖 14-1 組合圖

組合圖可以表示整個機器全長尺度及中心間或各零件間之距離，作爲固定各部分之關係，有關描述零件形狀之隱藏線則予以省略。

組合圖常將各部分零件編出件號，此種件號以細實線繪製之件號線連入該零件內，並於該零件內之一端加一小黑點，亦可在件號數字外加繪細實線圓，件號數字之字高爲標註尺度數字字高之二倍，件號線不宜繪成水平或直立，不宜與視圖的輪廓線平行或垂直，且各件號必須成在同一水平線或直立線上，如圖 14-1 之各件號呈一水平線；圖 14-22 則同時呈一水平線及一直立線。件號必須與零件圖、零件表或材料單中之零件件號相同，如此才能使組合圖與零件圖配合。

組合圖有時可從零件圖上之尺度來繪製，以校核零件圖之正確。

(二) 零件圖

零件圖係單一零件之圖，將其形狀、尺度及結構作完備而準確之描述，使製造工作者能簡單而直接瞭解，依圖製造。包括零件之形狀、大小、材料、加工、需要之工作場所、遵守之準確限度、所需製造件數等，其描述力求精確詳細，乃爲製造該零件之依據。零件圖原則上一張圖紙僅繪一零件，可選擇合適大小之圖紙，使用與保管均爲便利。零件件號寫在該零件視圖之上方，件號數字字高爲尺度數字字高的二倍，一般常用 5mm (圖 14-2a)。

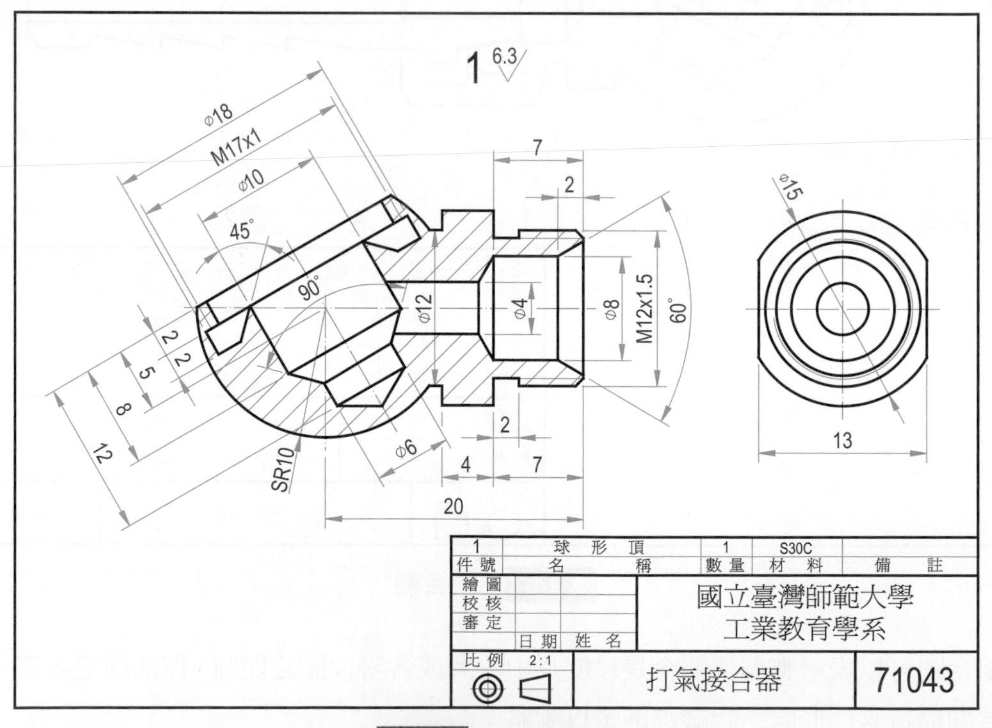

圖 14-2 (a)零件圖

目前產業界常利用 3D 實體圖轉換為 2D 平面工作圖之圖示，其圖示如圖 14-2(b)，供讀者參考。

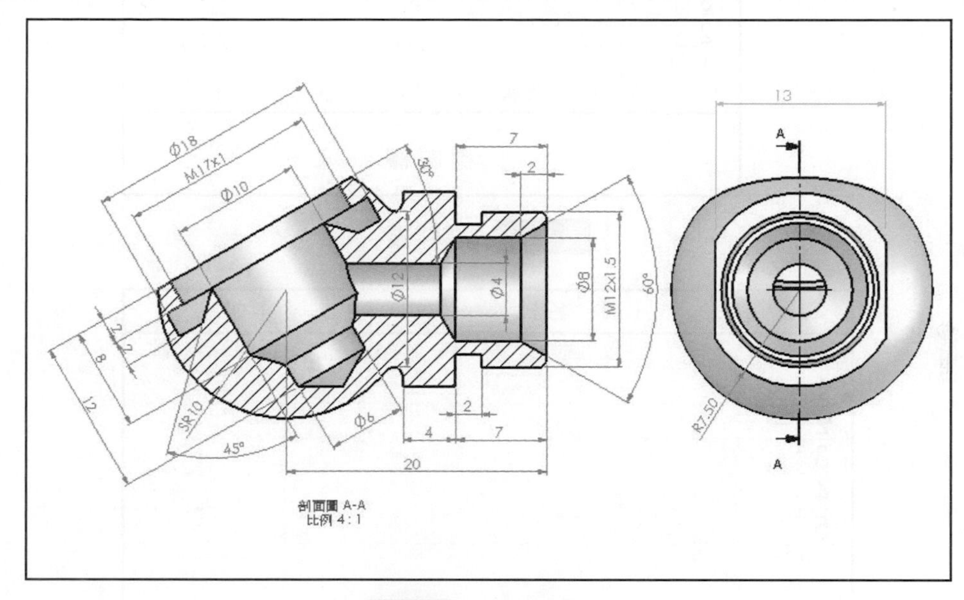

圖 14-2 (b)零件圖

(三) 標準零件

標準零件可用名稱及號碼予以規定，無須另繪零件圖，所有標準零件如螺栓、螺釘、螺帽等僅須於組合圖中繪出，並標以件號。將購置標準零件所需之全部規範則記於零件表上。

(四) 零件表

零件表係一種表格說明，用於大量生產時常以另紙書寫。用於其他情形則直接記於圖上，表上列舉全圖中所有各零件之件號、名稱、數量、材料等，有時亦列有備料尺度及每件重量等，最後加留備註欄，組合圖上常加列零件圖圖號。一般情況零件依其重要性排列，較大者在前，標準零件如螺釘、銷等則在後。零件表格線之間隔以 8～10mm 者較佳。附在圖上之零件表其塡註次序自下而上(圖 14-3)。單頁之零件表其塡註次序自上而下(圖 14-4)。建築圖上常將零件表改為材料單。

3					
2					
1					
件號	名　稱	件數	材　料	規　格	備　註
標題欄					

圖 14-3　零件表

（圖　名）							（圖號）	
件號	名　稱	件數	圖號	材　料	規　格	重量	備　註
1							
2							
3							
4							
5							
（機　構　名　稱）							

圖 14-4　單頁之零件表

(五) 標題欄

標題欄係以記載工作圖上有關之事項，常置於圖紙之右下角，其右邊及下邊即為圖框線。因各製圖機構之情況及需要不盡相同，致所記載之事項及所列舉格式大小亦不盡相同，圖 14-5 所示係供參考。

標題欄記載之事項常用者如下：

1. 圖名
2. 圖號
3. 製圖之工廠、機構或學校名稱
4. 設計、繪圖、考核、審定人員及日期
5. 投影方法(第一角法或第三角法)
6. 比例

標題欄常用之大小及各項排列如圖 14-5 所示，其中圖號規定必須置於右下角，使查圖時較爲方便。

	日期	姓　名	通用公差（一般公差）	
設計				
繪圖				
描圖				
校核			比例	
審定				
（機構名稱）				
（圖　名）			（圖號）	

圖 14-5　標題欄

14-4 繪製零件圖實例分析

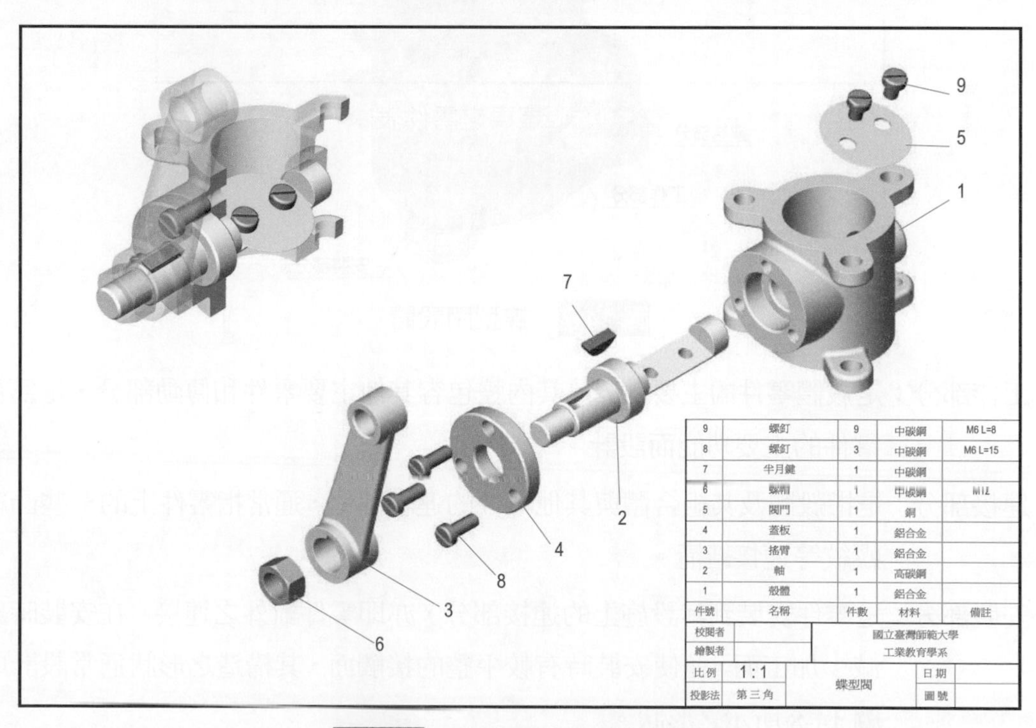

9	螺釘	9	中碳鋼	M6 L=8
8	螺釘	3	中碳鋼	M6 L=15
7	半月鍵	1	中碳鋼	
6	螺帽	1	中碳鋼	M12
5	閥門	1	銅	
4	蓋板	1	鋁合金	
3	搖臂	1	鋁合金	
2	軸	1	高碳鋼	
1	殼體	1	鋁合金	
件號	名稱	件數	材料	備註

校閱者		國立臺灣師範大學 工業教育學系		
繪製者				
比例	1:1	蝶型閥	日期	
投影法	第三角		圖號	

圖 14-6　蝶型閥之立體系統圖

圖示 14-6 爲蝶型閥零件之立體系統圖，蝶型閥在管路中用來截斷氣流或液流。此閥零件共有九種，其中有 4 種爲標準零件(請參考本書所附之教學光碟)。

每張零件圖均需含有前述之標題欄及零件表(參考圖 14-2(a))，但本章實例因考慮篇幅，將其省略，請讀者注意。

標準零件不須繪製零件圖，只要在組合圖中繪製，但在零件表中均須標註其名稱、規格或號碼。其他零件茲分述如下：

一、殼體零件

蝶型閥的主體爲箱殼類零件，此類零件大都由鑄造再經加工而成。形體一般較爲複雜、不規則，但它必須與其他零件裝配在一起，才能完成一定的工作任務。根據零件自身的工作特點和其他零件的裝配關係，殼體零件一般可分解爲下列幾個大部分(圖 14-7)。

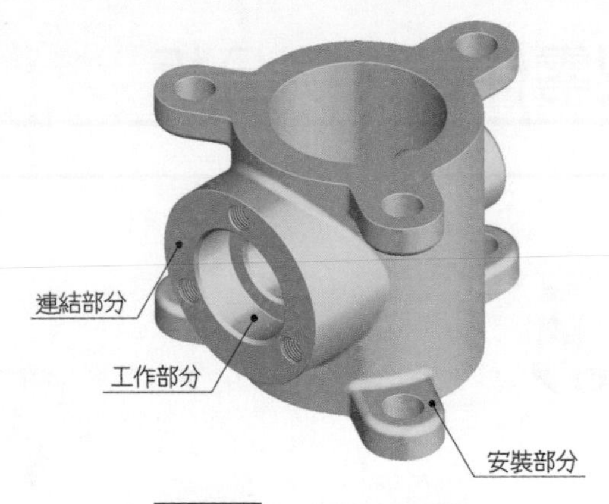

圖 14-7　蝶型閥殼體

工作部分：是殼體零件的主要部分，其內腔包容其他主要零件和傳動部分，是爲實現零件的主要功能而設計。

連接部分：是指殼體及其組合體與其他零件的連結部位，通常指零件上的一些凸緣或螺紋等連接結構。

安裝部分：是零件安裝到其設施上的連接部分，亦即零件對外之連接。在安裝時爲了減少加工面，並使安裝時有較平整的接觸面，其構造之形狀通常設計成如圖 14-8 所示之形狀。

支撐加強部分：是爲提高零件之強度，通常作成助板等形狀。

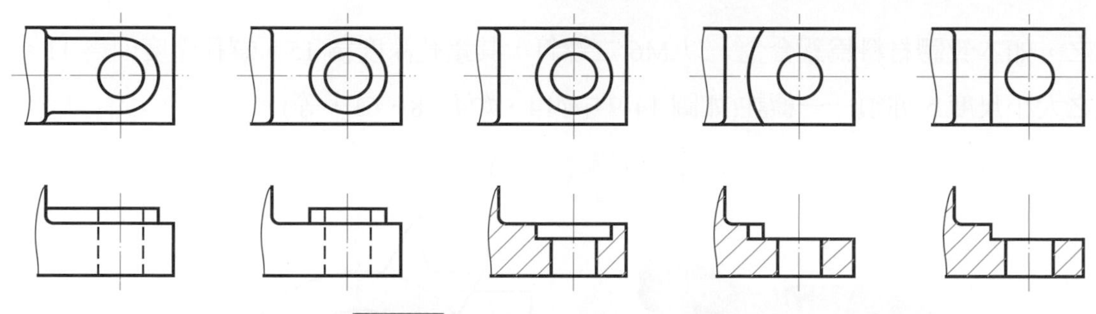

圖 14-8 安裝時常用之構造形狀

注意以上所述四部分並非所有殼體零件都有，有些零件設計較簡單，可能只有工作部分、連接部分以及安裝部分，而不需要支撐加強部分，本圖例即是。最簡單的零件也可能只有工作部分及連接部分；複雜的零件也可能有兩個以上的工作部分，因此零件在總體形狀分析時，只要把握其結構特徵，將有助於製圖與識圖。

1. **殼體零件之視圖選擇**

由於此類零件結構較複雜，加工位置變化亦較多，一般需要三個以上視圖。因此通常以自然安放位置或依工作位置放正，以最能表達其特徵及相對位置作爲前視圖，且此視圖亦大都以全剖視圖表達，用以表達殼體內部的主要結構和各部位的壁厚。

本蝶型閥殼體，除前視圖採用全剖視圖外，俯視圖需以局部剖視表達螺孔之深度，再以局部左側視圖表達凸緣之螺孔數(圖 14-9)。這樣，該零件的內外結構就完全表達清楚。總之零件形狀之表達是一個具有靈活性的問題，沒有絕對的標準可循，只有經過多畫、多看、多比較，才能提高表達能力，才可能把零件表達得正確、完整、合理以及簡單、清晰。

2. **殼體零件之尺度標註**

尺度基準是標註尺度的起點，要做到合理標註尺度，首先必須合理選擇尺度基準。選定基準時，要根據零件在機器或機構中的作用、裝配關係、重要的基本結構要素及零件加工、測量等狀況，亦即要考慮設計要求，又要符合加工方法及程序等。殼體類零件尺度較多，每個方向至少有一個主要尺度基準。根據實際情況通常選取主要軸孔的中心線和軸線。(圖 14-9 中φ16H7 及φ26H7 之軸線)，零件的對稱面、端面或安裝面(圖 14-9 中φ46 或φ72)爲主要尺度基準，並注意孔位與加工面之尺度應直接標出(圖 14-9 中 33、36)，孔與孔間之標註(圖 14-9 中φ72、φ36)，螺孔如未穿通，其深度尺度必須依材料查設計製造手冊後標註之，如本殼體材料爲鋁合金，以 M6 之螺釘，其鑽孔深度爲 15、螺孔深度則爲 11。其他之大小尺度、亦須一一標註(如圖 14-9 中φ14、φ24、8、61…等)。

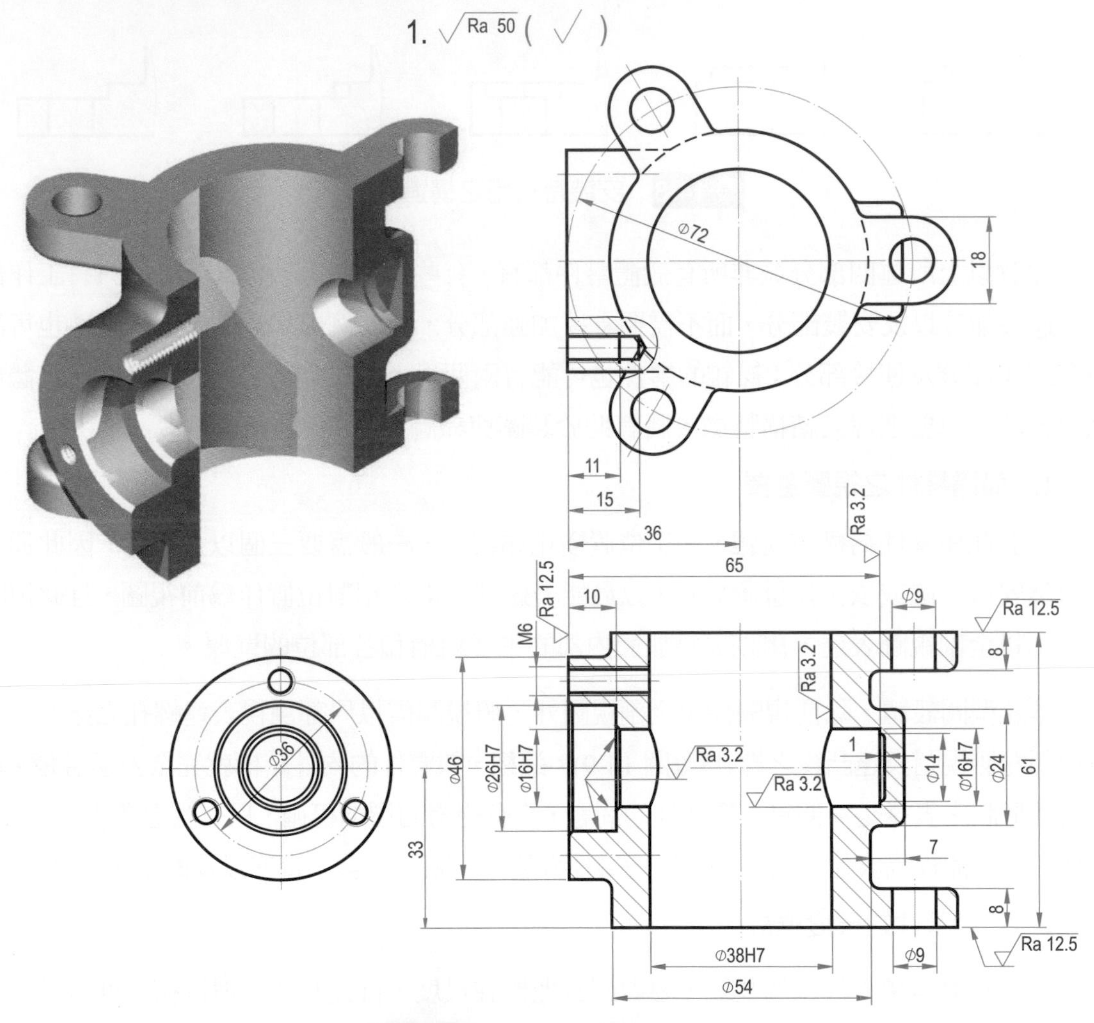

圖 14-9 蝶型閥殼體零件圖

3. 殼體表面粗糙度、公差、配合等之標註

殼類零件需根據具體設計使用要求來確定各加工面的表面粗糙度、尺度公差、配合和其他如幾何公差等。在表面粗糙度的要求，有轉動需求之各面以「▽√Ra 3.2」表示，接觸表面以「▽√Ra 12.5」表示，其餘殼外輪廓可以「√Ra 50」表示，見圖 14-17。目前常有以壓鑄形成，有人主張以「√Ra 50」表示。但「◇√」符號表示不得切削，並非

不要切削，以「 ✓ 」表示，顯得要求太嚴苛，並不適當。又本殼體重要孔如ϕ16H7、ϕ26H7因需與軸配合，故須加註公差。又ϕ38 孔為配合閥門之裝配，故須以ϕ38H7 來配合之 38g7 之閥門(見圖 14-21)。

二、軸類零件

軸一般用來傳動或支承齒輪、皮帶輪等傳動件。這類零件通常以車床加工，所以一般把軸線置於水平線位置。這樣的視圖既能表達其形狀結構且符合加工位置。

1. 軸類零件之視圖選擇

軸類零件一般只用一個視圖，如果要表達軸類零件上的安裝和加工結構用的鍵槽、銷孔、凹坑、螺紋孔、退刀槽、中心孔、油槽時，則可採用移轉剖視、局部剖視、局部放大視圖等來補充，如圖 14-10。

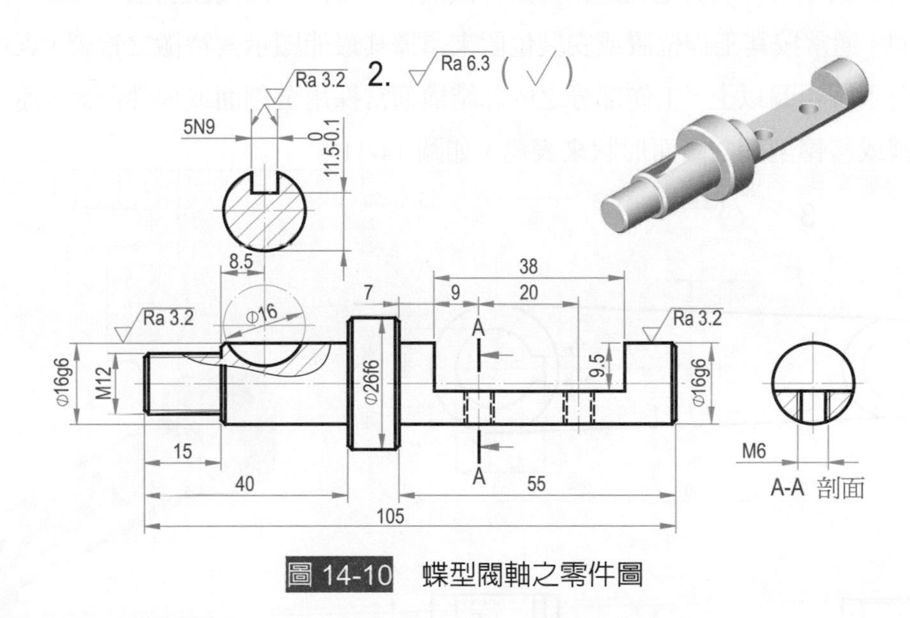

圖 14-10　蝶型閥軸之零件圖

2. 軸類之尺度標註

軸類零件之徑向尺度以軸線為主要基準；軸向尺度以作定位用之軸肩或端面為主要基準，如圖 14-10 所示。

3. 軸類之表面符號、公差、配合等之標註

軸上對予配合表面和重要表面，其粗糙度要求較高，如用於安裝滾動軸承大都為 0.8

μm，用於安裝齒輪或皮帶輪大都為 1.25 μm，用於鍵座工作面大都用 3.2 μm，其餘大都為 6.3 μm，見圖 14-10 所示。

對於尺度之公差亦有一定之精度要求，以得滿意且可靠的配合連接，但選用公差並不是一件容易的事，建議多搜集各種成品之參考資料，並重視前人的經驗。如圖 14-10 之 ϕ16g6 經查表得 $\phi16^{-0.006}_{-0.017}$；ϕ26f6 為 $\phi26^{-0.016}_{-0.027}$。鍵座採過渡配合故其公差採用 N9 或 P8，至於幾何公差部分，軸類零件為便於傳動平穩，較精密的狀況下則會有同軸度、對稱度以及圓偏轉度等之要求，本蝶型閥則可無這些要求。

三、搖臂

1. 視圖選擇

搖臂為支架類零件，其毛胚通常為鑄件或鍛件，需經多種機械加工，且每一個加工位置往往不同。通常按其工作位置或安裝位置來選擇其最能顯示其特徵之視圖，表達此類零件通常需要兩個視圖以上。工作部分之內部結構通常採用全剖面或局部剖面，連接部分大都採用旋轉或移轉剖面之斷面形狀來表達，如圖 14-11。

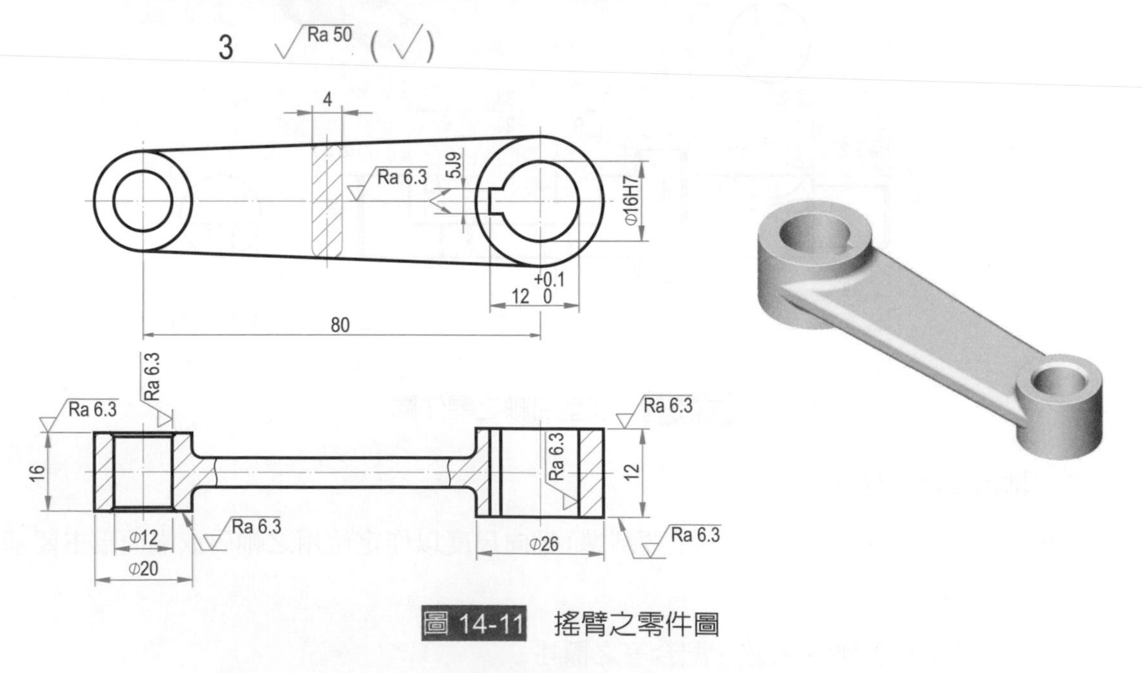

圖 14-11 搖臂之零件圖

2. 尺度標註

支架類零件常以支承孔的軸線、對稱平面、安裝平面以及支承孔之端面作爲寬、高、深三個方向之主要尺度基準。此類零件之大小尺度及位置尺度明顯，可使標註清晰及合理。(見圖 14-11)

3. 表面粗糙度、公差、配合等之標註。

支架類零件一般根據使用要求來確定各部位之表面粗糙度及公差等。通常對連接部位不作具體要求，一般在設計時充分考慮，合理決定其截面形狀，使其滿足支樽連接要求即可。本零件因有與半圓鍵連接，在鍵槽部分，採過渡配合，故其公差採用 J9 或 P8，其表面粗糙度採 6.3 μ m。(見圖 14-11)。

四、蓋板

1. 視圖選擇

此類零件大多爲圓柱體，本圓柱體上有三個光孔，以螺釘貫穿與殼體螺孔結合。此類視圖大都以二個視圖表達，視圖中孔位圓上三個孔，必須以習用畫法在右側視圖中以二個表示之，見圖 14-12。

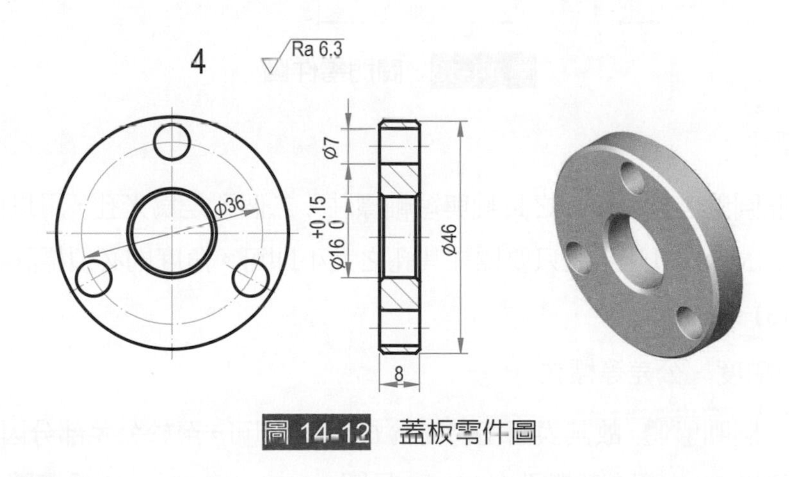

圖 14-12 蓋板零件圖

2. 尺度標註

蓋板之尺度標註，依大小尺度標註其形狀外，孔位圓尺度務必標註在孔位圓之圓形視圖上，見圖 14-12。

3. 表面粗糙度、公差等之標註。

蓋板表面粗糙度之要求，一般以 6.3 μm 即可。至於軸孔部位，只要比軸 $\phi 16$ 大些，故可只用單項公差 $\phi 16^{+0.15}_{0}$，而孔位圓上之三個孔，爲套 M6 螺釘，故孔直徑爲 $\phi 7$。

五、閥門

1. 視圖之選擇

閥門爲一橢圓盤，以二個視圖表達即可，如圖 14-13。閥門是以二個螺釘固定於軸上，用以開啓或關閉液(氣)體之流動，故二個孔必爲光孔。

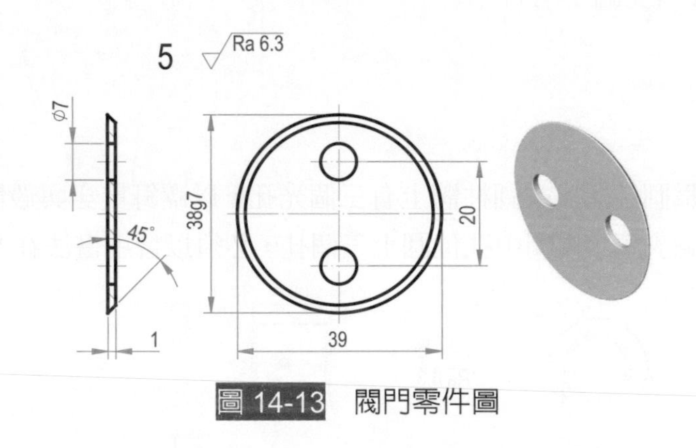

圖 14-13 閥門零件圖

2. 尺度標註

閥門爲一橢圓盤，故以橢圓之長軸與短軸標註，二個孔是爲光孔，用以供二個螺釘穿過孔固定於軸之 M6 螺孔上，故只要標註其孔之大小即可。角度則必須標註在形成角度之視圖(見圖 14-13)。

3. 表面粗糙度、公差等標註

本閥門爲一橢圓盤體，故其表面粗糙度爲 6.3 μm 即可，至於公差部分因其控制液(氣)體之流動，故須以 38g7 配合殼體孔Ø38H7。(見圖 14-17，14-21)，38 爲橢圓之短徑，故不得標以直徑。

14-5 繪製組合圖實例分析

零件圖一一繪製後，即進行組合圖之繪製。繪製組合圖前，除必須先瞭解該機器之工作原理外，並且須先注意各零件間的組合狀態，再選擇最能反映該機器裝配關係以及形狀特徵之視圖為主要視圖。一般大都以殼體之前視圖為前視圖，從殼體畫起。本蝶型閥是利用搖臂以鍵與軸連結，閥門利用兩螺釘固定於軸上，搖動搖臂則閥門截斷液流或氣流，殼體完成後，完成軸，再完成其他各零件，各零件組合完成後，須一一標註件號，切記其件號須與零件圖之件號相同如圖 14-14。當然標題欄與零件表亦均不可缺少。本圖例因考慮篇幅而省略，請讀者參考圖 14-6 之標題欄與零件表。

本圖例蝶型閥因僅由 8 個零件組合而成，其組合圖實際上也可只以一個視圖表達就可瞭解整個閥體各零件間之相關位置，也很清楚表達整個機構之結構，但為了使裝配者只要依組合圖即能瞭解整個機器或機構之完整性，組合圖還是盡量以清楚表達較為理想，因此本圖例仍以兩個視圖來表達較為理想(圖 14-14)。

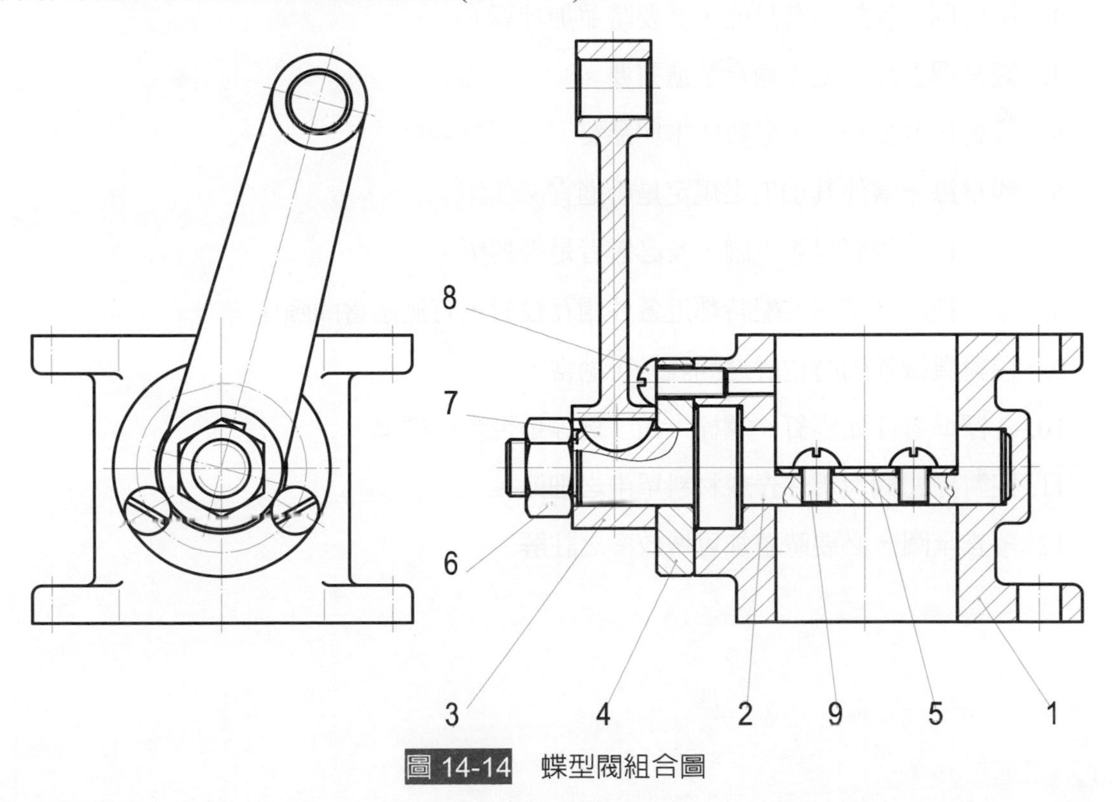

圖 14-14 蝶型閥組合圖

如要以電腦繪製組合圖，繪製零件圖時，切記將尺度標註、表面粗糙度、公差等符號及註解與圖形之圖層分別放置，繪製組合圖時，可先將不用之圖層關閉，而將所需圖形分批插入，盡量選擇能快速、方便定位之點作爲插入點，也應儘量以鎖點模式(Snap Mode)來保證圖形位置之正確性。零件圖插入後必須進行編輯，因此要用「Explode」指令將其分解，再進行編輯，編輯時可用「Break」、「Trim」、「Erase」等指令來完成。蝶型閥組合圖之繪製請見本書所附之教學光碟。

14-6 校　對

工作圖完成後必需詳加校對有無錯誤或遺漏，校對時須有系統、有秩序地進行，每一尺度或特點經查核後，須以鉛筆或有色鉛筆在其上作一記號，並表明改正之點。

1. 假設自已爲閱讀者，查察本圖是否易於閱讀。
2. 注意每一零件設計、畫法及視圖多少與布置是否正確適當。
3. 用比例尺校對所有尺度，必要時並加計算。
4. 觀察圖上尺度是否適合製造需要。
5. 校對尺度公差，不影響成本與品質。
6. 觀察每一零件其加工之規定是否適宜。
7. 每一材料規範是否正確，及必需者是否列舉。
8. 每一細節必須與裝配時鄰近各件相互校對，有無適當間隙。
9. 校對機械運動時位置之間隙是否適當。
10. 各標準零件如螺釘、螺栓、銷、鍵等是否合於標準。
11. 校對標題欄與零件表或材料單中之細節。
12. 覆查全圖，必要時塡加可增效率之註解。

14-7 工作圖閱讀

一台機器或一個機構之形成，一般大致是經由設計、構思工作原理後，概略繪製出其相關位置之組合圖，再慎思每個零件之形狀、功能後繪製出零件圖，依零件圖製造加工、完成所需之零件，再將此些零件一一組合裝配，繪製組合圖，完成機器或機構。(見圖 14-15)

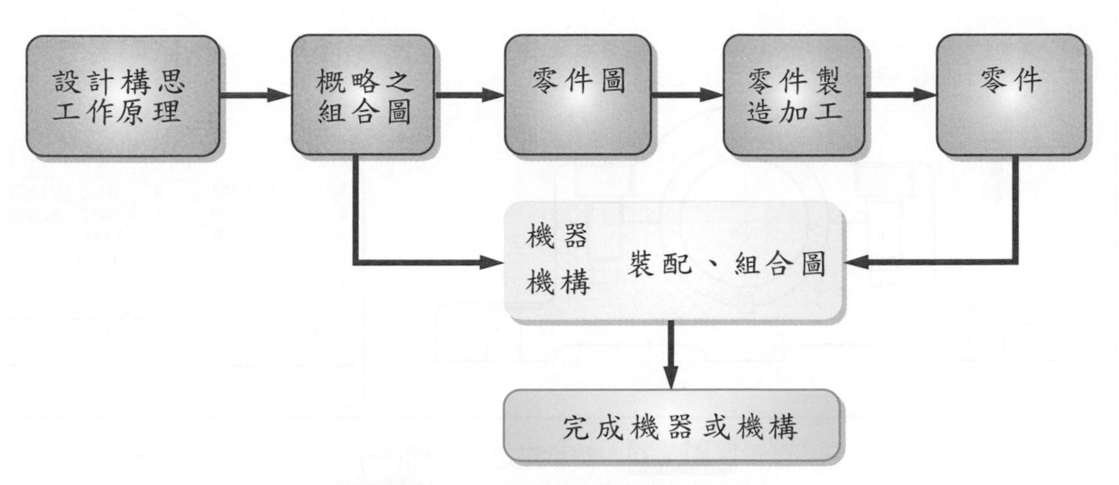

圖 14-15 機器或機構設計製造流程

所以要閱讀一組工作圖必須注意下列各項：

一、對整組工作圖先概括了解，先查閱標題欄、零件表以及有關註解，從標題欄及零件表瞭解機器和零件名稱及各零件之數量，由零件名稱體驗其用途，並對照零件件號瞭解零件在組合圖中之位置。

如圖 14-16、17、18 爲軸承座之工作圖，看圖時從組合圖之標題欄中可瞭解此組工作圖名稱爲軸承座，以 1：1 比例、第三角法繪製，至於繪製日期、審查日期以及圖號，因廠商之表示法不盡相同，所以本圖例空白未填註。從零件表中瞭解本軸承座由軸承底座、軸承蓋、襯套以及標準零件六角承窩螺釘四個、方鍵共五件組合裝配而成。其中底座與蓋之材料爲鑄鐵 FC20、襯套爲鋁青銅 C6191、鍵爲鋼 S45C、螺釘爲鋼 S30C。

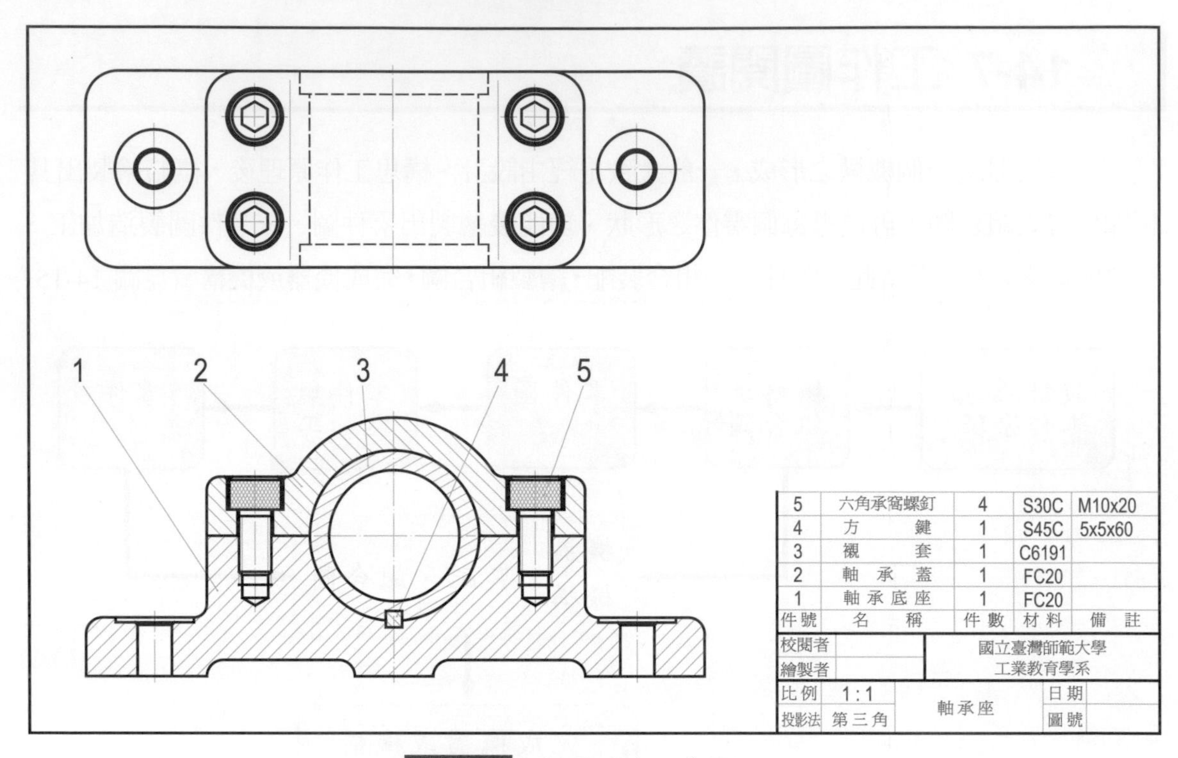

圖 14-16 軸承座之工作圖(一)

二、分析組合圖關係和瞭解零件結構

一般閱讀工作圖時大都由組合圖之前視圖入手，根據各組合部位，分析各零件之位置關係，包括定位、連接關係以及裝配要求，並分析零件間之裝配關係，如傳動關係、連接和固定關係以及定位調整等。

本圖例軸承座因僅由 8 個零件組合而成，組合圖其實也只要一個視圖即可瞭解零件間之相關位置，也很清楚表達整個機構之結構，但爲使裝配者只要依組合圖即能瞭解整個機器或機構之完整性，組合圖還是能儘量清楚表達較爲理想，故本圖例仍以兩個視圖表達。

三、瞭解並確定每個零件之形狀、大小尺度、定位尺度以及表面粗糙度、公差配合等。

瞭解軸承座整個機構之結構後，接著即需從零件圖去瞭解零件之形狀、尺度以及表面粗糙度、公差、配合等。本圖例主體爲件 1 軸承底座(圖 14-17)，從零件表中知其材料爲鑄鐵 FC20，繪圖比例爲 1:1，以兩個視圖表達其形狀，依視圖中投影關係判別視圖形狀，從視圖中可知有兩個魚眼坑供固定用，有四個未穿通螺孔，使軸承蓋以六角承窩螺釘與之鎖緊，此時須注意底座爲螺孔，軸承蓋之孔必爲光孔。又爲避免襯套在左右方向上有偏移及出現轉動現象，在底座上有一半圓之凹槽與襯套之凸緣配合，並且以方鍵固定之。

零件之形狀確定後，再了解此零件之大小，本底座總寬高深爲 190、43、60，其中孔與孔間爲定位尺度，其餘爲大小尺度，鍵槽部份均需考慮公差與配合。表面粗糙度從零件 1 之公用表面符號可知，除與鍵、軸承蓋及襯套接觸面採「 Ra 6.3 」底面採「 Ra 12.5 」外，其餘均爲「 Ra 50 」。爲配合襯套ϕ52 部分之公差配合採 H7(襯套爲ϕ52g6)，46 之尺度只能小不能大，故爲 $46^{0}_{-0.25}$ (襯套則只能大不能小，爲 $46^{+0.16}_{0}$)，爲與鍵配合採 Js9，54.3 之尺度爲 $54.3^{+0.1}_{0}$ ，另兩螺旋孔距離之公差均爲 ±0.12。

其餘零件 2、零件 3 之閱讀均依此零件之閱讀方式瞭解之。其中零件 2 柱孔爲配合 M10×20 六角承窩螺釘，其大小爲 ϕ 11，ϕ 17.5 及深 10 之尺度均從機械設計與製造手冊查得。表面粗糙度方面零件 2 以鑄造形成，故「 Ra 50 」，與襯套、底座之接觸面採「 Ra 6.3 」，零件 3 襯套裡面配合軸承，故爲「 Ra 1.6 」。另外，閱讀時重要部分有時仍需再查手冊，以確定其正確性。

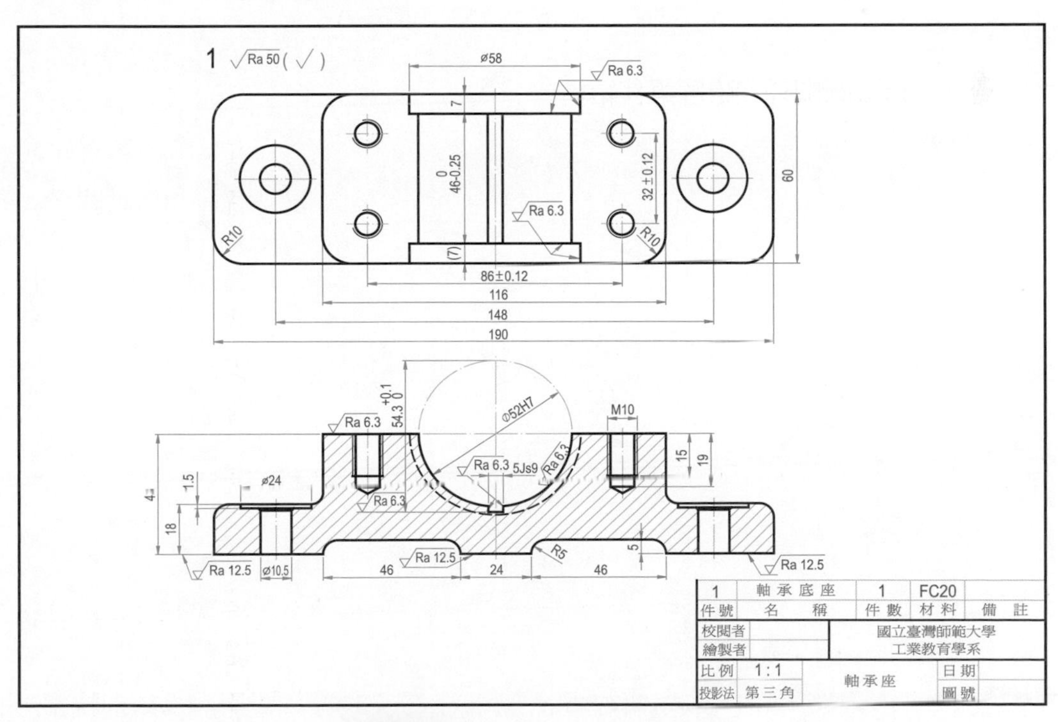

圖 14-17 軸承座之工作圖(二)

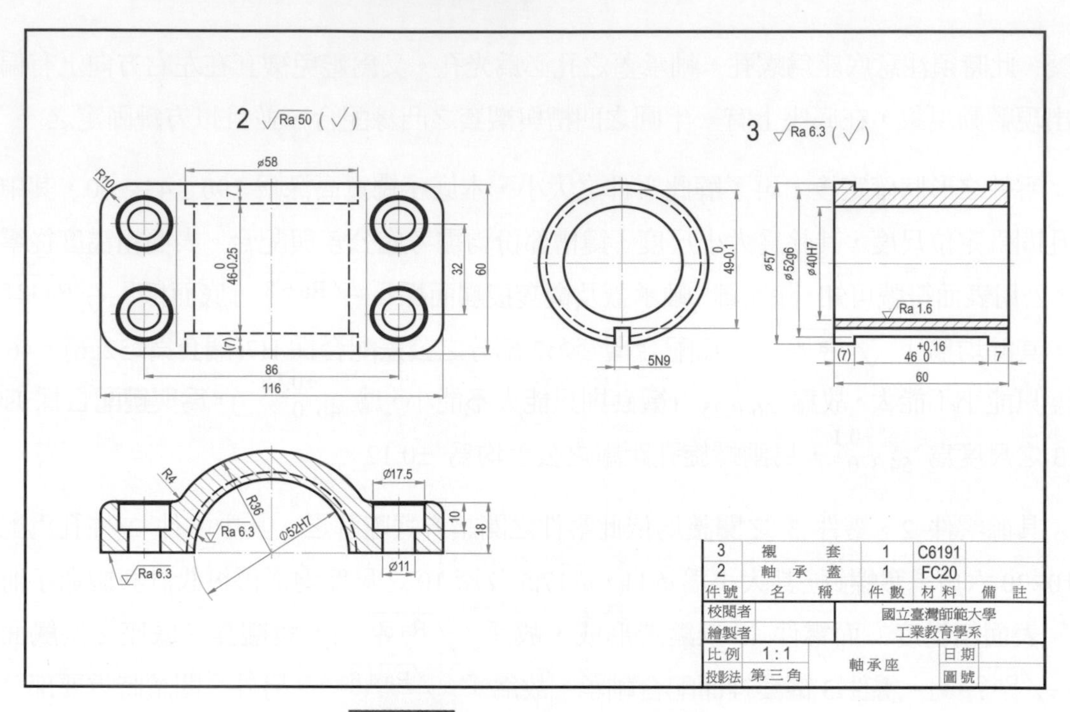

圖 14-18 軸承座之工作圖(三)

一、請繪製下列各物件之零件圖。

1. 軸導板

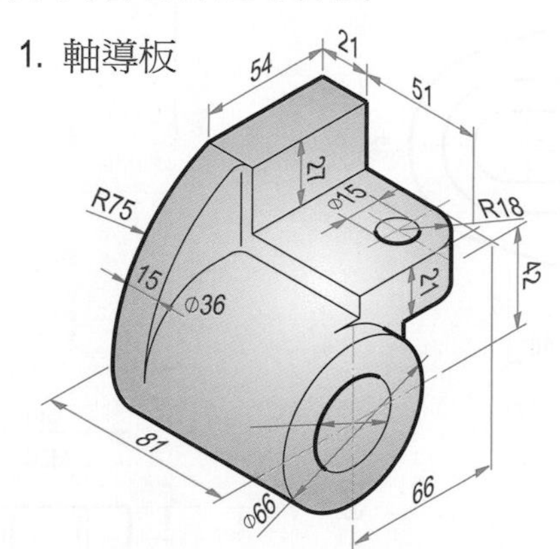

2. 裝配架座

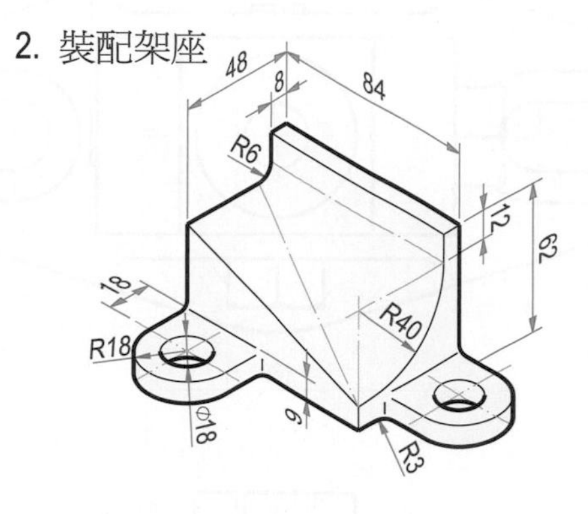

3. 夾板塊

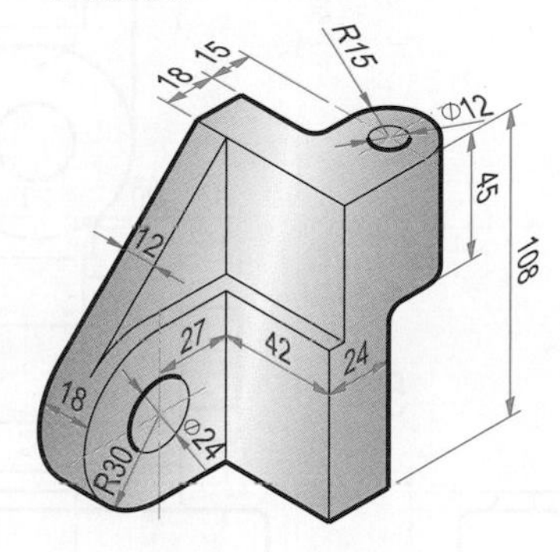

4. 摩擦軸承

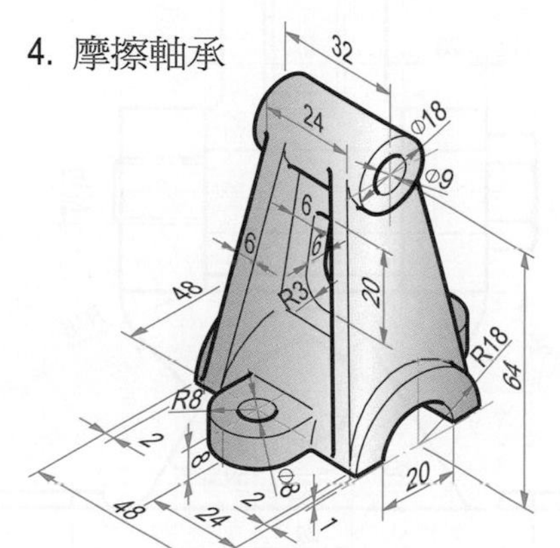

5. 運輸器吊架

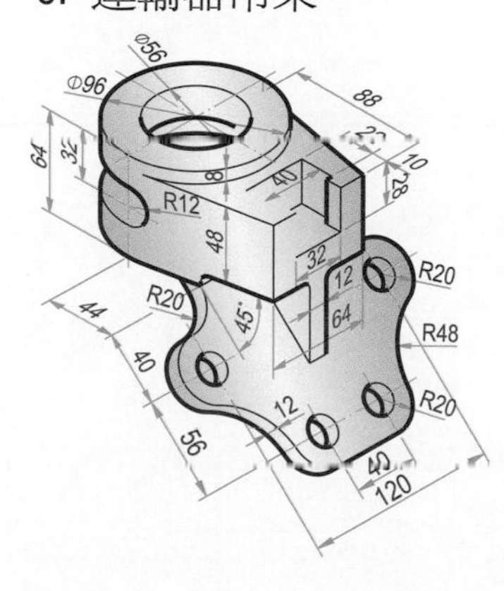

6. 角繫塊

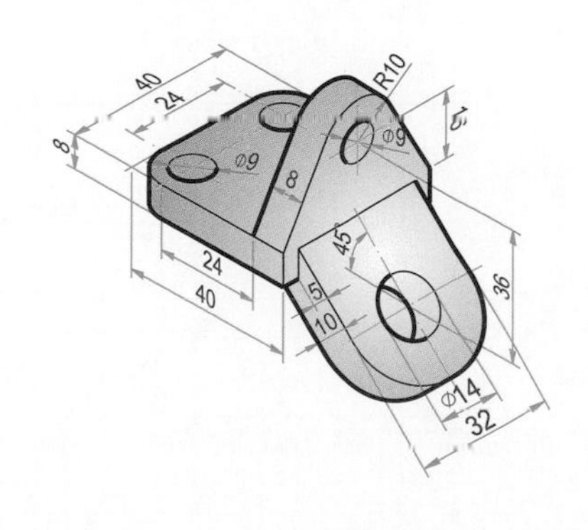

二、請依撓性固定板之組合圖繪製其零件圖。

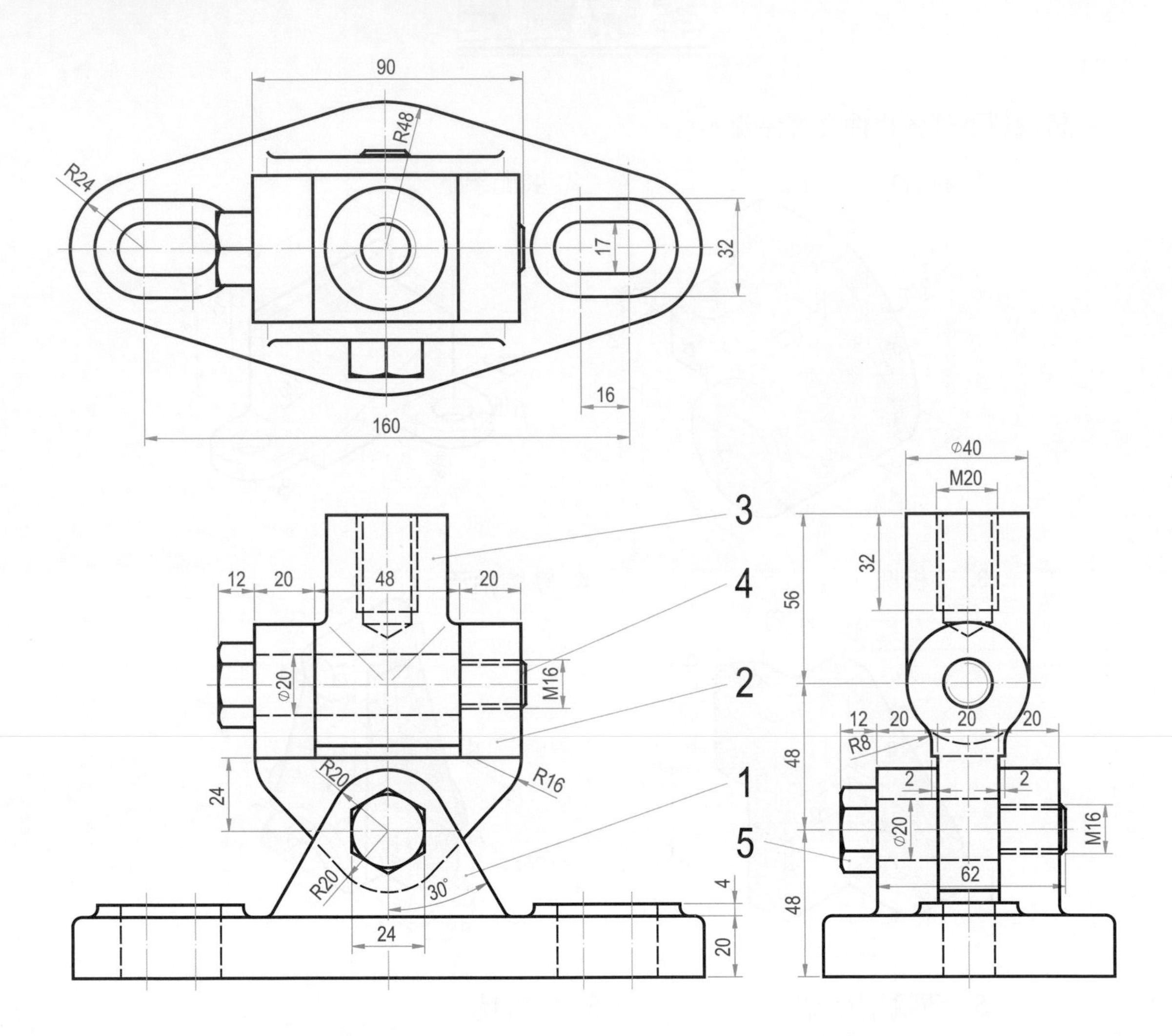

三、請抄繪下列各物體之零件圖外，並繪製其組合圖。

1. 刀柱

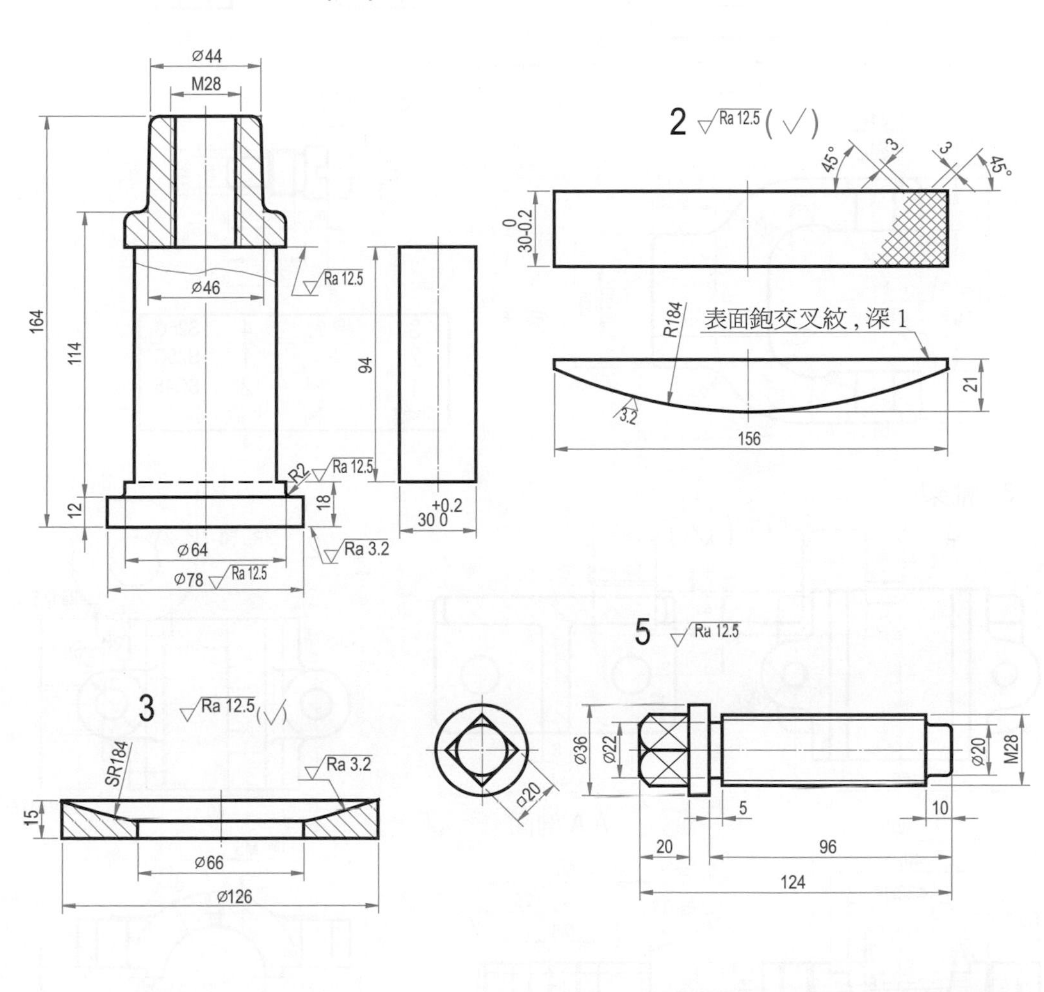

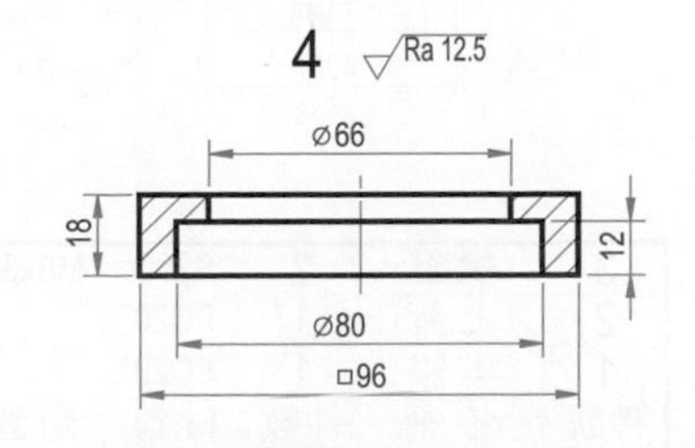

5	螺　釘	1	S45C
4	方　塊	1	S45C
3	圓　環	1	S45C
2	楔	1	S45C
1	架　座	1	FC20
件號	名　稱	件數	材料

2. 萬向接頭

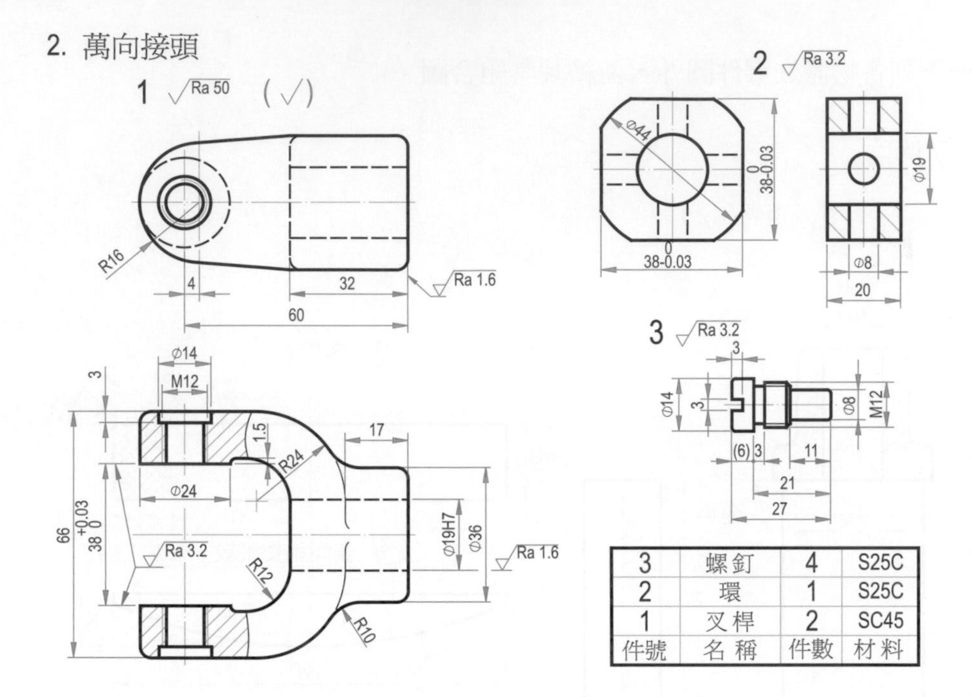

3	螺釘	4	S25C
2	環	1	S25C
1	叉桿	2	SC45
件號	名稱	件數	材料

3. 軸架

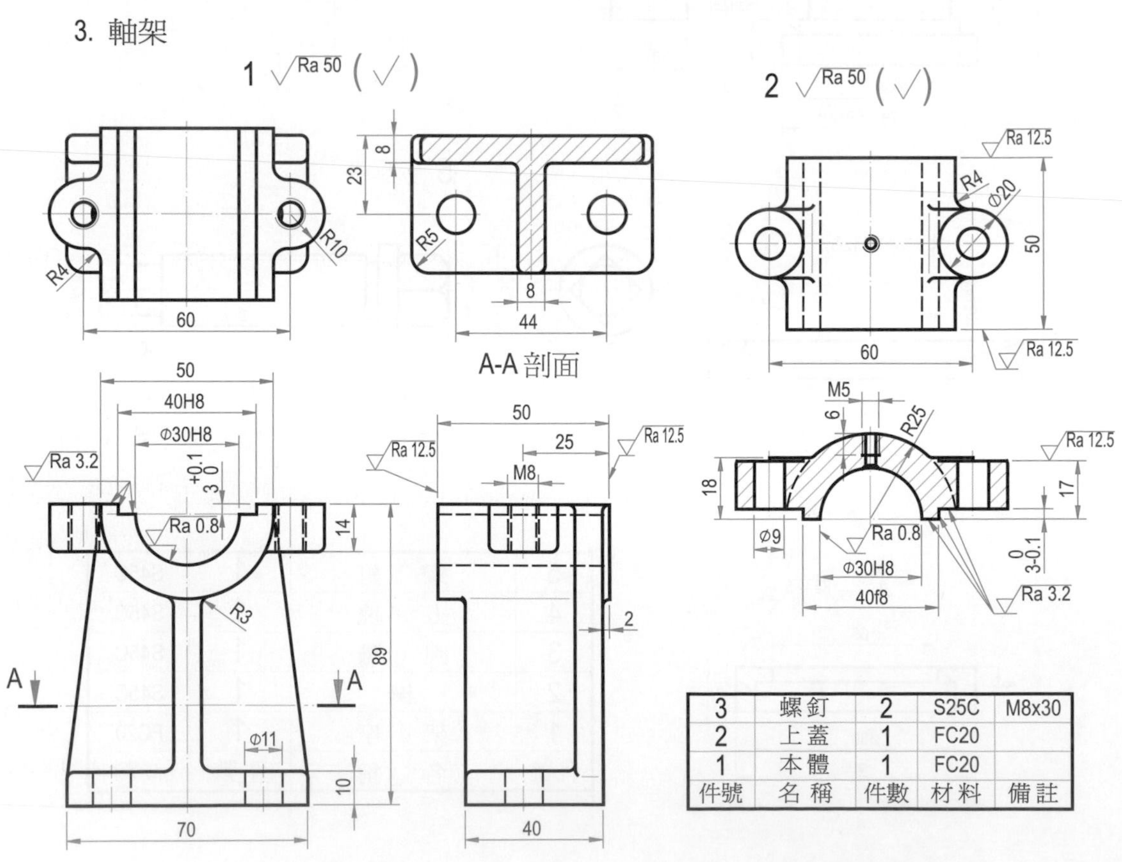

3	螺釘	2	S25C	M8x30
2	上蓋	1	FC20	
1	本體	1	FC20	
件號	名稱	件數	材料	備註

四、下圖爲軸承座各零件之立體圖，請依下列說明作圖。

1. 以 1：1 之比例繪製各零件之工作圖，其中 A、B、C、D 部分請查手冊。

2. 以 1：1 之比例繪製組合圖。

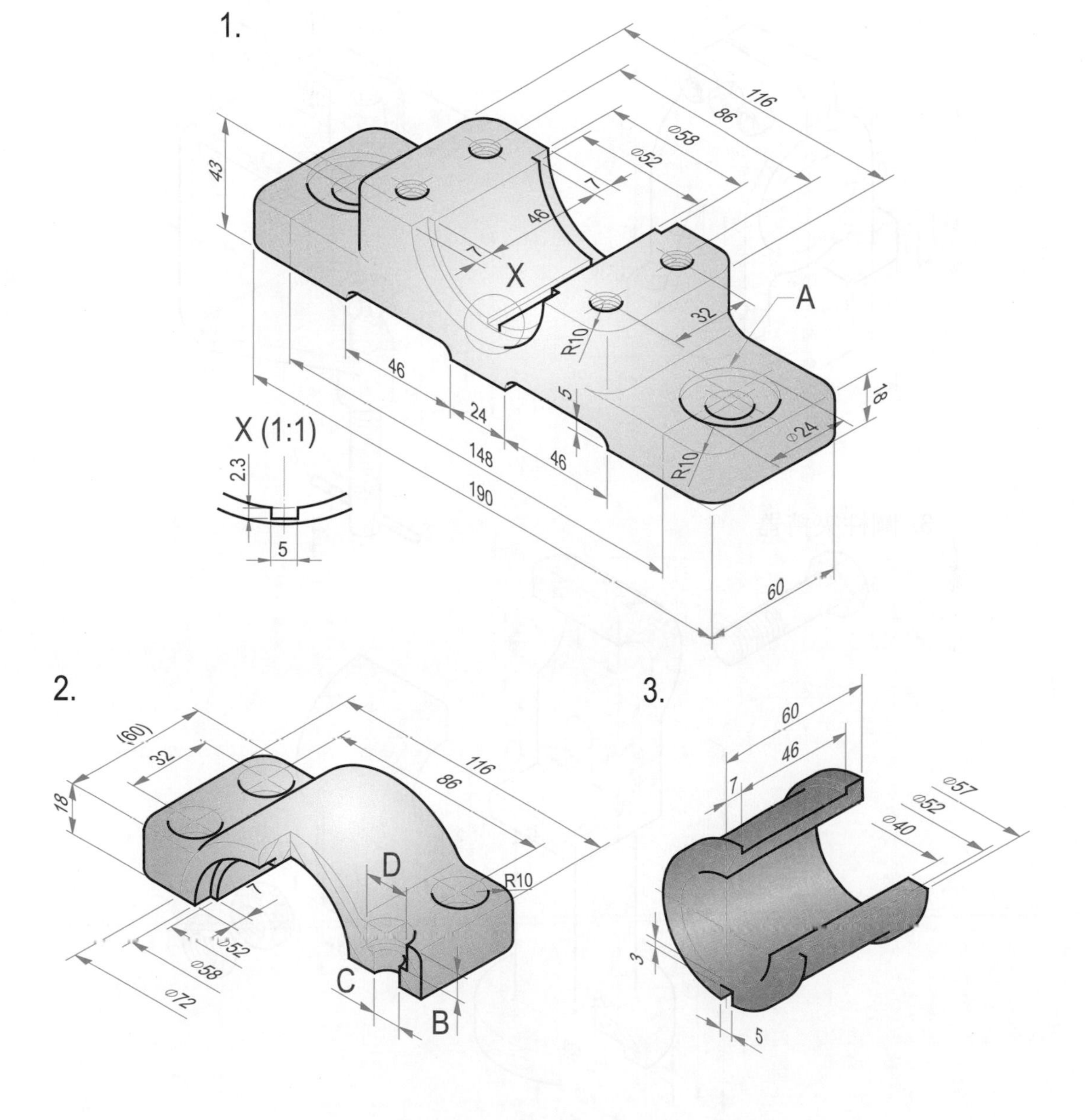

4. 六角承窩螺栓 M10x20

5. 平鍵 5x5x60

五、下列各題爲物體之立體組合圖或立體系統圖，請依圖示尺度，以適當比例，繪製其零件圖及組合圖，圖中尺度未完整者，請自行設計。

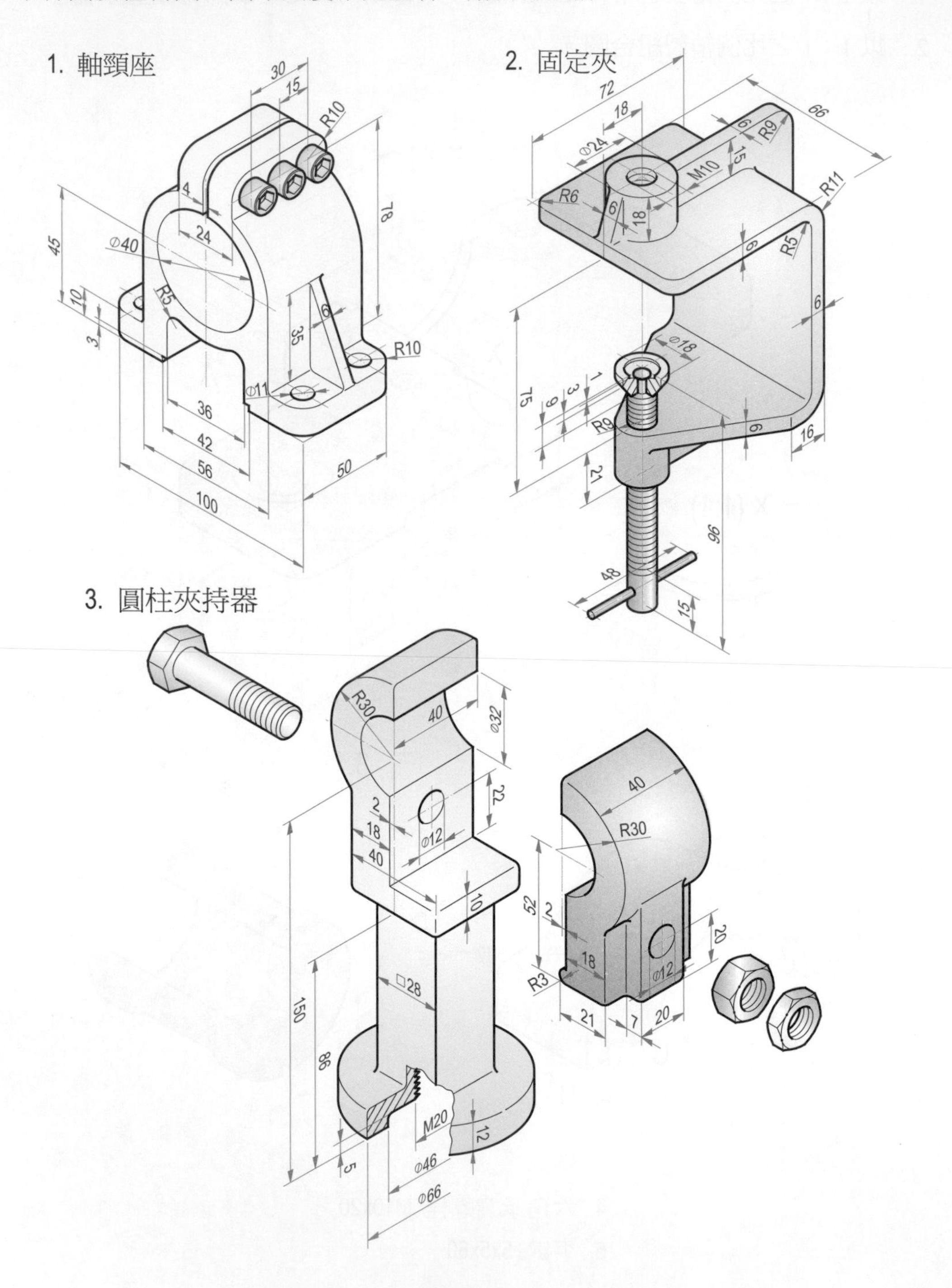

4. 齒輪拔取器

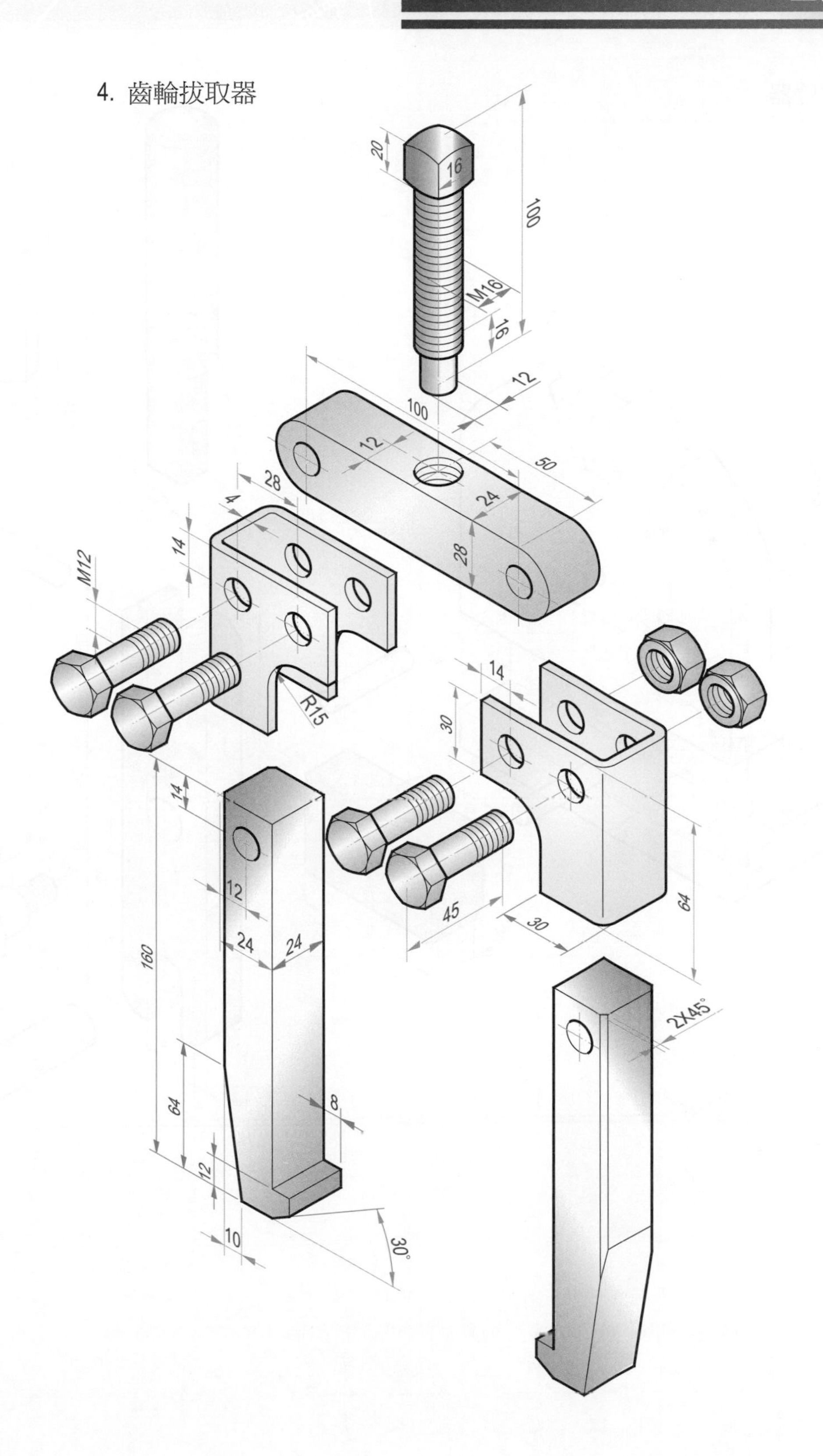
20
16
100
M16
16
12
100
12
50
28
4
24
28
14
M12
R15
14
30
14
12
24
24
45
30
64
160
2X45°
64
8
12
10
30°

5. 定位器

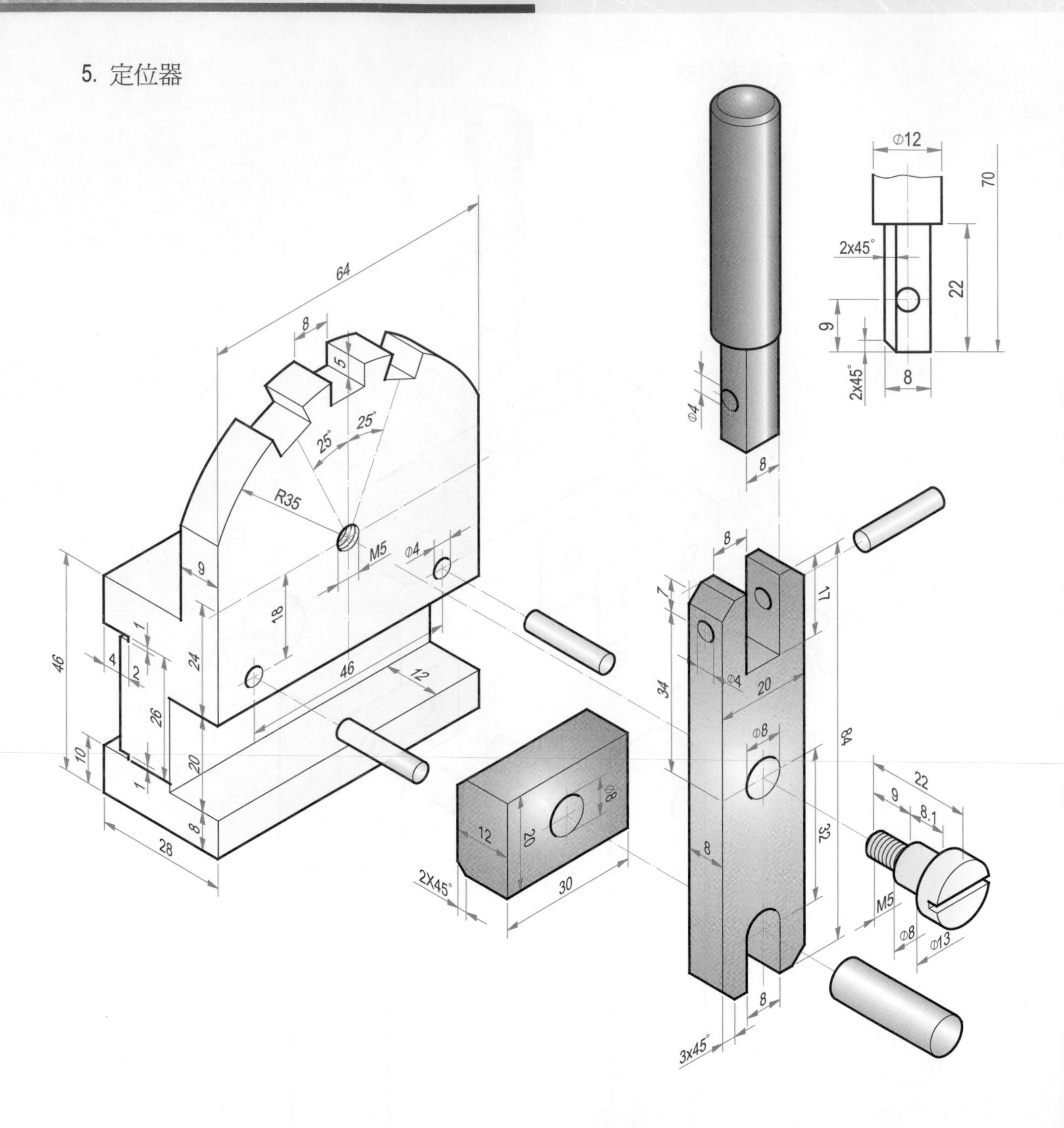

64
8
5
25°
25°
R35
M5
Ø4
9
18
46
1
4
2
24
26
46
12
10
20
1
8
28
Ø12
70
2x45°
22
9
2x45°
8
Ø4
8
8
7
17
34
Ø4
20
Ø8
84
22
9
8.1
32
8
Ø8
12
20
2X45°
30
M5
Ø8
Ø13
8
3x45°

6. 吊管架

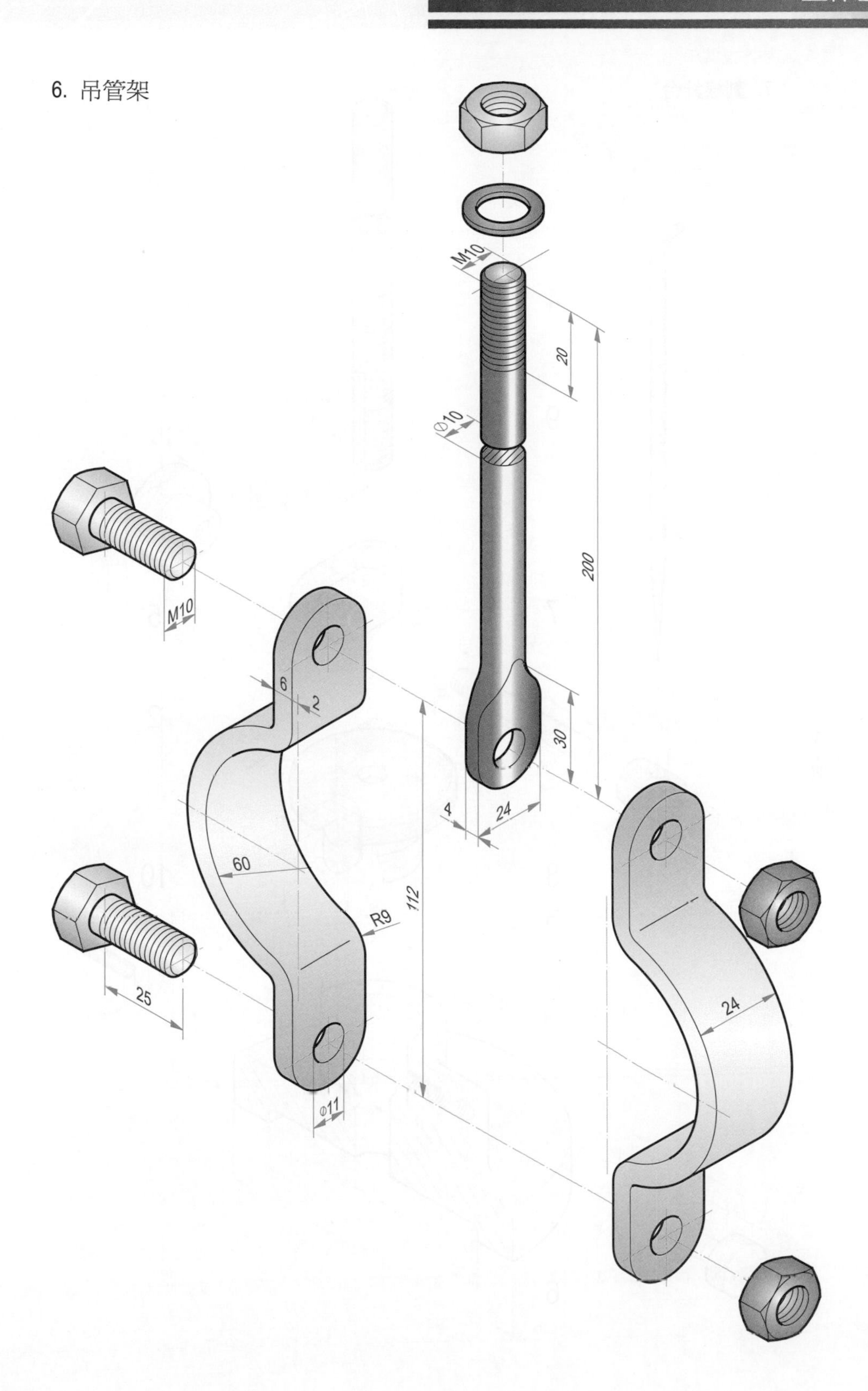

7. 劃線針台

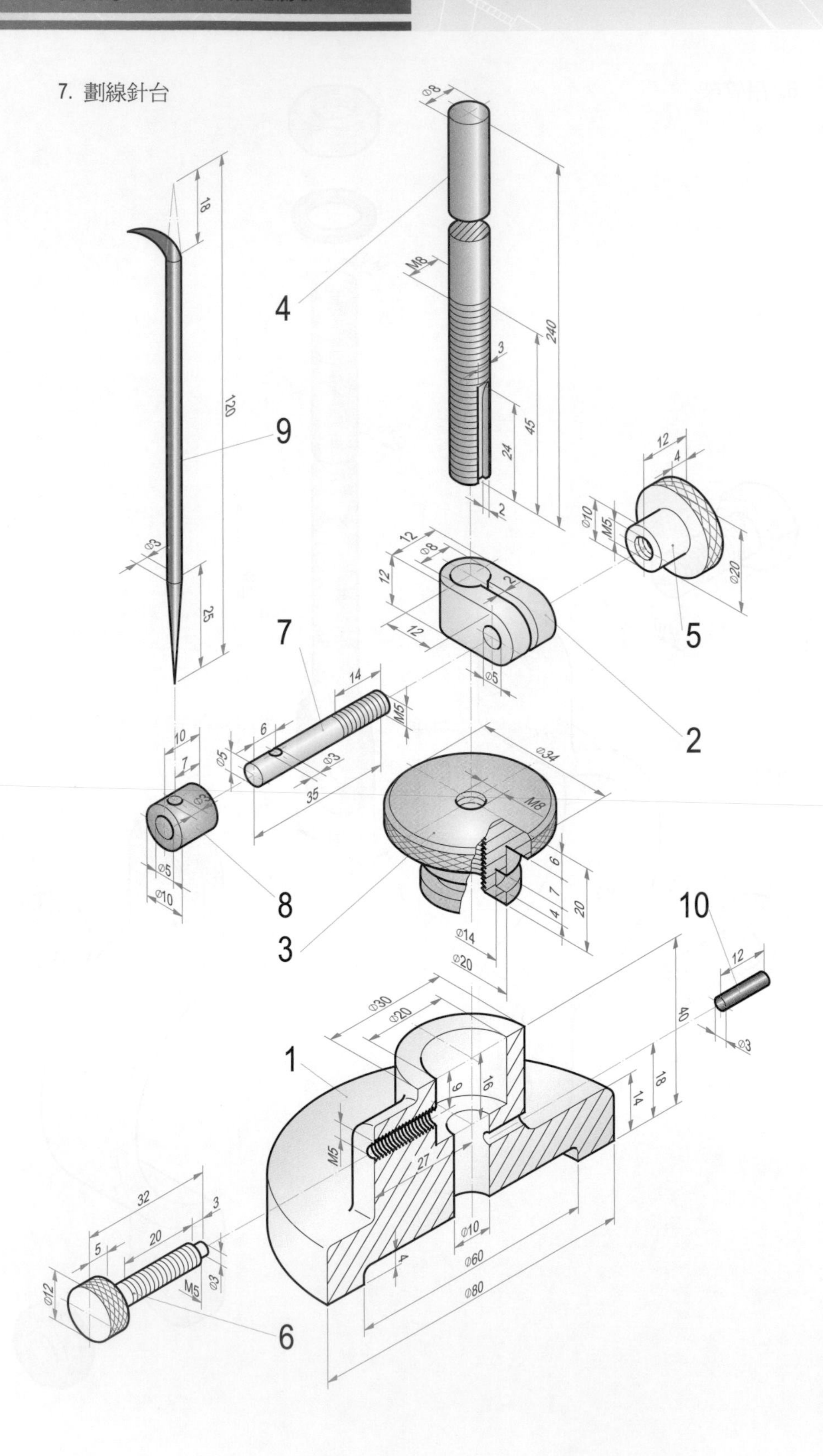

1
2
3
4
5
6
7
8
9
10
Ø8
M8
240
3
45
24
2
18
120
Ø3
25
12
4
Ø10
M5
Ø20
12
Ø8
12
2
12
Ø5
14
M5
6
Ø5
Ø3
35
10
7
Ø3
Ø5
Ø10
Ø34
M8
6
7
4
20
Ø14
Ø20
12
Ø3
40
Ø30
Ø20
9
16
18
14
M5
27
Ø10
Ø60
4
Ø80
32
3
5
20
Ø12
M5
Ø3

8. 小虎鉗

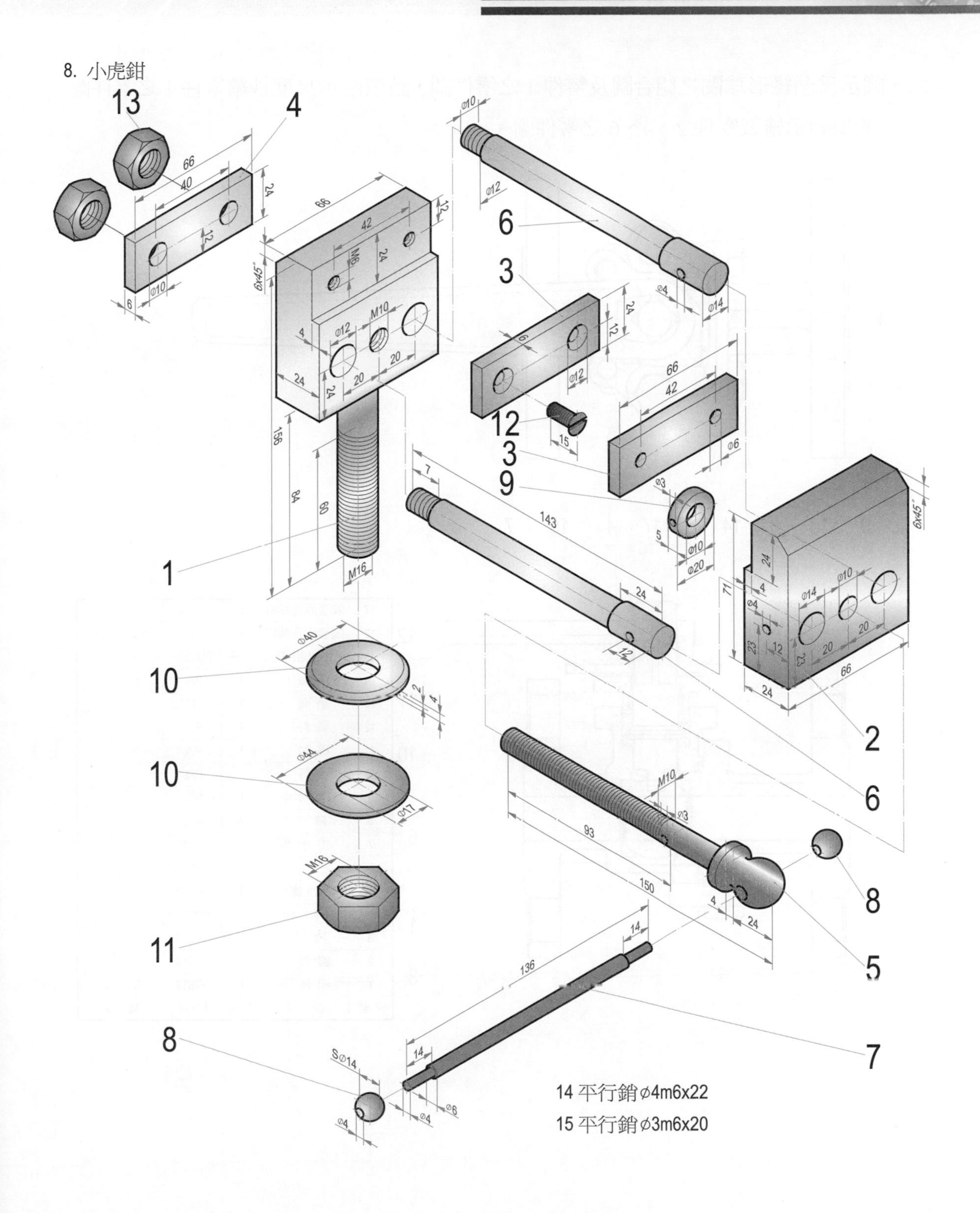

14 平行銷⌀4m6x22

15 平行銷⌀3m6x20

六、圖示爲凸緣形球閥之組合圖及零件 1 之零件圖，請依圖示尺度抄繪零件 1 之零件圖，並依圖示繪製零件 2、4、6 之零件圖。

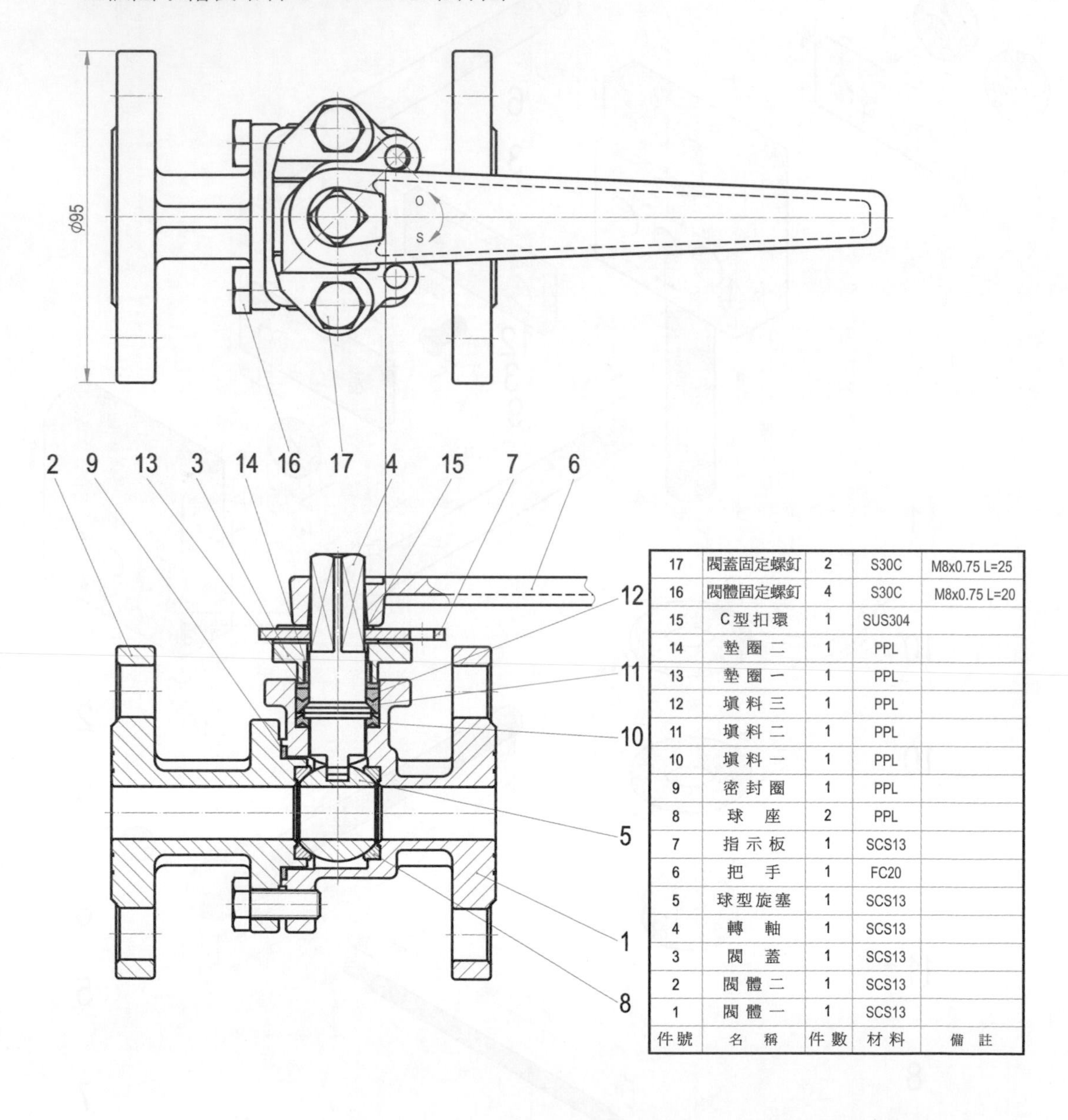

件號	名　稱	件數	材料	備　註
17	閥蓋固定螺釘	2	S30C	M8x0.75 L=25
16	閥體固定螺釘	4	S30C	M8x0.75 L=20
15	C 型扣環	1	SUS304	
14	墊圈二	1	PPL	
13	墊圈一	1	PPL	
12	填料三	1	PPL	
11	填料二	1	PPL	
10	填料一	1	PPL	
9	密封圈	1	PPL	
8	球　座	2	PPL	
7	指示板	1	SCS13	
6	把　手	1	FC20	
5	球型旋塞	1	SCS13	
4	轉　軸	1	SCS13	
3	閥　蓋	1	SCS13	
2	閥體二	1	SCS13	
1	閥體一	1	SCS13	

1. √Ra 50 (√)

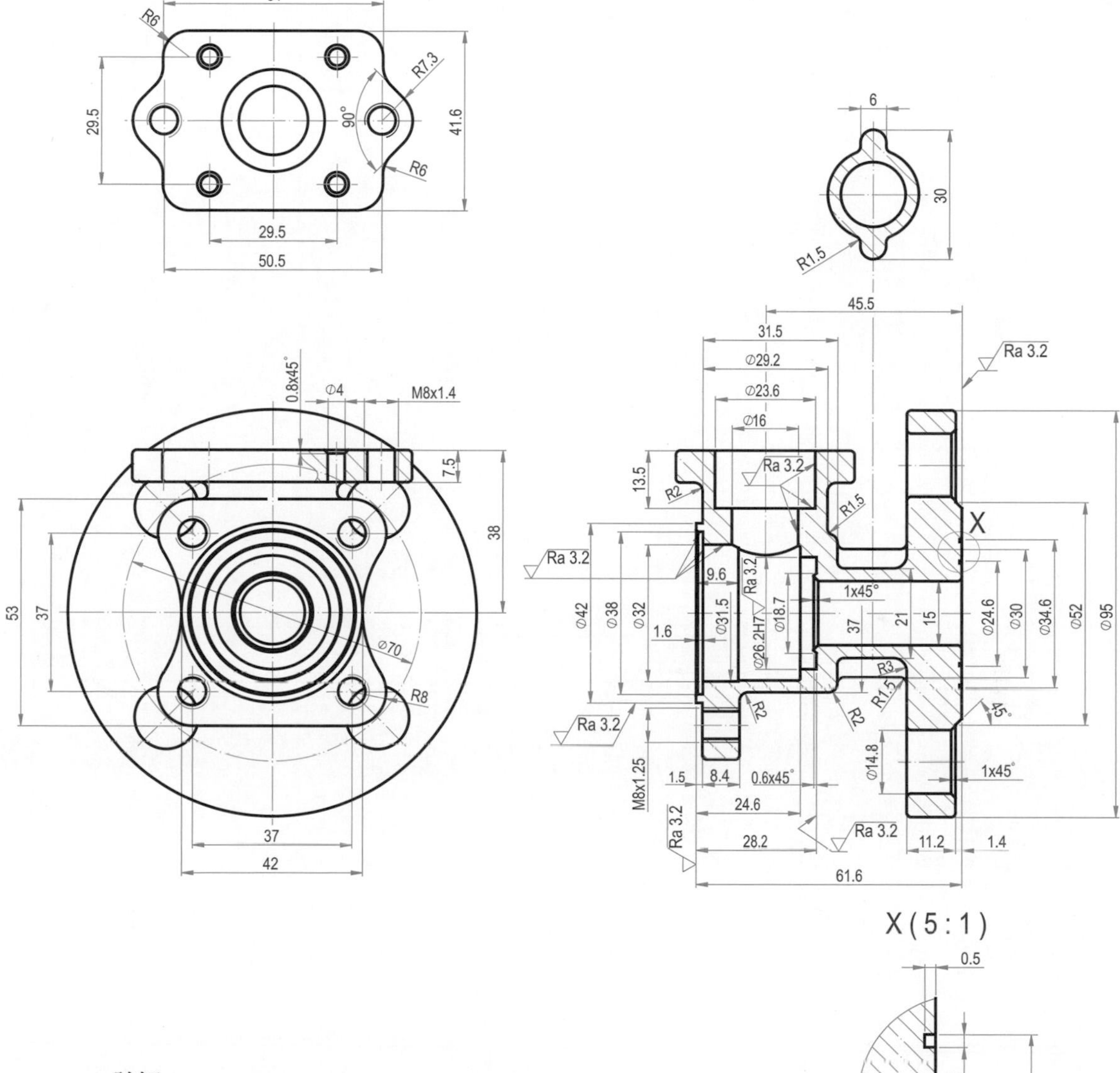

X (5 : 1)

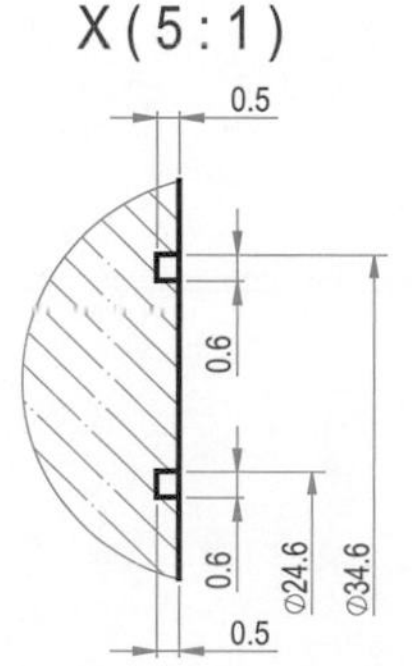

註解：

1. 未註明之鑄造公差依 CNS 4021 B1040
2. 未註明之機削公差依 CNS 4018 B1037
3. 未註明之內外圓角皆爲 R1
4. 未註明之機削去角爲 0.4x45°

Chapter 15

透視圖

15-1 透視投影

投射線彼此不平行，但集中於一點的投影，是為透視投影。由透視投影所得的視圖稱為透視圖。透視圖不但具有立體感，而且與我們平常用眼睛觀察物體所得的形象完全相同，因為透視投影相當於人透過投影面觀察物體，投射線集中的一點就是人的眼睛所在的點(圖 5-3)，所以稱透視圖為效果最為逼真的一種立體圖。

透視投影上常用的名詞如下

1. 視點：觀察者眼睛所在的點，以「SP」表示(圖 15-1)。
2. 畫面：即將投影面視為畫面，以「PP」表示。
3. 視線：即將投射線視為視線。
4. 地平面：觀察者所站立之水平面，與畫面垂直，以「GP」表示。
5. 地平線：地平面與畫面的交線，以「GL」表示。
6. 視平面：與地平面平行而在視點高度之水平面，以「HP」表示。
7. 視平線：視平面與畫面的交線，以「HL」表示。
8. 視軸：與畫面垂直之視線，以「AV」表示。
9. 視中心：視軸與畫面之交點，以「CV」表示。
10. 視角：觀察物體最外側二視線間的夾角(圖 15-2)。
11. 俯角：觀察物體水平視線與最下方視線間的夾角。
12. 仰角：觀察物體水平視線與最上方視線間的夾角。

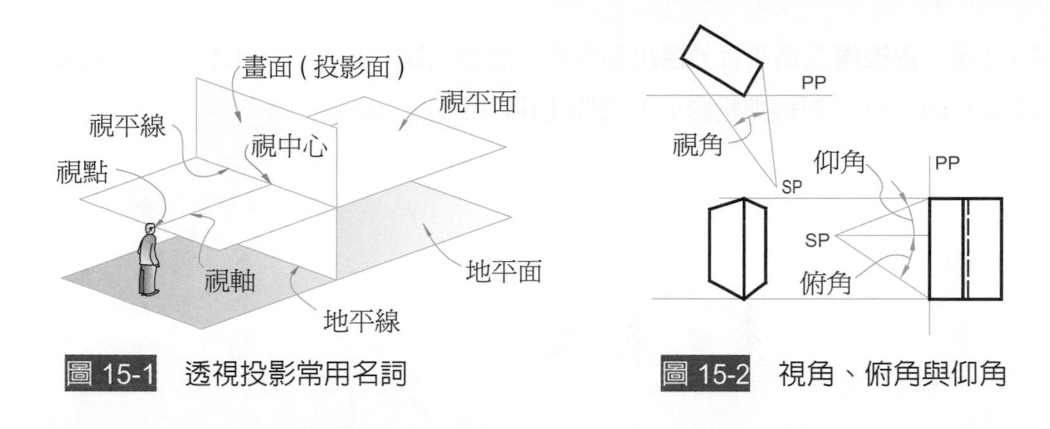

圖 15-1 透視投影常用名詞

圖 15-2 視角、俯角與仰角

15-2 透視圖的種類

在透視投影中，以物體高、寬、深三方向的線長與投影面是否平行的關係，將透視圖分爲三種：即高、寬、深三方向中有二方向的線長與投影面平行時，所得的透視圖稱爲一**點透視圖**，又稱爲**平行透視圖**(圖 15-3)，因爲與投影面不平行的線長方向有一個消失點；高、寬、深三方向中只有一方向的線長與投影面平行時，所得的透視圖稱爲**二點透視圖**，又稱爲**成角透視圖**(圖 15-4)，因爲與投影面不平行的二線長方向各有一個消失點；高、寬、深三方向中沒有一方向的線長與投影面平行時，所得的透視圖爲**三點透視圖**，又稱爲**傾斜透視圖**(圖 15-5)，即物體高度、寬度、深度三方向各有一個消失點。

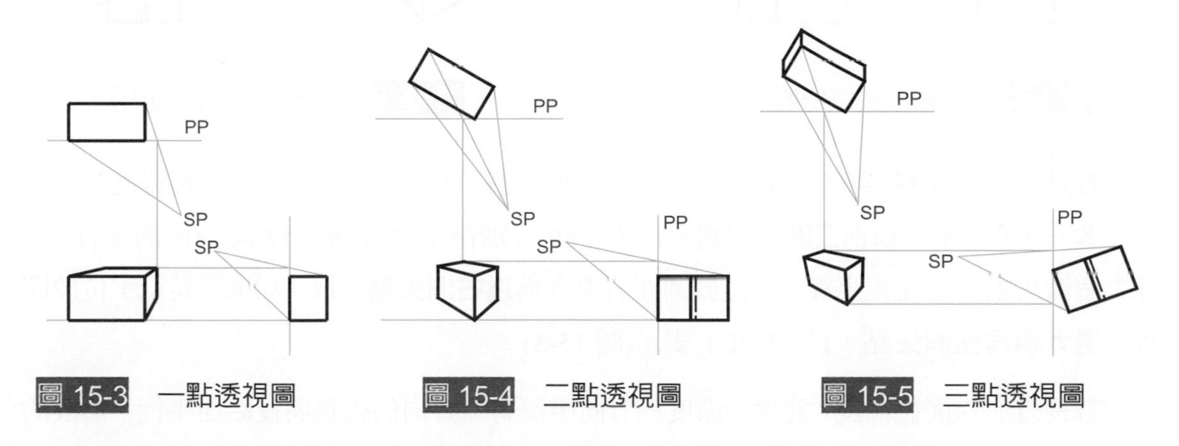

圖 15-3 一點透視圖

圖 15-4 二點透視圖

圖 15-5 三點透視圖

若投影面(畫面)與視點間的距離固定不變，物體離視點愈遠，則所得的投影愈小，物體在無窮遠處，其投影縮小成爲一點，此點即稱之爲**消失點**，以「VP」表示。因爲物體在無窮遠處，各視線視為平行，視角為零度，故消失點在投影面上的位置，必定是在與物體遠移之方向平行之視線與投影面的交點上(圖 15-6)。

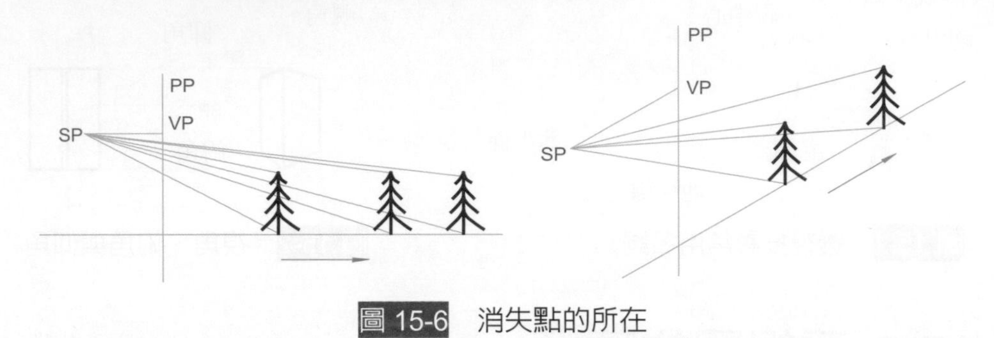

圖 15-6 消失點的所在

設長方形六面體高度與寬度二方向的線長與投影面平行，形成的透視圖，僅深度方向有一個消失點，所以稱為**一點透視圖**。由視點 SP 作深度方向 ab 的平行線，得其消失點 VP，必在視平線上，且與視中心 CV 重合(圖 15-7)。

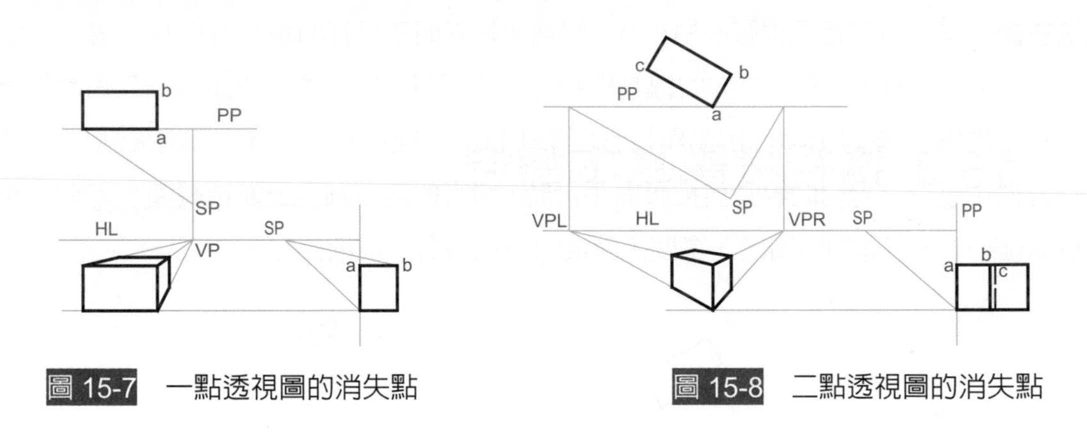

圖 15-7 一點透視圖的消失點

圖 15-8 二點透視圖的消失點

若長方形六面體僅高度方向的線長與投影面平行，形成的透視圖，深度和寬度方向各有一個消失點，所以稱為**二點透視圖**。由視點 SP 分別作深度 ab 和寬度 ac 方向的平行線，得二個消失點，都在視平線上，位於圖面右邊者稱為**右消失點**，以「VPR」表示；位於圖面左邊者稱為**左消失點**，以「VPL」表示(圖 15-8)。

若長方形六面體高度、寬度、深度三方向中沒有一方向的線長與投影面平行，形成的透視圖，高度、寬度、深度三方向各有一個消失點，所以稱為**三點透視圖**。由視點 SP 分別作深度 ab、寬度 ac 和高度 ad 方向的平行線，得三個消失點，位於圖面上方或下方者稱爲**垂直消失點**，以「VPV」表示(圖 15-9)。通常在三點透視圖中，是由長方形六面體頂面垂直方向之輔助視圖旋轉後獲得右消失點 VPR 和左消失點 VPL 的位置(圖 15-10)。

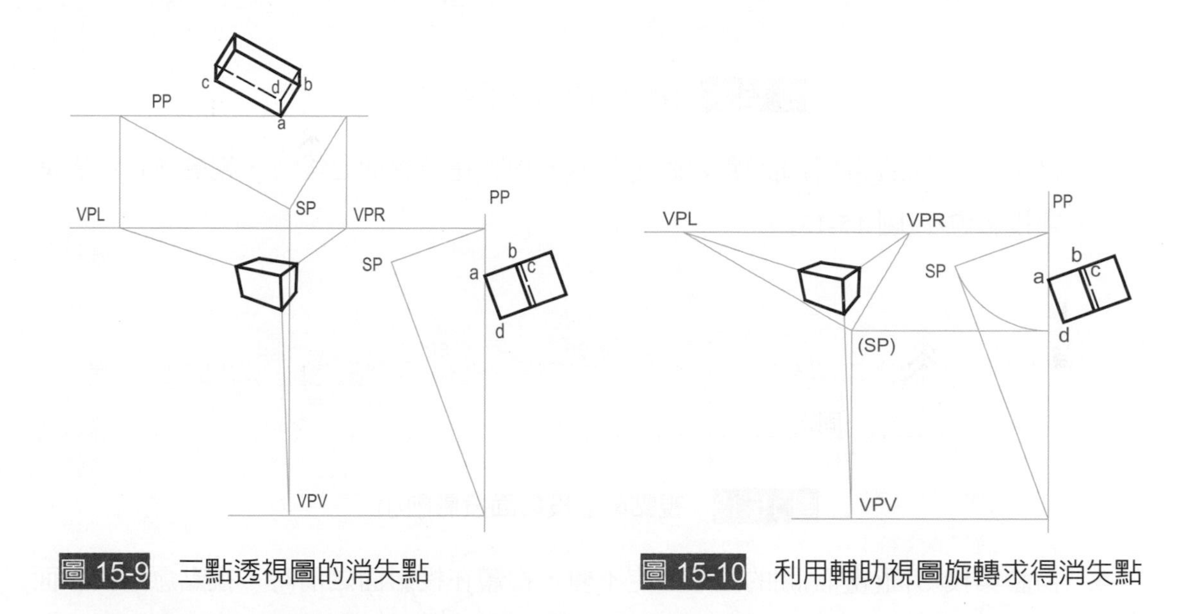

圖 15-9　三點透視圖的消失點

圖 15-10　利用輔助視圖旋轉求得消失點

15-3 透視投影基本觀念

在正投影中，物體與投影面間的距離與產生投影的大小無關，但在透視投影中，物體、投影面(畫面)、視點三者間距離的變化，影響產生投影的大小：

1. 物體與視點間的距離固定不變，投影面(畫面)愈近視點則投影愈小)圖 15-11)。

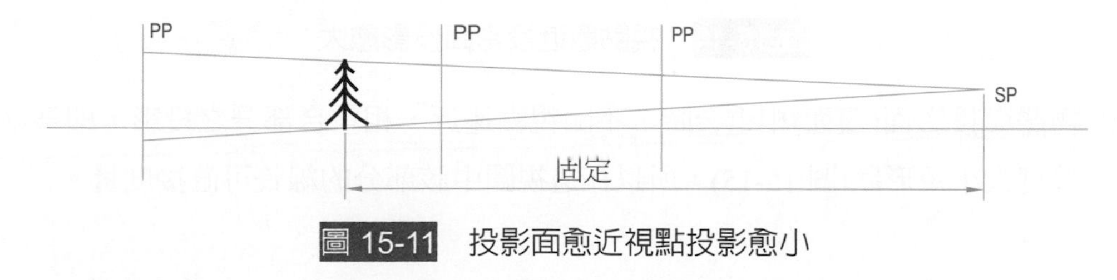

圖 15-11　投影面愈近視點投影愈小

2. 投影面(畫面)與視點間的距離固定不變，物體愈近視點則投影愈大(圖 15-12)。

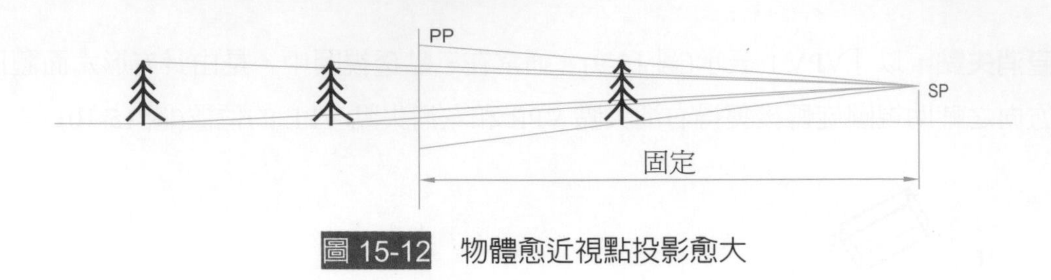

圖 15-12 物體愈近視點投影愈大

3. 物體與投影面(畫面)間的距離固定不變，物體在投影面之後時，視點愈近投影面則投影愈小(圖 15-13)。

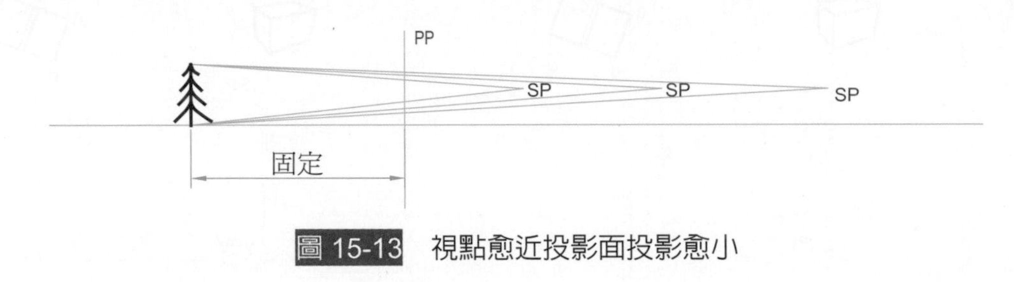

圖 15-13 視點愈近投影面投影愈小

4. 物體與投影面(畫面)間的距離固定不變，物體在投影面之前時，視點愈近投影面則投影愈大(圖 15-14)。

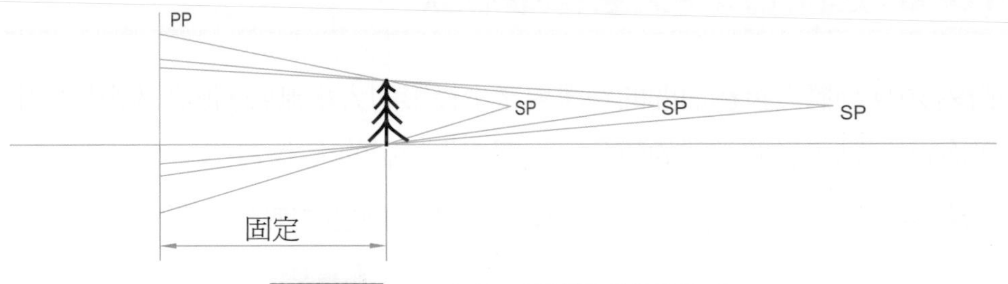

圖 15-14 視點愈近投影面投影愈大

5. 物體與投影面(畫面)相重合時，不論視點遠近，相重合部分之投影，即爲物體之眞實大小及形狀(圖 15-15)，所以在透視圖中該部分的線長可直接度量。

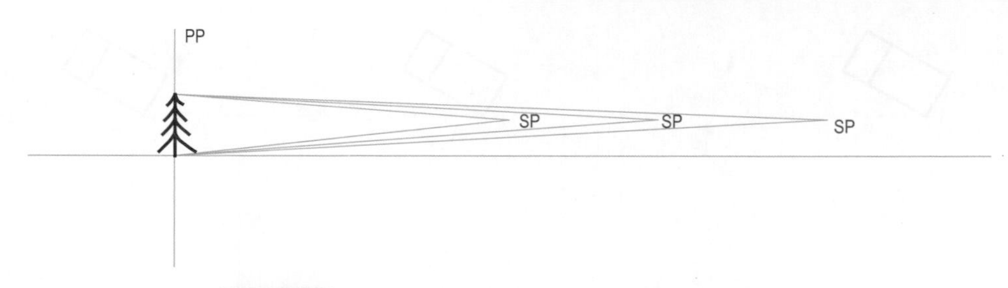

圖 15-15　與投影面重合部分之投影為其實長

 15-4 透視投影視點位置的選擇

在透視投影中，視點位置的選擇非常重要，因爲視點的位置影響透視圖的形狀，若不注意選擇，則會產生不很雅的透視圖。

1. 勿使視中心偏離物體的中心太多(圖 15-16)。

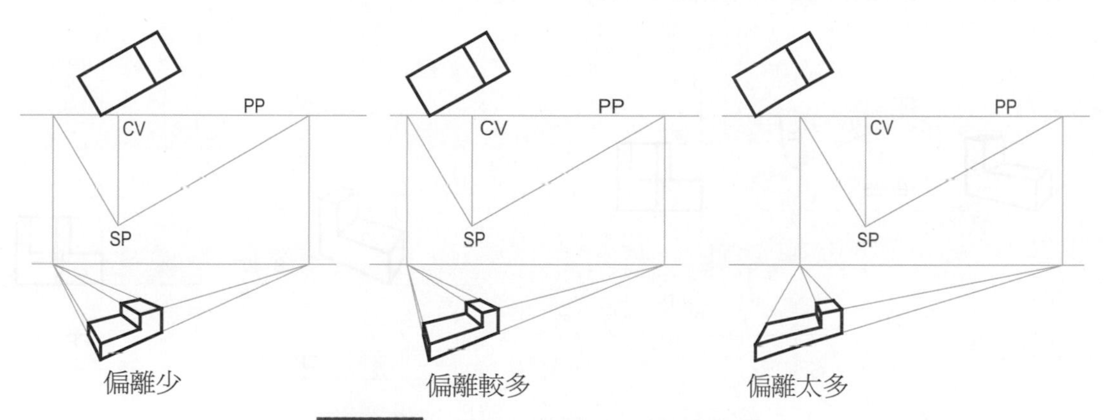

圖 15-16　視中心偏離物體中心的多少

2. 使視角 A 在 20°至 30°間(圖 15-17)。

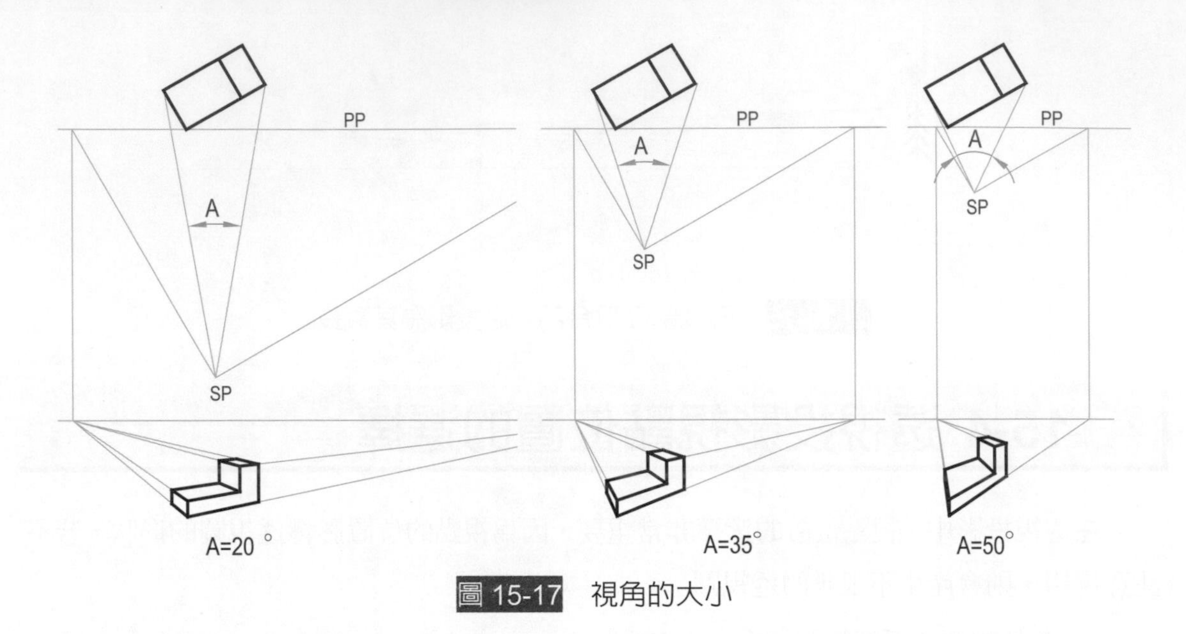

圖 15-17 視角的大小

3. 使俯角 B 在 20°至 30°間(圖 15-18)。

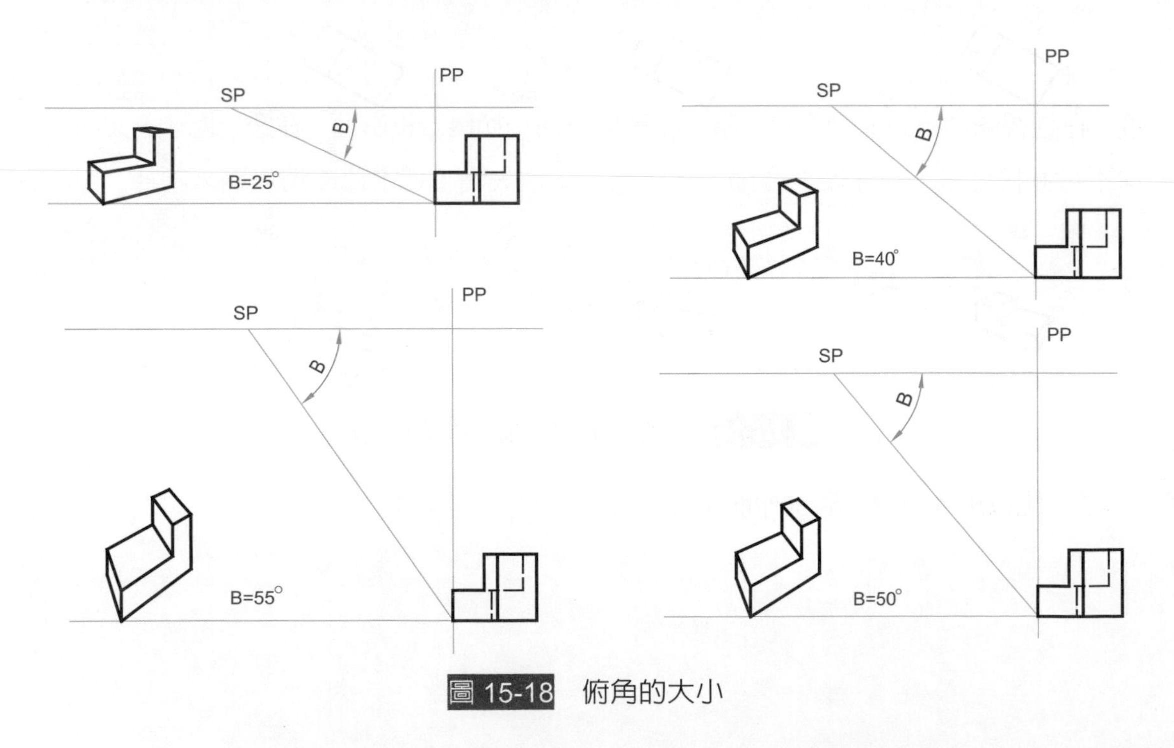

圖 15-18 俯角的大小

15-5 運用消失點繪製透視圖

在一點透視圖中，物體寬度和高度二方向的線長與投影面平行，則與投影面重合的寬度和高度，在透視圖中可以直接度量。深度方向與投影面垂直，在透視圖中深度便不可直接度量，但深度方向有一個消失點，運用此消失點來繪製一點透視圖，繪製的步驟如下：

1. 以一個正投影俯視圖畫出物體的一面與投影面重合。
2. 求出深度方向之消失點 VP。
3. 在透視圖中，畫出與投影面重合部份的實形。
4. 各頂點或中心點與消失點連線。
5. 由視點 SP 逐一作出所需各點之投影線，與投影面 PP 相交之點，即得該點之透視投影。
6. 移入透視圖中(圖 15-19)。

在二點透視圖中，物體只有高度方向的線長與投影面平行，則與投影面重合稜邊的高度，在透視圖中可以直接度量。深度和寬度方向均傾斜於投影面，在透視圖中深度與寬度均不可直接度量，但深度與寬度方向各有一個消失點，運用此二消失點來繪製二點透視圖，繪製的步驟如下：

1. 以一個正投影俯視圖畫出物體的一稜邊與投影面重合。
2. 求出寬度方向之左消失點 VPL 和深度方向之右消失點 VPR。
3. 在透視圖中，畫出與投影面重合之稜邊實長。
4. 各頂點或中心點與消失點連線。
5. 由視點 SP 逐一作出所需點之投影線，與投影面 PP 相交之點，即得該點之透視投影。
6. 移入透視圖中(圖 15-20)。

在三點透視圖中，物體寬度、高度、深度三方向的線長均傾斜於投影面，所以寬度、高度和深度，在透視圖都不可以直接度量。但寬度、高度和深度方向各有一個消失點，運用此三消失點來繪製三點透視圖，繪製的步驟如下：

1. 以一個正投影側視圖畫出物體的一頂點與投影面重合。
2. 求出深度方向之消失點 VPV，深度方向之右消失點 VPR 和寬度方向之左消失點 VPL。
3. 在透視圖中，畫出與投影面重合之頂點。
4. 此頂點與消失點連線。
5. 由視點 SP 逐一作出所需點之投影線，與投影面 PP 相交之點，即得該點之透視投影。
6. 移入透視圖中(圖 15-21)。

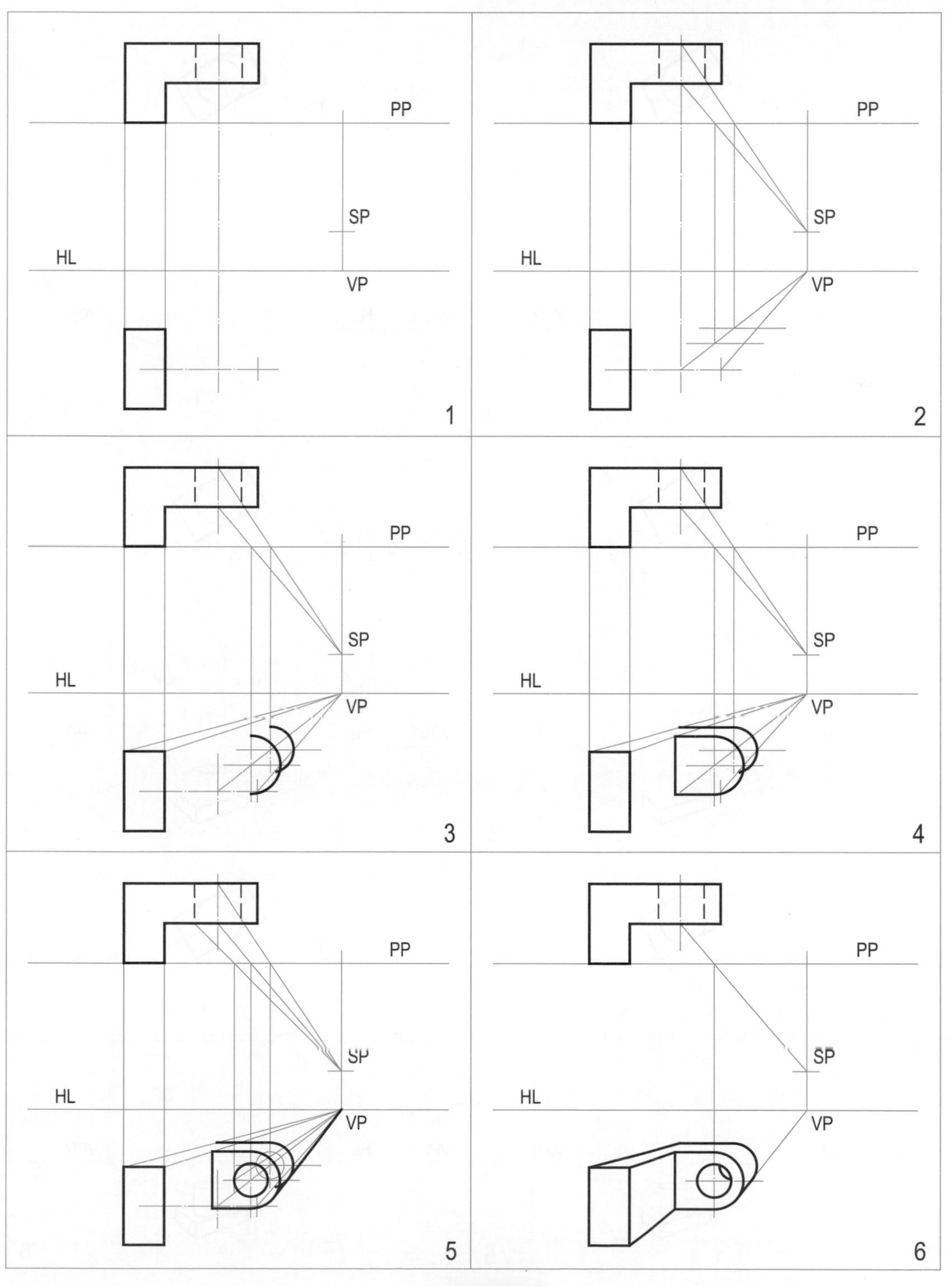

圖 15-19

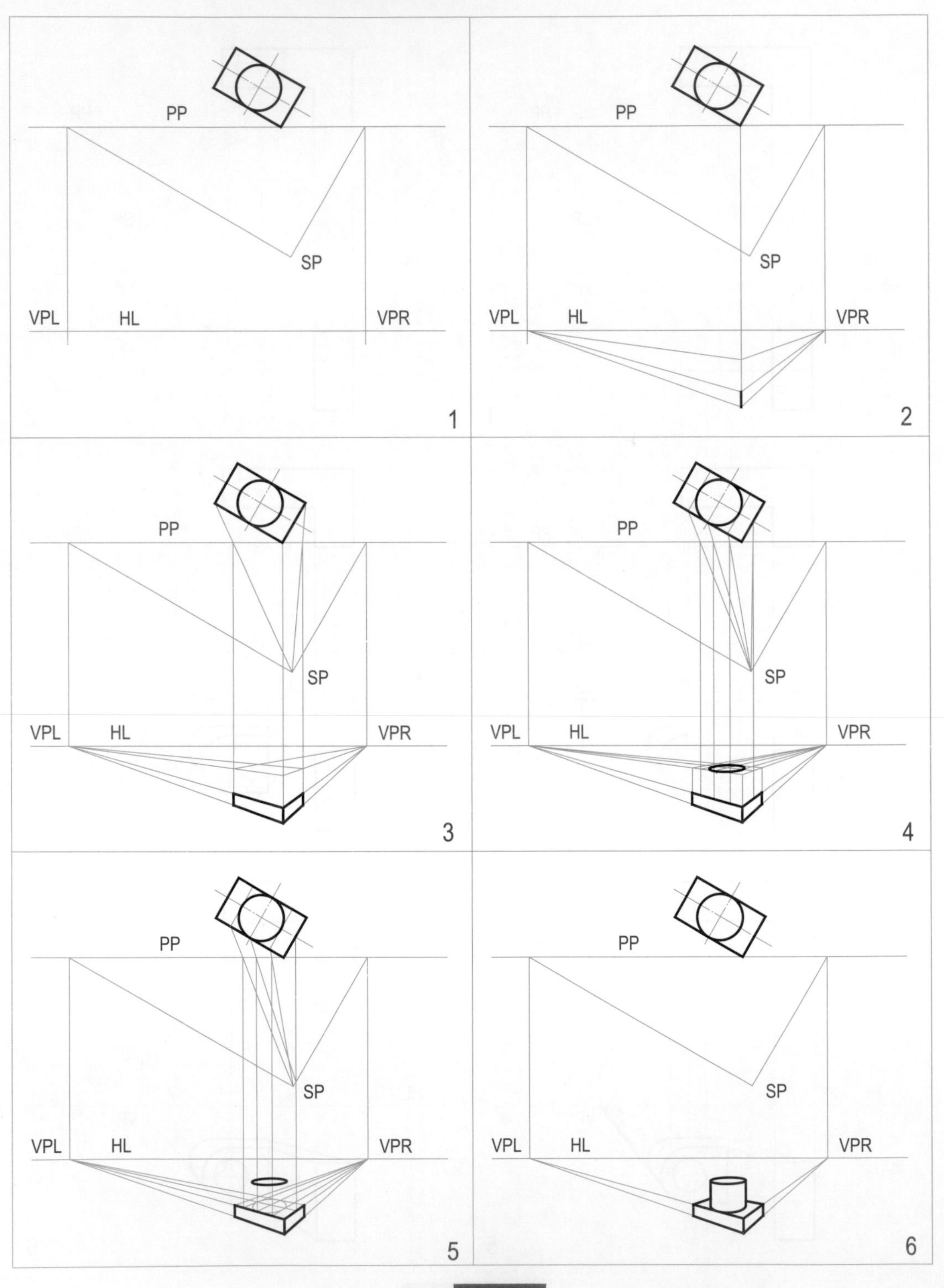
PP
SP
VPL
HL
VPR
1
PP
SP
VPL
HL
VPR
2
PP
SP
VPL
HL
VPR
3
PP
SP
VPL
HL
VPR
4
PP
SP
VPL
HL
VPR
5
PP
SP
VPL
HL
VPR
6

圖 15-20

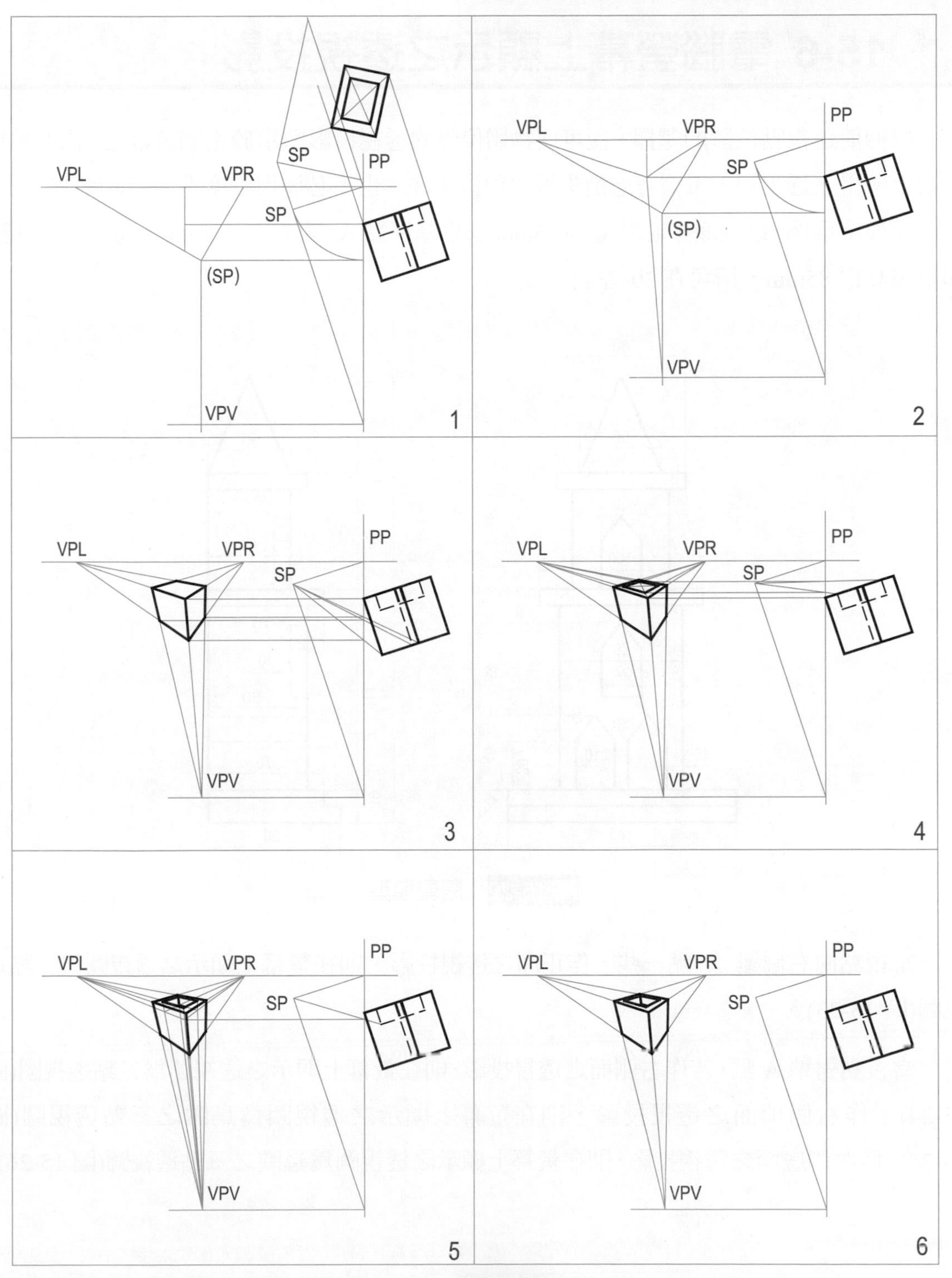

圖 15-21

15-6 電腦螢幕上顯示之透視投影

根據前述視點位置的選擇，便可使物體優雅的透視投影顯示於電腦螢幕上，由此輸出於紙上所得之透視圖，不需考慮消失點之位置所在，也不必運用量度點。今以圖 15-22 中的房屋模型爲例，以底面中心點上方 85mm 處爲基準點 A，視點在 A 點前方前 300mm 處，即取視高爲 85mm，俯角在 20°左右。

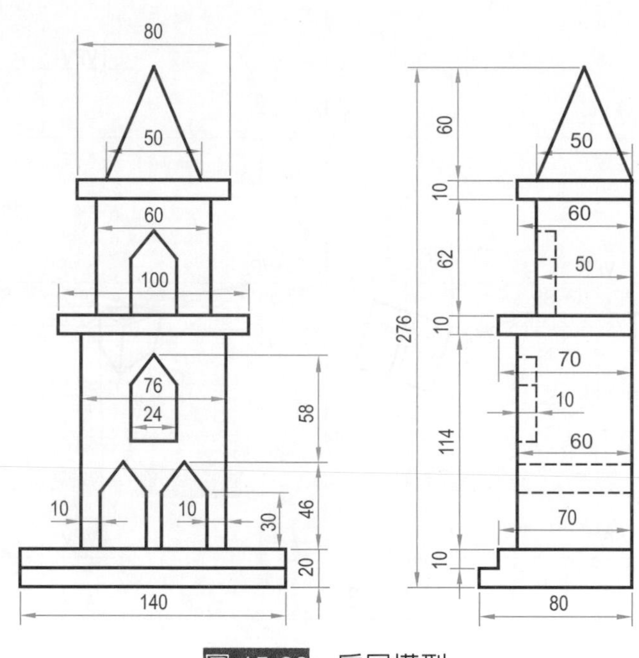

圖 15-22 房屋模型

當視點向右偏離 A 點一些，作正面之透視投影，則在螢幕上顯示之透視圖爲一點透視圖(圖 15-23)。

當視點對準 A 點，若作右側面之透視投影，則在螢幕上顯示之透視圖爲二點透視圖(圖 15-24)。作右側頂面之透視投影，則在螢幕上顯示之透視圖爲鳥瞰之三點透視圖(圖 15-25)。作右側底面之透視投影，則在螢幕上顯示之透視圖爲蟲瞻之三點透視圖(圖 15-26)。

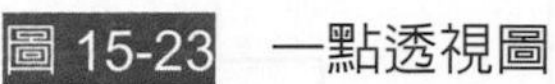
圖 15-23　一點透視圖

圖 15-24　二點透視圖

圖 15-25　鳥瞰之三點透視圖

圖 15-26　蟲瞻之三點透視圖

畫出下列物體的透視圖，視點的位置自行選定(參考所附教學光碟)。

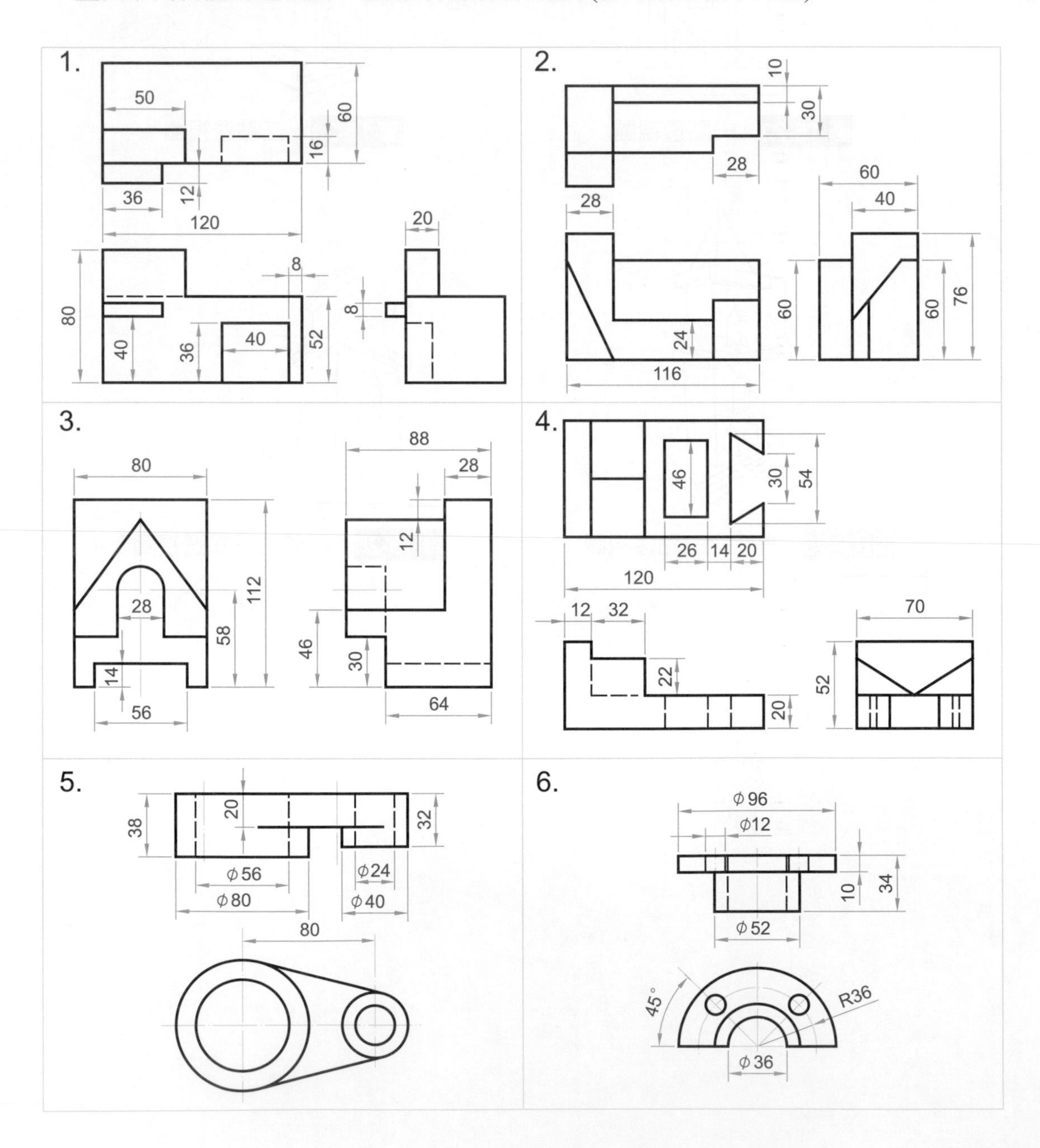

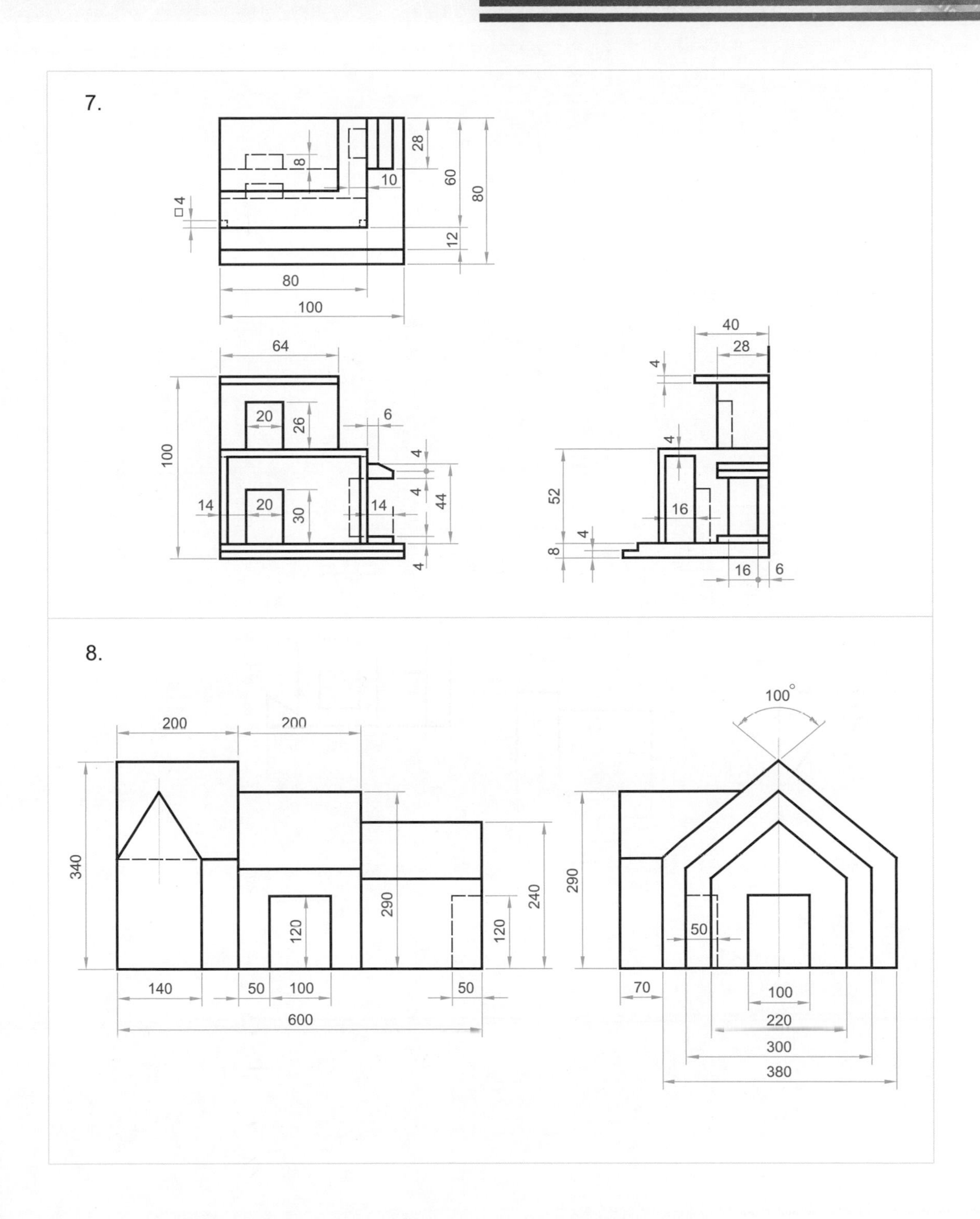
7.
28
8
10
60
80
□4
12
80
100
64
40
28
4
100
20
26
6
4
4
4
44
14
20
30
14
52
16
4
8
4
16
6
8.
100°
200
200
340
290
240
120
290
120
290
50
140
50
100
50
600
70
100
220
300
380

Appendix

A

附　錄

附錄一　公制粗螺紋

單位：mm

螺紋標稱			螺距
1	2	3	P
M1			0.25
	M1.1		0.25
M1.2			0.25
	M1.4		0.3
M1.6			0.35
	M1.8		0.35
M2			0.4
	M2.2		0.45
M2.5			0.45
M3			0.5
	M3.5		0.6
M4			0.7
	M4.5		0.75
M5			0.8
M6			1
		M7	1
M8			1.25
		M9	1.25
M10			1.5
		M11	1.5
M12			1.75
	M14		2
M16			2
	M18		2.5

螺紋標稱			螺距
1	2	3	P
M20			2.5
	M22		2.5
M24			3
	M27		3
M30			3.5
	M33		3.5
M36			4
	M39		4
M42			4.5
	M45		4.5
M48			5
	M52		5
M56			5.5
	M60		5.5
M64			6
	M68		6

註：標稱直徑欄優先採用第 1 欄，必要時依序選用第 2、3 欄，標稱直徑欄 1、2、3 欄與 ISO261-1973 規定相同。

附錄二 公制細螺紋

單位：mm

螺紋標稱			螺距
1	2	3	P
M1			0.2
	M1.1		0.2
M1.2			0.2
	M1.4		0.2
M1.6			0.2
	M1.8		0.2
M2			0.25
	M2.2		0.25
M2.5			0.35
M3			0.35
	M3.5		0.35
M4			0.5
	M4.5		0.5
M5			0.5
		M5.5	0.5
M6			0.75
		M7	0.75
M8			1
M8			0.75
		M9	1
		M9	0.75
M10			1.25
M10			1
M10			0.75
	M11		1
	M11		0.75
M12			1.5
M12			1.25
M12			1
	M14		1.5
	M14		1.25
	M14		1
		M15	1.5
		M15	1

螺紋標稱			螺距
1	2	3	P
M16			1.5
M16			1
		M17	1.5
		M17	1
	M18		2
	M18		1.5
	M18		1
M20			2
M20			1.5
M20			1
	M22		2
	M22		1.5
	M22		1
M24			2
M24			1.5
M24			1
		M25	2
		M25	1.5
		M25	1
		M26	1.5
	M27		2
	M27		1.5
	M27		1
		M28	2
		M28	1.5
		M28	1
M30			3
M30			2
M30			1.5
M30			1
		M32	2
		M32	1.5

單位：mm

螺紋標稱			螺距
1	2	3	P
	M33		3
	M33		2
	M33		1.5
		M35	1.5
M36			3
M36			2
M36			1.5
		M38	1.5
	M39		3
	M39		2
	M39		1.5
		M40	3
		M40	2
		M40	1.5
M42			4
M42			3
M42			2
M42			1.5
	M45		4
	M45		3
	M45		2
	M45		1.5

螺紋標稱			螺距
1	2	3	P
M48			4
M48			3
M48			2
M48			1.5
		M50	3
		M50	2
		M50	1.5
	M52		4
	M52		3
	M52		2
	M52		1.5
		M55	4
		M55	3
		M55	2
		M55	1.5
M56			4
M56			3
M56			2
M56			1.5

註：標稱直徑 14 螺距 1.25 公釐，限用於內燃機火星塞。
標稱直徑欄優先採用第 1 欄，必須時依序選用 2、3 欄。
標稱直徑欄 1、2、3 欄與 ISO261-1973 規定相同。

附錄三　螺紋符號與螺紋標稱

<table>
<tr><th>CNS 編號</th><th colspan="2">螺紋名稱</th><th>螺紋形狀</th><th>螺紋符號</th><th>螺紋標稱實例</th></tr>
<tr><td>497</td><td colspan="2">公制粗螺紋</td><td rowspan="18">三角形螺紋</td><td rowspan="3">M</td><td>M10</td></tr>
<tr><td>498</td><td colspan="2">公制細螺紋</td><td>M12x1</td></tr>
<tr><td></td><td colspan="2">公制火星塞螺紋</td><td>M12x1.25</td></tr>
<tr><td>507</td><td colspan="2">公制精細螺紋</td><td>S</td><td>S0.8</td></tr>
<tr><td>4227</td><td colspan="2">木螺釘螺紋</td><td>WS</td><td>WS4</td></tr>
<tr><td>3981</td><td colspan="2">自攻螺釘螺紋</td><td>TS</td><td>TS3.5</td></tr>
<tr><td></td><td colspan="2">汽車內胎氣閥螺紋</td><td>TV</td><td>TV8</td></tr>
<tr><td></td><td colspan="2">自行車內胎氣閥螺紋</td><td>CTV</td><td>CTV8-30</td></tr>
<tr><td>341</td><td colspan="2">自行車螺紋</td><td>BC</td><td>BC3/4”BC2.6</td></tr>
<tr><td></td><td colspan="2">統一制粗螺紋</td><td>UNC</td><td>5/16”-18UNC</td></tr>
<tr><td></td><td colspan="2">統一制細螺紋</td><td>UNF</td><td>1/4”-28UNF</td></tr>
<tr><td></td><td colspan="2">統一制極細螺紋</td><td>UNEF</td><td>1/4”-32UNEF</td></tr>
<tr><td></td><td colspan="2">縫衣機用螺紋</td><td>SM</td><td>SM1/4”-40</td></tr>
<tr><td></td><td colspan="2">鋼導管用螺紋</td><td>Pg</td><td>Pg21</td></tr>
<tr><td>494</td><td colspan="2">韋氏平行管子螺紋</td><td rowspan="3">R</td><td>R1/2”</td></tr>
<tr><td rowspan="2">495</td><td rowspan="2">韋氏管子螺紋</td><td>推拔外螺紋</td><td>R</td></tr>
<tr><td>平行內螺紋</td><td>R1/4”</td></tr>
<tr><td></td><td colspan="2">瓦斯瓶用螺紋</td><td>W</td><td>W80x1/11”</td></tr>
<tr><td>511</td><td colspan="2">公制梯形螺紋</td><td rowspan="4">梯形螺紋</td><td>Tr</td><td>Tr40x7</td></tr>
<tr><td>4225</td><td colspan="2">公制短梯形螺紋</td><td>Tr.s</td><td>Tr.s48x8</td></tr>
<tr><td></td><td colspan="2">圓角梯形螺紋</td><td>R Tr</td><td>R Tr40x5</td></tr>
<tr><td></td><td colspan="2">愛克姆螺紋</td><td>ACME</td><td>ACME48x12</td></tr>
<tr><td>515</td><td colspan="2">公制鋸齒形螺紋</td><td rowspan="2">鋸齒形螺紋</td><td rowspan="2">Bu</td><td>Bu40x7</td></tr>
<tr><td></td><td colspan="2">45° 鋸齒形螺紋</td><td>Bu630x20</td></tr>
<tr><td>510</td><td colspan="2">愛迪生式螺紋</td><td></td><td>E</td><td>E27</td></tr>
<tr><td>4228</td><td colspan="2">玻璃容器用外螺紋</td><td rowspan="9">圓形螺紋</td><td>GL</td><td>GL125x5</td></tr>
<tr><td></td><td colspan="2">玻璃螺紋</td><td>GLE</td><td>GLE99</td></tr>
<tr><td></td><td colspan="2">深螺腹圓螺紋</td><td rowspan="7">Rd</td><td>Rd59</td></tr>
<tr><td></td><td colspan="2">淺螺腹圓螺紋</td><td>Rd50x7</td></tr>
<tr><td></td><td colspan="2">圓螺紋(起掛鉤用)</td><td>Rd80x7</td></tr>
<tr><td>508</td><td colspan="2">圓螺紋(一般用)</td><td>Rd40x1/6”</td></tr>
<tr><td></td><td colspan="2">圓螺紋(深度較大之圓螺紋用)</td><td>Rd40x5</td></tr>
<tr><td></td><td colspan="2">圓螺紋(厚 0.5mm 以下之金屬板片與附屬螺紋接合用)</td><td>Rd40X4</td></tr>
<tr><td></td><td colspan="2">防毒面具用螺紋</td><td>Rd40x1/7”</td></tr>
</table>

摘白 CNS4317

附錄四　六角螺栓與螺帽

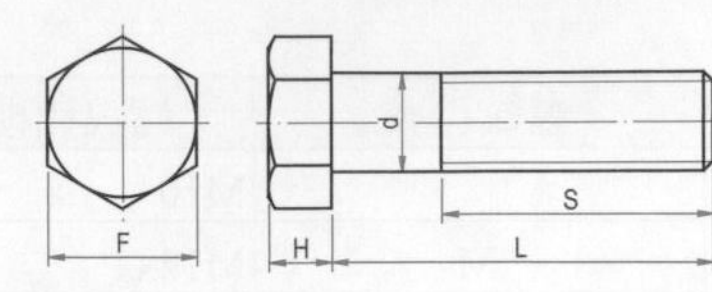

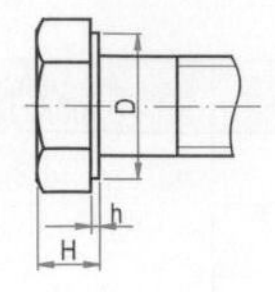

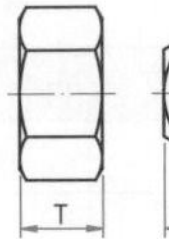

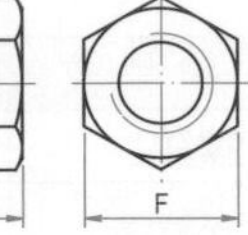

標註例：六角螺栓 M10x40 、六角螺帽 M10

<table>
<tr><th>標稱直徑
d</th><th>F</th><th>D</th><th>H</th><th>h</th><th>L</th><th>s</th><th>T</th><th>L
選擇</th></tr>
<tr><td>M1.6</td><td>3.2</td><td></td><td>1.2</td><td></td><td>5~16</td><td>5</td><td>1.3</td><td rowspan="15">5
6
8
12
14
16
20
35
40
45
50
55
60
65
70
75
80
85
90
100
110
120
130
140
150
160
170
180
190
200
220
240</td></tr>
<tr><td>M2</td><td>4</td><td></td><td>1.4</td><td></td><td>5~16</td><td>6</td><td>1.6</td></tr>
<tr><td>M2.5</td><td>5</td><td></td><td>1.8</td><td></td><td>5~25</td><td>7</td><td>2</td></tr>
<tr><td>M3</td><td>5.5</td><td></td><td>2</td><td></td><td>5~35</td><td>12</td><td>2.4</td></tr>
<tr><td>M4</td><td>7</td><td></td><td>2.8</td><td></td><td>6~40</td><td>14</td><td>3.2</td></tr>
<tr><td>M5</td><td>8</td><td>7.2</td><td>3.5</td><td>0.2</td><td>8~50</td><td>16</td><td>4</td></tr>
<tr><td>M6</td><td>10</td><td>9</td><td>4</td><td>0.3</td><td>8~70</td><td>18</td><td>5</td></tr>
<tr><td>M8</td><td>13</td><td>11.7</td><td>5.5</td><td>0.4</td><td>12~100</td><td>22</td><td>6.5</td></tr>
<tr><td>M10</td><td>17</td><td>15.8</td><td>7</td><td>0.4</td><td>14~100</td><td>26</td><td>8</td></tr>
<tr><td>M12</td><td>19</td><td>17.6</td><td>8</td><td>0.6</td><td>20~130
140</td><td>30
36</td><td>10</td></tr>
<tr><td>M16</td><td>24</td><td>22.3</td><td>10</td><td>0.6</td><td>30~130
140</td><td>38
44</td><td>13</td></tr>
<tr><td>M20</td><td>30</td><td>28.5</td><td>13</td><td>0.6</td><td>30~130
140~200</td><td>46
52</td><td>16</td></tr>
<tr><td>M24</td><td>36</td><td>34.2</td><td>15</td><td>0.6</td><td>30~130
140~200</td><td>54
60</td><td>19</td></tr>
<tr><td>M30</td><td>46</td><td></td><td>19</td><td></td><td>40~130
140~200
220~240</td><td>66
72
85</td><td>24</td></tr>
<tr><td>M36</td><td>55</td><td></td><td>23</td><td></td><td>50~130
140~200
220~240</td><td>78
84
97</td><td>29</td></tr>
</table>

註 1：本表摘自 CNS3121、CNS3123、CNS3128、CNS3130。

註 2：M4 以上僅有精製及半精製者。

附錄五　平頭螺釘

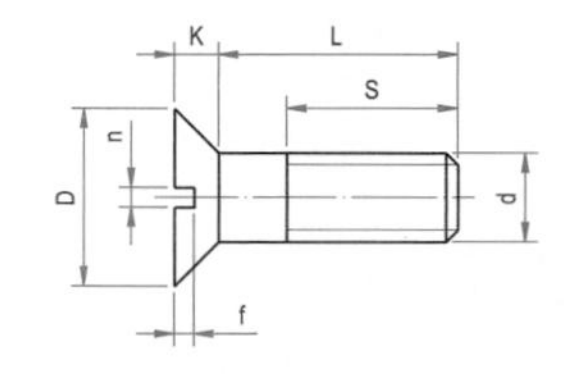

標註例：平頭螺釘 M5x10

<table>
<tr><th>標稱直徑
d</th><th>D</th><th>n</th><th>K</th><th>t</th><th>L</th><th>s</th><th>L
選擇</th></tr>
<tr><td>M1</td><td>2</td><td>0.3</td><td>0.6</td><td>0.3</td><td>2~5</td><td>3</td><td rowspan="14">2
3
4
5
6
8
10
12
15
18
20
22
25
28
30
35
40
45
50
55
60
65
70
80
90
100
110</td></tr>
<tr><td>M1.2</td><td>2.3</td><td>0.4</td><td>0.7</td><td>0.35</td><td>2~6</td><td>3.5</td></tr>
<tr><td>M1.4</td><td>2.6</td><td>0.4</td><td>0.8</td><td>0.4</td><td>2~10</td><td>4</td></tr>
<tr><td>M1.6</td><td>3.5</td><td>0.5</td><td>1.1</td><td>0.45</td><td>2~15</td><td>5</td></tr>
<tr><td>M2</td><td>4</td><td>0.5</td><td>1.2</td><td>0.6</td><td>3~15
18</td><td>6
8</td></tr>
<tr><td>M2.5</td><td>5</td><td>0.6</td><td>1.4</td><td>0.7</td><td>3~18
20~25</td><td>8
10</td></tr>
<tr><td>M3</td><td>6</td><td>0.8</td><td>1.7</td><td>0.85</td><td>4~20
22~30</td><td>9
12</td></tr>
<tr><td>M4</td><td>8</td><td>1</td><td>2.3</td><td>1.1</td><td>5~28
30~40</td><td>12
18</td></tr>
<tr><td>M5</td><td>10</td><td>1.2</td><td>2.8</td><td>1.3</td><td>6~35
40~45</td><td>15
20</td></tr>
<tr><td>M6</td><td>12</td><td>1.6</td><td>3.3</td><td>1.6</td><td>8~40
45</td><td>18
25</td></tr>
<tr><td>M8</td><td>16</td><td>2</td><td>4.4</td><td>2.1</td><td>10~55</td><td>20</td></tr>
<tr><td>M10</td><td>20</td><td>2.5</td><td>5.5</td><td>2.6</td><td>12~60
70</td><td>22
28</td></tr>
<tr><td>M12</td><td>24</td><td>3</td><td>6.5</td><td>3</td><td>20~60
70</td><td>22
28</td></tr>
<tr><td>M16</td><td>30</td><td>4</td><td>7.5</td><td>4</td><td>28~80
90</td><td>28
35</td></tr>
<tr><td>M20</td><td>36</td><td>5</td><td>8.5</td><td>5</td><td>35~80
90~110</td><td>32
40</td><td></td></tr>
</table>

附錄六　圓頭螺釘與椽頭螺釘

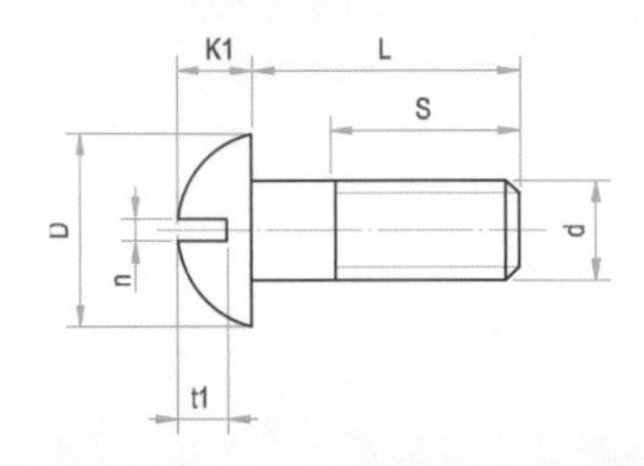

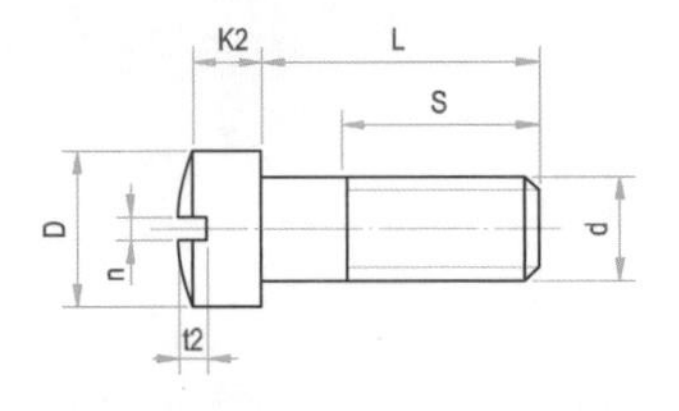

標註例：圓頭螺釘 M12x35

標稱直徑 d	D	n	t_1	k_1	t_2	k_2	L	S	L 選擇
M1	2	0.3	0.4	1	0.3	0.7	2~5	3	2 3 4 5 6 8 10 12 15 18 20 22 25 28 30 35 40 45 50 60 70 80 90 100 110
M1.2	2.3	0.4	0.5	1.15	0.4	0.8	2~6	3.5	
M1.4	2.6	0.4	0.6	1.3	0.5	1	2~10	4	
M1.6	3.5	0.5	0.8	1.6	0.6	1.2	2~15	5	
M2	4	0.5	1	2	0.7	1.3	3~15 18	6 8	
M2.5	5	0.6	1.2	2.5	0.9	1.6	3~18 20~25	8 10	
M3	5.5	0.8	1.3	2.7	1	2	4~20 22~30	9 12	
M4	7	1	1.7	3.5	1.4	2.8	5~28 30~40	12 18	
M5	9	1.2	2.2	4.5	1.7	3.5	6~35 40~50	15 20	
M6	10	1.6	2.5	5	2	4	8~45 50	18 25	
M8	13	2	3	6	2.5	5	10~50	20	
M10	16	2.5	3.7	7.5	3	6	12~60 70	22 28	
M12	18	3	4.2	8.5	3.5	7	20~60 70	22 28	
M16	24	4	5	11	4	9	25~80 90	28 35	
M20	30	5	6	14	4.5	11	30~80 90~110	32 40	

附錄七　六角承窩螺釘

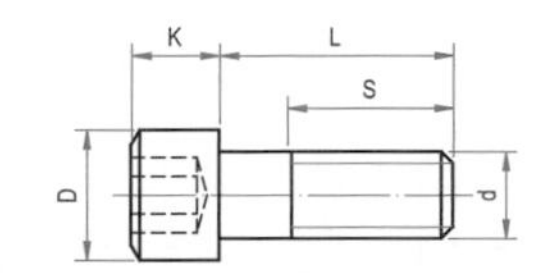

標註例：六角承窩螺釘 M10x40

<table>
<tr><th>標稱直徑
d</th><th>D</th><th>K</th><th>L</th><th>S</th><th>L
選擇</th></tr>
<tr><td>M3</td><td>5.5</td><td>3</td><td>5~35</td><td>10</td><td rowspan="12">6
8
10
12
15
18
20
22
25
30
35
40
45
50
55
60
65
70
75
80
90
100
110
120
130
140
150
160
170
180
190
200
210
220
230
240
250</td></tr>
<tr><td>M4</td><td>7</td><td>4</td><td>6~50</td><td>12</td></tr>
<tr><td>M5</td><td>8.5</td><td>5</td><td>10~60</td><td>15</td></tr>
<tr><td>M6</td><td>10</td><td>6</td><td>12~60</td><td>18</td></tr>
<tr><td>M8</td><td>13</td><td>8</td><td>15~100</td><td>22</td></tr>
<tr><td>M10</td><td>16</td><td>10</td><td>15~120</td><td>25</td></tr>
<tr><td>M12</td><td>18</td><td>12</td><td>20~120</td><td>28</td></tr>
<tr><td>M16</td><td>24</td><td>16</td><td>30~150</td><td>35</td></tr>
<tr><td>M20</td><td>30</td><td>20</td><td>40~180</td><td>40</td></tr>
<tr><td>M24</td><td>36</td><td>24</td><td>60~250</td><td>50</td></tr>
<tr><td>M30</td><td>45</td><td>30</td><td>80~250</td><td>60</td></tr>
<tr><td>M36</td><td>54</td><td>36</td><td>100~250</td><td>70</td></tr>
</table>

附錄八　固定螺釘

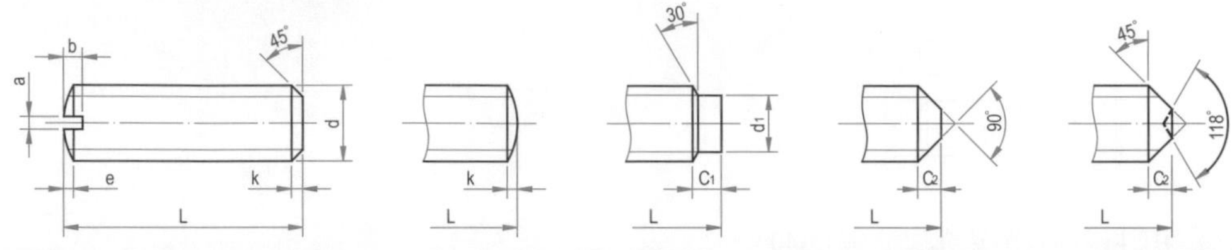

標稱直徑	螺距	a	b	e(約)	k(約)	d_1	c_1	c_2	c_3	L(1)
M4x0.7	0.7	0.6	1.2	0.4	0.8	2.5	3	1.6	1	4~16
M5x0.8	0.8	0.8	1.5	0.5	0.9	3.5	3	2	1.2	5~20
M6	1	0.8	2	0.5	1	4	3	2.5	1.5	6~25
M8	1.25	1.2	2.5	0.6	1.2	5.5	5	3	1.5	8~32
M10	1.5	1.6	3	0.8	1.5	7	5	3.5	2	10~40
M12	1.75	2	4	1	2	9	6	4.5	2	12~50

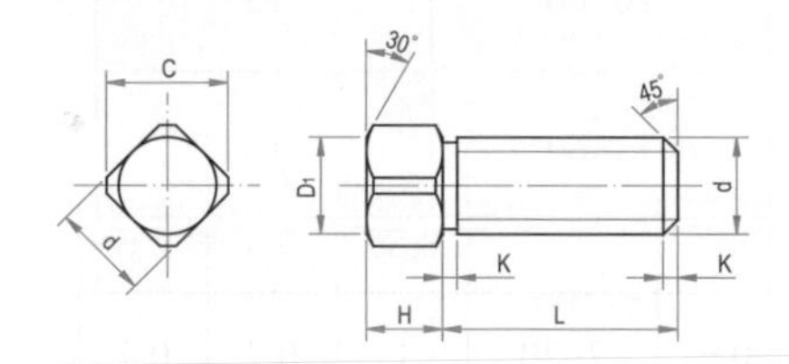

標註例：方頭去角端固定螺釘 M6x10

標稱直徑	螺距	c(約)	H	D_1(約)	k	d_1	c_1	c_2	c_3	L(2)
M4x0.7	0.7	5.3	4	3.8	0.8	2.5	3	1.6	1	5~16
M5x0.8	0.8	6.5	5	4.8	0.9	3.5	3	2	1.2	6~20
M6	1	8	6	5.8	1	4	3	2.5	1.5	8~25
M8	1.25	10	8	7.8	1.2	5.5	5	3	1.5	10~32
M10	1.5	13	10	9.8	1.5	7	5	3.5	2	12~40
M12	1.75	16	12	11.5	2	9	6	4.5	2	15~50

備註：

L(1):3,4,5,6,8,10,12,14,16,18,20,22,25,28,30,32,35,40,45,50

L(2):5,6,8,10,12,1,4,16,18,20,22,28,30,32,35,40,45,50

附錄九　木螺釘

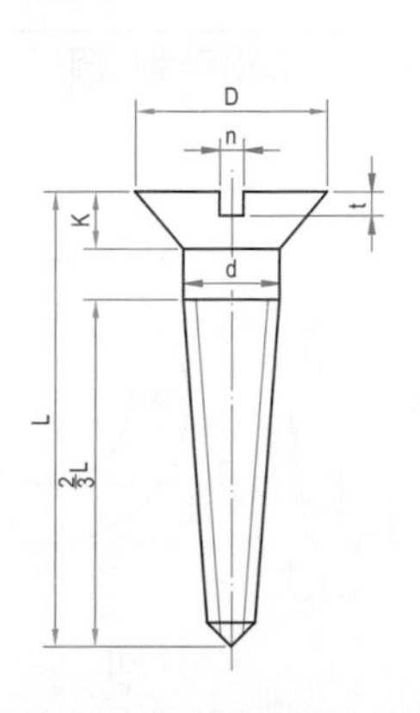

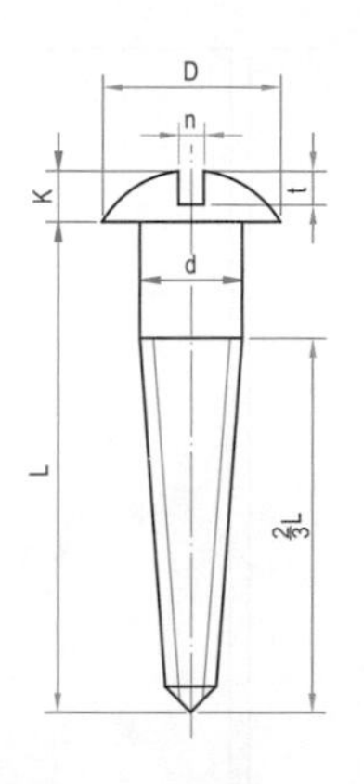

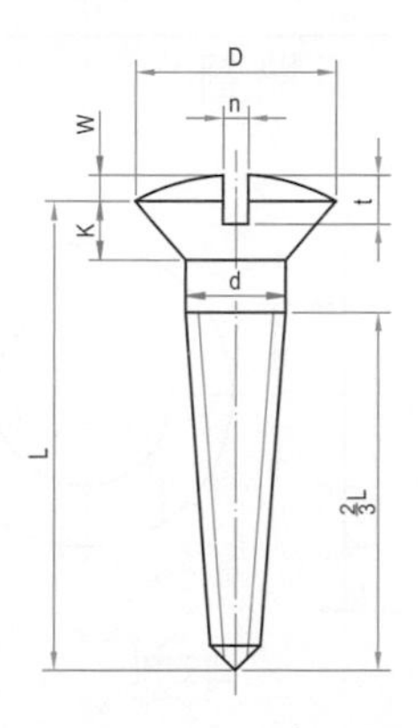

標註例：圓頭木螺釘 2.4x10

標稱直徑 d	D	n	平頭			圓頭			扁圓頭				L選擇
			k	t	L	k	t	L	k	W	t	L	
1.4	2.8	0.4	0.7	0.4	7~15	1.1	0.7	7~15	0.7	0.4	0.5	7~15	7 10 13 15 17 20 25 30 35 40 45 50 60 70 80 90 100 120
1.7	3.4	0.5	0.85	0.5	7~20	1.3	0.8	7~17	0.85	0.6	0.6	7~20	
2	4	0.5	1	0.5	7~20	1.5	0.9	7~20	1	0.7	0.7	7~20	
2.4	4.8	0.6	1.2	0.6	7~25	1.7	1.1	7~25	1.2	0.8	0.8	7~25	
2.7	5.4	0.6	1.35	0.6	7~25	1.9	1.2	7~25	1.35	0.8	0.9	7~25	
3	6	0.8	1.5	0.8	7~30	2.1	1.3	7~25	1.5	1	1	7~30	
3.5	7	0.8	1.75	0.8	10~40	2.4	1.5	10~30	1.75	1.2	1.2	10~40	
4	8	1	2	1	10~50	2.8	1.8	10~40	2	1.4	1.4	10~50	
4.5	9	1	2.25	1	13~60	3.1	2	10~50	2.25	1.6	1.6	13~60	
5	10	1.2	2.5	1.2	13~70	3.5	2.3	13~60	2.5	1.8	1.7	13~70	
5.5	11	1.2	2.75	1.2	17~80	3.8	2.5	15~70	2.75	1.9	1.9	17~80	
6	12	1.6	3	1.6	20~90	4.2	2.7	20~80	3	2.1	2.1	20~90	
7	14	2	3.5	2	25~100	4.9	3	25~90	3.5	2.5	2.4	25~100	
8	16	2	4	2	30~120	5.6	3.5	30~100	4	2.8	2.8	30~120	

附錄十　墊圈

平墊圈

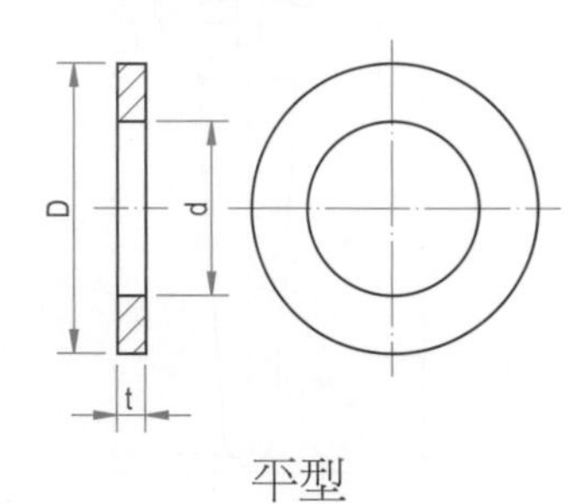

平型

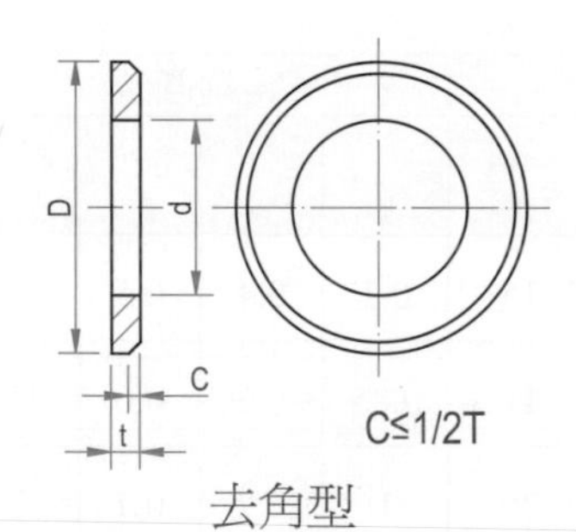

去角型

標註例：平墊圈 ⌀12去角型

公稱直徑	d	D	t
3	3.2	7	0.5
4	4.3	9	0.8
5	5.3	10	1
6	6.4	12.5	1.6
8	8.4	17	1.6
10	10.5	21	2
12	13	24	2.5
16	17	30	3
20	21	37	3
24	25	44	4
30	31	56	4

彈簧墊圈

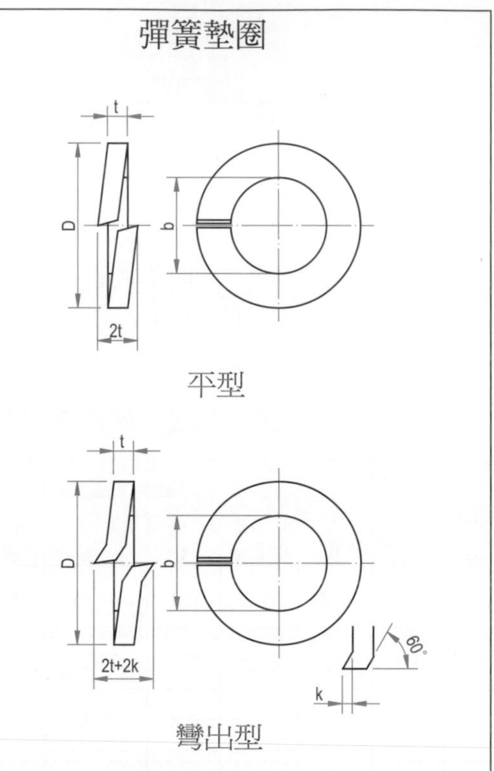

平型

彎出型

標註例：彈簧墊圈⌀12 彎出型

公稱直徑	d	D	t	k
3	3.1	6.2	0.8	
4	4.1	7.6	0.9	0.15
5	5.1	9.2	1.2	0.15
6	6.1	11.8	1.6	0.2
8	8.2	14.8	2	0.3
10	10.2	18.1	2.2	0.3
12	12.2	21.1	2.5	0.4
16	16.2	27.4	3.5	0.4
20	20.2	33.6	4	0.4
24	24.5	40	5	0.5
30	30.5	48.2	6	0.8

附錄十一　內扣環

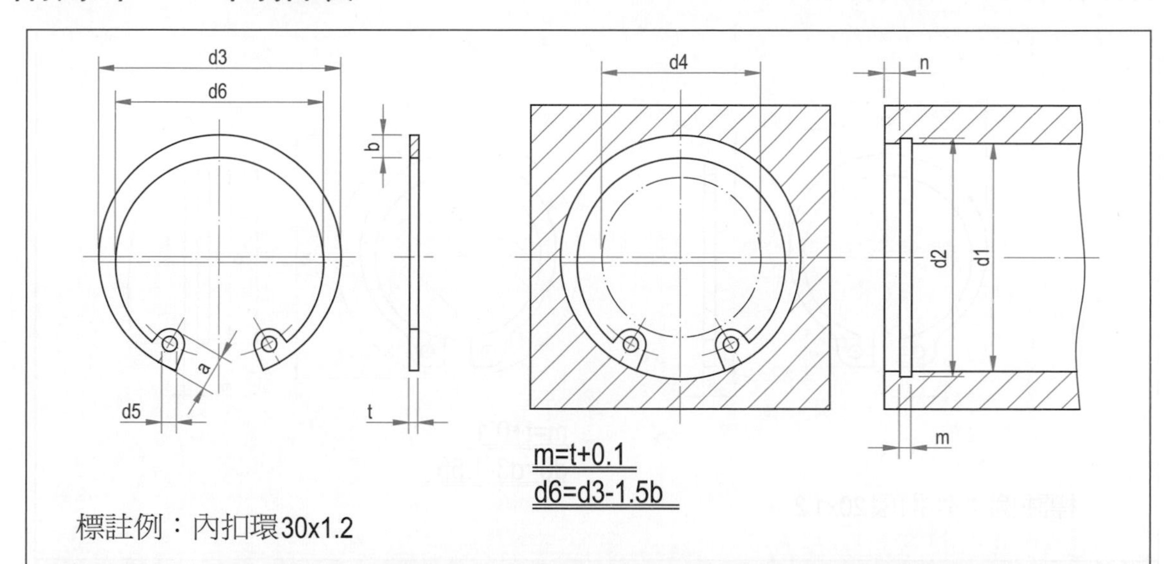

標註例：內扣環30x1.2

<table>
<tr><th>孔徑 d_1</th><th>t</th><th>a≦</th><th>b 約</th><th>d_2</th><th>d_3</th><th>d_4</th><th>d_5</th><th>n 最小參考値</th></tr>
<tr><td>10</td><td rowspan="7">1</td><td>3.2</td><td>1.4</td><td>10.4</td><td>10.8</td><td>3.1</td><td>1.2</td><td rowspan="2"></td></tr>
<tr><td>12</td><td>3.4</td><td>1.7</td><td>12.5</td><td>13</td><td>4.7</td><td>1.5</td></tr>
<tr><td>14</td><td>3.7</td><td>1.9</td><td>14.6</td><td>15.1</td><td>6</td><td rowspan="2">1.7</td><td rowspan="10">1.5</td></tr>
<tr><td>16</td><td>3.8</td><td>2</td><td>16.8</td><td>17.3</td><td>7.7</td></tr>
<tr><td>18</td><td>4.1</td><td>2.2</td><td>19</td><td>19.5</td><td>8.9</td><td rowspan="8">2</td></tr>
<tr><td>20</td><td rowspan="2">4.2</td><td>2.3</td><td>21</td><td>21.5</td><td>10.6</td></tr>
<tr><td>22</td><td>2.5</td><td>23</td><td>23.5</td><td>12.6</td></tr>
<tr><td>24</td><td rowspan="6">1.2</td><td>4.4</td><td>2.6</td><td>25.2</td><td>25.9</td><td>14.2</td></tr>
<tr><td>25</td><td>4.5</td><td>2.7</td><td>26.2</td><td>26.9</td><td>15</td></tr>
<tr><td>26</td><td>4.7</td><td>2.8</td><td>27.2</td><td>27.9</td><td>15.6</td></tr>
<tr><td>28</td><td rowspan="2">4.8</td><td>2.9</td><td>29.2</td><td>30.1</td><td>17.4</td></tr>
<tr><td>30</td><td>3</td><td>31.4</td><td>32.1</td><td>19.4</td></tr>
<tr><td>32</td><td rowspan="3">5.4</td><td>3.2</td><td>33.7</td><td>34.4</td><td>20.2</td><td rowspan="6">2.5</td><td rowspan="6">2</td></tr>
<tr><td>35</td><td rowspan="3">1.5</td><td>3.4</td><td>37</td><td>37.8</td><td>23.2</td></tr>
<tr><td>36</td><td>3.5</td><td>38</td><td>38.8</td><td>24.2</td></tr>
<tr><td>38</td><td>5.5</td><td>3.7</td><td>40</td><td>40.8</td><td>26</td></tr>
<tr><td>40</td><td rowspan="2">1.75</td><td>5.8</td><td>3.9</td><td>42.5</td><td>43.5</td><td>27.4</td></tr>
<tr><td>42</td><td>5.9</td><td>4.1</td><td>44.5</td><td>45.5</td><td>29.2</td></tr>
</table>

附錄十二　外扣環

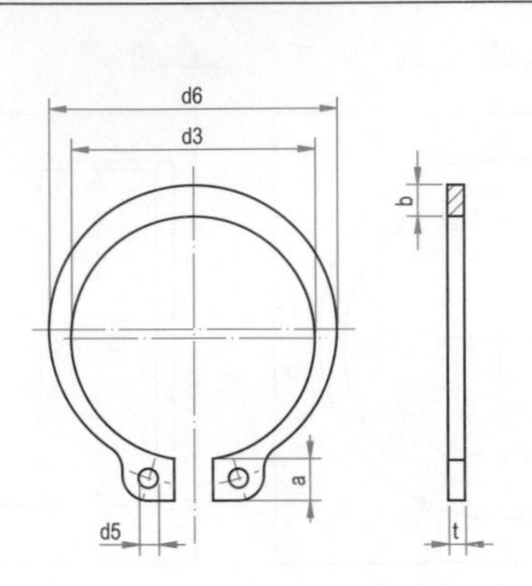

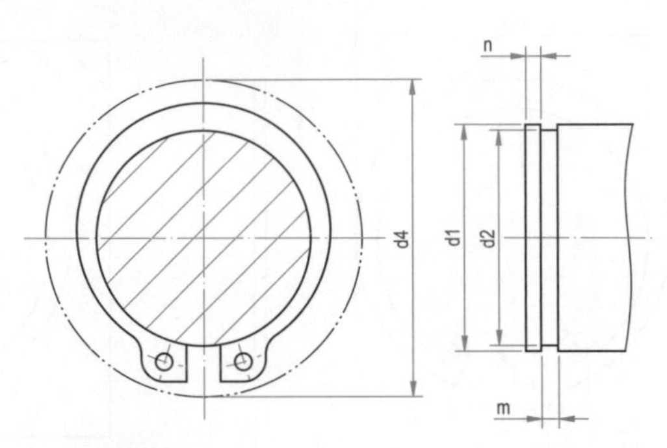

m=t+0.1
d6=d3-1.5b

標註例：外扣環20x1.2

<table>
<tr><th>軸徑 d_1</th><th>t</th><th>a≦</th><th>b 約</th><th>d_2</th><th>d_3</th><th>d_4</th><th>d_5≧</th><th>n≧</th></tr>
<tr><td>10</td><td rowspan="4">1</td><td>3.3</td><td>1.8</td><td>9.6</td><td>9.3</td><td>17.6</td><td>1.5</td><td>0.6</td></tr>
<tr><td>12</td><td>3.5</td><td>2.1</td><td>11.5</td><td>11</td><td>19.6</td><td rowspan="3">1.7</td><td>0.75</td></tr>
<tr><td>14</td><td rowspan="2">3.7</td><td rowspan="2">2.2</td><td>13.4</td><td>12.9</td><td>22</td><td>0.9</td></tr>
<tr><td>16</td><td>15.2</td><td>14.7</td><td>24.4</td><td>1.2</td></tr>
<tr><td>18</td><td rowspan="6">1.2</td><td>3.9</td><td>2.4</td><td>17</td><td>16.5</td><td>26.8</td><td rowspan="7">2</td><td rowspan="3">1.5</td></tr>
<tr><td>20</td><td>4</td><td>2.6</td><td>19</td><td>18.5</td><td>29</td></tr>
<tr><td>22</td><td>4.2</td><td>2.8</td><td>21</td><td>20.5</td><td>31.4</td></tr>
<tr><td>24</td><td rowspan="2">4.4</td><td rowspan="2">3</td><td>22.9</td><td>22.2</td><td>33.8</td><td rowspan="3">1.7</td></tr>
<tr><td>25</td><td>23.9</td><td>23.2</td><td>34.8</td></tr>
<tr><td>26</td><td>4.5</td><td>3.1</td><td>24.9</td><td>24.2</td><td>36</td></tr>
<tr><td>28</td><td rowspan="4">1.5</td><td>4.7</td><td>3.2</td><td>26.6</td><td>25.9</td><td>38.4</td><td rowspan="2">2.1</td></tr>
<tr><td>30</td><td>5</td><td>3.5</td><td>28.6</td><td>27.9</td><td>41</td></tr>
<tr><td>32</td><td>5.2</td><td>3.6</td><td>30.3</td><td>29.6</td><td>43.4</td><td rowspan="6">2.5</td><td>2.6</td></tr>
<tr><td>35</td><td rowspan="2">5.6</td><td>3.9</td><td>33</td><td>32.2</td><td>47.2</td><td rowspan="3">3</td></tr>
<tr><td>36</td><td rowspan="4">1.75</td><td>4</td><td>34</td><td>33.2</td><td>48.2</td></tr>
<tr><td>38</td><td>5.8</td><td>4.2</td><td>36</td><td>35.2</td><td>50.6</td></tr>
<tr><td>40</td><td>6</td><td>4.4</td><td>37.5</td><td>36.5</td><td>53</td><td rowspan="2">3.8</td></tr>
<tr><td>42</td><td>6.5</td><td>4.5</td><td>39.5</td><td>38.5</td><td>56</td></tr>
</table>

附錄十三　鍵

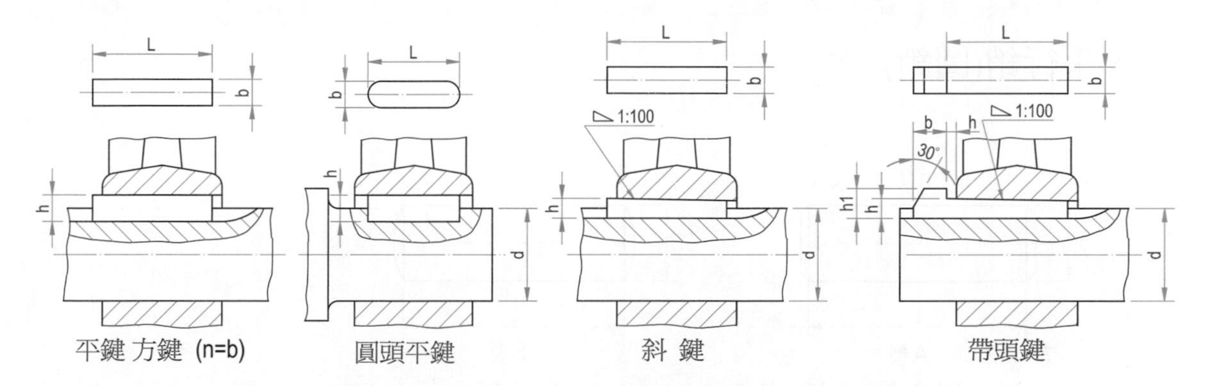

標註例：方鍵 5x5x20、圓頭平鍵16x20x50、斜鍵12x8x50、帶頭鍵16x10x70

寬 b	4	5	6	8	10	12	14	16	18	20	22	25	28	32	36
高 h	4	5	6	7	8	8	9	10	11	12	14	14	16	18	20
頭高 h_1	7	8	10	11	12	12	14	16	18	20	22	22	25	28	32
長度 L 基本長度	6,8,10,12,14,16,18,20,22,25,28,36,40,45,50,56,63,70,80,90,100,110,125,140,160,180,200,220,250,280,320,360,400														

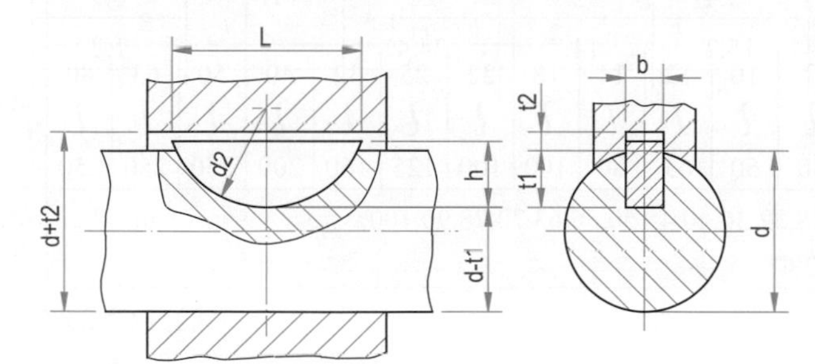

直徑 I：用於總轉動力距上

直徑 II：用於僅繫於接動元件之軸承

標註例：半圓鍵 6x9

直徑		鍵				槽深	
I	II	b	h	d_2	i~	t_1	t_2
>6……..8	>10……..12	2.5	3.7	10	9.66	2.9	1.0
>8……..10	>12……..17	3	5	13	12.65	3.8	1.4
>10……..12	>17……..22	4	6.5	16	15.72	5.0	1.7
>12……..17	>22……..30	5	7.5	19	18.57	5.5	2.2
>17……..22	>28……..38	6	9	22	21.63	6.6	2.6

附錄十四　銷

一、平行銷(圓銷)

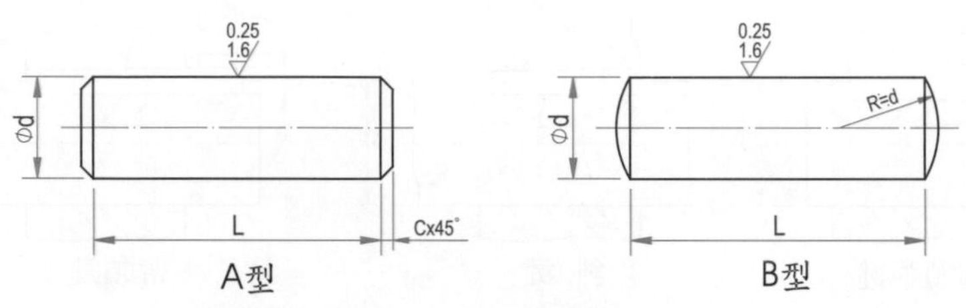

標註例：平行銷 ⌀3m6x20

標稱直徑			1	1.2	1.6	2	2.5	3	4	5	6	8	10	13	16	20	25	30	40	50
d	基本尺度		1	1.2	1.6	2	2.5	3	4	5	6	8	10	13	16	20	25	30	40	50
	公差	m6	+0.008 +0.002						+0.012 +0.004			+0.015 +0.006		+0.018 +0.007		+0.021 +0.008			+0.025 +0.009	
		h7	0 -0.010						0 -0.012			0 -0.015		0 -0.018		0 -0.021			0 -0.025	
c	大約		0.2			0.4			1					1.5				3		
L			3~12	3~16	4~20	5~25	5~25	6~32	8~40	10~50	12~63	14~80	18~100	22~100	25~125	32~160	40~200	50~250	63~250	80~250
長度L 基本尺度			3,4,5,6,8,10,12,14,16,18,20,22,25,28,32,36,40,45,50,56,63,70,78,90,100, 110,125,140,160,180,200,225,250,280																	

摘自 CNS397

二、斜銷(推拔銷)

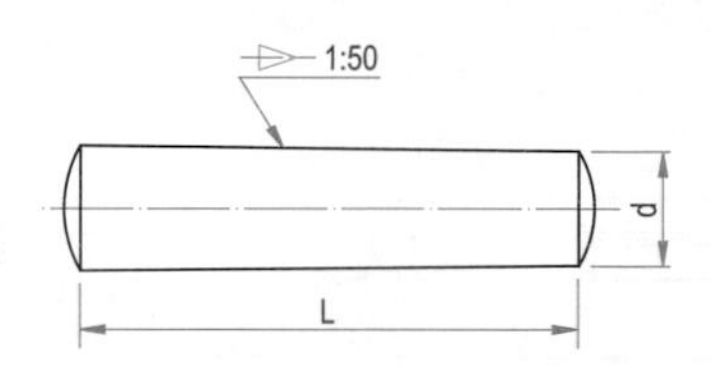

標註例：斜銷ϕ3×30

摘自 CNS396

標稱直徑		0.6	0.8	1	1.2	1.6	2	2.5	3	4	5	6	7	8	10	13	16	20	25	30	40	50
d	基本尺度	0.6	0.8	1	1.2	1.6	2	2.5	3	4	5	6	7	8	10	13	16	20	25	30	40	50
L		4~10	5~14	6~16	8~18	10~25	12~28	14~36	16~56	18~63	25~70	28~80	32~100	36~125	45~140	56~160	70~200	80~225	100~250	100~280	100~280	100~280
長度L基本尺度		4,5,6,8,10,12,14,16,18,20,22,25,28,32,36,40,45,50,56,63,70,80,90,100,110,125,140,160,180,200,225,250,280																				

三、開口銷

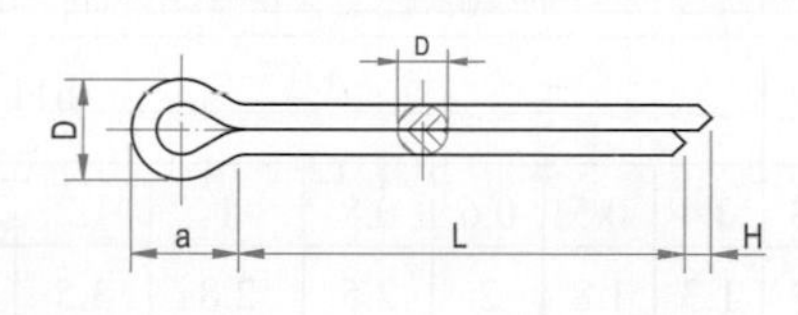

標註例：開口銷ϕ5×40

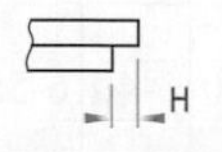

摘自 CNS398

標稱直徑			0.6	0.8	1	1.2	1.6	2	2.5	3.2	4	5	6.3	8	10	13	16	20
d	最大		0.5	0.7	0.9	1	1.4	1.8	2.3	2.9	3.7	4.6	5.9	7.5	9.5	12.4	15.4	19.3
H	最大		1.6	1.6	1.6	2.5	2.5	2.5	2.5	3.2	4	4	4	4	6.3	6.3	6.3	6.3
a	大約		2	2.4	3	3	3.2	4	5	6.4	8	10	12.6	16	20	26	32	40
D	最大		1	1.4	1.8	2	2.8	3.6	4.6	5.8	7.4	9.2	11.8	15	19	24.8	30.8	38.6
適用直徑	螺栓	超過	-	2.5	3.5	4.5	5.5	7	9	11	14	20	27	39	56	80	120	170
		至	2.5	3.5	4.5	5.5	7	9	11	14	20	27	39	56	80	120	170	-
	U形環插銷	超過	-	2	3	4	5	6	8	9	12	17	23	29	44	69	110	160
		至	2	3	4	5	6	8	9	12	17	23	29	44	69	110	160	-
L			4~12	5~16	6~20	8~25	8~32	10~40	12~50	14~63	18~80	22~100	32~125	40~160	45~200	71~250	112~280	160~280
長度L基本尺度			4,5,6,8,10,12,14,16,18,20,22,25,28,32,36,40,45,50,56,63,71,80,90,100,112,125,140,160,180,200,224,250,280															

四、彈簧銷

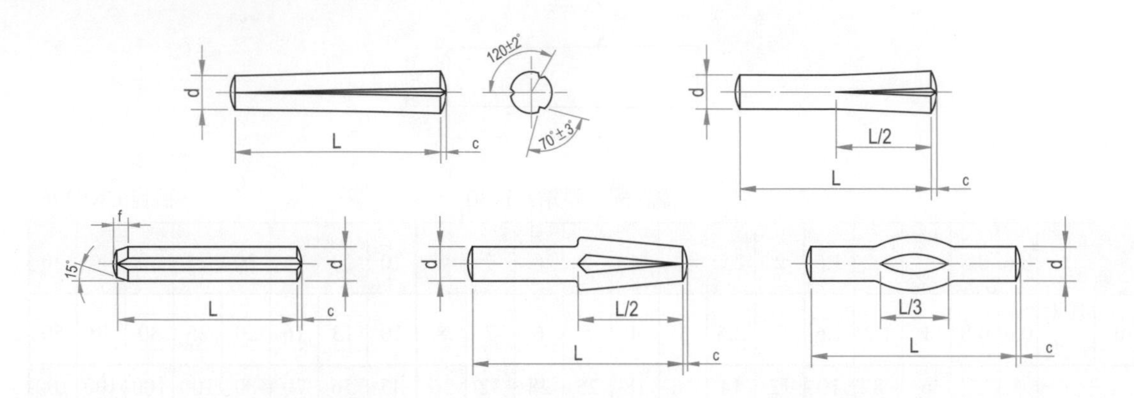

標註例：圓柱形槽銷$\phi 10 \times 20$

d 標稱尺度	0.8	1	1.2	1.5	2	2.5	3	4	5	6	8	10	12	14	15	20	25
d 公差	h9						h11										
大約	0.1	0.12	0.16	0.2	0.25	0.3	0.4	0.5	0.6	0.8	1	1.2	1.4	1.6	2	2.5	3
大約	0.55	0.57	0.6	0.8	0.9	1.2	1.3	1.8	2	2.5	2.8	3.5	3.7	4	4.3	5.2	6
L js15	4-8	4-10	4-12	4-30	6-30	6-30	6-40	6-55	8-55	10-75	12-100	16-120		20-120	25-120	30-120	
隆起直徑D	0.83	1.05	1.25	1.6	2.15	2.65	3.2	4.25	5.25	6.3	8.3	10.35	12.35	14.35	16.4	20.5	25.5
D之公差	+0.05 0					±0.05							±0.01				
長度L基本尺度	4,6,8,10,12,16,20,25,30,40,55,75,100,120																

摘自 CNS9215

附錄十五 國際公差

一、常用軸偏差

單位：0.001mm

公差位置	d				e				f				g			
公差等級		8	9	10		7	8	9		7	8	9		5	6	7
偏差	上	下			上	下			上	下			上	下		
mm <3	−20	−34	−45	−60	−14	−24	−28	−39	−6	−16	−20	−31	−2	−6	−8	−12
>3 − 6	−30	−48	−60	−78	−20	−32	−38	−50	−10	−22	−28	−40	−4	−9	−12	−16
>6 − 10	−40	−62	−76	−98	−25	−40	−47	−61	−13	−28	−35	−49	−5	−11	−14	−20
>10− 18	−50	−77	−93	−120	−32	−50	−59	−75	−16	−34	−43	−59	−6	−14	−17	−24
>18− 30	−65	−98	−117	−149	−40	−61	−73	−92	−20	−41	−53	−72	−7	−16	−20	−28
> 30 − 50	−80	−119	−142	−180	−50	−75	−89	−112	−25	−50	−64	−87	−9	−20	−25	−34
> 50 − 80	−100	−146	−174	−220	−60	−90	−106	−134	−30	−60	−76	−104	−10	−23	−29	−40
> 80 − 120	−120	−174	−207	−260	−72	−107	−126	−159	−36	−71	−90	−123	−12	−27	−34	−47
>120−180	−145	−208	−245	−305	−85	−125	−148	−185	−43	−83	−106	−143	−14	−32	−39	−54
>180−250	−170	−242	−285	−355	−100	−146	−172	−215	−50	−96	−122	−165	−15	−35	−44	−61
>250−315	−190	−271	−320	−400	−110	−162	−191	−240	−56	−108	−137	−186	−17	−40	−49	−69
>315−400	−210	−299	−350	−440	−125	−182	−214	−265	−62	−119	−151	−202	−18	−43	−54	−75
>400−500	−230	−327	−385	−480	−135	−198	−232	−290	−68	−131	−165	−223	−20	−47	−60	−83

公差位置	h						js		k						m			
公差等級		6	7	8	9	10	8		6	7		8	9		5	6	7	
偏差	上	下					上	下	上		下	上		下	上			下
mm <3	0	−6	−10	−14	−25	−40	+7	−7	+6	+10	0	+14	+25	0	+6	+8	+12	+2
>3 − 6	0	−8	−12	−18	−30	−48	+9	−9	+9	+13	+1	+18	+30	0	+9	+ 12	+16	+4
>6 − 10	0	−9	−15	−22	−36	−58	+11	−11	+10	+16	+1	+22	+36	0	+12	+15	+21	+6
>10− 18	0	−11	−18	−27	−43	−70	+13.5	−13.5	+12	+19	+1	+27	+43	0	+15	+18	+25	+7
>18− 30	0	−13	−21	−33	−52	−84	+16.5	−16.6	+15	+23	+2	+33	+52	0	+17	+21	+29	+8
>30− 50	0	−16	−25	−39	−62	−100	+19.5	−19.5	+18	+27	+2	+39	+62	0	+20	+25	+34	+9
>50− 80	0	−19	−30	−46	−74	−120	+23	−23	+21	+32	+2	+46	+74	0	+24	+30	+41	+11
>80 −120	0	−22	−35	−54	−87	−140	+27	−27	+25	+38	+3	+54	+87	0	+28	+35	+48	+13
>120−180	0	−25	−40	−63	−100	−160	+31.5	−31.5	+28	+43	+3	+63	+100	0	+33	+40	+55	+15
>180−250	0	−29	−46	−72	−115	−185	+36	−36	+33	+50	+4	+72	+115	0	+37	+46	+63	+17
>250−315	0	−32	−52	−81	−130	−210	+40.5	−40.5	+36	+56	+4	+81	+130	0	+43	+52	+72	+20
>315−400	0	−36	−57	−89	−140	−230	+44.5	−44.5	+40	+61	+4	+89	+140	0	+46	+57	+78	+21
>400−500	0	−40	−63	−97	−155	−250	+48.5	−48.5	+45	+68	+5	+97	+155	0	+50	+63	+86	+23

公差位置	n		p		r		s		u	
公差等級	6 7		6 7 8		6		6 7		8	
偏 差	上	下	上	下	上	下	上	下	上	下
mm <3	+10 +14	+4	+12 +16 +20	+6	+16	+10	+20 +24	+14	+32	+18
>3 - 6	+16 +20	+8	+20 +24 +30	+12	+23	+15	+27 +31	+19	+41	+23
>6 - 10	+19 +25	+10	+24 +30 +37	+15	+28	+19	+32 +38	+23	+50	+28
>10 -18	+23 +30	+12	+29 +36 +45	+18	+34	+23	+39 +46	+28	+60	+33
>18 -24 >24 -30	+28 +36	+15	+35 +43 +55	+22	+41	+28	+48 +56	+35	+74 +81	+41 +48
>30 -40 >40 -50	+33 +42	+17	+42 +51 +65	+26	+50	+34	+59 +68	+43	+99 +109	+60 +70
>50 -65 >65 -80	+39 +50	+20	+51 +62 +78	+32	+60 +62	+41 +43	+72 +83 +78 +89	+53 +59	+133 +148	+87 +102
>80-100 >100-120	+45 +58	+23	+59 +72 +91	+37	+73 +76	+51 +54	+93 +106 +101+114	+71 +79	+178 +198	+124 +144
>120-140 >140-160 >160-180	+52 +67	+27	+68 +83 +106	+43	+88 +90 +93	+63 +65 +68	+117+132+ 125+140 +133+148	+92 +100 +108	+233 +253 +273	+170 +190 +210
>180-200 >200-225 >225-250	+60 +77	+31	+79 +96 +122	+50	+106 +109 +113	+77 +80 +84	+151+168 +159+176 +169+186	+122 +130 +140	+308 +330 +356	+236 +258 +284
>250-280 >280-315	+66 +86	+34	+88 +108+137	+56	+126 +130	+94 +98	+190+210 +202+222	+158 +170	+396 +431	+315 +350
>315-355 >355-400	+73 +94	+37	+98 +119+151	+62	+144 +150	+108 +114	+226+247 +244+265	+190 +208	+479 +524	+390 +435
>400-450 >450-500	+80+103	+40	+108+131+165	+68	+166 +172	+125 +132	+272+295 +292+315	+232 +252	+587 +637	+490 +540

二、常用孔偏差

單位：0.001mm

公差位置	D				E				F					G		
公差等級	8	9	10		7	8	9		6	7	8	9		6	7	
偏差	上			下	上			下	上				下	上		下
mm <3	+34	+45	+60	+20	+24	+28	+39	+14	+12	+16	+20	+31	+6	+8	+12	+2
>3 - 6	+48	+60	+78	+30	+32	+38	+50	+20	+18	+22	+28	+40	+10	+12	+16	+4
>6 - 10	+62	+76	+98	+40	+40	+47	+61	+25	+22	+28	+35	+49	+13	+14	+20	+5
>10- 18	+77	+93	+120	+50	+50	+59	+75	+32	+27	+34	+43	+59	+16	+17	+24	+6
>18- 30	+98	+117	+149	+65	+61	+73	+92	+40	+33	+41	+53	+72	+20	+20	+28	+7
>30- 50	+119	+142	+180	+80	+75	+89	+112	+50	+41	+50	+64	+87	+25	+25	+34	+9
>50- 80	+146	+174	+220	+100	+90	+106	+134	+60	+49	+60	+76	+104	+30	+29	+40	+10
>80-120	+174	+207	+260	+120	+107	+126	+159	+72	+58	+71	+90	+123	+36	+34	+47	+12
>120-180	+208	+245	+305	+145	+125	+148	+185	+85	+68	+83	+106	+143	+43	+39	+54	+14
>180-250	+242	+285	+355	+170	+146	+172	+215	+100	+79	+96	+122	+165	+50	+44	+61	+15
>250-315	+271	+320	+400	+190	+162	+191	+240	+110	+88	+108	+137	+186	+56	+49	+69	+17
>315-400	+299	+350	+440	+210	+182	+214	+265	+125	+98	+119	+151	+202	+62	+54	+75	+18
>400-500	+327	+385	+480	+230	+198	+232	+290	+135	+108	+131	+165	+223	+68	+60	+83	+20

公差位置	H						Js		K						M			
公差等級	6	7	8	9	10		8		6		7		8		6		7	
偏差	上					下	上	下	上	下	上	下	上	下	上	下	上	下
mm <3	+6	+10	+14	+25	+40	0	+7	-7	0	-6	0	-10	0	-14	-2	-8	-2	-12
>3 - 6	+8	+12	+18	+30	+48	0	+9	-9	+2	-6	+3	-9	+5	-15	-1	-9	0	-12
>6 - 10	+9	+15	+22	+36	+58	0	+11	-11	+2	-7	+5	-10	+6	-16	-3	-12	0	-15
>10- 18	+11	+18	+27	+43	+70	0	+13.5	-13.5	+2	-9	+6	-12	+8	-19	-4	-15	0	-18
>18- 30	+13	+21	+33	+52	+84	0	+16.5	-16.6	+2	-11	+6	-15	+10	-23	-4	-17	0	-21
>30 - 50	+16	+25	+39	+62	+100	0	+19.5	-19.5	+3	-13	+7	-18	+12	-27	-4	-20	0	-25
>50 - 80	+19	+30	+46	+74	+120	0	+23	-23	+4	-15	+9	-21	+14	-32	-5	-24	0	-30
>80 -120	+22	+35	+54	+87	+140	0	+27	-27	+4	-18	+10	-25	+16	-38	-6	-28	0	-35
>120-180	+25	+40	+63	+100	+160	0	+31.5	-31.5	+4	-21	+12	-28	+20	-43	-8	-33	0	-40
>180-250	+29	+46	+72	+115	+185	0	+36	-36	+5	-24	+13	-33	+22	-50	-8	-37	0	-46
>250-315	+32	+52	+81	+130	+210	0	+40.5	-40.5	+5	-27	+16	-36	+25	-56	-9	-41	0	-52
>315-400	+36	+57	+89	+140	+230	0	+44.5	-44.5	+7	-29	+17	-40	+28	-61	-10	-46	0	-57
>400-500	+40	+63	+97	+155	+250	0	+48.5	-48.5	+8	-32	+18	-45	+29	-68	-10	-50	0	-63

公差位置	N						P						R		S	
公差等級	6		7		8		6		7		8　9		7		7	
偏　差	上	下	上	下	上	下	上	下	上	下	上	下	上	下	上	下
mm<3	−4	−10	−4	−14	−4	−18	−6	−12	−6	−16	−6	−20 −31	−10	−20	−14	−24
>3-6	−5	−13	−4	−16	−2	−20	−9	−17	−8	−20	−12	−30 −42	−11	−23	−15	−27
>6-10	−7	−16	−4	−19	−3	−25	−12	−21	−9	−24	−15	−37 −51	−13	−28	−17	−32
>10-18	−9	−20	−5	−23	−3	−30	−15	−26	−11	−29	−18	−45 −61	−16	−34	−21	−39
>18-30	−11	−24	−7	−28	−3	−36	−18	−31	−14	−35	−22	−55 −74	−20	−41	−27	−48
>30-50	−12	−28	−8	−33	−3	−42	−21	−37	−17	−42	−26	−65 −88	−25	−50	−34	−59
>50-65	−14	−33	−9	−39	−4	−50	−26	−45	−21	−51	−32	−78 −106	−30	−60	−42	−72
>65-80													−32	−62	−48	−78
>80-100	−16	−38	−10	−45	−4	−58	−30	−52	−24	−59	−37	−91 −124	−38	−73	−58	−93
>100-120													−41	−76	−66	−101
>120-140													−48	−88	−77	−117
>140-160	−20	−45	−12	−52	−4	−67	−36	−61	−28	−68	−43	−106−143	−50	−90	−85	−125
>160-180													−53	−93	−93	−133
>180-200													−60	−106	−105	−151
>200-225	−22	−51	−14	−60	−5	−77	−41	−70	−33	−79	−50	−122−165	−63	−109	−113	−159
>225-250													−67	−113	−123	−169
>250-280	−25	−57	−14	−66	−5	−86	−47	−79	−36	−88	−56	−137−186	−74	−126	−138	−190
>280-315													−78	−130	−150	−202
>315-355	−26	−62	−16	−73	−5	−94	−51	−87	−41	−98	−62	−151−202	−87	−144	−169	−226
>355-400													−93	−150	−187	−244
>400-450	−27	−67	−17	−80	−6	−103	−55	−95	−45	−108	−68	−165−223	−103	−166	−209	−272
>450-500													−109	−172	−229	−292

國家圖書館出版品預行編目資料

工程圖學 / 王輔春等編著. -- 二版. -- 新北市：
全華圖書, 2019.08
面； 公分
精簡版
ISBN 978-986-503-179-4 (平裝附光碟片)
1. CST:工程圖學 2. CST:電腦輔助設計
440.8 108010623

工程圖學—精簡版

作者／王輔春、楊永然、朱鳳傳、康鳳梅、詹世良
發行人／陳本源
執行編輯／蔣德亮
出版者／全華圖書股份有限公司
郵政帳號／0100836-1 號
印刷者／宏懋打字印刷股份有限公司
圖書編號／06258017
二版四刷／2022 年 05 月
定價／新台幣 450 元
ISBN／978-986-503-179-4 (平裝附光碟片)
全華圖書／www.chwa.com.tw
全華網路書店 Open Tech ／www.opentech.com.tw
若您對本書有任何問題，歡迎來信指導 book@chwa.com.tw

臺北總公司(北區營業處)
地址：23671 新北市土城區忠義路 21 號
電話：(02) 2262-5666
傳真：(02) 6637-3695、6637-3696

中區營業處
地址：40256 臺中市南區樹義一巷 26 號
電話：(04) 2261-8485
傳真：(04) 3600-9806(高中職)
(04) 3601-8600(大專)

南區營業處
地址：80769 高雄市三民區應安街 12 號
電話：(07) 381-1377
傳真：(07) 862-5562

讀者回函卡

填寫日期：　/　/

姓名：＿＿＿＿ 生日：西元＿＿年＿＿月＿＿日 性別：□男 □女

電話：（ ） 傳真：（ ） 手機：

e-mail：（必填）

註：數字零，請用 Φ 表示，數字 1 與英文 L 請另註明並書寫端正，謝謝。

通訊處：□□□□□

學歷：□博士 □碩士 □大學 □專科 □高中・職

職業：□工程師 □教師 □學生 □軍・公 □其他

學校／公司： 科系／部門：

・需求書類：

□ A. 電子 □ B. 電機 □ C. 計算機工程 □ D. 資訊 □ E. 機械 □ F. 汽車 □ I. 工管 □ J. 土木

□ K. 化工 □ L. 設計 □ M. 商管 □ N. 日文 □ O. 美容 □ P. 休閒 □ Q. 餐飲 □ B. 其他

・本次購買圖書為： 書號：

・您對本書的評價：

封面設計：□非常滿意 □滿意 □尚可 □需改善，請說明

內容表達：□非常滿意 □滿意 □尚可 □需改善，請說明

版面編排：□非常滿意 □滿意 □尚可 □需改善，請說明

印刷品質：□非常滿意 □滿意 □尚可 □需改善，請說明

書籍定價：□非常滿意 □滿意 □尚可 □需改善，請說明

整體評價：請說明

・您在何處購買本書？

□書局 □網路書店 □書展 □團購 □其他

・您購買本書的原因？（可複選）

□個人需要 □幫公司採購 □親友推薦 □老師指定之課本 □其他

・您希望全華以何種方式提供出版訊息及特惠活動？

□電子報 □ DM □廣告（媒體名稱＿＿＿＿）

・您是否上過全華網路書店？（www.opentech.com.tw）

□是 □否 您的建議

・您希望全華出版那方面書籍？

・您希望全華加強那些服務？

～感謝您提供寶貴意見，全華將秉持服務的熱忱，出版更多好書，以饗讀者。

全華網路書店 http://www.opentech.com.tw 客服信箱 service@chwa.com.tw

2011.03 修訂

親愛的讀者：

感謝您對全華圖書的支持與愛護，雖然我們很慎重的處理每一本書，但恐仍有疏漏之處，若您發現本書有任何錯誤，請填寫於勘誤表內寄回，我們將於再版時修正，您的批評與指教是我們進步的原動力，謝謝！

全華圖書　敬上

勘　誤　表

書　號		書　名		作　者	
頁　數	行　數	錯誤或不當之詞句		建議修改之詞句	

我有話要說：（其它之批評與建議，如封面、編排、內容、印刷品質等・・・）